新疆北部铁多金属矿床

杨富全　耿新霞　李　强　柴凤梅
　　　　　　　　　　　　　　　　等著
张振亮　王　成　郑佳浩　杨俊杰

地质出版社

· 北　京 ·

内 容 提 要

中国新疆北部（阿尔泰、准噶尔北缘、西天山和东天山）是中亚造山带成矿作用研究的关键地区之一。作者通过多年的研究，对新疆北部铁多金属矿进行了大量野外调查和综合研究，全面系统地反映了其研究成果。本书是集科研单位和大学共同协作、不同学科交叉和科研与生产密切结合的结晶。本书以新疆北部铁多金属矿床为研究对象，系统研究了成矿构造环境、含矿火山岩系、与成矿有关侵入岩的矿物化学、年代学和地球化学；对恰夏铁铜矿、老山口铁铜金矿、沙泉子－黑峰山铁铜矿、磁海含钴铁矿、敦德铁锌金矿、雅满苏铁锌钴矿等进行了典型矿床解剖，并建立了矿床模型；在消化吸收前人大量矿产资料、最新勘查成果、矿床研究成果，并结合作者的研究成果，总结了新疆北部铁多金属矿的成矿规律，探讨了岩浆活动对铁多金属成矿作用的制约，建立了区域矿床模型；通过对比研究识别出新疆北部可能的 IOCG 型矿床。这些成果为新疆北部铁多金属矿进一步找矿勘查提供了最新科学依据。

本书较全面反映了新疆北部铁多金属矿床的最新研究成果，内容丰富，资料翔实，图文并茂，理论性、实用性及科普性强，适合地质矿产勘查、科研、教学、矿产开发和管理部门使用，对地质找矿工作有重要参考价值。

图书在版编目（CIP）数据

新疆北部铁多金属矿床/杨富全等著 . —北京：
地质出版社，2016. 12
ISBN 978－7－116－09845－9

Ⅰ. ①新… Ⅱ. ①杨… Ⅲ. ①铁矿床—多金属矿床—
成矿作用—新疆 Ⅳ. ①P618. 310. 1

中国版本图书馆 CIP 数据核字（2016）第 178337 号

责任编辑：唐京春 李 佳 白 铁 于春林
责任校对：王 瑛
出版发行：地质出版社
社址邮编：北京海淀区学院路 31 号，100083
咨询电话：（010）66554643（邮购部）；（010）66554625（编辑室）
网 址：http://www.gph.com.cn
传 真：（010）66554686
印 刷：北京地大天成印务有限公司
开 本：889 mm×1194 mm $\frac{1}{16}$
印 张：26
字 数：800 千字
版 次：2016 年 12 月北京第 1 版
印 次：2016 年 12 月北京第 1 次印刷
审 图 号：新 S（2016）355 号
定 价：100. 00 元
书 号：ISBN 978－7－116－09845－9

（如对本书有建议或意见，敬请致电本社；如本书有印装问题，本社负责调换）

前　言

　　20 世纪 50～60 年代新疆开展了大规模的铁矿地质找矿工作，发现和评价了一批铁矿床，如哈密市雅满苏、新源县式可布台、富蕴县蒙库等。1976～1978 年在全国开展了富铁矿大会战，新疆东天山是全国六大重点地区之一，新发现和评价了磁海、天湖等一批铁矿床，大幅度增加了铁资源储量。21 世纪新疆铁矿地质找矿工作进入了新一轮勘查评价时期，在西天山阿吾拉勒、西昆仑塔什库尔干、阿尔金等发现了一大批铁矿床，在阿尔泰蒙库铁矿等已评价矿床的深边部也发现了新矿体，扩大了资源储量。这一轮的铁矿找矿勘查实现了大型矿床（特别是富铁矿床）、矿石储量及开发基地 3 个重点突破（董连慧等，2013），为新疆的发展提供了新的支撑。

　　天山和阿尔泰是我国确定的十六个重点成矿区带之一，成矿条件优越。在阿尔泰南缘、准噶尔北缘、西天山阿吾拉勒和东天山的火山岩分布区，已发现了大批地球化学异常、航磁异常和与火山－侵入岩有关的铁、铜、金、铅锌矿床（点）。与火山－侵入岩有关的铁多金属矿具有分布相对集中，共/伴生元素组合复杂的特点，如阿尔泰南缘和准噶尔北缘有 8 个成矿元素组合：Fe－Mn（如托莫尔特、薄克吐巴依）、Fe－Cu（如恰夏、蒙库）、Fe－Cu－Au－（Zn）（如乔夏哈拉、老山口、乌拉斯沟）、Fe－Au（阿克希克）、Pb－Zn－Fe（如塔拉特、什根特）；Fe－P－REE（如阿巴宫）、Fe－V－Ti（如库卫、哈旦孙）和 Fe－T:（如查干郭勒）；西天山阿吾拉勒铁多金属矿有 8 个成矿元素组合：Fe－Mn（如莫托萨拉、加曼台）、Fe－Cu（如式可布台、查干诺尔、备战）、Fe－Cu－Co（如孙湖）、Fe－Zn－Cu（如阿灭里根萨依、阔拉萨依）、Fe－Zn－Au（如敦德）、Fe－Au（如铁木里克）、Fe－V－Ti（如哈拉塔拉）和 Fe－Cu－Pb－Zn－Au（如哈勒尕提）；东天山铁多金属矿成矿元素组合相对简单，主要有 4 个成矿元素组合：Fe－Cu（如沙泉子、黑峰山、突出山、天湖）、Fe－Co（如磁海、百灵山）、Fe－V－Ti（如尾雅）、Fe－Zn－Co（如雅满苏）。这些成矿带铁多金属矿的成矿背景、时空分布规律、成因类型、成矿作用、控矿因素、矿床模型；铁多金属矿中 Mn、Au、Cu、Pb、Zn、Co、V、Ti 和 REE 元素的来源、富集规律和铁的关系；这些多金属矿中是否存在 IOCG 型矿床，其判别标志，与矽卡岩型矿床和海相火山岩型矿床的区别；新疆北部铁多金属矿的找矿潜力评价与找矿靶区预测等科学问题缺乏系统研究，制约了进一步找矿勘查。为了实现新疆北部火山－侵入岩型铁多金属矿床找矿工作的突破，当务之急是要在最新的成矿理论指导下，运用新理论、新方法对本区制约找矿的科学问题进行系统研究，对成矿潜力进行评价，确定今后的找矿方向。这对加快新疆矿产资源的勘查开发和综合利用，促进新疆跨越式发展具有重要的意义，本项目正是在这种背景下立项并进行研究的。

　　《新疆北部铁多金属矿床》是国土资源部公益性行业科研专项经费项目"新疆北部火山－侵入岩型铁铜多金属矿床综合研究"项目的主要成果（编号：201211073）。承担单位为中国地质科学院矿产资源研究所国土资源部成矿作用与资源评价重点实验室，参加单位为西安地质矿产研究所和新疆大学。该项目下设 4 个课题，分别是"阿尔泰南缘铁铜多金属矿床综合研究"由中国地质科学院矿产资源研究所承担、"西天山阿吾拉勒铁铜多金属矿床综合研究"由西安地质矿产研究所承担、"东天山铁铜多金属矿床综合研究"由新疆大学和中国地质科学院矿产资源研究所承担、"新疆北部铁铜多金属矿成矿规律综合研究"由中国地质科学院矿产资源研究所承担。由于本书版面有限，没有全部反映出项目的成果，如本项目对 14 个典型矿床进行了解剖，本书只介绍了恰夏铁铜矿、老山口铁铜金矿、沙泉子－黑峰山铁铜矿、磁海含钴铁矿、敦德铁锌金矿和雅满苏铁锌钴矿 6 个矿床；本项目开展了成矿预测，优选出找矿靶区 14 个；编制了 1：50 万"新疆阿尔泰－准噶尔北缘铁多金属矿成矿规律及成矿预测图"、"新疆东天山铁多金属矿成矿规律及成矿预测图"和 1：25 万"新疆西天山阿吾拉勒铁多金属矿成矿规律及成矿预测图"，这些成果没有编辑到《新疆北部铁多金属矿床》中。

　　本专著主要目的是在成矿体系理论指导下，以新疆北部（阿尔泰、准噶尔北缘、西天山和东天山）晚古生代与火山－侵入岩有关铁多金属矿床成矿作用和找矿潜力评价为目标，查明该类矿床在地质历史演化过程中的时空分布规律。从矿产资源组合、成矿流体和与成矿有关岩石的成岩时代和物质来源切入，查明铁铜金钴稀土等元素之间关系和成矿作用，建立铁多金属矿床模型，确定新疆是否存在 IOCG 型矿床，建立成矿地球动力学模型，推动新疆开展铁多金属矿找矿勘查评价工作。

　　本书是一项集体性成果，是科研单位和大学共同协作、不同学科交叉和科研与生产密切结合的结晶。本书共由 6 章组成，其中：前言由杨富全执笔，第一章由耿新霞和王成执笔；第二章由柴凤梅、张振亮和杨富全执笔；第三章由李强、张振亮和柴凤梅执笔；第四章由李强、柴凤梅、张振亮、郑佳浩和耿新霞执笔；第五章由杨富全、王成、杨俊杰和张振亮执笔。全书由杨富全统校修改和审查，最后由杨富全统一审核定稿。参与项目研究的主要技术人员还有：刘锋、刘国仁、张志欣、高文娟、高永伟、王志华、谭文娟、冯选洁、韩文清、臧梅、夏芳、李永、吕书君、孟庆鹏、曾红、徐璐璐、王雯、任宇晨、班建勇、刘鹏辉、郭会其等，在此对参与项目工作的人员表示感谢。

　　项目在实施过程中，得到了国土资源部科技与国际合作司、国土资源行业专项办公室、中国地质科学院矿产资源研究所、西安地质矿产研究所、新疆大学、新疆地质矿产勘查开发局、新疆维吾尔自治区地质矿产勘查开发局第一地质大队、第三地质大队、第四地质大队、第六地质大队、第七地质大队、相关矿山企业等领导和技术人员的大力支持和帮助。毛景文研究员对项目的研究给予了技术指导和特别关注。项目各阶段评审专家给予了指导，项目组全体科研人员在此一并致以诚挚的谢意！

　　限于我们的科学研究水平和文字表达能力，深感本书中还存在不少问题，敬请读者批评指正。

著　者
2016 年 10 月 10 日

目　　录

第一章 区域成矿地质背景

研究区为新疆北部，包括阿尔泰、准噶尔北缘、西天山阿吾拉勒和东天山。研究区大地构造涉及西伯利亚板块、哈萨克斯坦－准噶尔板块和塔里木板块。区域地壳演化经历了陆核形成演化阶段、陆块形成演化阶段、陆缘发展阶段（板块活动阶段）、古亚洲陆内发展阶段和特提斯洋演化阶段。其中，震旦纪—古生代经历了多次拉张和造山作用，发育有大量古生代火山岩、花岗岩类侵入岩及少量镁铁－超镁铁侵入岩，具有良好的成矿地质条件。

第一节 大地构造格架

一、新疆北部构造单元划分

从 1985 年国家科技攻关 305 项目实施以来，关于新疆各造山带的地壳结构、物质组成、构造格局及其演化等方面的研究取得了一大批成果。学者们从不同的大地构造理论出发，对新疆的构造演化提出了不尽相同的见解（黄汲清等，1990；涂光炽等，1990；肖序常等，1992；何国琦等，1994，2004；陈哲夫等，1997；任纪舜等，1999；Xiao et al.，2004，2008；李锦轶等，2006）。本书主要依据何国琦等（2004）的划分方案（图 1 - 1），研究区包括 3 个 I 级构造单元，即西伯利亚板块（I）、哈萨克斯坦－准噶尔板块（II）和塔里木－中朝板块（III），4 个 II 级构造单元，即阿尔泰微板块（I_1）、准噶尔－巴尔喀什微板块（II_1）、穆云库姆－克齐尔库姆－伊犁微板块（II_2）、塔里木微板块（III_1）；8 个 III 级构造单元和 36 个 IV 级构造单元。

新疆大地构造单元划分方案如下：

西伯利亚板块（I）

  阿尔泰微板块（I_1）

    北阿尔泰早古生代陆缘活动带（I_{1-1}）

      诺尔特石炭纪上叠火山－沉积盆地（I_{1-1}^1）

      喀纳斯－可可托海古生代岩浆弧（I_{1-1}^2）

    南阿尔泰晚古生代活动陆缘（I_{1-2}）

      南阿尔泰泥盆纪—石炭纪弧后盆地（I_{1-2}^1）

      卡尔巴－纳雷姆石炭纪—二叠纪岩浆弧（I_{1-2}^2）

      西卡尔巴石炭纪弧前盆地（I_{1-2}^3）

    额尔齐斯－布尔根板块缝合带（EBT）

哈萨克斯坦－准噶尔板块（II）

  准噶尔－巴尔喀什微板块（II_1）

    准噶尔北缘古生代活动陆缘（II_{1-1}）

      萨吾尔晚古生代岛弧（II_{1-1}^1）

      塔尔巴哈台－阿尔曼泰早古生代岛弧（II_{1-1}^2）

      三塘湖晚古生代弧间盆地（II_{1-1}^3）

      谢米斯台－库兰卡孜干泥盆纪陆缘火山岩带（II_{1-1}^4）

      达拉布特－克拉麦里泥盆纪—石炭纪残余洋盆（II_{1-1}^5）

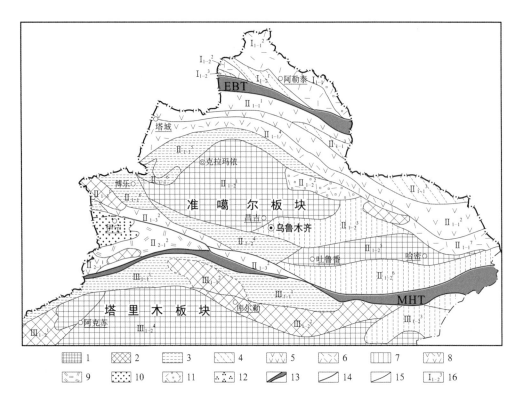

图 1-1 新疆大地构造单元划分

(据何国琦等，2004)

1—中-新生界覆盖区的地块；2—具有古生界盖层的地块；3—泥盆纪—石炭纪残余洋盆或边缘海；4—弧前、弧后盆地；5—岛弧；6—岩浆弧；7—裂陷槽；8—陆缘火山岩带；9—裂谷；10—第四系覆盖区；11—上叠盆地；12—陆缘盆地；13—板块缝合带；14—微板块界线；15—次级构造单元界线；16—构造单元编号

滨巴尔喀什泥盆纪—石炭纪残余洋盆（II_{1-1}^{6}）

哈尔里克古生代岩浆弧（II_{1-1}^{7}）

巴尔喀什-准噶尔-吐哈古陆（II_{1-2}）

准噶尔中央地块（II_{1-2}^{1}）

巴塔玛依内山石炭纪上叠火山-沉积盆地（II_{1-2}^{2}）

博格达晚古生代裂陷槽（II_{1-2}^{3}）

伊连哈比尔尕晚古生代残余洋盆（II_{1-2}^{4}）

吐哈地块（II_{1-2}^{5}）

觉罗塔格晚古生代裂陷槽（II_{1-2}^{6}）

巴尔喀什南缘活动陆缘（II_{1-3}）

赛里木地块（II_{1-3}^{1}）

博罗霍洛早古生代岛弧（II_{1-3}^{2}）

穆云库姆-克齐尔库姆-伊犁微板块（II_{2}）

吉尔吉斯-捷尔斯克伊-那拉提早古生代活动陆缘（II_{2-1}）

吉尔吉斯-捷尔斯克伊-那拉提早古生代岛弧（II_{2-1}^{1}）

伊犁石炭纪—二叠纪裂谷（II_{2-1}^{2}）

木扎尔特-红柳河板块缝合带（MHT）

塔里木-中朝板块（III）

塔里木微板块（III_{1}）

塔里木北缘古生代活动陆缘（III_{1-1}）

南天山古生代边缘海（III_{1-1}^1）

艾尔宾山泥盆纪碳酸盐台地（III_{1-1}^2）

塔里木古陆（III_{1-2}）

柯坪断隆（III_{1-2}^1）

库鲁克塔格断隆（III_{1-2}^2）

北山古生代裂陷槽（III_{1-2}^3）

塔里木中央地块（III_{1-2}^4）

二、新疆北部主要构造单元特征

（一）诺尔特石炭纪上叠火山－沉积盆地（I_{1-1}^1）

诺尔特盆地位于中－蒙边境的北阿尔泰，出露震旦系—寒武系库卫群、下泥盆统诺尔特组、上泥盆统忙代恰组和库马苏组和下石炭统红山嘴组。库卫群是诺尔特盆地的基底，主要为角闪斜长片麻岩、角闪片岩、黑云斜长片麻岩、条带状黑云斜长混合岩夹斜长角闪岩、石英二云母片岩和变粒岩等（董永观等，2010）。诺尔特组下部为安山岩、英安岩夹杏仁状安山岩和绢云绿泥千枚岩；上部为石英岩屑砂岩，夹绢云绿泥千枚岩和安山岩，厚层状浅变质粉砂岩。该组角砾凝灰岩锆石 LA－ICP－MS U－Pb 年龄为 411.5 ± 2.1 Ma。忙代恰组为碳质、硅泥质岩、细碎屑岩，底部为英安质碎斑熔岩、英安质晶屑凝灰岩、岩屑晶屑凝灰岩夹少量火山角砾岩（芮行健等，1993）。库马苏组下亚组为变质长石岩屑砂岩、粉砂质泥岩夹砂砾岩等；上亚组为变质中细粒砂岩、长石岩屑砂岩、粉砂岩夹结晶灰岩。该组中的火山岩主要是英安质火山岩、火山沉积岩。红山嘴组主要为中－酸性火山岩、火山沉积岩和浅－滨海相碎屑岩和生物灰岩。第一岩性段主要为凝灰质砂岩、凝灰质粉砂岩夹生物碎屑灰岩、灰岩夹凝灰岩和凝灰质粉砂岩；第二岩性段以流纹质晶屑凝灰岩、凝灰质粉砂岩、钙质凝灰质粉砂岩、流纹岩、角砾岩屑晶屑凝灰岩和角砾状灰岩为主；第三岩性段以含砾细砂岩、泥质粉砂岩、含生物碎屑凝灰质粉砂岩、凝灰质细砂岩和凝灰质粉砂岩为主。

红山嘴断裂为区域规模最大的断裂，走向 320°～290°，倾向南西，倾角 60°～80°。断裂南侧为库卫群深变质岩，北侧出露地层为红山嘴组。断裂两侧多分布混合岩化二长花岗岩、片麻状黑云母花岗岩，发育多条韧性剪切带，形成各种糜棱片岩。其他断裂有塔拉比格都尔根断裂、库热克特断裂、阿克萨拉沟断裂和阿特拉达断裂。区内褶皱主要有博扎依都根向斜、阿特达拉北背斜、阔克牙克达拉斯背斜和喀依腊克特喀拉都尔根背斜，呈有规律的线形排列，由一系列紧密的线形褶皱组成。诺尔特盆地内的侵入岩主要有黑云二长花岗岩、黑云母花岗岩、花岗斑岩、石英斑岩、闪长岩、环斑花岗岩、英云闪长岩。小土尔根铜矿区含矿花岗闪长斑岩、二长花岗岩、石英斑岩、花岗斑岩锆石 LA－ICP－MS U－Pb 年龄分别为 411.5 ± 2.1 Ma、398.1 ± 2.2 Ma、399.7 ± 1.6 Ma 和 369.6 ± 2.1 Ma。

（二）喀纳斯－可可托海古生代岩浆弧（I_{1-1}^2）

位于红山嘴断裂与阿巴宫断裂、巴寨断裂之间的中阿尔泰，为 NW 向延伸的线形构造带，主要由震旦系、寒武系、奥陶系的变质岩系组成。出露地层主要有震旦纪—中奥陶世的巨厚陆源复理石建造，岩石组合为以长石石英为主的陆源砂页岩，在不同地区变质程度不同。晚奥陶世的火山－磨拉石及陆源碎屑建造不整合覆盖于喀纳斯群之上，并具有后碰撞裂陷堆积物特征。中－上志留统库鲁木提群主要为变质砂岩夹变质火山岩。

该带侵入岩发育，以花岗岩类为主，其次为闪长岩、辉长岩、英云闪长岩。在空间分布上晚志留世英云闪长岩、黑云母花岗岩基出露于北西部，辉长岩分布在可可托海镇、库卫附近，片麻状英云闪长岩基分布在青河北部。泥盆纪片麻状英云闪长岩、少量黑云母花岗岩、二云母花岗岩基分布于西部，辉长岩、辉长闪长岩株出露于东部。收集前人已发表的 44 件年龄表明，侵入岩年龄变化最大，为 523～202 Ma，集中在 3 个区间，分别是 446～479 Ma，峰值为 445 Ma；421～371 Ma，峰值为 395 Ma，是岩浆主要侵入时期；少部分为 212～202 Ma。

（三）南阿尔泰泥盆纪—石炭纪弧后盆地（I_{1-2}^1）

北以阿巴宫断裂为界，南以克兹加尔断裂为界与额尔齐斯构造带相邻。主要由泥盆纪火山 - 沉积岩系组成，局部出露石炭纪火山 - 沉积岩系。泥盆纪海相火山岩主要分布在 4 个 NW 向斜列的火山沉积盆地中，从北西至南东依次为阿舍勒盆地、冲乎尔盆地、克兰盆地和麦兹盆地。上志留统—下泥盆统康布铁堡组为一套中酸性火山熔岩、火山碎屑岩、碎屑岩和少量基性火山岩，岩石发生不同程度的变质，部分变质为片麻岩、片岩、变粒岩、浅粒岩，该组是铁、铜、铅、锌的主要赋矿地层。该组变质火山岩 35 件锆石的 SHRIMP、SIMS 和 LA - ICP - MS U - Pb 年龄变化于 414～380 Ma，峰值为 400 Ma 和 387 Ma。下 - 中泥盆统阿舍勒组仅出露于阿舍勒火山沉积盆地，是阿舍勒铜锌矿、萨尔朔克金多金属矿的赋矿地层。该组 14 件火山岩熔岩和次火山岩锆石 LA - ICP - MS U - Pb 年龄变化于 402～371 Ma（杨富全等，2016）。中 - 上泥盆统阿勒泰镇组为一套类复理石建造夹少量基性、酸性火山岩和硅质岩。下石炭统为少量安山岩 - 玄武岩的类复理石建造；上石炭统为陆相含煤砂泥岩沉积。

泥盆纪同造山侵入岩广泛分布，主要为黑云母花岗岩、闪长岩、英云闪长岩、辉长闪长岩、花岗闪长岩。石炭纪造山晚期花岗岩类主要为花岗岩、花岗闪长岩。二叠纪后碰撞花岗岩以黑云母花岗岩、花岗斑岩为主。南阿尔泰侵入岩变形强烈，发育透入性片理、线理、紧闭褶皱。收集前人已发表的 60 件锆石 U - Pb 年龄资料表明，南阿尔泰侵入岩年龄介于 462～273 Ma，主要集中在 4 个区间，分别为 462～425 Ma，峰值为 435 Ma；416～375 Ma，峰值为 405 Ma，是主要岩浆侵入活动时期；368～313 Ma，峰值为 355 Ma 和 315 Ma；287～256 Ma，峰值为 285 Ma。

（四）额尔齐斯 - 布尔根板块缝合带（EBT）

北界为西卡尔巴 - 克兹加尔 - 锡伯渡 - 富蕴 - 玛因鄂博 - 图尔根 - 大博格多断裂，北倾的北盘向南逆冲，具有明显的韧性剪切变形。南界复杂，由然吉托别 - 斋桑泊南一线，向东为科克森他乌 - 沙尔布拉克—阿克图拜，延入蒙古。该带主体为早石炭世混杂堆积、晚石炭世磨拉石建造。既有代表洋壳残片被肢解的蛇绿岩、镁铁岩、超镁铁岩，也有古陆壳变质的硅铝质片麻岩、结晶片岩。该带逆掩断层发育，表现为构造混杂岩带特征，为斋桑 - 额尔齐斯洋盆的消亡带，同时也是西伯利亚板块与哈萨克斯坦 - 准噶尔板块碰撞缝合带。晚石炭世的磨拉石建造表明，洋盆闭合于泥盆纪—早石炭世晚期。

在富蕴县含铜镍矿的喀拉通克镁铁 - 超镁铁杂岩为代表的幔源岩浆杂岩（305～280 Ma，王润民等，1991；李华芹等，1998）、一些富碱质花岗岩（320～250 Ma，王式洸等，1994）、花岗岩（283～275 Ma，胡霭琴等，2006；童英等，2006，周刚等，2007a，b）侵入到额尔齐斯断裂带的变质岩中，提供了该带构造活动时代的上限为石炭纪末到早二叠世（李锦轶，2004）。位于额尔齐斯断裂带中的赛都、多拉那萨依、科克萨依和阿拉塔斯造山型金矿年龄表明，额尔齐斯断裂带在 300～274 Ma 为韧脆性剪切构造活动时间，也是金矿的主成矿期（程忠富等 1996；李华芹等，1998；闫升好等，2004）。额尔齐斯断裂带活动时间在 300～265 Ma，在空间上中国和哈萨克斯坦额尔齐斯断裂带韧脆性变形和走滑运动时间略有差异。哈萨克斯坦境内额尔齐斯断裂带变余糜棱岩中含钾矿物的 $^{40}Ar/^{39}Ar$ 年龄集中在 283～276 Ma 和 273～265 Ma，代表两次脉动式左行韧性变形时代（Melnikov et al.，1998；Travin et al.，2001；Laurent - Charvet et al.，2002）。刘飞等（2013）认为额尔齐斯断裂带经历了左行走滑和右行走滑两个阶段，依据前人有关造山型金矿、同构造岩体侵位与变形关系及对变质岩石 $^{40}Ar/^{39}Ar$ 年代学研究，提出额尔齐斯断裂带的左行走滑构造形成于早二叠世（283～275 Ma），早二叠世之后，额尔齐斯断裂带叠加了右行走滑事件，其活动时限可能为晚二叠世（260～245 Ma），其规模远远小于前期的左行走滑构造。

（五）萨吾尔晚古生代岛弧（II^{1}_{1-1}）

该带是在斋桑－额尔齐斯洋向南俯冲消减形成早古生代岛弧基础上发展起来的晚古生代（D－C）岛弧。区内主要包括萨吾尔山、科克森套南及准噶尔北缘。以泥盆系和石炭系为主，泥盆系为中基性－基性火山岩、陆源碎屑岩建造。中－下泥盆统为海相，上泥盆统为海陆交互相磨拉石建造。上石炭统和二叠系为海陆交互相陆源碎屑岩、火山岩建造和陆相火山磨拉石建造。泥盆纪侵入岩为同造山花岗岩类，岩石类型以花岗岩为主，次为闪长岩、花岗闪长岩。石炭纪后碰撞花岗岩类以钾长花岗岩为主，二叠纪非造山期为"A"型花岗岩或碱性花岗岩。

（六）博格达晚古生代裂陷槽（II^{3}_{1-2}）

北以博格达山北麓大断裂为界，南部为吐－哈盆地北缘大断裂，西与依连哈比尔残余洋盆相邻，其主体由石炭系组成。晚石炭世早期柳树沟组为滨浅海相双峰式火山岩及碎屑岩，沉积厚3000余米；中期祁家沟组为碳酸盐岩－陆源碎屑岩建造；上石炭统奥尔吐组为火山岩－碳酸盐岩－碎屑岩建造。下二叠统的石人子沟组为含钙硅泥质岩，晚期的塔什库拉组为复理石建造。上二叠统的上芨芨槽子群和下仓房沟群为陆棚－内陆湖泊相的磨拉石建造。博格达山北缘由南向北形成一系列推覆构造，其南缘一系列向北倾的断裂向南推覆于吐－哈盆地之上，形成正扇形构造。新近纪晚期博格达山已进入快速隆升阶段。岩浆侵入活动不很发育，仅见一些小岩体或岩株。

（七）觉罗塔格晚古生代裂陷槽（II^{6}_{1-2}）

位于吐哈盆地以南，北界为镜儿泉－黄山－赤湖－延东断裂，向西与艾丁湖－大草滩推测隐伏断裂相交汇；南为那拉提－红柳河板块缝合带的北界。主体由石炭系组成，少量泥盆系康古尔塔格组分布于西段，以陆相中酸性火山岩及其碎屑岩为主。下石炭统小热泉子组以含霏细斑岩、钠长斑岩、石英斑岩的次火山岩及碱性、偏碱性火山岩为特征，属典型的陆壳拉张型火山活动。下石炭统雅满苏组是东天山十分重要的含矿地层，多数铁矿赋存于该组中，为一套浅海相火山岩夹碳酸盐岩建造，主要分布在阿其克库都克大断裂以北，总体近EW向展布。根据岩性组合分为两个亚组，下亚组为中酸性火山岩（火山碎屑岩为主，少量安山岩，英安岩）夹少量玄武岩和碳酸盐岩及沉火山碎屑岩。上亚组为火山碎屑岩夹陆源碎屑岩、碳酸盐岩和少量熔岩组合，较下亚组沉积岩明显增加。上石炭统土古土布拉克组为一套火山－沉积岩组合，主要分布在靠近阿其克库都克大断裂的北侧，断裂南侧局部有少量出露。近EW向贯穿整个阿奇山－雅满苏火山岩带，东宽西窄，在横向上岩性变化较大。可分为4个岩性段，第一岩性段为以熔岩为主的中酸性夹基性火山岩组合，主要有玄武岩，安山岩和少量流纹岩，局部见晶屑岩屑凝灰岩、火山角砾岩、集块角砾岩和集块岩，自西向东火山碎屑岩有由细变粗的趋势。第二岩性段为火山岩夹少量陆源碎屑岩和碳酸盐岩组合，上部以中基性熔岩为主，夹少量火山碎屑岩，下部以火山碎屑岩为主夹火山熔岩和陆源碎屑岩和碳酸盐岩。第三岩性段为中酸性火山碎屑岩夹较多陆源碎屑岩和碳酸盐岩组合，下部主要是火山碎屑岩夹少量安山岩、英安岩和熔结凝灰岩，中部是陆源碎屑岩夹少量中酸性火山岩，上部主要是火山尘凝灰岩夹安山岩。第四岩性段为凝灰岩－玄武岩夹少量流纹岩组合。

区内侵入岩以石炭纪花岗岩为主，沿断裂带有镁铁－超镁铁杂岩分布，石炭纪以钾长花岗岩为主，其次为花岗闪长岩，还有少量闪长岩，二叠纪见有花岗岩、二长花岗岩、钾长花岗岩、偏碱性花岗岩等。该带是重要的斑岩Cu矿带、岩浆型Cu－Ni矿带，造山型金矿及火山岩型Fe、Cu多金属矿带。

（八）博罗科努早古生代岛弧（II^{2}_{1-3}）

西起赛里木湖以南的科古琴山，东止干沟公路以东，北界为天山主干断裂与依连哈比尔晚古生代残余洋盆相邻，南界西段为博罗科努南缘断裂，东段为木扎尔特－红柳河板块缝合线的北界，呈NW

走向。除见少量长城系—蓟县系变质岩系外，主要由下古生界组成。长城系—蓟县系在胜利达坂一带为各种片岩、片麻岩、混合岩，岩石变质较深，糜棱岩发育。下奥陶统由硅质、泥质陆源碎屑岩夹硅质岩等远源、深海沉积为主，夹薄层灰岩；中奥陶统在奈楞格勒达坂附近以中基性火山岩、火山碎屑岩为主，东段可可乃克—巴仑台一带为典型的细碧角斑岩建造，硅质岩和大理岩中含化石（车自成，1994）；上奥陶统为浅海相碳酸盐岩建造夹硬砂岩等。下志留统为笔石页岩相；中志留统为碳酸盐岩、陆源碎屑岩夹安山岩、英安质火山碎屑岩，局部见中酸性－基性火山岩；上统为类磨拉石建造夹橄榄玄武岩、安山岩及碳酸盐岩。泥盆系分布较少，多为陆源碎屑沉积。石炭系属残留的半封闭式海盆沉积。侵入岩以花岗岩类为主，时代主要为晚志留世，其次为石炭纪。前者以花岗岩、花岗闪长岩为主，集中见于巴仑台一带。石炭纪花岗岩一般规模较小，早期以石英闪长岩、钾长花岗岩为主，此外，还有一些碱性花岗岩或偏碱性的花岗岩。

（九）伊犁石炭纪—二叠纪裂谷（II_{2-1}^2）

位于伊塞克地块的东延部分。古元古界构成结晶基底，中－新元古界（长城系特克斯群和蓟县系科克苏群）碎屑岩、碳酸盐岩构成第一个盖层。该裂谷发育于此基底之上，盆地内多被中－新生界所覆盖。裂谷的地层自下而上为：下石炭统大哈拉军山组中－基性火山岩系，火山岩系底部为杂色砾岩和含芦木茎干的砂砾岩；阿克沙克下亚组冲积平原相紫红色钙质含砾粗砂岩、砂砾岩与凝灰质砂岩互层，有多条辉绿岩脉顺层侵入；阿克沙克上亚组下部台地相含锰鲕状灰岩，中部台地相层状灰岩与块状灰岩互层，含有机碳；上覆地层也列莫顿组由细砂岩、粉砂岩和泥岩组成的浊流沉积。裂谷沉积巨厚，仅下石炭统就达 2000 余米。该区早二叠世仍有玄武岩－流纹岩构成的双峰式火山活动，至晚二叠世为红色陆相磨拉石。该区碱性花岗岩类多属二叠纪产物。总的看来，该裂谷主要发育于早石炭世，二叠纪早期再次拉张，晚二叠世最终结束。有关伊犁石炭纪—二叠纪的构造环境存在很大的争议，目前多数研究者认为是岩浆弧。

第二节　区　域　地　层

新疆位于中亚古生代造山带的中段，主体属古亚洲构造域，南缘属特提斯构造域（张良臣等，2006）。胡霭琴等（2006）研究表明，新疆存在不同时代、不同地球化学特征的前寒武纪古老大陆地块或微地块，可分为 8 个地体，自北向南有阿尔泰地体，东、西准噶尔地体，东天山地体、西天山地体，塔里木北缘地体、塔里木南缘地体，昆仑－阿尔金地体等。新疆大陆基底演化模式是以塔里木太古宙大陆核向南、北逐步增生的模式。最古老的大陆地壳出露在塔里木南、北缘地体，即塔里木北缘库鲁克塔格地区的托格拉克布拉克群以及阿尔金大断裂以北的米兰群。昆仑－阿尔金地体和东、西天山地体则以古－中元古代基底为特征。目前的研究成果普遍认为阿尔泰地体中存在元古宙老基底的证据不足。

新疆境内整体上是由若干近 EW 向的造山带和夹于其间的菱形前寒武纪地块组成镶嵌结构格局。古生代时上述造山带及地块分别属于西伯利亚、哈萨克斯坦－准噶尔、塔里木、华南等古生代板块。这些原先相距甚远的板块演化过程中不断发生着边缘裂解、闭合和陆缘增生。至石炭纪末－二叠纪初，除南部边缘以外，各板块靠拢拼合完成新疆大陆板块的合并。到侏罗纪时原属冈瓦纳北部边缘的羌塘板块最终拼合到塔里木南缘，新疆就成为欧亚大陆地壳的一部分。之后，在印度和西伯利亚两大板块作用下，调整为"三山两盆"的现代构造格局。白垩纪至今，新疆属于大陆板块板内发展时期（张良臣等，2006）。

本节主要依据张良臣等（2006）、陈毓川等（2007，2008）、董连慧等（2011）等的成果，将新疆北部（阿尔泰、准噶尔和天山）地层建造、岩浆岩、地球物理场以及地球化学场等的特征进行介绍。

一、前寒武系

依据不同区域地层建造类型主要特征，新疆可划分为阿尔泰、准噶尔、塔里木、喀喇昆仑和柴达木 5 个地层区。

阿尔泰地层区以震旦系—志留系出现大范围巨厚类复理石碎屑岩为特征，而有别于其他地层区；泥盆系—下石炭统以海相沉积为主；上石炭统为陆相沉积，属安加拉植物区，二叠系—第三系（古近系—新近系）只在山前拗陷盆地少量出露。准噶尔地层区元古宇基底很少出露，寒武系出现中基性火山岩和硅质岩，为新疆各地区少见。古生代时期以活动型沉积为主。二叠纪以后转为陆相环境，上二叠统的陆相含油页岩、碎屑岩和侏罗系含煤岩系均非常丰厚。塔里木地层区其特点是前寒武系最发育，不仅集中出现于塔里木中央地块，还散布于周围造山带之中；古生界以盖层形式产出的稳定型沉积为主，以寒武系产出含磷黑色岩系显示南大陆的特征。

（一）太古宇

新疆太古宇主要分布于东天山星星峡-旱山地区、库鲁克塔格地区和北山地区，分别为古—中太古代东白地岩群、中-新太古代达格拉格布拉克岩群，在甘肃省北山地区，新太古界—古元古界敦煌杂岩。太古宙岩石大部分发生了明显的退化变质。地体主要由 3 种成分组成：①灰色片麻岩，分布在星星峡地块的尾亚、库鲁克塔格中段、辛格尔、阿尔金等地，为奥长花岗岩-英云闪长岩-花岗闪长岩组合（TTG 岩系），变质达高角闪岩相，其中一些基性岩墙变质达麻粒岩相，具有灰色片麻岩特征，可与冀东及世界多数太古宇灰色片麻岩对比。韩宝福等（2005）获得库鲁克塔格辛格尔灰色片麻岩锆石 SHRIMP U - Pb 年龄为 2600 Ma 和 2622 Ma。陆松年和袁桂邦（2003）获得阿尔金山阿克塔什塔格灰色片麻岩单颗粒锆石 U - Pb 年龄为 3605 Ma、英云闪长（片麻）岩为 2604 Ma、奥长花岗（片麻）岩为 2374 Ma、二长花岗（片麻）岩为 3096 Ma。②绿岩，角闪岩相变质的基性火山岩建造，岩石组合为斜长角闪岩、斜长角闪片麻岩、斜长角闪片岩、阳起石片岩、阳起绿泥片岩等，分布于库鲁克塔格、阿尔金山及巴仑台等地。③库鲁克塔格的紫苏花岗岩，库鲁克塔格的蓝石英花岗岩成分以英云闪长岩和石英二长岩为主，岩石组合及化学成分与冀东迁安地区以及世界其他地区太古宙晚期的紫苏花岗岩对比，巴仑台带和西昆仑带都可能有其分布。

（二）古元古界

古元古界组成新疆各前寒武纪基底陆壳的主体，主要分布于库鲁克塔格、赛里木、那拉提、巴仑台-星星峡、北山、铁克里克、西昆仑、阿尔金等构造带。基本有两种类型：①绿岩型，以变质成角闪片岩、斜长片麻岩等的基性火山岩为主，夹较多碎屑岩，这类建造见于中天山巴仑台、星星峡、阿尔金、西昆仑、北山。②碎屑岩夹碳酸盐岩型，变质达低角闪岩相，有时夹酸性火山岩，分布于那拉提地块、赛里木地块等。碎屑岩的特征是铝含量较高，变质岩中出现较多黑云母、白云母、铁铝榴石，特征的岩石为云榴片麻岩、黑云母斜长片麻岩。

（三）长城系

分布于特克斯河以南、阿克苏西南地区、星星峡-小布鲁斯台、库鲁克塔格、星星峡-旱山、北山等地，分别称为特克斯群、阿克苏群、星星峡群、杨吉布拉克群、古硐井群。有 3 种建造类型：①双峰式火山岩建造，分布于哈尔克北缘、西昆仑、阿尔金、星星峡地块、柯坪地块、伊犁特克斯南等地。以低角闪岩相变质为主，有些达高压型蓝闪石片岩相变质。②碎屑岩-碳酸盐岩建造，变质以绿片岩相为主，代表稳定或过渡环境，分布于那拉提、喀喇昆仑、库鲁克塔格、巴仑台-小布鲁斯台、库米什北等地。③海陆交互碎屑岩型，以石英砂岩为主，含微古植物化石，代表稳定盖层沉积，见于铁克里克地块。

（四）蓟县系

分布于西天山博罗科努山、科克苏河东岸、伊犁盆地南部、东天山卡瓦布拉克–星星峡、库鲁克塔格、北山等地区，分别称为库松木切克群、科克苏群、卡瓦布拉克群和爱尔基干群和平头山组。由一套岩性相对单一的绿片岩相（局部角闪岩相）浅变质碳酸盐岩、镁质碳酸盐岩和陆源碎屑岩组成。阿尔金红柳沟的蛇绿岩宽 8~15 km，长 100 km 以上，胡霭琴等（2004）获得堆晶辉长岩矿物–全岩 Sm–Nd 等时线年龄为 955 Ma，为蓟县纪末产物。赛里木地块的碳酸盐岩建造中夹少量碱性火山岩，反映局部上叠裂谷环境。

（五）青白口系

出露在西天山博罗科努山和特克斯河以南、东天山尾亚以南、库鲁克塔格、北山、西昆仑、阿尔金等地区，分别称为开尔塔斯群、库什太群、天湖群、白玉山群、帕尔岗塔格群（下部辛格尔塔格组和上部辛格尔组）、野马街组、大豁落山组。为一套碳酸盐岩–碎屑岩建造，大多数地区为变质轻微的以碳酸盐岩和镁质碳酸盐岩为主，夹陆源碎屑岩和少量硅质岩。仅北山地区为活动–过渡类型较厚的碎屑岩夹碳酸盐岩建造，且变质达低角闪岩相。

阿克苏蓝片岩原岩主要是洋壳玄武岩，是新元古代邻近塔里木的某一洋壳的残片（郑碧海等，2008）。含蓝片岩的阿克苏群（长石）石英片岩中较老一组碎屑锆石 $^{207}Pb/^{206}Pb$ 的表面年龄集中在 ~1.9Ga，并有少量太古宙的年龄信息，另一组较年轻锆石 $^{206}Pb/^{238}U$ 表面年龄峰值为 ~820 Ma，代表阿克苏群的最大沉积年龄。侵入阿克苏群的基性岩墙锆石 U–Pb 年龄为 ~760 Ma，阿克苏蓝片岩相变质的时间被严格限定在 820~760 Ma（张健等，2014）。

（六）震旦系

主要出露于西天山和西南天山科古琴山–果子沟、特克斯、阿克苏–乌什，库鲁克塔格、北山、阿尔泰等地区，主要为滨海–浅海相及陆相碎屑岩、碳酸盐岩、冰碛岩及火山岩，构成前寒武纪基底的第一套盖层，主要以角度不整合覆盖于长城系、青白口系之上。其中库鲁克塔格和阿克苏–乌什一带出露比较完整，库鲁克塔格地区南华系—震旦系划分为贝义西组、照壁山组、阿勒通沟组、特瑞爱肯组、扎摩克提组、育肯沟组、水泉组、汗格尔乔克组；阿克苏–乌什一带下统称为巧恩布拉克组、尤尔美那克组，上统称为苏盖特布拉克组、奇格布拉克组。博罗科努山南华系—震旦系包括库鲁切列克提组、吐拉苏组、别西巴斯套组、喀英迪组、塔尔恰特组、塔里萨依组。上述地区均以陆源碎屑岩、冰碛岩、双峰式（或基性）火山岩和（镁质）碳酸盐岩为特征。震旦系以冰碛岩发育为主要特征，研究表明，库鲁克塔格有 4 个冰期（早南华世 1 个、晚南华世 2 个、晚震旦世 1 个）；柯坪有 2 个冰期（早、晚南华世各 1 个）；博罗科努山有 3 个冰期（早、晚南华世各 1 个，晚震旦世 1 个）。中阿尔泰堆积巨厚陆源碎屑建造，库鲁克塔格内的裂谷中有偏碱性的基性火山岩分布。

二、下古生界

（一）寒武系

寒武系分布于西天山科古琴山、西南天山柯坪–阿克苏一带、东天山卡瓦布拉克、库鲁克塔格、北山等地。中天山–塔里木北缘是新疆寒武系主要分布区。多具韵律式或旋回式结构，岩石以细粒为主，岩石类型有陆源碎屑岩，碳酸盐岩，硅、碳、钙、泥质岩，下统和中统往往含磷或磷、铀、钒。其中以科古琴山、柯坪、库鲁克塔格等地出露最为完整。科古琴山一带，下寒武统划分为磷矿沟组、霍城组，中寒武统划分为肯萨依组、阿合恰特组，上寒武统下部为将军沟组、上部为果子沟组，为一套浅海陆棚相碎屑岩、碳酸盐岩，底部为含磷层。柯坪–阿克苏一带，下寒武统由下而上分为玉尔吐斯组、肖尔布拉克组、吾松格尔组，中寒武统分为沙依里克组、阿瓦塔格组，上寒武统称为下丘里塔格群，主要为台地相碳酸盐岩夹碎屑岩沉积，底部为含磷硅质层。东准噶尔仅局部出露下寒武统阿拉安道群细碧角斑岩－中基性火山岩组合。

（二）奥陶系

新疆奥陶系分布面积很小，主要在中阿尔泰、西准噶尔、东准噶尔、博罗科努、祁漫塔格等有较多出露。中阿尔泰大桥－可可托海－青河一带下－中奥陶统为角闪岩相变质的陆源碎屑岩夹中基性火山岩及碳酸盐岩透镜体；白哈巴、喀纳斯湖、克木齐、海子口、巴利尔斯河下游、大青河等地零星分布的上奥陶统下部为中酸性火山岩夹少量陆源碎屑岩及碳酸盐岩，上部白哈巴组为陆源碎屑岩和灰岩。西准噶尔南部玛依拉山一带为浅变质陆源细碎屑岩和双峰式火山岩；塔尔巴哈台－加波萨尔－哈尔里克－康古尔塔格一带，下－中奥陶统为基、中、酸性火山岩夹陆源碎屑岩，中奥陶统为碳酸盐岩、陆源碎屑岩和中性火山岩，中－上奥陶统为陆源碎屑岩、碳酸盐岩和中、酸性火山岩。天山－塔里木北缘为陆源碎屑岩，碳酸盐岩，硅、钙、碳、泥质岩。岩石以细粒为主（仅在兴地北和北山出现砾岩），地层多具韵律式或旋回式结构。在博罗科努山中奥陶统奈楞格勒达阪组和上奥陶统呼独克达阪组具中、基或中、酸性火山岩，北山上奥陶统白云山组夹火山岩，南天山上奥陶统—下志留统依南里克群为角闪岩相变质岩。

（三）志留系

志留系分布比较广泛，在南北天山及塔里木盆地周缘、北山地区、阿尔泰、准噶尔均有分布，沉积建造类型多样，且厚度变化大。中阿尔泰仅有中－上志留统变质程度不一的陆源碎屑岩夹少量基性、酸性火山岩和碳酸盐岩透镜体。准噶尔志留系发育亦较齐全，基本未变质，主要为陆源碎屑岩、凝灰质碎屑岩、火山岩，部分碳酸盐岩、硅质岩。除沙尔布尔提山仅见凝灰岩外，其余均具有基性、中性、酸性或基性、中性火山熔岩。北天山西段博罗科努地区下志留统尼勒克组主要为陆源碎屑岩；中志留统基夫克组主要为碳酸盐岩及碎屑岩；上志留统划分为库茹尔组和博罗科努山组，为一套碎屑岩及火山碎屑岩。南天山地区哈尔克山分别为下志留统依南里克组、下－中志留统伊契克巴什组、上志留统科克铁克达坂组；吐鲁番－鄯善以南下志留统为乌尊布拉克组、中－上志留统为牛心滩组，上志留—下泥盆统为阿尔皮什麦布拉克组。主要为一套碎屑岩－碳酸盐岩建造，常发生轻微变质。北山地区志留系在新疆境内为下志留统黑尖山组，为板岩、硅质岩、石英岩、粉砂岩、灰岩、砂岩、页岩等，上部含笔石，与下伏上奥陶统白云山组整合接触。

三、上古生界

（一）泥盆系

分布比较广泛，天山北部泥盆系主要分布于南阿尔泰、准噶尔、西天山阿拉套山和依连哈比尔尕山、东天山哈尔里克山及吐－哈盆地周缘北山等地区。南阿尔泰泥盆系火山岩类型包括康布铁堡组变质酸性火山岩夹陆源碎屑岩及少量碳酸盐岩；阿舍勒组双峰式细碧角斑岩组合夹少量碳酸盐岩；齐也组双峰式细碧角斑岩组合。正常沉积岩类型包括托克萨雷组陆源细碎屑岩夹灰岩及凝灰岩；阿勒泰镇组浅变质陆源细碎屑岩、灰岩、硅质岩旋回式沉积；库马苏组陆源细碎屑岩、灰岩韵律式或旋回式沉积。准噶尔泥盆系基本都是陆源碎屑岩、凝灰质碎屑岩和火山岩，一般夹有少量灰岩，有时夹有硅质岩或煤线。下统为基性、中性、中酸性火山岩和少量火山灰凝灰岩；中统为中性、酸性或基性、酸性（双峰式）火山岩、凝灰岩；上统为基性、中性、酸性火山岩。阿拉套山及博乐一带出露中泥盆统汗吉尕组，主要为陆源碎屑岩、火山碎屑岩；上统托斯库尔他乌组为凝灰岩、凝灰砂岩、砂岩、粉砂岩、板岩，局部夹中基性熔岩、放射虫硅质岩，具有浊流相沉积特征。依连哈比尔尕山中泥盆统称拜辛德组，以中基性火山碎屑岩为主。东天山地区下泥盆统为大南湖组，主要为一套中基性火山岩及火山碎屑岩建造；中泥盆称头苏泉组，以中酸性、基性火山岩、火山碎屑岩为主。上统康古尔塔格组为海陆交互相凝灰砾岩、凝灰质含砾粗砂岩、砂岩夹灰岩、安山岩、玄武岩、英安岩、安山质角砾熔岩、火山角砾岩、凝灰岩,含植物化石。南天山泥盆系主要分布于哈尔克山、东阿赖及阔克沙勒岭、艾尔宾山及克孜勒塔格一带。哈尔克山仅主要出露下泥盆统阿尔腾柯斯组碎屑岩、碳酸盐岩、硅质岩及火山岩。东阿赖及阔克沙勒岭地区下泥盆统包括台克塔什组、乌帕塔尔坎组(上志留统—下泥盆统)、萨瓦亚尔顿组,为陆坡相复理石及硅质沉积;中泥盆统托格买提组主要为浅海陆棚相碳酸盐岩、碎屑岩及火山岩组合;上泥盆统坦盖塔尔组主要为碳酸盐岩、碎屑岩。艾尔宾山及克孜勒塔格一带,上志留统—下泥盆统阿尔皮麦布拉克组为一套浅海陆棚相碳酸盐岩夹碎屑岩;中泥盆统下部阿拉塔格组为碎屑岩夹碳酸盐岩组合,上部萨阿尔明组为碳酸盐岩;上泥盆统哈孜尔布拉克组为中酸性火山岩、碳酸盐岩、碎屑岩组合。

(二)石炭系

石炭系是新疆准噶尔和天山分布最为广泛的地层,在不同构造环境,形成完全不同的建造类型,岩相建造及厚度变化都非常大。总体来看,北天山、东天山、北山地区以活动型火山岩组合为主,南天山以稳定型碎屑岩–碳酸盐岩沉积为主。阿尔泰仅出露下石炭统中性、酸性火山岩和陆源碎屑岩夹灰岩;上石炭统陆源细碎屑岩夹硅质岩、泥灰岩。西准噶尔北部–东准噶尔下石炭统下部为陆源碎屑岩和凝灰质碎屑岩夹基性、中性、酸性火山岩,中–上部为富碳质(或夹煤线)碎屑岩,东准噶尔上部夹少量酸性、基性熔岩;上石炭统下部为陆相基性、中性、酸性火山岩夹碳质或煤线(或煤层)碎屑岩,中–上部为海相夹陆相的碎屑岩,东准噶尔上部有时夹中、酸性火山岩。西准噶尔南部下石炭统为半深海–深海浊积相凝灰质碎屑岩旋回式沉积夹少量硅质岩、灰岩及安山岩;上石炭统为细碎屑岩夹中、基性火山岩,硅质岩。

在博罗科努山及伊犁盆地,下石炭统下部为大哈拉军山组,上部为阿克萨克组,前者为一套双峰式火山岩建造,后者为碎屑岩–碳酸盐岩建造;上石炭统划分为也列莫顿组、东图津河组,为碎屑岩、火山碎屑岩、碳酸盐岩沉积。在东天山觉罗塔格一带,沉积类型非常复杂,其西段康古尔大断裂以北地区下石炭统称为小热泉子组,为一套中性火山岩、火山碎屑岩夹碎屑岩和碳酸盐岩;上石炭统称底格尔组,主要为碎屑岩及火山碎屑岩。沿康古尔塔格大断裂一带,下石炭统干墩组下部为片理化碎屑岩、流纹岩、凝灰岩、砂质千糜岩、放射虫硅质岩;中上部为千糜岩、糜棱岩、片理化凝灰质砂岩、凝灰岩,原岩多为泥质硅质石英砂岩。该组片理化、糜棱岩化作用极强烈,具浊积岩特征。上统梧桐窝子组为糜棱凝灰岩、角砾凝灰岩、凝灰砂岩、千糜岩、碎裂糜棱安山岩、玄武质凝灰岩、蚀变安山岩、糜棱岩化玄武岩,劈理、片理极为发育,多数地段已成为无序地层。在苦水断裂–阿其克库都克断裂之间,下石炭统雅满苏组下部为凝灰砂岩、凝灰岩、安山岩、流纹岩夹霏细岩、凝灰角砾岩、灰岩;上部为粗碎屑岩、灰岩及凝灰质砂岩夹凝灰岩、泥岩、硅质岩,产腕足、珊瑚化石。下石炭统土古土布拉克组为中基性火山岩、碳酸盐岩,少量酸性火山岩,含珊瑚、䗴化石。

在博格达山一带发育比较完整,分布广泛。下统七角井组下部为基性火山岩与火山碎屑岩互层;上部为火山碎屑岩–正常碎屑岩夹基性火山岩,含腕足化石等。上统柳树沟组为浅海相中酸性–中基性火山碎屑岩夹安山岩、英安质凝灰熔岩、霏细岩、玄武岩,含腕足化石;上统祁家沟组为浅海相陆源碎屑岩–碳酸盐岩,局部夹玄武岩、凝灰岩等,富含珊瑚、䗴及腕足化石;上统乌尔图组为浅海相陆棚碎屑岩,产丰富珊瑚、菊石及植物化石;上统居里得能组为巨厚的滨浅海相火山碎屑岩夹中基性火山岩和正常碎屑岩,局部夹有酸性火山岩和砂质灰岩;上统沙雷塞尔克组以中基性火山岩夹火山碎屑岩为主,局部夹酸性火山岩;上统杨布拉克组以火山碎屑岩为主夹中基性火山岩。在依连哈比尔尕山下石炭统为沙大王组和上统奇尔古斯套组。大王组为一套蛇绿岩套,由层状堆晶辉长岩、枕状玄武岩、放射虫硅质岩组成和巴音沟超镁铁岩密切共生,见有放射虫化石。奇尔古斯套组为半深–深海相硅质火山复理石,为粉砂岩、硅质岩、泥质岩、凝灰岩、凝灰质粉砂岩、放射虫硅质岩,偶见腕足、珊瑚化石,上部夹灰岩,含䗴化石。

10

（三）二叠系

阿尔泰二叠系仅在富蕴县西特斯巴汉村东部少量出露。下－中二叠统为湖相陆源细碎屑岩夹碳质泥岩及少量灰岩；上二叠统为陆相中性火山碎屑岩夹中基性熔岩及陆源碎屑岩。二叠纪准噶尔盆地南缘乌鲁木齐及以东地区，以陆相沉积为主，仅吐－哈盆地南缘的下－中统为海相，生物类型以安加拉区系植物群为主。下二叠统划分为下芨芨槽群、上芨芨槽子群，前者为一套滨海－海陆交互相细碎屑岩，后者主要为河流－三角洲相碎屑岩；下－中二叠统主要为火山岩，中二叠统为陆相杂色基、中、酸性或中、酸性或双峰式火山岩，以及凝灰质碎屑岩和陆源碎屑岩，有时夹少量灰岩、硅质岩和珍珠岩。上二叠统分布于两个地区：一是托里县－乌尔禾－扎河坝一带的河湖相陆源碎屑岩、凝灰质碎屑岩夹煤、菱铁矿、膨润土、油页岩及硅化木，有时夹中－基性熔岩、凝灰岩，是克拉玛依油田最重要的生储油层；另一是吐鲁番盆地北缘的河湖相陆源碎屑岩，下部夹中、基性熔岩，上部夹泥灰岩、灰岩、碳质泥岩及煤线，上部为重要的生油岩系。另在吐－哈盆地南缘尚有一套下－中二叠统的海相杂色陆源碎屑岩夹灰岩。

在西天山伊犁盆地及依连哈比尔尕山二叠系主要为磨拉石建造。下二叠统乌郎组由陆相碎屑岩、火山岩和火山碎屑岩组成；上二叠统下中部为晓山萨依组和哈米斯特组，前者主要以碎屑岩为主，后者为一套火山岩及火山碎屑岩；上二叠统上部铁木里克组为山麓堆积相粗碎屑岩和河湖相碎屑岩。东天山二叠系仅见下统，有阿尔巴萨依组、阿其克布拉克组、景峡组。阿尔巴萨依组下部为安山岩、玄武岩夹岩屑砂岩，见底砾岩；中部为英安质岩屑凝灰岩、中性火山岩，偶夹砂岩、灰岩；上部为安山岩、英安岩。景峡组为海相双峰式火山岩和陆源碎屑岩夹灰岩。下部层位产鲢科、腹足及海百合茎化石。阿其克布拉克组为磨拉石建造，以角度不整合覆盖于雅满苏组之上，在上部层位产瓣鳃类化石。北山地区二叠系在新疆境内下统为红柳河组和骆驼沟组。红柳河组为海相碎屑岩夹灰岩与基－中性火山岩互层，含鲢、北极海型冷水腕足动物群。骆驼沟组为碎屑岩、火山碎屑岩夹酸性火山岩、灰岩，富含腕足化石。上述两组伴生蛇绿岩、蛇绿杂岩。

四、中生界和新生界

（一）三叠系

主要分布于准噶尔盆地南缘及吐－哈盆地、天山山前及山间盆地中，前者主要在乌鲁木齐－吉木萨尔地区发育最为齐全。下统有韭菜园组、烧房沟组，韭菜园组为湖相碎屑岩，含水龙兽、叶肢介及植物化石；烧房沟组为河湖相碎屑岩，下粗上细。中－上统克拉玛依组为河湖相碎屑岩，含有双壳、肯氏兽动物群化石。上统有黄山街组和郝家沟组，前者为湖相碎屑岩夹泥岩、菱铁矿，富含"阜康鱼类动物群"化石；后者为湖河相碎屑岩，局部夹煤线、菱铁矿结核、灰岩，含植物及双壳化石。塔里木盆地北缘三叠纪地层划分为下统俄霍布拉克组、中统克拉玛依组、上统黄山街组和塔里奇克组，主要以河湖相碎屑岩为主，上部发育湖沼相细碎屑岩。北山地区三叠系在甘肃出露齐全，但分布零星。

（二）侏罗系

分布范围较三叠系明显扩大。在准噶尔盆地南缘和吐鲁番－哈密盆地侏罗纪沉积特征相似，下侏罗统八道湾组和三工河组主要为河湖相、沼泽相碎屑岩夹煤层；中侏罗统西山窑组和头屯河组为一套湖泊－沼泽相碎屑岩，西山窑组是区内主要的含煤层；上侏罗统齐古组和喀拉扎组为湖泊相及河流相碎屑岩。塔里木北缘的西南天山地区，下侏罗统为莎里塔什组和康苏组，为河湖相碎屑沉积，夹有煤层；中侏罗统为杨叶组和塔尔尕组，主要为湖相细碎屑沉积，夹有煤层；上侏罗统为齐古组、喀拉扎组和库孜贡苏组，主要为河流相粗碎屑沉积。

（三）白垩系

在北天山－准噶尔南缘及南天山地区都为陆相沉积。北天山－准噶尔南缘下白垩统土古里克群主要为一套湖相细碎屑沉积，上白垩统在吐鲁番盆地称为苏巴什组和库穆塔克组，为山麓相－河流相－湖泊相碎屑岩，为过渡型沉积。南天山在拜城－库车盆地北缘下统有亚格列木组、舒善河组、巴西改组，上统巴什基奇克组，总体为一套河湖相碎屑岩。

（四）第三系

第三纪初，喀喇昆仑林济塘带仍有残余海盆碎屑－碳酸盐岩沉积，塔里木盆地西缘有海相、海陆交互相、潟湖相泥岩、灰岩、泥灰岩夹石膏沉积，昆仑一带出现陆相火山岩。其他地区均为陆相，一般山麓地带为巨厚的磨拉石建造。

第三节 岩 浆 岩

一、火山岩

新疆火山岩十分发育，具多时代、多阶段的特点。在地壳形成和演化进程中，均出现大量火山喷发，尤以晚古生代最强。

（一）火山岩区带划分及特征

新疆的火山活动具有成群、成带出现的特征，并且与不同时期的构造活动带有着十分密切的关系。将新疆北部火山岩分布区划分为阿尔泰、准噶尔－东天山、西天山3个火山岩区，各火山岩区内进一步划分出13个火山岩带。

1. 阿尔泰火山岩区

阿尔泰火山岩区分布于西伯利亚板块阿尔泰陆缘活动带，火山活动出现于奥陶纪—二叠纪，其中泥盆纪火山岩最为发育，石炭纪次之。火山岩为钙碱性。以红山嘴断裂和苏木达依－阿巴宫断裂为界进一步划分为喀纳斯、红山嘴和富蕴三个火山岩带。

红山嘴火山岩带：发育有泥盆纪和早石炭世中酸性火山岩，主要为弧后拉张环境的钙碱性系列火山岩；喀纳斯火山岩带主要发育有晚奥陶世和中晚志留世的火山岩，晚奥陶世为活动陆缘、钙碱性系列的安山岩－英安岩－流纹岩组合，中晚志留世为陆缘残留海环境钙碱性系列和拉斑玄武岩系列的玄武岩－安山岩组合；富蕴火山岩带主要发育早泥盆世－早二叠世火山岩，泥盆纪—石炭纪火山岩为岛弧及弧后裂陷盆地环境的具有双峰式火山岩特征的钙碱性系列和拉斑玄武岩系列的岩石组合，二叠纪火山岩属造山后拉张阶段的碱性系列岩石组合。

2. 准噶尔－东天山火山岩区

该火山岩区分布于准噶尔和东天山，主要发育古生代海相火山岩，尤以泥盆纪和石炭纪火山岩为主，并有石炭纪、二叠纪和中生代的陆相火山岩，缺少前寒武纪和新生代火山岩。火山岩以钙碱性系列岩石为主，从基性到酸性岩类均较发育，尤以中基性岩类为多。该火山岩区进一步划分为萨吾尔－二台、谢米斯台－三塘湖、卡拉麦里、依连哈比尔尕－博格达、哈尔力克－大南湖和觉罗塔格等6个火山岩带。

萨吾尔－二台火山岩带分布于萨吾尔－二台晚古生代岛弧带和洪古勒楞－阿尔曼太沟弧带，仅有晚古生代火山岩。在萨吾尔一带，以早石炭世海相和早二叠世陆相火山岩为主，中泥盆世—早二叠世的火山岩为玄武岩－安山岩－英安岩和流纹岩组合，二台一带以泥盆纪的玄武岩－安山岩－英安岩和流纹岩组合为主，石炭纪和二叠纪的安山岩－英安岩－流纹岩组合次之；谢米斯台－三塘湖火山岩带分布于唐巴勒－卡拉麦里，主要为奥陶纪的玄武岩－安山岩组合。中晚志留世为玄武岩－流纹岩组合，泥盆纪为玄武岩－安山岩－英安岩－流纹岩组合，石炭纪—二叠纪的玄武岩－流纹岩组合、玄武岩－安山岩－英安岩组合、细碧岩－角斑岩－石英角斑岩组合，中晚三叠世碱性玄武岩和流纹岩组合；卡拉麦里火山岩带范围较为局限，主要发育晚泥盆世陆相－海陆交互相的玄武岩－流纹岩组合，具有双峰式火山岩特征，早石炭世主要为产于拉张环境的细碧岩－角斑岩组合及大洋玄武岩，并有超镁铁岩产出，晚石炭世则为一套陆相的玄武岩－流纹岩组合；哈尔力克－大南湖火山岩带分布于吐哈盆地东段南北两侧，发育泥盆纪—早二叠世火山岩，以石炭纪的玄武岩－安山岩－英安岩－流纹岩组合最为发育，泥盆纪的玄武岩－流纹岩双峰式组合次之，早二叠世为玄武岩－安山岩－流纹岩组合；觉罗塔格火山岩带分布于觉罗塔格一带，发育早石炭世—早二叠世的火山岩，以石炭纪的玄武岩－安山岩－英安岩－流纹岩组合最为发育。在康古尔一带发育有石炭纪的细碧岩－石英角斑岩组合，早二叠世为陆相－海陆交互相的玄武岩－流纹岩组合。

3. 西天山火山岩区

西天山火山岩区主要发育古生代火山岩，划分为赛里木、博罗科努和阿吾拉勒－依什基里克、东阿赖－哈尔克－额尔宾4个火山岩带。

赛里木火山岩带分布于赛里木地块和阿拉套晚古生代陆缘盆地，在别珍套山一带发育有早石炭世亚碱性大陆拉斑玄武岩系列的玄武岩－玄武安山岩、英安岩－流纹岩组合，本区广泛分布有早二叠世的钙碱性系列的陆相玄武岩－安山岩组合。博罗科努火山岩带分布于博罗科努古生代复合岛弧带，主要发育晚志留世钙碱性系列的玄武岩－安山岩－流纹岩组合，中－晚奥陶世钙碱性系列的基性－中酸性火山岩组合，中晚泥盆世和石炭纪钙碱性系列的玄武岩－流纹岩组合，早二叠世钙碱性系列陆相玄武岩－安山岩组合。阿吾拉勒－依什基里克火山岩带分布于伊犁地块，主要发育早石炭世碱性（基性）－钙碱性（中酸性）系列玄武岩－安山岩－英安岩－流纹岩组合，晚石炭世钙碱性系列和拉斑玄武岩系列玄武岩－玄武安山岩、流纹岩组合，早二叠世的橄榄玄武岩－玄武岩－安山质玄武岩、安山岩、流纹岩组合。东阿赖－哈尔克－额尔宾火山岩带分布于南天山陆缘裂陷盆地。在哈尔克山一带，以志留纪的玄武岩－安山岩－英安岩－流纹岩组合为主，并有变质火山岩。东阿赖－阔库拉一带，以早中泥盆世的玄武岩－安山岩－流纹岩组合为主，石炭纪—二叠纪的玄武岩－流纹岩组合次之，并有志留纪、长城纪的火山岩和古新世—始新世的少量陆相玄武岩。额尔宾山地区以泥盆纪的玄武岩－安山岩－流纹岩组合为主，次为早石炭世的玄武岩－流纹岩组合及中晚奥陶世的基性－中酸性火山岩。

（二）火山活动时期划分

新疆火山岩的发育程度与地壳运动旋回及地质构造性质密切相关。新疆火山活动可划分为3个时期。

1. 前震旦纪基底形成期火山岩

太古宙表壳岩中的火山岩分布于塔里木陆块东部南、北两缘的库鲁克塔格和阿尔金地区。库鲁克塔格为角闪岩相的中基性火山岩，有的达到苦橄岩成分，阿尔金为麻粒岩相类双峰式火山岩建造。元古宙的火山岩主要分布于库鲁克塔格、阿尔金、巴仑台－星星峡、铁克里克和柯坪等地，以拉斑系列、类双峰式火山岩建造和基性岩建造为主。到长城纪大部分地区转为挤压阶段，出现钙碱系列中－酸性火山岩建造，而阿尔金可持续到蓟县纪。蓟县纪和青白口纪火山岩不发育，反映出该阶段新疆前震旦纪基底陆壳已克拉通化。

2. 古生代板块俯冲和碰撞期火山岩

这类火山岩出现于南阿尔泰的泥盆系、觉洛塔格的下石炭统、伊连哈比尔尕的下石炭统等。活动陆缘拉张阶段出现巨厚的陆源碎屑岩建造，其中通常出现一些玄武岩夹层。介于离散中心与被动陆缘间则出现过渡类型，以中－基性火山岩为主。碰撞阶段普遍发育火山岩，基本类型有3种：①基性－中性－酸性连续分异火山岩建造，分布最广，形成玄武岩－安山岩－流纹岩建造，主要分布于谢米斯台－库普、哈尔里克泥盆系，雅满苏下石炭统中。②中性－酸性火山岩建造以安山岩－流纹岩、英安岩－流纹岩为主，基本不含玄武岩，见于准噶尔的下石炭统，克孜勒塔格、霍拉山、艾尔宾的中泥盆统。③中性－酸性火山岩夹层，在一些俯冲作用较弱的地区或碰撞晚期出现，夹于碳酸盐岩－碎屑岩建造之中，如中阿尔泰的奥陶系、博罗科努的志留系和南明水的泥盆系。俯冲阶段的火山岩以钙碱系列为主，常有橄榄粗安岩系列伴生，并与钙碱性花岗岩类伴生。

3. 新陆壳阶段的火山岩

新疆古生代地壳发展进入新陆壳时期后，构造活动趋于平静。碰撞期钾长花岗岩侵入过程中一般不伴随火山作用。固结抬升后，可形成一些小范围的火山磨拉石盆地，岩性多为偏碱性的流纹岩类，且常为陆相，如准噶尔、觉洛塔格等。火山活动规模较大的有两类：一是上叠裂谷，如北山古生代裂谷系的二叠纪上叠裂谷、塔里木陆块巴楚隆起的二叠纪上叠裂谷等。火山岩以碱性系列为主，陆相双峰式火山岩发育，常出现橄榄玄武玢岩等的喷发－超浅成－浅成岩。另一类型是折沉作用导致较大规模的深源碱性岩浆侵位，生成碱性玄武岩类充填的火山类裂谷，多出现在造山带前缘，如天山南、北缘，南阿尔泰。

中新生代时期昆仑山以北进入大陆板内发展阶段，火山活动较弱，但在南天山的托云坳陷、阿尔泰、昆仑山等地亦出现古－始新世、上新世、上更新世和全新世的陆相碱性系列的火山喷发，多为橄榄玄武岩，粗面玄武岩、粗面岩、白榴碧云岩、橄榄玄武粗安岩，常形成火山机构及岩钟、岩株、岩盖。东昆仑、喀喇昆仑地区三叠纪、侏罗纪、白垩纪的火山岩则较昆仑山以北分布广，以玄武岩－流纹岩组合为主，中基性岩多属碱性系列，酸性火山岩多属高铝火山岩系列。

二、侵入岩

（一）侵入岩带划分及特征

根据侵入岩的分布规律、发育程度、岩石组合和序列演化特点，新疆北部可以划出 3 个构造－岩浆区，21 个岩浆带。

1. 阿尔泰构造－岩浆区

进一步划分为诺尔特、喀纳斯－可可托海、青河、额尔齐斯 4 个侵入岩带。①诺尔特带分布于北阿尔泰诺尔特地区，主要发育泥盆纪、石炭纪钾长花岗岩、石英斑岩、花岗闪长岩等，构成花岗闪长岩－黑云母花岗岩－二云母钾长花岗岩－花岗斑岩－石英斑岩的岩石序列。②喀纳斯－可可托海带志留纪、泥盆纪侵入岩分布在喀纳斯－可可托海一带，岩石类型为变辉长岩、片麻状英云闪长岩、石英闪长岩、二长花岗岩；石炭纪－二叠纪为黑云母－二云母花岗岩序列、辉长岩，三叠纪侵入岩零星见于阿尔泰，岩性为二云母花岗岩、碱长花岗岩、白云母花岗岩。③青河带石炭纪侵入岩分布在青河以南，呈链状分布的一些钙碱系列、铝不饱和、富钠类型的石英闪长岩、花岗闪长岩、黑云母花岗岩、二云母钾长花岗岩。④额尔齐斯石炭纪和早二叠世侵入岩带向西延入哈萨克斯坦境内，向东至喀拉通克一带尖灭，主要为辉长岩、英云闪长岩、花岗岩、钾长花岗岩。

2. 准噶尔－北天山构造－岩浆区

（1）西准噶尔分区

分布有布尔津、塔尔巴哈台、加依尔、博尔塔拉 4 个侵入岩带。①布尔津带泥盆纪侵入岩为钙碱系列、铝过饱和、富钾型的黑云母二长花岗岩、英云闪长岩；石炭纪侵入岩由钙碱系列富钾型，铝弱过饱和的花岗闪长岩、二长花岗岩、钾长花岗岩组成；二叠纪侵入岩为碱性系列的辉长岩、二长闪长岩、石英二长岩、英云闪长岩、正长花岗岩。②塔尔巴哈台带石炭纪侵入岩为一套辉绿岩－花岗闪长岩－正长花岗岩；二叠纪侵入岩为碱性系列的辉长岩、二长闪长岩、英云闪长岩、正长花岗岩、石英二长岩、花岗斑岩。③加依尔带主要为石炭纪钙碱系列富钠型，铝不饱和的辉长岩（辉绿岩）、闪长岩、花岗闪长岩、英云闪长岩、二长花岗岩、钾长花岗岩、花岗斑岩。④博尔塔拉带石炭纪侵入岩主要为钙碱系列偏碱类型，铝弱饱和的二长花岗岩和钾长花岗岩；二叠纪侵入岩为碱性系列的辉长岩、二长闪长岩、英云闪长岩、正长花岗岩、石英二长岩、花岗斑岩。

（2）东准噶尔分区

分布有萨尔布拉克、卡拉麦里－伊吾、三溏湖、老爷庙、双井子5个侵入岩带。①萨尔布拉克带志留纪侵入岩为钙碱系列，为铝过饱和、富钠的闪长岩－花岗闪长岩－二长花岗岩序列；石炭纪辉长岩－钠质花岗岩序列由钙碱系列富碱类型，铝不饱和的具正常结晶结构的辉长岩、闪长岩、花岗闪长岩、二长花岗岩、钠质碱长花岗岩、花岗斑岩等组成。早二叠世橄榄苏长岩－闪长岩序列以喀拉通克含镍镁铁－超镁铁杂岩为代表。②卡拉麦里－伊吾带石炭纪侵入岩分布于纳尔曼得和卡拉麦里两条蛇绿岩带之间，多为受断裂控制的巨大岩基。③三溏湖带石炭纪侵入岩多为浅成岩，属辉绿岩—花岗斑岩序列，其岩性为钙碱系列富钠类型、铝不饱和的辉绿岩、闪长玢岩、花岗闪长斑岩、花岗斑岩、石英钠长斑岩。④老爷庙带泥盆纪侵入岩为钙碱系列、铝弱饱和、富钠型；石炭纪侵入岩为钙碱系列偏碱质富钠类型、铝弱饱和的石英闪长岩、花岗闪长岩、英云闪长岩、二长花岗岩。⑤双井子带石炭纪侵入岩为浅成岩，岩性为钙碱系列富碱类型、铝不饱和的辉绿岩、辉石闪长玢岩、花岗闪长斑岩、石英钠长斑岩、钾长花岗斑岩。

（3）北天山分区

分布有依连哈比尔尕、博格达、哈尔力克－觉罗塔格3个侵入岩带。①依连哈比尔尕带发育少量石炭纪侵入岩，钙碱系列低碱类型，铝过饱和的闪长岩、花岗岩小岩株。②博格达带石炭纪侵入岩为分布广泛的辉绿岩床及少量闪长岩－花岗闪长岩和钾长花岗岩株。③哈尔力克－觉罗塔格带石炭纪侵入岩分为两个序列，辉长－辉绿岩序列岩体沿阿其克库都克断裂北侧分布，二长花岗岩序列由巨大二长花岗岩基组成，岩性为辉长岩、闪长岩、花岗闪长岩、英云闪长岩、二长花岗岩、钾长花岗岩和花岗斑岩。二叠纪侵入岩主要分布于南部觉罗塔格带，岩性为钙碱系列、富钠型、铝不饱和的正长花岗岩、碱性花岗岩、石英二长岩。

3. 天山构造岩浆区

天山区可划分为博罗科努、伊犁、那拉提、巴仑台、天山南脉5个岩浆岩带。①博罗科努带古元古代侵入岩分布在温泉县西南，岩石为钙碱系列、铝过饱和，富钠型的片麻状花岗岩；泥盆纪侵入岩分布于博罗科努带西段南坡，为钙碱系列、铝弱饱和、偏碱质富钾型的石英闪长岩、花岗闪长岩、二长花岗岩、钾长花岗岩组成的岩石序列，以花岗闪长岩为主要岩性；石炭纪侵入岩沿博罗科努断裂南侧分布，岩性为辉长闪长岩、花岗闪长岩、二长花岗岩、钾长花岗岩和花岗斑岩；三叠纪侵入岩呈小岩株分布于野马泉及星星峡北东一带，岩性为白云母花岗岩、天河石花岗岩等，以富硅、富钾、铝过饱和为特征。②伊犁带石炭纪侵入岩为辉绿辉长岩、闪长岩、花岗闪长岩、二长花岗岩、钾长花岗岩、碱长花岗岩和花岗斑岩，为钙碱系列、富钠类型、铝弱饱和；二叠纪侵入岩为辉长辉绿岩－花岗闪长岩－正长花岗岩序列小侵入体，为钙碱系列、富碱类型、铝不饱和。③那拉提带志留纪侵入岩主要岩石为钙碱系列、铝过饱和、富钠型的片麻状花岗岩；泥盆纪侵入岩为钙碱系列、铝不饱和、富碱型的辉长岩、闪长岩、花岗岩、英云闪长岩、二长花岗岩；石炭纪侵入岩以钾长花岗岩序列为主体，有少量镁铁－超镁铁杂岩体。④巴仑台带青白口纪侵入岩为钙碱系列、富钾型的片麻状石英闪长岩、片麻状花岗闪长岩；泥盆纪侵入岩为钙碱系列的辉长岩、石英闪长岩、英云闪长岩、花岗闪长岩、二长花岗岩、钾长花岗岩；石炭纪侵入岩为钙碱系列、富钠类型、铝不饱和的辉长岩、花岗闪长岩、二长花岗岩、钾长花岗岩和花岗斑岩；二叠纪侵入岩为一套辉长辉绿岩－花岗闪长岩－正长花岗岩序列的小侵入体。⑤天山南脉带泥盆纪侵入岩包括3个序列，中基性岩序列、二长花岗岩序列、钾长花岗岩序列；石炭纪侵入岩为钙碱系列、富钾类型、铝弱饱和的辉长岩、闪长岩、花岗闪长岩、二长花岗岩、钾长花岗岩和碱长花岗岩；二叠纪侵入岩为碱性系列、铝不饱和的碱性辉长岩、二长岩、正长花岗岩、正长岩、碱性正长岩和花岗斑岩；侏罗纪—白垩纪侵入岩为碱性辉长岩。

（二）岩浆侵入活动时期划分

新疆岩浆侵入频繁，但以晚古生代花岗质岩浆活动最强烈，尤其是石炭纪花岗岩类分布广泛。

1. 震旦纪基底陆壳形成阶段的侵入岩

1）灰色片麻岩见于星星峡地块的尾亚以西，为大面积花岗片麻岩，变质程度为低角闪岩相－高角闪岩相，局部为麻粒岩相。原岩为奥长花岗岩、英云闪长岩、花岗闪长岩（TTG组合）。

2）新太古代—元古宙英云闪长岩建造：主要分布于库鲁克塔格及巴仑台区，岩性以英云闪长岩为主，与围岩界线多不清楚。此建造可与国内外太古宙紫苏花岗岩对比。

3）中－新元古代红色花岗岩建造：广泛分布于那拉提、库鲁克塔格、星星峡等地区，岩性为钾长花岗岩－碱长花岗岩组合，常具眼球状构造，为元古宙增生陆壳碰撞－固结产物。

4）新元古代辉长岩－闪长岩－花岗闪长岩－二长花岗岩建造：库鲁克塔格的雅尔当、星星峡带尾亚东南的横山、阿尔金中南部等地区发育，为钙碱性花岗岩，岩体与围岩侵入接触，发育末期基性－酸性岩墙群。

2. 古生代造山带拉张阶段的侵入岩

库鲁克塔格震旦纪—早古生代裂谷有少量早古生代岩体，属辉长岩－花岗岩建造。已确认为拉张阶段形成的只是一些基性的或双峰式的浅成侵入体。

3. 古生代俯冲阶段的侵入岩

大洋岩石圈板块的俯冲，导致火山弧的形成，强烈的基性－中酸性火山喷发和深成岩侵位是该阶段的特点。岩石组合为（辉长岩－）闪长岩－花岗闪长岩－二长花岗岩序列。通常近洋侧以辉长－闪长岩、英云闪长岩为主，向陆缘方向依次演变为以花岗闪长岩为主直至以二长花岗岩为主。阿尔泰大量花岗岩类形成于与古生代俯冲作用有关的陆缘裂解、俯冲增生和洋中脊俯冲环境中（360~470 Ma），岩石组合为高钾钙碱性I型、A型（碱性）、低钾钙碱性、拉斑系列I型花岗岩类（王涛等，2010），如阿巴宫－铁米尔特黑云母花岗岩和正长花岗岩年龄为458~463 Ma（刘锋等，2008；柴凤梅等，2010）形成于俯冲早阶段。

4. 后碰撞伸展阶段侵入岩

后碰撞侵入岩有5种类型，①钾长花岗岩，成分变化范围较窄，分布广泛，在南阿尔泰、准噶尔北缘、东准噶尔、哈尔里克构造带均有分布，如小红山粗粒钾长花岗岩（296 Ma，韩宝福等，2006）；②碱性花岗岩，主要分布于东准噶尔，其他地区有零星分布，如布尔根碱性花岗岩（353 Ma，童英，2006）、贝勒库都克正长花岗岩（306 Ma，李月臣等，2007）；③镁铁－超镁铁杂岩，伴有铜镍矿化，如喀拉通克（287 Ma，Han et al.，2004）、黄山（269 Ma，Zhou et al.，2004）、坡北（278 Ma，李华芹等，2006）；④上叠裂谷的辉绿岩建造（北山）伴有铁矿化，如磁海；⑤生成于陆内堆叠韧性剪切带上盘的高铝高位淡色（电气石－白云母－石榴子石）花岗岩，如觉罗塔格带康古尔塔格韧性剪切带的镜儿泉长达200 km的过铝花岗岩带，形成于259~275 Ma（唐俊华等，2008）。

5. 板内阶段侵入岩

板块碰撞后经过弛张期，进入板内发展时期。有两类深成岩浆作用，一为镁铁－超镁铁杂岩类侵入体，另一类为辉绿岩－石英斑岩建造（巩乃斯）。新疆板内发展阶段的中新生代岩浆侵入活动大大减弱。印支期的花岗岩类沿祁漫塔格－木孜塔格－康西瓦一带断续分布，其他造山带有零星分布，如阿尔泰阿拉尔黑云母花岗岩体年龄为211 Ma（刘锋等，2012）。东天山白山矿区黑云母花岗岩中锆石U－Pb年龄为239 Ma、花岗斑岩为235~245 Ma（李华芹等，2006），沙东黑云母花岗岩锆石LA－ICP－MS U－Pb年龄为245 Ma（唐俊林，2014）。燕山期花岗岩类与印支期相同，均为钙碱性系列，以闪长岩－花岗岩建造为主。

第四节　大型变形构造特征

新疆北部位于西伯利亚、哈萨克斯坦－准噶尔和塔里木板块结合部位，地质构造十分复杂。在长期地质演化过程中，形成了一系列发育于不同时期、不同性质、规模巨大的大型变形构造，这些大型变形构造控制着沉积作用、岩浆活动和成矿作用。

一、准噶尔–阿尔泰大型变形构造

（一）额尔齐斯逆冲走滑构造带

常称为额尔齐斯构造混杂带，是北疆地区最重要的岩石圈断裂。该断裂将北疆分割成两大构造区，北侧为阿尔泰构造区，主要构造线方向为 NW–SE 向；南侧为准噶尔构造区，呈略向北凸出的弧形构造系统。额尔齐斯断裂国内延长 400 km，其东段为玛因鄂博断裂，中段为富蕴–锡泊渡断裂，锡泊渡以西大部分为第四系覆盖，具体位置存在争议。额尔齐斯断裂东段走向 280°~310°，倾向 NE，倾角变化较大，发育宽 80~100 m 的碎裂–糜棱岩带。航磁异常呈条带状分布，重力无明显反映。电磁测深资料显示，额尔齐斯断裂延深可达 100 km 以上，具俯冲带性质，地表倾角较大（70°~80°），在 20 km 左右的深度分为两支，一支呈高角度向深部切穿岩石圈；另一支以较低角度在地壳中延伸，构成阿尔泰地区大型冲断推覆构造的主滑脱面。带内物质组成混乱，在富蕴南一带由 4 部分组成，第一套为中深变质岩，以含石榴黑云斜长片麻岩、斜长角闪岩为代表，岩层中穿插大量伟晶岩脉。第二套为灰色、浅灰色、灰绿色含石榴子石黑云石英片岩、二云母石英片岩、黑云长石片岩、绿帘阳起石片岩、黑云斜长变粒岩夹磁铁石英岩；第三套为一套灰色、浅灰色糜棱岩化火山碎屑岩、糜棱岩化酸性熔岩；第四套为浅变质碎屑岩，含孢粉化石。此外该带出露大量石炭纪糜棱岩化花岗岩。

（二）阿尔曼太大型片理化带

位于东准噶尔北缘，处于准噶尔和西伯利亚板块的交汇地带，呈 NW–SE 向延伸，长度大于 300 km，宽度 5~20 km，向东延入蒙古国。该片理化带主体为阿尔曼太蛇绿混杂带，主要出露于扎河坝、兔子泉和青平岭一带，北侧为古生代地质体组成的加波萨尔岛弧带，南侧为野马泉岛弧带。蛇绿混杂带由肢解的蛇绿岩和奥陶纪、泥盆纪、石炭纪火山岩、硅质岩等组成。阿尔曼太蛇绿岩下部岩系较发育，为变质橄榄岩，并且二辉橄榄岩占有相当比例。蛇绿岩形成时代为 479~525 Ma（刘伟等，1993；黄萱等，1997；简平等，2003；肖文交等，2006），硅质岩中放射虫时代为奥陶纪（李锦轶，1991）。阿尔曼太带所代表的洋盆有可能是在震旦纪晚期或寒武纪初打开，于晚泥盆世—早石炭世闭合。肖文交等（2006）认为阿尔曼太蛇绿岩是古亚洲洋在晚寒武世—早奥陶世的残余，与岛弧火山岩组成洋内弧，该洋内弧向北拼贴到阿尔泰地体南缘，形成科迪勒拉型俯冲边缘。阿尔曼太大型片理化带总体以脆韧性变形为主，片理产状总体向西南倾，倾角 60°左右（董连慧等，2011）。

（三）卡拉麦里大型劈理化带

卡拉麦里劈理化带沿卡拉麦里山呈 NW–SE 向延伸，南东段略呈弧形。长 400 km，宽 10~15 km，向东延入蒙古国南部。总体显示具脆韧性变形特征，片理面总体北倾。该带可划分为 3 个岩石–构造单元：北带由中泥盆世复理石组成；南带由中泥盆世—早石炭世沉积岩–火山碎屑岩组成；中部为蛇绿混杂带，三者之间均为断裂接触。该带主体部分为卡拉麦里蛇绿混杂带，带内由中泥盆统和下石炭统下部的基性熔岩、凝灰岩、硅质岩及大量超镁铁–镁铁杂岩组成。与蛇绿岩伴生的斜长花岗岩 SHRIMP 年龄为 373 Ma（唐红峰等，2007）。该蛇绿岩带硅质岩中含有晚泥盆世法门期—早石炭世杜内期放射虫化石，代表卡拉麦里蛇绿岩形成的晚期年龄（舒良树等，2003）。卡拉麦里劈理化带可以划分为 3 期，早期向南逆冲，中期左行走滑，晚期向南逆冲（董连慧等，2011）。该带是金矿的成矿有利地段，已发现南明水金矿、双泉金矿（田红彪等，2013）等。

（四）达拉布特逆冲走滑构造带

该构造带位于西准噶尔南缘，呈 NE 向展布，延伸达 300 km、宽 20~30 km，构造变形带的地质体为志留纪、泥盆纪、石炭纪的陆源碎屑岩，变形以脆韧性为主，片理产状主体为向 NW 倾，倾角在 60°左右，变形时代早古生代开始，为晚石炭世、二叠纪至中侏罗世长期发展起来的大型叠瓦逆冲走滑构造带，上侏罗统、白垩系超覆不整合在逆冲推覆构造之上。北界为达尔布特断裂，断裂沿55°~235°方向延伸，全长近百千米。为左行走滑断裂，断面沿走向微有弯曲，倾向NW，倾角80°左右，或近直立。沿断裂发育破碎带，一般宽50~100 m，动力变质的片理化带，宽达4 km。达拉布特蛇绿岩带位于克拉玛依市以北的扎伊尔山区，呈NE向沿达拉布特断裂带及其北侧次级断裂产出，全长约100 km，最宽处（萨尔托海）达到8 km。该蛇绿岩带各岩石单元出露较为齐全。蛇纹岩的原岩主要为方辉橄榄岩和少量橄榄辉石岩，发生了强烈蛇纹石化，橄榄石和辉石都被蛇纹石取代。镁铁岩块包括辉长岩、辉长玢岩、角闪辉长岩，它们大小不一，形状各异。锆石SHRIMP定年显示角闪辉长岩形成于426 Ma，表明达拉布特所代表的古洋盆在中志留世就已存在（陈博等，2011）。舒良树（2001）认为该带硅质岩中有奥陶纪放射虫。南界为夏子街－乌尔禾冲断带，在其北侧发育唐巴勒蛇绿混杂带，带内NWW向和近EW向次级走滑断层呈雁行状排列，雁行排列的构造走向与主断层呈锐角相交。唐巴勒蛇绿岩主要为蛇纹岩、蛇纹石化方辉橄榄岩、二辉橄榄岩、纯橄岩、辉石岩、辉长岩及斜长花岗岩和中奥陶统科克萨依组的枕状玄武岩、细碧岩、角斑岩、凝灰岩、放射虫硅质岩和少量生物灰岩透镜体组成。层状辉长岩锆石U－Pb年龄为531 Ma（Jian et al.，2005），浅色辉长岩锆石U－Pb和Pb－Pb同位素年龄为524 Ma（Kwon et al.，1989），斜长花岗岩榍石Pb－Pb年龄为508 Ma（肖序常等，1992）。杨高学等（2015）认为西准噶尔（洋）的演化过程中，不仅是洋内俯冲系统，还伴有地幔柱活动。

（五）巴尔鲁克逆冲走滑构造带

该构造带位于西准噶尔的西部，呈NE向展布，东西长约100 km，南北宽30 km，带内主体由泥盆纪和石炭纪陆源碎屑岩组成，其间发育巴尔鲁克逆冲左行走滑断裂、玛依勒逆冲左行走滑断裂等，混杂有玛依勒、巴尔鲁克蛇绿岩等。构造变形带主体以脆韧性为主，片理产状总体为向NW倾，倾角约60°~70°，变形时期主体为古生代中晚期西准噶尔增生造山期。玛依勒蛇绿岩与蛇绿岩伴生的地层时代为中晚志留世，并被下泥盆统不整合，新疆有色地质勘查局七〇一队2009年在玛依勒一带建立了由下而上完整的蛇绿岩层序：变质橄榄岩（蛇纹岩）－辉长岩－基性岩墙（辉绿岩）－枕状玄武岩为主的火山岩－放射虫硅质岩等。

（六）卡拉先格右行走滑构造带

位于富蕴县城以东，呈340°~350°延伸，倾向NEE，倾角65°~70°，长约60 km，宽约几百米，横切所有老构造线。沿断裂发育有断谷、断崖、断层三角面，有宽度不等的破碎带，糜棱岩带。断裂西盘北移，东盘南移，为平移断裂。派生断裂发育，切割额尔齐斯构造混杂岩带。目前仍有强烈活动，为现代地震活动集中地带。

（七）博格达山北缘山前逆冲推覆构造带

该构造带位于博格达山和哈尔里克山北坡，全长约500 km，宽约10~30 km，呈一向北凸起的"W"形，西部主体由博格达山前晚古生代的上石炭统、二叠系、三叠系、侏罗系等地质体组成，向北逆冲在新生界地层之上，由一系列SW倾向的逆冲断层组成。东部则由哈尔克山的古生代地质体组成，呈向北突出的弧形。断层面倾向南，倾角在西段为60°~70°，东段约50°，断层南部中泥盆统逆掩于上石炭统之上，沿断裂带具有片理化、硅化及破碎等现象，两侧地层走向呈明显的斜交。东部构造活动较早，可能在晚古生代早期就开始活动，而西部则主要在新生代活动，至今仍在向北逆冲。

二、天山造山带大型变形构造

（一）那拉提－红柳河大型劈理化带

该带为哈萨克斯坦－准噶尔板块与塔里木板块间的分界带。区域上东起哈密地区的红柳河，西到新源县的那拉提，向西延入吉尔吉斯境内，向东进入甘肃境内，可能通过巴丹吉林沙漠后，与内蒙古西拉木伦带相接。该构造带主体为构造混杂带，卷入的地质体有前寒武纪的结晶基底，有奥陶系、志留系、泥盆系的火山碎屑岩、火山岩、陆源碎屑岩等，还有古生代的中酸性侵入岩，另外，还有早古生代的洋壳残片。该断裂带长约 1000 km，宽 10 ~ 50 km，以那拉提断裂为主体，北侧发育高温低压变质带，南侧则发育高压低温变质带。关于蛇绿岩的形成时代，目前争议较大，已有的年龄数据说明南天山古洋盆在震旦晚期就已有一定规模，洋壳板块可能多次向北侧伊犁板块下俯冲、消减。与蛇绿混杂岩伴生的蓝片岩带发育在那拉提南缘大断裂的南侧，最宽处十余千米，最窄处仅数千米。沿构造线北 NEE 向呈长条形产出，呈西小东宽的喇叭形。绿片岩带（绿泥石阳起石带）主要分布于哈尔克山北缘的高压相系的蓝闪石带南北两侧，其北部与蓝闪石带呈过渡关系，南部与黑云母带呈断层接触。这套高压 – 超高压变质榴辉岩、蓝片岩的变质时代可能存在俯冲时的变质（300 ~ 400 Ma）以及折返阶段的退变质作用阶段（250 ~ 270 Ma）。该构造混杂带中新元古界混杂岩块为主要组成部分，岩石组合主要为长城系的绿片岩相 – 角闪岩相变质的陆源碎屑岩夹碳酸盐岩。蓟县系的绿片岩相（局部角闪岩相）变质的碳酸盐岩、镁质碳酸盐岩和陆源碎屑岩。青白口系以碳酸盐岩和镁质碳酸盐岩为主，夹陆源碎屑岩和少量硅质岩。变形构造分为两期，早期褶皱构造呈片内无根褶皱，晚期褶皱由变质岩片理褶曲构成，它们构成了该地块现今所见到的主体褶皱构造样式，这期褶皱构造主要为直立和歪斜不对称褶皱，轴面直立或近于直立，枢纽近水平。该地块内的断裂构造也有多期，其走向也在不同地段有规律的发生变化。早期以近 EW 走向的韧性剪切断裂为主，西部为右行剪切和东部为左行剪切断裂，有可能是在南北挤压应力作用下形成的同一期断裂系统的不同部分（董连慧等，2011）。

（二）阿其克库都克逆冲走滑构造带

该带为那拉提 – 红柳河缝合带的北界，位于东天山中部，向西与干沟断裂带相连，向东与沙泉子断裂相接。阿其克库都克断裂位于中天山北缘，是中天山与北天山分界断裂，该断裂为一条大型岩石圈断裂，位于重力异常梯度带上。阿其克库都克断裂表现为平行断裂带的右行走滑运动和垂直断裂带的向北逆冲。根据晚石炭世火山沉积岩系卷入了该期右行走滑变形，推段变形发生在晚石炭世以后。结合区域上的资料，包括康古尔塔格断裂带近年获得的走滑运动的 Ar – Ar 年代学资料和前人关于阿其克库都克断裂带走滑运动的分析，推测该期右行走滑运动主体发生在二叠纪中期约 260 Ma 前后。沿阿其克库都克断裂带，具有向北的逆冲运动，使南部变质岩系出露地表，其上的古生代地质体大部分被剥蚀，北部古生代晚期地层得以比较好的保存，其古元古代等地质体被掩埋于地下。该断裂带经历了早期拉张、中期走滑和晚期逆冲 3 个演化阶段。新生代以来，随着印度板块向北俯冲、青藏高原隆升，阿其克库都克断裂持续活动（高阳等，2010；董连慧等，2011）。

（三）秋格明塔什 – 黄山大型劈理化带

秋格明塔什 – 黄山大型劈理化带位于东天山地区，曾被称为康古尔塔格韧性挤压带（剪切带）、康古尔塔格碰撞带等，主体展布于康古尔大断裂与雅满苏大断裂之间，呈 EW 向延伸，长逾 600 km，宽达 20 ~ 40 km，表现为强烈的劈理化带。在上述两大断裂的南北两侧，同时存在有宽数千米的韧性变形边缘过渡带，表现为在相当宽度的脆性劈理带之中夹杂分布有若干透镜状的弱韧性变形带。组成该带的地质体自北而南依次为小热泉子 – 大南湖岛弧火山沉积岩系、古洋壳残片和南部卡拉塔格地块被动陆缘岩系，以及覆盖其上或侵入其中的晚石炭世至二叠纪后碰撞火山沉积岩系及侵入岩。早期变形为近 SN 走向的挤压，形成了该带呈不对称扇形展布的密集轴面劈理和垂直该劈理的张裂隙，变形可能发生在石炭纪末期—早二叠世，是沿该带发生碰撞造山的主要表现形式。晚期变形为平行该带的右行走滑运动，其带内具有糜棱岩、鞘褶皱、拉伸线理、S – C 组构等。变形带内由一系列长英质的糜棱岩化岩石、初糜棱岩、糜棱岩、超糜棱岩、千糜岩等组成。该带是新疆十分重要的造山型金矿带，康古尔金矿床、红石金矿床和红山金矿床的 Ar – Ar 同位素年代学研究表明，金矿床成矿作用和剪切带后期的走滑剪切变形作用在时间上具有强烈的耦合关系。秋格明塔什－黄山韧性剪切带剪切变形作用主活动期的时代为 262.9～242.8 Ma，而造山型金矿床金成矿作用发生在 261.0～246.5 Ma。这种强烈的耦合关系证明了秋格明塔什－黄山韧性剪切带晚期的右行走滑剪切变形作用才是剪切带内一系列金矿床成矿作用的主因。在剪切带中－西段的康古尔地区，快速抬升发生在 261.5～262.9 Ma，而康古尔金矿床主成矿时间是 261.0～252.5 Ma。在剪切带东段，快速抬升发生在 247.1～246.9 Ma期间，位于该剪切带东段北外带的红山金矿床主成矿期为 246.9～246.5 Ma，表明该金矿也是在剪切带东段快速抬升冷却之后形成的（陈文等，2007）。

（四）北天山山前逆冲推覆构造带

北天山山前断裂为一南倾的推覆断裂，东西长约 200 km，沿该断裂北天山地体整体推覆于准噶尔盆地之上。该断裂的活动具有明显的剪切性质。在盆地边缘可见，北天山的石炭系推覆在古近系之上，表明该断裂的活动一直延续到了新生代。该断裂带主要是一套石炭纪的火山－沉积岩系，另外还有洋壳残片－巴音沟蛇绿岩等。该断裂带由一系列的推覆断裂组成一个大型的推覆构造系统。

（五）南天山山前逆冲推覆构造带

塔里木盆地北侧与南天山造山带之间以南天山南缘断裂为界，该断裂呈明显的逆冲断裂构造，将南天山的古生界地层推覆于塔里木盆地之上。该断裂出露于铁力买提达坂至山前地带，构成了一个宽达 30～40 km 的逆冲推覆构造系统。卷入该构造的地质体主要有前寒武纪结晶基底，奥陶纪—二叠纪的碳酸盐岩、火山岩、火山碎屑沉积岩、陆源碎屑沉积岩、硅质岩等，前寒武纪、古生代中酸性侵入岩。其中可见大量岩块状的蛇绿岩，代表了沿该断裂曾经出现过具有一定规模的洋盆。该构造带由一系列推覆构造岩片所组成，其中已见有相当于中地壳的深部层次的构造变形，表明该构造带的活动已达相当的深度。韧性剪切带中白云母 Ar/Ar 坪年龄为 368±1 Ma，结合区域构造分析认为南天山山前逆冲推覆构造带主要形成于晚泥盆世—早石炭世，并在二叠纪重新活动。前者可能是南天山洋盆向北俯冲于伊犁地块之下的构造变形过程的痕迹，后者则可能是由伊犁－塔里木复合地体与北天山地块在晚石炭世—早二叠世发生碰撞而导致的构造变形（李向东等，1996）。

（六）中天山北缘大型韧性走滑断裂带

中天山北缘断裂是北天山造山带和伊犁中天山地块之间的边界断裂，是一大型韧性剪切带，沿断裂带糜棱岩发育。深断裂活动具有长期性与多期性，早古生代以前即已形成，并且多次活动，有些地段还切割了第四纪的沉积物。由推覆构造系统内带、推覆构造系统中带和推覆构造系统前锋带组成。出露于奎屯河下游那仁果勒至山前一带，广泛发育下石炭统复理石建造。它们推覆于中新生界上，局部重新叠覆于蛇绿岩之上，这些叠覆体呈相互叠置的构造岩片出现。

第五节　区域地球物理场特征

一、区域重力特征

新疆 1∶400 万布格重力异常图（图 1－2）显示，新疆布格重力异常全部为负值。大体上，塔里木—东天山—准噶尔为重力高（ -120×10^{-5} m/s²），西天山、南昆仑、北阿尔泰为重力低 -240×10^{-5} ～ -520×10^{-5} m/s²，期间有 4 条重力梯度带。1∶400 万布格重力异常基本反映莫霍面的起伏和结晶基底特点。阿尔泰为一向北递减的梯度带，异常梯度每千米 1×10^{-5} m/s² 以上，为准噶尔重力高与北阿尔泰－萨彦重力低之间的界线，反映地幔斜坡。准噶尔整体为重力高，可分为北准噶尔重力高，西准噶尔沙尔布尔提、扎依尔两个重力高。中央准噶尔重力低、东准噶尔重力高、博格达重力高。天山重力结构较复杂，乌鲁木齐－托克逊－库米什的南北向 "S" 形梯度带把天山分成两部分，东部重力高又被托克逊－哈密东西向梯度带分成南北两部分：北部哈尔里克重力低（-180×10^{-5} m/s^2）、南部觉罗塔格以及以南（-120×10^{-5} m/s^2）。乌鲁木齐－托克逊－库米什以西被伊犁楔状重力高隔开的博罗科努、哈尔克槽形重力低。整个西天山南北分别以艾比湖－昌吉梯度带、焉耆－拜城－阿合奇梯度带与准噶尔、塔里木为界（陈毓川等，2007）。

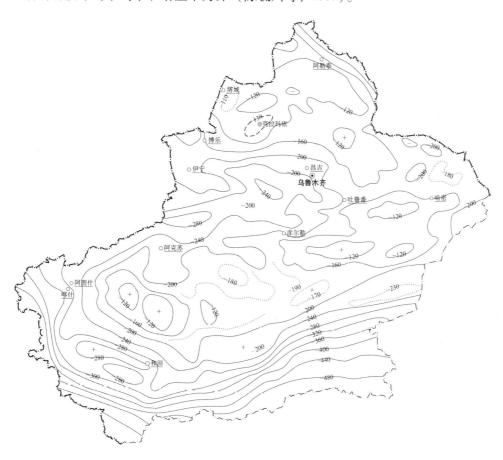

图 1－2　新疆布格重力异常示意图
（据陈毓川等，2007；转引地矿部地球物理地球化学勘查局，1989）

（一）阿尔泰区域重力特征

阿尔泰造山带区域布格重力异常全部呈现为负异常，异常较为复杂。中西部为准噶尔重力高，北部为阿尔泰重力梯级带，东南部为重力高与重力低过渡带，区内布格重力异常最高为 -80×10^{-5} m/s^2，最低为 -260×10^{-5} m/s^2，阿尔泰重力梯级带变化最大可达每千米 1.2×10^{-5} m/s^2。按照布格重力异常等值线强度变化、规模及分布特征，将区内布格重力异常分为 3 个异常区（图 1－3）。

1. 喀纳斯－阿勒泰－青河重力异常高梯度带

该带位于区域北部，由喀纳斯湖经阿勒泰市至青河，长 400 km，宽 60 km。重力异常值为 $-120 \times 10^{-5} \sim -260 \times 10^{-5}$ m/s^2，异常等值线束呈 NW－SE 延伸，在东部转向 SN，异常值由南向北逐渐降低。布格重力异常梯度值为每千米 1.2×10^{-5} m/s^2，是新疆境内重力梯度较大地区，表明本区的上地幔是一个十分陡峻的凹陷带。该重力异常高梯度带为准噶尔区域布格重力高异常区与阿尔泰低异常区的分界线。

2. 准噶尔区域布格重力异常平缓变化区

该异常区是新疆布格重力异常值最高的地区，布格重力异常值最高为 -80×10^{-5} m/s^2，表明准噶尔上地幔的隆起。异常总体呈 NW 向延伸，异常区长 600 km，宽 200 km，向西进入哈萨克斯坦，

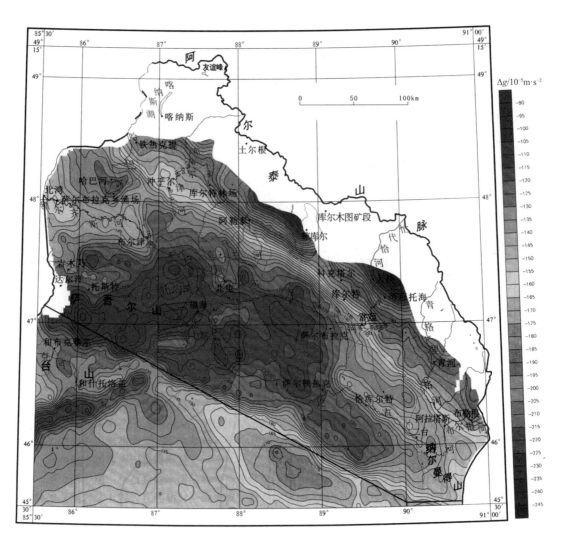

图 1-3　新疆阿尔泰成矿带布格重力异常示意图

（据西安地质矿产研究所，2006）

向东至吐鲁番－哈密盆地北缘。1：50 万布格重力异常图显示，准噶尔北缘异常区异常形态零乱，异常为等轴状、椭圆状、长轴状的重力高和重力低镶嵌而成的线性异常，轴向不太明显。重力异常高值区反映本区上地幔普遍上隆的特点，局部重力异常位于泥盆系、石炭系为主的复背斜，与隐伏的基性岩体有关（黄鉴聪等，1990）。

1：20 万布格重力异常对矿集区的深部构造反映得十分清楚，该区存在 3 条明显的场区界线：阿勒泰－富蕴重力梯度带、额尔齐斯河流域重力异常带和准噶尔北缘重力梯度带。以阿勒泰－富蕴重力梯度带为界，梯度带以南为上古生界、中生界和新生界，以北则为震旦—寒武系和下古生界。

3. 东准噶尔布格重力高与重力低过渡带

异常区内从北部的青河至南部的奇台之间重力高与重力低交错存在，并有几条 NW 向束状线形重力梯级带，其反映深大断裂的存在，如乌伦古河深大断裂、卡拉麦里深大断裂等。

（二）东天山区域重力场特征

东天山一带重力场以呈扁"S"状分布的小热泉子－康古尔－黄山重力高（或称康古尔塔格重力高）和库鲁克塔格重力高为主体，NW 向的乌鲁木齐－库米什－罗布泊重力异常变异带将其错开。该重力高的北侧，以狭长的吐鲁番－哈密（吐－哈）重力低与东西向乌鲁木齐－博格达－木垒重力高相联，南侧紧连近 EW 向的罗布泊－雅满苏低缓重力高。以上 4 个较大的重力高，即组成了东天山重

22

力高。其沿红柳河－柳园－罗布泊以东分布的重力低异常。

东天山地区最明显的重力梯度带有4条，并分别与深断裂带对应。吐哈盆地北缘重力梯度带，对应吐－哈盆地北缘断裂；吐哈盆地南缘重力梯度带，大致与底坎儿－沁城断裂对应；康古尔－黄山重力梯度带，大致对应康古尔－黄山断裂带；孔雀河重力梯度带，推断为孔雀河断裂的反映。

（三）西天山区域重力场特征

1:100万区域布格重力异常显示西天山是新疆最大的布格重力异常区，其范围东至乌鲁木齐和库尔勒市，往西包括西南天山并延伸至哈萨克斯坦境内，北至石河子－奎屯一带，其南部边界呈不规则状。该异常区总体成 NW－SE 向延伸，长 $700 \sim 1100$ km，南北宽在西南部为 $30 \sim 50$ km，在中东部宽 $400 \sim 500$ km，呈不规则长方形，面积约 $28 \times 10^4 \mathrm{km}^2$。布格重力异常值为 $-280 \times 10^{-5} \sim -240 \times 10^{-5} \mathrm{m/s}^2$。西天山地区的布格重力异常平均值为 $-250 \times 10^{-5} \mathrm{m/s}^2$，低于南北两侧的 $-100 \times 10^{-5} \mathrm{m/s}^2$（毋瑞身等，1995）。研究区内，存在霍城－博乐和阿吾拉勒重力相对高值区和冬土劲－后峡重力低值带。相对重力高值区分布南北长约 220 km，东西长 $150 \sim 220$ km，布格重力异常最高值位于昭苏县北喀拉萨依一带，为 $-155 \times 10^{-5} \mathrm{m/s}^2$，最低位于精河县，为 $-255 \times 10^{-5} \mathrm{m/s}^2$。

西天山重力异常总体表现出介于束状线型异常和块状镶嵌异常之间的过渡类型，布格重力负异常中心分别位于依连哈比尔尕山和哈尔克山，重力值由异常中心向两侧逐渐升高。对西天山布格重力异常进一步分解，可分为霍城－博乐相对重力高、东都津－后峡重力低、南天山重力低、柯坪－阿克苏重力高等4个带（表1－1）（新疆维吾尔自治区地质调查院，2004）。

表 1－1　西天山区域布格重力低异常区分带特征简表

分带	范围大小	重力特征	地质背景
霍城－博乐相对重力高值带	南北长 220 km，东西宽 $150 \sim 220$ km	以相对重力高为主，重力高、重力低相互共生。包括有霍城－博乐块状重力高和南部阿吾拉勒 EW 向高重力条带，其中南部重力高沿阿吾拉勒山从穷布拉克经式可布台插入至查岗诺尔一带，分布极为复杂。布格重力异常最高位于昭苏县北喀拉萨依一带，为 $-155 \times 10^{-5} \mathrm{m/s}^2$；最低位于精河县南，为 $-255 \times 10^{-5} \mathrm{m/s}^2$	在伊犁伊塞克湖微板块中，包括依连哈比尔尕、阿拉套、赛里木、博罗科努、阿吾拉勒、伊犁等构造单元。地质构造复杂，岩浆活动剧烈。该重力带反映了基底隆起、岩浆活动剧烈的基本地质条件
东都津－后峡重力低值带	长约 380 km，宽 110 km 左右	走向为 NEE，为复杂的重力低、相对重力高变化区，北部以艾比湖－车排子－白泉海重力异常梯度带与准噶尔重力高相连，南部与塔什玉依－和静南天山重力低相连，西部与霍城－博乐相对重力高过渡。包括安集海重力低、乌拉斯台北重力低、玉依塔斯重力高等，该带布格重力异常最高为 $-220 \times 10^{-5} \mathrm{m/s}^2$，最低为 $-275 \times 10^{-5} \mathrm{m/s}^2$	主要位于依连哈比尔尕晚古生代残余海盆中。区内地层以石炭系为主，其次为志留系、泥盆系、二叠系等，以沉积建造为主，含部分火山沉积建造。重力低反映了地壳凹陷
南天山重力低值带	长约 1100 km，$60 \sim 100$ km	分布于塔什玉依－拜城－和静一带，总体呈 NE 向展布，是西天山地区布格重力异常最低区，分别由塔什玉依、契恰尔、拜城、乌兰乌苏、和静等重力低组成。从走向分析，在东经86°附近异常带被错断，西部向北位移，东部向南位移。该重力低值带位于西天山、西南天山主脊一带，异常变化宽缓，最低重力值为 $-340 \times 10^{-5} \mathrm{m/s}^2$，一般在 $-280 \times 10^{-5} \sim -300 \times 10^{-5} \mathrm{m/s}^2$	在拉那提大断裂以南，包括东阿赖－哈尔克、艾尔宾、西南天山等构造带。地层主要为奥陶系、志留系、泥盆系的陆源碎屑岩－碳酸盐岩建造夹少量火山岩的沉积岩系，岩浆侵入活动十分微弱。该带重力低北部边界反映了拉那提深大断裂
柯坪－阿克苏重力高值区		属柯坪重力高的北西端及重力高－南天山重力低的过渡区，总体走向 NE 向，最高重力值 $-190 \times 10^{-5} \mathrm{m/s}^2$	属柯坪前陆盆地，为塔里木基底上的古生界盖层出露区

二、区域航磁特征

(一) 阿尔泰区域航磁特征

本区航磁异常主要由正负相间、紧密排列的条带状异常构成,磁场比较复杂(图1-4)。额尔齐斯断裂以北为负磁场分布区,准噶尔盆地北缘为正负磁场相间分布区。划分为3个不同性质的磁场区,其间以断裂为界。

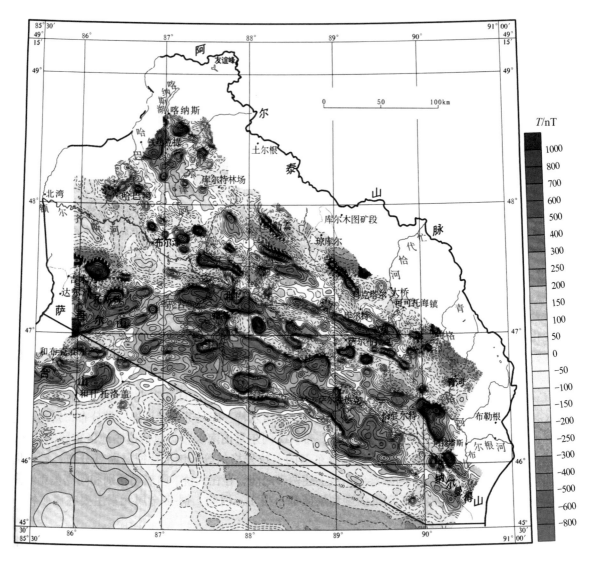

图1-4　新疆阿尔泰成矿带航空磁力异常示意图
(据西安地质矿产研究所,2006)

1. 北部负磁异常区

南界为额尔齐斯断裂,长600km,宽200km,轴向为NW向,往西转为NE向。负异常占主导地位,其上叠加一系列NW向条带状的正异常,呈正负相间磁场形态。强度较大,局部正异常多在500nT,最高达800nT,形成多条带状异常带。该磁异常带特征与新疆其他磁异常特征有较明显的差异,表明该区以具有磁性的中基性火山岩为主,推断基底不具磁性,断裂及构造发育,岩浆活动剧烈。以喀拉苏-库尔特一线为界,北西为大面积分布的平静磁场,一般为-100~200nT,主要有大面积分布的奥陶纪—志留纪变质岩系所引起。局部高磁异常出现于阿尔泰复向斜和麦兹复向斜,由与

24

火山作用有关的磁铁矿化引起。南部以正负相间分布的磁场为主，主要由泥盆纪火山岩系和具有中 - 强磁性的岩体引起。

2. 中部正、负异常相间分布磁场区

该区位于额尔齐斯断裂和乌伦古河断裂之间，磁场的总体走向为 NW 向，呈条带状正、负异常相间分布。该区主要为泥盆纪和石炭纪地层。此外，侵入岩大多数为具有磁性的中基性、中酸性侵入岩体。石炭系多不具有磁性或弱磁性，其出露区均反映平静的负磁异常，泥盆系中有较多的火山岩，普遍具有磁性，反映出较强的条带状磁异常。局部高磁异常多由中基性岩体和具较强磁性的中酸性侵入体引起。

3. 东部平静负磁异常区

该区位于二台 - 海子口断裂带以东地区，以平静的负磁场为背景，其上叠加一些局部正异常。磁场为 NNW 向，其变化呈现南强北弱负磁背景场，一般为 - 200 nT，局部正异常可达 200 ~ 500 nT。该区出露的花岗岩类大多不具磁性，正磁场多为奥陶系及志留系出露区。局部的高磁异常，常为沿断裂分布的强磁性花岗岩引起（黄鉴聪等，1990）。

（二）东天山区域航磁特征

区域航磁异常图显示（图 1 - 5），东天山一带航磁异常较复杂，多由大小不一、形状各异的局部异常群所组成的条带状异常，其强度多在 - 300 ~ 500 nT；异常主体呈近 EW 向分布。自北向南的正磁异常带主要有：乌鲁木齐南中等强度的宽带磁异常，东端折向库米什 - 黄山磁异常带；库米什 - 康古尔 - 黄山磁异常带，呈 EW 向分布，为区内规模最大的磁异常。库尔勒 - 帕尔岗 - 红柳河北似串珠状异常带，总体呈近 EW 向弧形分布，其西段呈 NWW 向，异常连续性尚好；东段呈 NEE 向，连续性好；中段帕尔岗附近，存在一个 NW 向带状异常。阿尔干 - 罗布泊宽缓磁异常，呈 NE 走向，与库尔勒 - 帕尔岗 - 红柳河北弧形异常相连。

对应库鲁克塔格重力高处，航磁以负磁异常为主；库木库都克 - 白山 - 柳园一带，呈正、负相间，NEE 向分布的杂乱异常区；哈尔里克山北东为较宽阔的正磁异常区。

（三）西天山区域航磁特征

1：100 万航磁异常图（图 1 - 6）显示，西天山地区主体为一个低负磁异常区，即塔里木盆地北部 - 天山西部负磁异常区，局部叠加有一系列小强度异常。主要包括哈尔克山、博罗科努山、科古尔琴山等地区。异常区总体呈 NW 向，西部宽，东部窄，呈一楔形。异常强度 - 200 ~ - 400 nT（中国地质调查局，2003）。

该区可进一步划分为阿拉套 - 依连哈比尔尕磁力低、达坂城磁力高、伊宁 - 阿吾拉勒山高磁异常带、那拉提高磁异常带、南天山磁力低等 5 个磁场区带（表 1 - 2）。

三、深部地球物理特征

（一）可可托海 - 阿克塞地学断面

1993 年国家 305 项目完成了新疆东部可可托海 - 七角井 - 星星峡 - 阿克塞的地学断面（图 1 - 7），采用人工地震、大地电测深等多学科方法探测了地壳深部剖面。袁学诚等（1995）对断面进行了综合成果解释。

阿尔泰：电磁测深显示浅部 8 ~ 10 km 为高阻地壳（变质岩和花岗岩组成），10 km 深处有厚 1 m 左右的薄高导层，可能反映其为缓倾斜的滑脱面，阿尔泰地体向南推覆。莫霍面深度大于 55 km，上地幔为中阻。南界额尔齐斯断裂带为厚 10 ~ 15 km，向北陡倾的低阻带，延深可追索至 100 km，属岩石圈断裂，断裂南北莫霍面高差 5 ~ 8 km。结合重力资料显示，新疆蒙古交界地区阿尔泰的上地壳最厚，周围地体的上地壳都较薄（陈毓川等，2007）。

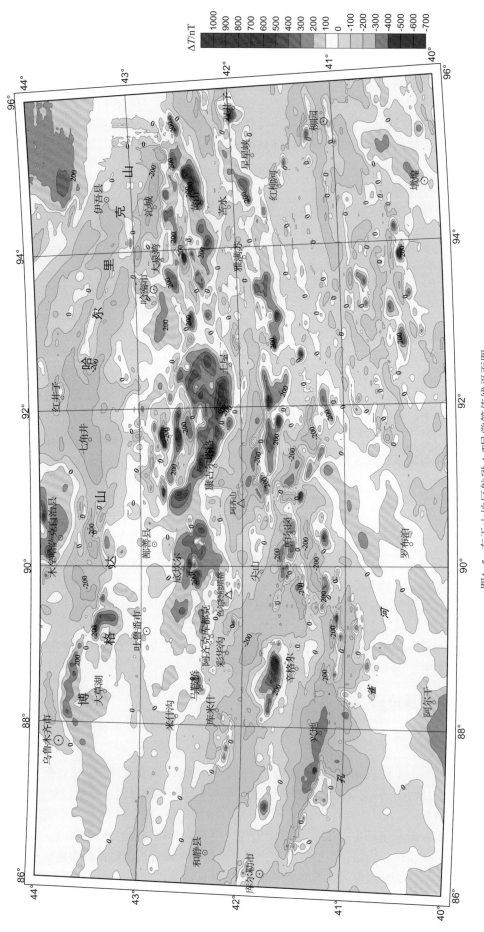

图1-5 东天山地区航磁△T异常等值线平面图

(据1∶100万航磁平面图数字化数据编绘，郝国江等，2010)

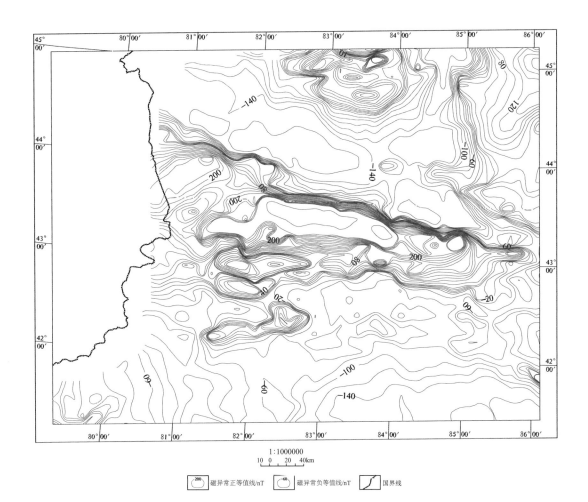

图 1-6　西天山地区航磁 ΔT 异常等值线平面图（nT）

（据 1：100 万航磁平面图编绘）

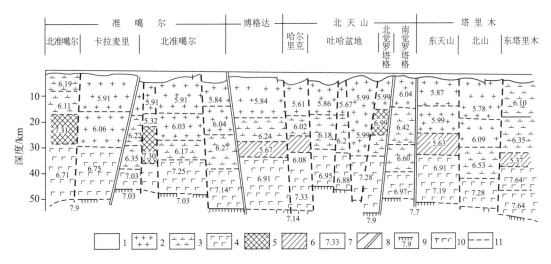

图 1-7　东准噶尔－北山地壳结构示意图

（据徐新忠等，1991）

1—浅部沉积层；2—上地壳"花岗岩"层；3—中地壳"闪长岩"层；4—下地壳"玄武岩"层；5—高速层；
6—低速层；7—纵波速（km/s）；8—解译断裂；9—清晰的 M 面；10—不清晰的 M 面；11—推断的 M 面

27

表 1－2　西天山低负磁场区分带简表

分带	范围	磁场特征	地质背景
阿拉套－依连哈比尔尕磁力低值区		位于西天山西北部，从西北部呈楔形插入伊宁－阿吾拉勒磁力高和达坂城磁力高间。该区总体为稳定的低缓负磁场背景，零星有局部高磁异常	在赛里木、依连哈比尔尕等构造带内。从磁测结果反映与镁铁－超镁铁岩浆岩的磁性物质不发育
达坂城磁力高值区	长 420 km，宽 60～80 km	异常区西起奎屯，北至乌鲁木齐，南至托克逊，东至鄯善县北，属于东、西天山与准噶尔磁场过渡区，异常带为低缓高磁异常区，局部叠加了高磁异常条带，ΔT 一般为 50～100 nT，局部可达 300 nT	该异常位于博格达构造带。主要出露石炭系、二叠系火山－碎屑岩建造，镁铁－超镁铁岩体（脉）发育。从磁场角度分析，该区属于一个独立的地质体，是找铜矿远景地区
伊宁－阿吾拉勒山高磁异常带	长 400 km，宽 60 km	位于察布查尔－巩留县－新源县、查岗诺尔一带，呈 SEE 向展布，包括察布查尔高磁异常区和巩留县－新源县－查岗诺尔异常带。该异常带为西天山最重要的正磁异常带，向东可断续与东天山康古尔正磁异常带相连。该带磁场变化较稳定，在阿吾拉勒一带形成明显的高磁异常带且局部异常发育，磁场强度一般 150～300 nT，最高达 1000 nT 以上	在阿吾拉勒、伊犁等构造带中，地质构造复杂，岩浆活动剧烈，成矿作用复杂，铜矿化普遍。该异常带南部边界为重力梯度带，且化探异常发育，是铜多金属找矿远景地区
那拉提高磁异常带	长 450 km，宽 10～20 km	沿拉那提断裂带呈线状展布，西起自昭苏县南加曼台东，向东在艾肯达坂一带与阿吾勒正磁异常带交汇。磁场值一般 100～200 nT，最高 300 nT	该异常带显示那拉提断裂及其对镁铁－超镁铁岩的控制，是岩浆熔离型铜镍矿的找矿远景地区
南天山磁异常低值区		位于那拉提断裂带以南区域，西至拜城县一带，东至和静县、库尔勒市一带的广大区域，西南天山因地处边境未开展航磁工作。为低缓负磁场环境，磁场值 0～－100 nT，在该低值区黑英山一带、东部柳树沟一带由于中酸性侵入岩、火山岩发育出现明显的磁力高	处于南天山被动陆缘构造带，反映了该区以沉积建造为主体、岩浆活动不发育的沉积环境

（据新疆维吾尔自治区地质调查院，2004）

准噶尔：准噶尔北缘额尔齐斯断裂与阿尔曼太断裂之间，为二层结构，上地壳以基性岩为主，下地壳密度较小，康氏面上有一层厚 11 km 的高速－高阻层，为上地幔涌入物，对应地表为喀拉通克含铜镍镁铁－超镁铁岩带。莫霍面深 50 km，上地幔为高阻。阿尔曼太与卡拉麦里断裂之间为二层结构，上地壳厚，下地壳密度低，上地幔高阻。卡拉麦里与南准噶尔断裂（博格达北麓）之间，地表中－新生代沉积厚 2～4 km。地壳结构复杂，被断裂切割成 4 块。总体特征是三层结构，上地壳厚度较大（17～27 km），仅次于卡拉麦里、哈尔里克、北山等造山带，莫霍面最浅处 46 km，为幔隆形态。岩石圈厚度较大，上地幔低阻层（软流圈）在 174 km 深处出现，软流圈下的地幔电阻率升到 10000 Ω·m 以上，与低阻层上的上地幔不同。

博格达：地壳为三层结构，上、中地壳薄，下地壳较厚。莫霍面不清楚，深 52.9 km。上地幔低阻层在 174 km 深处出现，其上和其下的地幔均为中阻（2100～3000 Ω·m）。地壳康氏面上有 6.2 km 厚低速层，可能代表滑脱面。

哈尔里克：为二层结构。莫霍面深 53.6 km，上地幔低阻层在 180 km 深出现，与博格达、南准噶尔下的低阻层相连。

觉罗塔格：被康古尔塔格断裂分为南北两部分，北侧为二层结构，紧靠断裂处深 14 km 以下出现高磁、高阻、高速、高重力地体，与黄山超镁铁－镁铁岩对应的上地幔楔入物。南觉罗塔格为三层结构，保留了改造轻微的基底陆壳。莫霍面深 54 km，上地幔低阻层深 120 km，其下的地幔为高阻。

星星峡（东天山）段：为二层结构。莫霍面清楚，深50.8 km。上地幔高阻，低阻层深155 km左右。

（二）天山－布尔津地学断面

1997～2000年，中国地震局地质研究所完成了天山－布尔津地学断面，主要采用人工地震宽角反射/折射地震法，获取沿断面950 km的地壳、上地幔纵波和横波速度结构及地壳内部分层、结构、构造和莫霍面的埋深、性质等。同时采用深地震反射法，获取北天山段90 km的地壳内部精细结构和构造以及莫霍面的埋深、性质和深浅构造的关系。依据陈毓川等（2007）转引汪一鹏等（2000）成果简述如下。

该断面切穿塔里木、哈萨克斯坦－准噶尔和西伯利亚板块，涉及6个二级构造单位和16个三级构造单元，纳伦－那拉提构造缝合带和额尔齐斯－布尔根构造缝合带。

塔里木板块：由结晶基底和中新生界盖层组成。岩石圈厚度由南侧的近115 km向北逐渐加深至135 km。纳伦－那拉提构造缝合带的北侧有明显增厚梯度带，厚度最大达160 km。塔里木北缘古生代弧盆构造带下部，65～75 km的上地幔顶部存在一层几乎涵盖整个天山的低速层。莫霍面深45 km，塔里木北缘古生代弧盆构造带下的莫霍面深55 km，二者在库车北有明显的4～5 km的不连续。以库车莫霍面为界，南段地壳结构简单，反映稳定的塔里木中央地块。分层速度界面近乎平行，仅在库车南侧的中上地壳夹有低速层。下地壳存在相对连续的壳幔过渡带。北段地壳结构复杂，哈尔克山的霍拉山断裂为深断裂，将地壳分成两段，其莫霍面也有2 km的位错，北侧上隆壳内结构相对复杂，含多层低速高导层。库车北复杂的地壳结构体现出板块边缘构造带因强烈构造作用而形成复杂结构。布格重力异常以及上延10 km、20 km、30 km、40 km的重力异常明显反映出库尔勒断裂为界的两个二级构造单元的区别。

哈萨克斯坦－准噶尔板块：涉及准噶尔微板块和伊犁地块两个二级构造单元和9个三级构造单元。准噶尔微板块基底为巨厚的古生界褶皱基底，包括石炭系及之前的古生界。南侧板块边缘构造带包括有中、新元古代的地层。属于伊犁地块的另外一个二级构造单元，发育有明确的结晶基底，相对于古生界上部的那拉提群，由一套中深变质的片麻岩、混合岩组成。三级构造单元准噶尔中央地块有连续的中新生界沉积，最厚的部位在北天山北侧，厚达10000余米，呈南厚北薄。岩石圈厚度中间薄边缘厚，中部准噶尔中央地块岩石圈厚度稳定，为120 km。南北增厚，准噶尔北缘古生代弧盆构造带下的岩石圈厚度达180 km。准噶尔南缘古生代弧盆构造带下的岩石圈厚度达160 km。在65～75 km的深度存在一明显的低速层，可以涵盖整个天山，与塔里木北缘古生代弧盆构造带下部的上地幔顶部的低速体连成同一整体。莫霍面南北两侧加深，最浅的部位在北天山北侧的乌苏北，仅为44 km，该部位也是准噶尔南侧中新生界沉积最厚的部位附近。向南准噶尔南缘古生代弧盆构造带下莫霍面向南明显加深，最深处达55 km。位于纳伦－那拉提构造缝合带下的莫霍面上隆至50 km。乌苏北准噶尔中央地块和准噶尔北缘古生代弧盆构造带下的莫霍面起伏平缓，逐渐加深，从44 km深度到56 km。两构造单元的分界附近有一陡变带，变化梯度加大。天山下部莫霍面起伏形态呈一"W"形。地壳结构南段从奎屯进入天山至纳伦－那拉提构造缝合带，地壳分层不连续且破碎。下地壳存在多个低速高导体。奎屯北至乌尔禾段相当于准噶尔中央地块，其地壳结构完整有序，中地壳顶部存在一数千米厚的明显高速层，推测为结晶基底。下地壳不存在壳幔过渡带。乌尔禾至布尔津段相当于准噶尔北缘古生代弧盆构造带，其两侧的边界明显，北侧以额尔齐斯－布尔根构造缝合带为界，南侧的上、中、下地壳结构与准噶尔中央地块之间显示出明显的不连续。中地壳存在两层低速带，不显示更次一级的构造单元划分。下地壳存在壳幔过渡带。

西伯利亚板块：断面仅涉及阿尔泰古生代弧盆构造带。从震旦纪至古生代的石炭纪地层发生了绿片岩相（部分低角闪岩相）的区域变质作用，形成其褶皱基底。没有完整的中新生界沉积，只有山间盆地的零星堆积。岩石圈的厚度从南缘的额尔齐斯－布尔根构造缝合带下的160 km，向北平缓加深达 168 km，且只显示大的一级构造单元变化特征。莫霍面深度 55 km，起伏不大。在额尔齐斯 – 布尔根构造缝合带附近有一变薄的梯度，南侧莫霍面深 53 km，地壳平均速度为 6.35 km/s，Pm 为 8.0 km/s，类似于古生代造山带的典型特征，只是地壳厚度略高。电性结构可划分出不同的三级构造，在 20～30 km 存在一层电阻率相对低的层位，是中地壳地质过程的反映，该低速高导层在南端被构造缝合带截切。从深部构造上看，额尔齐斯 – 布尔根构造缝合带作为两大板块的分界是明确的，所在部位岩石圈最厚达 180 km。重磁异常特征在缝合带两侧也存在差异。

天山的深部构造特征：天山的地壳结构极其复杂，尤其是轴部，表明板块碰撞作用引起的地壳结构的复杂性。但整体上看，天山南北两侧仍有相对好的对称性。岩石圈厚度两侧薄（120～140 km），中间厚（170 km）。上地幔顶部的 65～75 km 的深度存在低速高导层，厚数千米，长度几乎涵盖整个天山；莫霍面的深度变化呈现“W”形，在天山南北两侧的塔里木和准噶尔盆地的莫霍面深度都是 45 km，分别向天山中部则加厚为 55 km。布格重力异常亦类似，显示出“W”形的对称变化图像。尽管横向上的不连续分层和深断裂的切割，使得整个天山的深部构造结构图像显得支离破碎，但仍可区分出对称性，如壳幔过渡带为两侧低速体中间夹一高速体。纳伦 – 那拉提构造缝合带两侧分别存在一大型深断裂，分别对应两侧的晚古生代的裂陷槽部位，同时南北两侧的中地壳和下地壳均存在低速体的对称分布轮廓。

（三）克拉玛依 – 库车地震探测剖面

1997 年中国、法国和瑞士合作，在克拉玛依 – 库车进行天然地震观测。陈毓川等（2008）转引姜枚等（2004）研究天山地区深部构造主要特征如下。

主要断裂特征：

1）南天山山前断裂位于南天山与塔里木盆地分界处，地表为逆掩断裂，将南天山古生代地层推覆到塔里木盆地之上。该断裂以较陡的产状向下延深，可达莫霍面，北侧为南天山的高速体，南侧为塔里木北缘的低速体。在 60～70 km 以下是塔里木地块高密度结晶岩层向北的俯冲带，从不到 100 km 的深度向 200 km 深度缓倾斜地伸向天山下部，直达天山北侧，与准噶尔地块的俯冲带相连接。在 200 km 以下继续向下延伸的高速体可能属于以古老结晶岩石为主的高密度体向地幔深部的沉降，由前震旦纪结晶岩系、上覆堆积物及深部物质组成，在挤压作用下隆升形成天山山脉。

2）中天山南缘断裂位于南天山的高速体和天山的低速体之间，两侧岩性不同，在南侧中上志留统中见有蛇绿混杂岩及蓝片岩带向东延长数百千米。该带在重力图上有明显反映，呈延伸很长的重力梯度带，陡倾，向下延伸至少达到莫霍面，中天山低速体的底界深度在 70 km，即莫霍面的深度。

3）中天山北缘断裂位于中天山的低速体和北天山高速体的分界，是地块的分界，断裂本身又是大型韧性剪切带，沿断裂带发育糜棱岩，有蛇绿岩出现。

4）北天山山前断裂位于北天山高速体的北界，其北侧是准噶尔盆地南缘的低速体。该断裂向深部延伸不大，而且高速体是在深度 20～30 km 处向北延伸。

莫霍面：起伏较大，地壳厚度相差约 20 km。地壳的增厚与地形有一定的对应关系，天山主体部位莫霍面最大深度为 65～70 km，在北侧进入奎屯以北的盆地南缘地区地壳厚度超过 45 km，再向北至少也有 40 多千米。天山中部巴音布鲁克盆地北侧的莫霍面则比两侧南天山和北天山的莫霍面浅，在重力异常上呈现一条狭长的重力高异常带。莫霍面的深度增加、地壳增厚是受准噶尔地块、塔里木地块俯冲的影响，使天山南北的地壳厚度增加了约 20 km。

岩石圈：大约在 160 km 的深度上，地震层析图上是沿此界面上下的波速存在明显变化。在岩石圈与莫霍面之间的范围内不存在稳定的波速层。自南向北下插的高速体可能是来自塔里木的地壳和岩石圈，直达天山下方的 250 km 深处。此高速体的厚度远低于塔里木岩石圈的厚度，表明并不是整个岩石圈都参与俯冲下插。继续向深处俯冲的高速体可能发生拆离、下沉。天山的隆升、地壳的缩短与增厚来源于南北两侧的挤压。

第六节 区域地球化学特征

一、区域地球化学背景

张良臣等（2006）对新疆 39 个元素定量分析进行了平均值计算，新疆地壳岩石元素平均值与克拉克值（黎彤，1976）相比，Si、Th、Be、Sn、Hg、As、Ba、B 等元素较高，Al、Zr、Na、K、U、Pb、Li、La、F 等元素与克拉克值相近，其他元素较低，总体看，亲石元素较高，而亲铁、铜元素较低。

董连慧等（2011）将新疆 139705 个分析样品的 39 种元素中位数，及其与全国水系沉积物中 39 种元素中位数进行了对比，新疆 39 种元素中位数多数低于全国平均水平。39 种元素中，只有 CaO、Na_2O、Sr、MgO、Mo、P、Ba、Mn 高于或略高于全国平均水平，高出幅度为 161%～2%，幅度较大的主要是造岩元素和分散元素。Cu、K_2O 两个元素持平，其余 Pb、Zn、Ag、Au、W、Sn、Sb、Hg 等 29 种元素略低于或远低于全国平均水平。新疆地球化学显著特征是南、北疆差异明显。北部（包括阿尔泰、东西准噶尔和天山北部）总体处于高 Fe、Mn、V、Ti、Co、Cu、P 而低 Ca 的地球化学环境；南部（包括昆仑、阿尔金和天山南部及北山）则相反，总体处于高 Ca 而低 Fe、Mn、V、Ti、Co、Cu、P 的地球化学环境。其界线大体为那拉提－红柳沟构造带，亦即北部的哈萨克斯坦－准噶尔板块及其北部的西伯利亚板块，整体富集 Fe、Mn、V、Ti、Co、Cu、P 而贫 CaO；南部的塔里木板块及其南部的华南板块，整体富集 CaO 而贫 Fe、Mn、V、Ti、Co、Cu、P。

新疆铁（Fe_2O_3）的分布不均匀，南北差异明显。大体以阿拉山口－吐鲁番－哈密一线为界，北部包括阿尔泰、西准噶尔、东准噶尔、博格达及哈尔里克山，铁相对富集，总体含量高。南部包括东天山、西天山、西南天山、北山、昆仑－阿尔金山，铁的含量总体偏低。全疆规模最大的富集区是吐－哈盆地北缘的博格达山及其东延部分。富集中心在博格达山，由此向东含量逐渐下降。其次是西准噶尔，铁含量整体高，与前者相比缺乏明显的浓集中心，且有整体性南部高于北部、含量西部高于东部的特点。东准噶尔野马泉以北一直到阿尔泰山前，高含量的 NWW 向条带状清楚；野马泉西南表现为高含量块体，北塔山－苏海图一线的边境地区，表现为高强度特征。北部低含量仅在很局限的范围内出现。南部以高低相间且低值区大量分布为特征。强度高、规模大的相对富集区位于西天山的阿吾拉勒山，该富集区向西延伸到乌孙山，向东递减到乌拉斯台一带。在东昆仑的黄羊岭－木孜塔格一线，铁的富集呈现长达 400 km 的直线型带状。西昆仑较醒目的两个富集区分别是昆仑腹地的赞坎和昆仑山前的杜瓦。西南天山以托运盆地富集程度最高，东天山及库鲁克塔格、北山铁的富集区在全疆背景下显得不重要。低值区以西南天山柯坪地区最为显著，由此向东有哈尔克他乌山低值带、额尔宾山低值带及库米什－卫东庄－大平台广大范围的低值带和双井子低值区；西昆仑甜水海低值区和阿尔金苏吾什杰低值区、东昆仑阿其克库勒－祁漫塔格广大范围内的低值区，构成了塔里木盆地南部主要低值区。

新疆铜的分布不均匀，南北差异明显。大体以阿拉山口－吐鲁番－哈密一线为界，北部（包括阿尔泰、西准噶尔、东准噶尔、博格达及哈尔里克山）铜相对富集，总体含量高。南部（包括东天山、西天山、西南天山、北山、昆仑－阿尔金山）铜的含量总体偏低。规模最大的铜富集区与铁富集区一致，位于吐－哈盆地北缘的博格达山及其东延部分。与相关元素在该区富集不同的是，该富集区西南已越过达坂城谷地，延伸到后峡一带。富集中心在博格达山，由此向东含量逐渐下降。其次是西准噶尔，铜含量整体高，与前者相比浓集中心规模相对较小，且有整体性南部高于北部、由南向北含量递减的趋势。东准噶尔铜的高含量基本存在 3 个带：北部的哈腊苏带、南部的卡拉麦里带及中部的北塔山－三塘湖－伊吾带，以后者带的规模最大，而哈腊苏浓集趋势最明显。铜在阿尔泰的富集构成 NW 向不规则富集带，主要富集带有喀纳斯－阿勒泰、富蕴及边境地区的土尔根－诺尔特。北部低含量仅在很局限的范围内出现。南部在低背景基础上，以贫化区普遍分布，局部叠加高值区为特征，缺少显著的富集区。相对而言，规模较大的富集区，在西天山有安集海、尼勒克、坎苏，东天山有土屋西北，北山有红石井，西南天山有加额于台克，西昆仑有托满、岔路口、麻扎达拉、乌孜别里山口，东昆仑有柯西、木孜塔格等。规模较小的局部富集区在东、西天山分布较多，规律不很明显。因此，西南天山、阿尔金、东天山及库鲁克塔格、北山铜的富集非常局限。低值区以西南天山柯坪地区最为显著，由此向东有哈尔克他乌山低值带、额尔宾山低值带及库米什－卫东庄－大平台广大范围的低值带和双井子低值区及东昆仑祁漫塔格、阿尔金苏吾什杰低值区等，是塔里木盆地周边主要低值区。

二、区域化探异常特征

（一）阿尔泰

铜等多金属异常在区域上形成两个明显的异常带，即北部山区的禾木－苏木代尔格－诺尔特山－库马苏－库尔提异常带和阿尔泰山南缘的阿舍勒－阿勒泰－可可塔勒－卡拉先格尔异常带，在异常带之外形成独立的异常区（图1-8）。

1. 禾木－苏木代尔格－诺尔特山－库马苏－库贝提铜多金属异常带

由面积大于 $1000\ km^2$ 的诺尔特山异常区、苏木代尔格异常区和数个面积在 $60\sim240\ km^2$ 的异常组成，累计面积 $4140\ km^2$。异常带长 $250\ km$，宽 $30\ km$ 左右，元素组合除铜多金属元素外，普遍叠加有 Au、As、Sb 异常和基性元素组的异常。Au、As、Sb 元素异常与铜多金属元素异常一样，呈现东强西弱、东部连续性好、西部连续性差的变化特点，基性元素 Cr、Ni、Co、Mg 则反之。

东部的诺尔特山异常区呈 NWW 向带状，长约 $120\ km$，面积 $2050\ km^2$，规模仅次于卡拉先格尔异常区。其中均匀分布有多个大于 20×10^{-6}（铜多金属元素累加值异常）浓集中心，平均值 9.6×10^{-6}，高出背景值 92%，是全区富集强度最高的区域，且同时高度富集 Au、As、Sb 元素。1∶20 万水系沉积物测量金异常下限值 1.6×10^{-9}，平均值 $3.437\times10^{-9}\sim4.32\times10^{-9}$，最大值 276.0×10^{-9}，面形或带形异常十分突出。该异常区发现了具有大型矿床远景的库马苏铅锌矿、小土尔根斑岩铜矿、造山型红山嘴金矿、阿克提什坎金矿、托格尔托别金矿、巴拉额尔齐巴斯金矿点、塔斯比盖金铜矿点，阔科依达腊斯锑铜金矿点、胡乐伦拜斯铜矿点等 20 余处，并已发现大量铜、铅、锌、金的找矿信息。

苏木代尔格异常区面积 $1120\ km^2$，名列第三，铜多金属元素累加值异常最高强度为 23.7×10^{-6}，平均强度为 7.9×10^{-6}，与阿舍勒异常区接近。

2. 阿勒泰－可可塔勒－卡拉先格尔铜多金属异常带

该带由阿勒泰、可可塔勒、萨尔布拉克和卡拉先格尔异常区及 8 个局部异常组成。阿舍勒、阿勒泰、可可塔勒异常区均有大中型铜多金属矿床产出；萨尔布拉克异常区南部边缘见有萨尔布拉克金矿，异常内有铜矿化点分布；卡拉先格尔异常区已发现有哈腊苏、玉勒肯哈腊苏和卡拉先格尔等斑岩型铜矿床。

1）阿勒泰铜异常区：1∶20 万水系沉积物异常面积 $542\ km^2$，呈 NW 向北窄南宽的带状，长 $50\ km$，宽 $5\sim10\ km$，铜多金属元素累加值异常最高值 14.6×10^{-6}，平均值 9.3×10^{-6}，整个异常区基本也是 Au、As、Sb 的综合异常区。

1∶5 万水系沉积物异常围绕阿勒泰复式向斜两翼呈半环状分布，阿勒泰复式向斜北东翼异常带分为：东部阿巴宫综合异常带，中部的铁米尔特－乌拉斯沟综合异常带，西部莫尤勒特综合异常带，异常主要元素组合自东部的阿巴宫向西至莫尤勒特，由 Fe－Pb－Zn 组合→Cu－Pb－Zn－Ag 组合→Au－Pb－Zn－Ag 组合→Au－Cu－Bi－Sb 组合逐渐过渡，异常主要分布于康布铁堡组上亚组中。阿勒泰复式向斜南西翼异常带由东向西分为：康克里台异常带、红墩异常带、小哈拉苏－蒙块异常带、库勒扎依劳异常带，异常元素组合自东向西由 Pb－Zn－As－Hg 过渡为 Cu－Zn－As－Ag，其中康里克台异常带、红墩异常带、库勒扎依劳异常带中的异常多分布于阿勒泰镇组中。小铁山铁－磷灰石－

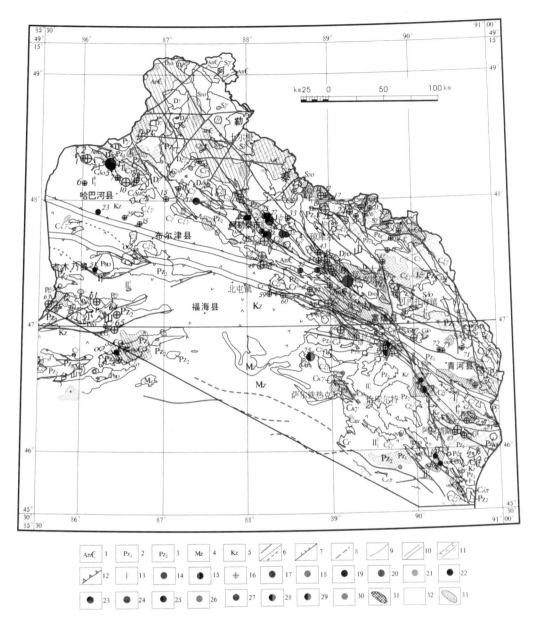

图1-8 新疆阿尔泰成矿带区域地球化学综合异常图

(据西安地质矿产研究所，2006)

1—前寒武纪构造层；2—早古生代构造层；3—晚古生代构造层；4—中生代构造层；5—新生代构造层；6—断层、推断断层；7—推覆断裂；8—隐伏断裂；9—构造层界线；10—缝合带边界线；11—断裂及俯冲方向；12—缝合带及俯冲方向；13—金矿；14—铅矿；15—铜铁矿；16—银矿；17—铅锌矿；18—锡矿；19—铬铁矿；20—铀矿；21—钨矿；22—铜矿；23—多金属矿；24—汞矿；25—铜锌矿；26—镍矿；27—辉锑矿；28—铜钼矿；29—镍铜矿；30—毒砂；31—铜多金属元素（Cu－Pb－Zn－Ag－Cd）累加值异常，背景值为5，下限值7，等值线间隔为1；32—金组元素（Au－As－Sb）累加值异常，背景值为3，下限值6，等值线含量依次为6、9、12、24；33—基性元素（Cr－Ni－Co－Mg）累加值异常，背景值4，下限值7，等值线含量依次为7、10、16

稀土矿、阿巴宫铁－磷灰石－稀土矿和塔拉特铅锌铁矿位于Fe－Pb－Zn组合异常中，托莫尔特铁锰矿、铁米尔特铅锌铜矿、乌拉斯沟多金属矿和恰夏铁铜矿位于Cu－Pb－Zn－Ag组合异常中。

2）可可塔勒铅锌异常区：面积460 km²，呈NW向带状，长46 km，宽10 km左右，铜多金属元素累加值异常最高值15.3×10^{-6}，平均值9.4×10^{-6}，局部叠加有Au异常。其南、北两侧为基性元素Cr－Ni－Co－Mg的异常区。

根据可可塔勒铅锌异常区土壤测量从北西往南东，分为6个既过渡又有差异的地球化学子异常区

33

（新疆有色地质勘查局，2007）。

Ⅰ．蒙库子异常区：位于 Pb、Zn 的低背景区，成矿元素为 Fe，容矿地层为康布铁堡组下亚组火山－沉积岩，矿化类型为磁铁矿型。

Ⅱ．H－48 子异常区：为 Pb、Zn、Cu、Cd、Ag、As、F、Ba 组合异常，矿化类型为萤石重晶石方铅矿型。

Ⅲ．大桥子异常区：成矿元素组合为 Fe、Mn、Cu、Pb、Zn，以富含 Fe、Mn，可独立圈出铁矿体为特征，容矿地层为康布铁堡组上亚组第二岩性段下部，矿化类型为磁铁硫化物型。

Ⅳ．阿克哈仁子异常区：成矿元素组合为 Pb、Ag、Fe、Ba，以萤石重晶石方铅矿型矿化为主。

Ⅴ．可可塔勒子异常区：包括 B－8、9、10、11、12、13、14 等异常，容矿地层为康布铁堡组上亚组第二岩性段中部，成矿元素组合为 Pb、Zn、Ag、As、Cd，矿化类型为块状硫化物型。

Ⅵ．麦兹东南子异常区：为铜多金属矿化点区，容矿地层为康布铁堡组上亚组第二岩性段中下部，成矿元素为 Cu、Pb、Zn、Ag。

3）萨尔布拉克 Au 异常区面积 350 km^2，呈不规则三角形，最高值为 9.7×10^{-9}，平均值为 7.9×10^{-9}，南部有铜、铜金矿化，西南外部边缘发现了萨尔布拉克金矿床。

4）卡拉先格尔铜异常区：面积 2760 km^2，呈 NW 向西窄东宽的带状，东端延出国境外，长 110 km，宽 15～35 km，最高值 12.43×10^{-6}，平均值 8×10^{-6}，极大值位于异常区西北，已知铜多金属矿床（点）也多集中在异常区西北。异常区内叠加有 Au、As、Sb 及 Cr、Ni、Co、Mg 异常。2002 年开始对该异常区进行勘查，相继发现了哈腊苏中型斑岩铜矿床、玉勒肯哈腊苏中型斑岩铜矿、敦克尔曼斑岩铜矿。该异常区是寻找斑岩矿床的最有利地区。

5）局部异常区：在萨尔布拉克和卡拉先格尔异常区之间，靠近萨尔布拉克异常区，分布 5 个近 EW 向排列的局部异常。单个异常面积 27～108 km^2，基本呈等轴状，呈 EW 向排列（与区域构造线 NW 向不一致），相互之间基本为等间隔排列，其中面积最大者的南部边缘对应喀拉通克铜镍矿床。

在阿舍勒－阿勒泰－可可塔勒一带区域元素异常组合由西部的 As－Zn－Cu－Ag 递变为 As－Zn－Cu－Pb－Ag，As－Zn－Pb－Cu－Ag，Zn－Pb－As－Ag－Mn－Cd。与其对应的成矿元素由 Cu、Zn 为主（阿舍勒），递变为 Zn、Cu 为主（克因布拉克）、Pb、Zn、Cu 为主（铁木尔特）、Fe 为主（蒙库）、Pb、Zn、Ag 为主（可可塔勒）（胡剑辉等，1990）。

3. 独立铜－多金属异常区

在上述阿尔泰东段两带之间，存在大桥北、库卫、阿热勒托别和阿克美克铁普等 5 个规模较大的独立异常区。它们的共同特征是规模较大，面积为 265～660 km^2，均为单向延伸的带状，且长轴方向与区域构造线方向存在一定的差异。

1）阿舍勒 Cu－Zn 异常区：面积 1022 km^2，呈东宽西窄、向南突出的宽带形，长 54 km，宽 15 km 不等，最高值 17.1×10^{-6}，平均值 8.3×10^{-6}，极大值位于异常区西南，对应阿舍勒铜锌矿区，局部叠加有 Au、As、Sb 异常。

2）大桥北铜－多金属异常区：面积 620 km^2，NW 向延伸，长 42 km，宽 10～15 km，异常最大值 11.2×10^{-6}，平均值 8.3×10^{-6}，异常元素除铜多金属元素外，叠加高温热液元素 W、Sn、Mo、Bi 等异常。

3）库卫铜－多金属异常区：面积 265 km^2，NNW 向延伸，长 40 km，宽 510 km，异常最大值 10.7×10^{-6}，平均值 8.2×10^{-6}，异常北段与近 EW 向的 Cr－Ni－Co－Mg 异常重叠。

4）阿热勒托别铜－多金属异常区：面积 455 km^2，EW 向延伸，长 50 km，宽 510 km，异常最大值 13.5×10^{-6}，平均值 8.3×10^{-6}，北部与高温热液元素 W、Sn、Mo、Bi 等的异常区为邻，南部有两个规模较小的铜－多金属元素异常。

5）阿克美克铁普铜－多金属异常区：面积 660 km^2，EW 向延伸，向东延出境外，境内长 55 km，宽 510 km，异常最大值 21.3×10^{-6}，平均值 9.1×10^{-6}，叠加有规模大体一致的 Cr－Ni－Co－Mg 异常。

（二）东天山

Cu 元素异常主要沿康古尔－黄山断裂和阿齐克库都克－沙泉子断裂分布，Cu 含量最大值为 231 $\times 10^{-6}$，最小值为 3×10^{-6}。异常呈现出 4 个明显的浓集中心，从西到东依次为博格达峰、小热泉子、土屋、黄山 Cu 异常。VMS 型的小热泉子中型铜矿床周围，存在一个约 900 km² 的 Cu 异常；土屋、延东大型铜矿床及灵龙、红山、骆驼峰北等小型铜矿床周围，其 Cu 异常面积近 13000 km²；黄山 Cu 异常覆盖了三岔子南西、铜山等小型铜矿床；而白山大型钼矿床也有明显的伴生 Cu 元素异常。东天山地区 VMS 型、斑岩型等铜矿床，都对应有 Cu 元素的高背景异常区带。

Au 元素异常主要沿康古尔－黄山断裂和阿齐克库都克－沙泉子断裂分布，Au 含量最大值为 77 $\times 10^{-9}$，最小值为 0.02×10^{-9}。有 5 处明显的 Au 异常，从西到东分别为：和静县、尖山、康古尔塔格、雅满苏、红柳河 Au 异常。康古尔中型金矿床、西风山中型金矿床和马庄山中型金矿床，都处在 Au 异常的浓集中心或边缘。尖山 Au 异常的范围及强度均大于康古尔 Au 异常，仅发现一个小型的金矿床（红山金矿床）；和静 Au 异常面积达 2700 km²，尚未发现金矿床，这两处 Au 异常应引起重视。

Pb、Zn 地球化学异常图显示：Pb 异常在东经 88°以东，主要分布在阿齐克库都克－沙泉子断裂以南；Zn 异常在东经 88°以东则主要分布在阿齐克库都克－沙泉子断裂以北。Pb 含量最大值为 754 $\times 10^{-6}$，最小值为 5×10^{-6}；Zn 含量最大值为 437 $\times 10^{-6}$，最小值为 7×10^{-6}。硫磺山中型铅锌银矿位于 Pb 的高背景异常带上，亦格尔达坂铅锌矿点位于 Zn 的弱异常处；彩霞山铅锌矿床则位于 Pb、Zn 异常上。

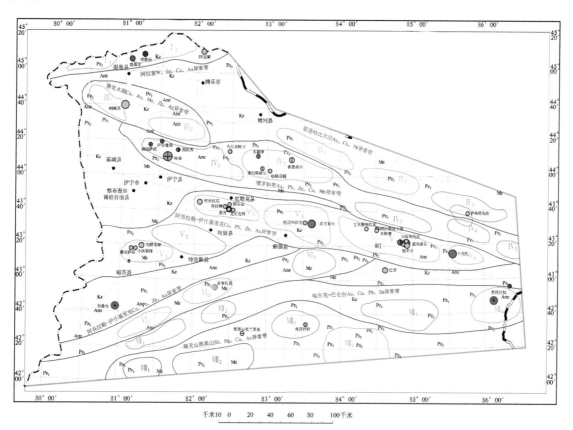

图 1-9　西天山综合异常图

（据中国地质调查局，2003；王福同等，2004）

1—金；2—铜；3—镍；4—铅；5—锌；6—锡；7—锑；8—钼；9—铜镍；10—铁；11—锰；12—综合异常带；

13—以铜为主的综合异常集中区及编号；14—以金为主的综合异常集中区及编号

（三）西天山

Cu、Mo 组合异常出现在阿吾拉勒山，与二叠纪花岗岩类有关。Pb、Zn、Ag、Fe、Mn 组合出现在艾肯达坂、式可布台和盆地南缘，与基底矿源层活化、迁移有关。Cr、Ni、Co 组合主要出现于那拉提山及伊基里克山，显然来自幔源。

依据对西天山地区 1 : 20 万～1 : 50 万区域化探结果，在主要成矿及相关元素异常分布、地质背景和矿产分布规律等研究基础上，中国地质调查局（2003）和王福同等（2004）将西天山地区主要金属成矿元素异常根据其组合特征划分为若干个综合异常带（图 1 - 9）。本次研究主要涉及阿吾拉勒 - 伊什基里克 Cu、Pb、Zn、Au 异常带，该带分布于伊犁河谷两侧的昭苏县至新源县一带，东西长约 300 km。元素组合主要有 Cu、Pb、Zn、Au、Ag、Fe、Mn、V、Co、Ti、W、As、Sb、Cd 等，分布不均匀。其中 Au、Cu、Ag、As、Sb 等元素主要分布于伊什基里克地区，与火山 - 沉积建造和金矿化有关；Cu、Pb、Zn、Fe、Mn、V、Ti 等元素主要分布于阿吾拉勒山一带，主要与中基性火山岩建造和铜多金属矿化有关。总体上各元素分布比较集中，在局部空间上套合较好，具有一定的规律性，形成多处元素异常集中区。沿阿吾拉勒山元素分布富集有一定差异，西段以富集 Cu、Pb、Zn、Au 等元素为特征，东段以集中分布 Cu、Fe、V、Ti、Pb、Zn 等元素为特征。重要异常集中区有：尼勒克 Cu、Mo、Pb、Zn、Au 异常集中区，矿化以铜为主，分布有火山岩型铜矿；铁木里克 Pb、Zn、Cu、Au、Ag、As 异常集中区，矿化以铁铜为主，分布有铁矿床；巩乃斯 Cu、Au、Ag、As、Hg 异常集中区，矿化以铁、铜和金为主；察布查尔山 Au、Cu、Ag 异常集中区，昭苏 Cu、Pb、Ag、Au 异常集中区；此外向东还有胜利 Cu、Au、Sb、Pb、Zn、Ni、W、As 异常集中区等。该带具有形成中 - 大型铜多金属矿的地球化学条件，目前已经发现有阿吾拉勒 - 伊什基里克铁铜金银多金属成矿带。

第二章　含矿火山岩系特征及构造环境

研究区为新疆北部，包括阿尔泰、准噶尔北缘、西天山阿吾拉勒和东天山。研究区晚古生代火山活动强烈，并伴有同期的岩浆侵入活动，同时发生了铁铜多金属成矿作用。研究区重要含矿火山岩系主要有上志留统—下泥盆统康布铁堡组，中泥盆统北塔山组，下石炭统大哈拉军山组、雅满苏组和土古土布拉克组。

第一节　上志留统—下泥盆统康布铁堡组火山岩地质地球化学

一、地质概况

（一）概述

康布铁堡组主要分布在阿尔泰南缘呈 NW 向展布的克兰、麦兹和冲乎尔火山沉积盆地中，延伸200 km，与区域构造线一致（图 2 - 1）。

康布铁堡组创建于 1976 年的 1：20 万区域地质调查工作，其典型剖面位于克兰盆地的康布铁堡村附近，主要为酸性火山熔岩和火山碎屑岩，夹薄层或透镜状陆源碎屑岩和碳酸盐岩。层理清晰，沿走向岩性变化大，岩石发生了深浅程度不同的变质作用，远离岩体及断裂者变质程度浅，主要为低绿片岩相变质，近者变质程度稍深，但原岩仍可辨认。按照岩性特征可分为上下两个亚组。下亚组与中 - 上志留统库鲁木提群呈断层接触，与上亚组呈整合接触（图 2 - 2）。上亚组与上覆中 - 上泥盆统阿勒泰镇组呈整合接触，在其内的灰岩透镜体中见有无洞贝（*Atypa* cf. *reticularis*）、无窗贝（*Athyris* sp.）和厚巢珊瑚等（*Pachyfavosites* sp.）化石。

（二）火山岩岩相学

1. 克兰盆地康布铁堡组火山岩岩相学

克兰盆地康布铁堡组火山岩，根据岩性和岩相等特征，可分为两个亚旋回。第一亚旋回形成了康布铁堡组下亚组火山岩，早期以流纹质凝灰岩为主，夹流纹质熔岩，即为下亚组第一岩性段火山岩；晚期以流纹质 - 英安质火山岩、火山碎屑岩为主，构成下亚组第二岩性段火山岩。该组中已发现塔拉特铅锌铁矿。第二亚旋回形成了康布铁堡组上亚组，早期主要为流纹质火山碎屑岩、熔岩、火山角砾岩，热水沉积岩，尤其发育厚大的溢流相流纹质熔岩，即为上亚组第一岩性段火山岩；中期火山活动较弱，以含流纹质细碎屑岩夹层的陆源细碎屑及化学沉积为主，局部地段发育英安质火山岩、火山碎屑岩，构成上亚组第二岩性段火山岩；晚期主要为流纹质火山细碎屑岩，局部可见基性火山碎屑岩，构成上亚组第三岩性段火山岩。上亚组是克兰盆地重要的含矿层位，已发现阿巴宫铁磷矿、托莫尔铁锰矿、铁木尔特铅锌铜矿、大东沟铅锌（金）矿、萨尔阔布金矿、恰夏铁铜矿、乌拉斯沟多金属矿等。

克兰盆地出露的火山岩主要有变质流纹岩、霏细岩、酸性晶屑凝灰岩、火山角砾岩、集块岩以及少量的变质基性火山岩（玄武岩）。其中地层下部以晶屑凝灰岩为主，仅见少量的变质流纹岩，而且厚度较薄，约 20 cm，与基性火山岩直接接触，并有截然界线（图 2 - 3a），地层上部熔岩厚度较大（变质流纹岩、霏细岩等）（图 2 - 3b），局部见酸性火山岩与基性火山岩呈互层状产出（图 2 - 3c）。

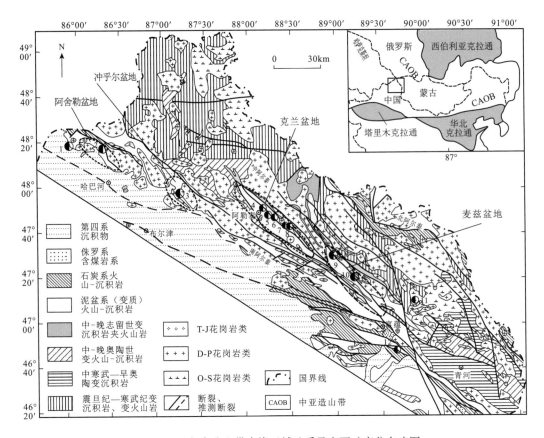

图2-1 阿尔泰造山带南缘区域地质及主要矿床分布略图

(据杨富全等，2012)

1—多拉纳萨依金矿；2—阿舍勒铜锌矿；3—克因布拉克铜锌矿；4—萨热阔布金矿；5—铁米尔特铅锌铜矿；
6—托莫尔特铁锰矿；7—阿巴宫铁磷矿；8—塔拉特铅锌铁矿；9—蒙库铁矿；10—可可塔勒铅锌矿；11—可可
托海稀有金属矿；12—乔夏哈拉铁铜金矿

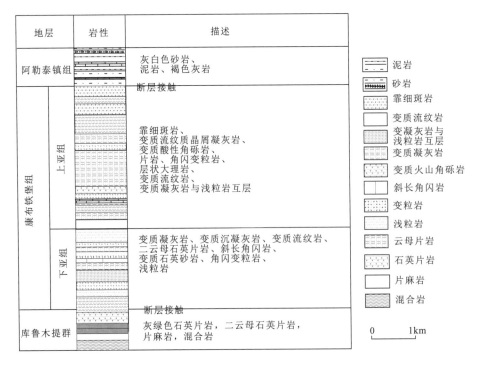

图2-2 康布铁堡组柱状图

图 2 - 3　克兰盆地康布铁堡组变质火山岩照片

火山角砾岩呈灰色或者灰红色。角砾形状不规则，大小不一，定向排列较明显，可见拉长状排列，粒径较小者尤甚，形似串珠状或流线形的流动构造（图2-3d）。变质基性火山岩（玄武岩）呈灰黑色，变余斑状结构，块状构造，变余气孔构造。斑晶为长石和角闪石，基质均已重结晶，由细粒长石和角闪石组成（图2-3e）。变质流纹岩呈浅肉红色、灰白色，具变余斑状结构，变余流纹状构造（图2-3f），斑晶约8%~15%，主要为石英、斜长石、钾长石，个别见黑云母斑晶，基质约85%~92%，微晶镶嵌粒状结构，由粒状长石、石英、绢云母、绿泥石等组成，也见压扁拉长的石英集合体，鳞片状-纤维状绢云母定向分布于粒状矿物中（图2-3g~i）。

2. 麦兹盆地康布铁堡组火山岩岩相学

麦兹盆地康布铁堡组经历了绿片岩相和低角闪岩相区域变质作用，主要为一套变质的基性-酸性火山岩（火山碎屑岩、熔岩）、陆源沉积岩和碳酸盐岩组合。根据岩性特征可分为两个亚组，下亚组主要由变质酸性火山碎屑岩夹基性火山碎屑岩、基性火山熔岩、砂泥质岩和碳酸盐岩组成，不整合于下伏的中—上志留统库鲁姆提群之上，可分为两个岩性段，其中第二岩性段为铁矿床（蒙库铁矿、巴特巴克布拉克铁矿、结别特铁矿等）的主要赋矿层位。上亚组主要由变质流纹岩-变英安岩和流纹质火山碎屑岩-火山碎屑沉积岩-变砂泥质岩-碳酸盐岩组成，可分为3个岩性段，其中第二岩性段中部为铅锌矿床（可可塔勒铅锌矿、什根特铅锌铁矿等）的主要赋矿层位。

麦兹盆地康布铁堡组火山岩，根据岩性和岩相等特征，可分为两个亚旋回。第一亚旋回形成了康布铁堡组下亚组火山岩，其早期以酸性火山岩、火山碎屑岩为主，夹基性-中性火山岩和火山碎屑岩，即为下亚组第一岩性段火山岩；晚期以酸性火山岩、火山碎屑岩为主夹基性火山岩和少量基性火山碎屑岩，构成下亚组第二岩性段火山岩。第二亚旋回形成了康布铁堡组上亚组，早期主要为远火山口相的酸性火山碎屑岩，偶见溢流相熔岩，即为上亚组第一岩性段火山岩；中期为酸性火山熔岩和火山碎屑岩，构成上亚组第二岩性段火山岩；晚期主要为流纹质-英安质-火山熔岩和火山碎屑岩，局部见基性火山岩，构成上亚组第三岩性段火山岩。麦兹盆地内可可塔勒地区以及铁列克萨依地区，康布铁堡组火山岩类型主要有变质流纹岩（浅粒岩）、变质火山角砾岩、变质集块岩、变质含角砾凝灰岩、变质流纹质晶屑凝灰岩、变质基性火山岩（玄武岩）等（图2-4）。

3. 冲乎尔盆地康布铁堡组火山岩岩相学

冲乎尔盆地内的康布铁堡组，根据岩性特征可分为上下两个亚组，其中下亚组由英安质凝灰岩、凝灰质砂岩、流纹岩、英安岩、泥质砂岩夹透镜状灰岩组成，不整合于下伏的中-上志留统库鲁姆提群之上，上亚组主要由安山质凝灰岩、流纹岩、凝灰质砂岩、泥质砂岩组成，与阿勒泰镇组整合接触。

冲乎尔盆地康布铁堡组火山岩岩相变化不大，较为单一，并且火山岩地层多被花岗岩蚕食，根据岩性和岩相等特征，可分为两个亚旋回。第一亚旋回形成了康布铁堡组下亚组火山岩，以海相酸性-中酸性火山熔岩为主。第二亚旋回形成了康布铁堡组上亚组，早期主要为安山质火山碎屑岩；中晚期为英安质-流纹质火山熔岩和火山碎屑岩。冲乎尔盆地出露的火山岩主要有变质流纹岩、英安质晶屑凝灰岩和安山质晶屑凝灰岩（图2-5）。

综上所述，分布于阿尔泰南缘冲乎尔盆地、克兰盆地和麦兹盆地的康布铁堡组均发育有中酸性火山熔岩、火山碎屑岩、陆源碎屑岩、碳酸盐岩，克兰盆地和麦兹盆地均出露有基性火山岩，但在冲乎尔盆地内未见出露。3个盆地内火山活动均具有两个旋回，但在不同地区的康布铁堡组火山岩的岩石类型、岩石组合均存在一定差异。如冲乎尔盆地火山岩主要发育安山质和流纹质熔岩和火山碎屑岩，且火山碎屑岩多为凝灰岩类，未见火山集块岩，并且不发育基性火山岩；克兰盆地内局部发育火山角砾岩和集块岩，以流纹质火山岩为主，仅有少量基性火山岩，并局部见基性火山岩与酸性火山岩互层产出；麦兹盆地火山岩厚度较大，岩石类型较为丰富，见大量火山角砾岩和集块岩，基性火山岩较为发育，并发育有双峰式火山岩。

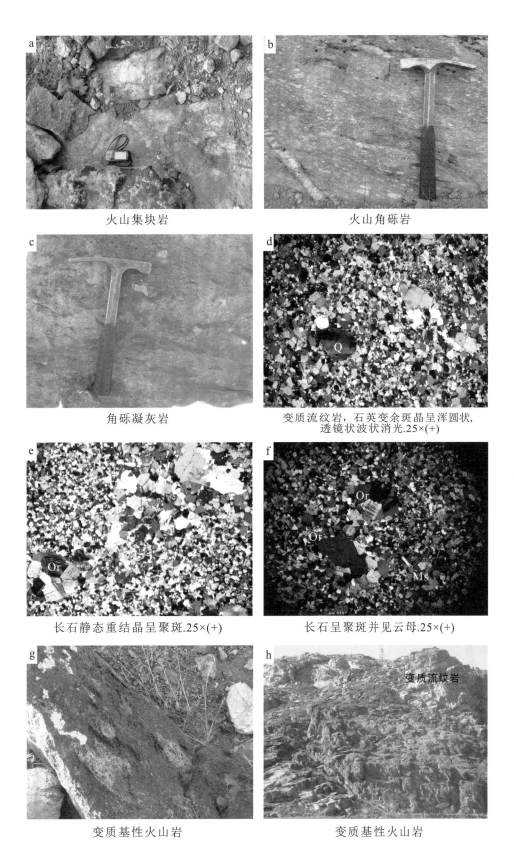

火山集块岩

火山角砾岩

角砾凝灰岩

变质流纹岩,石英变余斑晶呈浑圆状,
透镜状波状消光.25×(+)

长石静态重结晶呈聚斑.25×(+)

长石呈聚斑并见云母.25×(+)

变质基性火山岩

变质基性火山岩

图2-4 麦兹盆地康布铁堡组变质火山岩照片

图 2-5　冲乎尔盆地康布铁堡组火山岩照片

二、年代学

前人一直将康布铁堡组划归为下泥盆统。本项目组及其他团队近年来针对该组中变质火山岩做了大量研究工作，获得冲乎尔、克兰、麦兹和苏普特地区变质火山岩35件锆石的SHRIMP、SIMS和LA–ICP–MS U–Pb年龄变化于414～380 Ma（图2–6；表2–1），峰值为400 Ma和387 Ma（图2–7）。按全国地层委员会（2002）各时代界限，晚志留世为425～410 Ma、早泥盆世为410～386 Ma、中泥盆世为386～372 Ma。同时考虑414 Ma的样品并非采自康布铁堡组的底部，因此，将康布铁堡组时代归为晚志留世末—早泥盆世末（杨富全等，2012）。

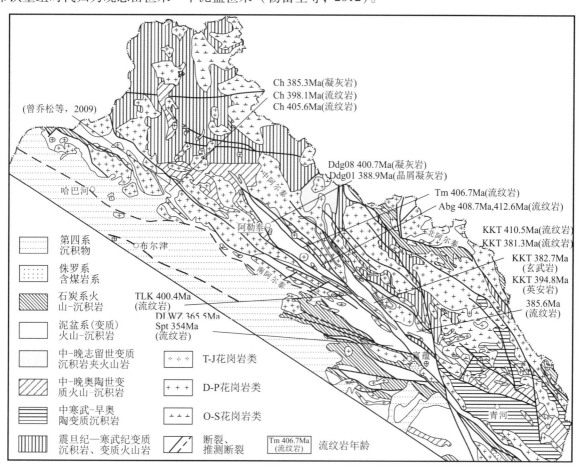

图2–6　阿尔泰南缘康布铁堡组部分火山岩年龄分布图

（据杨富全等，2012）

不同盆地火山喷发时限和峰值略有不同，但每个盆地康布铁堡组上下亚组火山岩喷发年龄相差不大。17件年龄数据表明，克兰盆地由晚志留世末持续至早泥盆世末（413～382 Ma），集中在392～382 Ma和395～409 Ma。不同岩性年龄有差别，流纹岩喷发时间最长，如克兰盆地6件变质流纹岩，采自阿巴宫铁矿区、铁木尔特铁铅锌矿区、大东沟铅锌矿区和基建队，结果表明，流纹岩喷发年龄从413 Ma，持续到382 Ma。8件凝灰岩年龄采自小铁山铁矿区、铁木尔特铅锌铜矿区、大东沟铅锌矿区，凝灰岩喷发时间相对较短，从405 Ma持续到389 Ma。

14件年龄数据表明，麦兹盆地（包括苏普特地区）康布铁堡下亚组最老年龄为414 Ma，为晚志留世，上亚组火山岩最新年龄为380 Ma，火山活动持续时间（414～380 Ma）与克兰盆地一致（413～382 Ma），集中在405～400 Ma和385～380 Ma。7件变质流纹岩样品采自可可塔勒铅锌矿区、萨吾斯铅锌矿区和苏普特铅锌矿区，流纹岩持续时间最长，从414 Ma延续到381 Ma；两件变质玄武岩采自可可塔勒铅锌矿区，年龄为383 Ma和395 Ma；两件浅粒岩（原岩可能为流纹岩）样品采自蒙

表 2 – 1　阿尔泰康布铁堡组火山岩喷发年龄

位置		地层	岩石类型	年龄/Ma	锆石测年方法
克兰盆地	阿巴宫铁矿区	康布铁堡组下亚组	变质流纹岩	409 ± 5.3	SHRIMP U – Pb
	阿巴宫铁矿区	康布铁堡组上亚组中部	变质流纹岩	413 ± 3.5	SHRIMP U – Pb
	阿巴宫铁矿区	康布铁堡组上亚组	斜长角闪变粒岩	395 ± 2.3	LA – ICP – MS U – Pb①
	塔拉特铅锌矿	康布铁堡组下亚组	浅粒岩	406 ± 0.7	LA – ICP – MS U – Pb①
	小铁山矿区	康布铁堡组下亚组	变质凝灰岩	398 ± 1.2	LA – ICP – MS U – Pb①
	小铁山矿区	康布铁堡组下亚组	云母片岩	404 ± 1.1	LA – ICP – MS U – Pb①
	托莫尔特铁矿区	康布铁堡组上亚组顶部	变质流纹岩	407 ± 4.3	SHRIMP U – Pb
	铁木尔特	康布铁堡组	变质流纹岩	402 ± 6.6	SHRIMP U – Pb②
	铁木尔特铅锌铜矿区	康布铁堡组	变质凝灰岩	396 ± 5	LA – ICP – MS U – Pb③
	铁木尔特铅锌铜矿区	康布铁堡组	变质凝灰岩	405 ± 5	LA – ICP – MS U – Pb③
	大东沟铅锌矿区	康布铁堡组上亚组顶部	变质酸性凝灰岩	389 ± 3.2	LA – ICP – MS U – Pb
	大东沟铅锌矿区	康布铁堡组上亚组顶部	变质酸性凝灰岩	401 ± 1.6	LA – ICP – MS U – Pb
	大东沟铅锌矿区	康布铁堡组上亚组	变质晶屑凝灰岩	397 ± 4.5	LA – ICP – MS U – Pb④
	大东沟铅锌矿区	康布铁堡组上亚组	变质晶屑凝灰岩	392 ± 3.6	LA – ICP – MS U – Pb④
	大东沟铅锌矿区	康布铁堡组上亚组	变质晶屑凝灰岩	391 ± 4.2	LA – ICP – MS U – Pb④
	大东沟	康布铁堡组	变质流纹岩	397 ± 2.6	LA – ICP – MS U – Pb⑤
	基建队	康布铁堡组上亚组顶部	变质流纹岩	382 ± 1.3	LA – ICP – MS U – Pb①
麦兹盆地	可可塔勒铅锌矿	康布铁堡组上亚组	变质流纹岩	411 ± 1.3	LA – ICP – MS U – Pb
	可可塔勒铅锌矿	康布铁堡组上亚组	变质流纹岩	381 ± 2.1	LA – ICP – MS U – Pb
	可可塔勒铅锌矿	康布铁堡组上亚组	变质玄武岩	383 ± 2.2	LA – ICP – MS U – Pb
	可可塔勒铅锌矿	康布铁堡组上亚组	变质玄武岩	395 ± 1.9	LA – ICP – MS U – Pb
	可可塔勒矿区外围	康布铁堡组	变质流纹岩	401 ± 8.4	SHRIMP U – Pb②
	可可塔勒铅锌矿	康布铁堡组上亚组	变质流纹岩	394 ± 6.0	LA – ICP – MS U – Pb⑤
	铁列克萨依铅锌矿	康布铁堡组上亚组	变质酸性凝灰岩	400 ± 2.1	LA – ICP – MS U – Pb
	萨吾斯铅锌矿区	康布铁堡组上亚组	变质流纹岩	386 ± 2.3	LA – ICP – MS U – Pb
	萨吾斯铅锌矿区	康布铁堡组上亚组	变质流纹岩	401 ± 2.7	SIMS U – Pb⑥
	蒙库铁矿区	康布铁堡组下亚组	斜长角闪岩	404 ± 4.8	SHRIMP U – Pb
	蒙库铁矿区	康布铁堡组下亚组	浅粒岩	398 ± 2.5	LA – ICP – MS U – Pb⑦
	蒙库铁矿区	康布铁堡组下亚组	浅粒岩	389 ± 4.7	LA – ICP – MS U – Pb⑦
	蒙库铁矿区	康布铁堡组	变粒岩	380 ± 4	LA – ICP – MS U – Pb⑧
	苏普特铅锌矿区	康布铁堡组	变质流纹岩	414 ± 2.0	LA – ICP – MS U – Pb
冲乎尔盆地		康布铁堡组上亚组	变质晶屑凝灰岩	385 ± 1.2	LA – ICP – MS U – Pb
		康布铁堡组上亚组	变质流纹岩	398 ± 1.8	LA – ICP – MS U – Pb
		康布铁堡组上亚组	变质流纹岩	406 ± 2.2	LA – ICP – MS U – Pb
		康布铁堡组上亚组	变质流纹岩	401 ± 0.7	LA – ICP – MS U – Pb①

注：①本书；②单强等，2011；③郑义等，2013；④Zheng et al.，2015；⑤单强等，2012；⑥刘伟等，2010；⑦王宇利等，2013；⑧唐卓等，2012；其他数据据杨富全等，2012。

库铁矿区，年龄为 389 Ma 和 398 Ma；1 件变粒岩和 1 件斜长角闪岩均采自蒙库铁矿区，年龄分别为 380 Ma 和 404 Ma。在可可塔勒铅锌矿区酸性火山岩与基性火山岩形成时间接近，具有双峰式特征，如变质流纹岩年龄为 381 ± 2.1 Ma，变质玄武岩年龄为 383 ± 2.2 Ma。

4 件年龄数据表明，冲乎尔盆地康布铁堡上亚组火山岩喷发由早泥盆世初持续至早泥盆世末（406 ~ 385 Ma）。

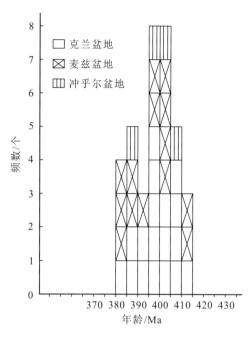

图 2 - 7　阿尔泰康布铁堡组年龄直方图

三、火山岩岩石地球化学特征

（一）克兰盆地康布铁堡组火山岩地球化学

杨富全等（2012）对9件变质流纹岩和11件变质基性火山岩样品进行了主量元素、微量元素以及同位素分析，酸性火山岩属低钛流纹岩，总体上具有明显亏损 Ti、P、Sr、Ba、Nb、Ta，呈明显的负异常，富集 Th、U、Pb；具有 LREE 富集的右倾型稀土元素分布模式，并有显著的 Eu 负异常；具有高的 Nd（$\varepsilon_{Nd}(t) > 0$）同位素。基性火山岩属钙碱性和拉斑质过渡类型岩石；与原始地幔相比，呈现 Th、U、K、Rb、Pb 富集和 P 的亏损，具有高的 Nb、Ta 和 Ti 值；具有 LREE 富集的右倾型稀土元素分布模式，并有显著的 Eu 负异常；$\varepsilon_{Nd}(t)$（4.57～8.61）较高。

（二）麦兹盆地康布铁堡组火山岩地球化学

杨富全等（2012）对38件变质酸性火山岩和16件变质基性火山岩样品的主量元素、微量元素以及同位素分析结果表明，酸性火山岩属低钛流纹岩，总体具有明显亏损 Ti、P、Sr、Ba、Nb、Ta，富集 Th、U、Pb；具有 LREE 富集的右倾型稀土元素分布模式，并有显著的 Eu 负异常；$\varepsilon_{Nd}(t)$ 接近于0，富放射性成因 Pb，有幔源物质和下地壳物质参与。基性火山岩属钙碱性和拉斑质过渡类型岩石；与原始地幔相比，呈现 Th、U、K、Rb、Pb 富集和 Na、Ta、P、Ti 的亏损，但 Nb、Ta 和 Ti 值较高；具有 LREE 富集的右倾型稀土元素分布模式，并有显著的 Eu 负异常；$\varepsilon_{Nd}(t)$（2.07～2.7）较高，具有亏损地幔岩石的 Nd 同位素特征，具有富放射性成因铅特征。

（三）冲乎尔盆地康布铁堡组火山岩地球化学

杨富全等（2012）对17件变质酸性火山岩样品的主量元素和微量元素分析结果表明，冲乎尔盆地康布铁堡组酸性火山岩属低钛流纹岩，总体具有明显亏损 Ti、P、Sr、Ba、Nb、Ta，富集 Th、U、Pb；具有 LREE 富集的右倾型稀土元素分布模式，并有显著的 Eu 负异常。

总之，不同火山沉积盆地的火山岩地球化学特征有一定的差异，也有一定的相近之处。克兰盆地康布铁堡组出现流纹岩 - 富 Nb 玄武岩组合；麦兹盆地康布铁堡组发现流纹岩 - 富镁英安岩 - 富 Nb

玄武岩组合。所有的流纹岩具有相似的地球化学特征，属钙碱性系列低 Ti 流纹岩类，具有正的 ε_{Nd}(t) 值；所有样品的 Th、U 明显富集，高场强元素较为富集，但 Nb 与 Ta 的含量较低；在原始地幔标准化蛛网图上，总体显示了较为一致的分布模式，Sr、Ti、Ba、P、Nb、Ta 呈现明显的负异常，Th、U、Pb、Zr、Hf 的正异常；球粒陨石标准化分配曲线均表现为轻稀土稍富集的右倾型，但稀土元素总量和 Eu 异常程度以及同位素组成不同，如冲乎尔盆地内样品的稀土总量（∑REE）低于克兰盆地和麦兹盆地内样品的稀土总量（∑REE）；冲乎尔盆地样品的 Eu 具有强的负异常（δEu = 0.25 ~ 0.54），克兰盆地样品 Eu 具有中等的负异常（δEu = 0.51 ~ 0.71），麦兹盆地样品的 Eu 负异常变化较大（δEu = 0.35 ~ 0.91），部分样品呈现正异常（δEu = 1.03 ~ 1.65）；克兰盆地样品的 ε_{Nd}(t)（2.31 ~ 3.70）为高的正值，麦兹盆地样品的 ε_{Nd}(t)（−0.05 ~ 0.11）接近于 0。所有基性岩具有特征的高 TiO_2 含量（> 1.5%）、Nb 含量（Nb > 7 × 10^{-6}）和正的高 ε_{Nd}(t) 值，属拉斑玄武系列岩石演化形成。所有岩石的球粒陨石标准化分配曲线均表现为轻稀土稍富集的右倾型，但不相容元素的原始地幔标准化分布模式、稀土总量和轻重稀土分异程度以及同位素组成不同，如克兰盆地样品的 ε_{Nd}(t)（4.57 ~ 8.61）高于麦兹盆地样品的 ε_{Nd}(t)（2.07 ~ 2.70）。

四、火山岩物质来源及演化

克兰盆地、麦兹盆地出露的康布铁堡组基性火山岩石具有低的 SiO_2 含量（克兰盆地：43.83% ~ 52.95%，麦兹盆地：46.06% ~ 52.23%），高 MgO（克兰盆地：5.43% ~ 8.12%，麦兹盆地：5.12% ~ 8.36%）和 FeO^T（克兰盆地：7.79% ~ 20.71%，麦兹盆地：9.53% ~ 13.43%）含量以及所有岩石的 ε_{Nd}(t) 大于 0（克兰盆地：4.57 ~ 8.61，麦兹盆地：2.09 ~ 2.7），表明岩石与亏损地幔源有关。所有岩石具有大离子亲石元素及轻稀土元素富集的特征，具有较小的 Nd 同位素模式年龄（T_{2DM} = 0.45 ~ 0.71 Ga），说明岩石不可能遭受过古老的大陆岩石圈地幔的混染。而且整个阿尔泰南缘多为新增生的地壳物质，岩石的高 MgO 和 FeO 含量说明即使有混染也可以忽略。所有岩石的 Zr/Nb 比值（克兰盆地：8.2 ~ 13.5，麦兹盆地：16.5 ~ 26.8）远大于 OIB 和 E − MORB 的 Zr/Nb 比值（10），Nb 的含量（克兰盆地：9.8 × 10^{-6} ~ 21.1 × 10^{-6}，麦兹盆地：3.03 × 10^{-6} ~ 8.26 × 10^{-6}）明显高于原始地幔、N − MORB 和 E − MORB 的相应值（分别为 0.7 × 10^{-6}，2.3 × 10^{-6} 和 8.3 × 10^{-6}），低于 OIB 的相应值（48 × 10^{-6}）（Sun et al.，1989），与富 Nb 玄武岩相近（> 7 × 10^{-6}）。岩石具有较高的 TiO_2 含量（克兰盆地：> 2%，麦兹盆地：1.05% ~ 2.05%），说明源区可能有 N − MORB 和 E − MORB 型幔源物质参与，并有俯冲洋壳物质的加入。阿尔泰南缘同时代的高 MgO 质岩石（富 Nb 玄武岩，张海祥等，2004）、钾质富镁英安岩（王毓婧等，2010）、埃达克岩（张海祥等，2004）的发现，也暗示了有俯冲板片的熔体参与成岩过程。岩石低的 Nb/U 比值（克兰盆地：8.5 ~ 33.6，麦兹盆地：6.3 ~ 14.7）、Ce/Pb 比值（克兰盆地：3.9 ~ 15.2，麦兹盆地：2.7 ~ 11.7）和高的 Th 和 Pb 含量表明可能有大洋板片携带的沉积物加入。因为消减沉积物的熔体往往具有较高的 Th、Pb 含量和较低的 Ce/Pb 和 Nb/U 比值。因此，岩石具有正的 ε_{Nd}(t) 值和轻稀土富集的特征可能是 N − MORB 型亏损地幔与大洋俯冲物质（洋壳熔体、沉积物熔体以及流体）共同作用的结果。岩石高的 Ti、Y 和 Yb 含量，低的 LREE 含量和较为平缓的 MREE 和 HREE，表明岩浆可能由源区物质高程度部分熔融形成。

综上所述，阿尔泰南缘康布铁堡组基性火山岩的岩浆源区可能是由亏损的软流圈地幔和大洋俯冲物质（洋壳熔体、沉积物熔体以及流体）高程度部分熔融组成，在上升过程中受陆壳物质的混染可能性小（杨富全等，2012）。

康布铁堡组火山岩以酸性岩为主，克兰盆地和麦兹盆地内及其周缘出露大量的同时代花岗岩体，而且在该区也缺乏同时代的大面积基性岩浆存在的证据，说明康布铁堡组酸性火山岩更可能是地壳物质的部分熔融作用或者壳幔物质混合作用的结果。所有岩石的 Nb/Ta 比值（麦兹盆地：6.9 ~ 12.9，冲乎尔盆地：6.9 ~ 8.7）和 Zr/Hf 比值（麦兹盆地：22 ~ 32，冲乎尔盆地：18.2 ~ 23.9）与地壳的相应值 11 和 33（Taylor et al.，1985）接近，表明可能有陆壳岩石部分熔融的产物参与（Wilson，1989；Francalanci et al.，1993）。此外，岩石低 Sr、贫 Al_2O_3 的特征与由俯冲洋壳部分熔融形成的高 Sr、富 Al_2O_3

的埃达克岩（Defant et al.，1990）特征明显不同，可以排除其由俯冲洋壳部分熔融的产生，也不可能来自沉积地层或蚀变的硅质洋壳，因为它们具有高的 Nb/Ta 比值（一般在 17 以上，Ben et al.，1989）。

克兰盆地内康布铁堡组酸性火山岩具有高的正 $\varepsilon_{Nd}(t)$ 值（2.31～3.7），相对高的 Cr 及 Ni 的含量（分别为：$1.65×10^{-6}～4.25×10^{-6}$ 和 $5.04×10^{-6}～10.0×10^{-6}$）以及岩石具有较小的 Nd 同位素模式年龄（$T_{2DM}=0.85～0.96\ Ga$），表明岩浆体系有少量的地幔物质混入。在阿尔泰南缘也发现了同时期的具有岛弧特征的基性火山岩（牛贺才等，2006；单强等，2007）、基性侵入岩（陈汉林等，2006；Wang et al.，2006），以及在克兰盆地内的康布铁堡组中也发育有少量的基性火山岩，为酸性岩的形成提供了物质基础。麦兹盆地酸性火山岩具有接近于 0 的 $\varepsilon_{Nd}(t)$ 值（-1.53～0.11），岩石具有较小的 Nd 同位素模式年龄（$T_{2DM}=1.14～1.24\ Ga$），大部分样品具有极低的 Cr 及 Ni 的含量（分别为：$0.33×10^{-6}～6.32×10^{-6}$ 和 $0.23×10^{-6}～2.14×10^{-6}$），表明岩浆来源于新生的壳源物质，体系中幔源物质几乎没有混入。冲乎尔盆地酸性火山岩石的 Cr 及 Ni 的含量极低，分别为（0.35～7.1）$×10^{-6}$ 和（0.23～10.56）$×10^{-6}$，可以排除有幔源物质的混入。因此，地壳物质部分熔融形成的岩浆更可能为该区酸性岩的母岩。所有岩石具有明显的 Eu 负异常，强烈亏损 Sr、Ba、P 和 Ti 等元素，HREE 分异不明显，Zr/Sm＞10 以及高 Yb 含量，表明源区矿物相中有斜长石、磷灰石、角闪石、钛铁矿残留（Lightfoot et al.，1987），没有石榴子石的存在。根据目前的实验岩石学研究成果，角闪石和斜长石作为部分熔融的残留相而又不发生反应形成石榴子石，其形成压力应小于 1 Ga，温度介于 850～1100℃的范围，由于形成流纹岩的最小压力大于 0.5 Ga，因此推测本区流纹质岩浆源区形成的深度应在 15 km 至 35 km 之间（赖绍聪等，2006；徐学义等，2007）。岩石显著的低 Sr 特征表明应起源于斜长石稳定的正常下地壳。它们的不相容元素丰度较大的变化，可能暗示了部分熔融程度变化范围较大（Geist，1992）。岩石中见有碱性长石斑晶，表明可能发生了弱的结晶分异作用。

综上所述，阿尔泰南缘康布铁堡组酸性火山岩与基性火山岩具有不同的源区，酸性火山岩不是基性火山岩结晶分异的产物，来源于斜长石稳定的下地壳的部分熔融。克兰盆地基性岩浆为酸性岩浆的形成提供了热源和一定的物质来源，原生岩浆是由亏损的软流圈地幔和俯冲的大洋物质高程度部分熔融的结果，在上升过程中受到陆壳物质混染的可能性小；酸性火山岩有幔源物质的混入。麦兹盆地内康布铁堡组的基性火山岩的源区与克兰盆地内康布铁堡组的基性火山岩的源区相似，也是由亏损的软流圈地幔和俯冲的大洋物质高程度部分熔融的结果，在上升过程中受到陆壳物质混染的可能性小，它们的差异是源区物质不均匀以及可能是部分熔融程度不同造成的。酸性火山岩的源区也与克兰盆地内的相似，也为下地壳物质部分熔融形成，幔源物质的混染很少，基性岩浆为酸性岩浆的形成提供了热源。它们的差异可能在于源区物质分布不均匀、部分熔融程度不同以及幔源物质混入程度不同造成的。与克兰和麦兹盆地内康布铁堡组酸性火山岩源区相比，冲乎尔盆地内的酸性火山岩也为下地壳物质部分熔融形成，它们的不同在于未有幔源物质的加入和部分熔融程度的大小。

五、构造环境

阿尔泰南缘的康布铁堡组显示了活动大陆边缘火山岩组合特征。盆地内出露有大量的同时代的弧花岗岩体，如阿维滩岩体（400 Ma）（Wang et al.，2006）、蒙库岩体（404～400 Ma）（杨富全等，2008）、琼库尔岩体（399 Ma，童英等，2007）等。同时，变质流纹岩的 $Yb<5×10^{-6}$，$Ta<1×10^{-6}$，$Ta/Yb<0.5$，$Th>>Ta$ 和显著的 Eu 负异常，表现出了与俯冲作用有关的弧岩浆作用的特点（Condie，1986），并具有明显的 Ti、P、Sr、Ba 负异常，Th、U、Pb 和轻稀土元素正异常特征。在 Ta－Yb 和 Nb－Y 图解上大部分样品位于火山弧区（图 2－8）。

变质基性火山岩具有从钙碱性玄武岩系列向拉斑玄武岩系列过渡的特点，暗示了其为板块边缘环境，而非板内环境；TiO_2 含量（1.59%～2.59%）高于活动大陆边缘及岛弧区的拉斑玄武岩 TiO_2 含量（0.83%），部分样品甚至高于大陆板内与大洋板内玄武岩的 TiO_2 含量（2.15%）；稀土元素球粒陨石标准化配分曲线显示平缓到轻微富集 LREE 的特征，与板内玄武岩 LREE 强烈富集特征明显不同。原始地幔标准化图解具有高场强元素（Nb、Ta、Ti）相对亏损和大离子亲石元素（Th、U、Sr、Rb、Pb）富

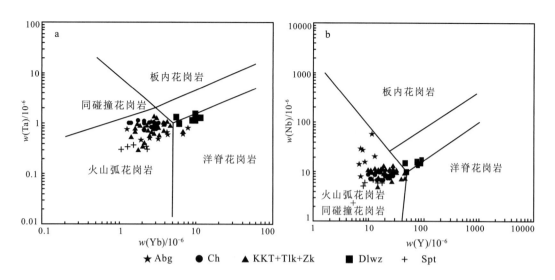

图 2 - 8　阿尔泰南缘泥盆纪变质酸性火山岩 Yb - Ta（a）和 Nb - Y（b）图解

(底图据 Pearce et al.，1984)

Abg—阿巴宫矿区；Ch—冲乎尔盆地；KKT—可可塔勒矿区；TLK—铁列克萨依矿区；

Zk—萨吾斯矿区；Dlwz—达拉乌兹一带；Spt—苏普特一带

集，与活动大陆边缘及岛弧区的拉斑玄武岩特征相近，然而 Nb 含量不仅高于活动大陆边缘及岛弧区的拉斑玄武岩 Nb 含量，甚至高于 E - MORB 的 Nb 含量（8.3×10^{-6}），使它们有一定的差异。Zr/Hf 和 Nb/Ta 发生了分异，说明与俯冲作用有关，源区有 MORB 组分和俯冲组分的贡献。这些特征与阿尔泰南缘富蕴地区发现的富 Nb 玄武岩特征较为相似。在 Zr - Nb - Y 图解上（图 2 - 9a），所有样品位于板内拉斑玄武岩和火山弧玄武岩区，在 Hf - Th - Ta 图解上（图 2 - 9b），大部分样品位于板内拉斑玄武岩和 E - MORB 区，少部分位于钙碱性岛弧火山岩区。因此，康布铁堡组火山岩是活动大陆边缘环境的产物。

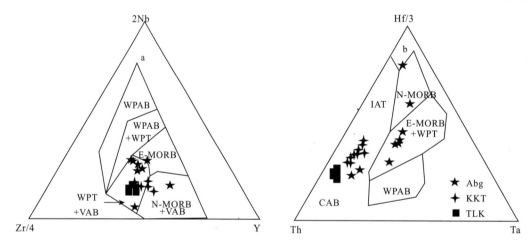

图 2 - 9　康布铁堡组变质基性火山岩的 Nb - Zr - Y 图解（a）和 Hf - Th - Ta 图解（b）

(据 Meschede，1986)

N - MORB—正常洋脊玄武岩；E - MORB—富集型洋脊玄武岩；WPAB—板内碱性玄武岩；WPT—板内拉斑玄武岩；

VAB—火山弧玄武岩；IAT—初始岛弧拉斑玄武岩；CAB—钙碱性岛弧火山岩

龙小平等（2008）对康布铁堡组浅变质碎屑沉积岩（绿泥石片岩、云母片岩、千枚岩）的研究结果表明，该套碎屑沉积岩原岩为成熟度低的泥质或砂质沉积岩，主要来自中 - 酸性火成岩源区，经历了较弱的化学风化作用和相对简单的沉积演化过程，沉积于活动大陆边缘构造环境，如弧后盆地、弧间盆地。Long et al（2007）对康布铁堡组糜棱岩中碎屑锆石进行了定年研究，认为该糜棱岩主要来自岩浆弧，并有一定量的古老物质，地层形成于大陆岛弧相关的构造环境。

综上所述，克兰、麦兹与冲乎尔盆地出露的康布铁堡组火山岩是同一构造背景下的产物，晚志留世—早泥盆世板块俯冲增生作用加剧，随着阿尔泰南缘活动大陆边缘的发育发生了陆缘裂解作用，形成了康布铁堡组火山岩系。

第二节 中泥盆统北塔山组火山岩地质地球化学

一、地质概况

中泥盆统北塔山组在准噶尔地区分布广泛，主要分布在沙尔布拉克－布尔根、阿尔曼太－北塔山一带。主要由海相中－基性火山熔岩、火山碎屑岩夹陆源碎屑岩及碳酸盐岩组成，岩相较复杂。其中基性火山岩约占该组地层厚度的65%，中性火山岩仅占5%（韩宝福，1991）。该组是乔夏哈拉和老山口铁铜金矿的直接赋矿围岩。与上覆的蕴都卡拉组中酸性火山岩为主的海陆交互相火山沉积建造整合接触（图2－10）。

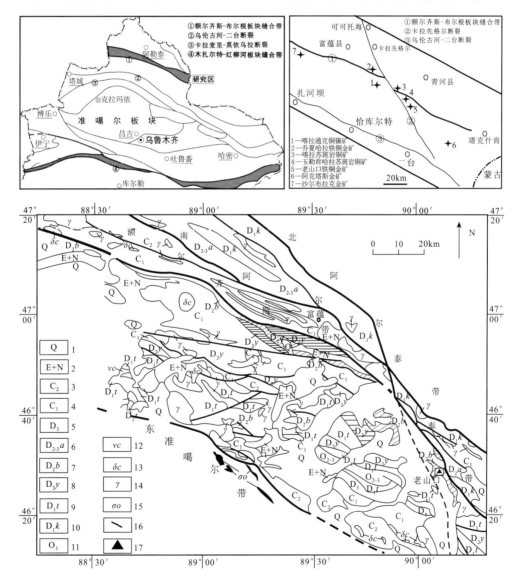

图2－10 准噶尔北缘老山口一带区域地质图

（据新疆地质矿产局第一区调队，1978；新疆地矿局第四地质大队，2003，修改）

1—第四系沉积物；2—古近系和新近系沉积岩；3—上石炭统哈尔加乌组；4—下石炭统姜巴斯套组；5—上泥盆统卡希翁组；6—中－下泥盆统阿勒泰镇组；7—中泥盆统北塔山组；8—中泥盆统蕴都卡拉组；9—下泥盆统托让格库都克组；10—下泥盆统康布铁堡组；11—上奥陶统加波萨尔组；12—辉长岩；13—闪长岩；14—花岗岩；15—蛇绿岩；16—断裂；17—老山口铁铜金矿年龄样位置

根据乔夏哈拉和老山口铁铜金矿区实测剖面（图2-11），北塔山组岩相可分为两部分：下部主要为无斑玄武岩、辉石玄武岩、玄武质凝灰岩、斜斑玄武岩、苦橄岩、粒玄岩、安山岩；上部主要为安山质凝灰岩、流纹质凝灰岩、凝灰质砂岩和粉砂岩、硅质岩、泥灰岩、粉砂岩。前人对苦橄岩进行了较多的研究（陈毓川等，2004；周汝洪等，2005；张招崇，2005、2008；蔡劲宏等，2007；苏慧敏等，2008）。

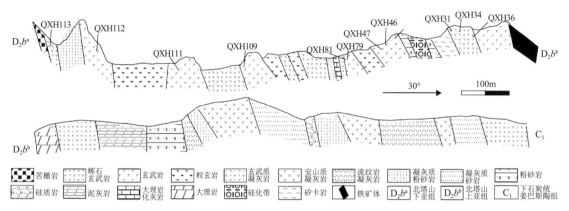

图2-11　准噶尔北缘北塔山组实测剖面及采样位置图

根据实测剖面野外观察及室内鉴定，主要的火山熔岩有辉石玄武岩、斜斑玄武岩、无斑玄武岩、苦橄岩和枕状玄武岩，岩相学特征如下：

辉石玄武岩：即"辉斑玄武岩"，呈深灰绿色，块状构造，斑状结构，斑晶由单斜辉石、橄榄石和斜长石组成，约占岩石总体积的40%。辉石斑晶自形程度较好，呈自形短柱状或八边形，偶见双晶，晶体大小变化较大，最大者可达2.5 mm×1.5 mm，约占斑晶总量的15%，大部分已发生蚀变而仅保留外形或仅中心有残余，个别新鲜者发育薄的蚀变边；小者仅0.5 mm×0.5 mm，占斑晶总量的30%，多已发生绿泥石化、滑石化、透闪石化和碳酸盐化蚀变（图2-12a，b）。斜长石斑晶呈自形长板状，约占斑晶总量的55%，大小0.3~1 mm，多已发生钠黝帘石化蚀变。基质主要由微晶辉石、斜长石以及隐晶质和不透明矿物组成，其中斜长石约占岩石总体积的20%，呈细长板状、半定向或杂乱排列；微晶辉石呈粒状，占岩石总体积的10%，多已蚀变为透闪石、滑石和绿泥石；不透明金属矿物及隐晶质（30%）充填其中（图2-12c）。

斜斑玄武岩：呈浅灰黑色，块状构造，斑状结构。斑晶由单斜辉石和斜长石组成，其中斜长石约20%~25%，单斜辉石约10%。斜长石斑晶呈自形的长板状，晶体大小变化较大，较大者长度可达1~4 mm，具熔蚀麻点结构，晶体较小者则相对新鲜；辉石斑晶呈自形的八边形和短柱状，粒度较斜长石斑晶小，多已发生绿泥石和滑石蚀变，但仍保存了辉石晶体的假象。基质主要由斜长石（50%）、辉石（15%）和不透明矿物组成，见自形的长板状斜长石搭成的三角形格架中充填着辉石和金属矿物呈间粒结构（图2-12d，3e）。

无斑玄武岩：呈灰黑色，块状构造，斑状结构，肉眼不可见斑晶。斑晶含量变化较大，少者约占岩石总量的10%，仅偶见辉石，晶体较大，约0.5 mm；多者约占岩石总量的30%~40%，主要为辉石和斜长石，但斑晶较小。基质约占60%~90%，主要由辉石、斜长石和不透明矿物组成，斜长石相对自形，辉石呈粒状，无定向分布（图2-12f，3g）。

枕状玄武岩：呈深灰色，斑状结构，枕状构造，单个枕体大小介于30 cm×20 cm~8 cm×5 cm之间。边缘发育宽约1.5~2 cm的冷凝边，其内见辉石斑晶（图2-12h）。

二、年代学

用于测年的样品采自老山口铁铜金矿区北塔山组辉斑玄武岩（LSK26），具体采样位置见图2-10（N46°27′13.2″，E90°0652.1″）。

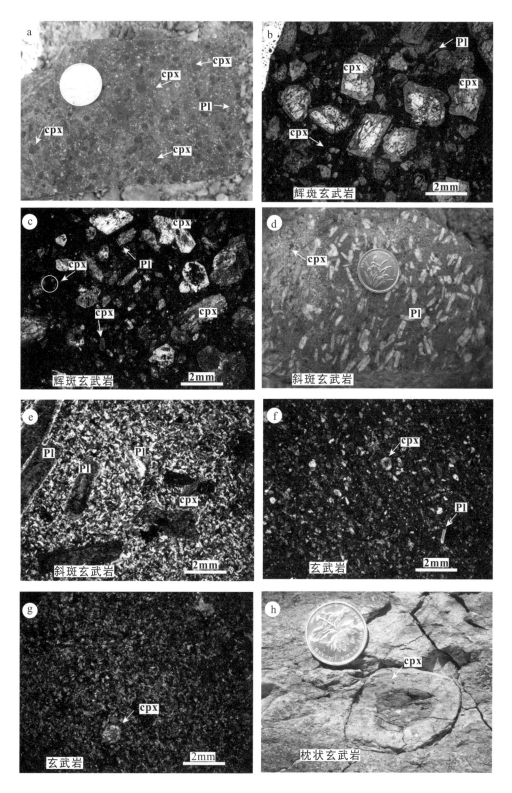

图 2 - 12　准噶尔北缘北塔山组基性火山岩岩相学特征

测试年龄样品（约30 kg）经过粉碎、重液分离和磁选，再在双目镜下挑选出晶形好、无裂隙、干净透明的锆石晶体。定年所用样品靶在北京离子探针中心进行，LA - ICP - MS 锆石 U - Pb 定年测试分析在中国地质科学院矿产资源研究所 MC - ICP - MS 实验室完成。所用仪器为 Finnigan Neptune 型

MC – ICP – MS及与之配套的 Newwave UP 213 激光剥蚀系统。激光剥蚀所用束斑直径为 25 μm，频率为 10 Hz，能量密度约为 2.5J/cm²，以 He 为载气。详细分析原理和流程可参考文献（侯可军等，2009）。每测定 5~7 个样品点测定一次标准锆石（GJ – 1 和 Plesovice），用于观察仪器的状态以保证测试的精确度。样品的同位素比值和元素含量计算采用 ICP – MS – DataCal 4.3 程序处理（Liu et al.，2008），年龄计算及谐和图的绘制采用 Isoplot 3.0（Ludwig，2001）软件处理。

辉斑玄武岩中锆石除个别晶体破碎外，大多数晶形较好，透明度高，呈半自形 – 自形柱状及双锥状，晶棱及晶面清楚，晶体变化较大，长轴多变化于 30~150 μm 之间，长短轴比一般为 2：1~4：1。所有颗粒具有岩浆锆石的典型振荡环带结构，个别可见核幔结构。

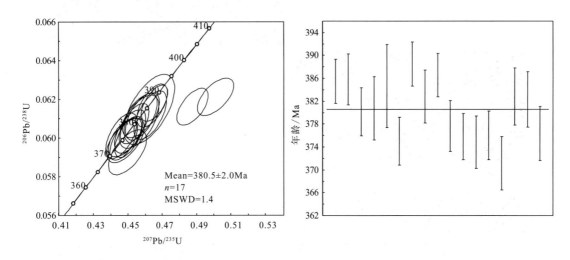

图 2 – 13　辉斑玄武岩 LA – ICP – MS 锆石 U – Pb 年龄图

样品的 LA – ICP – MS 锆石 U – Pb 分析结果列于表 2 – 2。样品中测点的 Th/U 比值介于 0.33~1.34，显示了岩浆锆石的典型特征（Rubatto，2002）。除 3 个样品点（1，11 和 17）年龄结果偏大（441 Ma，438 Ma，1075 Ma）外，其余 17 个分析点的 $^{206}Pb/^{238}U$ 表面年龄非常一致，介于 389~371 Ma，其加权平均值为 380.5 ± 2.2 Ma（MSWD = 1.4），在年龄谐和图上聚集在一致线上及其附近一个较小的范围内（图 2 – 13），表明这些锆石形成后 U – Pb 体系保持封闭，没有明显的 U 或 Pb 同位素的丢失和加入。结合锆石阴极发光图像及元素特征分析，这一年龄代表了该辉石玄武岩的喷发年龄。

北塔山组的时代，最早是 1972 年新疆区域地质调查大队在进行 1：20 万二台幅填图工作时在该组发现了无洞贝（*Atrypa* sp.）、镜眼虫（*Phacops* sp.）、新疆槽珊瑚（*Xinliangolites* sp.）、灌木孔珊瑚（*Hoplothecis* sp. 和 *Thamnopora* sp.）、包兰特珊瑚（*Barrandeophyllum*? sp.）、网格苔藓虫（*Fenestella* sp.）、海百合茎、硅质放射虫骨骼等丰富的动、植物化石，将其划分为中泥盆世。1978~1979 年，新疆地质局第五地质大队在卡拉先格尔他乌一带 1：5 万区调工作时采集到了 *Pachyfavosites* sp.（厚巢珊瑚）、*Crassialveolites* sp.（厚槽珊瑚）、*Keriophyllum* sp.（角珊瑚）、*Prismatophyllum* sp.（多角珊瑚）*Fimbrispirifer* sp.（花边石燕）、*Phacops* sp.（镜眼虫）等动物化石；2003 年，新疆地质局第四地质大队青河县一带 1：5 万区调工作组，采集到了 *Thamnopora* sp.（灌木孔珊瑚）及 *Spinatrypa* sp.（刺无洞贝）；同时该工作组获得了玄武岩和苦橄岩的 Rb – Sr 同位素年龄 317 ± 15 Ma，与化石年龄相差较大，认为可能与岩石蚀变作用影响有关。张招崇等（2006）根据地层中次火山岩的年龄（376~381 Ma）推测该组地层年龄为 385 Ma。

本研究利用 LA – ICP – MS 锆石 U – Pb 定年法获得了辉石玄武岩的喷发年龄为 380.5 ± 2.2 Ma（MSWD = 1.4），说明北塔山组火山岩形成于中泥盆世。这与区域泥盆纪埃达克岩、富 Nb 玄武岩、钾质玄武岩（张海祥等，2004；袁超等，2006）以及侵入北塔山组的斑岩体（杨文平等，2005；张招崇等，2006；赵战锋等，2009；杨富全等，2012）的形成年龄较为接近。

表 2 - 2　北塔山组火山岩锆石 LA - ICP - MS 分析结果

分析点号	$w_B/10^{-6}$			比值	同位素比值						表面年龄/Ma					
	Pb	Th	U	Th/U	$^{207}Pb/^{206}Pb$	1σ	$^{207}Pb/^{235}U$	1σ	$^{206}Pb/^{238}U$	1σ	$^{207}Pb/^{206}Pb$	1σ	$^{207}Pb/^{235}U$	1σ	$^{206}Pb/^{238}U$	1σ
LSK - 26 - 1	65.42	631.08	469.52	1.34	0.13415	0.07513	0.58004	0.01377	0.07078	0.00165	2154	1167	464	9	441	10
LSK - 26 - 2	10.36	54.87	125.24	0.44	0.05792	0.00076	0.48768	0.00601	0.06162	0.00063	528	28	403	4	385	4
LSK - 26 - 3	35.54	240.75	558.85	0.43	0.05456	0.00028	0.46415	0.00594	0.06168	0.00074	394	11	387	4	386	4
LSK - 26 - 4	15.90	60.66	406.38	0.15	0.05423	0.00031	0.45392	0.00545	0.06074	0.00069	389	13	380	4	380	4
LSK - 26 - 5	10.00	83.06	209.62	0.40	0.05443	0.00043	0.45653	0.00764	0.06085	0.00091	387	17	382	5	381	5
LSK - 26 - 6	16.02	150.81	189.32	0.80	0.05461	0.00047	0.46251	0.00979	0.06149	0.00120	394	20	386	7	385	6
LSK - 26 - 7	51.18	538.06	551.99	0.97	0.05423	0.00029	0.44761	0.00524	0.05990	0.00068	389	11	376	4	375	7
LSK - 26 - 8	68.80	610.19	821.66	0.74	0.05826	0.00041	0.50097	0.00705	0.06212	0.00064	539	15	412	5	389	4
LSK - 26 - 9	12.39	99.84	180.23	0.55	0.05423	0.00052	0.45769	0.00711	0.06118	0.00077	389	50	383	5	383	5
LSK - 26 - 10	10.55	53.35	163.66	0.33	0.05726	0.00068	0.55560	0.01124	0.07032	0.00120	502	26	449	7	438	7
LSK - 26 - 11	52.31	551.74	430.10	1.28	0.05465	0.00035	0.46555	0.00515	0.06180	0.00062	398	15	388	4	387	4
LSK - 26 - 12	9.89	87.01	151.94	0.57	0.05447	0.00055	0.45126	0.00594	0.06034	0.00074	391	22	378	4	378	4
LSK - 26 - 13	4.31	49.47	150.93	0.33	0.05424	0.00059	0.44841	0.00635	0.06003	0.00066	389	19	376	4	376	4
LSK - 26 - 14	14.98	93.53	182.27	0.51	0.05419	0.00048	0.44855	0.00716	0.05987	0.00075	389	16	376	5	375	5
LSK - 26 - 15	25.53	256.11	397.25	0.64	0.05445	0.00033	0.45042	0.00527	0.06006	0.00070	391	45	378	4	376	4
LSK - 26 - 16	13.38	131.38	248.16	0.53	0.05488	0.00045	0.44982	0.00723	0.05926	0.00077	406	21	377	5	371	5
LSK - 26 - 17	136.63	381.05	663.67	0.57	0.07866	0.00025	1.97191	0.02626	0.18149	0.00233	1165	2	1106	9	1075	13
LSK - 26 - 18	14.95	106.59	247.93	0.43	0.05510	0.00047	0.46309	0.00631	0.06119	0.00082	417	19	386	4	383	5
LSK - 26 - 19	51.45	601.10	492.59	1.22	0.05435	0.00031	0.45786	0.00614	0.06110	0.00080	387	13	383	4	382	5
LSK - 26 - 20	21.41	175.99	302.05	0.58	0.05389	0.00037	0.44631	0.00596	0.06012	0.00078	365	19	375	4	376	5

三、岩石地球化学

（一）样品及分析方法

本研究采集了老山口地区和乔夏哈拉地区 7 件辉斑玄武岩和 12 件无斑玄武岩样品进行地球化学分析。采样位置见图 2 - 11。它们的主量、微量元素和 Sr、Nd 同位素测定在中国科学院地质与地球物理研究所国家重点实验室完成，结果列于表 2 - 3 和表 2 - 4。主量元素采用熔片 XRF 方法（国家标准 GB/T14506.28 - 1993 监控）在 X 荧光光谱仪 3080E 上测定。稀土和微量元素含量采用 Finnigan MAT 公司生产的双聚焦高分辨 ICP - MS 测定（标准 DZ/T 0223 - 2001 监控）。Sr、Nd 同位素组成采用 MAT - 262 同位素质谱仪测定，测试时采用标样 NBS - 987 的 $^{87}Sr/^{86}Sr = 0.710239 \pm 0.00009$（$2\sigma$），标样 Jndi - 1 的 $^{143}Nd/^{144}Nd = 0.512109 \pm 0.000011$（$2\sigma$）。Sr 和 Nd 同位素比值质量分馏校正采用 $^{86}Sr/^{87}Sr = 0.1194$ 和 $^{146}Nd/^{144}Nd = 0.7219$。全程实验室本底控制在 Rb、Sr 为 $1 \times 10^{-9} \sim 2 \times 10^{-9}g$，Sm、Nd 为 $5 \times 10^{-9} \sim 7 \times 10^{-9}g$。详细分析方法见 Qiao（1998）。岩石地球化学数据处理及作图采用路远发的 Geokit 软件（路远发，2004）。

表 2 - 3　准噶尔北缘北塔山组玄武岩的主量（%）、微量（10^{-6}）元素组成

样号	LSK - 27	LSK - 28	LSK - 29	LSK - 30	LSK - 31	LSK - 32	LSK - 33	QXH31	QXH34	QXH36
	无斑玄武岩	辉石玄武岩	辉石玄武岩	辉石玄武岩	辉石玄武岩	辉石玄武岩	辉石玄武岩	无斑玄武岩	无斑玄武岩	无斑玄武岩
SiO_2	48.24	52.97	50.54	51.25	47.55	49.46	50.74	45.90	45.69	45.15
TiO_2	0.50	0.91	1.04	1.02	0.53	1.20	0.96	1.01	0.57	0.72
Al_2O_3	8.44	13.07	14.51	13.69	8.89	15.95	13.45	15.49	20.00	11.68
FeO^T	12.32	10.38	10.77	10.40	12.29	12.39	11.01	10.75	9.15	11.89
MnO	0.17	0.11	0.14	0.12	0.16	0.16	0.13	0.16	0.20	0.22
MgO	15.35	9.04	9.26	10.42	15.91	5.54	9.63	8.39	2.80	6.75
CaO	9.62	4.94	4.61	3.98	7.88	6.24	5.37	5.18	12.95	14.83
Na_2O	2.35	6.29	5.72	5.70	2.40	6.50	5.39	4.96	3.14	2.48
K_2O	0.64	0.54	0.98	1.04	1.45	0.22	1.06	0.34	2.22	1.79
P_2O_5	0.35	0.23	0.28	0.26	0.36	0.32	0.35	0.38	0.46	0.45
烧失量	1.80	1.34	1.60	2.42	2.00	1.52	1.52	7.13	2.26	4.40
总和	99.78	99.82	99.45	100.30	99.41	99.50	99.61	99.70	99.46	100.37
FeO	7.91	4.97	5.52	4.64	6.26	5.46	5.80	6.33	1.23	3.83
$Mg^\#$	0.71	0.63	0.63	0.66	0.72	0.47	0.63	0.61	0.38	0.53
Sc	33.5	36.5	37.3	34.8	35.5	29	31.9	43.2	18.7	43.2
V	282	297	325	254	287	316	276	305	403	374
Cr	830	243	92.9	154	994	66.3	165	299	12.7	98.2
Co	62.3	38.2	41.9	37	73	33.7	40.6	39.9	24.7	34.9
Ni	335	42.7	27.8	34.8	426	32.5	62	74.4	9.85	42.8
Cu	54.8	102	101	95.3	21.9	216	98.4	185	93.3	99.9
Ga	10.6	10.1	15.1	11.7	11.7	14.4	13.6	19.2	34.5	16.6
Sr	557	1572	3192	1250	607	8710	3090	311	2533	622
Rb	17.2	13.6	27.3	31.2	46.6	4.35	27.9	4.29	26.3	17.4
Ba	188	613	1456	2188	446	489	1089	107	330	292
Th	0.6	0.42	1.05	0.51	0.65	0.9	0.82	0.868	0.694	0.709

样号	LSK－27	LSK－28	LSK－29	LSK－30	LSK－31	LSK－32	LSK－33	QXH31	QXH34	QXH36
	无斑玄武岩	辉石玄武岩	辉石玄武岩	辉石玄武岩	辉石玄武岩	辉石玄武岩	辉石玄武岩	无斑玄武岩	无斑玄武岩	无斑玄武岩
U	0.36	0.22	0.45	0.26	0.37	0.33	0.36	0.424	0.573	0.518
Ta	0.08	0.14	0.21	0.17	0.09	0.28	0.2	0.222	0.129	0.111
Nb	1.16	2.52	4.37	2.88	1.47	5.04	3.67	3.91	2.29	1.94
Zr	24.5	55.8	81.2	63	30.2	76.7	59.2	70.7	42.4	45.9
Hf	0.73	1.44	2.04	1.67	0.86	2.08	1.7	2.13	1.26	1.58
Pb	2.56	3.95	10.1	6.38	2.4	32.5	7.79	5.47	12.2	6.52
Y	9.26	18.2	22.9	20.9	10.9	22	18.3	16.4	13.8	16.1
La	5.76	3.22	7.19	4.17	5.95	6.77	5.66	11.8	7.37	9.22
Ce	13.3	8.46	17.8	10.3	13.9	16.3	14.1	27.3	15.1	19.4
Pr	1.87	1.24	2.48	1.5	1.97	2.24	1.97	4.04	2.19	2.89
Nd	9.56	6.22	11.6	7.58	9.83	10.9	9.65	17.9	9.78	13.2
Sm	2.64	2.3	3.38	2.47	2.77	3.15	2.83	4.31	2.55	3.42
Eu	0.59	0.87	1.24	1.17	0.76	1.11	1.22	1.39	0.86	1.14
Gd	2.29	3.06	4.42	4	2.69	4.2	3.65	3.89	2.60	3.56
Tb	0.35	0.52	0.71	0.59	0.39	0.71	0.59	0.595	0.405	0.544
Dy	1.9	3.41	4.25	3.9	2.22	4.47	3.57	3.31	2.46	3.11
Ho	0.37	0.72	0.94	0.88	0.44	0.97	0.79	0.661	0.498	0.608
Er	1.1	2.19	2.79	2.56	1.25	2.93	2.31	1.75	1.37	1.61
Tm	0.15	0.3	0.4	0.37	0.18	0.4	0.33	0.253	0.203	0.227
Yb	0.97	2.11	2.67	2.4	1.18	2.8	2.14	1.63	1.28	1.39
Lu	0.15	0.31	0.38	0.37	0.17	0.4	0.33	0.239	0.198	0.205
∑REE	41	34.9	60.3	42.3	43.7	57.4	49.1	79.2	46.9	60.6

样号	QXH44	QXH46	QXH47	QXH79	QXH81	QXH109	QXH111	QXH112	QXH113
	无斑玄武岩	无斑玄武岩	无斑玄武岩	无斑玄武岩	无斑玄武岩	无斑玄武岩	辉石玄武岩	无斑玄武岩	辉石玄武岩
SiO_2	49.69	51.47	51.42	47.09	47.88	49.72	48.25	49.74	50.01
TiO_2	2.75	0.60	0.64	0.67	0.80	0.84	0.95	0.80	0.76
Al_2O_3	13.30	18.04	18.03	13.14	12.87	14.85	16.82	17.26	13.92
FeO^T	14.73	9.13	9.54	11.36	13.69	11.24	10.23	9.61	11.55
MnO	0.26	0.20	0.21	0.20	0.24	0.23	0.19	0.14	0.18
MgO	4.29	3.67	3.97	8.04	6.25	5.41	4.88	3.57	5.79
CaO	6.71	6.27	5.31	9.80	11.30	11.08	9.37	11.94	10.52
Na_2O	4.71	5.54	5.70	3.05	1.93	3.27	3.34	3.56	2.67
K_2O	1.22	2.57	2.79	1.94	2.56	1.18	2.17	0.84	2.20
P_2O_5	0.54	0.56	0.61	0.37	0.61	0.35	0.39	0.29	0.47
铁失量	1.98	1.28	1.46	4.62	2.14	2.02	3.12	2.10	1.78

样号	QXH44	QXH46	QXH47	QXH79	QXH81	QXH109	QXH111	QXH112	QXH113
	无斑玄武岩	无斑玄武岩	无斑玄武岩	无斑玄武岩	无斑玄武岩	无斑玄武岩	辉石玄武岩	无斑玄武岩	辉石玄武岩
总和	100.17	99.34	99.68	100.28	100.28	100.17	99.71	99.84	99.84
FeO	5.98	3.15	3.28	5.35	4.66	6.73	6.10	4.11	4.62
Mg#	0.36	0.44	0.45	0.58	0.47	0.49	0.48	0.42	0.50
Sc	37.3	18.6	20.2	43.3	38.2	38.2	36.4	28.1	33.9
V	462	241	249	336	404	306	283	252	315
Cr	18.6	5.37	6.71	144	39.2	129	56.9	43.4	116
Co	35.0	24.9	27.7	34.6	29.6	23.1	21.1	18.7	26.9
Ni	14.5	6.16	8.51	47.9	19.6	33.9	20.4	15.4	36.9
Cu	55.9	44.6	44.6	4.81	3.19	302	7.61	6.21	12.5
Ga	20.7	15.7	14.6	16.5	18.5	16.3	16.8	19.3	16.3
Sr	312	870	527	366	928	503	407	849	553
Rb	10.6	38.3	51.2	20.1	33.3	17.1	43.4	10.5	32.9
Ba	204	339	375	354	273	236	251	246	605
Th	0.639	0.927	0.973	0.893	0.749	0.938	0.760	1.07	1.28
U	0.572	0.525	0.534	0.565	0.421	1.082	0.576	0.873	0.615
Ta	0.412	0.162	0.170	0.123	0.141	0.174	0.195	0.181	0.166
Nb	5.85	2.67	2.88	2.13	2.55	2.99	3.24	3.09	2.84
Zr	177	50.0	53.6	50.9	52.0	59.9	65.9	63.7	56.2
Hf	4.99	1.52	1.64	1.64	1.77	1.86	1.96	1.88	1.74
Pb	4.44	7.78	3.85	5.23	4.74	2.70	2.12	3.44	3.74
Y	45.8	16.6	17.3	16.9	23.2	20.4	19.4	19.9	18.1
La	12.0	9.74	10.1	9.87	11.5	8.68	7.28	9.81	10.9
Ce	31.1	19.4	20.5	21.0	26.1	19.4	14.9	19.1	22.2
Pr	4.82	2.79	2.97	3.14	3.96	2.92	2.06	2.82	3.24
Nd	22.9	12.6	13.1	13.8	17.7	12.9	9.45	12.6	13.9
Sm	6.73	3.16	3.42	3.75	4.89	3.28	2.57	3.11	3.44
Eu	2.47	1.06	1.14	1.26	1.46	0.99	0.88	1.03	1.09
Gd	7.89	3.15	3.41	3.66	4.94	3.59	2.87	3.29	3.45
Tb	1.36	0.506	0.560	0.551	0.766	0.565	0.509	0.541	0.534
Dy	8.68	3.01	3.21	3.25	4.54	3.58	3.36	3.35	3.21
Ho	1.79	0.628	0.651	0.640	0.854	0.718	0.700	0.668	0.643
Er	4.77	1.76	1.81	1.72	2.28	1.98	1.96	1.89	1.76
Tm	0.682	0.266	0.272	0.246	0.325	0.300	0.305	0.285	0.265
Yb	4.32	1.68	1.75	1.49	2.01	1.92	2.01	1.81	1.64
Lu	0.655	0.255	0.266	0.221	0.292	0.294	0.299	0.272	0.244
∑REE	110	59.9	63.1	64.6	81.7	61.2	49.2	60.6	66.7

注：$Mg^{\#} = Mg/(Mg + Fe^{2+})$，假设 $Fe_2O_3/FeO = 0.15$。

表 2 – 4　准噶尔北缘北塔山组玄武岩的 Rb – Sr 和 Sm – Nd 同位素组成

样品编号	QXH79	QXH81	QXH109	QXH111	QXH112	QXH113
$w(\mathrm{Rb})/10^{-6}$	18.07	30.85	15.54	41.63	9.36	31.64
$w(\mathrm{Sr})/10^{-6}$	390.25	1053.41	530.19	413.58	887.14	623.84
$^{87}\mathrm{Rb}/^{86}\mathrm{Sr}$	0.13396	0.08475	0.08479	0.29127	0.03054	0.14676
$^{87}\mathrm{Sr}/^{86}\mathrm{Sr}$	0.70506	0.70475	0.70473	0.70541	0.70427	0.70486
2σ	0.00001	0.00001	0.00001	0.00001	0.00001	0.00001
$(^{87}\mathrm{Sr}/^{86}\mathrm{Sr})_i$	0.7043	0.7043	0.7043	0.7038	0.7041	0.7040
$w(\mathrm{Sm})/10^{-6}$	3.86	5.00	3.19	0.64	0.77	3.37
$w(\mathrm{Nd})/10^{-6}$	14.65	18.70	12.11	8.76	11.39	13.85
$^{147}\mathrm{Sm}/^{144}\mathrm{Nd}$	0.15921	0.16153	0.15899	0.04411	0.04085	0.14716
$^{143}\mathrm{Nd}/^{144}\mathrm{Nd}$	0.51289	0.51291	0.51289	0.51289	0.51286	0.51288
2σ	0.00001	0.00001	0.00001	0.00001	0.00001	0.00001
$\varepsilon_{\mathrm{Nd}}(t)$	6.9	7.1	6.8	12.3	11.9	7.1
$T_{2\mathrm{DM}}(\mathrm{Ga})$	566	552	573	128	161	554
$f_{\mathrm{Sm/Nd}}$	−0.19	−0.18	−0.19	−0.78	−0.79	−0.25

注：球粒陨石均一储库（CHUR）值为：$^{87}\mathrm{Rb}/^{86}\mathrm{Sr}=0.0827$，$^{87}\mathrm{Sr}/^{86}\mathrm{Sr}=0.7045$，$^{147}\mathrm{Sm}/^{144}\mathrm{Nd}=0.1967$，$^{143}\mathrm{Nd}/^{144}\mathrm{Nd}=0.512638$。$\lambda_{\mathrm{Rb}}=1.39\times10^{-11}\mathrm{a}^{-1}$，$\lambda_{\mathrm{Sm}}=6.54\times10^{-12}\mathrm{a}^{-1}$（Steiger et al. 1977；Lugmair et al.，1978），$t=381$ Ma。

（二）主量元素地球化学

辉石玄武岩 SiO_2 含量为 47.56% ～ 52.97%，Al_2O_3 含量为 8.44% ～ 15.95%；CaO 含量为 3.98% ～ 9.62%；MgO 含量为 5.54% ～ 15.35%，$Mg^{\#}$ 为 41 ～ 63；FeO^T 含量为 14% ～ 18.99%；TiO_2 变化于 0.5% ～ 1.2%；全碱含量为 2.99% ～ 6.82%，且富钠（$Na_2O/K_2O=1.66～11.64$）。与辉石玄武岩相比，玄武岩的 SiO_2 含量变化较为一致，为 45.15% ～ 51.47%；Al_2O_3 含量偏高（11.86% ～ 20%）；CaO 含量偏高（5.18% ～ 14.83%）；MgO 含量偏低（2.8% ～ 8.4%），$Mg^{\#}$ 偏低（32 ～ 54）；FeO^T 含量相当（9.46% ～ 19.23%）；TiO_2 含量偏低（0.57% ～ 1.01%，1 个样品除外）；全碱含量略低（4.27% ～ 8.49%）。所有样品的 $Mg^{\#}$ 值与 Al_2O_3 和 CaO 呈明显的负相关，与 FeO^T 和 TiO_2 的相关性不明显（图 2 – 14）。

在火山岩 Zr/TiO_2 – Nb/Y 图解上（图 2 – 15a），所有样品位于亚碱性系列岩区。在 FeO^T/MgO – SiO_2 图解中，所有样品位于拉斑玄武岩区（图 2 – 15b）。因此，北塔山组火山岩属亚碱性拉斑玄武岩。

（三）稀土及微量元素地球化学

微量元素原始地幔标准化蛛网图（图 2 – 16a）与球粒陨石标准化配分图（图 2 – 16b）显示，所有样品总体上显示了一致的分布模式，富集大离子亲石元素和轻稀土元素，相对亏损高场强元素和重稀土元素，呈现明显的 Pb、Sr 的正异常和 Nb、Ta、Ti 的负异常。这些特征明显不同于 MORB 和 OIB，暗示可能存在着地壳物质混染或者富集岩石圈地幔物质的参与。

辉石玄武岩和玄武岩的微量元素及稀土元素特征稍有差异，前者的 Ba、Sr 以及相容元素 Sc、Cr、Co、Ni 含量明显高于后者的相应元素含量；前者的稀土总量（ΣREE）（34.93×10^{-6} ～ 60.25×10^{-6}）略低于后者（46.9×10^{-6} ～ 110.3×10^{-6}），轻稀土富集程度［$(\mathrm{La/Yb})_N=1.09～1.25$］低于后者［$(\mathrm{La/Yb})_N=1.99～5.22$］；重稀土分馏程度 $(\mathrm{Gd/Yb})_N$ 相近（前者为 1.24 ～ 2.02 和后者为 1.19 ～ 2.12）；前者具有弱的 Eu 异常（0.73 ～ 1.16），后者无明显的 Eu 异常（0.91 ～ 1.04）。两者均无明显的 Ce 异常（δCe 分别为 0.99 ～ 1.04 和 0.99 ～ 1.04）。此外，它们的 Nb/Ta（14.2 ～ 18.35）比值和 Zr/Hf（29.5 ～ 38.8）比值远高于大陆地壳的相应值（13 和 11）（Hofmann et al.，1986；Taylor et al.，1985），

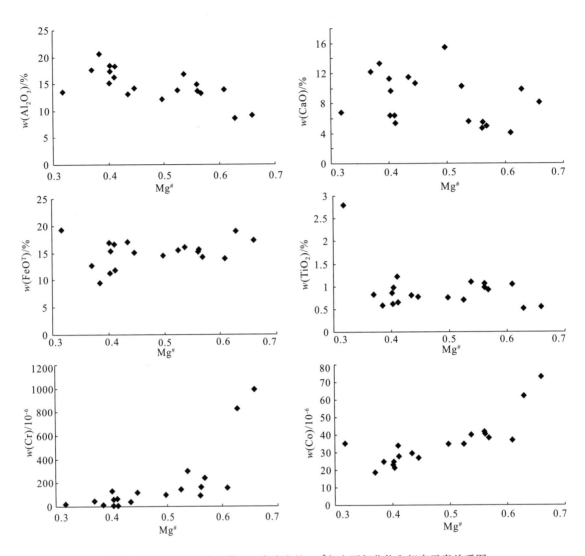

图 2 - 14　准噶尔北缘北塔山组玄武岩的 Mg# 与主要氧化物和相容元素关系图

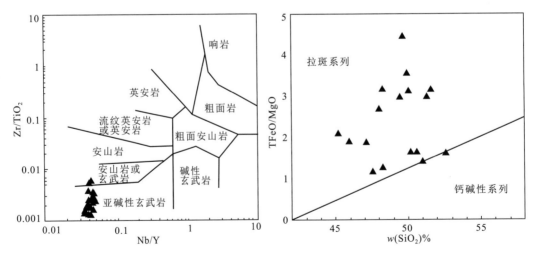

图 2 - 15　准噶尔北缘北塔山组玄武岩的 Zr/TiO₂ – Nb/Y 和 FeOᵀ/MgO – FeOᵀ 图解

（据 Winchest et al.，1977，Miyashiro，1974）

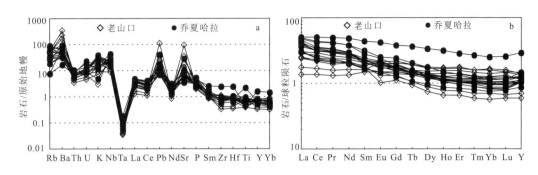

图 2 – 16　准噶尔北缘北塔山组玄武岩微量元素原始地幔配分模式图（a）和稀土元素配分模式图（b）
（原始地幔值和球粒陨石据 Sun et al.，1989）

与原始地幔的相应值（17 和 36）接近（Sun et al.，1989）。

6 个样品的 Sr – Nd 同位素组成列于表 2 – 4。样品的 $^{87}Sr/^{86}Sr$ 比值介于 0.704269 ~ 0.705413 之间，$^{143}Nd/^{144}Nd$ 比值介于 0.512858 ~ 0.512914 之间。采用新获得的 LA – ICP – MS 锆石 U – Pb 年龄 381 Ma 校正后，它们的 $^{87}Sr/^{86}Sr$ 初始值为 0.703835 ~ 0.704337，$^{143}Nd/^{144}Nd$ 初始值为 0.512502 ~ 0.512777，$\varepsilon_{Nd}(t)$ 为高的正值，且辉石玄武岩的值（+11 ~ +12.3）较无斑玄武岩的值（+6.84 ~ +7.1）高，表明火山岩源于长期亏损的地幔。在（$^{143}Nd/^{144}Nd$）$_i$ –（$^{87}Sr/^{86}Sr$）$_i$ 相关图上（略），所有样品均落在 OIB 范围之内。

四、岩浆来源及演化

本次研究的辉石玄武岩和无斑玄武岩所有样品富集大离子亲石元素及轻稀土元素，亏损高场强元素 Nb、Ta、Ti，显示了岛弧火山岩和受地壳混染的板内（大洋板内和大陆板内）岩石特征。它们极低的 TiO_2（< 1.01%）含量和低的亲石元素及轻稀土元素富集程度又与板内岩石特征有异。所有岩石极低的 Nb/U 比值（2.8 ~ 15.3）远低于大陆地壳的相应值［Nb/U = 9（上地壳）和 21（下地壳）］，表明大陆地壳物质的混染较弱，也表明了与俯冲作用有关的消减板片的流体对地幔交代作用对其源区成分有重要贡献。岩石富集 U、Sr、Ba，具有低的 Th（< 1.02 × 10^{-6}）含量，较小的 Nd 同位素模式年龄（T_{DM} = 0.16 ~ 0.57Ga），说明受古老地壳物质混染不明显。所有样品在 Nb – Zr – Y 及 Hf – Th – Ta 构造环境判别图上落入火山弧区（图 2 – 17），也表明北塔山组玄武岩可能为岛弧环境的产物。然而，所有样品的 Nb 和 Ta 未发生分异，Zr 和 Hf 未显示负异常等特征与典型岛弧玄武岩不同。高场强元素 Nb、Ta、Zr 和 Hf 含量与典型岛弧玄武岩的相应元素含量（Pearce，1982）也具有一定的差异。

所有样品具有较低的初始锶（$^{87}Sr/^{86}Sr$）$_i$ 和较高的 $\varepsilon_{Nd}(t)$ 值，表明与亏损的地幔源有关。它们的 Zr/Nb 比值（15.2 ~ 23.7）和 Hf/Ta 比值（7.4 ~ 14.2）远大于 OIB 的相应比值（5.8 和 2.9），与 N – MORB 的相应比值（30 和 15.5）接近，表明源区有类似 MORB 源的亏损地幔。Sr – Nd 同位素多元图解上偏离 MORB 区域位于 OIB 区域，暗示源区有消减物质（洋壳携带的沉积物或洋壳板片的熔体）加入。所有岩石具有低的 Th 含量、高的 Ce/Th（16.95 ~ 48.71）比值和 Ba/Th（> 124）比值以及高的 Nd 同位素初始值，并且缺乏 Ce 的负异常，表明源区没有俯冲沉积物熔体的加入。由于俯冲沉积物熔体具有较高的 Th、Pb 含量、低的 Ce/Th（≈8）比值和 Ba/Th（≈111）比值（Hole et al.，1984；Plank et al.，1998），该熔体的加入可以改变俯冲带岩浆的 Sr – Nd 同位素初始比值，并呈现明显的 Ce 负异常。岩石具有的相对高的 Nb 含量（1.2 × 10^{-6} ~ 5.9 × 10^{-6}），说明可能有俯冲板片熔体的加入。所有岩石具有低的 Ce/Pb 比值（0.5 ~ 7.17）和 Nb/U 比值，表明有俯冲板片来源的流体加入（Seghedi et al.，2004），因为原始地幔的 Ce/Pb 比值、MORB 以及 OIB 的 Ce/Pb 比值均为 25（Sun et al.，1989）。

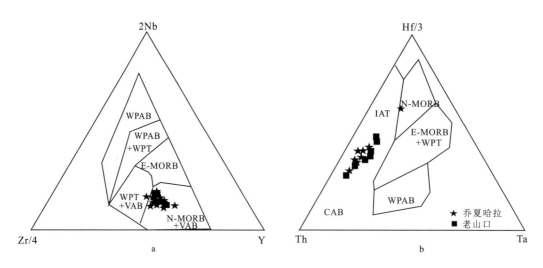

图 2 - 17　准噶尔北缘北塔山组玄武岩 Nb - Zr - Y （a） 和 Hf - Th - Ta （b） 图解

（据 Meschede, 1986）

N - MORB—正常洋脊玄武岩；E - MORB—富集型洋脊玄武岩；WPAB—板内碱性玄武岩；WPT—板内拉斑玄武岩；

VAB—火山弧玄武岩；IAT—初始岛弧拉斑玄武岩；CAB—钙碱性岛弧火山岩

　　所有岩石高的 Sr 含量，Eu 异常不明显到明显的正 Eu 异常，低的 Y 和 Yb 含量，表明源区的深度较大，为石榴子石稳定区。这是因为斜长石不稳定大量分解进入熔体，导致熔体中高的 Sr 含量及正的 Eu 异常，Y 和 Yb 因与石榴子石相容而被大量残留在源区。在 Dy/Yb - La/Yb 图解上（图 2 - 18），所有样品位于石榴子石橄榄岩的熔融轨迹上方，也表明部分熔融发生在石榴子石稳定区内。同时，所有样品的 Zr/Sm 比值均大于 10，反映源区有角闪石的残留，因为 Sm 在角闪石中的分配系数远大于 Zr。由于地幔角闪石的稳定范围为 ~3.1GPa，1100℃ （Irving et al. , 1984），所以源区深度应小于 100 km，另外，地幔中的石榴子石相通常在 75 km 以上（Nickel, 1986），由此推测北塔山组辉石玄武岩和无斑玄武岩的源区深度在 75 ~ 100 km 左右。前人研究结果也表明了东准噶尔北缘于中泥盆纪之前存在有俯冲（许继峰等，2001；张海祥等，2004；李锦轶等，2006；袁超等，2006）。因此，推测源区组分主要有软流圈地幔、板片俯冲释放的流体和板片熔体交代的地幔楔。它们的同位素组成差异表明二者的混合比例（或者部分熔融程度）有差异。

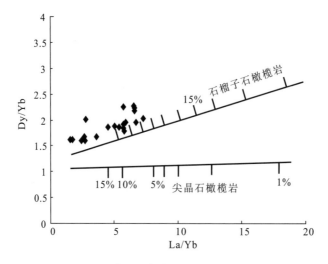

图 2 - 18　北塔山组玄武岩 La/Yb - Dy/Yb 图解

（据徐学义等修改，2009；模式计算方法见 Bogaard et al. , 2003）

辉石玄武岩和无斑玄武岩具有低的 Mg# 值（32～63），相容元素 Cr、Ni 含量远低于原生玄武岩浆范围，说明它们的母岩浆在岩浆房或在上升过程中经历了结晶分异作用。它们的 MgO 与 Cr 和 Co 呈明显的正相关关系，说明成岩过程经历了单斜辉石的分离结晶作用，与 Al_2O_3 和 CaO 的关系表明有斜长石的分离结晶作用，这与岩相学的观察结果一致。辉石玄武岩中存在大小截然不同的辉石斑晶，指示岩浆发生分离结晶作用的部位不同，辉石巨晶表明它们形成时深度较大，压力较高。蔡劲宏等（2007）和苏惠敏等（2008）研究认为不同岩石类型以及不同大小辉石斑晶的结晶深度不同，如苦橄岩中辉石斑晶的结晶深度为 55～70 km（蔡劲宏等，2007），辉石玄武岩中小斑晶的结晶深度约为 40 km，大斑晶的结晶深度约 58～67 km（苏惠敏等，2008），与苦橄岩中辉石斑晶的结晶深度相当。此外，老山口一带出露的斜斑玄武岩中斜长石巨晶发育熔蚀麻点结构，表明岩浆在上升过程中在骤冷条件下由于压力降低发生的熔蚀。因此，本研究认为北塔山组辉石玄武岩和无斑玄武岩原始岩浆可能系软流圈地幔熔体与交代地幔楔熔体的混合物，它们的不同是由二者混合的比例不同以及演化过程不同引起的，辉石玄武岩的原始岩浆应该经历了两次分离结晶作用，即深部的高压分离结晶作用和浅部岩浆房低压分离结晶作用。无斑玄武岩则是原始岩浆直接上升喷出的结果。

综上所述，北塔山组基性火山岩的地幔源区为软流圈地幔和受俯冲沉积物流体及板片熔体双重交代的亏损地幔，不同岩石类型是原始岩浆的成分差异以及演化过程不同导致的。

五、深部岩浆过程

近年来前人对准噶尔地区的构造演化进行了大量的研究，并取得了一些重要成果，认为东准噶尔地区古生代经历了大洋扩张、板块俯冲、碰撞和后碰撞过程。对于准噶尔古大洋的闭合时限及古大洋俯冲的方向尚存有争议，但是该区在中泥盆世时期处于俯冲消减环境是一共识（杨文平等，2005；张招崇等，2005；应立娟等，2006；蔡劲宏等，2007；苏惠敏等，2008；赵战锋等，2009）。北塔山组火山岩具有 MORB 的源区成分以及低的 Ta/Yb（<1）比值，暗示其为洋内岛弧环境。此外，该地层中火山岩主体为一套基性熔岩，地层底部有厚约 50 m 的火山砾岩和砂质砾岩，局部有枕状玄武岩，并伴有大量的灰岩和放射虫硅质岩等，反映出海水相对较深的局部扩张环境。

关于北塔山组基性熔岩的岩浆过程，前人有不同的认识，如陈毓川等（2004）认为该组火山岩可能与第三类地幔柱有关，即大洋板块的俯冲刚好位于一个正在活动的地幔柱之上；张招崇等（2005）认为它们是准噶尔大洋向南西俯冲的结果，不同的岩性是板块俯冲不同深度和不同熔融程度的产物，即苦橄岩在高温条件下被流体交代过的石榴子石橄榄岩高程度熔融的产物，玄武岩是被从俯冲的洋壳释放的流体交代的含角闪石尖晶石橄榄岩的地幔源区低程度部分熔融形成，安山岩则可能是榴辉岩部分熔融形成。

该区发育与该地层时代相同的含铜斑岩体（周肃等，1998；赵战锋等，2009；杨富全等，2012）和铁铜金矿床（应丽娟等，2006；聂凤军等，2007）。综合前人研究成果，中泥盆世岩浆作用过程可能是：在泥盆纪古大洋俯冲消减过程中，俯冲板片脱水产生的流体交代上覆地幔楔，脱水洋壳密度增大导致大洋板块继续向下俯冲而发生变质，并在重力作用下引起板片断离，从而导致软流圈地幔物质上涌，促使俯冲板片熔融产生熔体，这些俯冲板片熔体交代上覆地幔楔；同时，被板片流体和熔体交代的地幔楔在局部拉张环境中产生减压熔融形成岩浆。软流圈地幔熔体与交代的地幔楔产生的熔体混合形成北塔山组火山岩原始岩浆。由于部分熔融程度不同或者二者混合的比例不同以及混合岩浆演化过程和上升的通道不同，形成了北塔山组不同的岩石类型。无斑玄武岩为较多地幔楔熔体参与的岩浆直接喷发的结果；辉石玄武岩和斜斑玄武岩可能是有较多软流圈物质参与，并且在深部发生分离结晶作用形成斜长石和单斜辉石巨晶，携带巨晶的残余岩浆上升速度较慢，经过了单斜辉石和斜长石的进一步分离结晶作用后喷发的结果；苦橄岩可能是含有较多软流圈地幔物质直接喷出地表的结果。侵入北塔山组的含铜矿斑岩体为俯冲板片熔体上侵的结果。铁铜金矿床为岩浆热液活动的产物。本研究获得的北塔山组玄武质岩石锆石 U－Pb 年龄以及详细的元素－同位素地球化学特征表明，该套中泥盆世火山岩形成于消减带的洋内岛弧环境，源于软流圈地幔和受俯冲板片流体和熔体交代的地幔楔。该套火山岩中不同类型的岩石系成分差异的原始岩浆经不同演化过程的产物。

第三节　下石炭统雅满苏组和
土古土布拉克组火山岩地质地球化学

东天山地区古生代岩浆活动频繁，发育大量火山岩，并且与铁、铜和金等成矿关系密切。在雅满苏断裂与阿其克库都克断裂之间，发育有长约 500 km，宽 30～80 km，面积约 2.5×10^4 km² 的阿奇山－雅满苏火山岩带，带内由西向东分布有红云滩、百灵山、突出山、雅满苏、沙泉子、黑峰山等多个铁多金属矿床。在阿奇山－雅满苏成矿带内，雅满苏组和土古土布拉克组（或底坎尔组）是这些矿床的赋矿地层。在北山构造单元内，发育有赋存于二叠纪辉绿岩中的磁海含钴铁矿床（图 2－19）。

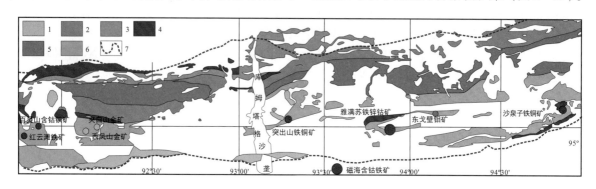

图 2－19　阿齐山－雅满苏含磁铁矿火山岩分布图
1—二叠系阿齐克布拉克；2—上石炭统梧桐窝子组；3—上石炭统脐山组；4—下石炭统土古土布拉克组；
5—下石炭统干墩组；6—下石炭统雅满苏组；7—断裂

阿齐山－雅满苏火山岩带位于康古尔塔格断裂带之南至阿奇克库都克大断裂之间，以石炭纪火山岩为主（主要为下石炭统阿奇山组、雅满苏组、土古土布拉克组），也有少量零星分布的二叠系火山沉积地层，呈东西向带状分布（苏春乾等，2009）。大部分地区的岩层产状平缓，并且随地质时代和地理环境的改变，其形成及岩性也随之变化，如石炭纪火山活动自北而南，自下而上，自半深海相的火山沉积建造过渡为浅海相陆源中酸性岩建造及浅海－滨海相大陆拉斑玄武岩建造，零星分布的二叠纪火山沉积建造，由北而南由海相向陆相过渡。由于覆盖及剥蚀，火山机构大部分已消失，前人研究成果表明，带内发育有阿齐山火山穹隆、赤龙峰火山穹隆、雅满苏火山穹隆及沙泉子火山穹隆等较明显的火山活动中心，在康古尔塔格地区发育有小型火山机构及残余火山颈（姬金生等，2001）（图 2－19）。

前人对这些赋存磁铁矿床的地层和相关的岩浆岩开展了大量研究，对它们的时空分布、岩石组合、含矿性及物质来源和演化等方面取得了重要的进展（宋治杰和魏士娥，1982；秦淑英，1983；宋治杰，1985；李文明等，2002；姜福芝等，2002；左国朝等，2004；宋安江等，2006；吴昌志等，2006；方维萱等，2006；侯广顺等，2007；苏春乾等，2009；冯京等，2009；周涛发等，2010；唐萍芝等，2010；罗婷等，2012；黄小文等，2012；齐天骄等，2012）。但是对含矿地层中火山岩精确的形成时代、物质来源、演化以及所处的构造环境还有一定的分歧，并且多是对与单个矿床有关的火山岩系进行的研究，综合性、区域性、全面性的研究工作还不多，也不够系统深入。因此，针对石炭纪含矿火山岩系开展全面系统的研究工作，对认识该区的铁多金属矿床的成矿条件及寻找更多的矿产资源具有重要的意义。本研究对东天山阿奇山－雅满苏带内与铁矿床有关的雅满苏组和土古土布拉克组（或底坎尔组）火山岩进行详细的年代学、岩石学和岩石地球化学以及含矿性研究，建立东天山地区晚古生代中－晚期火山岩的年代学格架，探讨该区晚古生代大地构造演化以及岩浆作用与赋存的铁矿床关系。

一、地质概况

（一）雅满苏组

雅满苏组是 1958 年新疆地质局第一区测大队进行 1∶20 万烟墩幅区域地质调查时命名的，地层出露范围较广，主要分布于阿其克库都克大断裂以北地区雅满苏铁锌钴矿床幅及南湖戈壁幅中部及南部，总体近 EW 向展布（新疆地质矿产勘查开发局第一区域地质调查大队，2005a，b），受雅满苏断裂控制，整合覆盖于小热泉子组之上，并被之后不同时代的地层呈角度不整合覆盖（新疆维吾尔自治区地质局第一区测大队，1958），根据上下层位关系，分为第一和第二两个亚组，其中第一亚组主要由灰绿色酸性、基性火山岩、灰绿色粉砂岩和砂岩组成，在灰岩透镜体中发现有大量珊瑚和腕足类化石，顶部与第二亚组整合接触。第二亚组岩相变化较大，经历了低级区域变质作用，主要以泥质岩、灰岩、砂岩、凝灰岩、千枚岩、绿泥石片岩为主，中下部含少量酸性熔岩和酸性凝灰岩，且东部灰岩多，西部泥质和硅质成分增高且变质相对较深，含大量腕足类、珊瑚、瓣鳃类和腹足类化石，与上泥盆统呈断层接触。1965 年，区测大队与长春地质学院认为该套地层形成于早石炭世维宪期。1978 年，新疆地质矿产勘查开发局第六地质大队在雅满苏地区开展 1∶5 万区域调查时分为上、中、下 3 个亚组，在 1979 年又将上亚组划归为白鱼山组。1981 年新疆地层表将雅满苏组分为两个亚组，上亚组为碎屑岩 – 碳酸盐岩建造，下亚组为火山岩建造（新疆维吾尔自治区地质矿产局，1993）。1999 年《新疆岩石地层》将下亚组火山岩划为小热泉子组，雅满苏组仅包括上亚组碳酸盐岩、碎屑岩及火山碎屑岩。2005 年新疆维吾尔自治区地质矿产勘查开发局第一区域地质调查大队开展新疆鄯善县阿拉塔格北一带和夹白山一带 1∶5 万区域地质调查时，将雅满苏组分为上下两个亚组（新疆维吾尔自治区地质矿产局，2005a，b）。

雅满苏组为一套浅海相火山岩夹碳酸盐岩建造和中酸性火山岩建造，根据岩性组合分为两个亚组，下亚组为中酸性火山岩（火山碎屑岩为主，少量安山岩，英安岩）夹少量玄武岩和碳酸盐岩及沉火山碎屑岩组合，可分为 4 个岩性段，火山岩主要有英安质（安山质或玄武质）晶屑岩屑凝灰岩、火山角砾岩和少量玄武岩、安山岩和英安岩等；沉火山碎屑岩有沉凝灰岩、钙质沉凝灰岩。上亚组为火山碎屑岩夹陆源碎屑岩、碳酸盐岩和少量熔岩，地层出露厚度和岩性沿走向不稳定，与下伏雅满苏组下亚组呈断层接触，较下亚组沉积岩明显增加，可分为 5 个岩性段，火山岩主要有火山灰凝灰岩、岩屑玻屑凝灰岩、角砾凝灰岩、安山岩、玄武岩和流纹岩，沉积岩主要有岩屑砂岩、角砾岩、沉凝灰岩、生物碎屑灰岩等。

雅满苏组是东天山地区阿奇山 – 雅满苏成矿带内众多铁多金属矿床的赋矿地层，但赋存于火山岩中的铁锌钴矿床的赋存层位不同，如雅满苏铁锌钴矿床赋存于雅满苏组上亚组第三岩性段的火山岩夹碎屑沉积岩中；百灵山含钴铁矿床赋存于雅满苏组下亚组第一岩性段和第二岩性段安山质火山角砾凝灰岩或英安质晶屑凝灰岩的接触部位；红云滩铁矿床赋存于雅满苏组上亚组安山质凝灰岩中。本项目组在百灵山含钴铁矿区和雅满苏铁锌钴矿区分别实测了 1 条剖面（图 2 – 20）。其中：

百灵山含钴铁矿区出露的雅满苏下亚组，主要为中酸性火山熔岩 – 火山碎屑岩组合，包括英安岩、英安质岩屑晶屑凝灰岩、含角砾晶屑凝灰岩和安山质晶屑凝灰岩（图 2 – 20a）。

英安岩：岩石呈青灰色，块状构造，斑状结构。斑晶主要为更长石（约占斑晶总量的 70%）、石英（25%），偶见角闪石和不透明金属矿物。斜长石较为自形，双晶发育，石英多呈他形破碎状。基质主要是石英、斜长石和玻璃质（图 2 – 21a）。也见磁铁矿无定向散乱分布于基质中。

安山质晶屑凝灰岩：岩石呈灰红色，块状构造，凝灰结构。晶屑主要为角闪石（15%）和斜长石（约 20%），其中角闪石晶体较石英晶体大，且更为破碎，大多已蚀变为绿帘石。胶结物主要为凝灰质（约 60%），岩石中见较大的磁铁矿（图 2 – 21b）。

岩屑晶屑凝灰岩：岩石呈灰黑色，块状构造，凝灰结构。晶屑主要为斜长石（20%～30%）、石英（10%）和岩屑（5%～6%）。其中斜长石较为自形，显似定向性，发育简单双晶，多已蚀变表面

63

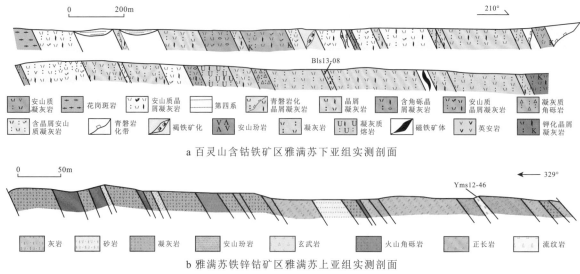

a 百灵山含钴铁矿区雅满苏下亚组实测剖面

b 雅满苏铁锌钴矿区雅满苏上亚组实测剖面

图 2-20 东天山赋存铁多金属矿床的雅满苏组实测剖面图

较脏；石英呈他形破碎状、棱角状；岩屑为长英质岩屑，呈棱角状（图 2-21c、d）。

含角砾晶屑凝灰岩：岩石呈灰白色，块状构造，凝灰结构。角砾主要为酸性岩角砾（15% ~ 25%），大小 3 ~ 4 cm，呈棱角状，内部可见长英质物质。晶屑主要为长石，粒度较小，多呈半自形晶。胶结物主要为火山灰（图 2-21e、f）。

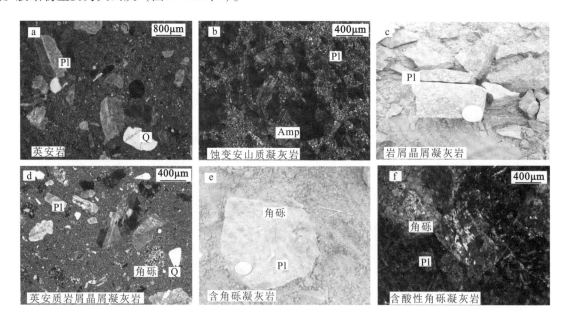

图 2-21 百灵山含钴铁矿区火山岩照片

雅满苏铁锌钴矿区出露雅满苏上亚组，实测剖面上主要出露英安质凝灰岩、安山质凝灰岩、玄武质凝灰岩、玄武岩、英安岩、灰岩和陆源碎屑岩，火山岩有：

玄武岩：岩石呈灰绿色-灰黑色，块状构造，斑状结构。斑晶主要有自形辉石（斑晶总量的45%）、斜长石（斑晶总量的55%）组成，偶见角闪石，基质主要为辉石、斜长石和玻璃质组成。其中，辉石多呈自形短柱状，多已蚀变为绿泥石和绿帘石，斜长石晶体相对小且呈半自形，双晶发育（图 2-22a，b）。

安山质凝灰岩：岩石呈灰色，块状构造，凝灰结构。主要由晶屑（15%）、岩屑（12%）和火山灰胶结物（70%）组成。晶屑主要为斜长石，呈半自形－自形板状，约0.2～1.7 mm，普遍轻高岭土化、绢云母化。岩屑为不规则状，大小悬殊，0.1 mm×0.8 mm～0.5×2 mm，为安山岩成分等，多已绿泥石化。火山灰中局部可见斜长石小晶屑定向排列（图2－22c）。

流纹质凝灰岩：岩石呈灰红色，块状构造，凝灰结构。主要由晶屑（8%～15%）、岩屑（3%～7%）和凝灰质胶结物（85%～90%）组成，新生的鳞片状绿泥石、绢云母矿物少，略定向。晶屑主要为棱角－次棱角状长石和石英，长石具有高岭土化、绢云母化、碳酸盐化等。岩屑为棱角－次棱角状流纹质岩石。胶结物多脱玻变为霏细状长石、石英，局部隐约可见鸡骨状、弧面棱角状（图2－22d）。

英安岩：岩石呈灰色，块状构造，斑状结构。斑晶主要有钠长石（约占斑晶总量的50%）、石英（约占斑晶总量的30%）和角闪石（10%）组成。其中斜长石常呈半自形长板状，大小约0.1 mm×0.5 mm，也见他形。石英为他形粒状，角闪石呈半自形晶。基质主要为隐晶质－微晶长英质（图2－22e）。也见磁铁矿无定向散乱分布于基质中。

火山角砾岩：岩石呈浅灰、灰白色，块状构造，火山角砾结构。由火山角砾、岩屑、晶屑、玻屑和胶结物组成，其中火山角砾呈棱角状、椭圆状、扁豆状散乱分布（图2－22f）。

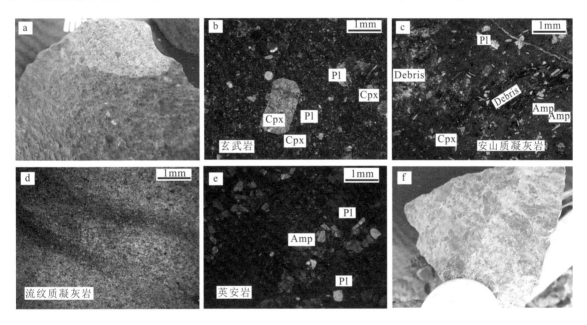

图2－22　雅满苏铁锌钴矿区火山岩照片

Cpx—单斜辉石；Pl—斜长石；Amp—角闪石；Debris—碎屑

（二）土古土布拉克组

土古土布拉克组是早在1959年由新疆地质局第二区域测量大队一、二分队在底坎尔地区开展1∶20万区域地质调查工作时创建的，被命名为底坎尔岩系，其典型剖面位于底坎尔西偏南60 km处，为海相中基－中酸性火山岩、凝灰质碎屑岩、陆源碎屑岩和富含化石的灰岩（宋志杰等，1982）组合。底坎尔组在不同地区被赋予不同名称，如1958年新疆第一区测大队四分队将沙泉子地区出露的与其大体相当的岩石地层命名为沙泉子组；1960年第一区测大队三、五分队将阿齐山至雅满苏大沟一带地层命名为土古土布拉克组；1979年区测队10幅1∶10万联测时将区内出露上石炭统定名为土古土布拉克组；1995年新疆地矿局第一地质大队将底坎尔组归属为企鹅山群。1999年，《新疆岩石地层》认为土古土布拉克组与底坎尔组同物异名，土古土布拉克组层位相当的沙泉子组无明确含义，在底坎尔组底部不整合面之下不再划分白鱼山组和马头滩组，故废除沙泉子组、白鱼山组和马头滩组。2001～2002年新疆地调院地调二所在底坎尔组的下部发现 *Pesudostaffa sp. Ozawainella vozhglica so-*

fonora. Fusulinella sp. *Millerella* sp. 等化石，将其定为中石炭统马头滩组；2002~2003 年新疆地调院地调一所在《新疆东天山 K46C003002（大黑山幅）1∶25 万区域地质调查》时将该套地层划为上石炭统土古土布拉克组。目前，东疆地区地质工作者对底坎尔组和土古土布拉克组研究达成的共识为，康古尔塔格断裂以北构造单元使用底坎尔组名称，以南构造单元使用土古土布拉克组名称。由于研究区位于康古尔塔格断裂以南地区，故本研究采用土古土布拉克组（新疆维吾尔自治区地质矿产局，2005a，b）。

土古土布拉克组为一套火山－沉积岩组合，分布较广，主要出露于阿齐山－雅满苏带内，在靠近阿其克库都克大断裂的北侧，断裂南侧局部有少量出露，沿近 EW 方向延伸贯穿整个阿奇山－雅满苏火山岩带，东宽西窄（新疆地质矿产勘查开发局第一区域地质调查大队，2005a，b），沿走向岩性变化较大，岩石组合和岩石类型均有一定的差异，总体上自西向东火山熔岩相对减少，碎屑岩相对增多。根据岩性组合，可分为 4 个岩性段，与下伏雅满苏上亚组呈断层接触，各岩性段间也呈断层接触。第一岩性段为以熔岩为主的中酸性夹基性火山岩组合，主要有玄武岩、安山岩和少量流纹岩，局部见晶屑岩屑凝灰岩、火山角砾岩、集块角砾岩和集块岩，自西向东火山碎屑岩有由细变粗的趋势，熔岩有由中酸性为主向中基性为主的变化特征。第二岩性段为火山岩夹少量陆源碎屑岩和碳酸盐岩组合，上部以中基性熔岩为主，夹少量火山碎屑岩，主要有安山岩、玄武岩、英安岩、角砾熔岩和晶屑岩屑凝灰岩，下部以火山碎屑岩为主夹火山熔岩和陆源碎屑岩及碳酸盐岩，主要有晶屑岩屑凝灰岩、角砾凝灰岩、安山岩、英安岩、流纹岩、沉凝灰岩、凝灰质砂岩、粉砂岩、泥岩和泥晶灰岩等。第三岩性段为中酸性火山碎屑岩夹较多陆源碎屑岩和碳酸盐岩组合，下部主要是火山碎屑岩夹少量中酸性熔岩（安山岩和英安岩）和凝灰岩，中部是陆源碎屑岩夹少量中酸性火山岩（熔岩和凝灰岩），上部主要是细火山碎屑岩（火山尘凝灰岩）夹安山岩。第四岩性段为凝灰岩－玄武岩夹少量流纹岩组合。

土古土布拉克组赋存多个铁多金属矿床，沙泉子铁铜矿床赋存于该组第二、三岩性段的玄武岩和安山岩接触部位，突出山铁铜矿体主要赋存于该组第二岩性段的凝灰岩、结晶灰岩和蚀变岩中。本项目组在沙泉子铁铜矿区实测了两条剖面（图 2－23）。主要为中基性－酸性火山岩（熔岩和火山碎屑岩）夹碳酸盐岩组合，出露的火山岩主要有玄武岩、安山岩、流纹岩、英安岩和流纹质凝灰岩。其中：

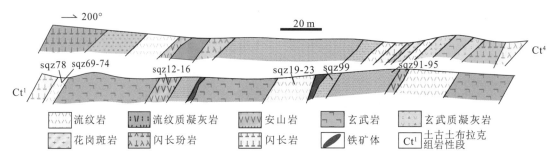

图 2－23　东天山含铁多金属矿床土古土布拉克组实测剖面图

流纹岩呈灰红色，致密坚硬，碎块呈尖棱角状。流纹构造，斑状结构，斑晶含量为 10%~15%，主要由钠长石（6%~8%）和石英（4%~7%）组成，偶见绢云母（2%）和绿帘石。其中石英斑晶多呈半自形－他形熔蚀港湾状，个别为自形粒状，大小 0.01~0.7 mm，裂纹发育，多具波状和镶嵌状消光；钠长石多呈半自形板状，部分晶体破碎，大小约 20 μm × 30 μm，个别呈长板状晶约 60 μm × 100 μm，多已高岭土化、绢云母化而表面浑浊。基质为致密隐晶质，约 85%~90%，微晶镶嵌粒状结构，由粒状长石、石英、绢云母、绿泥石等组成（图 2－24a，b）。

含角砾凝灰岩：岩石呈浅灰－淡肉红色，块状构造，火山角砾质凝灰结构。主要由晶屑（20%~25%）、岩屑（18%）、火山角砾（7%）和脱玻的火山灰（40%~45%）组成，并见少量假象褐铁矿和方解石。晶屑主要由钠长石和石英组成，钠长石呈残余的细晶板条状，约 0.1~3 mm，石英晶屑约 0.05~3.5 mm；角砾和岩屑主要为长英质岩石，多已发生绿泥石化蚀变，呈不规则状；火山灰主要由霏细状的长英质组成（图 2－24c）。

玄武岩呈灰绿色，块状构造，斑状结构。斑晶主要由基性斜长石（10% ~ 15%）和辉石（5% ~ 6%）组成，其中斜长石斑晶呈自形 – 半自形晶，多已发生钠黝帘石化蚀变而表面浑浊不清；辉石呈自形晶，多发生绿泥石和绿帘石蚀变。基质（约85%）主要由斜长石、辉石微晶和玻璃质组成。副矿物有绢云母、绿泥石、绿帘石和磁铁矿（图2 – 24d，e）。

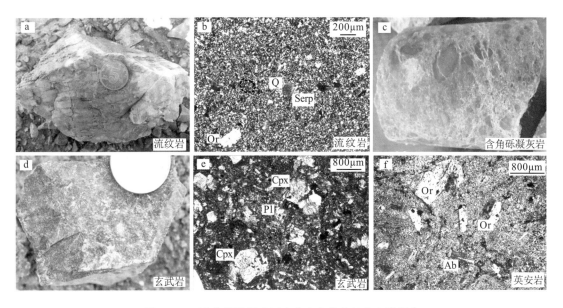

图2 – 24　沙泉子铁铜矿区土古土布拉克组火山岩照片
Q—石英；Pl—斜长石；Or—正长石；Ab—钠长石；Cpx—辉石；Serp—蛇纹石

英安岩呈灰白色，块状构造，斑状结构。斑晶约20%左右，主要由石英、钾长石和钠长石组成。其中钠长石多呈半自形板状，大小约0.4 mm × 0.8 mm，部分晶体破碎；钾长石多呈自形 – 半自形，个别呈长板状晶约0.8 mm × 1 mm，多已高岭土化、绢云母化，表面浑浊。基质为致密的隐晶质，约80% ~ 85%，微晶镶嵌粒状结构，由粒状长石、石英、绢云母、绿泥石等组成（图2 – 24f）。

流纹质凝灰岩呈灰红色，致密坚硬，块状构造，见暗灰色与肉红色条带相见排列显示凝灰质结构。主要由霏细状长英质组成，约80%，偶见石英晶屑（约3%），蚀变长石晶屑（3% ~ 5%）和酸性火山岩屑（约5%）。岩石一般蚀变较强，多已发生绿泥石化和高岭土化蚀变。

二、年代学

（一）雅满苏组火山岩年代学

用于测定雅满苏组火山岩年龄的样品分别来自百灵山含钴铁矿区、红云滩铁矿区和雅满苏铁锌钴矿区的火山熔岩。

雅满苏组下亚组定年样品采自百灵山含钴铁矿区英安岩（BLS13 – 08），采样位置见图2 – 20a。英安岩中的锆石多呈半自形 – 自形的长柱状及双锥状晶体，晶棱及晶面清楚，颗粒相对较小，长轴多变化于50 ~ 120 μm，长短轴比一般为1∶1 ~ 2∶1，大部分锆石具有岩浆锆石的平直对称生长环带，个别锆石含有不透明的包裹体（图2 – 25）。

样品的LA – ICP – MS锆石U – Pb分析结果列于表2 – 5。全部测点的U含量变化于51.8×10^{-6} ~ 269.6×10^{-6}，Th含量变化于58.2×10^6 ~ 222.6×10^{-6}，Th/U比值介于0.49 ~ 1.55，显示了岩浆锆石的Th/U比值典型特征（Rubatto，2002）。14个锆石的$^{206}Pb/^{238}U$表面年龄数据比较集中，介于336.3 ~ 331.2 Ma，数据点聚集在谐和线两侧及其附近一个较小的区域范围内，其加权平均值为333.8 ± 0.9 Ma（MSWD = 0.67）（图2 – 26），代表了火山岩的喷发年龄。

表 2 - 5　百灵山铁矿区满苏下亚组英安岩 LA - ICP - MS 锆石 U - Pb 年龄测定结果

样号：BLS13 - 08（英安岩）

点号	元素含量（w_B/10^{-6}）及比值				同位素比值						年龄/Ma					
	U	Th	Th/U	Pb	$^{206}Pb/^{238}U$ 测值	1σ	$^{207}Pb/^{206}Pb$ 测值	1σ	$^{207}Pb/^{235}U$ 测值	1σ	$^{206}Pb/^{238}U$ 测值	1σ	$^{207}Pb/^{206}Pb$ 测值	1σ	$^{207}Pb/^{235}U$ 测值	1σ
BLS13 - 08 - 1	66.2	102.8	1.55	47.3	0.053229	0.000251	0.055369	0.000824	0.406345	0.007018	334.3	1.5	427.8	33.3	346.2	5.1
BLS13 - 08 - 2	57	65.5	1.15	32.7	0.052718	0.000243	0.056037	0.000798	0.407381	0.006785	331.2	1.5	453.8	31.5	347	4.9
BLS13 - 08 - 3	81.2	138.1	1.7	71.5	0.053447	0.000366	0.054252	0.000791	0.399252	0.00689	335.6	2.2	388.9	31.5	341.1	5
BLS13 - 08 - 4	59.8	90.1	1.51	48.8	0.053353	0.000758	0.054876	0.000958	0.402846	0.007438	335.1	4.6	405.6	43.5	343.7	5.4
BLS13 - 08 - 5	65.9	81.7	1.24	49.9	0.053257	0.000179	0.056241	0.000818	0.412952	0.006428	334.5	1.1	461.2	33.3	351	4.6
BLS13 - 08 - 6	83.2	85.1	1.02	61.7	0.052834	0.000189	0.056251	0.00074	0.409769	0.00585	331.9	1.2	461.2	34.3	348.7	4.2
BLS13 - 08 - 7	76.6	77.2	1.01	68.7	0.053482	0.000691	0.054438	0.001078	0.4011	0.00851	335.9	4.2	390.8	44.4	342.4	6.2
BLS13 - 08 - 8	101.3	129.7	1.28	100.3	0.052939	0.000344	0.056002	0.001459	0.408563	0.01046	332.5	2.1	453.8	57.4	347.8	7.5
BLS13 - 08 - 9	69.5	65.5	0.94	58	0.052889	0.000356	0.054854	0.000963	0.399836	0.00711	332.2	2.2	405.6	45.4	341.5	5.2
BLS13 - 08 - 10	70.8	105.1	1.49	87.3	0.053136	0.000224	0.054223	0.000498	0.396769	0.003423	333.7	1.4	388.9	50	339.3	2.5
BLS13 - 08 - 11	82.4	72	0.87	77.7	0.053268	0.00047	0.054613	0.000465	0.400314	0.004478	334.6	2.9	398.2	20.4	341.9	3.2
BLS13 - 08 - 12	52	58.2	1.12	63.2	0.055867	0.000321	0.056087	0.000825	0.432035	0.00673	350.4	2	457.5	26.9	364.6	4.8
BLS13 - 08 - 13	74.2	64.6	0.87	73.3	0.05627	0.000583	0.056634	0.000872	0.439149	0.005592	352.9	3.6	476	33.3	369.7	3.9
BLS13 - 08 - 14	237.6	296.6	1.25	283.4	0.05355	0.000224	0.054115	0.000395	0.399544	0.003166	336.3	1.4	376	12	341.3	2.3
BLS13 - 08 - 15	165	222.6	1.35	174.8	0.047574	0.000137	0.052792	0.000401	0.346354	0.002862	299.6	0.8	320.4	21.3	302	2.2
BLS13 - 08 - 16	64.9	66.4	1.02	69.1	0.053273	0.000353	0.055388	0.001266	0.406829	0.009316	334.6	2.2	427.8	51.8	346.6	6.7
BLS13 - 08 - 17	86.1	124.7	1.45	112.9	0.056091	0.000378	0.054823	0.001068	0.423969	0.008379	351.8	2.3	405.6	47.2	358.9	6
BLS13 - 08 - 18	57.5	65.9	1.15	62.3	0.055526	0.000202	0.053711	0.000508	0.410724	0.00375	348.4	1.2	366.7	22.2	349.4	2.7
BLS13 - 08 - 19	121.7	102.7	0.84	118.3	0.053397	0.000785	0.055836	0.001245	0.411329	0.013097	335.3	4.8	455.6	50	349.8	9.4
BLS13 - 08 - 20	51.8	62.7	1.21	67.9	0.055681	0.000236	0.053594	0.000603	0.410641	0.004314	349.3	1.4	353.8	30.6	349.3	3.1

表2-6 雅满苏上亚组火山岩 LA-ICP-MS 锆石 U-Pb 年龄测定结果

样品编号：YMS12-46（英安岩）

点号	元素含量(w_B/10^{-6})及比值				同位素比值						年龄/Ma					
	Pb	^{232}Th	^{238}U	Th/U	^{206}Pb/^{238}U		^{207}Pb/^{206}Pb		^{207}Pb/^{235}U		^{206}Pb/^{238}U		^{207}Pb/^{206}Pb		^{207}Pb/^{235}U	
					测值	1σ	测值	1σ	测值	1σ	测值	1σ	测值	1σ	测值	1σ
YMS12-46-1	1059.05	46.61	61.77	0.75	0.054613	0.002296	0.053917	0.001809	0.4048	0.017356	342.8	14	368.6	71.3	345.1	12.5
YMS12-46-2	450.31	43.87	63.77	0.69	0.053951	0.000844	0.054916	0.001307	0.40847	0.011335	338.7	5.2	409.3	53.7	347.8	8.2
YMS12-46-3	72.34	52.15	64	0.81	0.053119	0.001144	0.05323	0.004957	0.391586	0.041178	333.6	7	338.9	238.9	335.5	30.1
YMS12-46-4	837.97	61.07	74.95	0.81	0.054237	0.003562	0.056179	0.004548	0.419575	0.0401	340.5	21.8	461.2	148	355.7	28.7
YMS12-46-5	267.12	49.56	83.95	0.59	0.051296	0.0007	0.061284	0.001893	0.437157	0.019563	322.47	4.29	650.02	70.52	368.25	13.82
YMS12-46-6	1062.2	126.71	123.88	1.02	0.054239	0.000426	0.055478	0.000696	0.414788	0.005888	340.5	2.6	431.5	-4.6	352.3	4.2
YMS12-46-7	1224.55	128.37	171.87	0.75	0.053194	0.001037	0.051734	0.002593	0.379385	0.019067	334.1	6.3	272.3	114.8	326.6	14
YMS12-46-8	203.63	27.5	54.84	0.5	0.05256	0.000836	0.055562	0.001992	0.403788	0.016345	330.2	5.1	435.2	84.3	344.4	11.8
YMS12-46-9	8.7	29.81	55.4	0.54	0.054566	0.001953	0.055819	0.002946	0.420815	0.027732	342.5	11.9	455.6	121.3	356.6	19.8
YMS12-46-10	592.36	44.95	77.44	0.58	0.049644	0.001025	0.056005	0.002699	0.38176	0.016342	312.3	6.3	453.8	112	328.3	12
YMS12-46-11	473.12	97.31	134.37	0.72	0.053228	0.000411	0.055374	0.000756	0.41001	0.006284	334.3	2.5	455.6	29.6	348.9	4.5
YMS12-46-12	301.28	58.68	63.68	0.92	0.052203	0.001065	0.053182	0.001932	0.382428	0.015745	328	6.5	344.5	81.5	328.8	11.6
YMS12-46-13	48.62	17.95	33.42	0.54	0.053382	0.001343	0.056111	0.003158	0.407021	0.021496	335.3	8.2	457.5	124.1	346.7	15.5
YMS12-46-14	205.34	34.45	65.27	0.53	0.054514	0.001055	0.078887	0.002105	0.594333	0.020947	342.2	6.5	1169.4	52.3	473.6	13.3
YMS12-46-15	223.43	34.59	52.23	0.66	0.053145	0.001441	0.056674	0.00297	0.412654	0.022439	333.8	8.8	479.7	112	350.8	16.1
YMS12-46-16	223.63	58.26	74.52	0.78	0.050931	0.001529	0.077269	0.003235	0.552607	0.038785	320.2	9.4	1127.8	83.3	446.7	25.4
YMS12-46-17	299.71	79.65	88.14	0.9	0.052609	0.000669	0.05399	0.001479	0.390957	0.010384	330.5	4.1	372.3	61.1	335.1	7.6
YMS12-46-18	164.34	116.82	110.66	1.06	0.052973	0.000498	0.057551	0.000955	0.420604	0.008352	332.7	3	522.3	37	356.5	6
YMS12-46-19	177.13	59.72	60.84	0.98	0.053587	0.000661	0.055542	0.001062	0.408807	0.008368	336.5	4	435.2	42.6	348	6
YMS12-46-20	65.31	37.58	66.49	0.57	0.052792	0.000781	0.053145	0.00156	0.387974	0.014489	331.6	4.8	344.5	66.7	332.9	10.6
YMS12-46-21	111.08	64.21	72.24	0.89	0.053108	0.000629	0.05516	0.001106	0.403595	0.009352	333.6	3.9	420.4	44.4	344.3	6.8
YMS12-46-22	112.05	109	94.35	1.16	0.052985	0.000661	0.054529	0.000888	0.398753	0.008585	332.8	4	394.5	30.6	340.7	6.2
YMS12-46-23	25.17	80.05	87.51	0.91	0.053012	0.000984	0.05828	0.004949	0.424293	0.035293	333	6	538.9	187	359.1	25.2
YMS12-46-24	21.96	39.57	51.08	0.77	0.053195	0.00081	0.053885	0.002388	0.395903	0.019056	334.1	5	364.9	100	338.7	13.9
YMS12-46-25	64.79	66.23	56.26	1.18	0.053658	0.001056	0.057293	0.001711	0.42309	0.014606	336.9	6.5	501.9	66.7	358.3	10.4
YMS12-46-26	100.21	117.71	127.18	0.93	0.053356	0.000363	0.056162	0.00081	0.412758	0.006268	335.1	2.2	457.5	36.1	350.9	4.5

点号	元素含量(wB/10⁻⁶)及比值				同位素比值						年龄/Ma					
	Pb	^{232}Th	^{238}U	Th/U	^{206}Pb/^{238}U 测值	1σ	^{207}Pb/^{206}Pb 测值	1σ	^{207}Pb/^{235}U 测值	1σ	^{206}Pb/^{238}U 测值	1σ	^{207}Pb/^{206}Pb 测值	1σ	^{207}Pb/^{235}U 测值	1σ
样品编号:YMS12-46(英安岩)																
YMS12-46-27	12.32	28.56	36.36	0.79	0.053718	0.000709	0.055397	0.001358	0.408528	0.010443	337.3	4.3	427.8	55.6	347.8	7.5
YMS12-46-28	103.1	97.55	116.46	0.84	0.052544	0.000415	0.055046	0.000574	0.397846	0.004679	330.1	2.5	413	24.1	340.1	3.4
YMS12-46-29	46.49	67.29	85.75	0.78	0.054206	0.000449	0.063847	0.001196	0.478711	0.010675	340.3	2.7	744.5	38.9	397.2	7.3
YMS12-46-30	134.53	117.24	98.34	1.19	0.054062	0.001081	0.053421	0.002038	0.398584	0.017352	339.4	6.6	346.4	87	340.6	12.6
样号:HYT13-15(流纹岩)																
HYT13-15-1	358.23	383.22	486.54	0.79	0.053098	0.000255	0.054718	0.000420	0.400493	0.003800	333.5	1.6	466.7	16.7	342.0	2.8
HYT13-15-2	136.32	118.20	204.64	0.58	0.05714346	0.0003639	0.055411	0.000387	0.436466	0.005532	358.2	2.2	427.8	14.8	367.8	3.9
HYT13-15-3	141.50	130.68	170.12	0.77	0.05699393	0.0002457	0.054968	0.000913	0.432839	0.008330	357.3	1.5	409.3	41.7	365.2	5.9
HYT13-15-4	188.02	166.89	194.64	0.86	0.05718398	0.00023	0.055894	0.001032	0.441142	0.009012	358.5	1.4	455.6	40.7	371.1	6.3
HYT13-15-5	407.81	351.12	354.88	0.99	0.05752976	0.0003043	0.054609	0.000531	0.435300	0.006486	360.6	1.9	394.5	20.4	366.9	4.6
HYT13-15-6	415.65	398.39	315.99	1.26	0.053421	0.000243	0.057669	0.001039	0.424568	0.006408	335.5	1.5	516.7	45.4	359.3	4.6
HYT13-15-7	318.99	268.61	236.74	1.13	0.053457	0.001713	0.056883	0.000289	0.419049	0.011768	335.7	10.5	487.1	11.1	355.4	8.4
HYT13-15-8	388.60	301.64	285.10	1.06	0.05712334	0.0002323	0.055955	0.001017	0.442889	0.009833	358.1	1.4	450.0	45.4	372.3	6.9
HYT13-15-9	445.71	384.16	233.63	1.64	0.05744145	0.0007077	0.055036	0.000737	0.435548	0.006867	360.0	4.3	413.0	29.6	367.1	4.9
HYT13-15-10	607.33	440.16	377.69	1.17	0.05741784	0.0001861	0.054965	0.000571	0.435420	0.005431	359.9	1.1	409.3	24.1	367.0	3.8
HYT13-15-11	424.28	399.07	245.03	1.63	0.052750	0.000394	0.054658	0.000782	0.397449	0.006836	331.4	2.4	398.2	33.3	339.8	5.0
HYT13-15-12	205.48	157.95	137.15	1.15	0.05756762	0.0002282	0.054967	0.000958	0.436291	0.008274	360.8	1.4	409.3	38.9	367.6	5.8
HYT13-15-13	469.06	371.46	326.86	1.14	0.052679	0.000581	0.056315	0.001213	0.408847	0.009077	330.9	3.6	464.9	52.8	348.0	6.5
HYT13-15-14	162.05	129.81	151.00	0.86	0.053328	0.000566	0.058273	0.001148	0.428159	0.006525	334.9	3.5	538.9	44.4	361.9	4.6
HYT13-15-15	419.12	342.48	332.53	1.03	0.053138	0.000131	0.059321	0.001092	0.434480	0.008050	333.8	0.8	588.9	38.9	366.4	5.7
HYT13-15-16	329.42	312.39	248.62	1.26	0.052883	0.000206	0.054705	0.000764	0.398720	0.005313	332.2	1.3	466.7	31.5	340.7	3.9
HYT13-15-17	681.42	630.48	484.05	1.30	0.052590	0.000241	0.054043	0.000370	0.391645	0.002748	330.4	1.5	372.3	10.2	335.6	2.0
HYT13-15-18	234.48	230.24	214.23	1.07	0.053606	0.000182	0.056076	0.000230	0.414368	0.002964	336.6	1.1	453.8	4.6	352.0	2.1
HYT13-15-19	194.73	197.50	210.56	0.94	0.053759	0.000231	0.053434	0.000589	0.396050	0.005348	336.6	1.4	346.4	25.9	338.8	3.9
HYT13-15-20	256.17	229.23	201.02	1.14	0.057086	0.000394	0.058827	0.000818	0.462856	0.006478	357.9	2.4	561.1	29.6	386.2	4.5
HYT13-15-21	211.90	250.98	272.18	0.92	0.052745	0.000195	0.053270	0.000580	0.387631	0.005106	331.4	1.2	338.9	21.3	332.6	3.7
HYT13-15-22	141.08	140.84	216.65	0.65	0.053366	0.000155	0.054612	0.000729	0.401756	0.005332	335.2	0.9	398.2	34.3	342.9	3.9

样号：HY13-28(英安岩)

点号	元素含量(wB/10⁻⁶)及比值				同位素比值						年龄/Ma					
	Pb	^{232}Th	^{238}U	Th/U	^{206}Pb/^{238}U 测值	1σ	^{207}Pb/^{206}Pb 测值	1σ	^{207}Pb/^{235}U 测值	1σ	^{206}Pb/^{238}U 测值	1σ	^{207}Pb/^{206}Pb 测值	1σ	^{207}Pb/^{235}U 测值	1σ
HY13-28-1	86.29	70.70	120.11	0.59	0.053240	0.000530	0.054841	0.000645	0.402368	0.003790	334.4	3.2	405.6	21.3	343.4	2.7
HY13-28-2	242.14	239.99	295.03	0.81	0.052879	0.000301	0.053286	0.000600	0.389106	0.005640	332.2	1.8	342.7	21.3	333.7	4.1
HY13-28-3	223.61	237.10	223.27	1.06	0.053152	0.000243	0.053540	0.000770	0.393390	0.006962	333.8	1.5	350.1	31.5	336.8	5.1
HY13-28-4	190.45	178.20	186.33	0.96	0.052907	0.000376	0.058541	0.001565	0.426750	0.011565	332.3	2.3	550.0	78.7	360.9	8.2
HY13-28-5	555.50	606.56	351.04	1.73	0.053056	0.000213	0.053868	0.000647	0.393826	0.004947	333.3	1.3	364.9	25.9	337.2	3.6
HY13-28-6	102.34	103.02	163.00	0.63	0.052857	0.000515	0.053470	0.000719	0.389487	0.002326	332.0	3.2	350.1	36.1	334.0	1.7
HY13-28-7	171.72	171.23	196.17	0.87	0.053277	0.000229	0.057005	0.000874	0.418644	0.006761	334.6	1.4	500.0	33.3	355.1	4.8
HY13-28-8	70.16	57.31	67.94	0.84	0.053639	0.000322	0.057187	0.002281	0.422976	0.018773	336.8	2.0	498.2	87.0	358.2	13.4
HY13-28-9	209.17	192.73	213.41	0.90	0.057707	0.000325	0.055000	0.000877	0.436171	0.006731	361.7	2.0	413.0	39.8	367.5	4.8
HY13-28-10	183.39	147.73	148.97	0.99	0.061265	0.000317	0.054331	0.000596	0.458919	0.005701	383.3	1.9	383.4	24.1	383.5	4.0
HY13-28-11	299.73	320.32	474.26	0.68	0.054365	0.000448	0.063768	0.000741	0.477784	0.004962	341.3	2.7	744.5	28.7	396.6	3.4
HY13-28-12	64.64	83.77	83.19	1.01	0.053580	0.000890	0.058514	0.001000	0.431925	0.008365	336.5	5.4	550.0	32.4	364.5	5.9
HY13-28-13	88.11	82.63	86.92	0.95	0.057598	0.000238	0.054381	0.001014	0.431926	0.008523	361.0	1.5	387.1	42.6	364.5	6.0
HY13-28-14	190.74	203.15	138.74	1.46	0.057446	0.000276	0.054729	0.000522	0.432040	0.003834	360.1	1.7	466.7	22.2	364.6	2.7
HY13-28-15	140.43	167.08	155.96	1.07	0.055173	0.000628	0.046378	0.001081	0.352718	0.009113	346.2	3.8	16.8	55.6	306.8	6.8
HY13-28-16	378.53	457.84	259.92	1.76	0.052816	0.000268	0.055863	0.000913	0.411051	0.009155	331.8	1.6	455.6	37.0	349.6	6.6
HY13-28-17	158.90	168.41	239.23	0.70	0.052941	0.000270	0.053749	0.000618	0.392291	0.005128	332.6	1.7	361.2	21.3	336.0	3.7
HY13-28-18	251.91	170.44	219.56	0.78	0.057511	0.000582	0.079523	0.003385	0.655198	0.036166	360.5	3.5	1184.9	89.8	511.7	22.2
HY13-28-19	205.12	230.73	253.24	0.91	0.052914	0.000321	0.053150	0.000691	0.387874	0.005789	332.4	2.0	344.5	29.6	332.8	4.2
HY13-28-20	307.97	359.88	278.56	1.29	0.053228	0.000252	0.055020	0.000954	0.405564	0.008443	334.3	1.5	413.0	38.9	345.7	6.1
HY13-28-21	154.90	169.50	132.69	1.28	0.053481	0.000515	0.053585	0.000717	0.395118	0.007157	335.9	3.2	353.8	29.6	338.1	5.2
HY13-28-22	80.37	96.83	77.06	1.26	0.059471	0.001551	0.054813	0.000940	0.449927	0.018349	372.4	9.4	405.6	38.9	377.2	12.9
HY13-28-23	120.89	123.79	203.81	0.61	0.053628	0.000480	0.054264	0.000620	0.401147	0.005929	336.8	2.9	383.4	21.3	342.5	4.3
HY13-28-24	530.03	414.37	255.87	1.62	0.061401	0.000438	0.097099	0.003221	0.847034	0.032712	384.1	2.7	1568.8	63.0	623.0	18.0
HY13-28-25	226.73	277.03	195.06	1.42	0.053518	0.000883	0.059805	0.000748	0.440914	0.006212	336.1	5.4	598.2	32.4	370.9	4.4
HY13-28-26	155.18	184.29	212.75	0.87	0.053123	0.000410	0.055105	0.000758	0.403497	0.006572	333.7	2.5	416.7	34.3	344.2	4.8
HY13-28-27	147.10	181.73	143.78	1.26	0.053020	0.000332	0.055060	0.000720	0.402265	0.005320	333.0	2.0	413.0	29.6	343.3	3.9
HY13-28-28	172.95	232.21	171.75	1.35	0.053604	0.000636	0.053432	0.000720	0.394759	0.007060	336.6	3.9	346.4	29.6	337.8	5.1
HY13-28-29	396.82	284.12	267.35	1.06	0.060688	0.001244	0.100397	0.005049	0.898831	0.072318	379.8	7.6	1631.5	88.7	651.1	38.7
HY13-28-30	384.24	531.43	428.19	1.24	0.053152	0.000482	0.056336	0.001154	0.423474	0.014608	333.8	2.9	464.9	44.4	358.5	10.4

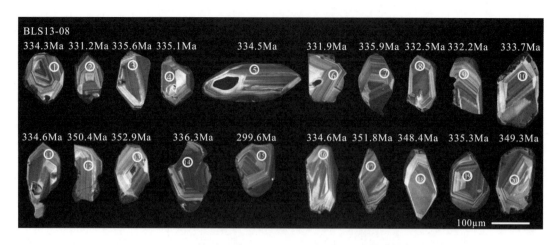

图 2 - 25　百灵山含钴铁矿区雅满苏下亚组英安岩中代表性锆石的阴极发光图

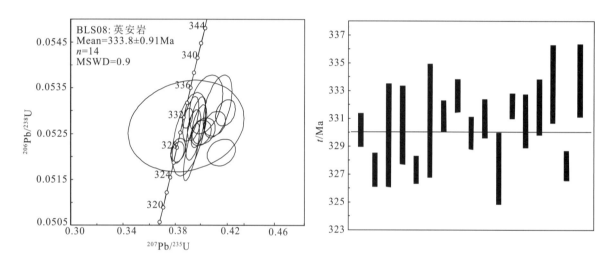

图 2 - 26　百灵山含钴铁矿区雅满苏下亚组英安岩 LA - ICP - MS 锆石 U - Pb 年龄结果

雅满苏组上亚组定年样品采自雅满苏铁锌钴矿区英安岩（YMS12 - 46）、红云滩铁矿区英安岩（HY13 - 28）和流纹岩（HY13 - 15）。样品的 LA - ICP - MS 锆石 U - Pb 分析结果列于表 2 - 6。

雅满苏铁锌钴矿区雅满苏组上亚组英安岩采样位置见图 2 - 20b。英安岩定年样品中的锆石阴极发光图像显示（图 2 - 27a），锆石多呈半自形 - 自形的长柱状及双锥状晶体，晶棱及晶面清楚，颗粒相对较小，长轴多变化于 80 ~ 150 μm 之间，长短轴比一般为 1 : 1 ~ 2 : 1，大部分锆石具有岩浆锆石的平直对称生长环带，个别锆石含有不透明包裹体。全部测点的 U 含量分布在 33.4×10^{-6} ~ 171.9×10^{-6} 之间，Th 含量变化于 17.9×10^{-6} ~ 126.7×10^{-6} 之间，Th/U 比值介于 0.50 ~ 1.19，显示了岩浆锆石的 Th/U 比值典型特征（Rubatto，2002）。23 个锆石的 $^{206}Pb/^{238}U$ 表面年龄数据比较集中，介于 342.5 ~ 328.0 Ma，数据点聚集在谐和线两侧及其附近一个较小的区域范围内，其加权平均值为 334.4 ± 1.7 Ma（MSWD = 0.67）（图 2 - 28），与东天山地区雅满苏组火山岩和早石炭世侵入岩的形成时代接近，代表了火山岩的喷发年龄。

红云滩铁矿区流纹岩和英安岩的锆石阴极发光图像显示（图 2 - 27b，c），锆石多呈半自形 - 自形的长柱状及双锥状晶体，晶棱及晶面清楚，颗粒相对较小，长轴多变化于 80 ~ 150 μm，长短轴比一般为 1 : 1 ~ 2 : 1，大部分锆石具有岩浆锆石的平直对称生长环带，个别锆石含有不透明包裹体。英安岩中全部测点的 U 含量分布在 33.4×10^{-6} ~ 171.9×10^{-6} 之间，Th 含量变化于 17.9×10^{-6} ~ 126.7×10^{-6} 之间，Th/U 比值介于 0.50 ~ 1.19 之间（表 2 - 6）。流纹岩中全部测点的 U 含量分布在

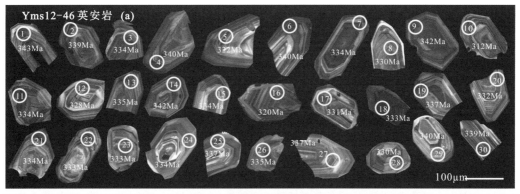

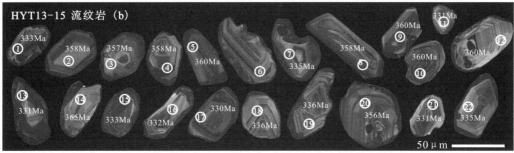

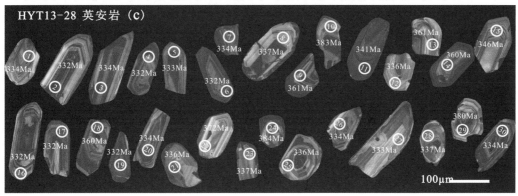

图 2-27 雅满苏铁锌钴矿区雅满苏上亚组火山岩中代表性锆石的阴极发光图

$137.2 \times 10^{-6} \sim 486.5 \times 10^{-6}$ 之间，Th 含量变化于 $129.8 \times 10^{-6} \sim 630.5 \times 10^{-6}$，Th/U 比值介于 0.58 ~ 1.63 之间，均显示了岩浆锆石的 Th/U 比值典型特征（Rubatto，2002）。英安岩中 20 个锆石的 ^{206}Pb/^{238}U 表面年龄数据比较集中，介于 342.5 ~ 328.0 Ma，其加权平均值为 333.7 ± 0.9 Ma（MSWD = 0.5），流纹岩中 13 个锆石的 ^{206}Pb/^{238}U 表面年龄数据比较集中，介于 336.5 ~ 330.4 Ma，其加权平均值为 333.9 ± 1.2 Ma（MSWD = 2.2）。这些数据点聚集在谐和线两侧及其附近一个较小的区域范围内（图 2-28），可以代表雅满苏上亚组火山岩的喷发年龄。

本研究获得了雅满苏组火山岩中锆石 LA - ICP - MS U - Pb 年龄结果为 333 ~ 334 Ma，其中下亚组英安岩为 333.8 ± 0.9 Ma（MSWD = 0.67），上亚组流纹岩和英安岩分别为 333.9 ± 1.2 Ma 和 334.4 ± 1.7 Ma ~ 333.7 ± 0.9 Ma（MSWD = 0.5），这些锆石均为岩浆锆石，因此，可以代表火山岩的形成年龄。根据最新的国际地质年代划分方案（Gradstein et al.，2004）和我国惯用的地质年代划分方案（2002），属早石炭世中期岩浆活动的产物，这与地层中维宪期化石的形成年龄一致。

（二）土古土布拉克组火山岩年代学

用于测定土古土布拉克组火山岩年龄的样品分别来自沙泉子铁铜矿区流纹岩和突出山铁铜矿区流纹岩。

表 2-7 土古土布拉克组火山岩 LA-ICP-MS 锆石 U-Pb 年龄测定结果

样品编号：SQZ 12-78（流纹岩）

测点	元素含量($w_B/10^{-6}$）及比值				同位素比值						年龄/Ma					
	Pb	Th	U	Th/U	$^{206}Pb/^{238}U$ 测值	1σ	$^{207}Pb/^{235}U$ 测值	1σ	$^{207}Pb/^{206}Pb$ 测值	1σ	$^{206}Pb/^{238}U$ 测值	1σ	$^{207}Pb/^{206}Pb$ 测值	1σ	$^{207}Pb/^{235}U$ 测值	1σ
1	967.71	359.93	175.09	2.06	0.05082	0.00041	0.38035	0.00458	0.05433	0.00052	383.4	20.4	327.3	3.4	319.5	2.5
2	206.04	77.46	75.85	1.02	0.05103	0.00052	0.38191	0.00792	0.05439	0.00103	387.1	42.6	328.4	5.8	320.8	3.2
3	453.75	167.35	87.40	1.91	0.05132	0.00065	0.36828	0.01089	0.05209	0.00155	300.1	73.1	318.4	8.1	322.6	4.0
4	2129.75	698.52	216.06	3.23	0.05056	0.00031	0.38147	0.00369	0.05481	0.00050	405.6	25.0	328.1	2.7	317.9	1.9
5	331.80	95.48	86.89	1.10	0.05116	0.00064	0.37980	0.00775	0.05400	0.00111	372.3	46.3	326.9	5.7	321.7	3.9
6	222.51	73.02	98.65	0.74	0.05097	0.00042	0.38821	0.00562	0.05532	0.00070	433.4	27.8	333.1	4.1	320.5	2.6
7	400.85	32.03	23.14	1.38	0.05173	0.00133	0.47331	0.02214	0.06727	0.00292	855.6	123.1	393.5	15.3	325.1	8.1
8	122.03	29.88	29.12	1.03	0.05159	0.00196	0.39152	0.02306	0.05476	0.00253	466.7	103.7	335.5	16.8	324.3	12.0
9	264.92	33.02	35.33	0.93	0.05128	0.00154	0.45748	0.02299	0.06455	0.00238	761.1	77.8	382.5	16.0	322.4	9.4
10	333.60	22.39	25.94	0.86	0.16514	0.00419	1.71196	0.04441	0.07551	0.00104	1083.3	27.8	1013.0	16.6	985.3	23.2
11	187.40	23.42	15.18	1.54	0.05095	0.00214	0.36896	0.03768	0.05277	0.00547	320.4	237.0	318.9	28.0	320.4	13.1
12	389.67	62.10	55.80	1.11	0.05454	0.00079	0.51266	0.01145	0.06815	0.00111	872.2	33.3	420.2	7.7	342.3	4.8
13	0.56	21.06	25.01	0.84	0.05131	0.00423	0.38981	0.03123	0.05599	0.00331	453.8	133.3	334.2	22.8	322.6	26.0
14	447.87	80.61	65.11	1.24	0.06290	0.00074	0.49121	0.00842	0.05684	0.00088	487.1	35.2	405.7	5.7	393.2	4.5
15	335.80	99.62	59.01	1.69	0.05097	0.00060	0.38809	0.00826	0.05549	0.00119	431.5	48.1	333.0	6.0	320.5	3.7
16	138.82	25.26	30.08	0.84	0.05135	0.00079	0.38048	0.01122	0.05391	0.00143	368.6	63.9	327.4	8.3	322.8	4.8
17	129.43	42.75	54.47	0.78	0.05276	0.00059	0.40654	0.01064	0.05605	0.00142	453.8	55.6	346.4	7.7	331.4	3.6
18	93.31	40.99	41.52	0.99	0.05160	0.00086	0.39638	0.01299	0.05599	0.00176	453.8	65.7	339.0	9.4	324.3	5.3
19	400.56	34.44	31.36	1.10	0.05120	0.00118	0.37809	0.01540	0.05382	0.00209	364.9	88.9	325.6	11.3	321.9	7.2
20	1152.46	225.73	115.23	1.96	0.05109	0.00074	0.39297	0.00992	0.05583	0.00120	455.6	50.9	336.5	7.2	321.2	4.5
21	1235.88	35.78	36.00	0.99	0.45601	0.00516	10.26423	0.12560	0.16325	0.00067	2500.0	7.9	2458.9	11.3	2421.9	22.8
22	128.13	36.39	26.30	1.38	0.05083	0.00092	0.38130	0.01118	0.05465	0.00142	398.2	57.4	328.0	8.2	319.6	5.7
23	119.41	25.18	25.74	0.98	0.05075	0.00062	0.38984	0.00948	0.05608	0.00131	457.5	19.4	334.3	6.9	319.1	3.8
24	78.13	18.27	29.07	0.63	0.04711	0.00089	0.34383	0.01164	0.05317	0.00155	344.5	66.7	300.1	8.8	296.7	5.5

测点	元素含量($w_B/10^{-6}$)及比值				同位素比值						年龄/Ma					
	Pb	Th	U	Th/U	$^{206}Pb/^{238}U$ 测值	1σ	$^{207}Pb/^{206}Pb$ 测值	1σ	$^{207}Pb/^{235}U$ 测值	1σ	$^{206}Pb/^{238}U$ 测值	1σ	$^{207}Pb/^{206}Pb$ 测值	1σ	$^{207}Pb/^{235}U$ 测值	1σ
样品编号:SQZ12-78(流纹岩)																
25	0.41	7.52	18.41	0.41	0.05141	0.00197	0.05369	0.00457	0.37884	0.03259	366.7	192.6	326.2	24.0	323.2	12.1
26	84.29	33.38	34.94	0.96	0.05116	0.00097	0.05427	0.00261	0.37815	0.01632	383.4	76.8	325.7	12.0	321.6	5.9
27	121.63	36.91	45.44	0.81	0.05070	0.00062	0.05596	0.00130	0.39097	0.01008	450.0	51.8	335.1	7.4	318.8	3.8
28	207.22	60.34	50.66	1.19	0.05109	0.00179	0.05445	0.00351	0.38173	0.02378	390.8	144.4	328.3	17.5	321.2	11.0
29	57.50	18.71	24.38	0.77	0.04791	0.00097	0.05314	0.00217	0.34985	0.01533	344.5	97.2	304.6	11.5	301.7	6.0
30	6.26	15.15	17.75	0.85	0.05163	0.00428	0.05708	0.00570	0.39777	0.04774	494.5	222.2	340.0	34.7	324.5	26.2
样品编号:SQZ12-75(流纹岩)																
1	54.68	79.65	81.87	0.97	0.05395	0.00066	0.05250	0.00056	0.39620	0.01026	305.6	24.1	338.9	7.5	338.7	4.0
2	111.63	167.95	112.19	1.50	0.05333	0.00030	0.05418	0.00072	0.40290	0.00808	388.9	29.6	343.8	5.8	335.0	1.9
3	228.61	324.15	188.21	1.72	0.05345	0.00033	0.05299	0.00043	0.39232	0.00550	327.8	18.5	336.1	4.0	335.6	2.0
4	179.66	270.56	152.44	1.77	0.05391	0.00095	0.05279	0.00062	0.40153	0.01489	320.4	23.1	342.8	10.8	338.5	5.8
5	184.57	265.14	168.65	1.57	0.05147	0.00018	0.05001	0.00022	0.35483	0.00188	194.5	11.1	308.3	1.4	323.5	1.1
6	182.99	267.85	179.25	1.49	0.05262	0.00050	0.05092	0.00027	0.37273	0.00634	239.0	8.3	321.7	4.7	330.6	3.0
7	134.58	195.35	129.64	1.51	0.05346	0.00070	0.05409	0.00072	0.40778	0.01335	376.0	31.5	347.3	9.6	335.7	4.3
8	85.90	118.24	110.91	1.07	0.05349	0.00084	0.05265	0.00058	0.39625	0.01262	322.3	25.9	338.9	9.2	335.9	5.2
9	221.00	347.05	210.03	1.65	0.04884	0.00019	0.04956	0.00019	0.33375	0.00170	176.0	9.3	292.4	1.3	307.4	1.2
10	232.12	316.73	188.65	1.68	0.05089	0.00027	0.05000	0.00017	0.35129	0.00254	194.5	12.0	305.7	1.9	320.0	1.7
11	56.73	67.59	89.97	0.75	0.05358	0.00121	0.05326	0.00073	0.40466	0.01786	338.9	31.5	345.0	12.9	336.5	7.4
12	276.54	359.91	180.98	1.99	0.05343	0.00102	0.05372	0.00058	0.40534	0.01472	366.7	19.4	345.5	10.6	335.6	6.2
13	74.99	107.65	79.64	1.35	0.05336	0.00102	0.05296	0.00052	0.39714	0.01338	327.8	22.2	339.6	9.7	335.1	6.2
14	162.88	159.69	96.64	1.65	0.05465	0.00043	0.08128	0.00091	0.61289	0.00905	1227.8	22.2	485.4	5.7	343.0	2.6
15	134.50	184.01	131.13	1.40	0.05337	0.00106	0.05383	0.00056	0.40947	0.01671	364.9	24.1	348.5	12.0	335.2	6.5
16	95.65	143.59	104.86	1.37	0.05397	0.00105	0.05412	0.00072	0.41493	0.01697	376.0	29.6	352.4	12.2	338.8	6.4
17	313.67	519.23	276.87	1.88	0.04854	0.00019	0.05024	0.00018	0.33622	0.00157	205.6	7.4	294.3	1.2	305.5	1.2

测点	元素含量($w_B/10^{-6}$)及比值				同位素比值						年龄/Ma					
	Pb	Th	U	Th/U	$^{206}Pb/^{238}U$ 测值	1σ	$^{207}Pb/^{206}Pb$ 测值	1σ	$^{207}Pb/^{235}U$ 测值	1σ	$^{206}Pb/^{238}U$ 测值	1σ	$^{207}Pb/^{206}Pb$ 测值	1σ	$^{207}Pb/^{235}U$ 测值	1σ
样品编号:SQZ 12-75(流纹岩)																
18	33.26	52.35	51.60	1.01	0.05371	0.00087	0.05344	0.00083	0.40732	0.01571	346.4	30.6	346.9	11.3	337.3	5.3
19	339.26	482.47	327.07	1.48	0.05336	0.00025	0.05014	0.00022	0.36884	0.00204	211.2	11.1	318.8	1.5	335.1	1.5
20	46.63	68.22	82.81	0.82	0.05253	0.00045	0.05540	0.00068	0.40911	0.01039	427.8	-4.6	348.2	7.5	330.1	2.7
21	120.00	152.57	104.28	1.46	0.05654	0.00029	0.06308	0.00086	0.49168	0.00682	710.8	27.8	406.1	4.6	354.6	1.7
22	255.81	423.50	207.30	2.04	0.05145	0.00021	0.04972	0.00017	0.35276	0.00187	189.0	7.4	306.8	1.4	323.4	1.3
23	110.80	180.61	134.34	1.34	0.05313	0.00102	0.05361	0.00071	0.40535	0.01759	353.8	29.6	345.5	12.7	333.7	6.2
24	37.15	50.47	66.77	0.76	0.05382	0.00045	0.05306	0.00058	0.39739	0.00769	331.5	30.6	339.8	5.6	337.9	2.7
25	137.66	238.60	119.27	2.00	0.05323	0.00077	0.05345	0.00050	0.39804	0.01051	346.4	20.4	340.2	7.6	334.3	4.7
26	116.55	158.02	104.83	1.51	0.05262	0.00024	0.06307	0.00094	0.45939	0.00818	709.3	31.5	383.8	5.7	330.6	1.5
27	82.10	126.92	95.57	1.33	0.05285	0.00021	0.04994	0.00025	0.36408	0.00247	190.8	11.1	315.3	1.8	332.0	1.3
28	63.41	98.16	88.78	1.11	0.05403	0.00077	0.05265	0.00062	0.39726	0.01134	322.3	25.9	339.7	8.2	339.2	4.7
样品编号:SQZ 12-81(流纹岩)																
1	181.34	271.52	135.32	2.01	0.05152	0.00050	0.05585	0.00074	0.39726	0.00732	455.6	29.6	339.7	5.3	323.9	3.0
2	271.90	381.59	218.85	1.74	0.05233	0.00079	0.05271	0.00050	0.38810	0.01201	316.7	25.0	333.0	8.8	328.8	4.8
3	596.51	688.35	118.97	5.79	0.05631	0.00031	0.10416	0.00080	0.80938	0.00813	1699.7	13.4	602.1	4.6	353.1	1.9
4	110.02	143.46	121.19	1.18	0.05201	0.00047	0.05265	0.00045	0.38048	0.00698	322.3	18.5	327.4	5.1	326.9	2.9
5	223.47	280.41	159.08	1.76	0.05269	0.00067	0.05225	0.00047	0.38574	0.01027	294.5	20.4	331.3	7.5	331.0	4.1
6	119.07	137.48	128.88	1.07	0.04921	0.00017	0.05434	0.00031	0.36875	0.00240	387.1	13.0	318.7	1.8	309.7	1.0
7	562.97	1423.68	1156.46	1.23	0.02417	0.00020	0.04919	0.00015	0.16414	0.00165	166.8	7.4	154.3	1.4	154.0	1.3
8	85.62	88.71	95.09	0.93	0.05250	0.00045	0.05300	0.00051	0.38935	0.00846	327.8	22.2	333.9	6.2	329.9	2.7
9	134.72	135.37	118.40	1.14	0.05248	0.00047	0.05442	0.00075	0.39410	0.00817	387.1	26.9	337.4	5.9	329.7	2.9
10	975.37	1189.53	174.51	6.82	0.04906	0.00018	0.05266	0.00033	0.35641	0.00273	322.3	14.8	309.5	2.0	308.8	1.1
11	102.63	110.83	96.58	1.15	0.05246	0.00022	0.05331	0.00045	0.38597	0.00389	342.7	18.5	331.4	2.9	329.6	1.3
12	238.93	275.50	156.11	1.76	0.05167	0.00022	0.05578	0.00054	0.39936	0.00548	442.6	22.2	341.2	4.0	324.8	1.4

测点	元素含量（$w_B/10^{-6}$）及比值				同位素比值						年龄/Ma					
	Pb	Th	U	Th/U	$^{206}Pb/^{238}U$		$^{207}Pb/^{206}Pb$		$^{207}Pb/^{235}U$		$^{206}Pb/^{238}U$		$^{207}Pb/^{206}Pb$		$^{207}Pb/^{235}U$	
					测值	1σ	测值	1σ	测值	1σ	测值	1σ	测值	1σ	测值	1σ
样品编号：SQZ12-81（流纹岩）																
13	164.13	194.15	209.22	0.93	0.05208	0.00130	0.05293	0.00061	0.39473	0.01912	324.1	25.9	337.8	13.9	327.3	7.9
14	276.26	344.28	184.21	1.87	0.05258	0.00042	0.05331	0.00050	0.38765	0.00580	342.7	22.2	332.7	4.2	330.3	2.6
15	295.66	406.84	224.20	1.81	0.05194	0.00039	0.05008	0.00021	0.36023	0.00430	198.2	9.3	312.4	3.2	326.4	2.4
16	841.71	1219.83	219.76	5.55	0.05062	0.00023	0.05006	0.00017	0.34972	0.00227	198.2	7.4	304.5	1.7	318.3	1.4
17	108.44	160.81	116.08	1.39	0.05242	0.00074	0.05450	0.00061	0.39685	0.00986	390.8	25.9	339.4	7.2	329.3	4.5
18	359.86	581.23	252.42	2.30	0.05190	0.00108	0.05464	0.00077	0.40069	0.01647	398.2	31.5	342.2	11.9	326.2	6.6
19	77.06	126.05	114.09	1.10	0.04891	0.00073	0.05348	0.00080	0.36086	0.00851	350.1	30.6	312.9	6.3	307.8	4.5
20	72.95	123.93	104.79	1.18	0.04946	0.00028	0.05243	0.00046	0.35782	0.00411	305.6	20.4	310.6	3.1	311.2	1.7
样品编号：TCS12-01（流纹岩）																
1	22.00	31.64	44.99	0.70	0.052115	0.002072	0.054552	0.004456	0.393355	0.040907	327.5	12.7	394.5	185.2	336.8	29.8
4	72.05	59.92	61.49	0.97	0.051326	0.000546	0.054328	0.000942	0.382937	0.006835	322.7	3.3	383.4	43.5	329.2	5.0
5	26.14	28.47	46.63	0.61	0.051410	0.000739	0.054797	0.001026	0.388117	0.009398	323.2	4.5	466.7	47.2	333.0	6.9
6	17.07	24.80	55.97	0.44	0.051306	0.000591	0.055825	0.000883	0.393482	0.007160	322.5	3.6	455.6	35.2	336.9	5.2
8	54.76	51.59	32.62	1.58	0.051987	0.000974	0.055789	0.001588	0.398287	0.013115	326.7	6.0	442.6	58.3	340.4	9.5
9	7.99	5.05	13.59	0.37	0.051758	0.003716	0.057717	0.005049	0.397370	0.039280	325.3	22.8	520.4	189.8	339.7	28.5
12	1.24	25.26	46.89	0.54	0.052036	0.002301	0.055771	0.002238	0.401181	0.024493	327.0	14.1	442.6	90.7	342.5	17.8
15	141.27	46.67	90.15	0.52	0.051533	0.001117	0.054989	0.001691	0.389511	0.011766	323.9	6.8	413.0	68.5	334.0	8.6
16	0.92	18.55	40.28	0.46	0.051536	0.001242	0.054421	0.001969	0.388560	0.018935	323.9	7.6	387.1	86.1	333.3	13.8
17	114.88	57.14	74.51	0.77	0.051776	0.001795	0.057456	0.002356	0.405744	0.016412	325.4	11.0	509.3	90.7	345.8	11.9
19	263.90	121.47	112.94	1.08	0.050804	0.001348	0.053555	0.002009	0.374143	0.014568	319.5	8.3	353.8	85.2	322.7	10.8
20	40.64	44.73	69.44	0.64	0.051248	0.000568	0.054155	0.000966	0.381447	0.007448	322.2	3.5	376.0	36.1	328.1	5.5
26	39.08	54.44	60.82	0.90	0.051970	0.001586	0.054810	0.002112	0.391989	0.017735	326.6	9.7	405.6	85.2	335.8	12.9

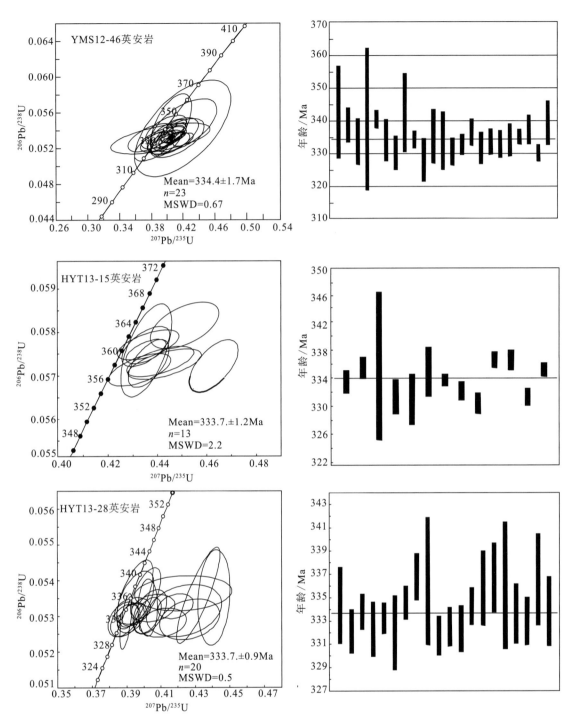

图 2 - 28　雅满苏铁锌钴矿区雅满苏上亚组火山岩 LA - ICP - MS 锆石 U - Pb 年龄谐和图

　　沙泉子铁铜矿区用于定年的火山岩样品采样位置见图 2 - 23。从 3 件沙泉子流纹岩样品（SQZ12 - 78，SQZ13 - 75 和 SQZ13 - 81）和 1 件突出山流纹岩中选择了 104 颗锆石分别进行了 LA - ICP - MS 锆石 U - Pb 分析，结果列于表 2 - 7。

　　所有流纹岩样品的锆石多呈无 - 浅褐黄色，半自形 - 自形的长柱状及双锥状晶体，晶棱及晶面清楚。流纹岩中锆石颗粒相对较大，长轴多变化于 140 ~ 180 μm，长短轴比一般为 1∶1 ~ 2∶1。大部分锆石具有岩浆锆石的生长环带，个别锆石含有不透明包裹体，也有个别锆石颗粒见有核边结构，核部呈浑圆状（SQZ78 中点 6.1，14.1，20.1），可能为喷发过程中捕获的或者继承残留锆石，边部颜色均匀，震荡环带发育，且核部与边部接触界线规则（图 2 - 29）。

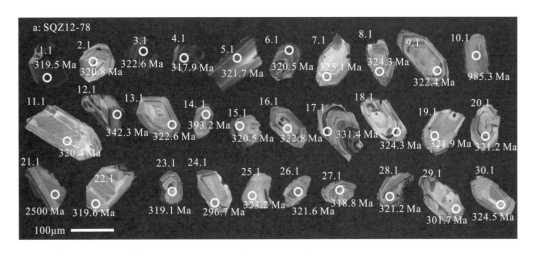

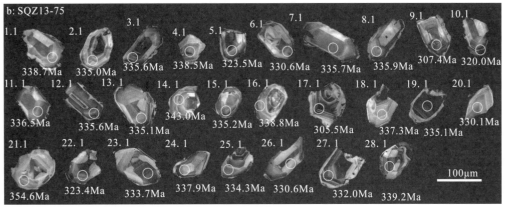

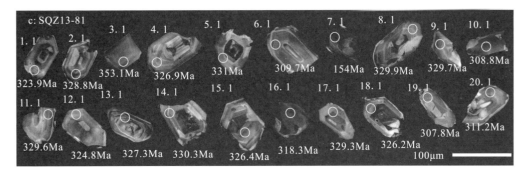

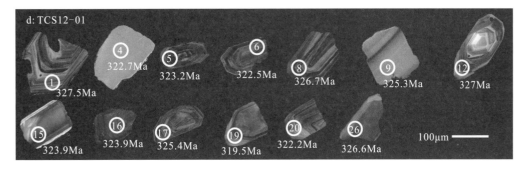

图 2 – 29　土古土布拉克组火山岩中代表性锆石的阴极发光图

SQZ12 – 78 流纹岩中锆石的 U 含量分布在 $15.8 \times 10^{-6} \sim 216 \times 10^{-6}$ 之间，Th 含量变化于 $7.52 \times 10^{-6} \sim 359.93 \times 10^{-6}$ 之间，Th/U 比值介于 $0.41 \sim 3.23$ 之间，显示了岩浆锆石的 Th/U 比值典型特征（Rubatto, 2002）。除 3 个样品点（10.1, 14.1, 21.1）年龄结果偏大（985.3 Ma, 393.2 Ma, 2500

Ma)，一个样品点年龄结果偏小（296.7 Ma）外，其余 19 个锆石^{206}Pb/^{238}U 表面年龄数据比较集中，介于 317.9～331.4 Ma 之间，在年龄谐和图上聚集在一致线上及其附近一个较小的范围内，表明这些锆石形成后 U - Pb 体系保持封闭，没有明显的 U 或 Pb 同位素的丢失和加入，其加权平均值为 321.7 ±1.7 Ma（MSWD = 0.61）（图 2 - 30a），代表了该流纹岩的形成年龄。

SQZ13 - 75 流纹岩样品的 U 含量分布在 51.6×10^{-6}～188.21×10^{-6}之间，Th 含量变化于 50.47×10^{-6}～359.91×10^{-6}之间，Th/U 比值介于 0.75～2 之间，显示了岩浆锆石的 Th/U 比值典型特征（Rubatto，2002）。23 个^{206}Pb/^{238}U 表面年龄数据比较集中，介于 329～327 Ma 之间，数据点聚集在谐和线两侧及其附近一个较小的区域范围内，其加权平均值为 327.9 ± 2.6 Ma（MSWD = 0.015）（图 2 - 30b）。

SQZ13 - 81 流纹岩样品的 U 含量分布在 95.09×10^{-6}～252.42×10^{-6}之间，Th 含量变化于 88.71×10^{-6}～581.23×10^{-6}之间，Th/U 比值介于 0.93～2.6 之间，显示了岩浆锆石的 Th/U 比值典型特征（Rubatto，2002）。13 个^{206}Pb/^{238}U 表面年龄数据比较集中，介于 323.9～331 Ma，数据点聚集在谐和线两侧及其附近一个较小的区域范围内，其加权平均值为 327.8 ± 1.4 Ma（MSWD = 1.03）（图 2 - 30c）。

TCS12 - 01 流纹岩中锆石的 U 和 Th 含量分别介于 13.6×10^{-6}～142.24×10^{-6} 和 5.05×10^{-6}～139.85×10^{-6}之间，Th/U 比值为 0.3～1.58。13 个^{206}Pb/^{238}U 表面年龄数据比较集中，介于 319.5～327.5 Ma 之间，数据点聚集在谐和线两侧及其附近一个较小的区域范围内，其加权平均值为 323.2 ± 3.1 Ma（MSWD = 0.09）（图 2 - 30d）。

本研究获得了土古土布拉克组火山岩中锆石 LA - ICP - MS U - Pb 年龄结果为 327～321 Ma，其中沙泉子矿区地层顶部流纹岩（SQZ78）为 321.7 ± 1.7 Ma，地层底部流纹岩（SQZ75 和 SQZ81）为

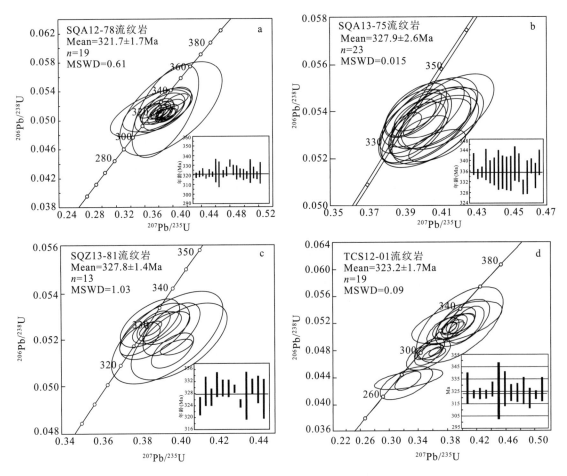

图 2 - 30　土古土布拉克组火山岩 LA - ICP - MS 锆石 U - Pb 年龄谐和图

327.9±2.6 Ma 和 327.8±1.4 Ma，突出山矿区地层中部流纹岩为（Tcs12-01）为 323.2±3.1 Ma。4 件样品均为岩浆锆石，获得的结果在误差范围内较为一致，也与地质事实相符，因此，可以代表火山岩的喷发年龄。根据最新的国际地质年代划分方案（Gradstein et al.，2004）和我国惯用的地质年代划分方案（2002），是早石炭世中—晚期岩浆活动的产物，这与地层中化石的形成年龄一致。与前人获得的土古土布拉克组火山岩形成于晚石炭世的认识不同。

（三）石炭纪火山岩年代学研究地质意义

前人对阿齐山-雅满苏成矿带内赋存铁多金属矿床的地层时代是通过化石确定的，如在雅满苏组下亚组灰岩中发现有珊瑚，如 *Multithecopora* cf. lerensteini Vass（列氏多壁管珊瑚），*Archanolasma* sp.（拟棚珊瑚），*Auloclisia* sp.（管蛛网珊瑚），*Diphyphyilum* sp.（双形珊瑚），*Litophyllum* cf. irrequlare wang（不规则石刺毛珊瑚），*Clariphyllum*（？）sp.（棒珊瑚）；腕足类如 *Kansuella* sp.（甘肃贝），*Striatifera* sp.（细线贝），*Plicatifera* sp.（轮褶贝），*Dictyoclostus* sp.（网格长身贝），*Schuchertella* sp.（舒克贝），*Linoproductus* sp.（线纹长身贝），*Bellerophon* sp.（神螺）、*Neospirifer*，*Liangchowensis*（凉州新石燕），*Pustula* sp.（刺瘤贝），*Spirifer* sp.（石燕），*Eluctuaria* sp.（波形贝），*Dictyoclostus* sp.（网格长身贝），*Echinoconchus* sp.（轮刺贝）和粗卵石蛤、卵石蛤（新疆地质矿产勘查开发局第一区域地质调查大队，2005a）。在上亚组灰岩中发现有珊瑚及海百合茎等化石：*Syringaxonoides* sp.（似轴管珊瑚（？）），*Siphonodendron* sp.（丛管珊瑚珊），*Paracaninia* sp.（拟犬齿珊瑚），*Dibunophyllum* sp.（棚珊瑚），cf. *Siphonphyllia* sp.（管漏珊瑚），*Cyclocyclicus* sp.（圆圆茎，未定种），*Pentagonocyclicus* sp.（星圆茎）。珊瑚和腕足组合为早石炭世维宪期特征，Archanolasma，Gigantoproductus，Yuanophyllum 是维宪期的标准化石，出现于华南大塘阶旧司组和西欧维宪阶中，其他分子也是维宪期的常见分子。因此，将其定为早石炭世（新疆地质矿产勘查开发局第一区域地质调查大队，2005a，b）。新疆维吾尔自治区地质矿产勘查开发局在 1958 年在土古土布拉克组下部的粉砂岩中发现腕足（*Spirifer* cf. condarori，*Chonetes pseudocarloniferus*，*Echinoconchus* sp.，*Chaetetes* sp.，martinia semiconvexa，*Marginifera* sp.，*Plicatifera* sp.，*Dielasma* sp.），在上部的灰岩凸镜体中发现珊瑚（*Caninia* sp.，*Diphyphyllum* sp.，*Bothrophyllum* sp.，*Lonsdaleia* sp.，*Zaphrentites*，*Thysanophyllum* sp.，*Ampiexus* sp.，*Multithecopora* sp.）和䗴（*Eostaffella* sp.，*Oztawainella* sp.，O. vozhgalica，*Pseudostaffella subquadrata* var. vozhgalica，*Profusulinella pseudorhomoides*，P. prisca，*Eofusulina* sp.），将其时代确定为中石炭世。冯京等（2007）、李永军等（2007）在库姆塔格沙垄北一带进行 1:5 万区调工作时，采集到了 *Idiognathodus delicayus*、*Idiognathoides sinuata*、*Streptognathodus suberectus*、S. meekerensis、S. exepansus 和 *Streptognathodus* sp.（牙形刺），确定其属晚石炭世。

近年来，利用同位素测年法对阿齐山-雅满苏成矿带内火山岩也做了大量的研究工作，如李向民等（2004）获得了大南湖-头苏泉一带企鹅山群基性和酸性火山岩的锆石 U-Pb 年龄为 323±2 Ma 和 320±2 Ma；侯广顺等（2005）获得了企鹅山群安山岩的 SHRIMP 锆石 U-Pb 年龄为 337±6 Ma；宋安江等（2006）获得了阿其克库都克断裂西段土古土布拉克组沉积砾石原岩的 SHRIMP 锆石 U-Pb 年龄为 314±4.2 Ma；苏春乾等（2009）获得了阿奇山组英安岩的 SHRIMP 锆石 U-Pb 年龄为 341.7±1.2 Ma；李源等（2011）利用 LA-ICP-MS 锆石 U-Pb 法获得了吐哈盆地南缘底坎尔组流纹岩的年龄为 320±1.2 Ma。罗婷等（2012）测得雅满苏组火山岩 LA-ICP-MS 锆石 U-Pb 谐和年龄为东段 348±1.7 Ma（MSWD=1.15）、中段 335.9±2.4 Ma（MSWD=1.03）、西段 334±2.5 Ma（MSWD=1.02），认为雅满苏组火山岩整体形成于早石炭世，但东段形成时间早于西段。

本研究利用 LA-ICP-MS 锆石 U-Pb 定年法，对东天山地区阿奇山-雅满苏成矿带内赋存铁多金属矿床地层的火山岩开展了较为系统的年代学研究，获得了赋存铁多金属矿床的雅满苏组和土古土布拉克组火山岩的喷发年龄（图 2-31）。

按全国地层委员会（2002）各时代界限，早石炭世为 354~320 Ma，雅满苏组上下亚组火山岩喷发年龄相差不大，主要为早石炭世中期（335~333 Ma）岩浆活动的产物，且东段与西段火山岩未有

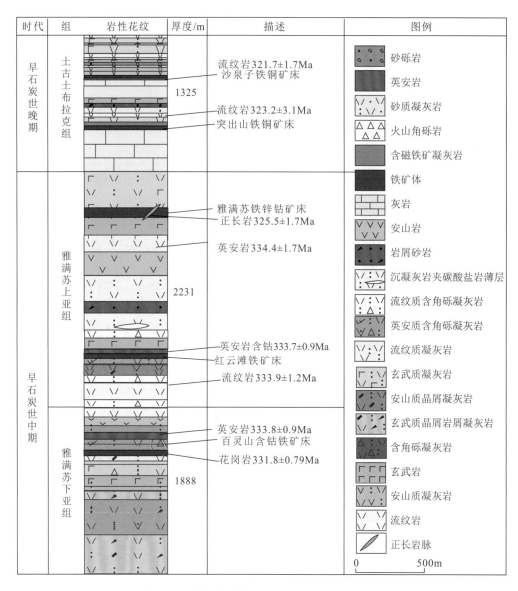

时代	组	岩性花纹	厚度/m	描述	图例

图中描述标注：
- 流纹岩321.7±1.7Ma
- 沙泉子铁铜矿床
- 流纹岩323.2±3.1Ma
- 突出山铁铜矿床
- 雅满苏铁锌钴矿床
- 正长岩325.5±1.7Ma
- 英安岩334.4±1.7Ma
- 英安岩含钴333.7±0.9Ma
- 红云滩铁矿床
- 流纹岩333.9±1.2Ma
- 英安岩333.8±0.9Ma
- 百灵山含钴铁矿床
- 花岗岩331.8±0.79Ma

时代：早石炭世晚期、早石炭世中期
组：土古土布拉克组、雅满苏上亚组、雅满苏下亚组
厚度：1325、2231、1888

图例：砂砾岩、英安岩、砂质凝灰岩、火山角砾岩、含磁铁矿凝灰岩、铁矿体、灰岩、安山岩、岩屑砂岩、沉凝灰岩夹碳酸盐岩薄层、流纹质含角砾凝灰岩、英安质含角砾凝灰岩、流纹质凝灰岩、玄武质凝灰岩、安山质晶屑凝灰岩、玄武质晶屑岩屑凝灰岩、含角砾凝灰岩、玄武岩、安山质凝灰岩、流纹岩、正长岩脉、0 500m

图 2-31　阿奇山-雅满苏成矿带赋存铁多金属矿床地层火山岩形成时代

明显时代差异，如百灵山含钴铁矿区英安岩喷发年龄为 333.8 ± 0.9 Ma（下亚组下部），红云滩铁矿区的流纹岩和英安岩的喷发年龄分别为 333.9 ± 0.9 Ma 和 333.7 ± 1.2 Ma（上亚组下部），雅满苏铁锌钴矿区的英安岩为 334.4 ± 1.7 Ma（上亚组上部）。土古土布拉克组为早石炭世晚期（327 ~ 321 Ma）岩浆活动的产物，如突出山铁铜矿区流纹岩为 323.2 ± 3.1 Ma，沙泉子铁铜矿区流纹岩为 327.7 ± 1.7 Ma（下部）~ 321.7 ± 1.7 Ma（上部）。可以看出，阿奇山-雅满苏成矿带内赋存铁多金属矿床的火山岩主要形成于早石炭世中晚期，且每个时期喷发持续时间相对较短，表明成矿时代也相对集中。

三、岩石地球化学

（一）雅满苏组下亚组火山岩

雅满苏下亚组 5 件英安岩采自百灵山含钴铁矿区，雅满苏上亚组 8 件玄武岩、13 件英安岩样品采自雅满苏铁锌钴矿区，它们的主量元素、微量元素分析结果列于表 2-8。考虑到部分样品有蚀变，许多不活动元素（Ti，Zr，Y，Nb，Ta，Hf，Th 和 REE）在蚀变过程中不易受影响，因此下面的讨论主要利用这些元素。

雅满苏下亚组英安岩具有高的 SiO_2（72.3% ~ 76.5%）和中等的 Al_2O_3 含量（12.45% ~ 12.8%）。在 Zr/TiO_2 - SiO_2 岩石分类图解中，所有样品位于英安岩区域（图 2 - 32a），这与岩相学的观察一致。它们的 MgO（0.33% ~ 0.67%），TiO_2（0.27% ~ 0.29%）和 P_2O_5（0.04% ~ 0.05%）含量极低但具有相对高的 $Fe_2O_3^T$（2.6% ~ 4.34%）含量，$FeO^T/(FeO^T + MgO)$ 变化于 0.84 ~ 0.87（表 2 - 8），显示了富 Fe 特征（图 2 - 32b）。同时它们也具有高碱（$K_2O + Na_2O = 6.92\%$ ~ 7.19%），富钠（Na_2O/K_2O 变化于 9.87 ~ 75.6）特征。它们的原始地幔标准化图解总体显示出较为一致的分布模式，呈现富集大离子亲石元素，亏损高场强元素特征，Th、U、Zr、Hf、Y 和 Yb 呈现明显的正异常，Nb、Ta、P、Ti 较相邻元素显示负异常（图 2 - 33a）。稀土元素总量（ΣREE）不高，介于 80.72×10^{-6} ~ 101.9×10^{-6}，球粒陨石标准化图解呈现平缓的轻稀土富集的右倾型（$La_N/Yb_N = 3.82$ ~ 5.21，$Gd_N/Yb_N = 1.03$ ~ 1.17），并具明显的 Eu 负异常（$\delta Eu = 0.65$ ~ 0.69）（图 2 - 33b），属同源岩浆活动的产物。

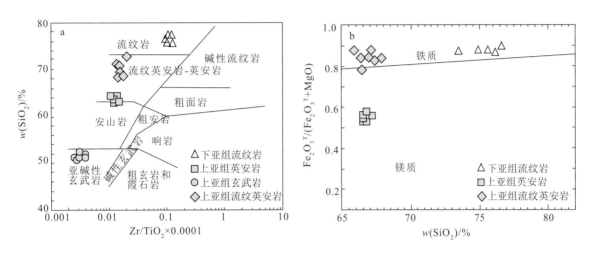

图 2 - 32 雅满苏组火山岩 SiO_2 - Zr/TiO_2 分类图（a）和 SiO_2 - $Fe_2O_3^T/(Fe_2O_3^T + MgO)$ 图（b）

（图 a 据 Winchester et al. ，1976；b 图据 Frost et al. ，2001）

表 2 - 8 雅满苏组火山岩主量元素（%）和微量元素（10^{-6}）组成

样号	BLS9	BLS10	BLS11	BLS12	BLS15	YMS38	YMS39	YMS40	YMS41	YMS42	YMS43	YMS44	YMS45
	流纹岩					玄武岩							
SiO_2	74.2	75	76.5	74.3	72.3	48.48	47.8	47.07	46.59	46.93	48.93	46.48	47.45
TiO_2	0.28	0.28	0.27	0.29	0.29	0.82	0.76	0.73	0.8	0.8	0.74	0.84	0.83
Al_2O_3	12.5	12.45	12.45	12.65	12.8	17.82	18.22	17.84	18.34	18.26	18.66	18.72	19.5
Fe_2O_3	3.56	2.59	2.5	2.7	4.34	6.96	6	7.16	6.44	5.89	3.22	4.92	3.08
FeO	0.71	0.63	1.23	0.67	1.18	3.77	4.42	4.19	4.33	4.69	5.16	5.66	6.84
MnO	0.03	0.02	0.02	0.02	0.03	0.16	0.17	0.17	0.17	0.17	0.21	0.19	0.23
MgO	0.53	0.43	0.33	0.38	0.67	4.81	5.13	5.21	5.24	5.59	4.06	5.29	5.24
CaO	0.63	0.67	0.62	0.79	0.72	7.08	7.86	7.55	8.79	7.99	6.48	8.59	5.24
Na_2O	6.79	6.8	6.79	6.85	6.42	5.43	5.08	5	4.56	4.83	6.12	4.46	5.11
K_2O	0.11	0.09	0.11	0.17	0.65	0.33	0.13	0.31	0.1	0.1	0.5	0.08	0.82
P_2O_5	0.05	0.04	0.05	0.05	0.05	0.06	0.05	0.05	0.05	0.06	0.09	0.09	0.04
CO_2						0.77	0.6	0.77	0.86	0.51	2.31	0.26	0.77
H_2O^+						2.82	3.2	2.82	2.62	2.98	2.6	3.56	3.68
LOI	0.63	0.5	0.41	0.62	0.67	3.74	3.91	4.2	4.05	4.13	5.07	4.11	4.87

样号	BLS9	BLS10	BLS11	BLS12	BLS15	YMS38	YMS39	YMS40	YMS41	YMS42	YMS43	YMS44	YMS45
			流纹岩						玄武岩				
A/NK	1.11	1.11	1.11	1.11	1.14								
A/CNK	1.06	1.05	1.06	1.05	1.08								
$Mg^{\#}$	0.23	0.25	0.21	0.22	0.23	0.47	0.49	0.48	0.49	0.51	0.49	0.50	0.52
$Fe^{\#}$	0.86	0.84	0.87	0.87	0.85	0.52	0.49	0.51	0.50	0.48	0.50	0.49	0.47
Sc	6	6.1	6.1	7.2	7.1	44.4	43.2	41.7	44.1	46.7	35.5	45.4	45
V	42	39	39	40	44	297	349	329	368	338	241	327	269
Cr	40	40	40	50	70	47.8	49.2	50.1	46.9	53.7	9.03	28.8	8.4
Co	1.6	2	1.5	2	2.6	48.2	45.7	41.8	47.1	50.3	33	43.1	35.7
Ni	4.6	2.3	2.2	2.3	4.4	18.1	19.4	20.9	18.9	19.6	8.17	18	9.44
Cu	2.2	1	0.8	1.6	11.3	11.7	8.64	74.9	9.16	9.55	33.3	18.2	4.48
Zn	22	15	13	13	16	94.3	100	100	96.3	108	216	99	233
Ga	12.6	12.4	11.8	12.6	13.2	19	20.3	20.6	20	19.9	17.5	20.9	21.6
Rb	2.2	1.6	2.3	3.6	16.6	6.5	2.94	6.18	2.75	2.25	18	2.11	42
Sr	94.7	105.5	64.3	128	99.9	152	103	114	149	126	382	136	212
Y	26.5	28.2	28.1	23.5	24.5	12.2	11.4	10.1	12.9	12	17.8	14.8	15.8
Zr	161	161	151	161	162	23.3	22.3	20.5	22	21.6	29.2	25.4	32.8
Nb	6.3	6.4	6.4	6.6	6.6	0.81	0.68	0.61	0.74	0.68	0.88	0.78	0.99
Mo	3	1.86	2.01	2.45	3.18	0.24	0.21	0.32	0.28	0.25	0.33	0.43	0.34
Ba	27.5	10.2	24.4	43.9	88.7	72.8	36.1	63.9	29.6	31	79.1	21.6	89
Hf	4.2	4.1	4	4.3	4.4	0.77	0.69	0.62	0.73	0.77	0.81	0.88	1.16
Ta	0.6	0.6	0.5	0.5	0.5	0.09	0.11	0.08	0.11	0.1	0.1	0.09	0.09
Pb	5	4	1.2	2	1.8	17	12.7	14.5	17.8	15.3	10.6	12.8	8.99
Th	7.68	7.45	7.55	8.27	7.76	0.19	0.12	0.13	0.23	0.11	0.33	0.16	0.33
U	2.6	2.29	2.27	2.29	2.54	0.12	0.09	0.11	0.1	0.11	0.35	0.29	0.29
La	14.6	16.1	19.2	20.4	18.3	2.88	1.68	1.51	6.67	3.21	2.5	2.23	2.8
Ce	30.8	35.2	41.8	42	36.8	7.22	5.14	4.46	12.4	7.17	6.3	6.29	8
Pr	3.39	3.63	4.16	4.22	3.92	1.15	0.83	0.77	1.6	1.07	1.06	1.11	1.37
Nd	13.2	14.2	15.9	16.1	15.3	5.71	4.28	3.92	6.77	5.66	5.54	5.31	6.65
Sm	2.98	3.19	3.5	3.47	3.64	1.66	1.4	1.35	1.61	1.68	1.75	1.67	2.13
Eu	0.68	0.77	0.8	0.8	0.89	0.8	0.56	0.68	0.78	0.66	0.63	0.71	0.84
Gd	3.48	3.67	3.96	3.5	3.78	2.07	1.76	1.55	1.96	2.02	2.07	2.01	2.76
Tb	0.61	0.62	0.66	0.6	0.63	0.39	0.32	0.31	0.44	0.36	0.43	0.4	0.5
Dy	3.82	4.33	4.42	3.73	3.92	2.16	2.01	1.89	2.23	2.1	2.67	2.57	2.88
Ho	0.89	0.9	0.93	0.8	0.82	0.46	0.39	0.38	0.5	0.43	0.54	0.5	0.6
Er	2.67	2.84	2.79	2.59	2.6	1.43	1.28	1.2	1.46	1.31	1.75	1.62	1.96
Tm	0.41	0.41	0.44	0.4	0.43	0.17	0.17	0.16	0.21	0.17	0.25	0.2	0.23
Yb	2.74	2.64	2.79	2.81	2.84	1.18	1.09	0.99	1.28	1.12	1.61	1.33	1.7
Lu	0.45	0.46	0.45	0.43	0.46	0.18	0.16	0.14	0.21	0.18	0.26	0.23	0.27
$\sum REE$	80.72	88.96	101.8	101.85	94.33	27.46	21.07	19.31	38.12	27.14	27.36	26.18	32.69
LR/HR	1.58	1.66	1.92	2.27	1.97	2.42	1.93	1.92	3.60	2.53	1.86	1.95	2.00
$(La/Yb)_N$	3.82	4.37	4.94	5.21	4.62	1.75	1.11	1.09	3.74	2.06	1.11	1.20	1.18
δEu	0.64	0.69	0.65	0.69	0.73	1.32	1.09	1.44	1.34	1.10	1.01	1.18	1.06

样号	YMS66	YMS67	YMS68	YMS69	YMS70	YMS71	YMS98	YMS100	YMS101	YMS102	YMS103	YMS104	YMS105
	英安岩						流纹－英安岩						
SiO_2	55.38	60.78	56.65	65.63	67.35	65.11	67.3	65.84	64.02	67.4	66.53	65.43	66.43
TiO_2	0.87	0.82	0.82	0.67	0.43	0.59	0.8	0.84	0.79	0.74	0.83	0.84	0.81
Al_2O_3	15.94	14.94	15.46	13.27	12.04	11.5	11.61	11.39	11.49	11.29	11.56	11.97	11.48
Fe_2O_3	2.76	2.21	2.37	1.78	1.4	1.01	4.05	5.12	5.64	4.27	4.41	4.52	4.9
FeO	4.8	5.17	4.67	4.31	3.41	3.36	1.02	0.7	0.54	0.83	0.69	0.88	0.41
MnO	0.2	0.18	0.2	0.16	0.14	0.15	0.11	0.13	0.14	0.1	0.11	0.12	0.11
MgO	3.19	3.14	2.9	2.8	2.29	2.01	0.68	0.45	0.3	0.57	0.45	0.63	0.29
CaO	4.4	2.35	4.57	2.31	3.17	5.02	6.74	8.74	10.11	7.32	8.06	8.46	8.62
Na_2O	6.35	5.24	6.12	4.67	3.76	3.4	3.66	2.6	2.94	3.56	3.26	3.68	2.9
K_2O	1.26	1.41	1.46	1.04	2.17	2.44	0.86	0.87	0.14	0.58	0.78	0.46	0.81
P_2O_5	0.18	0.13	0.16	0.12	0.07	0.09	0.26	0.26	0.25	0.24	0.26	0.3	0.26
CO_2	1.2	0.77	1.97	0.26	1.8	3.34	1.63	1.63	2.14	1.63	1.67	2.49	1.63
H_2O^+	2.2	2.08	1.8	2.2	1.42	1.62	0.56	0.46	0.62	0.58	0.49	0.52	0.88
烧失量	3.62	2.75	3.76	2.55	3.29	4.51	2.21	2.53	3.12	2.83	2.64	2.93	2.61
A/NK	1.36	1.48	1.34	1.52	1.42	1.41	1.68	2.20	2.32	1.75	1.87	1.84	2.05
A/CNK	0.81	1.04	0.78	1.03	0.85	0.67	0.61	0.54	0.49	0.57	0.56	0.55	0.54
$Mg^\#$	0.45	0.45	0.45	0.47	0.48	0.47	0.21	0.13	0.09	0.18	0.15	0.19	0.10
$Fe^\#$	0.54	0.54	0.54	0.52	0.52	0.52	0.79	0.86	0.91	0.82	0.85	0.81	0.90
Sc	31.4	29.4	30.6	23.5	13.8	20.5	23.6	25.6	24.4	20.9	24.6	24.4	24
V	171	204	166	155	60.8	78.2	49.2	54.9	51.2	41.7	49.9	47.4	50.4
Cr	19.8	7.25	12	9.35	15.6	31.7	6.81	7.88	7.31	8.96	9.28	8.89	6.26
Co	31	33	35.8	35.4	28.4	23.4	5.81	5.39	5.99	4.9	4.65	5.85	4.39
Ni	9.93	5.46	8.18	5.4	7.04	7.36	6.29	7.58	8.36	6.47	7.34	7.84	6.79
Cu	11.9	7.51	10.4	4.81	5.59	12.2	4.97	5.87	7.07	3.73	5.46	6.99	4.03
Zn	168	173	150	153	118	116	47	32.3	27	35.3	32.5	40.1	24.8
Ga	19.7	18.6	17.6	17.6	13.8	13.2	16.4	19.5	20.5	15.3	17.8	17.8	18.1
Rb	22.5	27.5	25.4	19	36.7	42	11.8	12.1	2.1	7.7	10.6	6.55	10.6
Sr	295	274	326	239	155	186	665	911	901	664	804	756	883
Y	31.9	28.6	34	28.2	22.1	22	41.2	42.8	40	35.8	40.9	41.8	39.8
Zr	115	115	115	107	103	84.9	126	135	118	112	126	130	123
Nb	4.22	3.87	4.07	3.73	3.56	3.12	3.93	4.28	3.72	3.59	4	4.04	3.88
Mo	0.52	0.43	0.56	0.3	0.32	0.35	0.69	0.7	0.93	0.63	0.56	0.72	0.59
Ba	199	307	242	190	347	387	51.6	52.4	14	42.2	45.8	35.1	41.9
Hf	3.06	3.16	3.23	3.15	2.81	2.38	3.46	4.22	3.44	3.48	3.54	3.66	3.71
Ta	0.3	0.25	0.27	0.26	0.28	0.26	0.27	0.27	0.27	0.22	0.24	0.24	0.27
Pb	5.7	10.9	7.15	10.1	5.01	4.74	7.38	10.6	10	7.51	8.74	8.85	9.48
Th	2.43	2.35	2.43	2.86	2.8	2.12	2.64	2.61	2.32	2.27	2.43	2.53	2.42
U	0.95	0.79	1.22	0.91	0.95	0.99	0.94	1.05	0.87	0.9	0.98	1.07	0.96
La	10.6	8.94	11.1	10.8	7.27	9.28	10.8	12.1	10.7	9.53	10.3	11	10.5
Ce	25.4	21.8	25.8	23.4	16.8	21.7	27.7	30.7	27.1	24.5	26.8	28.4	27.2

样号	YMS66	YMS67	YMS68	YMS69	YMS70	YMS71	YMS98	YMS100	YMS101	YMS102	YMS103	YMS104	YMS105
	英安岩						流纹－英安岩						
Pr	3.55	2.9	3.52	3.27	2.33	2.98	4.03	4.47	3.97	3.58	3.91	4.02	3.93
Nd	14.9	12.9	15	13.9	9.46	12.5	18.8	20.8	18.4	16.4	18.4	18.8	18.5
Sm	3.96	3.48	3.89	3.54	2.65	3.01	5.27	5.58	5.28	4.61	5.23	5.14	5
Eu	1.46	1.17	1.39	1.27	0.76	0.9	1.53	1.78	1.54	1.47	1.6	1.63	1.56
Gd	4.52	4.4	4.48	4.21	2.88	3.62	6.19	6.44	6.15	5.68	6.24	6.5	5.99
Tb	0.86	0.77	0.93	0.78	0.56	0.63	1.18	1.21	1.17	1.09	1.13	1.16	1.12
Dy	5.23	4.41	4.93	4.36	3.34	3.38	6.46	7.31	6.69	6.13	6.84	6.8	6.67
Ho	1.11	0.94	1.1	0.93	0.71	0.71	1.43	1.5	1.43	1.27	1.38	1.41	1.38
Er	3.68	2.99	3.72	3.02	2.26	2.21	4.49	4.91	4.56	4.14	4.48	4.62	4.45
Tm	0.48	0.38	0.46	0.38	0.31	0.27	0.63	0.6	0.59	0.57	0.58	0.61	0.57
Yb	3.47	2.63	3.21	2.5	2.02	1.89	4.06	4.38	3.99	3.66	3.97	4.12	3.92
Lu	0.52	0.42	0.5	0.4	0.33	0.28	0.62	0.67	0.63	0.57	0.63	0.65	0.6
∑REE	79.74	68.13	80.03	72.76	51.68	63.36	93.19	102.45	92.2	83.2	91.49	94.86	91.39
LR/HR	3.01	3.02	3.14	3.39	3.16	3.88	2.72	2.79	2.66	2.60	2.62	2.67	2.70
$(La/Yb)_N$	2.19	2.44	2.48	3.10	2.58	3.52	1.91	1.98	1.92	1.87	1.86	1.92	3.47
δEu	1.06	0.91	1.02	1.01	0.84	0.83	0.82	0.91	0.83	0.88	0.86	0.86	1.00

注：$A/NK = Al_2O_3/(Na_2O + K_2O)$；$A/CNK = Al_2O_3/(CaO + Na_2O + K_2O)$；$Fe_2O_3^T$ 指全铁；$Fe^\# = FeO^T/(FeO^T + MgO)$；标准化数据据 Sun et al.，1989；空白处未测。

（二）雅满苏上亚组火山岩

雅满苏上亚组样品位于 $Zr/TiO_2 - SiO_2$ 中英安岩区和玄武岩区（图 2 - 32a），与岩相学的观察一致。玄武岩的 SiO_2 和 MgO 含量分别为 46.5% ~ 48.9% 和 4.06% ~ 5.59%，它们有高的 Al_2O_3（17.8% ~ 19.5%）、FeO^T（8.42% ~ 10.7%）和 CaO（6.0% ~ 9.65%）含量，相对低的 TiO_2（0.83% ~ 0.95%）、全碱（5.06% ~ 7.44%）和 P_2O_5（0.05% ~ 0.1%）含量，相对富 Na（$Na_2O/K_2O = 6 ~ 56$），$Mg^\#$ 介于 47 ~ 52 之间。原始地幔标准化图解显示出较为一致的分布模式（图 2 - 33c），表现出 Th、Nb、Ta、P、Zr、Hf 负异常，U、K、Pb、Sr、Ti、Y 正异常。稀土元素总量（∑REE）较低（$19.3 \times 10^{-6} ~ 38.1 \times 10^{-6}$），轻稀土略微富集，$(La/Yb)_N$ 介于 1.1 ~ 3.7，Eu 略显正异常（δEu = 1.01 ~ 1.34）（图 2 - 33d）。

英安岩具中等的 SiO_2（55.4% ~ 67.3%）含量；低的 Al_2O_3（11.4% ~ 15.9%）、TiO_2（0.43% ~ 0.84%）和 P_2O_5（0.02% ~ 0.3%）含量；中等 - 高的全碱（3.84% ~ 8.36%）。其中流纹英安岩样品的 $FeO^T/(FeO^T + MgO)$ 变化于 0.79 ~ 0.87，显示了富 Fe 质岩浆特征；英安岩的 $FeO^T/(FeO^T + MgO)$ 变化于 0.52 ~ 0.54，显示了 Mg 质岩浆特征（表 2 - 8）（图 2 - 32b）。原始地幔标准化图解总体显示出较为一致的分布模式（图 2 - 33e），Th、U、Pb、Sr 呈现明显的正异常，Nb、Ta、P、Ti 较相邻元素显示负异常。稀土元素总量（∑REE）变化较大（$63.4 \times 10^{-6} ~ 80.1 \times 10^{-6}$），$(La/Yb)_N$ 介于 1.8 ~ 3.5，Eu 异常不明显（δEu = 0.84 ~ 1.05），球粒陨石标准化图解呈现平缓的轻稀土富集的右倾型（图 2 - 33f）。

（三）雅满苏组 Lu - Hf 同位素

对雅满苏下亚组英安岩（BLS08）和上亚组英安岩（YMS46）进行了锆石 Lu - Hf 同位素分析，结果列于表 2 - 9。

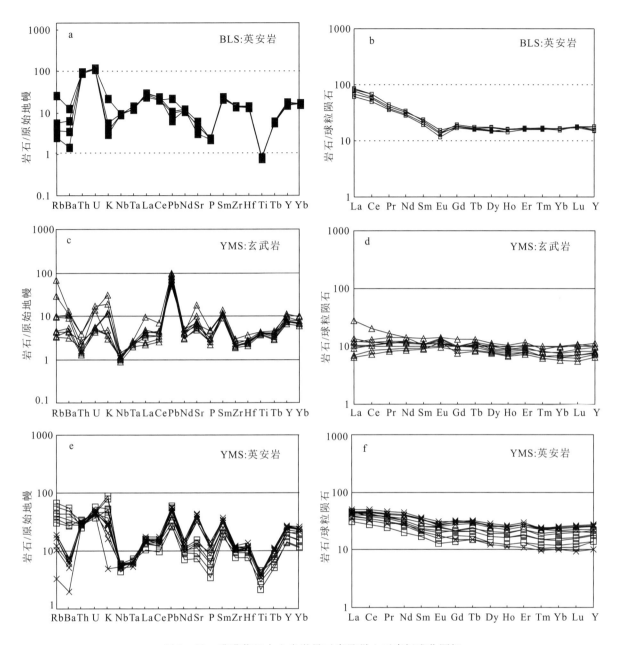

图 2 - 33 雅满苏组火山岩微量元素及稀土元素标准化图解

(标准化值据 Sun et al. , 1989)

所有分析点的 $^{176}Lu/^{177}Hf$ 值均小于 0. 0025（BLS08 中 19 个分析点变化于 0. 001028 ~ 0. 002144，YMS46 中 19 个分析点变化于 0. 000884 ~ 0. 001790），表明锆石在形成以后有较少的放射成因 Hf 的累积（杨进辉等，2006），获得的 $^{176}Hf/^{177}Hf$ 比值能够代表其形成时体系的 Hf 同位素组成（吴福元等，2007）。所有锆石的 $f_{Lu/Hf}$（BLS08 中变化于 - 0. 93 ~ - 0. 87，YMS46 中变化于 - 0. 97 ~ - 0. 95）明显小于镁铁质地壳的 $f_{Lu/Hf}$（ - 0. 34）和硅铝质地壳的 $f_{Lu/Hf}$（ - 0. 72）（Vervoort et al. , 1996），因此其二阶段模式年龄（t_{DM2}）（分别为 605 ~ 742 Ma 和 905 ~ 1156 Ma）代表了源岩脱离亏损地幔的时间。下亚组英安岩样品（BLS08）中 19 个点具有一致的（$^{176}Hf/^{177}Hf$）$_i$ 比值（0. 282815 ~ 0. 282886），ε_{Hf}（t）值（333 Ma）介于 8. 9 ~ 11. 8（表 2 - 8，图 2 - 34），上亚组英安岩样品（YMS46）中 19 个点的（$^{176}Hf/^{177}Hf$）$_i$ 比值为（0. 282644 ~ 0. 282758），ε_{Hf}（t）值（334 Ma）介于 3. 0 ~ 6. 9，暗示了可能是新生地壳物质部分熔融的结果。

表 2-9 难满苏组火山岩锆石的 Lu-Hf 同位素组成

测点	$^{176}Yb/^{177}Hf$	2σ	$^{176}Lu/^{177}Hf$	2σ	$^{176}Hf/^{177}Hf$	2σ	T/Ma	$(^{176}Hf/^{177}Hf)_i$	$\varepsilon_{Hf}(0)$	$\varepsilon_{Hf}(t)$	t_{DM}	t_{DM2}	$f_{Lu/Hf}$
样号：BLS08 英安岩													
1	0.057759	0.000020	0.001729	0.000837	0.282879	0.000013	334.3	0.282868	3.8	10.8	539	656	-0.95
2	0.040848	0.000011	0.001226	0.000391	0.282894	0.000012	331.2	0.282886	4.3	11.3	511	616	-0.96
3	0.047404	0.000014	0.001404	0.000550	0.282851	0.000012	335.6	0.282842	2.8	9.9	575	714	-0.96
4	0.047260	0.000004	0.001410	0.000146	0.282889	0.000013	335.1	0.282880	4.1	11.2	520	628	-0.96
5	0.024494	0.000021	0.000777	0.000744	0.282872	0.000011	334.5	0.282867	3.5	10.7	536	658	-0.98
6	0.026557	0.000019	0.000810	0.000658	0.282881	0.000010	331.9	0.282876	3.9	11.0	523	639	-0.98
7	0.052933	0.000021	0.001637	0.000701	0.282858	0.000014	335.9	0.282848	3.0	10.1	568	701	-0.95
8	0.049569	0.000034	0.001572	0.001184	0.282882	0.000013	332.5	0.282873	3.9	10.9	532	647	-0.95
9	0.035572	0.000002	0.001144	0.000075	0.282865	0.000012	332.2	0.282857	3.3	10.3	551	681	-0.97
10	0.048331	0.000023	0.001525	0.000727	0.282868	0.000013	333.7	0.282859	3.4	10.4	551	677	-0.95
11	0.044666	0.000004	0.001475	0.000150	0.282874	0.000013	334.6	0.282865	3.6	10.7	542	662	-0.96
12	0.039744	0.000007	0.001311	0.000292	0.282848	0.000013	350.4	0.282840	2.7	10.1	577	710	-0.96
13	0.056255	0.000006	0.001850	0.000256	0.282837	0.000014	352.9	0.282825	2.3	9.6	602	742	-0.94
14	0.050822	0.000040	0.001679	0.001284	0.282868	0.000013	336.3	0.282858	3.4	10.4	554	678	-0.95
16	0.032617	0.000020	0.001109	0.000599	0.282822	0.000012	334.6	0.282815	1.8	8.9	612	776	-0.97
17	0.037261	0.000026	0.001229	0.000889	0.282894	0.000012	351.8	0.282886	4.3	11.8	511	605	-0.96
18	0.036738	0.000006	0.001246	0.000303	0.282866	0.000011	348.4	0.282858	3.3	10.7	550	669	-0.96
19	0.050633	0.000039	0.001725	0.001300	0.282881	0.000014	335.3	0.282870	3.9	10.8	536	650	-0.95
20	0.037936	0.000005	0.001238	0.000188	0.282889	0.000013	349.3	0.282881	4.1	11.5	518	616	-0.96
样号：YMS46 英安岩													
1	0.040179	0.000001	0.001006	0.000214	0.282650	0.000017	342.8	0.282644	-4.3	3.0	852	1156	-0.97
2	0.044467	0.000001	0.001264	0.000174	0.282737	0.000017	338.7	0.282729	-1.2	5.9	734	967	-0.96
3	0.041087	0.000001	0.001079	0.000129	0.282669	0.000018	333.6	0.282663	-3.6	3.5	827	1121	-0.97

测点	$^{176}\mathrm{Yb}/^{177}\mathrm{Hf}$	2σ	$^{176}\mathrm{Lu}/^{177}\mathrm{Hf}$	2σ	$^{176}\mathrm{Hf}/^{177}\mathrm{Hf}$	2σ	T/Ma	$(^{176}\mathrm{Hf}/^{177}\mathrm{Hf})_i$	$\varepsilon_{\mathrm{Hf}(0)}$	$\varepsilon_{\mathrm{Hf}}(t)$	t_{DM}	t_{DM2}	$f_{\mathrm{Lu/Hf}}$
4	0.053081	0.000191	0.001408	0.000001	0.282708	0.000020	340.5	0.282699	-2.3	4.9	779	1034	-0.96
6	0.100769	0.001026	0.002522	0.000001	0.282302	0.000018	340.5	0.282786	1.1	8.0	664	837	-0.92
7	0.061708	0.000262	0.001662	0.000001	0.282768	0.000017	334.1	0.282758	-0.1	6.9	698	905	-0.95
8	0.042911	0.000235	0.001147	0.000001	0.282733	0.000015	330.2	0.282726	-1.4	5.6	739	980	-0.97
9	0.067000	0.000423	0.001783	0.000001	0.282754	0.000017	342.5	0.282742	-0.6	6.5	721	935	-0.95
11	0.050930	0.000108	0.001374	0.000001	0.282717	0.000014	334.3	0.282708	-1.9	5.1	765	1016	-0.96
12	0.068422	0.000460	0.001784	0.000001	0.282733	0.000017	328.0	0.282722	-1.4	5.5	751	989	-0.95
15	0.057849	0.000289	0.001535	0.000001	0.282665	0.000019	333.8	0.282655	-3.8	3.2	844	1137	-0.95
17	0.040597	0.000243	0.001129	0.000001	0.282734	0.000014	330.5	0.282727	-1.3	5.7	736	977	-0.97
18	0.098668	0.000208	0.002626	0.000001	0.282798	0.000016	332.7	0.282781	0.9	7.7	673	853	-0.92
19	0.066164	0.000126	0.001763	0.000001	0.282741	0.000016	336.5	0.282730	-1.1	5.9	739	966	-0.95
20	0.055070	0.000129	0.001533	0.000001	0.282684	0.000016	331.6	0.282674	-3.1	3.8	816	1096	-0.95
21	0.043212	0.000061	0.001188	0.000001	0.282701	0.000018	333.6	0.282694	-2.5	4.6	784	1051	-0.96
22	0.040645	0.000238	0.001115	0.000001	0.282734	0.000016	332.8	0.282727	-1.3	5.7	736	975	-0.97
24	0.058567	0.000166	0.001501	0.000001	0.282730	0.000015	334.1	0.282720	-1.5	5.5	750	990	-0.95
26	0.053543	0.000036	0.001377	0.000001	0.282738	0.000016	335.1	0.282729	-1.2	5.9	736	970	-0.96
27	0.033720	0.000172	0.000884	0.000001	0.282748	0.000015	337.3	0.282742	-0.8	6.4	712	938	-0.97
28	0.068218	0.000151	0.001790	0.000001	0.282706	0.000015	330.1	0.282695	-2.3	4.5	790	1050	-0.95
30	0.104488	0.000883	0.002874	0.000001	0.282673	0.000018	339.4	0.282654	-3.5	3.3	864	1135	-0.91

$\varepsilon_{\mathrm{Hf}}(t)=10000\times\{[(^{176}\mathrm{Hf}/^{177}\mathrm{Hf})_\mathrm{S}-(^{176}\mathrm{Lu}/^{177}\mathrm{Hf})_\mathrm{S}\times(\mathrm{e}^{\lambda t}-1)]/[(^{176}\mathrm{Hf}/^{177}\mathrm{Hf})_{\mathrm{CHUR},0}-(^{176}\mathrm{Lu}/^{177}\mathrm{Hf})_\mathrm{CHUR}\times(\mathrm{e}^{\lambda t}-1)]-1\}$；$T_\mathrm{DM}=1/\lambda\times\ln\{1+[(^{176}\mathrm{Hf}/^{177}\mathrm{Hf})_\mathrm{S}-(^{176}\mathrm{Hf}/^{177}\mathrm{Hf})_\mathrm{DM}]/[(^{176}\mathrm{Lu}/$

$^{177}\mathrm{Hf})_\mathrm{S}-(^{176}\mathrm{Lu}/^{177}\mathrm{Hf})_\mathrm{DM}]\}$；$t_{\mathrm{Lu/Hf}}=(^{176}\mathrm{Lu}/^{177}\mathrm{Hf})_\mathrm{S}/(^{176}\mathrm{Lu}/^{177}\mathrm{Hf})_\mathrm{CHUR}-1$；$T^\mathrm{C}_\mathrm{DM}=t+1/\lambda\times\ln\{1+[(^{176}\mathrm{Lu}/^{177}\mathrm{Hf})_{\mathrm{DM},t}]-[(^{176}\mathrm{Lu}/^{177}\mathrm{Hf})_\mathrm{LC}-(^{176}\mathrm{Lu}/^{177}\mathrm{Hf})_\mathrm{DM}]\}$；$\lambda=1.867\times10^{-11}\,\mathrm{a}^{-1}$

（Soderlund et al.，2004）；$(^{176}\mathrm{Lu}/^{177}\mathrm{Hf})_\mathrm{S}$ 和 $(^{176}\mathrm{Hf}/^{177}\mathrm{Hf})_\mathrm{S}$ 为样品的测定值；$(^{176}\mathrm{Lu}/^{177}\mathrm{Hf})_\mathrm{CHUR}=0.0332$ 和 $(^{176}\mathrm{Hf}/^{177}\mathrm{Hf})_{\mathrm{CHUR},0}=0.282772$（Blichert Toft et al.，1997）；$(^{176}\mathrm{Lu}/^{177}\mathrm{Hf})_\mathrm{DM}=0.0384$，

$(^{176}\mathrm{Hf}/^{177}\mathrm{Hf})_\mathrm{DM}=0.28325$（Griffin et al.，2002）；$(^{176}\mathrm{Lu}/^{177}\mathrm{Hf})_\mathrm{lower_{crust}}=0.019$；$t=$ 锆石的结晶年龄。

89

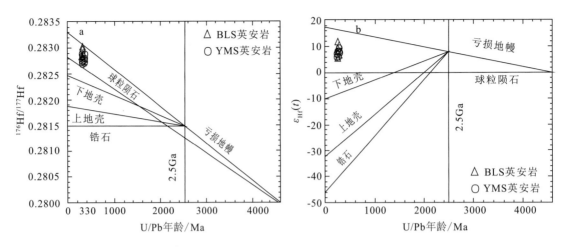

图 2 - 34　雅满苏组火山岩单阶段模式年龄计算示意图（a）及与年龄相关图（b）

（据唐冬梅等，2002，有修改）

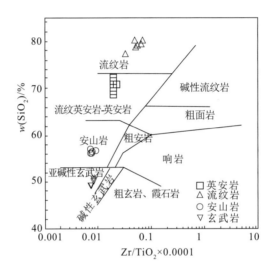

图 2 - 35　沙泉子铁铜矿区火山岩 SiO_2 - Zr/TiO_2 图

（据 Winchester et al. ，1976）

（四）土古土布拉克组火山岩

采自沙泉子铁铜矿区土古土布拉克组火山岩的主量元素、微量元素分析结果列于表 2 - 10。样品均采自实测剖面的流纹岩（6 件）、英安岩（6 件）、玄武岩（5 件）和安山岩（5 件）。具体采样位置见图 2 - 23。考虑到部分样品有蚀变，许多不活动元素（Ti，Zr，Y，Nb，Ta，Hf，Th 和 REE）在蚀变过程中不易受影响，因此下面的讨论主要利用这些元素。

火山岩的 SiO_2 含量为 76.0% ~79.6%，67.5% ~70.9%，45.9% ~48.6% 和 53.4% ~54.8%。在火山岩的 SiO_2 - Zr/TiO_2 图上（图 2 - 35），位于流纹岩、英安岩、安山岩和玄武岩区，显示了基性 - 中性 - 酸性连续岩石系列。所有火山岩的全碱含量（$Na_2O + K_2O$）较高，介于 4.93% ~7.09% 之间，K_2O 和 Na_2O 含量变化不大且明显富钠（$Na_2O > K_2O$）。TiO_2 含量极低，介于 0.17% ~1.11% 之间。除 2 件玄武岩样品的里特曼指数（σ）达 4.6 和 5.1 外，大多数样品的里特曼指数小于 3.3，表明属钙碱性岩石。流纹岩的铝饱和指数（A/CNK）为 0.88 ~0.92，显示了铝不饱和特征。安山岩具有中等的 SiO_2（52.0% ~59.2%）和 CaO（5.98% ~12.55%）含量；高的 MgO（3.16% ~4.44%）、FeO^T（4.04% ~8.10%）、Al_2O_3（16.55% ~17.85%）含量；低的 TiO_2（0.64% ~0.84%）和

表2-10　土古土布拉克组火山岩主量(%)和微量(10⁻⁶)元素组成

编号	流纹岩						英安岩						玄武岩					安山岩				
	SQZ69	SQZ70	SQZ71	SQZ72	SQZ73	SQZ74	SQZ37	SQZ38	SQZ39	SQZ40	SQZ41	SQZ42	SQZ291	SQZ292	SQZ293	SQZ294	SQZ295	SQZ12	SQZ13	SQZ14	SQZ15	SQZ16
SiO_2	76	79.6	78.4	79.2	78.6	77.7	68.42	69.83	67.49	70.3	70.9	67.1	48.6	48.1	47.9	45.9	46	54.8	53.4	53.6	53.9	54.1
TiO_2	0.35	0.28	0.28	0.17	0.19	0.26	0.74	0.71	0.72	0.67	0.68	0.73	0.93	0.94	0.89	1.12	1.11	0.62	0.62	0.61	0.62	0.63
Al_2O_3	12.3	10.9	11.45	11.05	11.7	11.8	14.04	13.43	13.97	12.7	13.1	13.74	14.2	14.3	13.3	14.9	14.9	18.65	18.2	18.25	18.4	18.5
Fe_2O_3	0.73	0.69	0.67	0.5	0.49	0.54	2.67	2.76	3.17	3.04	2.47	3.96	10.17	10.26	10.26	10.2	9.95	8.06	7.97	7.91	8.04	8.07
FeO	0.66	0.58	0.48	0.41	0.72	0.59	0.52	0.63	0.57	0.63	0.45	1.04	5.84	6	5.24	5.26	4.95	3.55	3.65	3.51	3.86	3.54
MnO	0.02	0.01	0.02	0.01	0.01	0.01	0.04	0.04	0.05	0.04	0.03	0.05	0.39	0.4	0.35	0.39	0.38	0.17	0.17	0.17	0.17	0.15
MgO	0.25	0.18	0.22	0.19	0.15	0.18	0.65	0.73	0.86	0.77	0.58	1	9.6	9.5	10.5	7.47	7.08	3.59	3.53	3.44	3.51	3.54
CaO	1.38	1.16	1.24	1.08	0.94	1.12	2.05	2.01	2.35	1.81	1.77	2.37	7.62	7.65	8.81	8.37	9.17	5.31	5.72	5.39	5.43	4.9
Na_2O	7.02	6.19	6.53	6.37	6.74	6.78	5.03	5.16	5.43	4.3	4.67	5.35	2.07	2.04	1.9	2.34	2.38	3.83	2.95	3.89	3.86	2.92
K_2O	0.07	0.06	0.06	0.06	0.06	0.06	3.67	2.89	2.89	3.72	3.55	2.65	2.42	2.43	1.7	2.81	2.55	2.17	2.59	2.2	2.18	2.74
P_2O_5	0.12	0.08	0.08	0.05	0.06	0.09	0.18	0.17	0.18	0.15	0.16	0.18	0.28	0.29	0.26	0.27	0.27	0.17	0.16	0.16	0.16	0.16
烧失量	1.07	0.94	1.09	0.84	0.66	0.87	1.2	0.95	1.85	1.04	1.13	1.39	3.53	3.64	3.65	6.03	5.88	2.98	3.72	3.66	3.31	3.89
总和	99.31	100.1	100	99.52	99.6	99.41	99.21	99.31	99.53	99.1	99.5	99.56	102.1	101.9	101.1	99	98.7	100.9	98.96	99.13	100.13	99.25
A/NK	1.06	1.07	1.07	1.05	1.06	1.06	1.15	1.16	1.17	1.15	1.14	1.18	2.37	2.4	2.7	2.18	2.25	2.17	2.39	2.09	2.13	2.4
A/CNK	0.88	0.89	0.88	0.89	0.92	0.9	0.88	0.89	0.86	0.89	0.89	0.87	0.72	0.72	0.64	0.68	0.64	1.03	1.01	0.99	1	1.12
Mg#	0.49	0.62	0.48	0.49	0.28	0.3	0.31	0.29	0.28	0.28	0.49	0.62	0.54	0.53	0.57	0.49	0.48	0.4	0.4	0.4	0.4	0.39
Sc	3.5	2.6	3.3	2.4	2.6	3.1	20	19.2	21.6	18.5	18	22.4	37.5	38.6	34.6	35.8	35.6	17.4	18.1	18.8	18	15.7
V	18	13	14	9	8	13	57.7	57	57.4	54	52.7	57.2	296	303	295	319	318	222	220	211	216	216
Cr	20	20	20	30	30	30	85.1	86.6	71	101	95.8	118	650	650	810	270	260	10	10	10	10	10
Co	1.3	0.8	0.9	0.6	0.6	0.7	4.59	5.91	3.94	3.42	4.28	4.75	41.5	43.7	45.6	36.1	35.1	20.9	20.8	20.1	21.6	20.8
Ni	2.3	1.8	1.4	1	0.8	1	3.47	5.66	2.85	2.93	3.55	5.23	100.5	104.5	136	75.1	73.2	8.4	8.2	7.5	8.4	8
Ga	10.1	8.74	9.44	8.89	8.76	9.64	0.66	0.6	0.58	0.5	0.67	0.61	14.4	15.35	14.5	17	17.8	18.7	18.6	17.9	19.45	18.25
Rb	0.8	0.5	0.3	0.2	0.2	0.2	55.3	47.2	48.5	61	53.8	44.4	54.8	52.9	32.1	57.4	52.2	25.6	34	37.3	26.1	27.7
Sr	33.2	28.9	25.5	28.7	26.2	48.3	1284	864	900	1114	1051	672	299	309	304	342	390	527	409	447	504	413
Y	18.1	17.2	17.4	14	14.8	15.5	3.8	4.06	3.59	3.96	3.56	3.87	23.6	24.5	23.4	25.1	25.8	17.2	15.7	15.4	14.8	14.6
Zr	137	159	180	136	142	157	1.79	1.4	1.63	1.7	1.5	1.61	92	96	89	99	102	65	57	57	56	55

编号	SQZ69	SQZ70	SQZ71	SQZ72	SQZ73	SQZ74	SQZ37	SQZ38	SQZ39	SQZ40	SQZ41	SQZ42	SQZ91	SQZ92	SQZ93	SQZ94	SQZ95	SQZ12	SQZ13	SQZ14	SQZ15	SQZ16
		流纹岩						英安岩						玄武岩					安山岩			
Nb	4.9	5.2	5.6	4.3	4.5	5.5	5.8	5.37	5.74	5.41	5.07	5.83	2.2	2	1.9	2.3	2.4	2.6	2.3	2.2	2.2	2.2
Mo	1.31	1.83	1.37	1.15	1.15	1.73	0.47	0.39	0.4	0.44	0.41	0.4	0.36	0.31	0.28	0.42	0.61	0.48	0.57	0.63	0.47	0.47
Ba	19.3	13.1	11.3	10.4	11.4	11.5	7.05	8.15	7.36	9.94	8.21	9.54	558	554	335	882	809	371	387	322	349	391
Hf	2.6	3.3	3.7	3.1	3.3	3.5	18.9	22.8	22.6	27.5	21.6	26.1	2.7	2.8	2.6	2.6	2.7	1.8	1.6	1.7	1.7	1.7
Ta	0.2	0.3	0.3	0.2	0.2	0.2	7.87	4.8	3.47	3.52	8.16	4.42	0.12	0.12	0.11	0.15	0.16	0.4	0.3	0.2	0.2	0.2
Pb	2	1.3	1.4	0.5	0.6	2.2	13.6	16.2	17.2	18.5	13.7	18.6	13	13.3	15.8	34	43.3	9.7	8.5	7.6	8.5	8.9
Th	6.2	8.1	9.8	6.7	7.9	8.2	178	147	155	128	143	138	1.66	1.74	1.57	1.21	1.2	1.5	1.19	1.22	1.14	1.18
U	1.9	2	2.2	1.6	1.7	2.1	3.98	4.4	4.83	4.67	4.01	5.14	1.57	1.44	1.59	0.74	0.79	0.97	0.47	0.5	0.42	0.44
La	11.8	9.9	15.9	6.1	5.7	8	185	180	179	178	170	174	8.6	9	7.9	9.2	9.5	9.7	7.6	7.7	7.2	7.3
Ce	28.4	24.3	34.4	16.9	15.9	20.1	5.33	5.23	5.03	5.24	4.96	5.19	25.4	26.1	24	26.1	27.2	20.3	16.6	17	15.6	15.9
Pr	3.82	3.2	4	2.14	2.04	2.84	0.96	1	1.07	1.06	0.87	1.16	3.56	3.76	3.37	3.66	3.74	2.61	2.29	2.25	2.16	2.16
Nd	15.3	12.7	15.4	8.7	8.4	11.3	36.6	35.6	38.3	37	31.5	39.4	17.2	17.9	16.3	17.1	17.3	11.4	10.2	10.1	10	9.7
Sm	3.46	2.81	3	1.93	1.92	2.46	4.09	4	4.12	4.38	3.59	4.57	4.76	4.81	4.58	4.63	4.87	2.73	2.74	2.55	2.4	2.6
Eu	0.43	0.34	0.4	0.26	0.26	0.29	3.8	3.56	3.75	4.11	3.19	4.15	1.45	1.43	1.39	1.44	1.55	0.94	0.92	0.89	0.9	0.92
Gd	2.78	2.26	2.34	1.85	1.68	2.03	0.58	0.53	0.59	0.62	0.51	0.62	4.8	5.04	4.72	4.74	4.73	3.04	2.67	2.8	2.76	2.65
Tb	0.44	0.38	0.38	0.29	0.27	0.34	7.05	8.15	7.36	9.94	8.21	9.54	0.72	0.74	0.66	0.72	0.72	0.46	0.41	0.44	0.4	0.4
Dy	3.08	2.57	2.74	2.08	2.16	2.52	18.9	22.8	22.6	27.5	21.6	26.1	4.31	4.4	4.16	4.44	4.54	2.95	2.73	2.64	2.62	2.55
Ho	0.64	0.59	0.6	0.46	0.5	0.55	3.01	3.52	3.71	3.96	3.07	4.2	0.82	0.87	0.81	0.88	0.92	0.61	0.56	0.55	0.54	0.53
Er	1.97	1.85	1.96	1.48	1.59	1.81	13.6	16.2	17.2	18.5	13.7	18.6	2.38	2.46	2.29	2.57	2.59	1.92	1.71	1.63	1.67	1.65
Tm	0.33	0.33	0.34	0.27	0.29	0.32	3.98	4.4	4.83	4.67	4.01	5.14	0.35	0.38	0.36	0.4	0.4	0.27	0.3	0.27	0.25	0.26
Yb	2.04	2.07	2.21	1.67	1.85	2.01	1.02	1.29	1.34	1.34	0.99	1.45	2.12	2.22	2.16	2.31	2.31	1.65	1.65	1.67	1.62	1.71
Lu	0.29	0.33	0.35	0.26	0.29	0.32	5.07	6.38	6	6.06	5.01	6.22	0.33	0.35	0.31	0.35	0.35	0.28	0.25	0.25	0.24	0.25
ΣREE	74.78	63.63	84.02	44.39	42.9	54.89	69.48	79.33	80.67	90.3	71.3	90.47	76.8	79.46	73.01	78.5	80.7	58.86	50.63	50.74	48.36	48.58
LR/HR	5.46	5.13	6.69	4.31	3.97	4.54	0.96	1	1.07	1.06	0.87	1.16	3.85	3.83	3.72	3.79	3.87	4.26	3.93	3.95	3.79	3.86
$(La/Yb)_N$	4.15	3.43	5.16	2.62	2.21	2.85	1.33	1.64	1.41	1.73	1.85	1.65	2.91	2.91	2.62	2.86	2.95	4.22	3.3	3.31	3.19	3.06
δEu	0.42	0.41	0.46	0.42	0.44	0.4	0.69	0.74	0.76	0.77	0.68	0.78	0.93	0.89	0.91	0.94	0.99	1	1.04	1.02	1.07	1.07

P_2O_5（0.08% ~ 0.15%）含量；全碱含量高（4.74% ~ 7.81%）且明显富钠（$Na_2O/K_2O > 1$）；$Mg^{\#}$ 介于 0.47 ~ 0.69，铝饱和指数（A/CNK）为 0.58 ~ 1.02，属铝不饱和岩石。基性和中性岩的 SiO_2 与 Na_2O、Al_2O_3、MgO、CaO 和 FeO^T 具有良好的负相关性（图略），表明岩浆可能经历了结晶分异演化作用。

所有火山岩在原始地幔标准化蛛网图上（图 2 – 36a1 ~ a4），具有相似的岛弧火山岩的地球化学特征，即亏损高场强元素（Nb、Ta、Ti），不同程度地富集大离子亲石元素（K、Th 和 Rb）。所有的流纹岩和英安岩样品具有明显的 Sr 负异常，说明岩浆发生了斜长石的分离结晶作用或者部分熔融过程中有斜长石的残留。

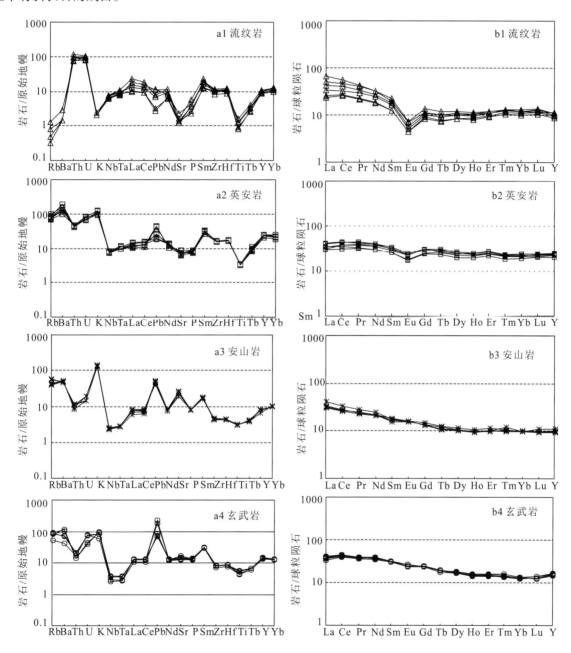

图 2 – 36　沙泉子铁铜矿区土古土布拉克组火山岩微量元素及稀土元素标准化图解

（标准化值据 Sun et al.，1989）

所有火山岩的稀土元素总量（$\sum REE$）变化较大，介于 42.85×10^{-6} ~ 90.47×10^{-6}。在球粒陨石标准化配分模式图上，所有岩石表现为轻稀土轻微富集（$(La/Yb)_N = 1.41 \sim 5.16$）的右倾型，流纹岩和英安岩呈现明显的 Eu 负异常（$\delta Eu = 0.40 \sim 0.46$ 和 $0.68 \sim 0.78$），其余所有样品呈现不明显的 Eu 异常（$\delta Eu = 0.89 \sim 1.07$）（图 2 - 36b1 ~ b4）。

表 2 - 11　沙泉子铁铜矿区土古土布拉克组流纹岩（SQZ78）锆石 Lu - Hf 同位素组成

点号	$^{176}Yb/^{177}Hf$	$^{176}Lu/^{177}Hf$	$^{176}Hf/^{177}Hf$	2σ	$^{176}Hf/^{177}Hf_t$	$\varepsilon_{Hf}(t)$	t_{DM}	t_{DM2}
SQZ78. 1	0.2477	0.0057	0.282857	0.000030	0.28282	8.831	641	768
SQZ78. 2	0.0694	0.0016	0.283020	0.000020	0.28301	15.513	333	340
SQZ78. 3	0.1240	0.0029	0.282827	0.000025	0.28281	8.384	635	797
SQZ78. 4	0.0846	0.0021	0.282846	0.000020	0.28283	9.231	593	743
SQZ78. 5	0.1240	0.0026	0.282872	0.000021	0.28286	10.051	562	690
SQZ78. 6	0.0569	0.0016	0.282760	0.000018	0.28275	6.283	709	931
SQZ78. 8	0.0579	0.0014	0.282974	0.000017	0.28297	13.913	398	443
SQZ78. 11	0.0571	0.0014	0.282943	0.000018	0.28294	12.829	442	512
SQZ78. 13	0.0502	0.0014	0.282942	0.000017	0.28293	12.782	444	515
SQZ78. 15	0.0391	0.0010	0.282933	0.000017	0.28293	12.522	453	532
SQZ78. 16	0.0629	0.0018	0.283002	0.000016	0.28299	14.819	361	385
SQZ78. 17	0.0733	0.0021	0.282927	0.000020	0.28291	12.077	475	561
SQZ78. 18	0.0539	0.0016	0.282943	0.000022	0.28293	12.787	444	515
SQZ78. 19	0.0458	0.0014	0.282956	0.000014	0.28295	13.299	423	482
SQZ78. 20	0.0551	0.0016	0.282978	0.000017	0.28297	14.001	395	437
SQZ78. 22	0.0513	0.0015	0.282967	0.000015	0.28296	13.649	409	460
SQZ78. 23	0.0635	0.0018	0.283019	0.000017	0.28301	15.426	337	346
SQZ78. 25	0.0434	0.0013	0.282965	0.000019	0.28296	13.625	409	461
SQZ78. 26	0.0541	0.0015	0.282962	0.000016	0.28295	13.472	416	471
SQZ78. 27	0.0532	0.0015	0.282975	0.000019	0.28297	13.918	398	442
SQZ78. 28	0.0564	0.0015	0.283016	0.000018	0.28301	15.372	339	349
SQZ78. 30	0.0573	0.0015	0.283000	0.000018	0.28299	14.800	362	386

沙泉子铁铜矿区流纹岩（SQZ78）中锆石 Hf 同位素分析结果列于表 2 - 11。流纹岩（SQZ78）中 19 个锆石分析点的 $^{176}Lu/^{177}Hf$ 比值小于 0.0025，表明锆石在形成以后有较少的放射成因 Hf 的累积（杨进辉等，2006），获得的 $^{176}Hf/^{177}Hf$ 比值能够代表其形成时体系的 Hf 同位素组成（吴福元等，2007）。19 个点的 $(^{176}Hf/^{177}Hf)_i$ 比值介于 0.28276 ~ 0.28302，$\varepsilon_{Hf}(t)$ 值（322 Ma）变化于 6.3 ~ 15.5。所有锆石的 $f_{Lu/Hf}$ 变化于 - 0.93 ~ - 0.87，明显小于镁铁质地壳的 $f_{Lu/Hf}$（ - 0.34）和硅铝质地壳的 $f_{Lu/Hf}$（ - 0.72）（Vervoort et al.，1996），因此其二阶段模式年龄（t_{DM2}）（340 ~ 931 Ma）代表了源岩脱离亏损地幔的时间（图 2 - 37）。

四、石炭纪火山岩成因及构造环境

前人对东天山地区石炭纪时期所处的构造环境一直存在有岛弧（冯京等，2007；李永军等，2007；李源等，2011），裂谷（顾连兴等，2001；陈丹玲等，2001；夏林圻等，2002；秦克章等，2003）和地幔柱（夏林圻等，2004）的争议，对古亚洲洋的俯冲方向存在有双向俯冲（周济元等，1994；姬金生，1994；李锦轶等，2002；侯广顺等，2006），康古尔洋南向俯冲（顾连兴等，2001；左国朝等，2006；李源等，2011）和北向俯冲的争议（Xiao et al.，2004），对古亚洲洋闭合时间的认识有早石炭世（夏林圻等，2002；王强等，2006）、中石炭世（李文明等，2002）和晚石炭世（张洪瑞等，2010）。

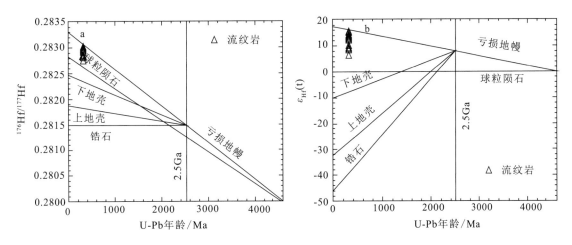

图2-37 沙泉子铁铜矿区土古土布拉克组火山岩及闪长玢岩单阶段模式年龄计算示意图（a）

及与年龄相关图（b）

（底图据唐冬梅等，2002，修改）

雅满苏组和土古土布拉克组是一套火山岩－正常沉积岩和含丰富化石的灰岩组合，其中火山岩由基性－酸性火山岩及中酸性火山碎屑岩组成，包括玄武岩、安山岩、英安岩和流纹岩，以钙碱性为主，具活动大陆边缘环境岩石组合特征。

所有玄武岩样品富集大离子亲石元素及轻稀土元素，亏损高场强元素 Nb、Ta、Ti，显示了活动大陆边缘及洋内岛弧火山岩和受地壳混染的板内（大洋板内和大陆板内）岩石特征，但是它们极低的 TiO_2（<1.1%）含量和低的亲石元素及轻稀土元素富集程度又与板内岩石特征有异，而且东天山多为新增生的地壳物质，岩石高的 MgO 和 FeO 含量说明即使有混染也可以忽略。流纹岩的 Yb<5× 10^{-6}，Ta<1× 10^{-6}，Ta/Yb<0.5，Th>>Ta，岩石的 A/CNK<1.1 等与俯冲作用有关的弧岩浆作用相似（Condie，1986）。区域上出露有大量同时代的弧花岗岩体，如红云滩岩体（328±6 Ma，吴昌志等，2006）、天目钾长花岗岩体（320.2±3.1 Ma，周涛发等，2010）和百灵山花岗闪长岩体（317.7±3.7 Ma，周涛发等，2010）等。

在 Th－Ta－Hf/3 图解中（图2-38a）中，玄武岩位于岛弧环境玄武岩区。在不相容元素 Yb 标准化的 Th－Nb 二元协变图中，雅满苏组玄武岩位于大洋岛弧玄武岩区，土古土布拉克组玄武岩位于大陆岛弧玄武岩和大洋岛弧玄武岩的重叠区，并且明显偏向大陆岛弧区域（图2-38b）。在 Y－Sr/Y 图解中，雅满苏组中性岩具有极低 Y 含量和 Sr/Y 比值而位于经典岛弧岩石区之外，土古土布拉克组中性岩位于经典岛弧区（图2-38c）。所有酸性岩（流纹岩和英安岩）在 Ta－Yb 图解上位于火山弧区（图2-38d）。

综上所述，东天山地区雅满苏组和土古土布拉克组是早石炭世末大陆岛弧环境的产物。同时也说明，石炭纪古亚洲洋尚未闭合。

五、石炭纪火山岩浆来源及演化

岩石的主量、微量和同位素均可以作为探讨岩石来源和演化的依据，特别是同位素在岩浆演化过程中保持不变，是很好的示踪剂；此外，分配系数相等或者相近的微量元素，在岩浆形成及演化过程中不易发生分离，它们的比值常常能够反映岩浆的来源及演化的特征。

所有玄武岩样品的 Zr/Nb 比值（分别为28.8~33.6和41.8~48）和 Hf/Ta 比值（6.3~12.9和16.9~23.6）远大于 OIB 的相应比值（5.8和2.9），与 N－MORB 的相应比值（30和15.5）接近，表明源区有类似 MORB 源的亏损地幔。它们的 Nb/U 比值（分别为2.7~7.5和1.4~3.0）远低于大陆地壳的相应值（Nb/U=9（上地壳）和21（下地壳）），表明大陆地壳物质的混染较弱，也表明了与俯冲作用有关的消减板片流体对地幔交代作用对其源区成分有重要贡献。岩石富集 U、Sr、Ba，具

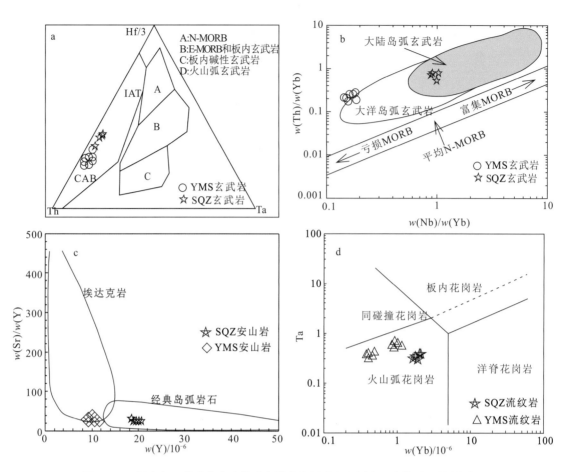

图 2 – 38　阿奇山 – 雅满苏成矿带赋存铁多金属矿床地层火山岩构造环境判别图

（Sr/Y – Y 底图据 Defant et al.，1990；Th – Ta – Hf/3 底图据 Wood，1980；Nb/Yb – Th/Yb 底图据 Pearce et al.，1995）

有低的 Th（$<1.02 \times 10^{-6}$）含量，说明受古老地壳物质混染不明显。它们所有岩石具有低的 Th 含量、高的 Ce/Th 比值（19.1 ~ 65.2 和 13.5 ~ 22.7）和 Ba/Th 比值（>128），并且缺乏 Ce 的负异常，表明源区没有俯冲沉积物熔体的加入。由于俯冲沉积物熔体具有较高的 Th、Pb 含量、低的 Ce/Th（≈ 8）比值和 Ba/Th（≈ 111）比值（Hole et al.，1984；Plank et al.，1998），并呈现明显的 Ce 负异常。所有岩石具有低的 Ce/Pb 比值和 Nb/U 比值（0.3 ~ 0.9 和 0.3 ~ 0.4），表明有俯冲板片来源的流体加入（Seghedi et al.，2004），因为原始地幔的 Ce/Pb 比值、MORB 以及 OIB 的 Ce/Pb 比值均为 25（Sun et al.，1989）。它们的低 TiO_2 和 Nb 含量，表明没有俯冲板片熔体的加入。岩石高的 Ti、Y 和 Yb 含量，低的 LREE 含量和较为平缓的 MREE 和 HREE，表明岩浆可能由源区物质高程度部分熔融形成。低的 $Mg^{\#}$（0.47 ~ 0.52 和 0.6 ~ 0.65）和 Cr、Co、Ni 值以及它们之间的正相关性，表明母岩浆经历了橄榄石和尖晶石的分离结晶过程。综上所述，基性岩的岩浆源区可能是由俯冲板片流体交代的地幔楔高程度部分熔融形成，在上升过程中受古老陆壳物质的混染可能性小。

中性岩中锆石的 $\varepsilon_{Hf}(t)$ 值为变化大的正值，但低于亏损地幔的值，表明成岩过程中亏损的幔源岩浆中混有其他来源的物质。它们与玄武岩具有相似的元素地球化学特征，并且主量元素具有连续变化趋势，暗示了它们的亲缘性，中性岩应该是受板片流体强烈交代的地幔楔熔体分离结晶的产物。

酸性火山岩具有高的 $\varepsilon_{Hf}(t)$ 值，锆石的 U – Pb 年龄与 Hf 模式年龄接近（表 2 – 9，2 – 11），在（$^{176}Hf/^{177}Hf$）$_i$ – $\varepsilon_{Hf}(t)$ 与 U – Pb 年龄关系图中（图 2 – 34 和 2 – 37），所有样品落入球粒陨石和亏损地幔之间，接近球粒陨石演化线的上侧，说明岩浆来源于新生地壳物质的重熔。酸性火山岩具有相对高的 Cr（40×10^{-6} ~ 70×10^{-6} 和 1.65×10^{-6} ~ 4.25×10^{-6}）及 Ni（2.2×10^{-6} ~ 4.6×10^{-6} 和 5.04×10^{-6} ~ 10.0×10^{-6}）的含量，表明岩浆体系有少量的地幔物质混入。所有岩石具有明显的 Eu 负异常，

强烈亏损 Sr、Ba、P 和 Ti 等元素，HREE 分异不明显，Zr/Sm > >10 以及高 Yb 含量，表明源区矿物相中有斜长石、磷灰石、角闪石、钛铁矿残留（Lightfoot et al.，1987），没有石榴子石的存在。岩石中见有碱性长石斑晶，表明可能发生了弱的结晶分异作用。

综上所述，阿奇山－雅满苏铁多金属成矿带内含矿火山岩是大陆边缘弧环境的产物，基性、中性和酸性岩来自不同源区。基性岩来源于受流体交代的软流圈地幔，在上升过程中经历了结晶分异作用；中性岩是受板片流体强烈交代的地幔楔熔体分离结晶的产物；酸性岩是新生地壳物质部分熔融后经历结晶分异作用的产物。

第四节　西天山石炭系火山岩地质地球化学

一、地质概况

（一）下石炭统大哈拉军山组

下石炭统大哈拉军山组在西天山分布广泛（图 2 - 39），是铁、铜、金重要含矿岩系，但不同地区岩性、岩相及喷发时间差别较大。大哈拉军山组火山岩岩性较为复杂，主要包括玄武岩、安山岩、英安岩、流纹岩等火山熔岩，以及中酸性的火山碎屑岩，具有多个火山喷发旋回（茹艳娇，2012）。该套火山岩是西天山铁矿床（点）的主要赋矿岩石，如松湖、阔拉萨依、备战、敦德、查岗诺尔、尼新塔格、智博等铁矿床。

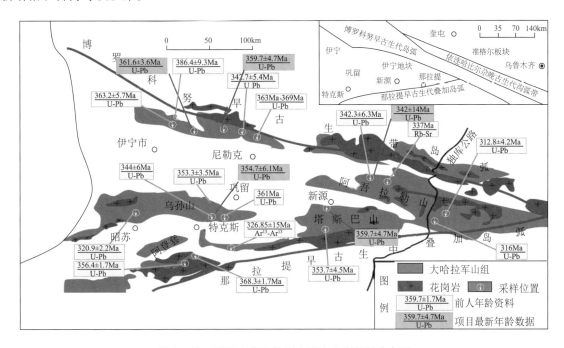

图 2 - 39　西天山大哈拉军山组火山岩年龄分布图
（据张振亮等，2015）

北带的博罗科努大哈拉军山组火山岩分布区西部以玄武安山质、安山质岩石为主，向东安山质岩石逐渐较少，英安质与流纹质岩石明显增多。尼勒克水泥厂一带下部为浅灰色的英安质玻屑凝灰岩、英安质含角砾凝灰岩；中部为浅灰色、紫红色、浅肉红色的流纹质凝灰岩与流纹岩；上部为紫红色、浅灰色英安质含角砾凝灰岩。其岩石组合主体为一套中酸性的火山熔岩与火山碎屑岩。

阿吾拉勒一带则以独库公路为界，公路以西以安山质和英安质岩石为主，含有少量的流纹质；以东以玄武质、安山质岩石为主，含有少量的英安质和流纹质岩石。玉希莫勒盖地区主要是一套以安山质（粗面质）－英安质（粗面质）火山熔岩和火山碎屑岩为主的火山岩建造（茹艳娇，2012）；而查岗诺尔、备战、敦德、智博等铁矿区为玄武质－安山质火山熔岩和火山碎屑岩为主的火山岩建造，夹少量流纹岩和英安岩。

伊什基里克山－那拉提山一带，则是以中基性火山岩为主。科克苏河地区大哈拉军山组底部为一套正常碎屑沉积，中下部岩性由下向上依次为灰黄色砾岩（砾石成分以灰岩为主）－灰绿色含砾粗砂岩（砾石为火山岩）－紫红色流纹质玻屑凝灰熔岩－绿色粗砂岩－薄层灰色钙质粉砂岩－薄层青灰色泥质灰岩，中上部岩石组合主体为一套玄武安山岩与安山岩、杏仁状安山岩，夹有少量正常沉积岩。乌孙山西段下部为安山岩、杏仁状安山岩与英安岩的韵律，向上为一套正常沉积岩，为凝灰质砂岩与砂岩；中部为辉石安山岩与砂岩；上部为肉红色流纹岩与英安岩，向上变为安山岩与安山质凝灰岩，夹薄层玄武岩，表现为从中性－酸性－中酸性－中性喷发的地层序列（茹艳娇，2012）。

玄武岩：呈灰黑色－灰绿色，块状构造。根据岩石结构可分为斑状玄武岩和无斑玄武岩两种。斑状玄武岩具有斑状结构，斑晶含量 10% ~ 40%，斑晶主要矿物成分在不同地区有所不同。科克苏河地区玄武岩斑晶主要为辉石，并有少量斜长石；伊宁－特克斯公路玄武岩主要为基性斜长石，有时可见角闪石或辉石斑晶；新源县城南部这两种玄武岩均有；昭苏北部则以斜长石为主，含少量辉石和橄榄石。斜长石斑晶呈自形长条状，大小为 1 mm×0.2 mm ~ 2 mm×5 mm，略呈定向排列，常具冷凝边，发育卡钠复合双晶，普遍钠黝帘石化、碳酸盐化。辉石常呈自形短柱状、粒状，粒度常分两类，一类粒径 0.5 ~ 1 mm，常呈聚斑，边部有铁质析出，具有绿泥石化蚀变；另一类粒径 1.5 ~ 5 mm，常呈单体，有时边部强烈破碎，发育简单双晶，有时蚀变为绿泥石小颗粒。基质主要由斜长石（50%）、辉石（5% ~ 20%）和铁质矿物（5% ~ 10%）组成，含少量火山玻璃，构成间粒结构。基质如全为玻璃质，含有较少针状斜长石，构成玻基结构；基质主要由斜长石（30% ~ 40%）、火山玻璃（35%）、磁铁矿（5%）组成时，细长板状斜长石间隙充填火山玻璃、磁铁矿小颗粒，构成间隐结构。斑状玄武岩中常含少量不规则气孔、圆粒杏仁体，总含量 3% ~ 5%，气孔具环带结构，其内充填玻璃质或方解石、石英，具绿泥石化蚀变特征。无斑玄武岩主要发育于昭苏北部冷库一带，普遍结晶程度比较高，主要由斜长石（50% ~ 65%）、单斜辉石（20% ~ 30%）、磁铁矿（5% ~ 10%）组成，有时含有橄榄石（5% ~ 10%），构成间粒结构或填间结构。斜长石呈自形的长板条状细晶，粒度一般在 0.25 mm×0.05 mm ~ 1 mm×0.15 mm 之间（长宽比为 5∶1 ~ 7∶1），发育聚片双晶、卡钠复合双晶，有时绿帘石化；斜长石格架之间充填单斜辉石或橄榄石小晶体，形成间粒结构。辉石常呈他形，不规则状、粒状，大小不一。岩石中有时含橄榄石，粒度小，有铁质析出。此外，该类玄武岩中气孔较多，含量达 10% ~ 20%，呈不规则状，有时连通。

玄武质安山岩：出现在火山岩层的下部，中部和上部出露比较少。岩石呈浅灰绿色、灰紫色－灰黑色，块状构造，斑状结构。斑晶以斜长石（15% ~ 25%）为主，含有少量的角闪石（5% ~ 8%）和单斜辉石（5% ~ 20%）。斜长石斑晶呈自形长板状、宽板状，最大可达 1.4 mm×2.2 mm，发育聚片双晶，有时具环带结构，常被碳酸盐不同程度交代，具弱的绢云母化。斜长石斑晶有时包裹角闪石晶体，呈嵌晶结构。单斜辉石呈自形短柱状，粒度在 0.5 mm×0.3 mm。辉石呈聚斑时多发生阳起石化、绿泥石化。基质由微晶长石和暗色矿物，少量火山玻璃以及铁质矿物组成，呈交织结构，局部长石微晶具有定向－半定向排列，其间充填有火山玻璃、铁质矿物，有时也充填辉石微晶，显示了由交织结构向间粒－间隐结构过渡特征。岩石整体上具有碳酸盐化、绿泥石化。

杏仁状安山岩：灰绿色、灰紫色，块状构造，斑状结构。斑晶含量 35% ~ 40%，主要由斜长石（20% ~ 25%）和辉石（15% ~ 20%）组成。斜长石呈宽板状，普遍熔蚀圆化，粒度长宽比在 1∶1 ~ 1∶2，发育环带，具弱的绿帘石化、黏土化蚀变。辉石呈自形短柱状、粒状，普遍较小，个别达 4 mm×3 mm，被碳酸盐交代。基质含量 40% 左右，由斜长石、火山玻璃组成，构成交织结构。有时基质中含有凝灰质（20% 左右），主要为安山岩岩屑和火山灰。杏仁状安山岩中含有杏仁体（10%）、角砾（3%）。杏仁体大小 0.5 ~ 3 mm，成分多为方解石。角砾成分多为安山岩。

安山质含集块角砾凝灰岩：呈紫红色，凝灰质结构。晶屑含量 30% ~ 40%，主要由斜长石和角闪石组成，其余为绿泥石化的暗色矿物。岩屑含量15%～20%，成分主要为玄武质、安山质，粒度多达角砾级，其中1/3达到集块级，构成集块角砾结构。其余被火山灰所胶结。

安山质角砾凝灰岩：岩石呈青灰色，具凝灰质结构、角砾凝灰结构。岩石由岩屑、石英晶屑、长石晶屑和火山灰组成，石英晶屑具熔蚀现象，粒径0.1～0.2 mm，含量10%；长石晶屑呈不规则棱角状，发生绢云母化和方解石化，粒径0.3～0.5 mm，含量20%；岩屑成分为安山岩，含量30%，其中15%达角砾级。碎屑间由大量火山灰胶结组成，发生绿泥石化，含量40%。磁铁矿物少量，含量＜1%。

安山质岩屑凝灰岩：呈灰绿色，层状构造，凝灰结构。岩石主体由岩屑组成，含量65%～70%，其中包括安山岩岩屑（45%～50%）、凝灰岩岩屑（20%）。其次晶屑含量5%～9%，主要为斜长石（5%～8%），含少量石英（＜1%），其余为火山灰胶结。岩屑为安山岩，呈棱角状，粒度0.1～1 mm，斜长石晶屑呈棱角状，边部熔蚀，被碳酸盐不同程度交代，有时可见聚片双晶、卡钠复合双晶。岩石整体上碳酸盐化强烈。

安山质晶屑凝灰熔岩：呈暗朱红色，凝灰质结构，熔岩胶结。晶屑含量40%～50%。其中斜长石30%～40%，呈自形-他形的宽板状、棱角状，大小为0.3 mm×0.2 mm～2 mm×0.7 mm，多发生钠黝帘石化，有时熔蚀，略显定向性；辉石含量10%～15%，多发生绿泥石化。有时含有少量岩屑（2%），成分多为凝灰岩，其内可见石英与斜长石微晶，多被压扁拉长。其余被安山质熔岩胶结，基质呈玻基交织结构，总含量55%～60%，其中含有许多次生石英小颗粒（含量10%～15%）。

安山质晶屑凝灰岩：具有层状构造，凝灰结构。晶屑含量为40%～60%，其中包括斜长石晶屑（30%～50%）、石英晶屑（1%～2%）、黑云母晶屑（2%～10%）。斜长石晶屑普遍碳酸盐化，有时可见聚片双晶、卡钠复合双晶。黑云母晶屑呈片状，具有暗化、扭折现象，个别发生绿泥石化。岩石中有时含有少量岩屑（3%～10%），成分为安山岩，大小0.3～1 mm，个别达角砾级。其余为细的火山灰物质胶结，含量30%左右。总体上，岩石具有不同程度的绿泥石化、碳酸盐化。

英安岩：呈紫红色-灰紫色，斑状结构，块状构造、流动构造（如备战、查岗诺尔、智博铁矿区）。斑晶含量25%～35%，其中斜长石15%，石英3%，暗色矿物（角闪石和黑云母）为10%～20%。斜长石斑晶呈自形宽板状、长板状，粒度0.4 mm×0.2 mm～1.2 mm×1 mm，发育双晶和环带，具有熔蚀圆化现象。石英斑晶熔蚀结构发育，具窄的熔蚀边。暗色矿物角闪石、黑云母，呈片状、针状，已暗化，具黑的暗化边。基质主要由斜长石和石英微晶（50%～55%）、火山玻璃（15%～20%）组成，含有少量凝灰质（10%～15%），构成玻晶交织结构。有时岩石中含有少量火山角砾，大小2～3 mm，个别达8 mm，成分有流纹岩、英安岩和凝灰岩。

英安质晶屑凝灰岩：呈浅灰色、紫红色，凝灰结构。岩石由晶屑、岩屑、胶结物火山灰组成，有时以玻屑（含量达50%）为主。晶屑为斜长石（15%～60%）、石英（3%～8%）、黑云母（3%～10%）。岩屑为中酸性火山岩或同质的火山碎屑岩，含量5%～20%，有时以角砾级为主，个别达集块级，具塑性拉长现象。胶结物为细粒的火山灰，含量20%～60%，多已重结晶为微粒长英质矿物。斜长石和石英晶屑熔蚀强烈，有时斜长石发生绢云母化；黑云母常暗化，具有扭折现象。有时凝灰岩以玻屑为主，含量50%，其余为晶屑、岩屑和火山灰。玻屑具塑性拉长现象，出现假流纹构造。

流纹岩：呈肉红色，块状构造，斑状结构。斑晶主要由石英（5%～20%）、斜长石（3%～10%）、钾长石（3%～5%）、黑云母（3%～5%）组成。石英呈不规则粒状，粒径0.2～0.5 mm，发育熔蚀结构。斜长石呈自形宽板状，大小为0.5 mm×0.3 mm～2 mm×0.8 mm，熔蚀强烈，有时绢云母化。钾长石呈自形宽板状、截面近正方形，具熔蚀圆化或重结晶形成的净边，略显定向排列。黑云母呈长片状、针状，大小不一，具暗化和或扭折现象。基质为长英质玻璃，含量60%～80%，多脱玻化形成长石和石英细小微晶，具有霏细结构。有时流纹岩还具有流纹构造，伊宁-特克斯地区的流纹岩显示出斑晶与长英质基质呈条带状成分分层；新源县城南的流纹岩表现为粒径0.1～0.2 mm的长英质球粒，呈定向、条带状相间排列（茹艳娇，2012）。部分地区流纹岩含有火山碎屑物，其中角砾含量 5% ~10%，粒径为 2~3 mm，成分多为流纹质、凝灰质；其次含有长石与石英晶屑，含量 20% ~25%。

流纹质含角砾晶屑凝灰岩：呈灰红色，块状构造，凝灰结构。晶屑含量 30%，其中斜长石占 10%，钾长石占 5%，石英占 15% 左右。岩屑含量为 10% ~15%，其中角砾级的占 2/3，成分为流纹岩和凝灰岩，其余被长英质火山灰所胶结（茹艳娇，2012）。

（二）下石炭统阿克沙克组

主要为生物碎屑岩夹碳酸盐岩组合（熊绍云等，2011）。火山岩主要分布于依连哈比尔尕山尼勒克北—巴仑台段、伊什基里克山南部及那拉提山西段，岩性主要为流纹岩、安山岩及火山灰凝灰岩，产赤铁矿和沉积型锰矿。

安山岩：灰褐紫色，杏仁状构造，斑状结构，基质为交织结构。斑晶含量约 2% ~7%，其中角闪石为针柱状，粒径（0.1~0.3）mm×1.2 mm；斜长石（0.1~0.2）mm×（1~3）mm；基质中中长石为板条状，在长石间分布着细小粒状辉石和方解石，岩石中见少量细小的杏仁孔，由葡萄石充填。

流纹质晶屑凝灰岩：块状构造，晶屑玻屑凝灰结构。晶屑不规则状，由斜长石、石英和少量暗色矿物构成，均匀分布。暗色矿物斑晶具角闪石解理，被石英、白云石等替代。玻屑被霏细状长英质矿物、绢云母等替代。少量岩屑，主要为安山岩。蚀变矿物为绢云母、方解石。

流纹岩：流纹构造，变余斑状结构，基质包含微晶结构。岩石中斑晶长石含量为 5% ~15%，板条状，已部分被绢云母所替代，其形态完整。基质为他形粒状，石英含量为 50% ~55%，大小不一，不规则状互相镶嵌；长石含量为 35% ~40%，已完全被绢云母替代，形态依然清楚。磁铁矿自形 - 他形粒状、浸染状分布，局部由石英、绢云母、长英质矿物构成变余霏细结构。基质中绢云母总的含量为 25%。

（三）上石炭统艾肯达坂组

该组火山岩广泛分布于阿吾拉勒山南坡及巩乃斯河南侧那拉提山东段一带，以角度不整合覆盖于大哈拉军山组之上，其上为二叠纪火山岩。火山岩以喷溢相熔岩类为主，夹有爆发沉落相火山碎屑岩和喷发沉积相火山碎屑岩，出现化学沉积相灰岩和硅质岩，同时有潜火山岩相辉绿岩、辉石安山玢岩、角闪安山玢岩。其中，下部以火山熔岩（安山岩、粗面安山岩、辉石安山岩、角闪安山岩、安山玄武岩、细碧岩、玄武岩）为主，夹少量安山质凝灰岩，并有粗面岩、粗面安山玢岩、辉绿岩、辉石安山玢岩、角闪安山玢岩等潜火山岩相岩石出现，厚度 >1050.42 m。上部以火山碎屑岩为主，主要为火山角砾岩、安山质凝灰岩、霏细岩等，夹透镜状砂屑泥晶灰岩、生物碎屑灰岩、微晶白云岩等，厚度 >1153.08 m。该套火山岩产磁铁矿床（点）、铜矿点，是西天山磁铁矿的重要赋矿地层之一，如阿克萨依、塔尔塔格大型磁铁矿床即产于该套火山岩中。

目前，该套火山岩时代争议较大，陈衍景等（2004a、2004b）、罗勇等（2010）将之划分为二叠纪，姬红星等（2007）认为属于晚石炭世。但朱永峰等（2005、2006）对拉尔墩达坂地区该套火山岩中粗面安山岩进行的 SHRIMP 年代学测试表明，应属于晚石炭世（312.8±4.2 Ma）。结合岩石组合、岩性、年龄和矿产特征，本书认为应属于晚石炭世。

玄武岩：岩石呈深绿色、灰绿色，具斑状结构、交织结构，可见气孔和杏仁构造。橄榄石、辉石和斜长石构成斑晶，橄榄石粒度 0.25~1.0 mm，一般为 0.40 mm，含量 3% ~5%；斜长石双晶纹较宽，为拉长石，粒度为 0.23~0.46 mm，一般为 0.35 mm，含量 1% ~2%；辉石斑晶呈自形短柱状，粒度为 0.7 mm×0.5 mm，个别可达 1 mm×0.8 mm。基质由斜长石（含量 50%）、普通辉石（35% ~40%）和磁铁矿（5%）组成。磁铁矿粒度 0.02~0.14 mm，一般为 0.05 mm。岩石蛇纹石化、磁铁矿化和绿帘石化较强。杏仁体主要由绿泥石、绿帘石、方解石组成。

玄武粗安岩：灰褐色，杏仁状构造，斑状结构。斑晶主要由斜长石和辉石组成。普通辉石含量

5% ~8%，自形短柱状，粒度为 0.22 ~1.26 mm；斜长石含量 5% ~6%，双晶纹较宽，为基性斜长石，粒度 0.23 ~1.1 mm。基质由角闪石、斜长石、辉石和磁铁矿组成。普通角闪石含量 40% ~50%，长柱状，粒度为 0.03 ~0.5 mm；斜长石含量为 35% ~38%，自形 - 半自形长板状，粒度为 0.08 ~0.33 mm；磁铁矿含量为 2% ~3%，自形 - 半自形粒状，分布在角闪石和斜长石的颗粒中，粒度为 0.02 ~0.09 mm。

细碧岩：灰绿色，块状构造、间粒结构。斑晶较少（3% ~5%），成分主要为钠长石。基质钠长石、绿泥石、绿帘石、赤铁矿和玉髓组成，钠长石与暗色矿物含量相近。

粗安岩：灰白色、灰绿色，杏仁状构造，斑状结构。斑晶主要为普通角闪石和中 - 拉长石，普通角闪石斑晶较斜长石斑晶小，粒度一般为 0.8 mm×0.4 mm，呈自形柱状，具暗化边。长石斑晶为自形板状，粒度一般为 1.2 mm×0.6 mm，大多数核部已发生绢云母化和黝帘石化，小晶粒边部可见熔蚀现象。见有少量石英斑晶（2% ~5%）和普通辉石斑晶（约 5%）。基质主要由大量斜长石和少许石英组成，在其粒间尚见有绿泥石、角闪石、绿帘石和磁铁矿。蚀变以绿泥石化、绿帘石化、磁铁矿化为特征。

粗面质熔结凝灰岩：由碎屑和基质两部分组成。晶屑是碎屑的主体，有时可以见到脱玻化的浆屑。晶屑以钾长石和钠长石为主，含有少量的磁铁矿及已蚀变为绿泥石的暗色矿物，在岩石中晶屑含量大约在 15%；岩屑呈团块状、长条状形态出现，岩屑具有典型的斑状结构，斑晶主要为钾长石和钠长石，其成分与晶屑中钾长石和钠长石相同；浆屑含量和岩屑含量相近，不超过 10%，已脱玻化，为隐晶质集合体，具霏细结构。粗面质熔结凝灰岩的基质主要由长石、火山玻璃（已脱玻化）和磁铁矿组成。

（四）上石炭统伊什基里克组

广泛分布于阿吾拉勒山南坡及伊什基里克山一带，由一套中酸性喷发岩和碎屑岩组成，下部为凝灰质砾岩、砾岩、砂岩、粗砂岩；上部为安山岩、英安岩、玄武安山岩、凝灰岩等，以角度不整合或平行不整合盖在阿克沙克卜业组（伊什基里克山）或又肯达坂组（阿吾拉勒山南坡）之上，是西天山赤铁矿床（点）的重要赋矿岩系，如式可布台、波斯勒克等。

安山岩：肉红色 - 紫红、褐红色，块状构造，斑状结构。斑晶为斜长石，半自形 - 自形，板状，柱状等，含量均匀，其次可见少量暗色矿物斑晶，基质为隐晶质。岩石具绿泥石化、局部褐铁矿化强烈。

玄武安山岩：灰褐 - 深灰色，块状构造，气孔、杏仁构造，斑状结构。斑晶主要为斜长石，少量角闪石、黑云母等。斜长石少量，板状，柱状，石英呈颗粒状，基质为隐晶质。岩石中可见杏仁体，呈椭圆状，粒径一般在 0.2 ~8 mm，成分为方解石等。岩石碳酸盐化强烈，裂隙面褐铁矿化较强，可见少量碳酸盐细脉，脉宽为 3 ~50 mm，岩石非常破碎，裂隙发育。

粗面岩：灰白色 - 浅灰绿色，块状构造，斑状结构。斑晶主要为透长石、斜长石，基质为隐晶质。

英安岩：肉红色 - 褐红色，块状构造，斑状结构。斑晶主要为钾长石，少量斜长石及暗色矿物，基质为隐晶质。岩石中石英细网脉较为发育，脉宽在 1 ~5 mm，局部裂隙面褐铁矿化强烈。可见少量碳酸盐脉。

英安质凝灰岩：青灰 - 灰绿色，块状构造，凝灰结构。岩石由火山碎屑物及少量暗色矿物组成，火山碎屑物主要为晶屑和火山灰等。晶屑成分为石英，少量，分布极不均匀，颗粒状，胶结物为火山灰。岩石普遍具绿泥石化，绿帘石化，岩石风化强烈。

安山质凝灰岩：灰褐色，块状构造，凝灰结构。岩石主要为火山碎屑物及少量安山质角砾，角砾呈次棱角状，大小不均匀，在 10 ~20 mm，成分为安山质、长英质等，岩石具绿泥石化。

二、年代学

大哈拉军山组是一套海相火山熔岩 - 火山碎屑岩组合，不同地区火山岩年龄明显不一致，具有西老东新的特点（图 2-39，表 2-12）。伊犁地块北部博罗科努地区的火山岩形成年龄介于 363～347 Ma，为晚泥盆世末到早石炭世早期；阿吾拉勒西部为 354 Ma，为早石炭世早期；阿吾拉勒东段 336～303 Ma，为早石炭世中期到晚石炭世，由西往东呈现出明显时代变新的趋势。东西部火山岩在岩性组合上存在明显的不同（西部出露岩石以中酸性火山岩为主，东部以中基性火山岩为主），但根据岩石演化规律，火山岩喷发是以基性 - 中性 - 酸性演化，因此，应该从天山洋关闭的方向（是由西向东关闭还是瞬间关闭）和区域动力学背景上考虑火山喷发时间。另外，伊犁地块南部的火山岩其形成年龄在 368～333 Ma，属晚泥盆世晚期到早石炭世中期（茹艳娇等，2012）；乌孙山（伊什基里克山）火山岩形成年龄在 357～344 Ma，属于早石炭世早期。可以看出，火山岩年龄存在巨大的差别，时间差可达 60 Ma。

表 2-12 西天山石炭纪火山岩形成时间一览表

采样位置	岩石名称	测试方法	年龄/Ma	资料来源	地理位置
备战含金铁矿	C_1d 英安岩	锆石 LA - ICP - MS U - Pb	329.1 ± 1.0	孙吉明等，2012	阿吾拉勒东段
	C_1d 火山岩	锆石 LA - ICP - MS U - Pb	316.1 ± 2.2	李大鹏等，2013	阿吾拉勒东段
	C_1d 流纹岩	锆石 SHRIMP U - Pb	300.4 ± 2.2	本书	阿吾拉勒东段
	C_1d 钠长斑岩	锆石 SHRIMP U - Pb	308.7 ± 2.1	本书	阿吾拉勒东段
	C_1d 凝灰岩	锆石 SHRIMP U - Pb	303.0 ± 2.1	本书	阿吾拉勒东段
查岗诺尔含铜铁矿	C_1d 类矽卡岩	石榴子石 Sm - Nd 法	316.8 ± 6.7	洪为等，2012	阿吾拉勒东段
	C_1d 流纹岩	锆石 LA - ICP - MS U - Pb	321.2 ± 1.3	冯金星等，2010	阿吾拉勒东段
	C_1d 凝灰岩	锆石 SHRIMP U - Pb	329.9 ± 3.7	本书	阿吾拉勒东段
			303 ± 11		
松湖铁（铜钴）矿	C_1d 安山岩	锆石 SHRIMP U - Pb	323.9 ± 1.9	本书	阿吾拉勒西段
智博铁矿	C_1d 安山岩	锆石 SHRIMP U - Pb	310.0 ± 3.0	本书	阿吾拉勒东段
	C_1d 英安岩	锆石 SHRIMP U - Pb	307.0 ± 3.0	本书	阿吾拉勒东段
	C_1d 钠长斑岩	锆石 SHRIMP U - Pb	336.0 ± 4.0	本书	阿吾拉勒东段
敦德铁锌金矿	C_1d 英安岩	锆石 LA - ICP - MS U - Pb	316.0 ± 1.7	Duan et al.，2014	阿吾拉勒东段
阔拉萨依铁铜锌矿	C_1d 英安岩	锆石 LA - ICP - MS U - Pb	353.3 ± 3.5	张芳荣等，2009	乌孙山中段
科克苏河	C_1d 玄武安山岩	锆石 LA - ICP - MS U - Pb	358.9 ± 2.3	李婷等，2012	那拉提西段
特克斯	C_1d 安山岩	锆石 LA - ICP - MS U - Pb	353.9 ± 6.5	茹艳娇等，2012	乌孙山中段
特克斯	C_1d 安山质凝灰岩	锆石 LA - ICP - MS U - Pb	356.3 ± 4.4		乌孙山中段
特克斯	C_1d 流纹质凝灰岩	锆石 LA - ICP - MS U - Pb	353.3 ± 3.5	张芳荣等，2009	乌孙山
特克斯	C_1d 英安岩	锆石 LA - ICP - MS U - Pb	344 ± 6		乌孙山
加曼台金矿	C_1d 英安岩	锆石 LA - ICP - MS U - Pb	354.0 ± 1.3	白建科等，2011	昭苏南部
塔吾尔别克金矿	C_1d 安山岩	锆石 LA - ICP - MS U - Pb	347.2 ± 1.6	唐功建等，2009	吐拉苏盆地
阿希金矿	C_1d 安山岩	SHRIMP 锆石 U - Pb	363.2 ± 5.7	翟伟等，2006	吐拉苏盆地
拉尔墩达坂	$C_{1-2}ak$	SHRIMP 锆石 U - Pb	312.8 ± 4.2	朱永峰等，2005	那拉提东段
新源城南	C_1d 玄武岩	SHRIMP 锆石 U - Pb	353.7 ± 4.5	朱永峰等，2005	那拉提东段
特克斯	C_1d 安山岩	全岩 Rb - Sr	351 ± 2	刘静，2007	乌孙山
式可布台含铜铁矿	C_2y 火山岩	锆石 LA - ICP - MS U - Pb	301 ± 1	李潇林斌等，2014	阿吾拉勒西段
			313 ± 2		

晚石炭世艾肯达坂组火山岩形成年龄为 313 Ma。伊什基里克组火山岩形成年龄为 301～313 Ma，属晚石炭世晚期。

三、岩石地球化学

（一）早石炭世火山岩

1. 主量元素

除项目测试外，本次研究还收集了冯金星等（2010）、钱青等（2006）、朱永峰等（2006）、蒋宗胜等（2012）测试结果，共计144件，均为火山熔岩，其中基性火山岩72件、中性火山岩47件、酸性火山岩25件，TAS图（图2-40）显示，大部分样品属于亚碱性火山岩系列，岩石化学定名分别为玄武岩、玄武质安山岩、英安岩和流纹岩；小部分属于碱性火山岩系列，岩石化学定名分别为粗面玄武岩、碱玄岩、玄武质粗面安山岩、粗面安山岩、粗面岩和粗面英安岩。将基性熔岩样品投于AFM图上（图2-41），拉斑玄武岩、钙碱性玄武岩几乎各占一半。在 K_2O-Na_2O 图中，大半样品落入钠质系列区域，其余落入钾质和高钾质玄武岩区域（图2-41）。这些特征表明，早石炭世火山岩类型较为复杂。

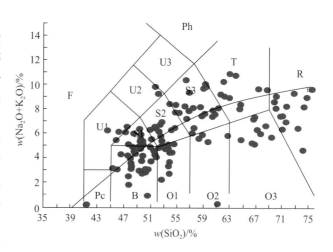

图2-40 早石炭世火山岩TAS图解
（据Le Bas et al.，1986）

F—似长岩；U1—碱玄岩；U2—响岩质碱玄岩；U3—碱玄质响岩；Ph—响岩；S1—粗面玄武岩；S2—玄武粗安岩；S3—粗面安山岩；T—粗面岩和粗面英安岩；Pc—苦橄玄武岩；B—玄武岩；O1—玄武安山岩；O2—安山岩；O3—英安岩；R—流纹岩

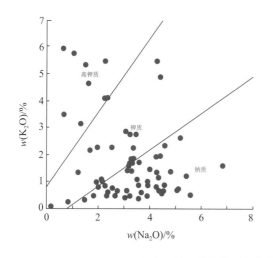 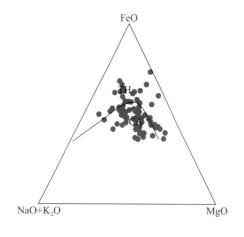

图2-41 早石炭世玄武岩 K_2O-Na_2O 图和AFM图
TH—拉斑玄武岩；CA—钙碱性玄武岩

表2-13、2-14显示，基性火山熔岩 SiO_2 含量为41.55%~55.7%（平均50.33%）；TiO_2 含量为0.49%~3.31%（平均1.42%），总体属低钛玄武岩系列，但少量样品>3.0%，为高钛玄武岩；Al_2O_3 含量为7.74%~19.93%（平均16.25%），其中含量>16%的样品超过一半，高铝玄武岩、正常玄武岩同时并存，高铝玄武岩中存在斜长石斑晶；MgO含量为2.42%~13.47%（平均6.08%），其中18个样品高于8.0%，属高镁玄武岩；FeO^T 为6.53%~20.99%（平均11.53%）；CaO含量为0.87%~19.15%（平均8.58%），暗示玄武岩中存在斜长石斑晶；Na_2O+K_2O 含量为0.27%~9.75%（平均4.89%）；Na_2O/K_2O 比值为0.10~10.30（平均3.26）。

103

表 2 – 13 西天山石炭纪火山岩主量元素特征表

层位		下石炭统大哈拉军山组			上石炭统				
					艾肯达坂组		伊什基里克组		
岩性		基性火山岩	中性火山岩	酸性火山岩	基性火山岩	中性火山岩	基性火山岩	中性火山岩	酸性火山岩
TiO_2	范围	0.49 ~ 3.31	0.21 ~ 2.43	0.01 ~ 0.69	0.81 ~ 2.75	1.02	0.47	0.33 ~ 0.94	0.39 ~ 0.61
	平均	1.42	0.79	0.36	1.38	1.02	0.47	0.63	0.5
	样数	72	47	25	4	1	1	7	2
P_2O_5	范围	0.08 ~ 0.73	0.06 ~ 0.56	0.01 ~ 0.25	0.03 ~ 1.30	0.13	0.11	0.07 ~ 0.15	0.08 ~ 0.12
	平均	0.41	0.18	0.08	0.51	0.13	0.11	0.11	0.1
	样数	72	47	25	4	1	1	7	2
Al_2O_3	范围	7.74 ~ 19.93	10.74 ~ 21.06	0.32 ~ 15.78	15.77 ~ 19.06	18.16	9.31	10.16 ~ 16.19	12.92 ~ 14.82
	平均	16.25	16.26	12.95	17.48	18.16	9.31	14.79	13.87
	样数	72	47	25	4	1	1	7	2
FeO^T	范围	6.53 ~ 20.99	1.17 ~ 13.45	0.45 ~ 4.97	4.43 ~ 10.13	5.96	33.03	6.11 ~ 18.68	3.80 ~ 4.44
	平均	11.53	6.75	3.07	7.4	5.96	33.03	10.45	4.11
	样数	72	47	25	4	1	1	7	2
FeO^T/MgO	范围	0.71 ~ 6.16	0.64 ~ 18.88	1.02 ~ 146.4	0.74 ~ 2.18	2.18	55.36	2.62 ~ 82.05	2.82 ~ 6.44
	平均	2.25	3.29	10.41	1.73	2.18	55.36	27.16	4.63
	样数	72	47	25	4	1	1	5	2
$Na_2O + K_2O$	范围	0.27 ~ 9.75	0.36 ~ 10.88	0.04 ~ 9.63	6.16 ~ 7.49	6.91	3.05	2.71 ~ 5.36	7.48 ~ 8.88
	平均	4.89	7.4	6.81	6.92	6.91	3.05	4.7	8.18
	样数	72	47	25	4	1	1	5	2
Na_2O/K_2O	范围	0.10 ~ 10.30	0.35 ~ 93.36	0.10 ~ 115.6	0.86 ~ 24.04	24.04	22	0.94 ~ 28.11	0.53 ~ 0.78
	平均	3.26	5.46	4.75	7.94	24.04	22	9.86	0.66
	样数	72	47	25	4	1	1	5	2
FeO^T/CaO	范围	0.42 ~ 19.69	0.22 ~ 7.65	0.06 ~ 23.64	0.65 ~ 2.58	1.71	24.91	2.36 ~ 12.92	2.21 ~ 2.25
	平均	1.99	2.54	4.75	1.62	1.71	24.91	14.55	2.23
	样数	72	47	25	4	1	1	5	2
FeO^T/Na_2O	范围	1.47 ~ 91.84	0.11 ~ 102.89	0.14 ~ 51.67	0.90 ~ 2.07	0.9	11.32	1.53 ~ 7.40	1.14 ~ 1.46
	平均	5.84	3.74	3.07	1.5	0.9	11.32	3.42	1.3
	样数	72	47	25	4	1	1	5	2

表 2 – 14 西天山石炭纪代火山岩微量元素特征表

层位		下石炭统大哈拉军山组			上石炭统				
					艾肯达坂组		伊什基里克组		
岩性		基性火山岩	中性火山岩	酸性火山岩	基性火山岩	中性火山岩	基性火山岩	中性火山岩	酸性火山岩
Zr/Nb	范围	5.38 ~ 51.69	2.35 ~ 33.67	0.46 ~ 35.99	14.34 ~ 31.38	21.08	16.84	11.01 ~ 20.84	16.86 ~ 17.43
	平均	24.83	21.22	20.48	22.67	21.08	16.84	15.93	17.15
	样数	51	50	26	4	1	1	7	2
Ta/Hf	范围	0.02 ~ 0.35	0.09 ~ 0.29	0.02 ~ 1.73	0.54 ~ 25.64	0.11	0.11	0.08 ~ 0.28	0.11 ~ 0.16
	平均	0.13	0.13	0.2	11.04	0.11	0.11	0.17	0.13
	样数	52	48	28	4	1	1	7	2

层位		下石炭统大哈拉军山组			上石炭统				
					艾肯达坂组			伊什基里克组	
岩性		基性火山岩	中性火山岩	酸性火山岩	基性火山岩	中性火山岩	基性火山岩	中性火山岩	酸性火山岩
Th/Ta	范围	1.47~36.62	3.68~20.77	1.10~25.03	2.24~17.84	17.84	2.14	4.92~19.23	14.73~21.88
	平均	9.09	11.64	13.35	11.86	17.84	2.14	12.18	18.3
	样数	52	50	28	4	1	1	7	2
Zr/Hf	范围	31.13~52.14	0.1~42.92	0.09~43.71	33.08~43.76	33.37	25.3	29.14~37.32	33.22~34.41
	平均	37.68	33.03	30.78	35.96	33.37	25.3	32.35	33.82
	样数	52	50	26	4	1	1	7	2
Ba/Zr	范围	0.30~30.89	0.15~33.40	0.07~30.77	0.10~0.19	0.54	2.21	1.44~8.75	3.62~4.67
	平均	4.45	4.95	4.49	0.13	0.54	2.21	4.63	4.14
	样数	52	50	28	4	1	1	7	2
Ba/Ce	范围	0.86~118.38	0.47~158.33	0.42~150.23	2.39~69.73	2.39	6.77	1.0~58.5	12.65~18.77
	平均	15.54	27.39	27.74	25.36	2.39	6.77	22.18	15.71
	样数	52	50	28	4	1	1	7	2
Zr/Ce	范围	1.05~10	0.30~28.87	0.23~35.76	1.49~4.47	4.47	3.06	0.7~9.47	3.49~4.02
	平均	3.84	6.42	8.9	2.64	4.47	3.06	3.92	3.76
	样数	52	50	28	4	1	1	7	2
K/Ta	范围	5316~124468	625~163029	830~119099	6960~165957	6960	41786	20275~83846	36812~51654
	平均	39208	50459	43501	57747	6960	41786	44650	44233
	样数	52	7	28	4	1	1	7	2
Ta/Yb	范围	0.03~0.49	0.11~0.40	0.06~1.11	0.08~0.53	0.11	0.16	0.14~0.68	0.16~0.22
	平均	0.19	0.21	0.28	0.21	0.11	0.16	0.31	0.19
	样数	51	50	26	4	1	1	7	2
Pb/Ce	范围	0.03~22.64	0.05~2.54	0.05~1.26	0.06~0.29	0.06			
	平均	1.01	0.44	0.39	0.15	0.06			
	样品	47	50	24	4	1			
Ba/La	范围	2.09~241.81	1.2~400	1.21~275.96	6.37~150.87	6.37	12.63	1.54~164.71	23.13~38.99
	平均	38.54	71.32	69	56.9	6.37	12.63	51.71	31.06
	样数	52	50	28	4	1	1	7	2
δEu	范围	0.38~1.22	0.30~1.41	0.24~1.0	0.87~1.00	0.85		0.56~1.44	0.62~0.69
	平均	0.92	0.8	0.67	0.94	0.85		0.94	0.655
	样数	62	52	36	4	1		8	2
δCe	范围	0.60~13.96	0.91~1.22	0.88~1.34	1.03~1.11	1.09		0.88~1.06	0.95~0.99
	平均	3.91	1.01	1.03	1.08	1.09		0.96	0.97
	样数	62	52	36	4	1		8	2
$(La/Yb)_N$	范围	0.63~15.31	0.28~15.86	0.56~8.84	1.88~15.72	1.88		1.92~29.0	4.18~4.82
	平均	5.89	4.49	4.21	6.7	1.88		9.39	4.5
	样数	62	52	36	4	1		8	2
$(La/Sm)_N$	范围	0.50~9.03	0.38~8.48	0.67~5.31	1.64~2.86	1.64		1.35~4.62	2.75~3.15
	平均	2.3	2.54	2.62	2.35	1.64		2.95	2.95
	样数	62	52	36	4	1		8	2

层位		下石炭统大哈拉军山组			上石炭统				
					艾肯达坂组		伊什基里克组		
岩性		基性火山岩	中性火山岩	酸性火山岩	基性火山岩	中性火山岩	基性火山岩	中性火山岩	酸性火山岩
$(Gd/Lu)_N$	范围	0.80~6.68	0.59~4.09	0.49~2.72	0.94~4.56	0.94		0.56~3.06	1.13~1.16
	平均	1.73	1.34	1.17	2.1	0.94		1.52	1.14
	样数	62	52	36	4	1		8	2
$(Gd/Yb)_N$	范围	0.86~4.85	0.63~3.71	0.52~2.33	1.01~4.36	1.01		0.67~2.88	1~1.02
	平均	1.68	1.31	1.12	2.12	1.01		1.78	1.01
	样数	62	52	36	4	1		8	2
LREE	范围	96.8~1143.5	18.4~177.2	11.8~266.3	190.2~981.9	50.48		39.8~410.3	151.9~152.6
	平均	421.23	70.73	71.62	428.82	50.48		143.64	152.24
	样数	62	52	36	4	1		8	2
HREE	范围	45.7~382.5	5.9~21.4	0.44~25.8	87.6~124.7	11.39		8.5~17.9	21.9~22.6
	平均	132.43	10.66	10.88	109.52	11.39		12.39	22.24
	样数	62	52	36	4	1		8	2
REE	范围	177.5~1526.0	27.6~194.8	18.9~292.1	310.9~1106.5	61.87		48.3~426.0	173.8~175.2
	平均	553.66	81.39	82.51	538.33	61.87		156.03	174.47
	样数	62	52	36	4	1		8	2
LR/HR	范围	1.2~12.66	1.79~19.34	1.77~14.40	1.69~7.88	4.43		4.71~26.07	6.76~6.93
	平均	3.3	7.05	6.95	3.72	4.43		11.33	6.85
	样数	62	52	36	4	1		8	2
Dy/Yb	范围	1.22~3.56	1.06~2.51	0.88~2.08	1.49~3.03	1.4		1.09~2.62	1.56~1.59
	平均	1.88	1.6	1.41	1.9	1.4		1.8	1.57
	样数	62	52	36	4	1		8	2
Nb/La	范围	0.11~1.94	0.09~3.05	0.18~3.99	0.13~0.56	0.56		0.07~1.22	0.38~0.48
	平均	0.45	0.65	1.01	0.31	0.56		0.48	0.43
	样数	51	52	36	4	1		8	2

中性火山熔岩 SiO_2 含量为 53.86% ~ 73.37%（平均 61.04%）；TiO_2 含量为 0.21% ~ 2.43%（平均 0.79%）；Al_2O_3 含量为 10.74% ~ 21.06%（平均 16.26%），高铝安山岩和正常安山岩并存，岩石中可能存在斜长石堆晶，镜下观察英安岩中存在大量斜长石斑晶；MgO 含量为 0.06% ~ 9.75%（平均 3.24%）；FeO^T 为 1.17% ~ 13.45%（平均 6.75%）；CaO 含量为 1.04% ~ 11.93%（平均 4.73%）；$Na_2O + K_2O$ 含量为 0.36% ~ 10.88%（平均 7.40%）；Na_2O/K_2O 比值为 0.35 ~ 93.36（平均 5.36）。

酸性火山熔岩 SiO_2 含量为 66.73% ~ 93.68%（平均 73.34%）；TiO_2 含量为 0.01% ~ 0.69%（平均 0.36%）；Al_2O_3 含量为 0.32% ~ 15.78%（平均 12.95%）；MgO 含量为 0.02% ~ 3.57%（平均 1.17%）；FeO^T 为 0.45% ~ 4.97%（平均 3.07%）；CaO 含量为 0.17% ~ 7.66%（平均 2.34%）；$Na_2O + K_2O$ 含量为 0.04% ~ 9.63%（平均 6.81%）；Na_2O/K_2O 比值为 0.10 ~ 115.6（平均 4.75）。

主量元素的哈克图解（图 2-42）显示，CaO、MgO、TiO_2、FeO^T、P_2O_5 随 SiO_2 含量的增加而减少；K_2O 随 SiO_2 含量的增加而增加；Na_2O 则显示"团块"式的先增高后降低；Al_2O_3 均随 SiO_2 含量增加而出现先增后减的现象，暗示可能有含铝矿物的分离结晶或部分熔融或同化等现象发生。CaO、MgO、TiO_2、FeO^T、P_2O 在岩浆演化的过程中均在 $SiO_2 = 50\%$ 左右发生含量降低减缓的现象，Na_2O

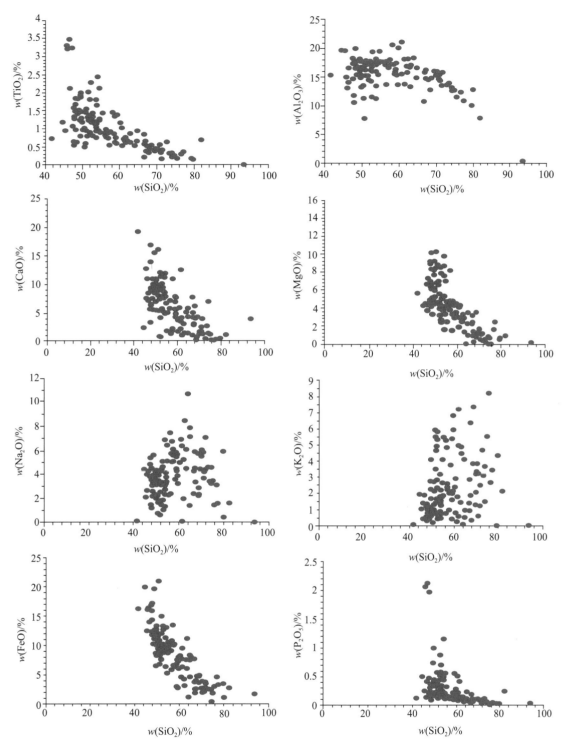

图 2 - 42　早石炭世火山岩哈克图解

也是在 SiO_2 = 50% 左右发生增加变为减小的现象，同时玄武岩样品总体具有高 Sr 低 Yb（Sr > 200 × 10^{-6}，Yb 平均值 < 2.0 × 10^{-6}）的特征，暗示这些特征不可能是少量矿物在源区发生残留引起的，而可能是岩浆演化过程中发生了大规模的分离结晶引起的。结合镜下玄武岩中斑晶以钠长石为主而橄榄石较少、磁铁矿以斑晶和基质的形式大量出现、多数辉石斑晶有熔蚀现象发生，表明 SiO_2 含量等于 50% 左右岩浆中可能发生了橄榄石、辉石的熔蚀和钛磁铁矿、磷灰石、钠长石、角闪石的分离结晶。

2. 微量元素

基性熔岩的不相容元素原始地幔标准化图（图2-43）显示，Rb、Ba、U、K 小幅度相对富集，Pb 显著富集，Th、Nb、Ta、Sr、Ti 适度亏损，Lu 显著亏损。除了上述相对亏损或富集的元素外，样品其余元素的原始地幔标准化比值介于 3~10。总体上，配分曲线平滑，曲线形态基本一致。Zr/Nb 值为 5.38~51.69，平均为 24.83；Ta/Hf 比值为 0.02~0.35，Th/Ta 比值为 1.47~36.62，Zr/Hf 值为 31.13~52.14，Ba/Zr 值为 0.30~30.89，Ba/Ce 值为 0.86~118.38，Zr/Ce 值为 1.05~10，K/Ta 比值为 5316~124468，平均为 39208；Ta/Yb 比值为 0.03~0.49，Ba/La 比值为 2.09~241.81。

中性熔岩的不相容元素原始地幔标准化图上（图2-43），Rb、U、K、Sr 相对富集，Pb 显著富集，Th、Nb、Ta、La、Ce、Pr、P、Ti 适度亏损，Lu 显著亏损。除了上述相对亏损或富集的元素外，样品其余元素的原始地幔标准化比值介于 8~40。总体上，配分曲线平滑，曲线形态基本一致。Zr/Nb 比值为 2.35~33.67，平均为 21.22；Ta/Hf 比值为 0.09~0.29，平均为 0.13；Th/Ta 比值为 3.68~20.77，平均为 11.64；Zr/Hf 比值为 0.10~42.92，平均为 33.03；Ba/Zr 比值为 0.15~33.40，平均为 4.95；Ba/Ce 比值为 0.47~158.33，平均为 27.39；Zr/Ce 比值为 0.30~28.87，平均为 6.42；K/Ta 比值为 625~163029，平均为 50459；Ta/Yb 比值为 0.11~0.40，平均为 0.21；Ba/La 比值为 1.2~400，平均为 71.32。

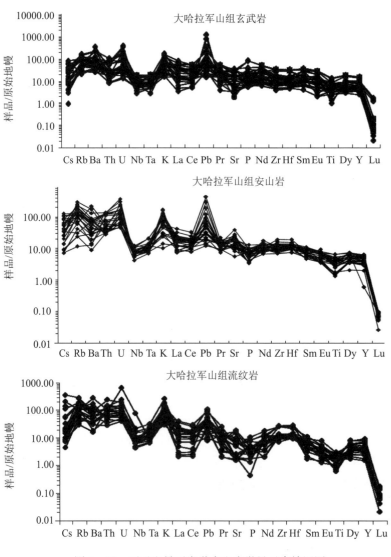

图2-43　西天山早石炭世火山岩微量元素蛛网图

酸性火山熔岩的不相容元素原始地幔标准化图（图 2 – 43）显示，Rb、U、K、Pb、Zr、Hf、Dy相对富集，Nb、Ta、La、Ce、P、Ti 适度亏损，Lu 显著亏损。除了上述相对亏损或富集的元素外，样品其余元素的原始地幔标准化比值介于 10 ~ 30。总体上，配分曲线相对平滑，曲线形态基本一致。Zr/Nb 比值为 0.46 ~ 35.99，平均为 20.48；Ta/Hf 比值为 0.02 ~ 1.73，平均为 0.20；Th/Ta 比值为 1.10 ~ 25.03，平均为 13.35；Zr/Hf 比值为 0.09 ~ 43.71，平均为 30.78；Ba/Zr 比值为 0.07 ~ 30.77，平均为 4.49；Ba/Ce 比值为 0.42 ~ 150.23，平均为 27.74；Zr/Ce 比值为 0.23 ~ 35.76，平均为 8.90；K/Ta 比值为 830 ~ 119099，平均为 43501；Ta/Yb 比值为 0.06 ~ 1.11，平均为 0.28；Ba/La 比值为 1.21 ~ 275.96，平均为 69。

3. 稀土元素

基性火山熔岩的 $\sum REE = 177.5 \times 10^{-6} \sim 1526.0 \times 10^{-6}$（平均为 553.66×10^{-6}），其中 $LREE = 96.80 \times 10^{-6} \sim 1143.5 \times 10^{-6}$（平均 421.23×10^{-6}），$HREE = 45.7 \times 10^{-6} \sim 382.5 \times 10^{-6}$（平均为 132.43×10^{-6}）；$\delta Eu = 0.38 \sim 1.22$，$(La/Yb)_N$ 比值为 $0.63 \sim 15.31$（平均为 5.89），$(La/Sm)_N$ 比值为 $0.50 \sim 9.03$（平均为 2.30），$(Gd/Yb)_N$ 比值为 $0.80 \sim 6.68$（平均为 1.73）。轻稀土元素和重稀土元素之间的分馏程度中等（LREE/HREE 比值 1.20 ~ 12.66），轻稀土元素内部分馏程度中等，重稀土元素内部分馏程度较弱。球粒陨石标准化的稀土元素配分曲线图（图 2 – 44）显示，配分曲线均为缓慢右倾的轻稀土富集型，有弱的负 Eu 异常 – 异常不明显。熔岩 Dy/Yb 比值 1.22 ~ 3.56（平均为 1.88），小于 2.5，为尖晶石二辉橄榄岩部分熔融形成。

中性火山熔岩 $\sum REE = 27.60 \times 10^{-6} \sim 194.8 \times 10^{-6}$（平均 81.39×10^{-6}），其中 $LREE = 18.4 \times 10^{-6} \sim 177.2 \times 10^{-6}$（平均 70.73×10^{-6}），$HREE = 5.9 \times 10^{-6} \sim 21.4 \times 10^{-6}$（平均 10.66×10^{-6}）；$\delta Eu = 0.30 \sim 1.41$，$(La/Yb)_N$ 比值为 $0.28 \sim 15.86$，$(La/Sm)_N$ 比值为 $0.38 \sim 8.48$，$(Gd/Yb)_N$ 比值为 $0.63 \sim 3.71$。轻稀土元素和重稀土元素之间的分馏程度中等（LREE/HREE 比值 1.79 ~ 19.34），轻稀土元素内部分馏程度中等，重稀土元素内部分馏程度较弱。球粒陨石标准化的稀土元素配分曲线图上（图 2 – 44），配分曲线均为缓慢右倾的轻稀土富集型，大部分样品显示弱负 Eu 异常 – 异常不明显，个别为正异常。熔岩 Dy/Yb 比值为 1.06 ~ 2.51（平均为 1.60）。

酸性火山熔岩 $\sum REE = 18.9 \times 10^{-6} \sim 292.1 \times 10^{-6}$（平均 82.51×10^{-6}），其中 $LREE = 11.8 \times 10^{-6} \sim 266.3 \times 10^{-6}$，$HREE = 0.44 \times 10^{-6} \sim 25.81 \times 10^{-6}$；$\delta Eu = 0.24 \sim 1.00$，$(La/Yb)_N$ 比值为 $0.56 \sim 8.84$，$(La/Sm)_N$ 比值为 $0.67 \sim 5.31$，$(Gd/Yb)_N$ 比值为 $0.52 \sim 2.33$。轻稀土元素和重稀土元素之间的分馏程度中等（LREE/HREE 比值 1.77 ~ 14.40），轻稀土元素内部分馏程度中等，重稀土元素内部分馏程度较弱。球粒陨石标准化的稀土元素配分曲线图显示（图 2 – 44），配分曲线均为缓慢右倾的轻稀土富集型，样品显示弱负 Eu 异常 – 无异常，熔岩 Dy/Yb 比值为 0.88 ~ 2.08。

（二）晚石炭世火山岩

1. 主量元素

在项目采集的 2 个伊什基里克组火山岩样品基础上，还收集了阿克萨依铁矿围岩（郑仁乔等，2014）、式可布台铁矿围岩（李潇林斌等，2014），共计 14 件，均为火山熔岩。其中基性火山岩 4件、中性火山岩 8 件、酸性火山岩 2 件。在 TAS 图上（图 2 – 45），样品绝大部分位于亚碱性火山岩系列，岩石名称分别为玄武岩、安山岩、英安岩和流纹岩；小部分属于碱性火山岩系列，岩石名称分别为玄武质粗面安山岩、粗面安山岩。将基性熔岩样品投于 AFM 图（图略），样品均落入钙碱性玄武岩系列范围，表明晚石炭世火山岩主要为钙碱性火山岩。

艾肯达坂组 3 件基性火山熔岩样品的 SiO_2 含量为 53.48% ~ 54.03%（平均为 53.84%），TiO_2 含量为 0.81% ~ 2.75%（平均为 1.38%），总体属低钛玄武岩系列；Al_2O_3 含量为 15.77% ~ 19.06%（平均为 17.48%），其中 2 个样品 > 16%，属高铝玄武岩，岩石中存在斜长石斑晶；MgO 含量为 4.76% ~ 6.02%（平均为 5.21%）；FeO^T 为 4.43% ~ 10.13%（平均为 7.40%）；CaO 含量为 3.93% ~ 6.86%（平均为 5.56%）；$Na_2O + K_2O$ 含量为 6.16% ~ 7.49%（平均为 6.92%）；$Na_2O/$

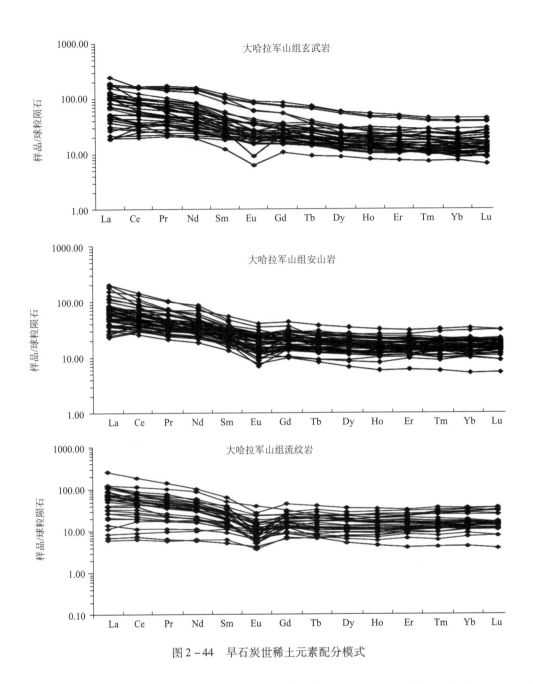

图 2 - 44　早石炭世稀土元素配分模式

K_2O 比值为 0. 86 ~ 24. 04（平均为 7. 94）。伊什基里克组基性火山熔岩只有 1 件样品，SiO_2 含量为
49. 15%；TiO_2 含量为 0. 47%；Al_2O_3 含量为 9. 31%；MgO 含量为 0. 60%；FeO^T 为 33. 03%（铁矿
石）；CaO 含量为 3. 48%；$Na_2O + K_2O$ 含量为 3. 05%；Na_2O/K_2O 比值为 22。

　　艾肯达坂组中性火山熔岩只有 1 件，SiO_2 含量为 60. 6%；TiO_2 含量为 1. 02%；Al_2O_3 含量为
18. 16%，为高铝安山岩，岩石中可能存在斜长石堆晶，镜下观察英安岩中存在大量斜长石斑晶；
MgO 含量为 2. 73%；FeO^T 为 5. 96%；CaO 含量为 3. 48%；$Na_2O + K_2O$ 含量为 6. 91%；Na_2O/K_2O 比
值为 24. 04。伊什基里克组 7 件中性火山熔岩的 SiO_2 含量为 57. 23% ~ 68. 07%（平均为 64. 18%）；
TiO_2 含量为 0. 33% ~ 0. 94%（平均为 0. 63%）；Al_2O_3 含量为 10. 16% ~ 16. 19%（平均为 14. 79%），
其中 3 件样品 > 16%，为高铝安山岩，岩石中可能存在斜长石堆晶，镜下观察英安岩中存在大量斜长
石斑晶；MgO 含量为 0. 23% ~ 6. 16%（平均为 2. 00%）；FeO^T 为 6. 11% ~ 18. 68%（平均为
10. 45%）；CaO 含量为 0. 40% ~ 3. 21%（平均为 1. 71%）；$Na_2O + K_2O$ 含量为 2. 71% ~ 5. 36%（平
均为 2. 00%）；Na_2O/K_2O 比值为 0. 94 ~ 28. 11（平均为 9. 86）。

　　艾肯达坂组无酸性火山岩分析样品。伊什基里克组酸性火山熔岩 SiO_2 含量为 67. 22% ~ 71. 81%

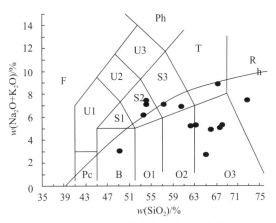

图2-45 晚石炭世火山岩TAS图解

F—似长岩；U1—碱玄岩；U2—响岩质碱玄岩；U3—碱玄质响岩；Ph—响岩；S1—粗面玄武岩；S2—玄武粗安岩；S3—粗面安
山岩；T—粗面岩和粗面英安岩；Pc—苦橄玄武岩；B—玄武岩；O1—玄武安山岩；O2—安山岩；O3—英安岩；R—流纹岩

（平均70.01%）；TiO_2含量为0.39%~0.61%（平均0.50%）；Al_2O_3含量为12.92%~14.82%（平均13.87%）；MgO含量为0.59%~1.57%（平均1.08%）；FeO^T为3.80%~4.44%（平均4.11%）；CaO含量为1.69%~2.01%（平均1.85%）；Na_2O+K_2O含量为7.48%~8.88%（平均8.18%）；Na_2O/K_2O比值为0.53~0.78（平均0.66）。

主量元素的哈克图解（图2-46）显示，CaO、MgO、TiO_2、FeO^T、P_2O_5随SiO_2含量的增加而减少；K_2O随SiO_2含量的增加而增加；Na_2O则显示"团块"式的先增长后降低；Al_2O_3均随SiO_2含量增加而出现先增后减的现象，暗示可能有含铝矿物的分离结晶或部分熔融或同化等现象发生。CaO、MgO、TiO_2、FeO^T、P_2O在岩浆演化的过程中均在$SiO_2=54\%$左右发生含量降低减缓的现象，Na_2O也是在$SiO_2=54\%$左右发生增加变为减小的现象，同时玄武岩样品总体具有高Sr低Yb（$Sr>200\times10^{-6}$，Yb平均值$<2.5\times10^{-6}$）的特征，暗示岩浆演化过程中发生了大规模的分离结晶作用。结合镜下玄武安山岩中斑晶以钠长石为主而橄榄石较少、磁铁矿以斑晶和基质的形式大量出现、多数辉石斑晶有熔蚀现象发生，表明$w(SiO_2)=54\%$左右岩浆中可能发生了橄榄石、辉石的熔蚀和钛磁铁矿、磷灰石、钠长石、角闪石的分离结晶。

2. 微量元素

基性熔岩的不相容元素原始地幔标准化图显示（图2-47），Ba、U、K、Pb相对富集，Rb、Th、Nb、Ta、P、Ti适度亏损，Sr、Lu显著亏损。其余元素的原始地幔标准化比值介于10~40。总体上配分曲线平滑，曲线形态基本一致。艾肯达坂组Zr/Nb比值为14.34~31.38，Ta/Hf比值为0.54~25.64，Th/Ta比值为2.24~17.84，Zr/Hf比值为33.08~43.76，Ba/Zr比值为0.10~0.19，Ba/Ce比值为2.39~69.73，Zr/Ce比值为1.49~4.47，K/Ta比值为6960~165957，Ta/Yb比值为0.08~0.53，Ba/La比值为6.37~150.87。伊什基里克组Zr/Nb比值为16.84；Ta/Hf比值为0.11；Th/Ta比值为2.14；Zr/Hf比值为25.3；Ba/Zr比值为2.21；Ba/Ce比值为6.77；Zr/Ce比值为3.06；K/Ta比值为41786；Ta/Yb比值为0.16；Ba/La比值为12.63。

中性熔岩的不相容元素原始地幔标准化图上（图2-47），K、Nd、Dy、Y相对富集，Nb、Ta、Sr、P、Ti、Pb适度亏损，Lu显著亏损。其余元素的原始地幔标准化比值介于10~50。总体上，配分曲线平滑，曲线形态基本一致。艾肯达坂组Zr/Nb比值为21.08；Ta/Hf比值为0.11；Th/Ta比值为17.84；Zr/Hf比值为33.37；Ba/Zr比值为0.54；Ba/Ce比值为2.39；Zr/Ce比值为4.47；K/Ta比值为6960；Ta/Yb比值为0.11；Ba/La比值为6.37。伊什基里克组Zr/Nb比值为11.01~20.84，Ta/Hf比值为0.08~0.28，Th/Ta比值为4.92~19.23，Zr/Hf比值为29.14~37.32，Ba/Zr比值为1.44~8.75，Ba/Ce比值为1.00~58.50，Zr/Ce比值为0.70~9.47，K/Ta比值为20275~83846，Ta/Yb比值为0.14~0.68，Ba/La比值为1.54~164.71。

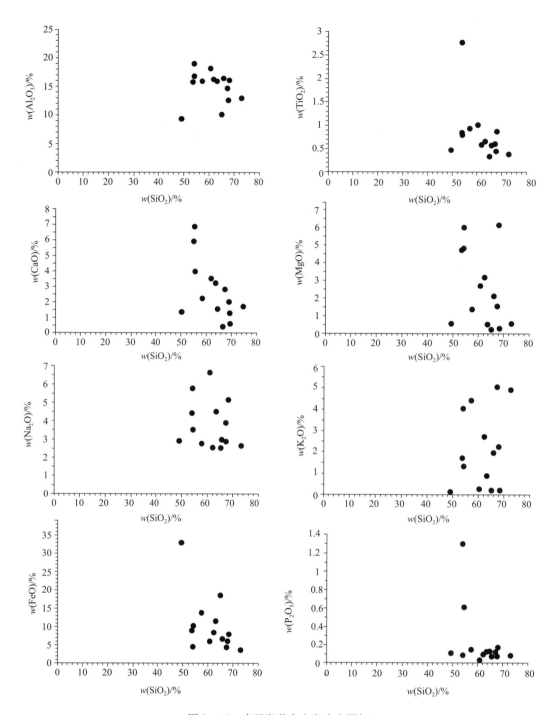

图 2 - 46 晚石炭世火山岩哈克图解

酸性火山熔岩的不相容元素原始地幔标准化图上（图 2 - 47），伊什基里克组 Rb、Th、K、Nd、Dy 相对富集，Ba、Nb、Ta、P、Ti 适度亏损，Lu 显著亏损，其余元素的原始地幔标准化比值介于 20～100。总体上，配分曲线相对平滑，曲线形态基本一致。Zr/Nb 比值 16.86～17.43，平均 17.15；Ta/Hf 比值 0.11～0.16，Th/Ta 比值 14.73～21.88，Zr/Hf 比值 33.22～34.41，Ba/Zr 比值 3.62～4.67，Ba/Ce 比值 12.65～18.77，Zr/Ce 比值 3.49～4.02，K/Ta 比值 36812～51654，平均 44233，Ta/Yb 比值 0.16～0.22，Ba/La 比值 23.13～38.99。

3. 稀土元素

艾肯达坂组基性火山熔岩的 $\sum REE = 310.9 \times 10^{-6} \sim 1106.5 \times 10^{-6}$（平均 538.33×10^{-6}），其中 LREE $= 190.2 \times 10^{-6} \sim 981.9 \times 10^{-6}$（平均 428.82×10^{-6}），HREE $= 87.6 \times 10^{-6} \sim 124.7 \times 10^{-6}$（平均

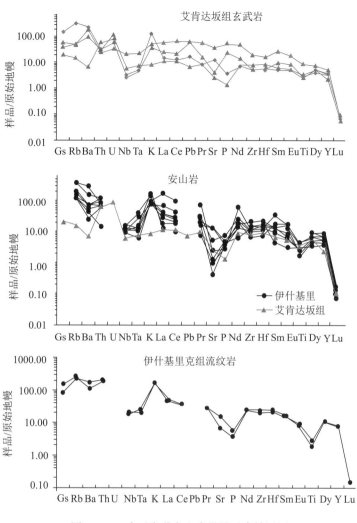

图 2 - 47　晚石炭世火山岩微量元素蛛网图

132.43×10^{-6}）；$\delta Eu = 0.87 \sim 1.00$，$(La/Yb)_N$ 比值为 $1.88 \sim 15.72$（平均 6.70），$(La/Sm)_N$ 比值为 $1.64 \sim 2.86$，$(Gd/Yb)_N$ 比值为 $1.01 \sim 4.36$。轻稀土元素和重稀土元素之间的分馏程度中等（LREE/HREE 比值为 $1.69 \sim 7.88$），轻稀土元素内部分馏程度中等，重稀土元素内部分馏程度较弱；球粒陨石标准化的稀土元素配分曲线图显示（图 2 - 48），配分曲线均为缓慢右倾的轻稀土富集型，异常不明显；熔岩 Dy/Yb 比值为 $1.49 \sim 3.03$（平均 1.90），小于 2.5，为尖晶石二辉橄榄岩部分熔融形成。伊什基里克组基性火山熔岩的 $\sum REE = 119.28 \times 10^{-6} \sim 145.98 \times 10^{-6}$，其中 $LREE = 104.5 \times 10^{-6} \sim 129.01 \times 10^{-6}$，$HREE = 14.78 \times 10^{-6} \sim 16.97 \times 10^{-6}$；$\delta Eu = 0.85 \sim 0.94$，$(La/Yb)_N$ 比值为 $4.35 \sim 5.72$，$(La/Sm)_N$ 比值为 $2.41 \sim 2.69$，$(Gd/Yb)_N$ 比值为 $1.11 \sim 1.62$。轻稀土元素和重稀土元素之间的分馏程度明显（LREE/HREE 比值为 $7.07 \sim 7.60$），轻稀土元素内部分馏程度中等，重稀土元素内部分馏程度较弱；球粒陨石标准化的稀土元素配分曲线图显示（图 2 - 48），配分曲线均为缓慢右倾的轻稀土富集型，异常不明显；熔岩 Dy/Yb 比值 $1.43 \sim 2.20$，小于 2.5，为尖晶石二辉橄榄岩部分熔融形成。

艾肯达坂组 1 件中性火山熔岩 $\sum REE = 61.87 \times 10^{-6}$，其中 $LREE = 50.48 \times 10^{-6}$，$HREE = 11.39 \times 10^{-6}$；$\delta Eu = 0.85$，$(La/Yb)_N$ 比值为 1.88，$(La/Sm)_N$ 比值为 1.64，$(Gd/Yb)_N$ 比值为 1.01。轻稀土元素和重稀土元素之间的分馏程度中等（LREE/HREE 比值为 4.43），轻稀土元素内部分馏程度较弱，重稀土元素内部几乎无分馏。球粒陨石标准化的稀土元素配分曲线图显示（图 2 - 48），配分曲线均为缓慢右倾的轻稀土富集型，异常不明显。

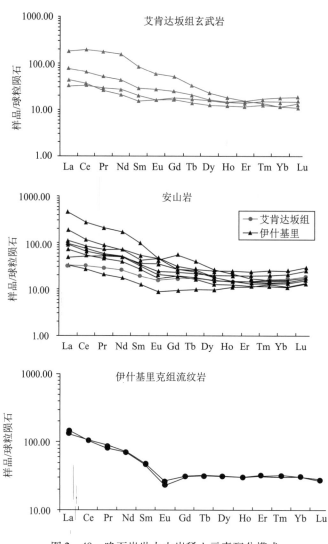

图 2 - 48 晚石炭世火山岩稀土元素配分模式

伊什基里克组中性火山熔岩 $\sum REE = 48.3 \times 10^{-6} \sim 426.0 \times 10^{-6}$（平均为 156.03×10^{-6}），其中 $LREE = 39.8 \times 10^{-6} \sim 410.3 \times 10^{-6}$，$HREE = 8.5 \times 10^{-6} \sim 17.9 \times 10^{-6}$；$\delta Eu = 0.56 \sim 1.44$，$(La/Yb)_N$ 比值为 $1.92 \sim 29.0$，$(La/Sm)_N$ 比值为 $1.35 \sim 4.62$，$(Gd/Yb)_N$ 比值为 $0.67 \sim 2.88$。轻稀土元素和重稀土元素之间的分馏程度较强（LREE/HREE 比值为 $4.71 \sim 26.07$，平均 11.33），轻稀土元素内部分馏程度中等，重稀土元素内部分馏程度较弱；球粒陨石标准化的稀土元素配分曲线图显示（图 2 - 48），配分曲线为缓慢右倾的轻稀土富集型，具有弱负 Eu 异常 - 弱正异常。

艾肯达坂组酸性火山岩样品没有进行测试。伊什基里克组酸性火山熔岩 $\sum REE = 173.8 \times 10^{-6} \sim 175.2 \times 10^{-6}$，其中 $LREE = 151.9 \times 10^{-6} \sim 152.6 \times 10^{-6}$，$HREE = 21.9 \times 10^{-6} \sim 22.6 \times 10^{-6}$；$\delta Eu = 0.62 \sim 0.69$，$(La/Yb)_N$ 比值为 $4.18 \sim 4.82$，$(La/Sm)_N$ 比值为 $2.75 \sim 3.15$，$(Gd/Yb)_N$ 比值为 $1.00 \sim 1.02$（平均 1.01）。轻稀土元素和重稀土元素之间的分馏程度较强（LREE/HREE 比值为 $6.76 \sim 6.93$），轻稀土元素内部分馏程度中等，重稀土元素内部无分馏；球粒陨石标准化的稀土元素配分曲线图显示（图 2 - 48），配分曲线均为缓慢右倾的轻稀土富集型，具有弱负 Eu 异常。

四、构造环境

（一）早石炭世

早石炭世火山岩类型较为复杂。钙碱性和拉斑玄武岩几乎各占一半；高铝玄武岩（$Al_2O_3 >$

16%）占玄武岩总数的 65% 左右；高镁玄武岩（MgO > 8%）约占 20%；富 Nb 玄武岩（Nb ≥ 3.85 × 10^{-6}，$(La/Nb)_{PM} < 2.0$）、高镁安山岩（MgO > 8%）也有一定的比例。不同类型的玄武岩与高镁安山岩在一起出露，暗示火山岩环境可能为岛弧。

不同的微量元素地球化学特征反映不同构造环境玄武岩，可用来判别玄武岩的形成环境（Rollinson，1993）。早石炭世火山岩具有富集大离子亲石元素（LILE，Rb、Ba、K）、相对亏损高场强元素（HFSE，Nb、Ta、Ti）的特征，但 Zr、Hf 亏损不明显。玄武岩 Th/Ta（1.47 ~ 36.62，平均为 9.09）、Th/Nb（0.16 ~ 3.00，平均为 0.62）比值较高，并具有高的 K/Ta（5316 ~ 124468，平均为 39208）比值，表明岩浆可能来源于俯冲流体交代的地幔源区（Wilson，1989；Pearce et al.，1995；Elliott et al.，1997）；玄武岩 Ba/Th（23.28 ~ 1043.9，平均为 203.64）比值总体偏小（< 350），暗示俯冲带流体对岩浆源区的影响并不显著。另外，在不同的判别图解中，玄武岩落入了不同的构造环境范围。例如，在玄武岩 2Nb – Zr/4 – Y 图（图 2 – 49a）、Ti/100 – Zr – Y 图（图 2 – 49b）、Hf/3 – Th – Ta 图（图 2 – 50a）中，主要落入岛弧玄武岩或活动陆缘范围；在玄武岩 Zr/Y – Zr 图解（图 2 – 50b）中，落入活动陆缘或板内玄武岩范围；在 V – Ti 图（图 2 – 51）中，主要落入洋脊玄武岩范围。玄武岩、安山岩、流纹岩 Zr 含量均 > 100 × 10^{-6}，玄武岩 Zr/Y 为 2.23 ~ 13.48（平均为 5.70），高于 MORB，可能为岩浆上升过程中混染了部分陆壳物质。朱永峰等（2006）在拉尔墩达坂获得两颗太古宙锆石年龄分别为 2546、2478 Ma；笔者在智博铁矿火山岩中获得 1724 Ma 的早元古代锆石，在备战金铁矿也获得 2771 Ma 的太古宙锆石，暗示岩浆上升过程中捕获了基底的陆壳锆石，导致了火山岩 Zr 含量和 Zr/Y 比值增加，使区域玄武岩在 Zr/Y – Zr 图中呈现板内玄武岩特征。但该 "板内玄武岩" 非地幔柱活动形成的洋岛玄武岩、大陆溢流玄武岩，它们之间有着本质的区别。区域玄武岩 Th/Ce（0.02 ~ 0.59，平均为 0.09）变化较大，但高于 OIB 和 MORB；流纹岩 Th/Ce（0.06 ~ 1.89，平均为 0.45）远高于 OIB、MORB，也高于大陆地壳平均值，显示出洋底沉积物对火山岩的岩浆成分的影响，尤其是中酸性火山岩。

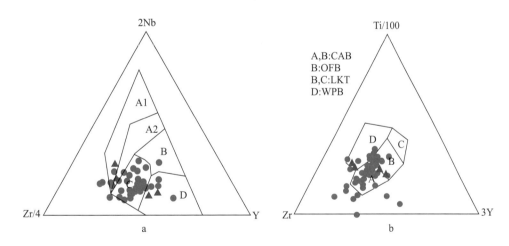

图 2 – 49　石炭纪玄武岩 2Nb – Zr/4 – Y 图（a）与 Ti/100 – Zr – 3Y 图（b）

A1 + A2—板内碱性玄武岩；A2 + C—板内拉斑玄武岩；B – P 型洋脊玄武岩；D—正常洋脊玄武岩；C + D—火山弧玄武岩；

● 早石炭世玄武岩；▲ 晚石炭世玄武岩　CAB—钙碱性玄武岩；OFB—洋中脊玄武岩；LKT—低钾（岛弧）

拉斑玄武岩；WPB—板内玄武岩

由于 Nb 和 U 具有相似的总分配系数（Hofmann，1988；Sun et al.，1989），导致 Nb 和 U 在地幔部分熔融过程中分异不明显，使熔体中 Nb/U 比值与源岩相近，可以反映岩浆源区的地球化学特征。N – MORB，E – MORB 和原始地幔中 Nb/U 比值分别约为 50、6 和 34（郭璇等，2006）。在西天山玄武岩原始地幔标准化图解中，U 相对 Th 轻微富集，相对 Nb 强烈富集。玄武岩样品 Nb/U 比值为 0.40 ~ 24.01（平均为 7.30），低于 MORB 和下地壳。U 在流体中活动性较强（Peace et al.，1993），在板片脱水作用过程中主要进入地幔，而 Nb 则主要残留在俯冲板片中。因此，低 Nb/U 比可能是俯冲带流体交代地幔的结果。

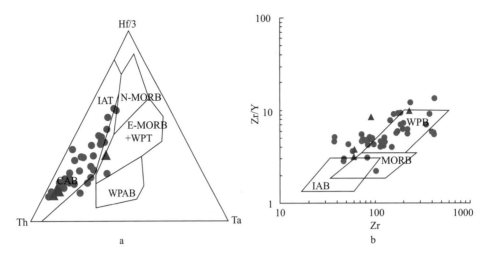

图 2 - 50　石炭纪玄武岩 Hf/3 - Th - Ta 图（a）与石炭纪玄武岩 Zr/Y - Zr 图（b）

IAT—岛弧拉斑系列；CAB—钙碱性玄武岩；N - MORB—正常型洋脊玄武岩；E - MORB—异常型洋脊玄武岩；

WPT—板内拉斑玄武岩；WPAB—板内玄武岩；● 早石炭世玄武岩；▲ 晚石炭世玄武岩

WPB—板内玄武岩；MORB—洋中脊玄武岩；IAB—岛弧玄武岩

　　西天山玄武岩样品在原始地幔标准化出现明显
Pb 峰。Pb 在玄武岩体系中的分配系数比较大
（White，2002），但在地幔中不相容性较弱，熔体中
富集的 Pb 不可能由部分熔融引起。玄武岩样品的
Ce/Pb 比值为 0.11 ~ 39.20（平均为 9.03），低于大
洋中脊玄武岩（≈25）和原始地幔（≈10）（郭璇
和朱永峰，2006）。Pb 在板片脱水产生的流体中具有
较强的活动性。实验数据表明（Brenan et al.，1995；
Keppler，1996；Ayers，1998），来自俯冲板片的流体
中 Ce/Pb 比值小于 0.1。因此，玄武岩的低 Ce/Pb 比
值可能也反映了俯冲板片流体交代地幔的地球化学特
征。基于此，本书认为西天山广泛分布的早石炭世火
山岩形成环境应为古天山洋向伊犁 - 中天山地块俯冲
所形成的岛弧，与朱永峰等（2005）一致。

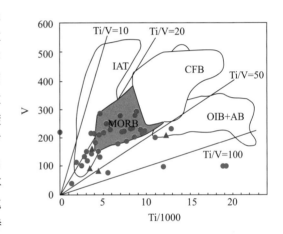

图 2 - 51　石炭纪玄武岩 V - Ti 图

IAT—岛弧拉斑系列；MORB—洋中脊玄武岩；CFB—大
陆溢流玄武岩；OIB—洋岛玄武岩；● 早石
炭世玄武岩；▲ 晚石炭世玄武岩

（二）晚石炭世

　　晚石炭世火山岩具有富集大离子亲石元素
（LILE，Ba、K、U、Pb）、相对亏损高场强元素（HFSE，Nb、Ta、P、Ti）的特征，但 Zr、Hf 亏损
不明显。玄武岩 Th/Ta（2.24 ~ 17.84，平均为 11.86）、Th/Nb（0.14 ~ 1.45，平均为 1.00）比值较
高，并具有高的 K/Ta（6960 ~ 165957，平均为 57747）比值，显示出岩浆可能来源于俯冲流体交代
的地幔源区（Wilson，1989；Pearce et al.，1995；Elliott et al.，1997）或地壳混染的地幔源区；玄武
岩 Ba/Th（8.92 ~ 593.18，平均 352.38 > 350），暗示俯冲带流体对岩浆源区的影响较为显著。另外，
在不同的判别图解中，玄武岩落入了不同的构造环境范围。在玄武岩 2Nb - Zr/4 - Y 图（图 2 - 49a）、
Ti/100 - Zr - Y 图（图 2 - 49b）中落入板内碱性玄武岩和洋脊玄武岩范围，在 Hf/3 - Th - Ta 图（图
2 - 50a）、Zr/Y - Zr 图解（图 2 - 50b）和 V - Ti 图（图 2 - 51）中，落入活动陆缘或板内玄武岩范
围。安山岩、流纹岩 Zr 含量均 > 100 × 10^{-6}，但玄武岩含量较低（59.5 × 10^{-6} ~ 228 × 10^{-6}，< 100 ×
10^{-6}样品超过半数），玄武岩 Zr/Y 为 3.13 ~ 9.83（平均为 6.34），高于 MORB，表明岩浆上升过程中

混染了较多陆壳物质，尤其是岩浆演化后期。项目组在波斯勒克铁矿火山岩中获得多颗 600~750 Ma 的继承锆石，暗示岩浆上升过程中捕获了伊犁地块前寒武系基底的陆壳锆石，导致了火山岩 Zr 含量和 Zr/Y 比值增加。区域玄武岩 Th/Ce（0.02~0.27，平均为 0.11）变化较大，稍高于 OIB、MORB 和大陆地壳；但安山岩（0.17~0.27，平均为 0.23）、流纹岩（0.03~0.57，平均为 0.21）远高于 OIB、MORB 和大陆地壳平均值，显示出洋底沉积物对火山岩岩浆成分的影响，尤其是中酸性火山岩。

在西天山晚石炭世玄武岩原始地幔标准化图解中，U 相对 Th 轻微富集，相对 Nb 强烈富集。玄武岩样品 Nb/U 比值为 0.97~21.20（平均为 6.54），低于 N-MORB 和原始地幔，与 E-MORB 相当。U 在流体中活动性较强（Peace et al.，1993），在板片脱水作用过程中主要进入地幔，而 Nb 则主要残留在俯冲板片中。低 Nb/U 比可能是俯冲带流体交代地幔的结果。晚石炭世玄武岩样品的 Ce/Pb 比值为 3.43~15.73（平均为 8.93），低于大洋中脊玄武岩（≈25），与原始地幔（≈10）较为接近，可能反映了俯冲板片流体对地幔的轻微交代作用。

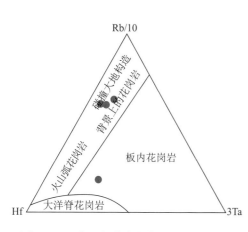

图 2-52　晚石炭世流纹岩 Rb-Hf-Ta 图

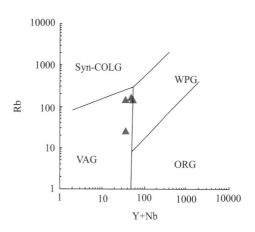

图 2-53　晚石炭世流纹岩 Rb-Y+Nb 图解
Syn—COLG—同碰撞；VAG—岛弧；WPG—板内；
ORG—洋脊花岗岩

晚石炭世流纹岩 Nb/Ta 为 8.77~19.53，平均为 14.76，大于上地壳的相应值（11.4，Taylor et al.，1985），低于原始地幔相应值（17.8，McDonough et al.，1995）。另外，岩石中 Cr 含量极低（9.1×10^{-6}），说明岩浆体系没有地幔组分的参与。Ti/Zr 及 Ti/Y 比值变化较大（分别为 3.25~14.00，45.79~97.99），大多数分别小于 20 和 100，表明其为壳源岩浆系列；Rb/Nb 比值（2.31~13.16，平均值为 9.64），稍高于上地壳平均值，但远高于原始地幔平均值，暗示有俯冲流体的加入。另外，流纹岩富集 K、Rb、Th 等大离子亲石元素和 LREE，具有显著的 Ba、Nb、Ta、P、Ti 负异常，相对较高 Th/Ta 比值（10.30~22.14）和较低的 Ta/Yb 值（0.11~0.23），暗示其可能形成于大陆地壳基础上（即陆缘岛弧带，李永军等，2012）。在 Rb-Hf-Ta 图解（图 2-52）上，样品基本落入同碰撞环境的花岗岩区域；在 Rb-（Y+Nb）图（图 2-53）中样品基本落入火山弧区域，在 Y-Sr/Y 图上（图略）全部样品进入岛弧火山岩区域，暗示晚石炭世火山岩形成于同碰撞环境下的大陆边缘弧。另外，依连哈比尔尕洋和南天山洋分别关闭于 325~316、320~300 Ma，也证实了西天山晚石炭世处于同碰撞环境。本书认为西天山晚石炭世火山岩形成环境应为依连哈比尔尕残余洋盆闭合后形成的陆缘火山弧。

第三章 主要矿区侵入岩年代学、地球化学特征及其地质意义

新疆阿尔泰南缘、准噶尔北缘、西天山阿吾拉勒和东天山发育较多的赋存于火山岩系中的铁铜多金属矿床，多数矿区发育与火山岩同时代的侵入岩。这些金属矿床的成矿作用多数与矿区岩浆侵入活动有关。针对各矿区出露的侵入岩进行研究不仅可以厘定矿床的成矿时代、查明成矿作用以及成矿环境，而且可以为区域构造、岩浆演化、成矿规律的研究提供大量信息，同时对地层时代的划分进行限定。本书对乔夏哈拉、老山口、沙泉子、磁海、雅满苏、突出山等矿区的花岗岩类及西天山石炭纪侵入岩进行了系统的研究，并重点介绍这些研究成果。

第一节 老山口铁铜金矿区侵入岩年代学、地球化学及其地质意义

一、岩体地质及岩石学

矿区内岩浆侵入活动较强烈，主要分布于矿区的卡拉先格尔–二台断裂南缘（图3–1），以中性、基性侵入岩为主，次为少量超基性岩。中性和基性侵入岩呈NW向展布，出露面积较大的岩体有闪长岩、二长岩、二长花岗岩、花岗岩，并且发育正长岩、闪长玢岩和辉绿岩脉，均侵位于中泥盆统北塔山组中，且在空间上密切共生。二长岩和二长花岗岩出露总面积29 km^2，为矿区主要岩体。石英闪长岩体呈岩株状、岩枝状、脉状产出。发育有黑云母闪长岩和闪长岩，其中闪长岩出露总面积约2.6 km^2，多呈不规则岩株、岩瘤状产出；正长斑岩出露总面积较小，约0.80 km^2，呈脉状、不规则岩株产出，受断裂构造控制明显。闪长玢多呈脉状、岩株状NW向展布。野外特征表明闪长玢岩和石英闪长岩与铁、铜、金矿化关系密切（图3–2）。

石英闪长岩呈浅灰白色，块状构造，半自形中粒结构（图3–3a，b）。主要由斜长石（60%～65%）、钾长石（5%～10%）、普通角闪石（20%～25%）和石英（5%～15%）组成。斜长石呈半自形长板状，长2.5～2.6 mm，环带结构和聚片双晶发育，发生绢云母化，个别较大颗粒见包裹磷灰石和锆石。钾长石呈半自形板状，条纹结构发育，分布于斜长石与角闪石之间。角闪石多为褐绿色，半自形长柱状，颗粒小于斜长石但大于钾长石。石英呈他形粒状充填于其他矿物间。副矿物有磁铁矿、磷灰石、锆石和榍石。

正长斑岩呈肉红色，块状构造，似斑状结构（图3–3c、d）。斑晶主要有钾长石、斜长石和角闪石。钾长石斑晶呈自形板状，占斑晶总量约75%～80%，发育条纹结构，具定向排列；斜长石呈半自形板状，粒度大小不等，长约1.2～2.5 mm，占斑晶总量10%～15%；角闪石褐绿色，占斑晶总量5%左右，多为自形柱状，均已发生绿泥石化。基质具细–微粒结构，由钾长石、斜长石及磁铁矿、榍石等组成。其中钾长石呈半自形板条状，长约0.05～0.10 mm，含量约50%～60%；斜长石约5%～10%，可见聚片双晶。

黑云母闪长岩呈浅灰白色，块状构造，半自形粒状镶嵌结构（图3–3e、f）。主要矿物有斜长石（60%～65%）、钾长石（<10%）、黑云母（5%～10%）、普通角闪石（10%～15%）。斜长石多呈半自形板柱状，粒度为2.5～3.0 mm，具环带构造，中间部位钠黝帘石化较强。黑云母褐色，具多色性、吸收性，局部绿泥石化。角闪石为绿色，柱状，具多色性。钾长石具有条纹结构，沿裂隙有绿帘石充填。副矿物有黝帘石、锆石、绿帘石等。

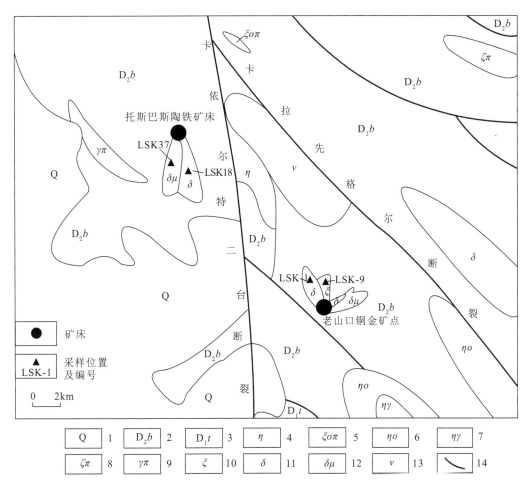

图 3-1 老山口矿区岩体地质略图

（据新疆地质矿产勘查开发局第四地质大队 1：5 万地质图修改，2006）

1—第四系；2—北塔山组；3—托让格库都克组；4—二长岩；5—石英正长斑岩；6—石英二长岩；7—二长花岗岩；8—钾长花岗斑岩；9—花岗斑岩；10—正长斑岩；11—闪长岩；12—闪长玢岩；13—辉长岩；14—断层

闪长玢岩呈岩株状，一般为长十几米至数千米，宽几米至两百多米。闪长玢岩呈浅灰绿色，块状构造，斑状结构（图 3-3G、H）。斑晶为斜长石，基质为细粒结构。未蚀变斜长石表现为内外消光不一致，蚀变斜长石显示中间部位黝帘石化较强。斜长石斑晶多呈板状，可见聚片双晶，粒度大小不等，最小为 0.5 mm，一般为 1.2~2.5 mm，最大为 8.5 mm。基质中主要矿物以斜长石为主，少量角闪石等。斜长石为细板条状，粒度为 0.25 mm 左右。角闪石部分已绿泥石化，部分仅保留其原始晶形。副矿物以黝帘石为主，少量绿泥石和锆石。

二、年代学

（一）样品及分析方法

本次对老山口矿区的石英闪长岩、正长斑岩、黑云母闪长岩和闪长玢岩进行高精度年龄测定。石英闪长岩样号 LSK-1，采自北纬：46°27′14.2″，东经：90°07′01.6″。正长斑岩样号为 LSK09，采自北纬：46°27′17.6″，东经：90°07′03.5″。黑云母闪长岩样号为 LSK-18，采自北纬：46°27′11.2″，东经：90°07′08.1″。闪长玢岩样号为 LSK-37，采自北纬：46°28′06.5″，东经：90°05′50.2″。

样品的破碎和锆石的挑选工作由廊坊市科大技术服务公司实验室完成。单矿物锆石样品靶、反射光和透射光显微照相及阴极发光照像在北京离子探针中心完成。锆石 U、Th 和 Pb 同位素组成分析在

图 3 - 2　老山口矿区岩体及闪长玢岩、闪长岩与磁铁矿的接触关系

a—正长斑岩；b—闪长玢岩与黑云母闪长岩；c、d、e—闪长玢岩与磁铁矿矿体；
f—石英闪长岩与玄武岩接触处的矿体

中国地质科学院矿产资源研究所同位素实验室 Neptune 型高分辨多接收电感耦合等离子体质谱仪（MC - ICP - MS）上进行。详细的分析流程和原理参考文献（Campston et al. , 1984；Williams et al. , 1992；宋彪等，2002；侯可军等，2009）。在测试定年锆石样品前，测定一次标准锆石年龄 GJ - 1 锆石和 Plesovice 锆石，用于元素分馏校正。每测定 10 个样品点后，测定一次标准 GJ - 1 锆石（607 Ma）和 Plesovice 锆石（337 Ma）。年龄计算及谐和图的绘制采用 Isoplot（3.00）版软件完成（Liu et al. , 2008）。LA - ICP - MS 锆石 U - Pb 测年方法通过直接测定单颗粒锆石晶体中微区的 U - Pb 同位素组成而得出年龄，其结果以 $^{206}Pb/^{238}U$ 年龄计算，年龄误差为 2σ，加权平均年龄具有 95% 的置信度。详细实验测试过程可参见侯可军等（2009）。

（二）测试结果

1. 石英闪长岩（LSK -01）

锆石阴极发光 CL 图像显示，测试的锆石颗粒多呈半自形粒状 - 他形短柱状，晶棱及晶面清楚，内部发育清晰的岩浆成因振荡环带结构（图 3 -4）。少数锆石颗粒呈半自形 - 他形柱状，没有明显的振荡环带结构，有些内部具宽窄不一、明暗相间的条带状结构，也表现出岩浆成因锆石的特征。部分锆石（锆石点 18）颗粒具有窄的浅色边，但核部仍显示出清晰的岩浆环带特征，表明浅色边为变质的增生边。选择 18 粒锆石的 LA - ICP - MS U - Pb 分析结果列于表 3 - 1。18 粒锆石的 U、Th 含量较低，U 介于 $73 \times 10^{-6} \sim 770 \times 10^{-6}$，Th 介于 $27 \times 10^{-6} \sim 659 \times 10^{-6}$，平均含量分别为 379×10^{-6} 和 186×10^{-6}，Th/U 比值介于 $0.21 \sim 0.86$，显示岩浆锆石特点（Rubatto，2002）。

18 个分析结果的年龄变化范围小，在误差范围内有一致的 $^{207}Pb/^{206}Pb$、$^{207}Pb/^{235}U$ 和 $^{206}Pb/^{238}U$ 比值。18 个锆石分析点的 $^{206}Pb/^{238}U$ 年龄范围为 349 ± 4 Ma $\sim 363 \pm 5$ Ma，其 $^{206}Pb/^{238}U$ 年龄的加权平均值

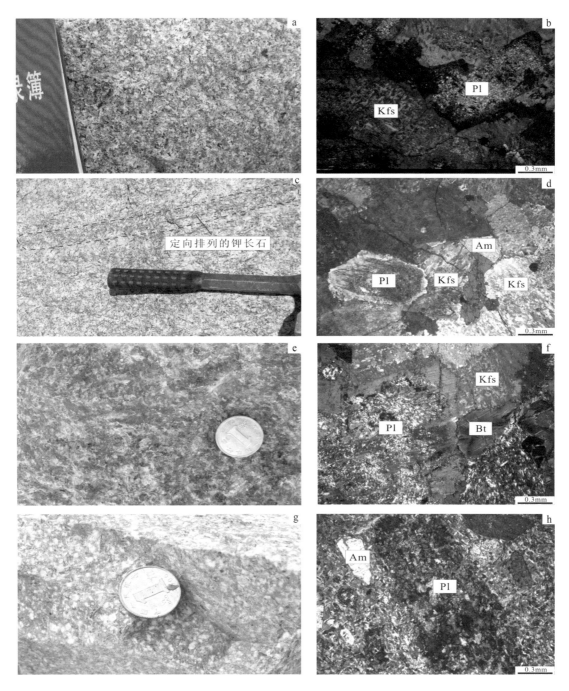

图 3 - 3　老山口矿区侵入岩标本和显微照片

Pl—斜长石；Kfs—钾长石；Am—角闪石；Bt—黑云母

为 353.8 ± 1.9 Ma（MSWD = 0.96），在谐和图内成群集中分布（图 3 - 5），因此，353.8 ± 1.9 Ma 代表石英闪长岩体的形成年龄。

2. 正长斑岩（LSK - 09）

锆石阴极发光 CL 图像表明锆石多呈半自形 - 他形粒状及短柱状晶体，内部发育清晰的岩浆成因振荡环带结构（图 3 - 4）。有些锆石具有不明显的条带结构，如锆石测点（11、12、13），表现出岩浆成因锆石的特征。20 粒锆石的 U、Th 含量变化较大（表 3 - 1），U 介于 $155 \times 10^{-6} \sim 1098 \times 10^{-6}$，Th 介于 $55 \times 10^{-6} \sim 784 \times 10^{-6}$，Th/U 比值介于 0.32 ~ 0.88，显示了岩浆锆石的特点（Rubatto，2002）。20 个锆石测点的年龄在误差范围内有较一致的 $^{207}Pb/^{206}Pb$、$^{207}Pb/^{235}U$ 和 $^{206}Pb/^{238}U$ 比值，在谐和图上基本上成群集中分布在谐和线上及附近（图 3 - 5），其 $^{206}Pb/^{238}U$ 年龄的加权平均值为 366.3 ±

表 3-1 老山口矿区岩体锆石 LA-ICP-MS U-Pb 年龄测定结果

测点	同位素含量/10^-6		Th/U	同位素比值								表面年龄/Ma							
	Th	U		$^{207}Pb/^{206}Pb$	1σ	$^{207}Pb/^{235}U$	1σ	$^{206}Pb/^{238}U$	1σ	$^{208}Pb/^{232}Th$	1σ	$^{207}Pb/^{206}Pb$	1σ	$^{207}Pb/^{235}U$	1σ	$^{206}Pb/^{238}U$	1σ	$^{208}Pb/^{232}Th$	1σ
老山口 LSK-1																			
LSK-1-1	340	761	0.45	0.0567	0.0003	0.4384	0.0042	0.0562	0.0006	0.0007	0.0002	480	18	369	3	353	3	15	3
LSK-1-2	214	399	0.54	0.0526	0.0003	0.4048	0.005	0.0558	0.0006	0.0007	0.0002	309	17	345	4	350	4	13	3
LSK-1-3	271	462	0.59	0.0529	0.0003	0.4073	0.0045	0.0559	0.0006	0.0006	0.0002	324	18	347	3	351	3	13	3
LSK-1-4	304	655	0.46	0.0539	0.0003	0.4168	0.0048	0.0561	0.0006	0.0006	0.0002	370	11	354	3	352	3	13	4
LSK-1-5	45	139	0.33	0.0531	0.0006	0.4076	0.006	0.0557	0.0007	0.0017	0.0006	345	26	347	4	349	4	34	12
LSK-1-6	198	366	0.54	0.0537	0.0004	0.4137	0.0056	0.0559	0.0007	0.0007	0.0003	367	15	352	4	351	4	15	5
LSK-1-7	118	549	0.21	0.0544	0.0003	0.4212	0.0056	0.056	0.0006	0.0009	0.0004	387	45	357	4	351	4	18	7
LSK-1-8	156	412	0.38	0.0537	0.0004	0.415	0.0049	0.0561	0.0006	0.0006	0.0003	367	15	352	4	352	4	12	5
LSK-1-9	140	340	0.35	0.0546	0.0004	0.421	0.0058	0.056	0.0007	0.001	0.0004	394	19	357	4	351	4	20	8
LSK-1-10	291	435	0.67	0.0541	0.0003	0.4205	0.0053	0.0563	0.0007	0.0006	0.0002	376	15	356	4	353	4	12	4
LSK-1-11	659	770	0.86	0.0538	0.0003	0.4197	0.0053	0.0565	0.0007	0.0006	0.0002	365	11	356	4	355	4	12	4
LSK-1-12	50	114	0.44	0.0557	0.0013	0.4441	0.0117	0.058	0.0008	0.0102	0.0086	443	55	373	8	363	8	204	173
LSK-1-13	170	304	0.56	0.0545	0.0004	0.4301	0.0062	0.0572	0.0007	0.0008	0.0003	391	19	363	4	359	4	16	5
LSK-1-14	72	224	0.32	0.0538	0.0004	0.4199	0.0059	0.0567	0.0007	0.0015	0.0005	361	23	356	4	355	4	31	10
LSK-1-15	115	192	0.6	0.0542	0.0005	0.4254	0.0065	0.057	0.0008	0.0012	0.0004	389	53	360	5	357	5	24	8
LSK-1-16	67	173	0.39	0.0549	0.0005	0.4306	0.0054	0.057	0.0007	0.0019	0.0007	409	20	364	4	358	4	39	13
LSK-1-17	223	651	0.34	0.054	0.0003	0.4212	0.0056	0.0565	0.0004	0.001	0.0004	372	11	357	4	354	4	21	7
LSK-1-18	64	155	0.41	0.0544	0.0006	0.4337	0.0062	0.058	0.0006	0.0017	0.0006	387	24	366	4	363	4	35	13
LSK-9																			
LSK-9-1	55	155	0.36	0.0537	0.0005	0.4295	0.004	0.0581	0.0005	0.0048	0.0005	361	23	363	3	364	3	97	9
LSK-9-2	230	286	0.8	0.0529	0.0003	0.4237	0.0036	0.0581	0.0004	0.003	0.0002	324	11	359	3	364	3	61	4
LSK-9-3	155	493	0.32	0.0536	0.0002	0.4388	0.0039	0.0594	0.0005	0.0035	0.0003	354	9	369	3	372	3	71	5
LSK-9-4	469	1098	0.43	0.0576	0.0002	0.4634	0.0044	0.0583	0.0002	0.0033	0.0002	522	6	387	3	366	3	67	4
LSK-9-5	126	276	0.45	0.0543	0.0003	0.4434	0.0039	0.0592	0.0003	0.0037	0.0003	387	13	373	3	371	3	75	6

测点	同位素含量/10⁻⁶			同位素比值								表面年龄/Ma							
	Th	U	Th/U	^{207}Pb/^{206}Pb	1σ	^{207}Pb/^{235}U	1σ	^{206}Pb/^{238}U	1σ	^{208}Pb/^{232}Th	1σ	^{207}Pb/^{206}Pb	1σ	^{207}Pb/^{235}U	1σ	^{206}Pb/^{238}U	1σ	^{208}Pb/^{232}Th	1σ
LSK-9-6	311	544	0.57	0.0538	0.0002	0.4373	0.0035	0.059	0.0005	0.0036	0.0002	361	9	368	2	370	2	72	4
LSK-9-7	101	305	0.33	0.0534	0.0003	0.4278	0.0044	0.0581	0.0005	0.004	0.0003	343	11	362	3	364	3	80	6
LSK-9-8	158	333	0.47	0.0542	0.0003	0.4345	0.0042	0.0582	0.0005	0.0039	0.0003	389	13	366	3	365	3	79	5
LSK-9-9	436	499	0.88	0.0532	0.0002	0.432	0.0037	0.0589	0.0005	0.0042	0.0002	339	9	365	3	369	3	84	5
LSK-9-10	255	396	0.64	0.0552	0.0003	0.4538	0.0036	0.0598	0.0005	0.0042	0.0003	417	13	380	3	375	3	85	6
LSK-9-11	173	216	0.8	0.0533	0.0003	0.4327	0.0043	0.059	0.0005	0.0048	0.0003	339	13	365	3	369	3	97	6
LSK-9-12	280	342	0.82	0.0534	0.0002	0.4382	0.0041	0.0596	0.0006	0.0043	0.0002	346	11	369	3	373	3	86	5
LSK-9-13	167	459	0.37	0.0538	0.0002	0.4353	0.0037	0.0587	0.0005	0.0046	0.0003	361	9	367	3	368	3	92	5
LSK-9-14	170	261	0.65	0.0535	0.0003	0.4275	0.0033	0.058	0.0004	0.0043	0.0003	350	11	361	2	363	2	86	5
LSK-9-15	784	984	0.8	0.0552	0.0002	0.4398	0.0035	0.0576	0.0004	0.0041	0.0002	420	7	370	2	362	2	83	4
LSK-9-16	251	562	0.45	0.0543	0.0002	0.436	0.0038	0.0583	0.0005	0.004	0.0002	389	9	367	3	365	3	81	4
LSK-9-17	381	632	0.6	0.0549	0.0002	0.4347	0.0034	0.0575	0.0004	0.0041	0.0002	406	9	367	2	360	2	83	4
LSK-9-18	122	264	0.46	0.0542	0.0002	0.4305	0.0039	0.0576	0.0005	0.0039	0.0003	389	9	364	3	361	3	79	5
LSK-9-19	170	444	0.38	0.0544	0.0002	0.4395	0.0034	0.0586	0.0004	0.0045	0.0003	387	5	370	2	367	2	92	6
LSK-9-20	169	273	0.62	0.0537	0.0002	0.4312	0.0036	0.0583	0.0005	0.0045	0.0003	367	11	364	3	365	3	92	6
老山口 LSK-18																			
LSK18-1	125	288	0.43	0.0542	0.0003	0.4482	0.004	0.06	0.0005	0.0038	0.0003	389	11	376	3	376	3	76	6
LSK18-2	269	465	0.58	0.0586	0.0004	0.483	0.0055	0.0597	0.0004	0.0041	0.0002	550	13	400	4	374	4	83	5
LSK18-3	499	967	0.52	0.0571	0.0002	0.4826	0.0027	0.0615	0.0004	0.0041	0.0002	494	9	400	2	385	2	83	4
LSK18-4	221	510	0.43	0.055	0.0002	0.4607	0.0031	0.0609	0.0004	0.004	0.0002	409	-25	385	2	381	2	81	5
LSK18-5	224	448	0.5	0.0592	0.0004	0.4982	0.006	0.0609	0.0005	0.0045	0.0003	572	10	410	4	381	4	90	5
LSK18-6	250	673	0.37	0.0543	0.0002	0.4578	0.0041	0.0612	0.0005	0.004	0.0002	383	7	383	3	383	3	81	5
LSK18-7	202	354	0.57	0.0534	0.0002	0.4478	0.0032	0.061	0.0004	0.004	0.0002	343	5	376	2	382	2	81	5
LSK18-8	460	581	0.79	0.0551	0.0002	0.4687	0.0033	0.0617	0.0004	0.004	0.0002	417	12	390	2	386	2	80	5
LSK18-9	1466	2359	0.62	0.0583	0.0001	0.4862	0.0031	0.0605	0.0004	0.004	0.0002	543	-27	402	2	379	2	82	5
LSK18-10	124	383	0.32	0.0537	0.0002	0.4532	0.004	0.0612	0.0005	0.0036	0.0003	367	9	380	3	383	3	72	6
LSK18-11	1102	1497	0.74	0.0556	0.0001	0.4608	0.0036	0.0601	0.0004	0.0035	0.0002	435	6	385	2	376	2	71	5

| 测点 | 同位素含量/10⁻⁶ | | Th/U | 同位素比值 | | | | | | | | 表面年龄/Ma | | | | | | | |
	Th	U		207Pb/206Pb	1σ	207Pb/235U	1σ	206Pb/238U	1σ	208Pb/232Th	1σ	207Pb/206Pb	1σ	207Pb/235U	1σ	206Pb/238U	1σ	208Pb/232Th	1σ
LSK18-12	937	1291	0.73	0.0553	0.0002	0.4547	0.0035	0.0597	0.0005	0.0034	0.0002	433	7	381	2	374	3	69	5
LSK18-13	235	457	0.51	0.0535	0.0002	0.4485	0.0039	0.0608	0.0005	0.0032	0.0002	350	12	376	3	381	3	65	5
LSK18-14	1232	2094	0.59	0.057	0.0001	0.4688	0.0039	0.0597	0.0005	0.0033	0.0002	500	4	390	3	374	3	66	5
LSK18-15	643	1757	0.37	0.0568	0.0001	0.4665	0.0045	0.0596	0.0006	0.0028	0.0002	483	10	389	3	373	4	57	5
LSK18-16	312	479	0.65	0.0538	0.0002	0.4466	0.0037	0.0502	0.0005	0.0029	0.0003	365	3	375	3	377	3	58	6
LSK18-17	917	1977	0.46	0.0583	0.0002	0.5033	0.0042	0.0526	0.0005	0.0028	0.0003	543	-25	414	3	391	3	57	7
LSK18-18	85	220	0.39	0.0586	0.0004	0.5258	0.005	0.0551	0.0005	0.0033	0.0005	554	15	429	3	407	3	68	10
老山口 LSK-37																			
LSK37-1	589	689	0.86	0.05	0.0005	0.1757	0.0027	0.0256	0.0004	0.0006	0.0001	195	20	164	2	163	2	12	3
LSK37-2	14	36	0.39	0.1193	0.0009	5.6835	0.121	0.3441	0.0062	0.0181	0.0053	1946	13	1929	18	1906	30	362	104
LSK37-3	206	552	0.37	0.0531	0.0004	0.2844	0.0031	0.039	0.0004	0.0008	0.0002	332	14	254	2	246	3	17	4
LSK37-4	47	92	0.5	0.0542	0.0008	0.4474	0.0084	0.0601	0.0008	0.0028	0.0006	389	33	375	6	376	9	57	12
LSK37-5	106	151	0.71	0.1088	0.0004	4.4173	0.0478	0.2945	0.0032	0.0041	0.0008	1780	7	1716	9	1664	16	82	16
LSK37-6	540	702	0.77	0.0655	0.0013	0.5658	0.0194	0.0608	0.0009	0.0012	0.0002	791	44	455	13	380	5	23	5
LSK37-7	1884	1856	1.02	0.0697	0.0012	0.5949	0.0167	0.0605	0.0007	0.001	0.0002	920	42	474	11	379	4	20	4
LSK37-8	168	336	0.5	0.0554	0.0004	0.4721	0.006	0.0618	0.0007	0.0011	0.0003	428	15	393	4	387	4	23	5
LSK37-9	213	614	0.35	0.0553	0.0004	0.3423	0.0053	0.0449	0.0006	0.0008	0.0002	433	15	299	4	283	5	16	4
LSK37-10	79	451	0.18	0.058	0.0004	0.6555	0.0087	0.0818	0.0009	0.0029	0.0008	528	12	512	5	507	5	58	15
LSK37-11	71	171	0.42	0.1157	0.0005	5.0927	0.0562	0.3194	0.0035	0.0058	0.0014	1890	8	1835	9	1787	17	117	28
LSK37-12	596	654	0.91	0.0555	0.0004	0.4639	0.0065	0.0605	0.0006	0.001	0.0002	432	19	387	4	379	4	20	4
LSK37-13	815	552	1.48	0.1005	0.0039	0.3276	0.0163	0.0219	0.0003	0.0005	9.2668	1635	72	288	12	140	2	10	2
LSK37-14	76	204	0.37	0.0565	0.0006	0.4745	0.0088	0.0611	0.001	0.0023	0.0005	472	22	394	6	382	6	46	10
LSK37-15	1450	1378	1.05	0.0544	0.0002	0.4553	0.0064	0.0606	0.0008	0.001	0.0002	391	5	381	4	379	5	21	4
LSK37-16	155	675	0.23	0.0554	0.0004	0.4619	0.0052	0.0604	0.0005	0.002	0.0005	428	21	386	4	378	3	40	10
LSK37-17	1967	822	2.39	0.0471	0.0004	0.1288	0.0016	0.0198	0.0002	0.0004	8.1372	54	21	123	2	127	1	7	2
LSK37-18	1370	771	1.78	0.1009	0.0031	0.2406	0.0094	0.0167	0.0002	0.0004	0.0001	1640	58	219	8	107	1	9	2
LSK37-19	356	625	0.54	0.0574	0.0004	0.4824	0.0091	0.0607	0.001	0.0012	0.0003	506	10	340	6	380	6	25	6

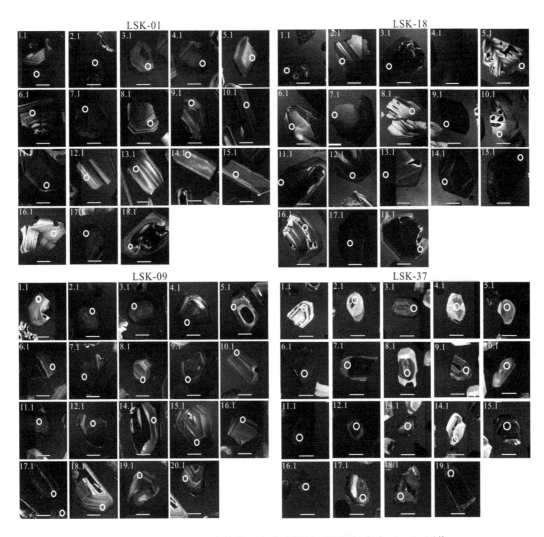

图 3 - 4　老山口矿区岩体样品中代表性锆石的阴极发光（CL）图像

1.9 Ma（MSWD = 1.9），该年龄可代表正长岩体的形成年龄。

3. 黑云母闪长岩（LSK - 18）

锆石多呈半自形 - 他形粒状及短柱状晶体，晶棱及晶面清楚，多数锆石发育清晰的岩浆振荡环带结构（图 3 - 4）。锆石测点的 U、Th 含量变化较大（表 3 - 1），U 介于 $220 \times 10^{-6} \sim 2359 \times 10^{-6}$，Th 介于 $85 \times 10^{-6} \sim 2716 \times 10^{-6}$，Th/U 比值介于 0.32 ~ 1.46，显示了岩浆锆石的特点（Rubatto，2002）。

锆石测点 17 具有较高的 U、Th 含量，Th/U 比值为 0.46，$^{206}Pb/^{238}U$ 年龄为 391 ± 3 Ma，与老山口地层时代一致，推测可能为继承锆石。测点 18 具有较低的 U、Th 含量和 Th/U 比值，$^{206}Pb/^{238}U$ 年龄为 407 ± 3 Ma，可能俘获或者继承了年龄更老的锆石残留核。其他 16 个测点的年龄变化范围小（373 ± 4 ~ 386 ± 2 Ma），在误差范围内有一致的 $^{207}Pb/^{206}Pb$、$^{207}Pb/^{235}U$ 和 $^{206}Pb/^{238}U$ 比值，在谐和图上成群集中分布在谐和线上及附近（图 3 - 5），其 $^{206}Pb/^{238}U$ 年龄的加权平均值为 379.3 ± 2.3 Ma（MSWD = 2.4），可代表黑云母闪长岩的侵位年龄。

4. 闪长玢岩（LSK - 37）

19 个锆石分析点数据分成 3 组，第一组 9 颗锆石呈半自形 - 自形粒状、柱状，粒径 30 ~ 80 μm，特征的振荡环带结构不清晰（锆石点 4、6、7、8、12、14、15、16、19），测点的年龄连续变化，且变化范围小，$^{206}Pb/^{238}U$ 年龄为 376 ± 5 Ma ~ 387 ± 4 Ma，在误差范围内有一致的 $^{207}Pb/^{206}Pb$、$^{207}Pb/^{235}U$ 和 $^{206}Pb/^{238}U$ 比值。在谐和图上成群集中分布（图 3 - 5），$^{206}Pb/^{238}U$ 年龄的加权平均值为 379.7 ± 3 Ma（MSWD = 0.48），可代表闪长玢岩结晶年龄，与黑云母闪长岩的结晶年龄一致，表明它们是同期岩浆

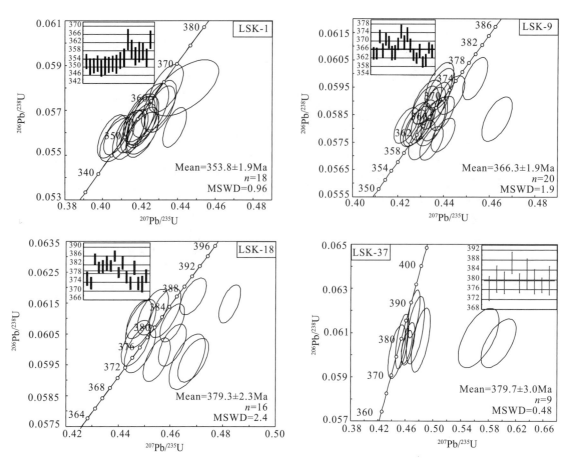

图 3 – 5　老山口矿区岩体锆石 LA – ICP – MS U – Pb 年龄图

LSK – 01—石英闪长岩；LSK – 9—正长斑岩；LSK – 18—黑云母闪长岩；LSK – 37—闪长玢岩

侵入的产物。

第二组 4 颗锆石（2、5、10、11）的 U、Th 含量较低，U 介于 $36 \times 10^{-6} \sim 451 \times 10^{-6}$，Th 介于 $14 \times 10^{-6} \sim 140 \times 10^{-6}$，Th/U 比值介于 0.14 ~ 0.71。10 号测点 $^{206}Pb/^{238}U$ 年龄为 507 ± 5 Ma，2、5、11 号测点 $^{206}Pb/^{207}Pb$ 年龄分别为 1946 ± 13 Ma、1780 ± 7 Ma 和 1890 ± 8 Ma，可能代表岩体形成时捕获的基底锆石和岩浆上升时捕获的较老地层中锆石。

第三组 6 颗锆石（1、3、9、13、17、18）呈半自形及短柱状，内部大多发育特征的振荡环带结构。6 个测点 $^{206}Pb/^{238}U$ 年龄变化范围极大，从 107 ± 1 Ma 到 283 ± 4 Ma，可能是岩体形成后遭受热液改造时形成的锆石或是某种原因导致 Pb 同位素丢失，造成年龄偏年轻。

（三）中 – 晚泥盆世侵入岩的意义

利用高精度的单颗粒锆石 LA – ICP – MS U – Pb 定年方法，获得了老山口矿区石英闪长岩（LSK – 01）侵位年龄为 353.8 ± 1.9 Ma，正长斑岩（LSK – 09）为 366.3 ± 1.9 Ma，黑云母闪长岩（LSK – 18）为 379.3 ± 2.3 Ma，闪长玢岩（LSK – 37）为 379.7 ± 3 Ma。年龄数据表明黑云母闪长岩（379.3 ± 2.3 Ma）和闪长玢岩的年龄（379.7 ± 3 Ma）在误差范围内非常一致，在空间上二者位置非常接近。岩石鉴定显示，它们具有相似的矿物特征及含量，因此认为老山口黑云母闪长岩和闪长玢岩属于同时期，是同一岩浆侵入活动形成的不同侵入体。石英闪长岩和正长斑岩的年龄分别为 353.8 ± 1.9 Ma 和 366.3 ± 1.9 Ma，是老山口矿区另外两期岩浆侵位活动的产物，表明老山口矿区存在 3 期岩浆活动，分别为 379 Ma、366 Ma 和 354 Ma，其中与成矿关系密切的岩浆侵入活动为黑云母闪长岩和闪长玢岩这一期，即 379 Ma 左右。

准噶尔北缘地区发育大量花岗岩,前人对其进行了研究(舒良树等,2001;Jahn,2001;Windley et al.,2002,2007;Jahn et al.,2004;李锦轶,2004,2006;Xiao et al.,2004;韩宝福等,2006;肖文交等,2006;周刚等,2006)。目前高精度岩体年龄统计显示准噶尔北缘地区古生代岩浆侵入活动存在4期:430~410 Ma、380~370 Ma、320~270 Ma、290~270 Ma(图3-6),其中大部分年龄集中在320~270 Ma,而在380~370 Ma阶段的年龄较少,仅见哈腊苏含铜斑岩和乔夏哈拉矿区闪长岩。在360~330 Ma阶段的更少,仅见准噶尔北缘的乌图布拉克岩体(周刚等,2009)。本次获得老山口矿区4个岩体年龄数据,其中石英闪长岩353.8±1.9 Ma和正长斑岩366.3±1.9 Ma,在整个准噶尔所见甚少,这些年龄的获得为研究整个准噶尔岩浆活动历史及地球动力学演化提供了重要信息与依据。

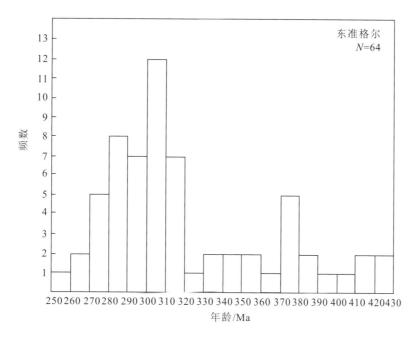

图3-6 东准噶尔花岗岩类年龄统计图

前人大量研究表明,古生代准噶尔经历了大洋扩张、板块俯冲、碰撞和后造山过程(肖序常等,1992;何国琦等,1994;Windely et al.,2002;Li et al.,2003;Xiao et al.,2004)。目前已发现与大洋扩张有关的M型花岗岩形成时代为394 Ma(肖序常等,1992),俯冲阶段的花岗岩见于东准噶尔北缘卡拉先格尔斑岩铜矿带,侵位于中泥盆世北塔山组的希勒克特哈腊苏花岗闪长斑岩、喀腊萨依二长闪长斑岩、玉勒肯哈腊苏矿区似斑状花岗岩,其形成时代分别为381±6 Ma、376±10 Ma和381.6±2.5 Ma(张招崇等,2006;赵战锋等,2009;薛春纪等,2010)。本次获得的黑云母闪长岩(379.3±2.3 Ma)和闪长玢岩(379.7±3 Ma)的年龄与卡拉先格尔含矿斑岩年龄一致。

在准噶尔北缘地区,广泛存在着石炭纪的岩浆侵入活动(刘伟,1990;周刚等,1999;韩宝福等,2006;袁峰等,2006;范裕等,2007),而晚泥盆世的岩浆侵入活动发现的较少,且众多学者对准噶尔北缘的A型花岗岩研究较多,其形成时代主要为晚石炭世—早二叠世(320~290 Ma)和中-晚二叠世(280~250 Ma)(王式洸等,1994;忻建刚等,1995;刘家远等,1996),而对I型花岗岩及I-A、I-S过渡型花岗岩形成时代等方面的研究较少。黑云母闪长岩、石英闪长岩和正长斑岩大部分样品分布在I、S型花岗岩区,少数样品分布在A型花岗岩区,总体上老山口闪长岩和正长斑岩属于I型花岗岩。尽管老山口矿区存在3期岩浆活动,分别为379 Ma、366 Ma和354 Ma,但在岩石地球化学特征上,它们具有相似性,即高碱、富钾,富集LREE和大离子亲石元素(LILE),明显亏损Nb、Ta、Ti等高场强元素(HFSE),这与形成于与俯冲带相关的高K/Ti-低Ti钾质岩石非常类似,与形成于板内的低K/Ti-高Ti钾质岩石的特征明显不同(Rogers,1992)。3个岩体在Nb-Y、

Rb – Y + Nb、Rb – Yb + Ta 构造环境判别图上，3 期岩体均位于"火山弧"环境（见下文讨论），并且其微量元素原始地幔标准化图解显示出明显的 Nb，Ta 和 Ti 的负异常也与典型岛弧环境花岗质岩石的地球化学特征一致。尽管准噶尔北缘的乌图布拉克岩体 SHRIMP U – Pb 年龄（360.1 ± 3.6 Ma）（周刚等，2009）和本次获得的石英闪长岩（353.8 ± 1.9 Ma）和正长斑岩年龄（366.3 ± 1.9 Ma）在误差范围内较为接近。周刚等（2009）认为乌图布拉克杂岩体（366～354 Ma）形成于主体同碰撞之后，是碰撞造山后由挤压向伸展过渡时期形成的岩体，代表了准噶尔后碰撞开始的时限为晚泥盆世末，但老山口闪长岩和正长岩明显具有岛弧环境花岗岩类特征，表明在晚泥盆世末老山口一带仍处于板块俯冲阶段。

三、岩石地球化学

（一）样品及分析方法

本研究对老山口铁铜金矿区南部的石英闪长岩（7 件）、正长斑岩（8 件）、黑云母闪长岩（7 件）样品进行了主量元素和微量元素分析（表 3 – 2）。所有的样品均是在显微镜下观察后，选择具有代表性和蚀变程度较低的样品。所分析样品均是去除表皮风化物并洗净晾干后在玛瑙乳钵中粉碎成 200 目粉末样。主量元素、微量和稀土元素测试在中国科学院地质与地球物理研究所国家重点实验室完成。主量元素采用熔片 XRF 方法（国家标准 GB/T 14506.28 – 1993 监控）在 X 荧光光谱仪 3080E 上测定；稀土和微量元素先采用 Teflon 熔样罐进行熔样，然后采用 Finnigan MAT 公司生产的双聚焦高分辨 ICP – MS 进行测定（标准 DZ/T 0223 –2001 监控），含量 >10×10^{-6} 的元素分析精度优于 5%，含量 <10×10^{-6} 的元素分析精度优于 10%。岩石地球化学数据处理及作图采用路远发的 Geokit 软件，原理与方法见路远发（2004）。

（二）分析结果

黑云母闪长岩样品和石英闪长岩样品的氧化物含量较为相似，如 SiO_2 含量变化范围窄，分别变化于 54.43%～55.10% 和 51.78%～55.49%。TiO_2 含量分别为 0.53%～0.59% 和 0.60%～0.74%，Al_2O_3 含量分别为 16.92%～17.64% 和 16.67%～18.93%，MgO 和 CaO 含量较低，分别为 3.79%～4.41% 和 2.45%～5.03%，5.35%～5.94% 和 4.88%～7.6%，FeO^T 含量为 5.88%～6.86% 和 5.96%～8.64%。全碱含量较高，$K_2O + Na_2O$ 分别为 8.88%～9.27% 和 6.68%～9.57%，且相对富钾 K_2O/Na_2O（分别为 1.32～1.74 和 1.12～1.31），铝饱和指数较低（A/CNK 分别为 0.76～0.81 和 0.73～0.84）。正长斑岩样品的 SiO_2 含量变化于 59.96%～63.60%；TiO_2 含量变化于 0.17%～0.35%；Al_2O_3 含量变化于 18.15%～19.13%；MgO 和 CaO 含量极低，分别为 0.36%～0.98% 和 1.13%～2.47%，全碱含量较高，$K_2O + Na_2O$ 为 11.65%～13.02%，且相对富钾（K_2O/Na_2O = 1.11～1.53）；铝饱和指数较高（A/CNK = 0.93～0.98）。

在 $K_2O - SiO_2$ 图解（图 3 -7）上，3 个岩体的所有样品均落在钾玄岩系列岩区。在哈克图解上（图 3 -8），SiO_2 与 MgO、CaO、TiO_2、P_2O_5 和 FeO^T 具有良好负相关，与 Al_2O_3、K_2O 和 Na_2O 呈现明显的正相关，表明岩浆在演化过程中辉石、角闪石等铁镁矿物的分离结晶起到重要作用，长石的分离结晶是有限的，磷灰石也可能发生了分离结晶作用。同时，Co、V 和 Y 与 SiO_2 具有良好的负相关关系，也说明发生了铁镁矿物的分离结晶作用。所有样品在 $A/CNK - A/NK$ 图解中均位于准铝质岩区（图 3 -9）。

3 个岩体所有样品的稀土总量较低，远低于上地壳平均值 210.1×10^{-6}（黎彤等，1990），暗示可能与下地壳或者地幔源物质有关。相比较而言，黑云母闪长岩和石英闪长岩样品的稀土元素总量较为接近，分别为 58.74×10^{-6}～69.51×10^{-6} 和 61.59×10^{-6}～80.05×10^{-6}，正长斑岩样品的稀土元素总量偏低，为 22.83×10^{-6}～42.74×10^{-6}。闪长岩、正长斑岩和黑云母闪长岩的轻稀土富集，重稀土亏损，LREE/HREE 分别为 5.76～6.04、4.85～5.92 和 5.65～6.16；$(La/Yb)_N$ 分别介于 5.12～6.23，

表3-2 老山口铁铜金矿区花岗质岩类的主量(%)、微量(10^{-6})元素组成

样号	LSK-2	LSK-3	LSK-4	LSK-5	LSK-6	LSK-7	LSK-8	LSK-10	LSK-11	LSK-12	LSK-13	LSK-14	LSK-15	LSK-16	LSK-17	LSK-19	LSK-20	LSK-21	LSK-22	LSK-23	LSK-24	LSK-25
岩体	石英闪长岩							正长斑岩								黑云母闪长岩						
SiO_2	54.93	55.17	54.90	54.94	55.49	51.78	54.10	59.96	63.15	62.37	62.95	62.78	63.29	63.60	61.69	54.57	54.67	54.43	54.56	54.95	55.10	54.57
TiO_2	0.61	0.60	0.61	0.62	0.55	0.74	0.60	0.35	0.17	0.20	0.18	0.17	0.19	0.20	0.22	0.57	0.59	0.58	0.56	0.53	0.54	0.53
Al_2O_3	18.26	18.17	18.20	18.31	18.93	16.67	18.33	18.67	18.66	19.13	18.49	18.68	18.42	18.15	18.59	17.11	17.18	16.92	17.64	17.29	17.57	17.38
FeO^T	6.71	6.65	6.64	6.60	5.96	8.64	6.66	4.32	2.62	2.18	2.54	2.65	2.95	3.15	3.38	6.66	6.47	6.86	6.72	6.43	5.88	6.71
MnO	0.11	0.11	0.12	0.12	0.10	0.14	0.10	0.07	0.04	0.04	0.04	0.05	0.04	0.03	0.04	0.12	0.12	0.12	0.12	0.12	0.11	0.12
MgO	2.51	2.53	2.99	2.91	2.45	5.03	3.25	0.98	0.38	0.47	0.37	0.36	0.39	0.44	0.49	4.41	4.25	3.84	4.18	3.99	3.79	4.31
CaO	5.19	4.88	5.27	5.44	5.09	7.60	6.10	2.47	1.57	2.01	1.13	1.74	1.41	1.30	1.87	5.35	5.56	5.94	5.59	5.46	5.62	5.44
Na_2O	4.38	4.52	4.06	4.17	4.31	3.40	3.72	5.38	5.77	5.83	5.14	5.76	5.60	5.48	5.46	3.42	3.30	3.39	3.83	3.51	3.61	3.54
K_2O	5.03	5.05	5.12	4.96	5.06	3.28	4.89	6.27	7.04	6.41	7.88	6.77	6.64	6.65	6.88	5.66	5.73	5.67	5.05	5.52	5.66	5.40
P_2O_5	0.53	0.53	0.53	0.53	0.50	0.65	0.54	0.22	0.09	0.12	0.09	0.09	0.09	0.10	0.14	0.43	0.42	0.48	0.46	0.43	0.42	0.49
烧失量	1.36	1.26	1.34	1.12	1.10	1.56	1.36	0.94	0.56	0.70	0.66	0.56	0.56	0.60	0.66	1.20	1.18	1.22	0.98	1.24	1.16	1.06
总量	99.63	99.47	99.78	99.72	99.54	99.48	99.64	99.63	100.04	99.47	99.47	99.60	99.58	99.70	99.42	99.51	99.48	99.44	99.69	99.46	99.46	99.55
FeO	2.68	2.97	3.42	2.80	2.33	3.72	2.74	1.05	0.56	0.51	0.53	0.74	0.90	0.88	0.64	3.81	3.43	3.40	3.87	3.14	3.45	3.89
Sr	622	627	693	896	860	872	912	507	270	305	269	285	167	165	324	865	954	733	822	922	851	814
Rb	103	85.6	95.6	96.5	88.5	102	72.5	128	141	113	161	127	137	141	130	129	136	102	109	120	134	125
Ba	224	190	702	708	772	516	752	913	397	426	482	377	245	244	489	827	907	813	778	881	1083	776
Th	3.63	4.37	2.51	3.17	3.24	2.69	2.99	1.49	1.14	1.41	2.68	1.04	2.78	3.22	2.63	1.55	2.3	2.55	3.78	2.07	1.68	4.36
U	1.2	1.36	0.8	0.9	0.87	0.96	0.93	0.58	0.38	0.49	0.72	0.36	0.65	0.79	0.82	1.01	1.2	0.91	1.29	0.88	0.82	1.93
Cr	43.1	41.6	58.4	52.2	45.4	122	70.8	24.6	2.03	2.91	2.49	2.39	2.97	1.89	3.42	148	146	142	154	136	134	166
Ta	0.34	0.36	0.22	0.28	0.22	0.18	0.22	0.17	0.09	0.14	0.22	0.07	0.21	0.24	0.18	0.2	0.24	0.21	0.25	0.19	0.19	0.26
Nb	6.59	6.82	4.2	4.77	3.91	3.61	4.13	3.6	1.39	2.63	2.8	1.32	3.3	4.05	2.95	4.36	4.83	4.64	4.92	4.03	3.93	5.05
Zr	92.3	113	93.6	94	103	57.2	61.4	51.2	44.8	61.1	55	51.1	67.9	62.6	57.1	55	75.8	70.9	97.6	58.3	54.6	147
Hf	2.17	2.59	2.17	2.13	2.25	1.46	1.57	1.23	1.01	1.38	1.4	1.12	1.64	1.69	1.46	1.43	1.84	1.76	2.31	1.41	1.34	3.16
V	189	181	208	216	195	330	191	106	41.4	36	39.5	44.2	40.1	47.3	55.5	206	212	211	199	196	194	208
Ni	23.8	23.8	29.5	27.4	24.3	63.1	31.2	12.3	1.92	3.3	2.07	2.18	1.93	1.77	3.58	72.7	70.9	67.9	72.5	65.9	61	71.3

129

样号	LSK-2	LSK-3	LSK-4	LSK-5	LSK-6	LSK-7	LSK-8	LSK-10	LSK-11	LSK-12	LSK-13	LSK-14	LSK-15	LSK-16	LSK-17	LSK-19	LSK-20	LSK-21	LSK-22	LSK-23	LSK-24	LSK-25
岩体	石英闪长岩								正长斑岩							黑云母闪长岩						
Co	16.7	16.3	17.3	17.7	15.5	27.2	17.5	6.78	2.45	2.83	2.36	2.66	3.15	3.18	3.81	23.8	23.4	20.3	22.1	21.3	20.6	24.5
Ga	23.3	22	20.2	21.1	20.7	20.1	20.5	18.9	17.8	17.8	17.7	18.3	20.3	20.6	18.1	20	20.9	19.1	21	20	20.3	21.3
La	15.1	13.9	12.7	12.5	11.5	14.6	13.1	8.66	5.4	5.6	5.06	5.06	6.13	6.38	7.95	10.8	10.9	12.9	11.3	11.2	11.3	12.5
Ce	29.1	28.5	23.8	26.9	22.7	29.9	26.8	15.1	7.76	7.59	7.69	7.4	9.94	9.75	12.5	22.2	22.8	26.8	24.1	22.8	22.5	26
Pr	3.81	3.59	3.16	3.28	2.9	3.65	3.38	2.05	1.09	1.11	1.03	1.02	1.31	1.44	1.62	2.67	2.74	3.17	2.9	2.71	2.72	3.16
Nd	14.9	15	13.2	13.8	12.1	15.4	13.7	8.13	4.26	4.36	4.13	4.23	5.09	5.64	6.51	11.1	11.4	12.9	12.1	11.5	11.4	12.9
Sm	3.31	3.28	3.01	3.04	2.68	3.74	3.03	1.84	1.03	0.9	0.98	1.02	1.18	1.37	1.49	2.53	2.55	2.98	2.88	2.58	2.45	2.94
Eu	0.92	0.91	0.97	1	0.96	1.18	1.03	0.78	0.57	0.5	0.51	0.57	0.49	0.47	0.62	0.81	0.83	0.87	0.88	0.88	0.84	0.92
Gd	3.11	3.12	2.79	3.05	2.67	3.65	3.1	1.8	0.97	0.98	0.9	0.97	1.09	1.18	1.38	2.55	2.67	2.97	2.87	2.62	2.64	3.1
Tb	0.52	0.51	0.41	0.45	0.4	0.55	0.45	0.28	0.17	0.15	0.15	0.16	0.2	0.21	0.24	0.4	0.39	0.43	0.42	0.37	0.35	0.44
Dy	2.87	2.89	2.42	2.52	2.12	2.98	2.61	1.58	0.96	0.92	0.92	0.87	1.18	1.32	1.33	2.15	2.23	2.51	2.41	2.19	2.03	2.45
Ho	0.61	0.62	0.53	0.52	0.44	0.61	0.52	0.33	0.2	0.2	0.19	0.2	0.26	0.28	0.27	0.46	0.48	0.51	0.51	0.46	0.44	0.5
Er	1.77	1.82	1.65	1.59	1.37	1.74	1.53	0.98	0.63	0.64	0.63	0.54	0.87	0.93	0.87	1.39	1.47	1.55	1.48	1.31	1.29	1.61
Tm	0.25	0.26	0.23	0.23	0.2	0.23	0.21	0.14	0.09	0.09	0.09	0.08	0.13	0.14	0.12	0.19	0.2	0.21	0.22	0.19	0.18	0.24
Yb	1.76	1.83	1.48	1.52	1.34	1.58	1.51	0.92	0.62	0.66	0.61	0.62	0.88	0.96	0.87	1.3	1.37	1.49	1.45	1.33	1.19	1.6
Lu	0.27	0.27	0.22	0.23	0.21	0.24	0.2	0.15	0.1	0.1	0.11	0.09	0.14	0.15	0.14	0.19	0.21	0.22	0.22	0.21	0.19	0.25
Y	15.4	15.9	12.8	13.5	11.8	15	13.1	8.26	4.82	5.19	4.57	4.89	6.39	7.43	6.94	11.5	12.2	13.2	13.2	11.6	11.1	13.5
ΣREE	78.3	76.5	66.57	70.63	61.59	80.05	71.17	42.74	23.85	23.8	23	22.83	28.89	30.22	35.91	58.74	60.24	69.51	63.74	60.35	59.52	68.61
LR/HR	6.02	5.76	5.84	5.99	6.04	5.91	6.03	5.92	5.38	5.36	5.39	5.47	5.08	4.85	5.88	5.81	5.68	6.03	5.65	5.95	6.16	5.73
δEu	0.86	0.86	1.01	0.99	1.09	0.97	1.02	1.30	1.72	1.62	1.63	1.73	1.30	1.10	1.30	0.97	0.97	0.89	0.93	1.03	1.00	0.93
(La/Sm)$_N$	2.87	2.67	2.65	2.59	2.70	2.46	2.72	2.96	3.30	3.91	3.25	3.12	3.27	2.93	3.36	2.69	2.69	2.72	2.47	2.73	2.90	2.67
(Gd/Yb)$_N$	1.43	1.38	1.52	1.62	1.61	1.86	1.66	1.58	1.26	1.20	1.19	1.26	1.00	0.99	1.28	1.58	1.57	1.61	1.60	1.59	1.79	1.56

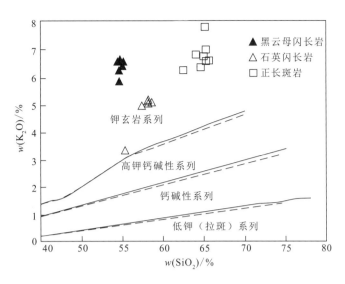

图 3 - 7　老山口矿区岩体 $SiO_2 - K_2O$ 图解

（据 Rickwood, 1989）

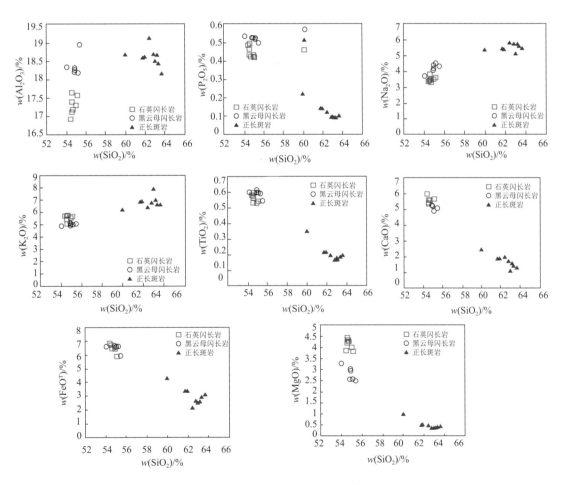

图 3 - 8　老山口铁铜金矿区花岗质岩体哈克图解

4. 48 ~ 6. 35 和 5. 25 ~ 6. 40。所有岩石样品的稀土元素球粒陨石标准化配分曲线基本相同，均为较平缓的右倾型（图 3 - 10），但它们的 Eu 异常有一定的差异，黑云母闪长岩和石英闪长岩样品的 Eu 异常不明显（δEu 分别为 0. 89 ~ 1. 03 和 0. 86 ~ 1. 02），正长斑岩样品具有明显的 Eu 正异常（δEu 为 1. 1 ~ 1. 73）。

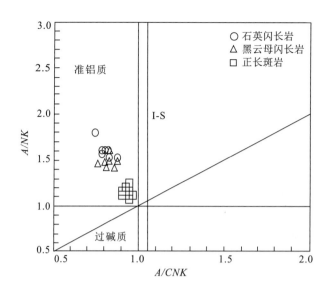

图 3 - 9　老山口铁铜金矿区花岗质岩体 A/NK - A/CNK 图解

（据 Maniar et al. ， 1989）

$A/CNK = Al_2O_3/(CaO + Na_2O + K_2O)$（摩尔比），$A/NK = Al_2O_3/(Na_2O + K_2O)$（摩尔比）

3 个岩体所有样品的 Ba、Sr、Rb、Th、Pb 等大离子亲石元素（LILE）含量较高，Nb、Ta、Y 和 Yb 等高场强元素的含量偏低。在微量元素原始地幔标准化图解上显示出较为一致的分布模式（图 3 - 10），呈现了明显的 K、Sr、Zr 和 Pb 的正异常，Th、U、Nb、Ta、Ti 的明显负异常。Sr 的正异常和 Eu 无异常也说明长石分离结晶作用较弱。正长斑岩样品呈现的 Ba 负异常可能与钾长石分离结晶作用有关。

四、Sr – Nd 同位素

（一）样品及分析方法

对 5 件闪长岩、5 件正长岩、5 件黑云母闪长岩样品进行了 Sr、Nd 同位素分析。Sr – Nd 同位素前处理在北京大学造山带与地壳演化重点实验室超净分离实验室完成，样品测试在天津地质矿产研究所 Triton 质谱仪上完成，详细实验处理流程和分析方法参考 Chen et al. （2000）。

（二）结果

3 个岩体的 15 件样品 Sr – Nd 同位素组成列于表 3 – 3。计算时采用的年龄是本次测得的 LA – ICP – MS 锆石 U – Pb 年龄，分别为 354 Ma、366 Ma 和 379 Ma。闪长岩的 $^{87}Rb/^{86}Sr$ 变化于 0. 225 ~ 0. 468，$^{87}Sr/^{86}Sr$ 值为 0. 70510 ~ 0. 70615，变化较小，Sr 的初始比值低（0. 7034 ~ 0. 7041），暗示它们的 Rb – Sr 同位素体系受到扰动不大；$^{147}Sm/^{144}Nd$ 为 0. 13976 ~ 0. 15408，$^{143}Nd/^{144}Nd$ 为 0. 51284 ~ 0. 51285，$f_{Sm/Nd}$ 变化于 – 0. 29 ~ – 0. 26 之间，表明它们没有发生明显的 Sm、Nd 同位素的分异。t_{2DM} 两阶段模式年龄范围集中分布在 565 ~ 588 Ma。$\varepsilon_{Nd}(t)$（6. 39 ~ 6. 66），与中亚造山带具有高的正 $\varepsilon_{Nd}(t)$ 花岗岩特征相似。正长岩的 $^{87}Rb/^{86}Sr$ 变化于 1. 046 ~ 2. 317，$^{87}Sr/^{86}Sr$ 值为 0. 70852 ~ 0. 71249，变化较小，Sr 的初始比值低（0. 7004 ~ 0. 7020），暗示它们的 Rb – Sr 同位素体系受到扰动不大；$^{147}Sm/^{144}Nd$ 为 0. 13097 ~ 0. 15340，$^{143}Nd/^{144}Nd$ 为 0. 51281 ~ 0. 51283，$f_{Sm/Nd}$ 变化于 – 0. 33 ~ – 0. 22 之间，表明它们没有发生明显的 Sm、Nd 同位素的分异。t_{2DM} 两阶段模式年龄范围集中分布在 588 ~ 646 Ma。$\varepsilon_{Nd}(t)$（5. 80 ~ 6. 50），同样与中亚造山带具有高的正 $\varepsilon_{Nd}(t)$ 花岗岩特征相似。黑云母闪长岩的 $^{87}Rb/^{86}Sr$ 变化于 0. 368 ~ 0. 445，$^{87}Sr/^{86}Sr$ 值为 0. 70541 ~ 0. 70577，Sr 的初始比值低（0. 7031 ~ 0. 7035），暗示

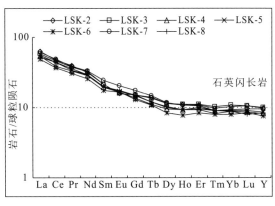
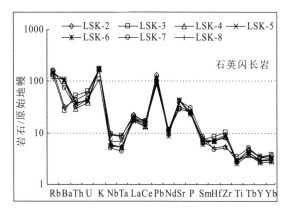
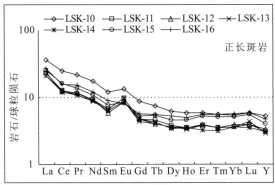
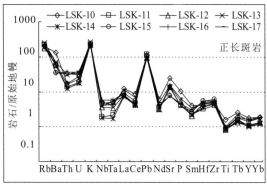
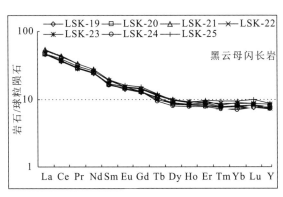
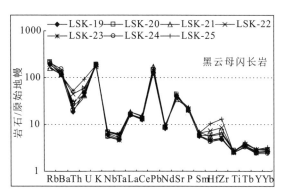

图 3 - 10　老山口铁铜金矿区花岗质岩体稀土元素配分模式和微量元素原始地幔蛛网图

（球粒陨石值和原始地幔值据 Sun et al.，1989）

它们的 Rb – Sr 同位素体系受到扰动不大；$^{147}Sm/^{144}Nd$ 为 0.13635 ~ 0.15101，$^{143}Nd/^{144}Nd$ 为 0.51284 ~ 0.51285，$f_{Sm/Nd}$ 变化于 – 0.31 ~ – 0.23 之间，表明它们没有发生明显的 Sm、Nd 同位素的分异。t_{2DM} 两阶段模式年龄范围集中分布在 564 ~ 633 Ma（图 3 – 11）。

五、岩浆来源及构造环境

（一）岩浆来源及演化

老山口矿区闪长岩、正长岩、黑云母闪长岩整体具有低的 Sr 的初始比值、高（正）的 ε_{Nd}（t）、负的 ε_{Sr}（t），在 I_{Sr}（t） – ε_{Nd}（t）相关图上数据点基本落在地幔 Sr – Nd 同位素演化序列范围内或其附近（图 3 – 11），暗示岩浆很可能起源于同位素组成亏损的地幔源区。本次研究的 3 个岩体 ε_{Nd}（t）值大大高于古老（元古宙与太古代）地壳，略高于地表古生代区域变质岩，低于年轻的古生代洋壳物质（Chen et al.，2002；王涛等，2010），表明它们不可能主要来源于古老地壳、直接来自古生代地壳或年轻的物质，可能是上述地壳物质和年轻物质的混合产物。

表 3-3 老山口侵入岩 Sr-Nd 组成

样号	名称	Rb	Sr	$^{87}Rb/^{86}Sr$	$^{87}Sr/^{86}Sr$	2σ	$I_{Sr}(t)$	Sm	Nd	$^{147}Sm/^{144}Nd$	$^{143}Nd/^{144}Nd$	2σ	$\varepsilon_{Nd(0)}$	$f_{Sm/Nd}$	$(^{143}Nd/^{144}Nd)_i$	$\varepsilon_{Nd(t)}$	T_{2DM}/Ma
LSK-2		103.0	622.0	0.46773	0.70615	0.000785	0.7038	3.31	14.90	0.14094	0.51284	0.000779	3.9	-0.28	0.512509	6.39	588
LSK-4		95.6	693.0	0.38965	0.70551	0.000805	0.7035	3.01	13.20	0.14467	0.51285	0.001067	4.1	-0.26	0.512513	6.45	582
LSK-5	闪长岩	96.5	896.0	0.30421	0.70540	0.000773	0.7039	3.04	13.80	0.13976	0.51284	0.000894	4.0	-0.29	0.512518	6.56	574
LSK-7		102.0	872.0	0.33039	0.70510	0.000797	0.7034	3.74	15.40	0.15408							
LSK-8		72.5	912.0	0.22454	0.70520	0.000970	0.7041	3.03	13.70	0.14032	0.51285	0.000710	4.1	-0.29	0.512523	6.66	565
LSK-11		141.0	270.0	1.47504	0.70932	0.000759	0.7016	1.03	4.26	0.15340	0.51283	0.000573	3.8	-0.22	0.512464	5.80	646
LSK-12	正长岩	113.0	305.0	1.04647				0.90	4.36	0.13097	0.51281	0.000644	3.4	-0.33	0.512500	6.50	588
LSK-13		161.0	269.0	1.69053	0.70967	0.000934	0.7009	0.98	4.13	0.15055	0.51283	0.001039	3.8	-0.23	0.512470	5.93	635
LSK-14		127.0	285.0	1.25866	0.70852	0.000976	0.7020	1.02	4.23	0.15299							
LSK-15		137.0	167.0	2.31714	0.71249	0.000912	0.7004	1.18	5.09	0.14708	0.51283	0.000725	3.8	-0.25	0.512482	6.16	616
LSK-19		129.0	865.0	0.42123	0.70572	0.000842	0.7034	2.53	11.10	0.14461	0.51285	0.000780	4.0	-0.26	0.512487	6.58	593
LSK-22	黑云母闪长岩	109.0	822.0	0.37454	0.70555	0.000879	0.7035	2.88	12.10	0.15101	0.51284	0.000801	3.9	-0.23	0.512462	6.09	633
LSK-23		120.0	922.0	0.36762	0.70541	0.000728	0.7034	2.58	11.50	0.14234	0.51284	0.000898	4.0	-0.28	0.512490	6.64	588
LSK-24		134.0	851.0	0.44476	0.70554	0.000658	0.7031	2.45	11.40	0.13635	0.51284	0.000840	4.0	-0.31	0.512505	6.93	564
LSK-25		125.0	814.0	0.43374	0.70577	0.000858	0.7034	2.94	12.90	0.14460	0.51284	0.000699	4.0	-0.26	0.512483	6.51	598

注：$\varepsilon_{Nd} = ((^{143}Nd/^{144}Nd)_s/(^{143}Nd/^{144}Nd)_{CHUR} - 1) \times 10000$，$f_{Sm/Nd} = ((^{147}Sm/^{144}Nd)_s/(^{147}Sm/^{144}Nd)_s - (^{143}Nd/^{144}Nd)_{DM})/((^{147}Sm/^{144}Nd)_s - (^{147}Sm/^{144}Nd)_{DM}))$，$T_{1DM} = 1/\lambda \times \ln(1 + ((^{143}Nd/^{144}Nd)_s - (^{143}Nd/^{144}Nd)_{DM})/((^{147}Sm/^{144}Nd)_s - (^{147}Sm/^{144}Nd)_{DM}))$，$T_{2DM} = T_{1DM} = T_{1DM} - (T_{1DM} - t)((^{143}Nd/^{144}Nd)_s/(^{143}Nd/^{144}Nd)_{CHUR} - 1)(-0.4 - f_{Sm/Nd})(-0.4 - 0.08592))$，$(^{143}Nd/^{144}Nd)_{CHUR} = 0.512638$，$(^{147}Sm/^{144}Nd)_{CHUR} = 0.1967$，$(^{143}Nd/^{144}Nd)_{DM} = 0.51315$，$(^{147}Sm/^{144}Nd)_{DM} = 0.2137$，$(^{143}Nd/^{144}Nd)_{DM} = 0.51284$，$\lambda_{Rb} = 1.42 \times 10^{-11}/year$，$\lambda_{Sm} = 6.54 \times 10^{-12}/year$

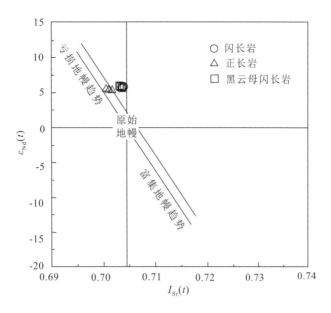

图 3 – 11   老山口矿区侵入岩 Sr – Nd 同位素图解

黑云母闪长岩、石英闪长岩和正长斑岩的化学成分和演化趋势具有一致性，也具有相似的稀土元素和微量元素特征，表明它们具有相同的源区或某种成因联系。黑云母闪长岩和石英闪长岩的 SiO_2 与 MgO、CaO、TiO_2、P_2O_5 和 FeO^T 以及 Co、V 和 Y 具有良好的负相关，与 Al_2O_3、K_2O 和 Na_2O 呈现明显的正相关，Sr 具有正异常和 Eu 呈现的不明显异常，表明岩浆经历了辉石、角闪石等铁镁矿物的分离结晶作用，斜长石的分离结晶作用不明显。

石英闪长岩富集大离子亲石元素，亏损 Nb、Ta、Ti 等高场强元素，与大陆壳岩石特征相似，而 Ba（$190 \times 10^{-6} \sim 772 \times 10^{-6}$）和 Sr 含量（$622 \times 10^{-6} \sim 912 \times 10^{-6}$）明显高于大陆壳岩石的 Ba（$390 \times 10^{-6}$）和 Sr 含量（$325 \times 10^{-6}$），并且具有低硅（$<55\%$）、高 $Mg^\#$（$42 \sim 53$）的特征，暗示可能与基性下地壳或者幔源物质有关。实验岩石学研究成果表明，变质玄武岩脱水熔融形成这种低硅的熔体需要的温度较高（约 1100℃），且形成熔体的 $Mg^\#$ 较小（<42）（Atherton，1993），因此也不可能是基性下地壳部分熔融的结果。本区出露有辉长岩，并且在花岗质岩石中可见基性包体的岩浆混合岩石学证据，暗示该石英闪长岩体可能是基性岩浆与花岗质岩浆混合的结果。

黑云母闪长岩富集大离子亲石元素，亏损 Nb、Ta、Ti 等高场强元素，显示了岛弧岩浆岩和受地壳混染的板内（大洋板内和大陆板内）岩石特征。它们极低的 TiO_2（$<1.01\%$）含量和轻稀土元素富集程度又与板内岩石特征有异，而且 Ba 含量（$776 \times 10^{-6} \sim 1083 \times 10^{-6}$）和 Sr 含量（$733 \times 10^{-6} \sim 954 \times 10^{-6}$）明显高于大陆地壳岩石的 Ba 含量（$390 \times 10^{-6}$）和 Sr 含量（$325 \times 10^{-6}$），表明受陆壳混染较弱。它们高的 Sr 含量（$>400 \times 10^{-6}$）、$Al_2O_3$ 含量（$>15\%$）以及低的 Y（$<18 \times 10^{-6}$）、Yb（$<1.8 \times 10^{-6}$）和 HREE 含量，与由俯冲板片熔体交代的地幔楔产生的熔体特征一致，但高钾质特征又与之有一定的区别，表明它们可能是俯冲洋壳熔融的产物。它们的 MgO 含量（$3.79\% \sim 4.41\%$），$Mg^\#$ 值（$52 \sim 57$）以及 Cr 含量（$134 \times 10^{-6} \sim 166 \times 10^{-6}$）和 Ni 含量（$61 \times 10^{-6} \sim 73 \times 10^{-6}$），高 $Mg^\#$ 和 Ni 含量特点表明其岩浆经历了与地幔楔的相互作用（Rapp et al.，1995）。本研究中黑云母闪长岩富含钾质，可能是由于地幔楔中含有钾质矿物所致，因为东准噶尔北缘自泥盆纪以来一直存在有钾质岩石（袁超等，2006；谭佳奕等，2009），其高钾更可能是源区固有的特征。

正长质岩石可以由富集的岩石圈地幔熔融形成（Kumar et al.，2007）、碱性玄武质岩浆分离结晶形成（Brown et al.，1986），下地壳岩石在流体参与下或者加厚的下地壳在较大压力的封闭体系中经低程度部分熔融产生（Tchameni et al.，2001），也可以由幔源基性岩浆和壳源的酸性岩浆混合产生（Litvinovsky et al.，2002），但是越来越多的研究表明，地幔岩浆的贡献是不可缺少的（周凌和陈斌，

2005）。黑云母闪长岩与正长斑岩在空间上紧密相伴，且正长斑岩呈脉状侵入，晚于黑云母闪长岩的侵位。它们的稀土元素和微量元素分布型式相似，暗示可能具有某种成因联系，即正长斑岩可能与黑云母闪长岩具有相似源区岩石的部分熔融，或者由其结晶分异形成。La – La/Sm 图解（图略）表明主要受结晶分异作用控制。所有样品具有比黑云母闪长岩低的 CaO、MgO、FeO^T、Cr、Ni、Co 含量，高的 Al_2O_3、K_2O 和 Na_2O 含量，并且主量元素在 SiO_2 含量60%处有转折点，表明岩浆的演化分为两个阶段，早阶段以铁镁质矿物分离结晶为主，这与黑云母闪长岩的演化特征一致。结合野外及年代学资料，正长斑岩为黑云母闪长岩发生铁镁质矿物分离结晶后的残余岩浆演化的产物。正长岩的 SiO_2 与 MgO、CaO、TiO_2、P_2O_5、Al_2O_3 和 FeO^T 具有良好的负相关，表明岩浆在演化过程中发生了角闪石和磷灰石的分离结晶以及有钾长石的堆晶。Eu 正异常可能是发生了钾长石的堆晶和角闪石、磷灰石分离结晶的结果。综上所述，黑云母闪长岩为受俯冲的洋壳板片熔体交代的地幔楔熔体上升侵位的结果，该母岩浆在侵位过程中发生了辉石和角闪石的分离结晶作用，残余岩浆形成了本区的正长斑岩。

（二）岩体类型及形成的构造环境

在 $Nb – 10^4Ga/Al$、$(Na_2O + K_2O)/CaO – 10^4Ga/Al$、$Zr – 10^4Ga/Al$ 和 $FeO^T/MgO – 10^4Ga/Al$ 图解中（图3 – 12），3个岩体样品点都投在了 I 型和 S 型区域，岩石矿物组合（如石英闪长岩、黑云母闪长岩中发育角闪石）和地球化学特征表明3个岩体具有 I 型花岗岩特征。

前已述及，本研究的石英闪长岩、黑云母闪长岩与正长斑岩属高钾碱性 – 钙碱性系列岩石。高钾质岩石可以形成于大洋岛弧、大陆弧、后碰撞弧（莫宣学等，2001）以及板内环境（Nelson，1992；

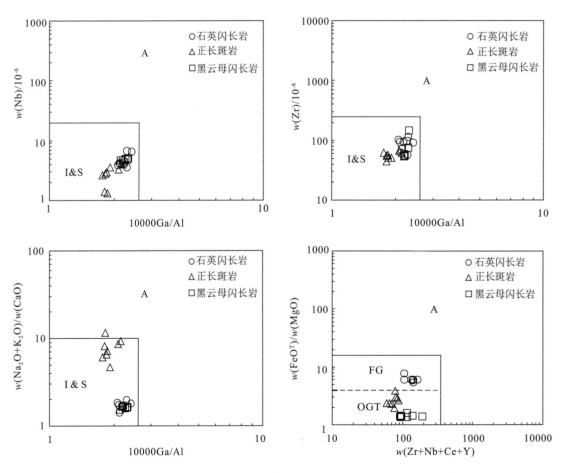

图3 – 12 老山口矿区花岗岩类 $Nb – 10^4Ga/Al$、$(Na_2O + K_2O)/CaO – 10^4Ga/Al$、

$Zr – 10^4Ga/Al$ 和 $FeO^T/MgO – 10^4Ga/Al$ 图解

（据 Whalen et al.，1987）

Marc et al.，1992）。近年来，前人对东准噶尔地质构造演化进行了大量的研究，并取得了很大的进展，认为东准噶尔古生代经历了大洋扩张、板块俯冲、碰撞和后碰撞过程。对于准噶尔古大洋的闭合时限（李锦轶等，2006；龙晓平等，2006；张永等，2010）、古大洋俯冲的方向（许继峰等，2001；张海祥等，2004；袁超等，2006；张招崇等，2006）尚存有争议，但是该区在中泥盆世时期处于俯冲消减环境已逐渐达成共识（杨文平等，2005；张招崇等，2005；蔡劲宏等，2007；苏慧敏等，2008；赵战锋等，2009）。

所有样品表现出高碱、富钾、富集 LREE 和大离子亲石元素（LILE），明显亏损 Nb、Ta、Ti 等高场强元素（HFSE），与形成于俯冲带相关的高 K/Ti – 低 Ti 钾质岩石非常类似，与板内的低 K/Ti – 高 Ti 钾质岩石的特征明显不同（Rogers，1992）。泥盆纪东准噶尔北缘出现造山带特有的钙碱性岩浆岩 – 高钾钙碱性岩浆岩 – 碱性岩浆岩组合，且研究区的北塔山组中发现了苦橄岩，表明北塔山组火山岩形成于岛弧环境（张招崇等，2005）。所有样品在 Pearce 构建的花岗质岩类构造环境判别图解上位于"火山弧"环境（图 3 – 13），进一步说明了它们处于板块俯冲环境。

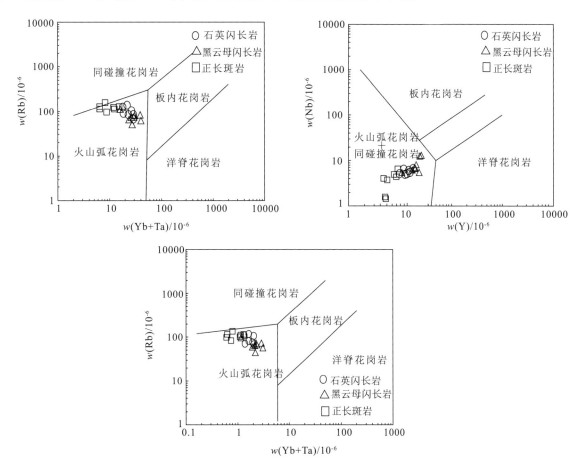

图 3 – 13　老山口铁铜金矿区花岗质岩体 Nb – Y、Rb – Y + Nb、Rb – Yb + Ta 图
（据 Pearce et al.，1984；Pearce，1996）

本次研究的黑云母闪长岩与闪长玢岩形成于中泥盆世（379 Ma），与研究区相邻的希勒克特哈腊苏花岗闪长斑岩（375 Ma，吴淦国等，2008）、喀腊萨依闪长斑岩（379 Ma，张招崇等，2006）、玉勒肯哈腊苏斑状花岗岩（381.6 Ma，赵战锋等，2009）及含矿闪长玢岩（379 Ma，杨富全等，2012）、玉勒肯哈腊苏矿区石英闪长岩（382 Ma，杨富全等，2012）、北塔山组辉斑玄武岩（381 Ma）属同一岩浆活动的产物，而希勒克特哈腊苏花岗闪长岩形成于板块俯冲环境（张招崇等，2006），由此可见，黑云母闪长岩与闪长玢岩、正长斑岩也形成于板块俯冲环境。石英闪长岩（354 Ma）与巴塔玛依内山组火山岩（350 Ma，谭佳奕等，2009）为同期岩浆活动的产物。

综合前人研究成果，老山口铁铜金矿区的中-晚泥盆世岩浆作用过程可能是：在泥盆纪古大洋俯冲消减过程中，俯冲板片脱水产生的流体交代上覆地幔楔，脱水洋壳密度增大导致大洋板块继续向下俯冲而发生变质，并在重力作用下引起板片断离，导致软流圈地幔物质上涌，从而促使俯冲板片熔融产生熔体，这些俯冲板片熔体进一步交代上覆地幔楔，被板片流体和熔体交代的地幔楔在局部拉张环境中产生减压熔融形成黑云母闪长岩和闪长玢岩的原始岩浆，深侵位形成黑云母闪长岩，这些原始岩浆经过辉石和角闪石的分离结晶作用形成正长斑岩母岩浆，其经浅侵位形成正长斑岩；由于持续拉张作用，在晚泥盆世形成了石英闪长岩母岩浆，该岩浆上侵形成石英闪长岩体。

六、侵入岩与成矿关系

本项目组利用高精度锆石 LA-ICP-MS U-Pb 定年方法，获得了老山口矿区石英闪长岩年龄为 353.8±1.9 Ma，正长斑岩为 366.3±1.9 Ma，黑云母闪长岩为 379.3±2.3 Ma，闪长玢岩为 379.7±3 Ma，表明老山口矿区存在 3 期岩浆活动，分别为 379 Ma、366 Ma 和 354 Ma。通过野外观察，黑云母闪长岩和闪长玢岩在空间上与铁铜金矿体关系密切（图 3-2）。在矿区闪长玢岩体中发育大量的绿帘石、石榴子石矽卡岩化，在闪长玢岩中普遍见孔雀石化、黄铜矿及黄铁矿，有时也可见条带状、角砾状、细脉状磁铁矿，且在闪长玢岩体与玄武质火山角砾岩接触处见褐铁矿化磁铁矿与孔雀石化。该黑云母闪长岩和闪长玢岩的成岩年龄 379 Ma 可视为托斯巴斯陶铁铜金矿（老山口矿区Ⅳ矿段）成矿时代的下限，推断成矿时代略晚于 379 Ma。15 件硫化物的 S 同位素集中在 0‰，表明 S 来源于深源岩浆，即来自闪长玢岩、黑云母闪长岩，因此推断黑云母闪长岩和闪长玢岩的侵入对铁铜成矿不仅提供了热源，而且提供了成矿物质和成矿流体。矿区最晚期石英闪长岩与地层接触带发育铜和金矿化，其岩体年龄为 353.8±1.9 Ma，表明在晚泥盆世矿区存在一期铜金矿化事件。

第二节　磁海含钴铁矿区侵入岩年代学、地球化学及其地质意义

新疆北山地区位于新疆东部，中天山地块与塔里木盆地和敦煌地块之间，其北以中天山南缘断裂为界，南以疏勒河断裂为界，呈 NEE 向展布（苏本勋等，2010）。赋存有丰富的铜镍、铁和金矿床，是我国重要的铜镍金铁矿产勘查区和后备基地之一（程松林等，2008）。位于北山地区的磁海含钴铁矿床，是 20 世纪 70 年代发现的一大型富钴铁矿床，矿床产于辉绿岩中，其赋矿围岩和蚀变特征与国内外为数不多的 Cornwall 型铁矿床较为相似。Cornwall 型铁矿以其储量大、富含钴、金和银等金属备受世人瞩目（Hans et al.，1979；Arthur et al.，1985），但其矿床成因等问题长期以来未有定论。因此，磁海含钴铁矿床是研究 Cornwall 型铁矿床的很好典例。前人对磁海含钴铁矿床的地质特征（盛继福，1985；薛春纪等，2000；左国朝等，2004）、矿物学特征（秦淑英等，1983；王玉往等，2006；唐萍芝等，2011，2012）、矿床的形成时代以及与铁矿相关的岩浆岩特征（唐萍芝等，2010；齐天骄等，2012；Hou et al.，2013；Huang，2013）开展了研究，但是矿床形成时代不够精确，时间跨度较大，对与铁矿相关的镁铁质岩形成的地球动力学背景有不同的见解，对矿床成因也存有不同的观点。这些问题的关键在于对赋含铁矿的镁铁质岩浆岩的特征不清楚。此外，北山地区被认为是晚古生代发育起来的裂谷，但是对区内出露众多的二叠纪含铜镍镁铁-超镁铁质岩体的岩浆来源和构造背景还存在着分歧，有形成于活动大陆边缘（范育新等，2007；颉伟等，2011）、碰撞后伸展环境（李华芹等，2006，2009）、裂谷环境（李锦轶等，2000，2006；左国朝等，2004）；岩浆来源于受交代的富集型岩石圈地幔（颉伟等，2011）或者亏损的地幔（姜常义等，2006；苏本勋等，2010）、地幔柱活动的产物（Mao et al.，2008；Franco et al.，2008；齐天骄等，2012）多种观点。磁海矿区除了发育镁铁质侵入岩外，也发育大量长英质侵入岩，包括二长岩、石英二长岩、花岗闪长岩和花岗岩，而且过去的研究主要集中在与 Fe 矿体空间关系密切的辉绿岩（薛春纪等，2000；唐萍芝等，2010；Hou et al.，2013），而对矿区内辉长岩和中酸性侵入岩的研究较缺乏。本书对磁海含钴铁矿区出露的镁铁质岩石（辉绿岩、辉长岩）、二长岩、石英二长岩、花岗闪长岩和花岗岩开展系统的年代学和元素地

球化学特征研究，探讨岩浆的来源、演化以及形成的大地构造背景，为揭示北山地区晚古生代时期岩浆作用特征提供依据，为磁海含钴铁矿床成因研究提供重要信息。

一、岩体地质及岩石学

磁海含钴铁矿床位于塔里木盆地东北缘，红柳河断裂和柳园断裂之间，白地洼－淤泥河大断裂南侧，毗邻红石山含铜镍镁铁－超镁铁质岩体（图3－14a）。磁海含钴铁矿区内出露的地层主要有中元古界蓟县系、奥陶系和二叠系。蓟县系主要由平头山群长英质片岩、大理岩、白云岩组成，奥陶系为板岩、硅质岩，二叠系包括下二叠统下部的双堡塘组火山岩、火山碎屑岩和上部的菊石滩组灰岩、粉砂岩。矿区镁铁质杂岩体和中酸性岩体发育，其中镁铁质杂岩体呈NEE向的纺锤形，东西长约6 km，南北宽约3 km，向东被第四系覆盖，地表出露面积约12 km²。岩体东部侵位于震旦系白头山组长英质片岩、大理岩和白云岩中，西部侵位于二叠系红柳河组中基性火山岩。杂岩体主要有辉长岩、辉绿岩、辉长辉绿岩和橄榄辉长岩，辉长岩与辉绿岩无明显界线，岩体侵位深度自南西向北东逐渐变浅，且矿区内辉长岩、辉绿岩呈多次脉动式侵入特征。辉绿岩与磁铁矿体关系密切，磁铁矿体主要产在辉绿岩及与其接触的石榴子石－透辉石矽卡岩中（图3－14b）。杂岩体外围也发育辉石闪长岩、石英闪长岩、闪长岩、二长岩和花岗闪长岩等，且中酸性岩体晚于基性岩体侵入，局部见其呈渐变过渡

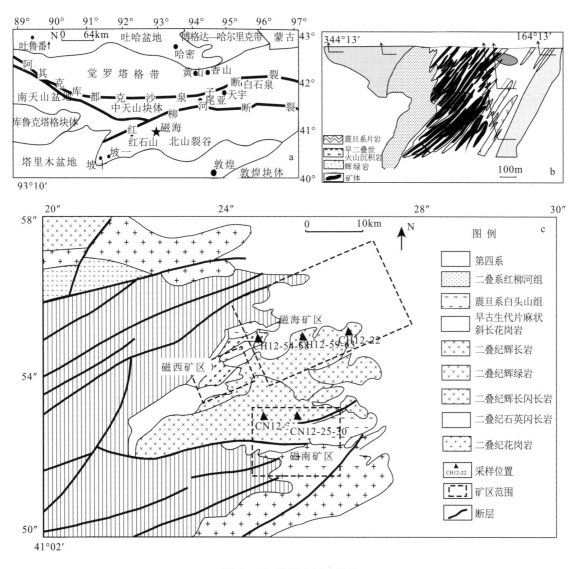

图3－14　磁海矿区地质图

（据新疆维吾尔自治区地质勘查开发局，1979，改编）

139

关系。

磁海含钴铁矿床由磁海、磁南和磁西3个矿段组成，其中磁海矿段为主矿段，位于矿区东北部，磁南矿段和磁西矿段规模相对较小，分别位于磁海矿段的南部和西部。磁海含钴铁矿床主要赋存于辉绿岩中，辉绿岩在成矿前后均有产出，其中成矿前的辉绿岩分布范围较大，主要呈岩株状产出，总体呈 NEE 走向，产状近于直立。成矿后的辉绿岩呈脉状产出，穿切早期形成的辉绿岩和铁矿体。辉长岩地表出露较少，在磁海和磁南矿段有少量出露，磁海矿段为角闪辉长岩，磁南矿段为粗粒辉长岩。花岗闪长岩主要在磁西矿段产出，花岗岩见于磁海采坑钻孔中，石英二长岩主要产于磁海采坑中，二长岩在矿区内广泛出露（图3-14c）。各类型岩石岩相学特征如下：

辉绿岩为矿区最为发育岩石，主要呈磁铁矿直接围岩和辉绿岩脉形式产出。其中直接赋矿围岩辉绿岩呈灰绿色，块状构造，具辉绿结构（图3-15a～d）。主要由斜长石（约50%）、单斜辉石（约40%）、黑云母（约10%）和磁铁矿等组成。其中斜长石呈自形的长板状，常组成三角形骨架包裹辉石而显典型辉绿结构，晶体大小变化较大，最大者可达1 mm左右，大多数长约0.4～0.6 mm左右，聚片双晶发育，多已发生钠黝帘石化蚀变。单斜辉石呈短柱状或粒状，大小约0.2～0.6 mm，自形程度较差，多已蚀变为绿泥石；黑云母呈他形片状，具有一组极完全解理，晶体大小<4 mm。副矿物

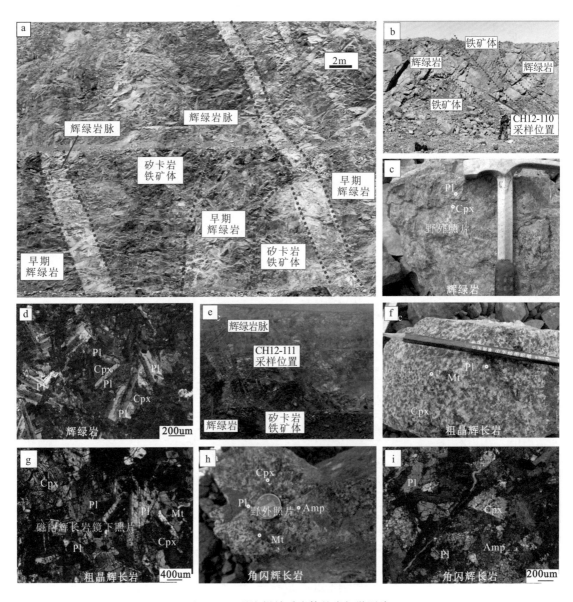

图3-15　磁海镁铁质岩体的岩相学照片

140

有磁铁矿、磷灰石和锆石。

辉绿岩脉呈灰白色，块状构造，辉绿结构。主要由斜长石（约50%～55%）、单斜辉石（约40%～45%）和钛铁矿（约3%）组成。斜长石相对自形，其间充填他形单斜辉石，且斜长石发生钠化和绢云母化，辉石相对新鲜，未见明显蚀变。副矿物有磷灰石和锆石（图3－15e）。

粗粒辉长岩呈灰褐色，块状构造，辉长结构。主要以斜长石（40%～50%）和单斜辉石（40%～45%）为主，也见少量角闪石和黄铁矿。斜长石呈自形长板状，大小约为1.6～3 mm，聚片双晶发育，晶体较大者蚀变强烈，较小者相对新鲜。单斜辉石呈自形短柱状，长约1.5～2.5 mm，部分发生绿泥石化蚀变。角闪石呈半自形晶，多已蚀变。副矿物有磁铁矿、磁黄铁矿和锆石（图3－15f、g）。

角闪辉长岩呈浅灰白色，块状构造，中细粒结构，与辉绿岩呈渐变接触。主要由单斜辉石（约占总量的45%）、斜长石（约占40%）和角闪石（约占10%）组成。其中单斜辉石呈自形短柱状，偶见双晶，晶体大小变化不大，长度大约在0.2～0.6 mm，部分辉石破碎程度强烈，多已发生绿泥石和绿帘石化蚀变。斜长石呈长柱状，长约0.2～0.4 mm，聚片双晶发育，多数较破碎，表面多因钠黝帘石化和碳酸盐化蚀变而显较脏。角闪石自形程度较差，大小在0.2～0.5 mm，多已发生碳酸盐化蚀变。副矿物有磁铁矿、磷灰石和锆石（图3－15f、g）。

花岗闪长岩手标本呈淡红色，主要矿物为钾长石（45%～50%）、石英（25%～30%），暗色矿物发生绿泥石化，碱性长石相对较新鲜（图3－16a）。

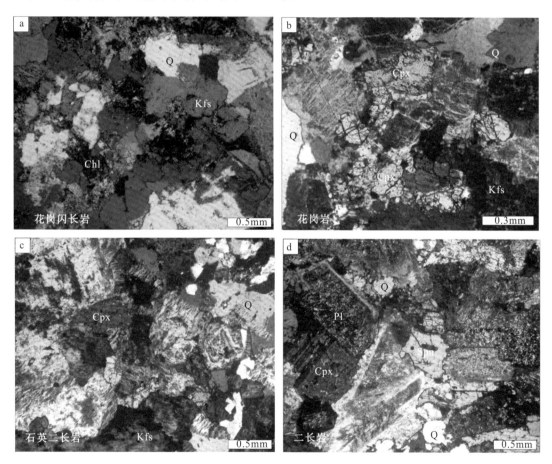

图3－16　磁海花岗质岩体岩相学照片

Q—石英；Kfs—钾长石；Cpx—单斜辉石；Pl—斜长石

花岗岩见于磁海采坑钻孔中，手标本呈浅白－浅红色，块状构造，花岗结构。主要矿物为钾长石（60%～65%）、石英（30%～35%）和单斜辉石（3%～5%），碱性长石和单斜辉石均较新鲜，单斜辉石在单偏光下呈浅绿色，在正交偏光下呈鲜艳的干涉色（图3－16b）。

石英二长岩主要产于磁海采坑中，手标本呈浅红色，主要矿物为碱性长石（30%～35%）、斜长石（30%～35%）、石英（10%～15%）和单斜辉石（10%～15%）。单斜辉石和碱性长石较新鲜，单斜辉石在正交偏光下呈鲜艳的干涉色（图3－16c）。

二长岩在矿区内广泛出露，手标本呈浅白色，主要矿物为斜长石（60%～65%）、石英（5%～10%）、单斜辉石（15%～20%）和少量榍石（5%）。单斜辉石在单偏光下无色，在正交偏光下呈鲜艳的干涉色，斜长石发生绢云母化（图3－16d）。

二、年代学及 Lu－Hf 同位素

（一）样品及测试方法

对磁海矿床的镁铁质岩和花岗质岩体利用锆石 LA－ICP－MS U－P 法开展了年代学研究，测年样品采自磁海矿段的角闪辉长岩（CH12－22）、辉绿岩（CH12－110）、辉绿岩脉（CH12－111）、磁南矿段的粗粒辉长岩（CN12－31）、磁西矿段的花岗闪长岩（CH14－09）、磁海采坑钻孔的花岗岩（ZKCH13－70）、磁海采坑的石英二长岩（CH14－21）和磁海矿区的二长岩（CH14－01）。

样品的破碎和锆石的挑选工作由廊坊市科大技术服务公司实验室完成。单矿物锆石样品制靶及阴极发光照像在北京锆年领航科技有限公司完成。锆石 U、Th 和 Pb 同位素组成分析在中国地质科学院矿产资源研究所同位素实验室 Neptune 型高分辨多接收电感耦合等离子体质谱仪（MC－ICP－MS）上进行。详细的分析流程和原理参考文献（侯可军等，2009）。

（二）镁铁质岩年代学

所有测年样品的阴极发光图像（图3－17）显示，辉绿岩中所测锆石均未见碎屑成因的核部和热液边，锆石大部分呈短柱状，晶形比较完整，颗粒大小不一，部分锆石发育岩浆结晶环带。辉绿岩脉中锆石呈短柱状，可见锆石环带结构。辉长岩中锆石晶形较好，均呈半自形－自形柱状及双锥状，晶棱及晶面清楚，晶体大小变化较大，其中角闪辉长岩中锆石长轴变化于 70～130 μm，长短轴比一般为 2：1～4：1，粗粒辉长岩中锆石长轴变化于 30～100 μm，长短轴比一般为 1：1～3：1。大部分晶体具有典型的结晶环带，个别锆石可见核幔结构。分析结果列于表3－3。

辉绿岩体中锆石的 Th/U 比值为 0.49～6.35，辉绿岩脉中锆石的 Th/U 比值为 0.88～3.11，均为岩浆成因锆石，其年龄代表岩浆结晶时间（Belousova et al.，2002）。辉绿岩体（CH12－110）共测定 20 个点，其中点 1、4、8、13、20 的谐和度均小于 90%，不参与年龄的计算；点 3 的 $^{206}Pb/^{238}U$ 年龄为 297.1 Ma，可能为捕获的二叠纪火山岩中的锆石，点 11 的 $^{206}Pb/^{238}U$ 年龄为 257.1 Ma，观察透反射光发现有细小包体，可能是导致所测年龄偏年轻的原因，以上数据点不参与年龄的计算。其余 13 个点年龄均分布于 280.7～289.5 Ma，且均落在谐和线上或附近成群分布（图3－17），$^{206}Pb/^{238}U$ 加权平均年龄为 286.5±1.8 Ma（MSWD＝0.55），可以代表辉绿岩形成时代。

辉绿岩脉（CH12－111）共测定 30 个点，其中 2、9、12、25、26、29 的年龄谐和度均小于 90%，不具实际地质意义，测点 3 的 $^{206}Pb/^{238}U$ 年龄为 303.8 Ma，可能为岩浆上升过程中捕获的老锆石。其余 23 个测点年龄结果均落在年龄谐和线上及其附近，又可分为两组：5 个测点（11、15、16、17、22）成群分布为一组，$^{206}Pb/^{238}U$ 年龄范围为 273.7～276.7 Ma，加权平均年龄为 275.8±2.2 Ma（MSWD＝0.12）；另外一组为 18 个测点成群分布，$^{206}Pb/^{238}U$ 年龄在 279.8～289.5 Ma，$^{206}Pb/^{238}U$ 加权平均年龄为 284.8±1.3 Ma（MSWD＝0.67）。值得注意的是，上述代表绝大多数测点的 $^{206}Pb/^{238}U$ 加权平均年龄（284.8±1.3 Ma）与辉绿岩体中锆石的加权平均年龄（286.5±1.8 Ma）在误差范围内是一致的，且二者的锆石形态相似（图3－17）。考虑到辉绿岩脉与辉绿岩及铁矿体的野外地质关系，辉绿岩脉应晚于辉绿岩体形成，矿区内出露的主要都是辉绿岩体，辉绿岩脉所占比例较小，因此我们认为，虽然大多数锆石年龄在 284 Ma 左右，但并不代表辉绿岩脉结晶时间，可能是由于辉绿岩脉在上升侵位过程中捕获了早期辉绿岩中的大量锆石所致，而 5 个测点的加权平均年龄则应该代表辉绿岩

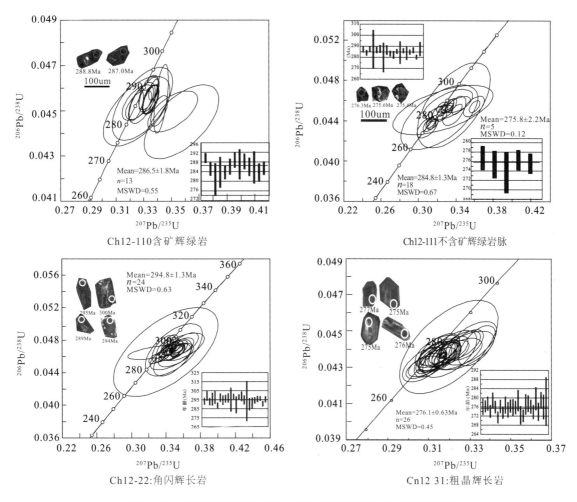

图 3 - 17 磁海镁铁质岩的 LA – ICP – MS 锆石 U – Pb 年龄谐和图

脉的形成时代，即 275.8 Ma 左右。

角闪辉长岩（样号：CH12 – 22）共测定 30 个锆石颗粒（表 3 – 4）。锆石的 Th/U 比值介于 0.70 ~ 3.86，24 个分析点的$^{206}Pb/^{238}U$ 表面年龄在误差范围内一致，介于 288.8 Ma ~ 299.6 Ma，其加权平均值为 294.8 ± 1.6 Ma（MSWD = 0.63）。在 6 个年龄不谐和分析点中，2 个较小的年龄值（279 Ma 和 289 Ma）可能是由于 Pb 的丢失造成；3 个分析点（296 Ma、289.6 Ma 和 297 Ma）与其他 24 个分析点的年龄在误差范围内重合，但它们的$^{207}Pb/^{238}U$ 较大，可能主要是^{207}Pb 难以测准导致的；1 个分析点的较老年龄（376 Ma）可能代表了捕获锆石的年龄（图 3 – 17）。

粗粒辉长岩（样号 CN12 – 31）中锆石的 Th/U 比值介于 0.60 ~ 1.9，26 个分析点的$^{206}Pb/^{238}U$ 表面年龄非常一致，介于 271 ~ 279.6 Ma，3 个分析点具有较老的年龄值（299 Ma、325 Ma 和 454.4 Ma），可能代表了捕获锆石的年龄，1 个分析点的年龄值较小（266 Ma），可能是由于 Pb 丢失造成的。26 个接近年龄的加权平均值为 276.1 ± 0.63 Ma（MSWD = 0.45）。在年龄谐和图上，26 个分析点均聚集在一致线上及其附近一个小范围内，表明这些锆石形成后 U – Pb 体系保持封闭，没有明显的 U 或 Pb 同位素的丢失和加入。结合锆石阴极发光图像分析，这些年龄可以代表粗粒辉长岩的侵入年龄（图 3 – 17）。

（三）酸性岩年代学

磁海矿区所有酸性岩中的锆石均具有振荡环带结构（图 3 – 18），Th/U 比值大于 0.4，均显示了岩浆锆石的特点（Rubatto，2002）（表 3 – 5）。

表 3 - 4 磁海矿区镁铁质岩锆石 LA - MC - ICP - MS U - Pb 定年结果

点号	U/10⁻⁶	Th/10⁻⁶	^{232}Th/^{238}U	^{207}Pb*/^{206}Pb* 测值	1σ	^{207}Pb*/^{235}U 测值	1σ	^{206}Pb*/^{238}U 测值	1σ	^{206}Pb/^{238}U 年龄(Ma)±1σ	^{207}Pb/^{206}Pb 年龄(Ma)±1σ	^{207}Pb/^{235}U 年龄(Ma)±1σ
样品编号：CH12 - 110 辉绿岩												
CH12 - 110 - 2	790.83	4283.66	5.42	0.05329	0.00023	0.33752	0.00251	0.04594	0.00031	289.5 ± 1.9	342.7 ± 9.3	295.3 ± 1.9
CH12 - 110 - 3	2652.24	443.51	5.98	0.05725	0.00097	0.37236	0.00735	0.04716	0.00054	297.1 ± 3.3	501.9 ± 37.0	321.4 ± 5.4
CH12 - 110 - 5	354.13	1290.29	3.64	0.05209	0.00036	0.32453	0.00359	0.04522	0.00045	285.1 ± 2.8	300.1 ± 16.7	285.4 ± 2.8
CH12 - 110 - 6	171.46	441.1	2.57	0.05807	0.00172	0.35735	0.01775	0.04451	0.00108	280.7 ± 6.6	531.5 ± 64.8	310.2 ± 13.3
CH12 - 110 - 7	26.53	23.38	0.88	0.05217	0.00207	0.32507	0.01593	0.04498	0.00102	283.7 ± 6.3	300.1 ± 95.4	285.8 ± 12.2
CH12 - 110 - 9	321.8	987.14	3.07	0.0551	0.00049	0.34132	0.00399	0.04499	0.00045	283.7 ± 2.8	416.7 ± 20.4	298.2 ± 3.0
CH12 - 110 - 10	118.34	58.45	0.49	0.05207	0.00101	0.32598	0.00757	0.04536	0.00052	286.0 ± 3.2	287.1 ± 44.4	286.5 ± 5.8
CH12 - 110 - 11	254.65	106.7	0.42	0.05285	0.00042	0.29617	0.00307	0.0407	0.00033	257.1 ± 2.0	324.1 ± 16.7	263.4 ± 2.4
CH12 - 110 - 12	355.35	2257.15	6.35	0.05282	0.0005	0.33363	0.0047	0.04581	0.00051	288.8 ± 3.1	320.4 ± 22.2	292.3 ± 3.6
CH12 - 110 - 14	518.83	2086.73	4.02	0.05465	0.00085	0.3428	0.00348	0.04552	0.001	287.0 ± 6.2	398.2 ± 35.2	299.3 ± 2.6
CH12 - 110 - 15	219.21	1134.7	5.18	0.05302	0.00053	0.33385	0.00472	0.04571	0.00051	288.1 ± 3.2	327.8 ± 24.1	292.5 ± 3.6
CH12 - 110 - 16	277.81	1126.21	4.05	0.0526	0.00068	0.32904	0.00626	0.04535	0.0006	285.9 ± 3.7	322.3 ± 27.8	288.8 ± 4.8
CH12 - 110 - 17	79.72	99.06	1.24	0.05272	0.0021	0.32926	0.01448	0.04531	0.00106	285.7 ± 6.6	316.7 ± 86.1	289.0 ± 11.1
CH12 - 110 - 18	266.87	1654.43	6.20	0.05561	0.00174	0.35103	0.01186	0.04497	0.0006	283.5 ± 3.7	476.0 ± 68.5	305.5 ± 8.9
CH12 - 110 - 19	106.36	400.89	3.77	0.05229	0.00085	0.3265	0.00632	0.04527	0.00043	285.4 ± 2.7	298.2 ± 41.7	286.9 ± 4.8
样品编号：CH12 - 111 辉绿岩脉												
CH12 - 111 - 1	268.96	721.37	2.68	0.05336	0.00047	0.33474	0.00408	0.04556	0.00044	287.2 ± 2.7	342.7 ± 20.4	293.2 ± 3.1
CH12 - 111 - 3	76.36	87.56	1.15	0.0561	0.0025	0.36932	0.00921	0.04825	0.00226	303.8 ± 13.9	457.5 ± 100.0	319.1 ± 6.8
CH12 - 111 - 4	235.11	707.75	3.01	0.05255	0.00046	0.32575	0.00359	0.04504	0.00037	284.0 ± 2.3	309.3 ± 13.9	286.3 ± 2.7
CH12 - 111 - 5	197.72	503.67	2.55	0.05283	0.00053	0.33164	0.00394	0.04557	0.00036	287.2 ± 2.2	320.4 ± 22.2	290.8 ± 3.0
CH12 - 111 - 6	164.05	245.05	1.49	0.05389	0.00242	0.33815	0.02581	0.04554	0.0028	287.1 ± 17.3	364.9 ± 101.8	295.8 ± 19.6
CH12 - 111 - 7	181.02	230.72	1.27	0.05292	0.00063	0.33095	0.0045	0.04545	0.00043	286.6 ± 2.6	324.1 ± 27.8	290.3 ± 3.4
CH12 - 111 - 8	100.16	311.6	3.11	0.05432	0.00125	0.34221	0.00924	0.04561	0.00053	287.5 ± 3.3	383.4 ± 51.8	298.8 ± 7.0
CH12 - 111 - 10	213.56	187.4	0.88	0.0526	0.00324	0.32247	0.02736	0.04435	0.00212	279.8 ± 13.1	322.3 ± 145.4	283.8 ± 21.0

点号	U/10⁻⁶	Th/10⁻⁶	$^{232}Th/^{238}U$	$^{207}Pb^*/^{206}Pb^*$ 测值	1σ	$^{207}Pb^*/^{235}U$ 测值	1σ	$^{206}Pb^*/^{238}U$ 测值	1σ	$^{206}Pb/^{238}U$ 年龄/Ma ±1σ	$^{207}Pb/^{206}Pb$ 年龄/Ma ±1σ	$^{207}Pb/^{235}U$ 年龄/Ma ±1σ
CH12-111-11	260.05	154.83	0.60	0.05188	0.00041	0.31334	0.00342	0.04386	0.0004	276.7±2.5	279.7±18.5	276.8±2.6
CH12-111-13	149.53	191.22	1.28	0.05749	0.00101	0.3596	0.00753	0.04543	0.00067	286.4±4.1	509.3±38.9	311.9±5.6
CH12-111-14	115.85	307.65	2.66	0.05202	0.00066	0.32209	0.0047	0.04494	0.00038	283.4±2.4	287.1±32.4	283.5±3.6
CH12-111-15	137.9	317.61	2.30	0.05196	0.00061	0.31225	0.00463	0.04364	0.00046	275.4±2.8	283.4±25.9	275.9±3.6
CH12-111-16	74.56	129.86	1.74	0.05204	0.00112	0.30979	0.00721	0.04337	0.00069	273.7±4.3	287.1±52.8	274.0±5.6
CH12-111-17	159.08	245.25	1.54	0.05199	0.00052	0.3135	0.0036	0.04379	0.00034	276.3±2.1	283.4±24.1	276.9±2.8
CH12-111-18	97.07	134.3	1.38	0.05238	0.00156	0.3225	0.00932	0.04475	0.00053	282.2±3.3	301.9±68.5	283.8±7.2
CH12-111-19	235.81	507.61	2.15	0.05305	0.00063	0.33083	0.00433	0.04524	0.00033	285.3±2.0	331.5±30.6	290.2±3.3
CH12-111-20	84.11	144.85	1.72	0.05275	0.00759	0.32624	0.03548	0.04508	0.00162	284.2±10.0	316.7±300.0	286.7±27.2
CH12-111-21	147.84	300.75	2.03	0.05201	0.00052	0.3248	0.00375	0.04536	0.00034	285.9±2.1	287.1±24.1	285.6±2.9
CH12-111-22	133.1	252.07	1.89	0.05241	0.00056	0.31513	0.00385	0.04367	0.00034	275.6±2.1	301.9±24.1	278.2±3.0
CH12-111-23	229.81	221.71	0.96	0.05457	0.00093	0.33827	0.00843	0.04499	0.00096	283.7±5.9	394.5±32.4	295.9±6.4
CH12-111-24	250.96	256.07	1.02	0.05484	0.00048	0.34123	0.00369	0.04515	0.00034	284.7±2.1	405.6±23.1	298.1±2.8
CH12-111-27	217.65	298.01	1.37	0.0577	0.00048	0.36049	0.00377	0.04542	0.0004	286.3±2.4	516.7±50.9	312.6±2.8
CH12-111-28	209.67	478.52	2.28	0.05319	0.00051	0.32505	0.00329	0.04442	0.00031	280.2±1.9	344.5±22.2	285.8±2.5
CH12-111-29	91.82	172.27	1.88	0.05285	0.00259	0.33221	0.01737	0.0456	0.001	287.4±6.2	320.4±113.0	291.3±13.2

样品编号：CH12-22 角闪辉长岩

点号	U/10⁻⁶	Th/10⁻⁶	$^{232}Th/^{238}U$	$^{207}Pb^*/^{206}Pb^*$ 测值	1σ	$^{207}Pb^*/^{235}U$ 测值	1σ	$^{206}Pb^*/^{238}U$ 测值	1σ	$^{206}Pb/^{238}U$ 年龄/Ma ±1σ	$^{207}Pb/^{206}Pb$ 年龄/Ma ±1σ	$^{207}Pb/^{235}U$ 年龄/Ma ±1σ
CH12-22-1	263.69	213.01	0.81	0.05105	0.00269	0.32799	0.02112	0.04653	0.000577	293.2±3.5	242.7±122.2	288.0±16.1
CH12-22-2	275.06	799.70	2.91	0.05506	0.00113	0.36168	0.01074	0.04757	0.000884	299.6±5.4	413±46.3	313.5±8.0
CH12-22-3	140.16	167.30	1.19	0.05421	0.00102	0.34872	0.00914	0.04648	0.000618	292.9±3.8	388.9±38	303.±6.8
CH12-22-5	210.38	812.49	3.86	0.05209	0.00066	0.33806	0.00919	0.04693	0.001106	295.7±6.8	300.1±29.6	295.7±6.9
CH12-22-7	160.74	401.71	2.50	0.05526	0.00294	0.35894	0.01707	0.04719	0.00112	297.3±6.8	433.4±120	311.4±12.7
CH12-22-9	103.74	72.85	0.70	0.05217	0.0009	0.32954	0.00619	0.04581	0.000454	288.8±2.7	300.±38.9	289.2±4.7
CH12-22-10	58.30	80.17	1.38	0.05483	0.00139	0.35708	0.01028	0.04718	0.000722	297.2±4.4	405.6±57	310.0±7.7
CH12-22-11	68.49	181.89	2.66	0.05359	0.00112	0.34608	0.0098	0.04673	0.000818	294.4±5.0	353.8±81	301.8±7.4

点号	U/10⁻⁶	Th/10⁻⁶	^{232}Th/^{238}U	^{207}Pb*/^{206}Pb* 测值	1σ	^{207}Pb*/^{235}U 测值	1σ	^{206}Pb*/^{238}U 测值	1σ	^{206}Pb/^{238}U 年龄/Ma ±1σ	^{207}Pb/^{206}Pb 年龄/Ma ±1σ	^{207}Pb/^{235}U 年龄/Ma ±1σ
CH12-22-12	110.94	174.65	1.57	0.05496	0.00079	0.35558	0.00648	0.04699	0.000646	296.0±3.9	409.3±26.9	308.9±4.9
CH12-22-13	98.97	102.25	1.03	0.05266	0.00097	0.34249	0.00867	0.04712	0.00081	296.9±4.9	322.3±47.2	299.1±6.6
CH12-22-14	45.17	76.82	1.70	0.05377	0.00228	0.34934	0.02192	0.04683	0.002114	295.0±13	361.2±96.2	304.2±16.5
CH12-22-15	373.40	804.07	2.15	0.05256	0.0004	0.3431	0.00426	0.04734	0.000492	298.2±3.0	309.3±13.9	299.5±3.2
CH12-22-16	74.71	133.84	1.79	0.05528	0.00226	0.34796	0.01467	0.04587	0.00149	289.2±9.1	433.4±97.2	303.2±11.1
CH12-22-19	304.94	658.64	2.16	0.05394	0.00045	0.35268	0.0045	0.04733	0.000418	298.1±2.5	368.6±18.5	306.7±3.4
CH12-22-20	278.56	783.64	2.81	0.05284	0.00063	0.34455	0.00635	0.04742	0.000828	298.7±5	320.4±27.8	300.6±4.8
CH12-22-21	219.35	458.12	2.09	0.05412	0.00058	0.34932	0.00705	0.04676	0.000778	294.7±4.7	375.9±58.2	304.2±5.3
CH12-22-22	108.54	287.30	2.65	0.0526	0.00334	0.33993	0.04002	0.04656	0.003605	293.4±22	322.3±141.6	297.1±30.3
CH12-22-23	65.73	100.11	1.52	0.0546	0.00234	0.34544	0.01578	0.04599	0.001073	289.9±6.6	394.5±1100.1	301.3±11.9
CH12-22-25	59.29	110.98	1.87	0.0551	0.00164	0.3516	0.01348	0.04619	0.000959	291.1±5.9	416.7±667	305.9±10.1
CH12-22-26	183.28	299.71	1.64	0.05511	0.00067	0.35426	0.00532	0.0467	0.000523	294.3±3.2	416.7±25.9	307.9±3.9
CH12-22-27	147.32	560.16	3.80	0.05334	0.00072	0.3465	0.00638	0.04695	0.000519	295.8±31	342.7±24.9	302.1±4.8
CH12-22-28	288.94	694.46	2.40	0.0549	0.00049	0.35602	0.00409	0.04704	0.00039	296.4±2.4	409.3±20.4	309.2±3.1
CH12-22-29	276.32	674.97	2.44	0.05263	0.00043	0.33445	0.00427	0.04608	0.000461	290.4±2.8	322.3±18.5	292.9±3.3
CH12-22-30	237.23	461.12	1.94	0.0536	0.00051	0.34565	0.00451	0.04688	0.000518	295.4±3.1	353.8±22.2	301.4±3.4
样品编号:CN12-31 辉长岩												
CN12-31-1	71.36	60.75	0.85	0.05365	0.00093	0.32441	0.00774	0.04373	0.000572	276±3.5	366.7±38.9	285.3±5.9
CN12-31-2	125.73	102.88	0.82	0.05248	0.00055	0.31658	0.00408	0.04379	0.000404	276.3±2.5	305.6±24	279.3±3.1
CN12-31-4	115.52	126.25	1.09	0.05311	0.00066	0.32164	0.00494	0.04398	0.00048	277.5±3.5	344.5±3	283.2±3.8
CN12-31-5	90.75	89.23	0.98	0.05246	0.00083	0.31435	0.00598	0.04342	0.000429	274.1±3.5	305.6±2.7	277.6±4.6
CN12-31-6	65.79	60.01	0.91	0.05339	0.00085	0.32568	0.00642	0.04421	0.000529	278.9±3.5	346.3±3.3	286.3±4.9
CN12-31-7	111.71	105.16	0.94	0.05302	0.0007	0.31862	0.00467	0.04372	0.000426	275.9±3.5	331.5±2.6	280.8±3.6

点号	U/10⁻⁶	Th/10⁻⁶	^{232}Th/^{238}U	^{207}Pb*/^{206}Pb* 测值	1σ	^{207}Pb*/^{235}U 测值	1σ	^{206}Pb*/^{238}U 测值	1σ	^{206}Pb/^{238}U 年龄/Ma ±1σ	^{207}Pb/^{206}Pb 年龄/Ma ±1σ	^{207}Pb/^{235}U 年龄/Ma ±1σ
CN12-31-8	78.88	67.94	0.86	0.05184	0.00083	0.30711	0.00548	0.04299	0.000409	271.4±3.5	279.7±2.5	271.9±4.3
CN12-31-10	67.73	59.31	0.88	0.0521	0.00089	0.31454	0.00623	0.04377	0.00045	276.2±3.5	300.1±2.8	277.7±4.8
CN12-31-11	120.91	107.37	0.89	0.05222	0.00058	0.31209	0.00447	0.04333	0.000415	273.5±3.5	294.5±2.6	275.8±3.5
CN12-31-12	47.85	37.49	0.78	0.05222	0.00103	0.31406	0.00717	0.04387	0.000587	276.8±3.5	294.5±3.6	277.3±5.5
CN12-31-13	58.59	53.36	0.91	0.05273	0.00102	0.31531	0.00684	0.04353	0.000535	274.7±3.5	316.7±3.3	278.3±5.3
CN12-31-14	85.53	102.65	1.20	0.05298	0.00078	0.32059	0.00598	0.04379	0.000452	276.3±3.5	327.8±2.8	282.4±4.6
CN12-31-15	48.26	58.50	1.21	0.05235	0.00092	0.31458	0.00671	0.04369	0.00058	275.7±3.5	301.9±3.6	277.7±5.2
CN12-31-16	98.76	73.15	0.74	0.05253	0.00069	0.31602	0.00499	0.04369	0.000467	275.7±3.5	309.3±2.9	278.8±3.9
CN12-31-17	319.18	296.02	0.93	0.05483	0.00069	0.33354	0.00603	0.04418	0.000735	278.7±3.5	405.6±4.5	292.3±4.6
CN12-31-18	101.61	71.88	0.71	0.05184	0.00095	0.30776	0.00703	0.04315	0.000638	272.3±3.5	279.7±3.9	272.5±5.5
CN12-31-19	84.84	59.16	0.70	0.0519	0.00085	0.30865	0.00577	0.04311	0.000425	272.1±3.5	279.7±2.6	273.1±4.5
CN12-31-21	66.80	47.37	0.71	0.05407	0.00115	0.32741	0.00965	0.04392	0.000707	277.1±3.5	372.3±4.4	287.6±7.4
CN12-31-23	81.92	69.10	0.84	0.05218	0.00089	0.31525	0.00638	0.04397	0.000576	277.4±3.5	294.5±3.6	278.2±4.9
CN12-31-24	110.94	66.95	0.60	0.05263	0.00065	0.31754	0.00519	0.04375	0.000482	276.1±3.5	322.3±3.0	280.0±4.0
CN12-31-25	249.00	473.61	1.90	0.05185	0.00044	0.30988	0.00413	0.04337	0.000487	273.7±3.5	279.7±3.9	274.1±3.2
CN12-31-26	75.18	48.70	0.65	0.05431	0.00105	0.33043	0.00846	0.04432	0.000796	279.6±3.5	383.4±4.9	289.9±6.5
CN12-31-27	113.16	102.29	0.90	0.05221	0.00073	0.31191	0.00604	0.0434	0.00063	273.9±3.5	294.5±3.9	275.7±4.7
CN12-31-28	138.05	100.38	0.73	0.05388	0.00068	0.32827	0.00569	0.04422	0.00056	279±3.5	364.9±35	288.3±4.4
CN12-31-29	174.40	250.76	1.44	0.05293	0.00085	0.3204	0.00873	0.04373	0.000852	276±3.5	327.8±5.3	282.2±6.7
CN12-31-30	108.03	103.32	0.96	0.05277	0.00194	0.31983	0.01594	0.04412	0.001702	278.3±3.5	320.4±10.5	281.8±12.3

表3-5 磁海矿区酸性岩 LA-MC-ICP-MS 锆石 U-Pb 定年结果

样品编号：CH14-09 花岗闪长岩

点号	Th/10⁻⁶	U/10⁻⁶	Th/U	$^{207}Pb^*/^{206}Pb^*$ 测值	1σ	$^{207}Pb^*/^{235}U$ 测值	1σ	$^{206}Pb^*/^{238}U$ 测值	1σ	$^{206}Pb/^{238}U$ 年龄/Ma	1σ	$^{207}Pb/^{206}Pb$ 年龄/Ma	1σ	$^{207}Pb/^{235}U$ 年龄/Ma	1σ
09-1	1144.61	747.04	1.53	0.05488	0.00212	0.35386	0.01402	0.04674	0.0008	294.5	5.1	409.3	89.8	307.6	10.5
09-2	489.75	436.51	1.12	0.05555	0.0024	0.35579	0.0162	0.04632	0.0007	291.9	4.3	435.2	91.7	309.1	12.1
09-3	1048.1	674.85	1.55	0.05416	0.0022	0.3544	0.01454	0.04765	0.001	300.1	6.2	376	97.2	308	10.9
09-4	829.1	584.09	1.42	0.05377	0.00202	0.34151	0.01283	0.0464	0.0007	292.4	4	361.2	85.2	298.3	9.7
09-5	586.73	427.75	1.37	0.05363	0.00217	0.34119	0.01339	0.04626	0.0006	291.5	3.6	353.8	90.7	298.1	10.1
09-6	383.22	336.84	1.14	0.05408	0.00263	0.34846	0.01582	0.04736	0.0008	298.3	5	376	109.2	303.6	11.9
09-7	931.73	660.11	1.41	0.0526	0.00199	0.34065	0.01323	0.04714	0.0008	296.9	5	322.3	80.5	297.7	10
09-8	1036.4	621.08	1.67	0.05249	0.00194	0.34149	0.01353	0.04734	0.0009	298.2	5.2	305.6	83.3	298.3	10.2
09-9	952.84	520.68	1.83	0.05366	0.00222	0.34889	0.01474	0.04712	0.0007	296.8	4.4	366.7	97.2	303.9	11.1
09-11	1397.34	848.65	1.65	0.05229	0.00142	0.32716	0.00911	0.04546	0.0006	286.6	3.5	298.2	65.7	287.4	7
09-12	689.12	505.87	1.36	0.05653	0.00382	0.37822	0.02599	0.04856	0.0014	305.7	8.7	472.3	150	325.7	19.1
09-13	701.31	545.24	1.29	0.05524	0.00241	0.35576	0.0164	0.04663	0.0009	293.8	5.6	420.4	98.1	309	12.3
09-14	810.11	571.52	1.42	0.05425	0.00368	0.34172	0.02462	0.04527	0.001	285.4	5.9	388.9	153.7	298.5	18.6
09-15	1497.02	883.32	1.69	0.05469	0.00175	0.36116	0.01225	0.04782	0.0008	301.1	5.1	398.2	75	313.1	9.1
09-16	664.12	491.47	1.35	0.05372	0.00431	0.34357	0.03065	0.04591	0.0013	289.4	7.8	366.7	181.5	299.9	23.2
09-17	1017.67	773.15	1.32	0.0536	0.00241	0.35629	0.01738	0.04792	0.0012	301.7	7.1	353.8	101.8	309.4	13
9-18	799.38	572.13	1.4	0.05429	0.00266	0.35545	0.01931	0.04724	0.0011	297.6	7	383.4	83.3	308.8	14.5
09-19	424.19	385.26	1.1	0.05349	0.00331	0.34195	0.02248	0.04648	0.0017	292.9	10.4	350.1	136.1	298.6	17
09-20	783.07	683.82	1.15	0.05493	0.0028	0.34708	0.01607	0.04619	0.0016	291.1	9.7	409.3	110.2	302.5	12.1
09-21	465.85	397.87	1.17	0.05185	0.0077	0.33344	0.05554	0.04563	0.0017	287.7	10.7	279.7	307.4	292.2	42.3
09-22	346.41	335.63	1.03	0.05408	0.00306	0.35203	0.02125	0.04704	0.001	296.3	6.4	376	127.8	306.2	16
09-23	728.2	542.95	1.34	0.05209	0.00467	0.35629	0.04266	0.04837	0.002	304.5	12.5	300.1	202.8	309.4	31.9
09-24	1083.73	826.3	1.31	0.05498	0.00658	0.3534	0.05324	0.04577	0.0022	288.5	13.4	413	268.5	307.3	40
09-25	1017.52	674.98	1.51	0.05273	0.00232	0.34186	0.0176	0.04672	0.0012	294.3	7.4	316.7	100	298.6	13.3

样品编号：ZKCH13-70 花岗岩

点号	Th/10⁻⁶	U/10⁻⁶	Th/U	207Pb*/206Pb* 测值	1σ	207Pb*/235U 测值	1σ	206Pb*/238U 测值	1σ	206Pb/238U ±1σ 年龄/Ma	1σ	207Pb/206Pb ±1σ 年龄/Ma	1σ	207Pb/235U ±1σ 年龄/Ma	1σ
70-1	1131.68	762.41	1.48	0.05207	0.00014	0.32536	0.00157	0.04535	0.0002	285.9	1.2	287.1	5.6	286	1.2
70-4	792.42	630.87	1.26	0.0528	0.00014	0.33026	0.00156	0.04543	0.0002	286.4	1.3	320.4	2.8	289.8	1.2
70-6	954.65	859.76	1.11	0.05421	0.00015	0.33982	0.00154	0.04551	0.0002	286.9	1.1	388.9	7.4	297	1.2
70-7	729.46	519.55	1.4	0.05357	0.00015	0.33532	0.00233	0.04543	0.0003	286.4	1.6	353.8	10.2	293.6	1.8
70-11	1014.88	708.34	1.43	0.05312	0.00034	0.32868	0.00719	0.04485	0.0009	282.9	5.3	344.5	14.8	288.6	5.5
70-14	723.22	600.29	1.2	0.05279	0.00015	0.32911	0.00283	0.04521	0.0004	285.1	2.3	320.4	2.8	288.9	2.2
70-15	379.76	341.9	1.11	0.05251	0.00034	0.33066	0.00387	0.04557	0.0003	287.3	2.1	309.3	12	290.1	3
70-16	470.54	538.88	0.87	0.05226	0.00024	0.32521	0.00256	0.04508	0.0002	284.2	1.3	298.2	9.3	285.9	2
70-17	779.69	632.74	1.23	0.05408	0.00041	0.34096	0.0067	0.04517	0.0004	284.8	2.4	376	12	297.9	5.1
70-21	961.63	765.94	1.26	0.05273	0.00019	0.3311	0.0023	0.04554	0.0003	287.1	1.7	316.7	7.4	290.4	1.8
70-22	879.51	650.5	1.35	0.05215	0.00019	0.32837	0.00193	0.04566	0.0002	287.8	1.2	300.1	9.3	288.3	1.5
70-23	637.79	645.05	0.99	0.0525	0.00018	0.32783	0.00152	0.04528	0.0002	285.5	1.1	305.6	12	287.9	1.2
70-25	366.57	350.89	1.04	0.05277	0.00031	0.33187	0.00222	0.04561	0.0001	287.5	0.9	320.4	13	291	1.7
70-26	875.34	679.58	1.29	0.05377	0.00012	0.33844	0.0015	0.04565	0.0002	287.7	1	361.2	0.9	296	1.1
70-27	1055.11	830.2	1.27	0.05481	0.00065	0.34326	0.00753	0.04542	0.0007	286.3	4.1	405.6	27.8	299.6	5.8
70-28	639.18	640.46	1	0.05343	0.00017	0.33419	0.00175	0.04536	0.0002	286	1.1	346.4	7.4	292.8	1.3

样品编号：CH14-21 石英二长岩

点号	Th/10⁻⁶	U/10⁻⁶	Th/U	207Pb*/206Pb* 测值	1σ	207Pb*/235U 测值	1σ	206Pb*/238U 测值	1σ	206Pb/238U ±1σ 年龄/Ma	1σ	207Pb/206Pb ±1σ 年龄/Ma	1σ	207Pb/235U ±1σ 年龄/Ma	1σ
21-1	550.07	614.51	0.9	0.05303	0.00223	0.32233	0.01312	0.04448	0.0009	280.6	5.2	331.5	100.9	283.7	10.1
21-2	934.35	826	1.13	0.05264	0.00411	0.31471	0.02236	0.04375	0.0011	276	6.8	322.3	179.6	277.8	17.3
21-3	218.06	262.13	0.83	0.05384	0.00676	0.32283	0.04625	0.04305	0.0028	271.7	17.1	364.9	289.8	284.1	35.5
21-4	944.55	915.78	1.03	0.05245	0.00256	0.30804	0.0216	0.04229	0.0017	267	10.2	305.6	111.1	272.7	16.8
21-5	301.71	381.11	0.79	0.05229	0.00476	0.31323	0.02687	0.04364	0.0012	275.3	7.6	298.2	209.2	276.7	20.8
21-6	215.08	780.38	0.28	0.05236	0.00193	0.31708	0.0118	0.04416	0.0006	278.6	3.7	301.9	85.2	279.7	9.1
21-7	294.24	861.53	0.34	0.05201	0.00181	0.31889	0.0121	0.0444	0.0008	280.1	4.9	287.1	76.8	281.1	9.3

点号	Th/10⁻⁶	U/10⁻⁶	Th/U	$^{207}Pb^*/^{206}Pb^*$ 测值	1σ	$^{207}Pb^*/^{235}U$ 测值	1σ	$^{206}Pb^*/^{238}U$ 测值	1σ	$^{206}Pb/^{238}U$ 年龄/Ma	1σ	$^{207}Pb/^{206}Pb$ 年龄/Ma	1σ	$^{207}Pb/^{235}U$ 年龄/Ma	1σ
21-8	786.89	904.26	0.87	0.05468	0.00616	0.3133	0.03216	0.04226	0.0018	266.8	11.3	398.2	255.5	276.7	24.9
21-9	574.01	732.27	0.78	0.0537	0.00284	0.32074	0.0161	0.04369	0.001	275.6	5.9	366.7	118.5	282.5	12.4
21-10	942.86	1118.3	0.84	0.05383	0.00175	0.33144	0.01126	0.04466	0.0006	281.6	3.8	364.9	67.6	290.7	8.6
21-11	170.46	297.38	0.57	0.0544	0.00486	0.3499	0.03446	0.04565	0.001	287.8	6.2	387.1	201.8	304.6	25.9
21-13	537.88	740.82	0.73	0.05637	0.00655	0.35219	0.03689	0.046	0.0025	289.9	15.6	477.8	259.2	306.4	27.7
21-14	421.97	539.17	0.78	0.05429	0.00369	0.35285	0.02414	0.04719	0.0009	297.3	5.5	383.4	147.2	306.9	18.1
21-15	605.17	701.76	0.86	0.05248	0.00244	0.33956	0.01719	0.04659	0.0009	293.5	5.6	305.6	105.5	296.8	13
21-16	278.65	370.03	0.75	0.05477	0.00502	0.32939	0.03889	0.0434	0.0019	273.8	11.5	466.7	206.3	289.1	29.7
21-17	235.02	362.23	0.65	0.05598	0.0028	0.34381	0.01654	0.04558	0.0009	287.3	5.8	450	111.1	300.1	12.5
21-18	474	513.42	0.92	0.05569	0.00518	0.345	0.03438	0.04561	0.0021	287.5	13	438.9	209.2	301	26
21-19	1157.68	922.24	1.26	0.05311	0.00186	0.34289	0.01379	0.04709	0.001	296.6	6.1	331.5	77.8	299.4	10.4
21-20	801.98	930	0.86	0.0543	0.00335	0.33983	0.01498	0.0465	0.0015	293	9.3	383.4	138.9	297	11.4
21-21	863.85	897.78	0.96	0.05377	0.00508	0.32079	0.0281	0.04344	0.0014	274.1	8.9	361.2	214.8	282.5	21.6
21-22	685.96	742	0.92	0.05607	0.00462	0.33497	0.02353	0.04394	0.0026	277.2	16	453.8	183.3	293.4	17.9
CH14-21-23	169.37	307.57	0.55	0.05421	0.00262	0.34445	0.01695	0.04638	0.0009	292.3	5.4	388.9	75	300.5	12.8
21-24	613.39	686.54	0.89	0.05333	0.00197	0.32973	0.01165	0.04587	0.001	289.1	6.1	342.7	88	289.4	8.9
21-25	582.68	717.63	0.81	0.0546	0.0024	0.34682	0.0152	0.04628	0.0009	291.6	5.2	394.5	102.8	302.3	11.5

样品编号：CH14-01 二长岩

点号	Th/10⁻⁶	U/10⁻⁶	Th/U	$^{207}Pb^*/^{206}Pb^*$ 测值	1σ	$^{207}Pb^*/^{235}U$ 测值	1σ	$^{206}Pb^*/^{238}U$ 测值	1σ	$^{206}Pb/^{238}U$ 年龄/Ma	1σ	$^{207}Pb/^{206}Pb$ 年龄/Ma	1σ	$^{207}Pb/^{235}U$ 年龄/Ma	1σ
01-1	1376.12	844.08	1.63	0.05585	0.00274	0.31186	0.01746	0.04071	0.0014	257.2	8.7	455.6	111.1	275.6	13.5
01-2	220.13	167.09	1.32	0.05361	0.00407	0.30677	0.0249	0.04116	0.001	260	5.9	353.8	172.2	271.7	19.4
01-4	620.04	389.41	1.59	0.05643	0.00549	0.31508	0.02514	0.04187	0.0025	264.4	15.4	477.8	216.6	278.1	19.4
01-5	125.45	129.19	0.97	0.05515	0.00612	0.31949	0.03086	0.0435	0.0014	274.5	8.7	416.7	250	281.5	23.8

点号	Th/10⁻⁶	U/10⁻⁶	Th/U	207Pb*/206Pb* 测值	1σ	207Pb*/235U 测值	1σ	206Pb*/238U 测值	1σ	206Pb/238U 年龄/Ma	1σ	207Pb/206Pb 年龄/Ma	±1σ	207Pb/235U 年龄/Ma	±1σ
01-6	97.46	115.06	0.85	0.05483	0.00535	0.30842	0.02548	0.04224	0.002	266.7	12.3	405.6	218.5	273	19.8
01-8	237.82	179.47	1.33	0.05385	0.00515	0.32123	0.03421	0.04262	0.0011	269.1	7	364.9	184.2	282.9	26.3
01-9	342.03	204.98	1.67	0.05514	0.00283	0.31678	0.01612	0.04233	0.0009	267.3	5.8	416.7	114.8	279.4	12.4
01-10	180.94	142.34	1.27	0.05831	0.00564	0.31432	0.01961	0.04229	0.001	267	6.1	542.6	208.3	277.5	15.1
01-11	167.2	134.09	1.25	0.05513	0.00532	0.31111	0.02725	0.04243	0.0014	267.9	8.4	416.7	216.6	275	21.1
01-12	225.08	170.5	1.32	0.05401	0.00308	0.31059	0.01728	0.0421	0.0007	265.8	4.2	372.3	127.8	274.6	13.4
01-13	108.8	131.32	0.83	0.05468	0.00509	0.30482	0.02529	0.04199	0.0014	265.2	8.5	398.2	209.2	270.2	19.7
01-14	269.77	209.77	1.28	0.05162	0.00317	0.29486	0.02039	0.04132	0.0008	261	5.2	333.4	173.1	262.4	16
01-15	121.91	144.35	0.84	0.05408	0.00527	0.32337	0.03175	0.04324	0.0015	272.9	9	376	225	284.5	24.4
01-16	242.53	218.94	1.11	0.05369	0.00453	0.30363	0.02463	0.04229	0.0014	267	8.5	366.7	192.6	269.2	19.2
01-17	147.87	141.49	1.05	0.05278	0.00413	0.3092	0.02494	0.04276	0.0013	269.9	7.7	320.4	177.8	273.6	19.3
01-18	231.91	168.43	1.38	0.0555	0.00447	0.30983	0.02331	0.04216	0.0013	266.2	8.1	431.5	184.2	274	18.1
01-19	126.11	139.45	0.9	0.05536	0.00564	0.31052	0.0326	0.04145	0.0015	261.8	9.4	427.8	225	274.6	24.2
01-20	253.05	163.56	1.55	0.0551	0.01033	0.29938	0.05865	0.04198	0.0024	265.1	14.9	416.7	371.9	265.9	45.9
01-21	255.58	189.67	1.35	0.05746	0.00455	0.31318	0.02476	0.04064	0.0013	256.8	7.9	509.3	175.9	276.6	19.1
01-22	139.53	130.09	1.07	0.05548	0.00647	0.31325	0.03222	0.04236	0.0011	267.5	7	431.5	261.1	276.7	24.9
01-23	95.16	126.79	0.75	0.0547	0.00695	0.29794	0.03616	0.04121	0.0024	260.3	14.7	398.2	287	264.8	28.3
01-24	114	123.33	0.92	0.05409	0.00337	0.30916	0.0196	0.04257	0.001	268.7	6.1	376	140.7	273.5	15.2
01-25	274.31	200.79	1.37	0.05383	0.00438	0.3057	0.02431	0.04218	0.0012	266.4	7.7	364.9	185.2	270.8	18.9

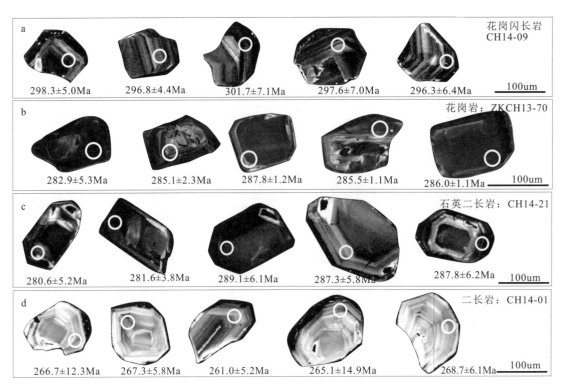

图 3-18　磁海矿区酸性岩中锆石阴极发光图

磁西矿段的花岗闪长岩（CH14-09）样品 24 个点年龄变化范围较小，在误差范围内有一致的 $^{206}Pb/^{238}U$ 和 $^{207}Pb/^{235}U$ 比值，其 $^{206}Pb/^{238}U$ 年龄的加权平均值为 294.1±2.2 Ma（MSWD = 0.77）（图 3-19a），代表了岩体的形成年龄。

花岗岩（ZKCH13-70）样品 16 个点的年龄变化范围较小，在误差范围内有一致的 $^{206}Pb/^{238}U$ 和 $^{207}Pb/^{235}U$ 比值，其 $^{206}Pb/^{238}U$ 年龄的加权平均值为 286.5±0.7 Ma（MSWD = 0.68）（图 3-19b），代表了岩体的形成年龄。

石英二长岩（CH14-21）样品 24 个点的年龄变化范围较小，在误差范围内有一致的 $^{206}Pb/^{238}U$ 和 $^{207}Pb/^{235}U$ 比值，其 $^{206}Pb/^{238}U$ 年龄的加权平均值为 284.3±3.3 Ma（MSWD = 1.6）（图 3-19c），代表了岩体的形成年龄。

二长岩（CH14-01）样品 23 个点的年龄变化范围较小，在误差范围内有一致的 $^{206}Pb/^{238}U$ 和 $^{207}Pb/^{235}U$ 比值，其 $^{206}Pb/^{238}U$ 年龄的加权平均值为 265.6±3.0 Ma（MSWD = 0.32）（图 3-19d），代表了岩体的形成年龄。

（四）锆石 Lu-Hf 同位素

对磁海矿区出露的角闪辉长岩（Ch12-22）和辉长岩（CN12-31）开展了锆石 Lu-Hf 同位素研究。锆石进行 LA-ICP-MS U-Pb 年龄测定后，再在原位置用 MC-ICPMS 进行 Lu-Hf 同位素分析。测试在中国地质科学院矿产资源研究所国土资源部成矿作用与资源评价重点实验室 Neptune 多接受电感耦合等离子体质谱仪（MC-ICPMS）和 Newwave UP213 紫外激光剥蚀系统（LA-MC-ICP-MS）上进行。实验过程中采用 He 作为剥蚀物质载气，根据锆石大小，剥蚀直径采用 55～40 μm，测定时使用锆石国际标样 GJ1 作为参考物质，分析点与 U-Pb 定年分析点为同一位置。相关仪器运行条件及详细分析流程见侯可军等（2007）。分析过程中锆石标准 GJ1 的 $^{176}Hf/^{177}Hf$ 测试加权平均值为 0.282015±31（2σ，$n = 10$），与文献报道值（Elhlou et al.，2006；侯可军等，2007）在误差范围内一致。锆石 Hf 同位素分析结果见表 3-6。

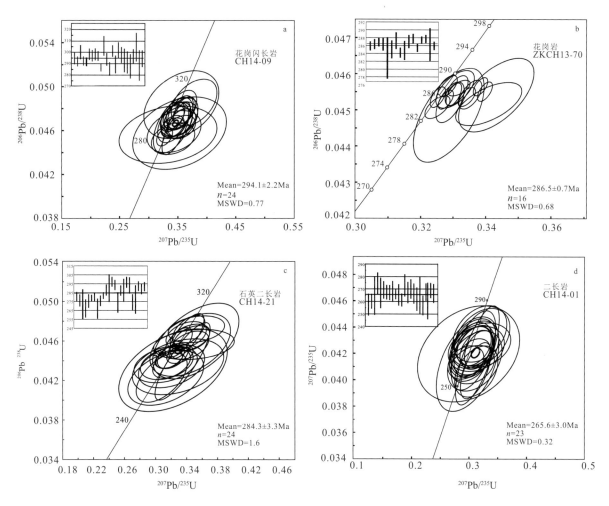

图 3 – 19　磁海矿区酸性岩中锆石 LA – ICP – MS 锆石 U – Pb 年龄谐和图

所有分析点的^{176}Hf/^{177}Hf 比值均小于 0.002，表明锆石在形成以后有较少的放射成因 Hf 的累积（杨进辉等，2006），获得的^{176}Hf/^{177}Hf 比值能够代表其形成时体系的 Hf 同位素组成（吴福元等，2007）。

角闪辉长岩的锆石^{176}Lu/^{177}Hf 比值主要介于 0.001522 ~ 0.004485，仅一个点的^{176}Hf/^{177}Hf 较其他的数据点低，可能是锆石出现了放射成因的 Hf 丢失或者后期热液事件的扰动（Blichert et al.，2004）。锆石具有一致的^{176}Hf/^{177}Hf 初始比值，24 个点的（^{176}Hf/^{177}Hf）$_i$ 比值变化于 0.282744 ~ 0.283116，ε_{Hf}（294 Ma）相对集中且较高，介于 4.6 ~ 11.7，平均值为 7.6。$f_{Lu/Hf}$变化于 – 0.93 ~ – 0.87；其二阶段 Hf 模式年龄（t_{DM2}）范围为 324 ~ 633 Ma。粗粒辉长岩中锆石的 27 个点的（^{176}Hf/^{177}Hf）$_i$ 比值变化于 0.282721 ~ 0.282906，ε_{Hf}（276 Ma）值介于 – 1.5 ~ 5.1，其二阶段 Hf 模式年龄（t_{DM2}）范围为 607 ~ 1025 Ma，远高于岩体的结晶年龄。在（^{176}Hf/^{177}Hf）$_i$ 和 ε_{Hf}（t）与 U – Pb 年龄图中（图 3 – 20），所有样品落入球粒陨石和亏损地幔之间接近球粒陨石演化线的上侧，表明锆石由较球粒陨石稍分异的亏损地幔形成的岩浆结晶。

（五）年代学意义

前人利用各种测年方法对磁海镁铁 – 超镁铁质岩体及磁海含钴铁矿床的形成时代开展了研究，如张明书等（1980）用 K – Ar 法测得磁海矿床基性杂岩体蚀变角闪石的形成时代为 196.6 Ma、250.0 Ma 和 260.3 Ma，认为磁海含钴铁矿床形成于二叠纪；盛继福（1985）获得了黑云母辉绿岩和角闪石蚀变岩的 K – Ar 年龄分别为 247.3 Ma 和 259.3 Ma；薛春纪等（2000）获得 5 个辉绿岩样品全岩 Rb – Sr

表 3 – 6　磁海矿区镁铁质岩 Lu – Hf 同位素分析结果

样号：CH12 – 22　角闪辉长岩

测点号	176Yb/177Hf	2σ	176Lu/177Hf	2σ	176Hf/177Hf	2σ	年龄/Ma	176Hf/177Hf	2σ	$\varepsilon_{Hf}(0)$	$\varepsilon_{Hf}(t)$	t_{DM}^1	t_{DM}^2	$f_{Lu/Hf}$
CH12 – 22.1	0.213115	0.005707	0.008681	0.000269	0.282792	0.000051	295	0.282744	0.7	5.5	820	962	-0.74	
CH12 – 22.2	0.116506	0.000464	0.002427	0.000006	0.282945	0.000024	295	0.282931	6.1	12.1	453	537	-0.93	
CH12 – 22.3	0.102451	0.000755	0.002138	0.000023	0.28291	0.000023	295	0.282898	4.9	10.9	500	613	-0.94	
CH12 – 22.5	0.194951	0.000853	0.003763	0.000012	0.28297	0.000079	295	0.282949	7	12.8	431	496	-0.89	
CH12 – 22.7	0.125878	0.000834	0.002444	0.000021	0.282986	0.000021	295	0.282973	7.6	13.6	392	443	-0.93	
CH12 – 22.9	0.177405	0.001628	0.004391	0.000064	0.283003	0.000023	295	0.282979	8.2	13.8	387	429	-0.87	
CH12 – 22.10	0.139553	0.000954	0.003436	0.000039	0.282912	0.000024	295	0.282893	5	10.8	515	624	-0.9	
CH12 – 22.11	0.151428	0.000938	0.003334	0.000025	0.283103	0.000021	295	0.283084	11.7	17.5	225	189	-0.9	
CH12 – 22.12	0.112803	0.001449	0.002551	0.000019	0.283018	0.000019	295	0.283004	8.7	14.7	345	372	-0.92	
CH12 – 22.13	0.068052	0.000701	0.001522	0.000009	0.282915	0.000019	295	0.282907	5.1	11.3	484	593	-0.95	
CH12 – 22.14	0.09762	0.000947	0.002639	0.000024	0.28304	0.000019	295	0.283025	9.5	15.4	314	324	-0.92	
CH12 – 22.15	0.115062	0.001112	0.00267	0.000023	0.282904	0.000018	295	0.282889	4.7	10.6	516	632	-0.92	
CH12 – 22.16	0.107281	0.00085	0.002788	0.000023	0.283022	0.000022	295	0.283007	8.8	14.8	342	366	-0.92	
CH12 – 22.19	0.090435	0.000804	0.002303	0.000025	0.282999	0.000019	295	0.282986	8	14.1	372	413	-0.93	
CH12 – 22.20	0.129168	0.000348	0.00285	0.00001	0.28298	0.000021	295	0.282964	7.3	13.3	406	463	-0.91	
CH12 – 22.21	0.163321	0.001498	0.003787	0.000017	0.283013	0.000021	295	0.282993	8.5	14.3	365	398	-0.89	
CH12 – 22.22	0.097873	0.002062	0.002395	0.000043	0.282902	0.000023	295	0.282889	4.6	10.6	515	633	-0.93	
CH12 – 22.23	0.216737	0.002335	0.004716	0.000063	0.28304	0.000029	295	0.283014	9.5	15.1	333	349	-0.86	
CH12 – 22.25	0.204913	0.001256	0.004485	0.000023	0.283031	0.000031	295	0.283007	9.2	14.8	344	366	-0.86	
CH12 – 22.26	0.171647	0.000476	0.003363	0.00002	0.283073	0.000023	295	0.283054	10.6	16.5	270	258	-0.9	
CH12 – 22.27	0.132839	0.001606	0.003439	0.000087	0.283018	0.000021	295	0.282999	8.7	14.5	355	384	-0.9	
CH12 – 22.28	0.112902	0.001405	0.00217	0.000032	0.282977	0.000024	295	0.282965	7.2	13.3	403	462	-0.93	
CH12 – 22.29	0.223356	0.000826	0.004136	0.000012	0.282973	0.000028	295	0.28295	7.1	12.8	431	494	-0.88	
CH12 – 22.30	0.168466	0.00139	0.004155	0.000119	0.283138	0.000027	295	0.283116	13	18.6	174	118	-0.87	

测点号	$^{176}Yb/^{177}Hf$	2σ	$^{176}Lu/^{177}Hf$	2σ	$^{176}Hf/^{177}Hf$	2σ	年龄/Ma	$^{176}Hf/^{177}Hf$	2σ	$\varepsilon_{Hf}(0)$	$\varepsilon_{Hf}(t)$	t_{DM}^{1}	t_{DM}^{2}	$f_{Lu/Hf}$
样号：CN12－31　粗粒辉长岩														
CN12－31.1	0.052765	0.000246	0.001403	0.000017	0.282821	0.000022	276	0.282814	0.000022	1.7	1.5	617	815	-0.96
CN12－31.2	0.052708	0.000418	0.001574	0.000023	0.282799	0.000028	276	0.282791	0.000028	1	6.7	651	867	-0.95
CN12－31.4	0.031932	0.000107	0.000758	0.000003	0.282865	0.000019	276	0.282861	0.000019	3.3	9.2	545	708	-0.98
CN12－31.5	0.045399	0.00037	0.001346	0.000018	0.282827	0.000023	276	0.28282	0.000023	1.9	7.8	608	802	-0.96
CN12－31.6	0.0586	0.000203	0.001323	0.000009	0.282763	0.000018	276	0.282757	0.000018	-0.3	5.5	698	945	-0.96
CN12－31.7	0.058679	0.000144	0.001535	0.000011	0.282817	0.000022	276	0.282809	0.000022	1.6	7.4	625	826	-0.95
CN12－31.8	0.052115	0.000219	0.001521	0.000012	0.282793	0.000025	276	0.282785	0.000025	0.7	6.5	660	882	-0.95
CN12－31.10	0.049458	0.000173	0.001409	0.00001	0.282794	0.000022	276	0.282787	0.000022	0.8	6.6	656	876	-0.96
CN12－31.11	0.045504	0.000543	0.001146	0.000011	0.282831	0.000021	276	0.282825	0.000021	2.1	7.9	600	791	-0.97
CN12－31.12	0.007555	0.000044	0.000215	0.000001	0.282901	0.000018	276	0.2829	0.000018	4.6	10.6	487	621	-0.99
CN12－31.13	0.004579	0.000012	0.000139	0.000002	0.282853	0.000015	276	0.282852	0.000015	2.8	8.9	553	730	-1
CN12－31.14	0.074276	0.000316	0.002152	0.00003	0.282841	0.000022	276	0.28283	0.000022	2.5	8.1	600	779	-0.94
CN12－31.15	0.067302	0.00013	0.001684	0.000003	0.282786	0.000019	276	0.282777	0.000019	0.5	6.3	672	898	-0.95
CN12－31.16	0.061393	0.000284	0.001328	0.000005	0.282786	0.000027	276	0.282779	0.000027	0.5	6.3	667	895	-0.96
CN12－31.17	0.057448	0.00053	0.001608	0.000006	0.282829	0.000021	276	0.282821	0.000021	2	7.8	609	799	-0.95
CN12－31.18	0.051063	0.000507	0.001334	0.000009	0.282792	0.000019	276	0.282785	0.000019	0.7	6.5	658	881	-0.96
CN12－31.19	0.049694	0.000247	0.001478	0.000011	0.282729	0.000019	276	0.282721	0.000019	-1.5	4.3	750	1025	-0.96
CN12－31.20	0.052664	0.000679	0.001306	0.000011	0.282819	0.000022	276	0.282813	0.000022	1.7	7.5	618	819	-0.96
CN12－31.21	0.056143	0.000563	0.001514	0.000009	0.282774	0.000022	276	0.282766	0.000022	0.1	5.8	687	925	-0.95
CN12－31.23	0.05303	0.000445	0.001457	0.000009	0.282802	0.000018	276	0.282794	0.000018	1.1	6.9	646	860	-0.96
CN12－31.24	0.058371	0.000311	0.001539	0.000005	0.282788	0.000021	276	0.28278	0.000021	0.6	6.4	667	892	-0.95
CN12－31.25	0.038839	0.000492	0.001245	0.000012	0.282749	0.000029	276	0.282743	0.000029	-0.8	5	717	976	-0.96
CN12－31.26	0.052265	0.000618	0.001506	0.000009	0.282774	0.000021	276	0.282766	0.000021	0.1	5.9	686	923	-0.95
CN12－31.27	0.055268	0.000125	0.001324	0.000003	0.282818	0.000022	276	0.282812	0.000022	1.6	7.5	620	821	-0.96
CN12－31.28	0.05261	0.000225	0.001556	0.000015	0.282765	0.000019	276	0.282757	0.000019	-0.2	5.5	700	944	-0.95
CN12－31.29	0.070341	0.003607	0.001836	0.000068	0.28291	0.000021	276	0.2829	0.000021	4.9	10.6	496	620	-0.94
CN12－31.30	0.054552	0.000578	0.001699	0.000011	0.282915	0.000023	276	0.282906	0.000023	5.1	10.8	487	607	-0.95

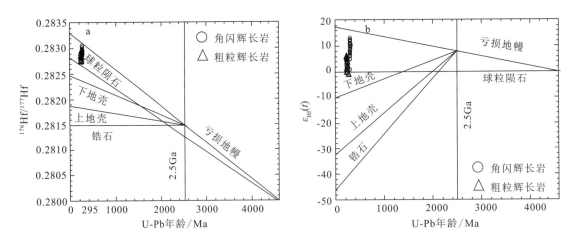

图 3 - 20 磁海镁铁质岩的单阶段模式年龄计算示意图（a）及与年龄相关图（b）

（据唐冬梅等，2009，修改）

等时线年龄为 268 ± 7 Ma，认为矿床形成于早二叠世晚期；李华芹等（2004b）测得矿区内辉绿玢岩 Rb - Sr 全岩等时线年龄为 268 ± 25 Ma；齐天骄等（2012）获得了辉绿岩的 SHRIMP 锆石 U - Pb 年龄为 263.8 Ma；Hou et al.（2013）获得磁海辉绿岩的锆石 LA - ICP - MS U - Pb 年龄为 128.5 ± 0.3 Ma；Huang et al.（2013）测得黄铁矿平均 Re - Os 模式年龄为 262.3 ± 5.6 Ma（$n = 13$，包括磁西矿段），其中磁海矿段 Re - Os 等时线年龄为 262 ± 34 Ma（$n = 4$；MSWD = 0.06）。然而这些年龄变化范围较大，从 128 Ma 到 268 Ma，相差 140 Ma，并且该杂岩体属多期次岩浆活动的产物，因此它们不能反映该杂岩体精确的形成时代。

本项目利用锆石 LA - ICP - MS U - Pb 定年法，获得了磁海成矿前辉绿岩体年龄为 286 Ma，成矿后辉绿岩脉的年龄为 276 Ma，磁海镁铁质杂岩体中角闪辉长岩和粗粒辉长岩年龄分别为 295 Ma 和 276 Ma，这表明磁海含钴铁矿区的镁铁质岩浆活动至少持续了 19 Ma。矿床地质特征表明，铁矿体主要呈致密块状赋存于辉绿岩体和矽卡岩中，部分呈浸染状 - 稠密浸染状赋存于与辉绿岩接触的矽卡岩中，铁矿主要形成于退化蚀变矽卡岩阶段，成矿期后穿切矿体的辉绿岩脉的年代学也可以限定成矿上限。辉绿岩锆石 LA - ICP - MS U - Pb 年龄为 286.5 ± 1.8 Ma，其误差范围为 0.63%，辉绿岩脉成岩年龄为 275.8 ± 2.2 Ma，误差范围为 0.80%，与前人获得的辉绿岩全岩 Rb - Sr 等时线年龄相比，年龄测试误差很小（均小于 1%），具有较高的置信度。前人辉绿岩全岩 Rb - Sr 等时线年龄 268 Ma 左右与本次获得的 286.5 ± 1.8 Ma 和 284.8 ± 1.3 Ma 相比偏年轻，可能是后期较强的构造热事件破坏了 Rb - Sr 体系造成。因此，磁铁矿体直接围岩辉绿岩成岩年龄为 286.5 ± 1.8 Ma 和 284.8 ± 1.3 Ma，可代表成矿年龄的下限，而穿切矿体的辉绿岩脉成岩年龄 275.8 ± 2.2 Ma 限定成矿时代的上限，即限定磁海含钴铁矿床的形成时间介于 286 ~ 275 Ma，为早二叠世。

磁海矿区花岗闪长岩、花岗岩、石英二长岩和二长岩形成的时间分别为 294.1 ± 2.2 Ma、286.5 ± 0.7 Ma、284.3 ± 3.3 Ma 和 265.6 ± 3.0 Ma，均属于二叠纪岩浆侵入活动产物。因此磁海矿区内至少存在 ~294 Ma、~286 Ma 和 ~265 Ma 3 期中酸性岩浆活动事件。这也与东天山区域内广泛发育的二叠纪岩浆活动时间一致，为磁海含钴铁矿的形成提供了岩浆热液。此外，磁海镁铁质杂岩体与北山地区分布的大量二叠纪（时代集中于 289 ~ 261 Ma）镁铁 - 超镁铁质岩体属同时代岩浆活动的产物，如漩涡岭（261 Ma）、笔架山（279 Ma）、红石山（286 Ma）、坡北（274 Ma）（赵泽辉等，2004；姜常义等，2006；李华芹等，2006，2009；苏本勋等，2009，2010；周鼎武等，2006），磁海矿区镁铁质岩以及铁矿成矿作用是东天山早二叠世大规模镁铁质 - 超镁铁质岩浆活动和铜镍等成矿事件的重要组成部分。因此该年龄对研究北山地区乃至塔里木东北部的构造演化和岩浆作用具有重要意义，也为磁海含钴铁矿床的成因研究提供重要依据。

三、岩石地球化学

（一）样品及分析方法

野外系统采集了磁海矿区镁铁质岩体（角闪辉长岩5件、粗粒辉长岩6件和辉绿岩5件）和酸性岩（共计15件）样品进行了主量和微量元素分析，采样位置见图3-14，结果分别列于表3-7和表3-8。全岩地球化学元素测试在国家地质实验测试中心完成。主量元素采用熔片XRF方法（国家标准GB/T14506.28-2010j监控）在X荧光光谱仪2100上测定，其中FeO采用容量滴定法（国家标准GB/T14506.14-2010监控），稀土和微量先采用Teflon熔样罐进行熔样，然后采用FinniganMAT公司生产的双聚焦高分辨ICP-MS进行测定（标准DZ/T0223-2001监控），相对标准偏差优于5%。

（二）镁铁质岩地球化学特征

角闪辉长岩、辉绿岩和粗粒辉长岩的元素成分具有不同的特征。角闪辉长岩较粗粒辉长岩的SiO_2含量高（分别为52.9%~54.4%和42.2%~47.3%），MgO、CaO和Al_2O_3含量低（前者分别为4.2%~4.5%，10.0%~12.5%和13.8%~14.2%，后者分别为9.5%~13.1%，8.5%~13.1%和12.9%~18.1%），Na_2O和TiO_2含量显著增高（前者分别为5.3%~5.6%和2.27%~2.35%，后者分别为0.9%~2.0%和0.24%~0.4%）。辉绿岩较角闪辉长岩的SiO_2含量低，除MgO含量略高外（5.3%~6.3%），CaO、Na_2O、Al_2O_3和TiO_2含量相当（图3-21）。辉长岩属钙碱性系列，辉绿岩属拉斑玄武岩系列（图3-22）。

各岩性的微量元素成分显示了不同的特征。角闪辉长岩（112×10^{-6}~186×10^{-6}）和辉绿岩（110×10^{-6}~141×10^{-6}）的稀土元素总量（ΣREE）高于粗粒辉长岩（9.7×10^{-6}~12×10^{-6}）。在稀土元素球粒陨石标准化图解上（图3-23a），角闪辉长岩与辉绿岩显示了一致的轻稀土略富集[$(La/Yb)_N=1.1$~2.2和1.3~1.9]的右倾型分布模式，并具有一致的Eu负异常特征，δEu分别为0.64~0.77（一个点达1.0外）和0.77~0.85。粗粒辉长岩具有较为平缓的轻稀土略富集[$(La/Yb)_N=1.2$~1.5]的右倾型分布模式，显示了明显的Eu正异常（$\delta Eu=1.2$~3.5）。在微量元素原始地幔蛛网图上（图3-23b），角闪辉长岩与辉绿岩显示了一致的特征，即具有U的正异常，Nb和Pb的明显负异常以及Sr和Ti的弱负异常。粗粒辉长岩具有明显不同的特征，显示Ba、U、Pb、Sr和Ti正异常，Th、Nb、P、Zr和Hf负异常。

（三）酸性岩地球化学特征

所有酸性岩体具有富硅（$SiO_2=60.30\%$~75.80%）和铝（$Al_2O_3=12.20\%$~16.30%）特征，全碱含量变化范围大（$K_2O+Na_2O=4.53\%$~9.46%）。K_2O含量变化较大，在SiO_2-K_2O图解上主要位于高钾钙碱性岩区和中钾钙碱性区（图3-24a）。铝饱和指数变化范围大（ASI=0.66~1.76），在A/CNK-A/NK图解中磁海采坑花岗岩和石英二长岩属于过碱质系列、二长岩属于准铝质系列，花岗闪长岩位于过铝质区（图3-24b）。它们均具有较高的Fe_2O_3/FeO比值，属于磁铁矿系列（图3-24c）。

所有岩石的高场强元素（HFSE，如Th、U、Nb、Ta、Zr和Hf）含量较高，Th为3.79×10^{-6}~32.80×10^{-6}，U为0.92×10^{-6}~9.87×10^{-6}，Zr为150×10^{-6}~544×10^{-6}，Hf为3.7×10^{-6}~13.7×10^{-6}，但Nb（4.20×10^{-6}~16.80×10^{-6}）与Ta（0.40×10^{-6}~1.40×10^{-6}）的含量相对较低；Sr的含量变化范围大，为24.6×10^{-6}~514×10^{-6}。岩石还具有高的Y含量（23.0×10^{-6}~77.3×10^{-6}）。岩石稀土元素总量高，变化不大，其ΣREE介于63.0×10^{-6}~195.5×10^{-6}；轻稀土相对富集[LREE/HREE=3.1~5.8，$(La/Yb)_N=2.06$~5.42]；轻稀土较重稀土分馏明显[$(La/Sm)_N$介于1.83~3.64，$(Gd/Yb)_N$值介于0.76~1.40]。在球粒陨石标准化配分图解中（图3-25a、c），所有样品具有相似的轻稀土富集，重稀土平缓的右倾型配分模式。石英二长岩、花岗闪长岩、花岗

表3-7 磁海矿区铁镁质岩的主量(%)和微量(10^{-6})元素组成

分析编号	角闪辉长岩					辉绿岩					粗粒辉长岩					
	CH-54	CH-55	CH-56	CH-57	CH-58	CH-59	CH-60	CH-61	CH-62	CH-63	CH-25	CH-26	CH-27	CH-28	CH-29	CH-30
Al_2O_3	14.16	13.75	14.07	13.87	14.16	13.82	13.93	13.56	13.76	13.63	16.49	15.53	18.03	18.02	18.07	12.85
CaO	10.29	9.81	10.93	12.53	9.99	8.07	7.97	8.96	8.43	9.48	11.53	13.11	12.23	13.11	11.68	8.05
Fe_2O_3	0.11	0.06	0.59	0.32	0.71	0.99	1.55	0.73	1.25	0.94	0.13	0.42	0.16	0.46	0.59	1.17
K_2O	0.5	0.75	0.34	0.3	0.23	1.7	1.61	1.67	1.77	2.1	0.23	0.16	0.22	0.16	0.22	0.12
MgO	4.35	4.38	4.34	4.21	4.46	6.27	5.97	5.28	5.74	6.22	12.44	13.02	10.23	9.46	8	20.93
MnO	0.09	0.1	0.1	0.07	0.11	0.24	0.21	0.21	0.22	0.18	0.12	0.12	0.11	0.09	0.09	0.15
Na_2O	5.33	5.48	5.42	5.26	5.6	3.6	3.88	3.63	3.64	3.33	1.78	1.24	1.88	1.73	1.99	0.9
P_2O_5	0.37	0.4	0.37	0.37	0.39	0.3	0.3	0.3	0.31	0.3	0.01	0.01	0.01	0.02	0.01	0.03
SiO_2	53.09	54.36	52.94	53.56	53.44	49.31	49.77	49.54	49.81	50.03	46.39	45.92	46.74	47.33	44.97	42.19
TiO_2	2.33	2.31	2.29	2.27	2.35	2.55	2.56	2.53	2.56	2.57	0.24	0.3	0.31	0.4	0.25	0.39
烧失量	2.63	2.34	3.21	2.81	2.43	1.95	1.98	1.93	1.76	2.2	1.56	2.23	1.58	2.7	3.05	4
CO_2	1.5	1.5	1.92	1.66	1.42	0.25	0.58	0.58	0.42	1	0.42	0.25	0.25	0.26	0.17	0.42
H_2O^+	1.98	1.34	2	1.88	2.02	2.84	2.34	2.52	2.34	2.32	2.06	2.66	2.04	3.28	3	4.74
总和	96.7	96.6	98.5	99.1	97.3	91.9	92.7	91.4	92	94.3	93.4	95	93.8	97	92.1	95.9
FeO	5.73	5.51	5.03	3.93	5.95	10.08	10.01	10.51	10.06	8.1	8.07	6.88	7.53	4.8	8.03	8.68
$Mg^\#$	59	61	60	66	57	54	51	49	51	58	75	78	72	78	66	81
Sc	29.5	27.8	30.2	29	29.3	39.3	37	36.8	37.6	38.8	28.9	39	28.4	33.4	26.2	13.8
V	296	264	294	268	284	406	371	362	376	369	121	143	146	150	135	5.96
Cr	78	39.6	42.5	39.2	39.1	72.6	66.9	61.5	67.8	67.3	613	1004	452	912	421	361
Co	16.2	14.8	14.8	13.1	33.3	40.3	37.8	37.5	38.3	30.7	73.8	65.7	64.3	46.8	91.2	5.18
Ni	40	15.1	17.8	9.56	38.9	36.4	32.2	31.8	34.5	29.5	244	264	241	103	338	15.6
Cu	4.06	6.62	3.96	30.1	47.3	30.8	36.4	36.3	34.5	32.2	298	247	295	126	530	21.1
Zn	25.3	24.1	26.4	25.9	28.7	48.1	51.3	49.7	50.8	66.1	50.8	46.6	52	38.5	50.7	7.44
Ga	21.5	19.3	21.8	19.5	22.9	23.5	22.3	21.9	22	21.1	12.3	11	14.3	13.4	14	5
Ge	1.46	1.21	1.38	1.3	1.47	1.63	1.35	1.71	1.48	1.51	1.11	1.16	1.01	1	0.97	0.13
As	0.57	0.26	1.3	0.2	0.48	0.96	0.55	0.54	0.72	0.32	0.92	0.17	0.65	0.07	1.13	0.01
Rb	17.1	26.5	11.8	10.7	6.86	58.9	59.8	49.9	59	71.8	6.51	4.61	5.19	3.46	5.85	1.79

分析编号	角闪辉长岩					辉绿岩					粗粒辉长岩					
	CH-54	CH-55	CH-56	CH-57	CH-58	CH-59	CH-60	CH-61	CH-62	CH-63	CH-25	CH-26	CH-27	CH-28	CH-29	CH-30
Sr	364	517	301	370	175	394	374	407	369	420	217	178	246	214	230	132
Zr	424	384	414	401	415	291	302	259	255	277	8.42	8.87	8.55	13.7	13.8	3.02
Nb	7.48	7.18	7.53	10.9	7.65	5.3	5.25	5.18	5.34	5.45	0.19	0.15	0.19	0.36	0.27	0.05
Mo	0.63	0.07	1.12	0.24	0.12	0.34	0.43	1.05	0.11	0.29	0.05	0.05	0.19	0.05	0.37	0.05
Ba	78.4	112	36.4	21.5	29	294	208	314	304	289	32.3	20.4	35.5	29.4	45.2	23.2
Hf	8.45	7.89	8.44	8.22	8.4	6.73	6.21	6.2	6.01	6.07	0.31	0.35	0.33	0.43	0.43	0.09
Ta	0.55	0.55	0.57	0.57	0.55	0.42	0.41	0.42	0.42	0.42	0.05	0.05	0.05	0.05	0.05	0.05
Pb	1.68	0.98	1.03	1.1	2.36	1.18	1.31	1.43	1.12	8.01	3.82	2.21	4.18	5.83	5.32	3.26
Th	2.74	2.7	2.98	4.69	3.06	1.37	1.45	1.55	1.26	1.51	0.08	0.06	0.1	0.13	0.09	0.09
U	0.87	0.95	0.85	1.84	0.67	0.5	0.47	0.52	0.45	0.51	0.05	0.05	0.05	0.05	0.05	0.05
Se	0.03	0.03	0.01	0.04	0.4	0.16	0.16	0.33	0.11	0.1	0.69	0.37	0.58	0.25	1.2	0.69
Y	60.5	65	57.1	78.3	64.4	51	53.3	53.2	55.4	61	5.03	6.83	5.65	6.42	5.4	7.14
La	10.1	11.4	10.6	24.3	12.4	11.8	11.4	14.4	12.5	16.3	0.89	0.8	1.04	1.04	1.09	1.45
Ce	29.4	31.6	29.2	56	34.5	30.5	30.3	36.1	32.8	39.9	2.14	2.14	2.4	2.73	2.51	2.39
Pr	4.73	4.9	4.61	7.53	5.35	4.45	4.52	5.14	4.87	5.91	0.34	0.37	0.38	0.41	0.38	0.53
Nd	24	25.3	23.1	34.8	26.5	22.1	22.2	24.6	24.5	29	1.69	2.03	1.94	2.1	1.91	2.65
Sm	7.11	7.74	7.16	10.1	7.95	6.46	6.6	6.93	7.2	8.15	0.59	0.79	0.66	0.75	0.64	0.86
Eu	2.07	1.87	1.91	3.66	2.13	1.85	1.95	2.02	2.04	2.57	0.69	0.53	0.89	0.78	0.81	0.39
Gd	9.47	10.3	8.86	12.2	10.5	8.42	8.48	8.85	9.28	10.5	0.83	1.1	0.91	1.05	0.89	1.15
Tb	1.6	1.72	1.52	2.12	1.78	1.41	1.48	1.51	1.54	1.73	0.15	0.19	0.17	0.19	0.15	0.2
Dy	10.5	11.3	9.85	13.8	11.4	9.02	9.38	9.48	9.85	10.9	0.95	1.25	1.05	1.18	1.05	1.29
Ho	2.16	2.34	2.01	2.82	2.38	1.94	1.91	1.98	2.03	2.24	0.19	0.26	0.21	0.24	0.21	0.28
Er	6.8	7.15	6.4	8.83	7.33	6.01	5.93	6.11	6.22	6.87	0.57	0.76	0.63	0.74	0.65	0.83
Tm	0.93	0.98	0.84	1.16	0.96	0.79	0.79	0.8	0.84	0.92	0.08	0.1	0.08	0.09	0.08	0.11
Yb	6.31	6.41	5.76	7.78	6.48	5.25	5.25	5.25	5.51	6.06	0.51	0.64	0.56	0.62	0.53	0.76
Lu	0.93	0.95	0.91	1.12	0.97	0.77	0.78	0.78	0.8	0.87	0.08	0.1	0.09	0.1	0.09	0.11
ΣREE	176.61	188.96	169.83	264.52	195.03	161.77	164.27	177.15	175.38	202.92	14.73	17.89	16.66	18.44	16.39	20.14

注：$Mg^\# = Mg^{2+}/(Mg^{2+} + TFe^{2+}) \times 100$。

表 3 – 8 磁海矿区酸性岩的主量($\%$)和微量(10^{-6})元素组成

样号	二长岩				石英二长岩				花岗闪长岩			花岗岩			
	CH2	CH3	CH4	CH5	CH17	CH18	CH19	CH28	CX3	CX4	CX5	ZKCH3	ZKCH69	ZKCH72	ZKCH73
SiO_2	61.2	60.3	61.3	61.3	67.2	65.3	67	63.7	72.5	70.5	72.1	72.7	75.8	74.1	74.6
TiO_2	1.44	1.04	1.29	1.34	0.46	0.45	0.46	0.6	0.55	0.56	0.55	0.16	0.21	0.2	0.21
Al_2O_3	16.15	16.3	16.15	16.15	14.1	14.2	14.15	14.5	12.2	12.95	12.5	13.25	12.75	12.3	12.35
Fe_2O_3	2.18	2.41	2.17	2.59	4.87	4.98	4.9	6.56	5.13	5.9	4.99	1.58	0.65	2.32	2.15
FeO	1.45	1.68	1.47	1.8	3.83	3.92	3.83	4.96	3.87	4.69	3.9	1.08	0.8	1.72	2.02
MnO	0.04	0.04	0.04	0.04	0.11	0.12	0.11	0.15	0.1	0.11	0.11	0.03	0.01	0.03	0.03
MgO	2.22	2.43	2.27	2.19	0.66	0.81	0.75	0.74	1.34	1.84	1.44	0.18	0.12	0.32	0.24
CaO	7.65	7.08	7.53	6.34	2.81	3.37	2.82	3.73	0.94	0.41	0.87	1.05	1.32	0.94	0.82
Na_2O	5.57	5.64	5.43	5.73	6.24	6.29	6.04	5.35	3.43	3.03	3.52	4.54	7.16	3.98	3.85
K_2O	1.14	1.6	1.42	1.58	2.68	2.62	2.91	4.11	1.27	1.5	1.26	4.83	0.44	4.78	5.15
P_2O_5	0.29	0.29	0.32	0.25	0.07	0.07	0.07	0.13	0.11	0.11	0.11	0.01	0.01	0.01	0.01
烧失量	1.42	1.71	1.33	1.37	0.69	1.25	0.74	0.19	2.26	2.31	2.03	0.9	1.1	0.56	0.41
总和	99.46	99	99.44	99.11	100.05	99.63	100.1	99.96	100.3	99.6	99.8	99.55	99.88	99.77	100
$Na_2O + K_2O$	6.71	7.24	6.85	7.31	8.92	8.91	8.95	9.46	4.7	4.53	4.78	9.37	7.6	8.76	9
K_2O/Na_2O	0.2	0.28	0.26	0.28	0.43	0.42	0.48	0.77	0.37	0.5	0.36	1.06	0.06	1.2	1.34
FeO^T	3.41	3.85	3.42	4.13	8.22	8.41	8.24	10.87	8.49	10.01	8.4	2.5	1.39	3.81	3.96
$Mg^{\#}$	0.54	0.53	0.54	0.49	0.13	0.15	0.14	0.11	0.22	0.25	0.23	0.11	0.13	0.13	0.1
ANK	1.55	1.48	1.54	1.45	1.07	1.08	1.08	1.09	1.74	1.96	1.75	1.04	1.04	1.05	1.04
ASI	0.66	0.68	0.67	0.71	0.77	0.74	0.78	0.72	1.4	1.76	1.43	0.91	0.87	0.92	0.92
Cs	0.23	0.18	0.24	0.25	0.55	0.56	0.6	0.49	0.8	0.97	0.84	1.51	0.15	0.87	1.18
Rb	24.2	39.1	33	44.4	65.5	63.7	72	82.2	55.8	70.6	56.4	156	11.2	105	126
Ba	281	381	335	287	305	288	322	551	107.5	126	106.5	141	29	210	194
Th	7.97	3.79	4.48	6.28	24.4	22	22.6	7.65	16.35	18.45	16.5	32.8	20.4	13.7	12.35
U	1.34	0.92	1.42	1.42	6.3	5.8	5.94	2.69	2.43	2.51	2.57	9.87	4.46	3.47	3.27
Nb	6.2	4.7	5.4	6.4	16.8	16.4	16.7	11.8	14.6	15.3	15.3	7.7	4.2	4.5	4.5

160

样号	二长岩				石英二长岩				花岗闪长岩				花岗岩		
	CH2	CH3	CH4	CH5	CH17	CH18	CH19	CH28	CX3	CX4	CX5	ZKCH3	ZKCH69	ZKCH72	ZKCH73
Ta	0.8	0.7	0.6	0.6	1.4	1.3	1.2	0.8	1.1	1.1	1.1	1.1	0.5	0.5	0.4
La	20.1	13.3	17.1	14.7	26.8	26.3	25.8	22.7	22.7	29.5	23	25.9	8.9	9.3	9.1
Ce	47.1	28.4	42.8	32.1	65.9	64.6	54.2	54.9	60.4	78.7	62.1	58	26.7	26.4	24
Pr	5.01	3	4.9	3.62	7.97	7.99	8.11	6.87	7.68	9.67	7.94	5.64	3.01	3.09	2.69
Sr	413	449	472	514	156.5	159	160	221	28.8	24.6	29.7	75.5	101	95.6	71
Nd	17.8	11.2	18.3	14.7	32.2	31.8	33	28.6	31.6	37.9	32.3	18.8	11.2	12	10.3
Zr	185	150	198	222	544	516	522	483	294	273	409	182	438	268	256
Hf	4.6	3.7	5	5.2	13.7	13.3	13.2	11.2	7.8	7.3	9.6	5.8	10.3	6.8	6.4
Sm	3.92	2.83	4.04	3.91	8.47	8.53	9.12	7.84	7.85	8.46	7.54	4.59	2.65	2.9	2.52
Eu	2.26	1.58	2.13	1.77	1.53	1.43	1.47	1.74	1.46	1.24	1.32	0.24	0.51	0.54	0.48
Gd	4.39	3.57	4.56	4.66	9.95	9.79	10.25	8.99	8.96	7.69	8.27	4.45	2.91	3.24	2.81
Tb	0.71	0.6	0.72	0.74	1.81	1.8	1.86	1.55	1.58	1.31	1.43	0.93	0.53	0.6	0.5
Dy	4.35	3.73	4.62	4.76	11.9	12.1	12.5	10.2	10.7	8.04	8.83	5.88	3.3	3.63	3.35
Y	27.4	23	27.7	28.7	76.8	77	77.3	62.4	69.4	47.1	55.9	40.2	24	25.7	23.2
Ho	0.94	0.79	0.98	1.02	2.69	2.63	2.71	2.19	2.36	1.67	1.94	1.33	0.78	0.88	0.78
Er	2.64	2.33	2.89	2.96	7.98	8.31	8.26	6.7	6.77	4.97	5.61	3.94	2.59	2.73	2.53
Tm	0.45	0.33	0.43	0.45	1.24	1.28	1.28	1.03	1.02	0.73	0.86	0.68	0.45	0.48	0.46
Yb	2.66	2.11	2.77	2.78	8.05	8.28	8.13	6.73	6.2	4.81	5.3	4.35	2.79	3.24	3.05
Lu	0.45	0.38	0.46	0.47	1.27	1.29	1.28	1.16	1.01	0.79	0.88	0.67	0.44	0.52	0.45
Cr	30	20	20	30	10	10	20	10	10	10	10	20	20	20	20
V	145	124	140	142	9	7	8	23	30	35	30	12	14	12	13
W	32	12	8	5	3	3	3	2	3	3	10	38	2	3	4
Sn	7	5	8	8	3	2	2	2	11	13	10	6	2	2	2

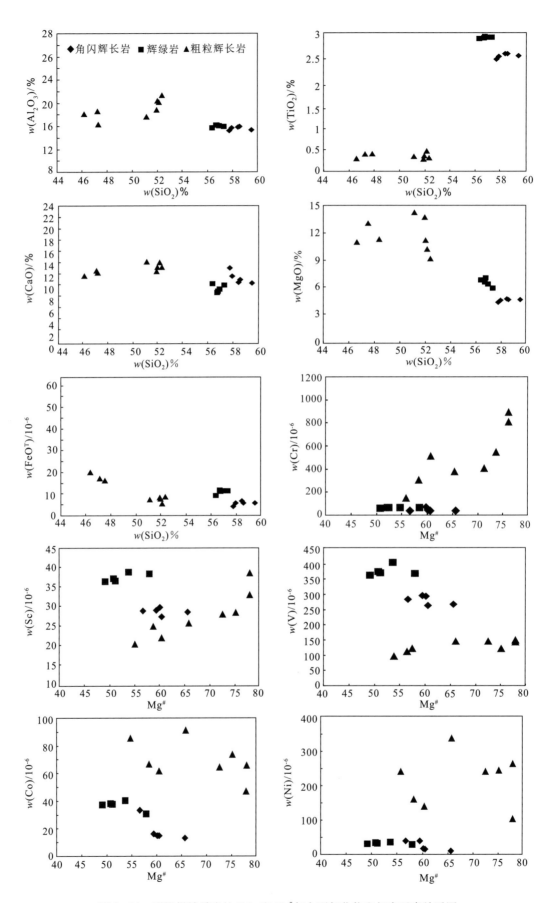

图 3 - 21　磁海镁铁质岩的 SiO$_2$ 和 Mg$^\#$ 与主要氧化物和相容元素关系图

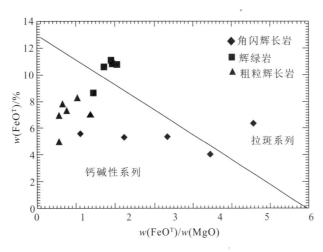

图 3 - 22 磁海镁铁质岩的 $FeO^T/MgO - FeO^T$ 图解

(据 Winchester et al. , 1977；Miyashiro, 1974)

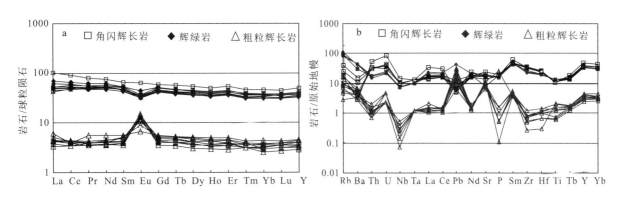

图 3 - 23 磁海镁铁质岩稀土元素配分模式图（a）和微量元素原始地幔配分模式图（b）

(原始地幔值和球粒陨石据 Sun et al. , 1989)

岩因强的负 Eu 异常而呈"V"形谷状，二长岩具有正 Eu 异常。强的负 Eu 异常可能是由于成岩母岩浆曾经发生过较强的斜长石分离结晶作用。在原始地幔标准化蛛网图中（图 3 - 25b、d），所有样品呈现较为一致的 Ba、Nb、Ta 负异常，其中石英二长岩、花岗闪长岩、花岗岩样品显示相似的 Sr 和 Eu 负异常，而二长岩则显示 Sr 和 Eu 的正异常。

四、岩石成因及构造环境

（一）镁铁质岩石成因

角闪辉长岩和辉绿岩具有低的 SiO_2（49.3% ~ 53.6%），高 MgO（4.21% ~ 6.27%）和 FeO^T（3.9% ~ 10.5%），Cr、Co 和 Ni 含量较低，表明它们不可能是原始地幔和亏损的软流圈地幔直接熔融形成，应该为演化岩浆的产物。岩石具有高的 $\varepsilon_{Hf}(t)$ 值表明锆石由较球粒陨石稍分异的亏损地幔形成的岩浆结晶。所有岩石富集大离子亲石元素及轻稀土元素，暗示可能是亏损地幔的岩浆受到了地壳物质或者是富集的岩石圈地幔物质的混染。所有岩石具有年轻的 TDM 和高的 $\varepsilon_{Hf}(t)$ 值，说明不可能遭受过古老的大陆岩石圈地幔的混染，暗示了岩浆中有大量的幔源物质。所有岩石亏损高场强元素 Nb、Ta、Ti，但 Nb 含量（5.2×10^{-6} ~ 10.9×10^{-6}）较高，明显高于原始地幔、N - MORB 和 E - MORB 的相应值（分别为 0.7×10^{-6}，2.3×10^{-6} 和 8.3×10^{-6}），低于 OIB 的相应值（48×10^{-6}）（Sun et al. , 1989），具有高于 E - MORB 和 OIB 的 Zr/Nb 比值（介于 36.8 ~ 57.5），Nb/Ta（12.7 ~

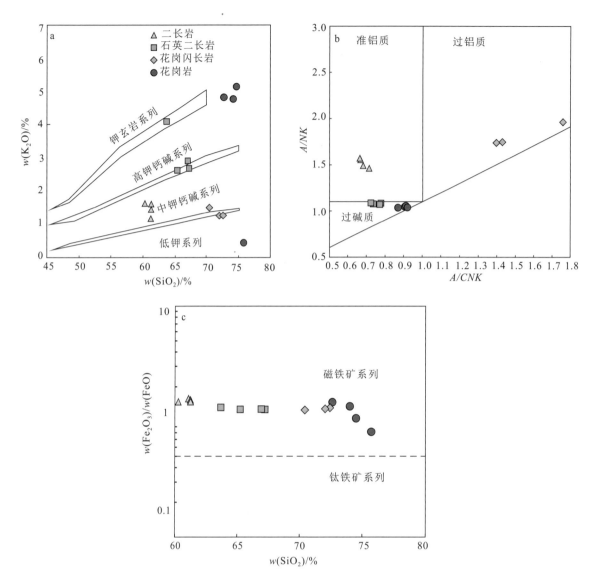

图 3 - 24 磁海矿区中酸性侵入岩岩石判别图解及主量元素地球化学特征图解

a—K₂O - SiO₂ 分类图解 (据 Peccerillo et al. ，1976)；b—A/NK - A/CNK 图解 (据 Maniar et al. ，1989)；

c—Fe₂O₃/FeO - SiO₂ 图解 (据 Ishihara et al. ，1979)

19.1)、Zr/Hf（41～49.4）的值也不同于原始地幔（17.8 与 37）（McDonough et al. ，1995）和地壳的相应值（11 和 33）（Taylor et al. ，1985），尤其是 TiO₂ 含量较高（>2%）。这些特征表明有俯冲板片熔体的加入。低的 Nb/U 比值（5.9～11.9）、Ce/Pb 比值（5.0～50.9），高的 Th 和 Pb 含量表明可能有大洋板片携带的沉积物加入。

粗粒辉长岩的元素组成也表明其为演化岩浆的产物，为亏损地幔与大洋俯冲物质混合来源。它的 $\varepsilon_{Hf}(t)$ 值较角闪辉长岩和辉绿岩低，变化范围大（-1.5～5.1），它们的 Nb/Ta、Zr/Hf、Zr/Nb、Nb/U 和 Ce/Pb 比值也有区别，说明亏损地幔和俯冲板片所占比例不同，粗粒辉长岩中俯冲板片所占比例高。因此，辉长岩与辉绿岩石可能是亏损地幔与大洋俯冲物质（洋壳熔体、沉积物熔体以及流体）共同作用的结果。

所有镁铁质岩石的 MgO 与 FeO 含量高，REE 含量低，轻重稀土元素分异不明显等特点，表明源区的部分熔融程度介于 10%～20%。有研究表明，亏损地幔源区的部分熔融程度超过 20% 形成的岩浆亏损轻稀土和强不相容元素（Haskin，1984），部分熔融程度低于 10% 形成的岩浆强烈富集轻稀土和强不相容元素（Cullers et al. ，1983）。在 Dy/Yb - La/Yb 图解上（图 3 - 26），所有样品位于石榴

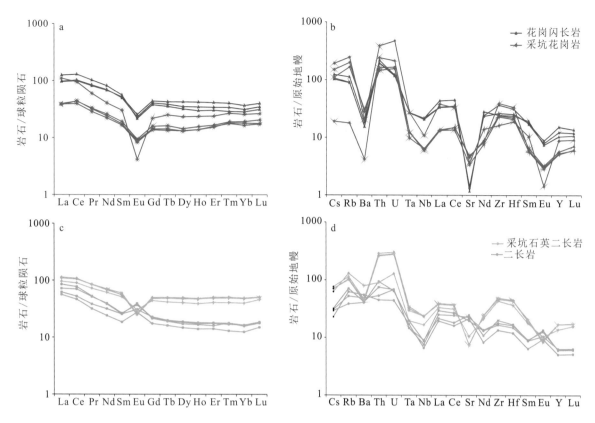

图 3 – 24　磁海矿区中酸性侵入岩稀土元素配分模式图（a，c）和微量元素原始地幔配分模式图（b，d）

（原始地幔值和球粒陨石据 Sun et al.，1989）

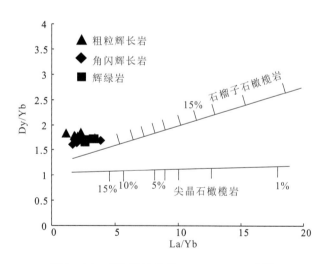

图 3 – 26　磁海镁铁质岩 La/Yb – Dy/Yb 图解

（据徐学义等，2009，修改；模式计算方法见 Bogaard et al.，2003）

子石橄榄岩的熔融轨迹上方，表明部分熔融发生在石榴子石稳定区内。它们的 Mg# 值（49~65），相容元素 Cr、Ni 含量远低于原生玄武岩浆范围，说明它们的母岩浆在岩浆房或在上升过程中经历了结晶分异作用。角闪辉长岩的 SiO_2 与 MgO、CaO、Al_2O_3 和 FeO^T 具有良好的负相关性，与 Ti_2O、P_2O_5 具明显的正相关，Mg# 与 Sc、Co、Ni 具明显的负相关，与 Cr 呈正相关，并且 CaO 与 Al_2O_3 呈负相关，暗示它们经过了橄榄石、单斜辉石和斜长石的分离结晶。辉绿岩位于角闪辉长岩的分离结晶趋势线上，并且它们具有相似的稀土元素配分模式和微量元素配分模式，表明它们是同源岩浆演化的产物。角闪辉长岩在演化过程中逐渐富铁形成辉绿岩，而使辉绿岩显拉斑系列岩石特征。粗粒辉长岩的

SiO_2 与 CaO、Al_2O_3 和 Ti_2O 呈正相关，与 MgO、FeO^T 呈负相关，$Mg^{\#}$ 与 Co、Ni 呈负相关，与 Sc、Cr 呈正相关，表明母岩浆发生了单斜辉石的分离结晶，其高的 $Mg^{\#}$ 值和正的 Eu 异常暗示有橄榄石和斜长石的堆积，可能是携带橄榄石和斜长石的晶粥就地结晶的结果。

综上所述，磁海镁铁质岩的母岩浆来源于亏损的软流圈地幔与俯冲板片物质，在岩浆上升过程中均经过了结晶分异作用。不同的岩石类型应该是部分熔融程度不同和板片物质混入程度不同导致的原始岩浆的成分差异，加之上升过程中的演化过程不同导致的。角闪辉长岩和辉绿岩是同源岩浆演化的产物，与粗粒辉长岩具有不同的岩浆来源和演化过程。

（二）酸性岩石成因

磁海矿区内最早形成的为花岗闪长岩（~294 Ma），其具有强过铝质特征，然而它缺乏白云母、石榴子石或堇青石等矿物，且属于磁铁矿系列花岗岩，反映源区具有较高的氧逸度，表明其可能并非 S 型花岗岩。磁海采坑内的花岗岩（286.5 ± 0.7 Ma）和石英二长岩（284.3 ± 3.3 Ma）近于同时形成，且具有相似的微量元素地球化学特征，可能是同源岩浆演化的产物。花岗闪长岩、花岗岩和石英二长岩具有很低的 $Mg^{\#}$（0.10 ~ 0.25），表明源区主要为壳源物质，可能没有地幔物质的直接参与。最晚形成的二长岩（~265 Ma），与石英二长岩、花岗闪长岩和花岗岩相比具有较高的 $Mg^{\#}$（0.49 ~ 0.53），表明其源区有地幔物质参与（Rapp et al.，1995）。

在磁海采坑花岗岩中磁铁矿颗粒有钛铁矿出溶（图 3 – 27a），钛铁矿在磁铁矿颗粒中可呈片状或不规则点状两种形态出溶（图 3 – 27b）。共生的磁铁矿 – 钛铁矿可用于约束 Fe – Ti 氧化物结晶的温度和氧逸度。基于 Anderson 等（1985）的地质温度计和磁铁矿 – 钛铁矿地质温压计程序（IL-MAT120，Lepage，2003）计算 Fe – Ti 氧化物的形成温度和氧逸度。计算的温度和氧逸度见表 3 – 9。计算的磁铁矿 – 钛铁矿氧逸度（$\log f_{O_2}$）范围为 –16.59 ~ –13.33，亚固相线平衡温度为 659℃ ~ 691℃。

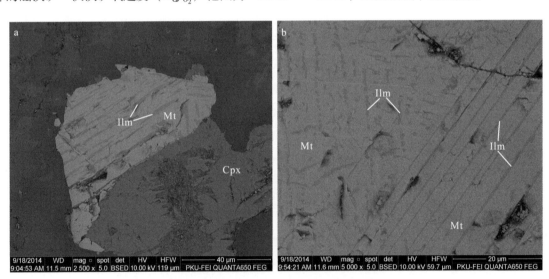

图 3 – 27　磁海矿区花岗岩的背散射图像

a—磁铁矿颗粒中出溶片状钛铁矿；b—磁铁矿颗粒中出溶两种形态钛铁矿

Cpx—单斜辉石；Mt—磁铁矿；Ilm—钛铁矿

磁海镁铁质岩石与北山地区出露的大量具铜镍矿化的镁铁 – 超镁铁质岩石为同时代岩浆活动的产物，与这些岩体应该具有相同的构造背景。前已述及，北山地区二叠纪时期岩石形成的地球动力学背景长期存有争议，如李华芹等（2006，2009）认为该区含铜镍的坡一和坡十岩体是后碰撞构造背景下幔源岩浆上侵的产物；颉伟等（2011）认为坡一和坡十岩体形成于活动大陆边缘或者碰撞造山后伸展阶段，与地幔柱无关；校培喜等（2006）认为北山地区的基性岩（墙）脉与新疆库鲁克塔格地区的基性岩墙群十分相似，可能是地幔柱上涌岩浆作用的产物；Pirajno et al.（2008）对整个新疆北

表 3 - 8　花岗岩中共生磁铁矿 - 钛铁矿温度和氧逸度

样品名称	ZKCH 701-2	ZKCH 701-13	ZKCH 701-6	ZKCH 701-1	ZKCH 701-3	ZKCH 701-7	ZKCH 701-4	ZKCH 701-12	ZKCH70 01-5	ZKCH70 01-14
	磁铁矿	钛铁矿	磁铁矿	钛铁矿	磁铁矿	钛铁矿	磁铁矿	钛铁矿	磁铁矿	钛铁矿
SiO_2	0.02	0.06	0.01	0	0.03	0.04	0.01	0.03	0	0.18
TiO_2	0.84	39.16	3.47	47.71	1.11	44.48	1.83	46.62	1.27	43.92
Al_2O_3	0.19	0.08	0.25	0.03	0.31	0.03	0.33	0.07	0.23	0.18
FeO^T	92.37	56.71	86.81	47.99	91.42	52.38	91.64	48.69	90.63	51.56
MnO	0	1.03	0.24	1.75	0	1.18	0.14	1.19	0.1	1.29
MgO	0.01	0	0.02	0.01	0	0.02	0	0.01	0	0.03
CaO	0	0.28	0	0	0	0	0	0	0	0
Na_2O	0.01	0	0.06	0.01	0	0.05	0.03	0.03	0	0.04
K_2O	0	0	0	0	0	0.02	0	0.01	0	0.03
Cr_2O_3	0.02	0.07	0.08	0.01	0.04	0.03	0	0	0.04	0.02
BaO	0	0.9	0.15	1.21	0.07	1.01	0.07	1.11	0.04	0.98
ZnO	0.07	0.1	0.1	0	0.18	0	0.09	0	0.11	0
V_2O_3	0.1	0.53	0.14	0.68	0.13	0.66	0.22	0.72	0.13	0.64
NiO	0	0	0	0	0.02	0	0	0	0	0
Nb_2O_3	0.04	0.01	0	0	0	0.01	0.03	0	0.02	0.02
总和	93.65	98.94	91.33	99.39	93.31	99.9	94.38	98.49	92.56	98.87
	U	I	U	I	U	I	U	I	U	I
	2.3	1.52	2.37	1.53	2.31	1.52	2.29	1.54	2.33	1.53
	Temp (℃)	$\log 10$ f_{O_2}	Temp (℃)	$\log 10$ f_{O_2}	Temp (℃)	$\log 10$ f_{O_2}	Temp (℃)	$\log 10$ f_{O_2}	Temp (℃)	$\log 10$ f_{O_2}
	691	-13.33	680	-16.59	675	-14.58	659	-16.39	683	-14.52

注：U = Ulvöspinel；I = Ilmenite。

部二叠纪岩浆活动的时空分布规律分析后认为，整个新疆北部是地幔柱岩浆活动的产物；唐萍芝等（2010）认为磁海含钴铁矿区的基性岩是后碰撞环境的产物；齐天骄等（2012）认为磁海矿区基性岩与塔里木和东天山二叠纪基性岩均是塔里木地幔柱的一支。

磁海镁铁质岩石形成于二叠纪时期，既有钙碱质也有拉斑质系列岩石，暗示了其为板块边缘环境，而非板内环境。它们富集轻稀土的稀土配分模式明显不同于轻稀土亏损的 N - MORB 和轻稀土强烈富集的 OIB 稀土配分模式，排除了它们形成于洋脊玄武岩（E 型和 N 型洋脊玄武岩）的可能。角闪辉长岩和辉绿岩的原始地幔标准化图解具有高场强元素（Nb、Ta、Ti）相对亏损和大离子亲石元素（Th、U、Sr、Rb、Pb）富集，与活动大陆边缘及岛弧区的拉斑玄武岩特征相近，但是岩石的 Nb（$5.2 \times 10^{-6} \sim 10.9 \times 10^{-6}$）和 TiO_2（> 2%）含量明显高于岛弧玄武岩的相应元素含量（Elthon and Casey，1985）。粗粒辉长岩在原始地幔微量元素蛛网图上显示的 Ta、Ti、Pb 和 Sr 的正异常等特征，与岛弧玄武岩和亏损型洋中脊玄武岩特征明显不同（Elthon et al.，1985）。在 Nb - Zr - Y 图解上（图 3 - 28a），角闪辉长岩和辉绿岩位于板内拉斑玄武岩与火山弧玄武岩区，粗粒辉长岩位于正常洋脊玄武岩与火山弧玄武岩区；在 Hf - Th - Ta 图解上（图 3 - 28b），大部分样品位于初始岛弧拉斑玄武岩区和 N - MORB 区，暗示其并非形成于岛弧或者大陆边缘弧环境。尽管磁海镁铁质岩体的物质来源与地幔柱来源的岩浆均含有软流圈和岩石圈物质，但是前人研究成果表明，地幔柱活动一般具有巨量的玄武岩流、放射状岩墙群、裂谷系和直径约 1000 ~ 2000 km 的大范围（1 ~ 2 km）的地形隆起等一种或多种地质现象（陆建军等，2006），因此探讨北山地区是否为地幔柱岩浆活动的产物，仍需开展更深入的研究。

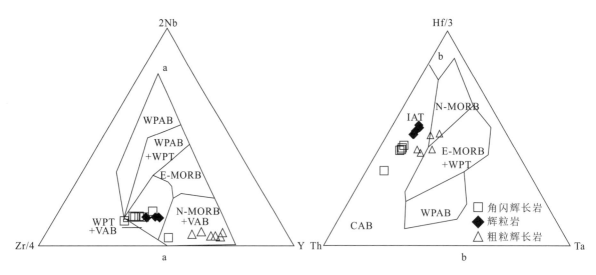

图 3-28　磁海镁铁质岩 Nb-Zr-Y（a）和 Hf-Th-Ta（b）图解

（据 Meschede，1986）

WPAB—板内碱性主武岩；WPT—板内拉长玄武岩；VAB—钙碱性玄武岩；N—MORB—正常洋中脊玄武岩；E—富集型洋中脊玄武岩

　　石英二长岩、花岗闪长岩、花岗岩样品具有相似的微量元素特征，表明它们可能源自总体相似的源区物质。其中都采自磁海采坑的石英二长岩和花岗岩具有十分相似的微量和稀土元素组成，且年龄相近（花岗岩 286.5±0.7 Ma 和石英二长岩 284.3±3.3 Ma 在误差范围内一致），暗示它们可能是同一源区岩浆形成的产物。磁海的中酸性岩石总体显示强烈的 LILE 相对于 HFSE 富集和 Nb、Ta 负异常的弧岩浆特征。尽管有学者根据这些岛弧岩浆特征认为早二叠世期间东天山地区还存在俯冲作用（Ao et al.，2010；毛启贵等，2006），然而，大量前人研究显示在东天山地区二叠纪总体已处于一个后碰撞伸展的环境中（秦克章等，2002；顾连兴等，2006；Qin et al.，2011；Su et al.，2012），因此，磁海矿区中酸性岩具有弧岩浆特征可能是继承了先前存在的具有弧特征的岩石。

　　综上所述，我们认为磁海镁铁质与酸性岩体可能形成于后碰撞时期软流圈上隆的岩石圈伸展构造背景，是二叠纪时期岩石圈伸展拉张背景下，其中镁铁质岩石是亏损的软流圈地幔与古老俯冲物质相互作用的产物，花岗岩、花岗闪长岩和石英二长岩是地壳物质熔融的产物，二长岩是壳幔混合源的产物。

第三节　雅满苏、沙泉子和突出山矿区侵入岩年代学、地球化学及其地质意义

一、岩体地质及岩石学

（一）雅满苏铁锌钴矿区

　　雅满苏矿区侵入岩体不发育，仅在矿体北部出露有二叠纪闪长岩、二长花岗岩和斑状钾长花岗岩，均侵入于石炭系苦水混杂岩带中。矿区内脉岩发育，分布广泛，从基性到酸性都有，以中酸性脉岩为主，主要有辉绿岩脉、闪长玢岩脉、闪长岩脉、正长岩脉、细晶花岗岩脉、英安斑岩脉、石英斑岩脉等。本书对矿区内出露的正长岩脉开展年代学研究。该正长岩脉切穿雅满苏上亚组和矿区矽卡岩。

　　正长岩脉呈肉红色，块状构造。主要由钾长石、斜长石和角闪石组成。钾长石呈较自形板状（约 60%~70%），发育条纹结构。斜长石呈半自形板状（约 20%~30%），粒度大小不等，角闪石褐绿色（约 10%~20%），多为自形柱状，均已发生绿泥石化蚀变。

（二）突出山铁铜矿区侵入岩

突出山铁铜矿区侵入岩较发育，以酸性岩为主，分布于矿区北东部，主要有泥盆纪糜棱岩化混合质花岗岩，石炭纪钾长花岗岩和黑云母花岗岩。岩体侵位于土古土布拉克组中，岩体轴向近 NE - SN 向。钾长花岗岩与糜棱岩化混合质花岗岩呈侵入接触关系。矿区脉岩非常发育，在整个矿区内均有分布，集中分布于矿区东南部，出露的脉岩有闪长岩脉、花岗斑岩脉、石英斑岩脉、花岗岩脉、英安斑岩脉、闪长玢岩脉，局部见煌斑岩脉和辉绿岩脉产出，其中以闪长岩脉最为发育（图 3 - 29）。本书采集闪长岩脉及黑云母花岗岩样品用于定年及地球化学研究。

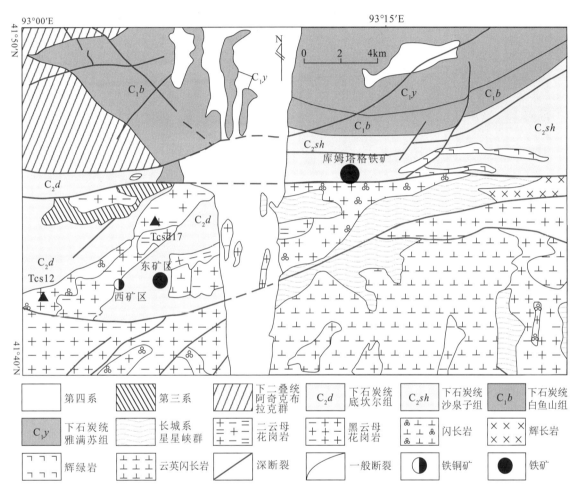

图 3 - 29　突出山铁铜矿区域地质图

（据新疆地质矿产勘查开发局，2006）

闪长岩：为近 SN 向横贯矿区的脉岩。与磁铁矿化凝灰岩界线明显。部分岩石蚀变强烈，呈灰绿色，块状构造，细粒半自形粒状结构。主要由斜长石（50% ~60%）、角闪石（25% ~30%）、黑云母（5% ~10%）、石英（5%）和少量绿泥石、绿帘石组成。其中斜长石多呈半自形板柱状，粒度为 2.5 ~3.0 mm，具环带构造，中部见强钠黝帘石化；角闪石呈柱状，多已蚀变为绿帘石；石英呈充填状分布于其他矿物间（图 3 - 30）。

黑云母花岗岩：灰白色，块状构造，花岗结构。岩石主要由钾长石（40% ~50%）、斜长石（15% ~20%），石英（20% ~25%）、黑云母（约 5%）以及少量的绿泥石和绢云母组成。钾长石多为条纹长石，也见微斜长石，粒度大小不等，多已发生黏土化使表面浑浊。斜长石主要为钠长石和更长石，呈半自形板状，少数他形粒状，常见蠕虫结构。黑云母褐黄色，多色性明显，呈片状，直径

图 3 - 30　突出山铁铜矿区侵入岩岩相学照片

0.15 ~ 0.7 mm，星散状分布。石英呈他形粒状，分布于早期结晶的矿物中（图 3 - 30）。副矿物主要有锆石和磁铁矿。

（三）沙泉子铁铜矿区侵入岩

沙泉子铁铜矿区内岩浆侵入活动十分强烈，以中性岩浆侵入为主，少量酸性岩。其中以分布于矿区西部和北部的辉长闪长岩体规模最大，在矿区中部出露有脉状花岗斑岩、石英闪长岩、闪长岩、辉长闪长岩及闪长玢岩等，多沿断裂构造侵位于土古土布拉克组火山岩中。花岗斑岩侵入较早，被晚期的闪长玢岩穿切。闪长玢岩脉出露规模不大，与矿化蚀变关系密切，分布于蚀变带两侧，顺层产出，局部也有穿切矿体现象；其余脉岩均穿切闪长玢岩脉，同时对矿体有破坏作用。根据野外观察，岩浆侵入顺序（早到晚）为：花岗斑岩→闪长玢岩→辉长闪长岩、闪长岩、石英闪长岩。本书采集闪长玢岩脉样品用于定年及地球化学研究，采样位置见（图 3 - 31）。

闪长玢岩分布于矿化蚀变带两侧，顺地层产出，受后期热液影响发生蚀变，与磁铁矿直接接触。手标本呈浅绿色，块状构造，斑状结构。斑晶主要为斜长石（10% ~ 15%）和普通角闪石（10%），偶见黑云母。其中斜长石（Pl）自形程度高，聚片双晶发育，表面因蚀变而浑浊不清，角闪石（Hb）多已蚀变为绿泥石。基质为隐晶质，约 80% ~ 85%，主要由斜长石和普通角闪石组成，斜长石自形程度差，大部分角闪石已绿泥石化，少量他形石英充填于其他矿物的间隙内（图 3 - 32）。

二、年代学

本书采用锆石 LA - ICP - MS U - Pb 法对雅满苏铁锌钴矿区、突出山铁铜矿区的早石炭世侵入岩开展了年代学研究。锆石年龄测定在中国地质科学院矿产资源研究所同位素实验室完成，测试仪器及流程见本章第一节。

（一）雅满苏矿区侵入岩

用于定年的正长岩（YMS12 - 32）样品采自雅满苏矿区东部约 2 km 处。锆石 U - Pb 定年分析结

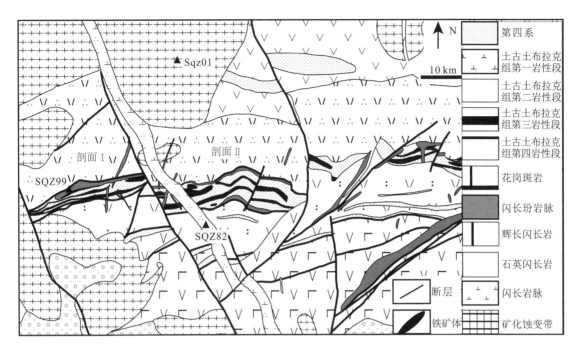

图 3 - 31　沙泉子铁铜矿区地质略图
(据新疆地矿局第六地质队，2012，修改)

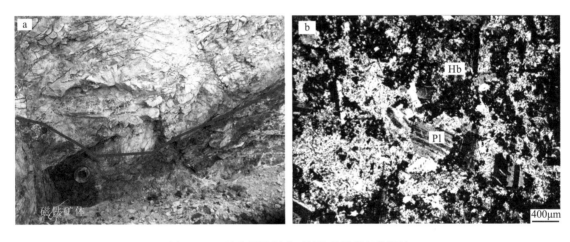

图 3 - 32　沙泉子铁铜矿区闪长玢岩岩相学照片

果列于表 3 - 10。雅满苏铁锌钴矿区正长岩中的锆石多呈无 - 浅褐黄色，半自形 - 自形的长柱状及双锥状晶体，晶棱及晶面清楚。流纹岩中锆石颗粒相对较大，长轴多变化于 30 ~ 60 μm，长短轴比一般为 1 : 1 ~ 2 : 1。大部分锆石具有岩浆锆石的生长环带，个别锆石含有不透明的包裹体。正长岩中 30 粒锆石分析点中，有 26 粒（2，3，16 和 30 点除外）锆石的 $^{206}Pb/^{238}U$ 表面年龄数据比较集中，介于 342.5 ~ 328.0 Ma，数据点聚集在谐和线两侧及其附近一个较小的区域范围内，其加权平均值为 325.5 ± 1.7 Ma（MSWD = 0.34）（图 3 - 33），代表了正长岩的形成年龄。

（二）突出山铁铜矿区侵入岩

突出山铁铜矿区用于定年样品来自闪长岩（TCS12 - 12）和黑云母花岗岩（TCSD12 - 17），采样位置见图 3 - 29。锆石 U - Pb 定年分析结果列于表 3 - 11。

表3-10 雅满苏铁锌钴矿区入岩锆石 LA-ICP-MS U-Pb 年龄测定结果

测点	元素含量(10⁻⁶)及比值				同位素比值						年龄/Ma					
	Pb	Th	U	Th/U	$^{206}Pb/^{238}U$ 测值	1σ	$^{207}Pb/^{206}Pb$ 测值	1σ	$^{207}Pb/^{235}U$ 测值	1σ	$^{206}Pb/^{238}U$ 测值	1σ	$^{207}Pb/^{206}Pb$ 测值	1σ	$^{207}Pb/^{235}U$ 测值	1σ
YMS32-1	10.92	38.14	53.89	0.71	0.051376	0.00066	0.055809	0.001342	0.396663	0.011539	323	4.05	456	53.70	339	8.39
YMS32-2	19.97	22.18	24.34	0.91	0.048501	0.001243	0.052496	0.001966	0.351556	0.016	305	8	306	85.18	306	12.02
YMS32-3	74.36	56.14	46.54	1.21	0.049119	0.000582	0.052732	0.001116	0.356324	0.007954	309	4	317	15.74	309	5.95
YMS32-4	0.70	32.02	29.60	1.08	0.052364	0.001784	0.056214	0.002661	0.403616	0.018743	329	10.93	461	103.69	344	13.56
YMS32-5	33.32	18.47	21.79	0.85	0.051213	0.000907	0.054332	0.001252	0.380705	0.009641	322	5.56	383	51.85	328	7.09
YMS32-6	19.53	92.65	108.96	0.85	0.050756	0.001668	0.054782	0.004718	0.382569	0.020538	319	10.24	467	194.42	329	15.08
YMS32-7	26.57	33.18	42.81	0.77	0.051253	0.001452	0.057462	0.004882	0.402138	0.032187	322	8.90	509	188.87	343	23.31
YMS32-8	81.49	65.62	64.98	1.01	0.051677	0.000973	0.055589	0.001533	0.396724	0.01436	325	5.96	435	61.11	339	10.44
YMS32-9	51.45	61.11	65.27	0.94	0.052115	0.000489	0.055867	0.001127	0.401838	0.009189	327	3.00	456	16.67	343	6.66
YMS32-10	59.86	58.35	52.55	1.11	0.052192	0.000611	0.055445	0.001072	0.3978	0.00785	328	3.75	432	42.59	340	5.70
YMS32-11	219.55	172.56	104.03	1.66	0.05176	0.001285	0.053914	0.001549	0.386992	0.018929	325	7.88	369	64.81	332	13.86
YMS32-12	386.52	84.07	60.41	1.39	0.051643	0.001488	0.055716	0.002827	0.398551	0.027085	325	9.12	443	112.95	341	19.67
YMS32-13	224.41	80.86	82.81	0.98	0.05134	0.00047	0.053698	0.000665	0.379783	0.005583	323	2.88	367	27.78	327	4.11
YMS32-14	191.48	68.05	44.35	1.53	0.052231	0.000561	0.054732	0.00105	0.393767	0.008558	328	3.44	467	37.96	337	6.23
YMS32-15	77.96	23.17	31.76	0.73	0.051564	0.000925	0.053079	0.002016	0.377489	0.016252	324	5.67	332	87.03	325	11.98
YMS32-16	250.41	35.51	39.80	0.89	0.055635	0.001648	0.081406	0.006859	0.625948	0.057346	349	10	1231	165.28	494	35.83
YMS32-17	6.35	61.91	76.78	0.81	0.052	0.000733	0.055249	0.002211	0.396351	0.017291	327	4.49	433	88.88	339	12.57
YMS32-18	575.56	60.83	81.37	0.75	0.052402	0.001467	0.056037	0.001654	0.405719	0.018647	329	8.99	454	64.81	346	13.47
YMS32-19	350.16	70.55	75.50	0.93	0.052594	0.000547	0.054519	0.0009	0.395388	0.007623	330	3.35	391	37.03	338	5.55
YMS32-20	654.12	86.57	90.03	0.96	0.052089	0.000546	0.055584	0.000893	0.399094	0.007545	327	3.34	435	37.03	341	5.48
YMS32-21	377.19	29.16	27.92	1.04	0.051282	0.001607	0.055314	0.003854	0.389343	0.027188	322	9.86	433	155.54	334	19.87
YMS32-22	409.14	65.68	90.50	0.73	0.052154	0.000642	0.054903	0.000873	0.394943	0.008078	328	3.93	409	35.18	338	5.88
YMS32-23	204.33	27.40	43.03	0.64	0.051764	0.000745	0.055565	0.001546	0.396381	0.012373	325	4.57	435	61.11	339	9.00
YMS32-24	150.43	31.84	50.75	0.63	0.051876	0.000517	0.055571	0.001264	0.395806	0.009104	326	3.17	435	50.00	339	6.62
YMS32-25	612.61	91.32	86.29	1.06	0.051461	0.00048	0.056036	0.000908	0.397228	0.007078	323	2.94	454	41.66	340	5.14
YMS32-26	243.60	69.63	82.66	0.84	0.051446	0.000564	0.055186	0.000961	0.391273	0.00789	323	3.46	420	34.26	335	5.76
YMS32-27	198.34	53.34	86.76	0.61	0.051414	0.000494	0.055522	0.000827	0.393752	0.006953	323	3.03	432	33.33	337	5.07
YMS32-28	203.90	94.78	104.74	0.90	0.051373	0.001633	0.055707	0.003362	0.396663	0.032528	323	10.01	439	133.32	339	23.65
YMS32-29	256.60	73.94	87.49	0.85	0.051848	0.001183	0.055012	0.002196	0.389529	0.011845	326	7.25	413	88.88	334	8.66
YMS32-30	98.00	47.57	66.32	0.72	0.050582	0.000607	0.058439	0.002472	0.414149	0.023083	318	4	546	92.58	352	16.58

表 3 – 11 突出山铁铜矿区侵入岩锆石 LA – ICP – MS U – Pb 年龄测定结果

样号: Tcs12 闪长岩

测点	元素含量(10⁻⁶)及比值				同位素比值						年龄/Ma					
	Pb	^{232}Th	^{238}U	Th/U	^{206}Pb/^{238}U 测值	1σ	^{207}Pb/^{206}Pb 测值	1σ	^{207}Pb/^{235}U 测值	1σ	^{206}Pb/^{238}U 测值	1σ	^{207}Pb/^{206}Pb 测值	1σ	^{207}Pb/^{235}U 测值	1σ
TCS12 – 1	36.62	18.01	21.66	0.83	0.055929	0.002086	0.054428	0.002625	0.414574	0.022556	350.8	12.7	387.1	109.2	352.2	16.2
TCS12 – 2	34.37	50.25	64.78	0.78	0.044703	0.000487	0.054173	0.000972	0.332694	0.006279	281.9	3.0	388.9	36.1	291.6	4.8
TCS12 – 3	65.11	20.71	24.79	0.84	0.056803	0.004405	0.057757	0.006972	0.446489	0.051663	356.2	26.9	520.4	266.6	374.8	36.3
TCS12 – 4	65.70	90.84	66.31	1.37	0.052461	0.000829	0.056579	0.001272	0.406783	0.009712	329.6	5.1	476.0	45.4	346.6	7.0
TCS12 – 5	11.44	15.77	23.51	0.67	0.051411	0.001377	0.065039	0.002964	0.455792	0.022981	323.2	8.4	775.9	100.9	381.3	16.0
TCS12 – 6	0.88	32.54	30.90	1.05	0.062450	0.001848	0.057799	0.002111	0.494966	0.019905	390.5	11.2	520.4	86.1	408.3	13.5
TCS12 – 7	116.76	101.90	140.46	0.73	0.074137	0.000710	0.057429	0.000507	0.587278	0.007553	461.0	4.3	509.3	20.4	469.1	4.8
TCS12 – 8	61.74	53.06	43.48	1.22	0.052440	0.000901	0.055650	0.001319	0.402683	0.011769	329.5	5.5	438.9	58.3	343.6	8.5
TCS12 – 9	63.02	43.25	44.31	0.98	0.054455	0.001386	0.142929	0.005819	1.079750	0.053943	341.8	8.5	2264.8	70.4	743.5	26.3
TCS12 – 10	28.39	47.50	43.52	1.09	0.052086	0.000849	0.056214	0.001307	0.402235	0.010680	327.3	5.2	461.2	56.5	343.3	7.7
TCS12 – 11	63.43	40.23	29.55	1.36	0.056881	0.001482	0.054134	0.002019	0.422244	0.017229	356.6	9.0	376.0	78.7	357.7	12.3
TCS12 – 12	7.13	29.90	41.31	0.72	0.051136	0.002238	0.055320	0.003292	0.385558	0.017250	321.5	13.7	433.4	133.3	331.1	12.6
TCS12 – 13	3.47	13.44	11.58	1.16	0.045374	0.004355	0.074926	0.007610	0.494108	0.084317	286.1	26.9	1066.4	205.2	407.7	57.4
TCS12 – 14	131.94	56.44	41.99	1.34	0.055674	0.003124	0.060227	0.004322	0.461021	0.031940	349.3	19.1	613.0	155.5	385.0	22.2
TCS12 – 15	26.90	41.73	63.32	0.66	0.051536	0.000491	0.052926	0.000976	0.375918	0.007716	323.9	3.0	324.1	42.6	324.0	5.7
TCS12 – 16	145.10	36.40	33.00	1.10	0.274625	0.006752	0.102853	0.000956	3.872854	0.086580	1564.2	34.1	1676.2	17.8	1608.0	18.0
TCS12 – 17	85.88	42.21	53.24	0.79	0.057450	0.001221	0.056788	0.002747	0.449337	0.022290	360.1	7.4	483.4	107.4	376.8	15.6
TCS12 – 18	23.20	25.70	23.23	1.11	0.038508	0.000950	0.051873	0.002486	0.271157	0.013646	243.6	5.9	279.7	111.1	243.6	10.9
TCS12 – 19	199.48	61.96	73.91	0.84	0.227963	0.002172	0.086324	0.000598	2.709432	0.028230	1323.8	11.4	1346.3	13.6	1331.0	7.7
TCS12 – 20	75.78	63.55	72.53	0.88	0.051242	0.001054	0.056286	0.002383	0.397866	0.018334	322.1	6.5	464.9	92.6	340.1	13.3
TCS12 – 21	37.89	22.54	28.05	0.80	0.039050	0.001775	0.052822	0.003894	0.275888	0.019505	246.9	11.0	320.4	168.5	247.4	15.5

测点	元素含量(10⁻⁶)及比值				同位素比值						年龄/Ma					
	Pb	²³²Th	²³⁸U	Th/U	²⁰⁶Pb/²³⁸U 测值	1σ	²⁰⁷Pb/²⁰⁶Pb 测值	1σ	²⁰⁷Pb/²³⁵U 测值	1σ	²⁰⁶Pb/²³⁸U 测值	1σ	²⁰⁷Pb/²⁰⁶Pb 测值	1σ	²⁰⁷Pb/²³⁵U 测值	1σ
样号：Tcs12 闪长岩																
TCS12-22	21.45	59.69	58.33	1.02	0.052334	0.002347	0.054359	0.004439	0.390162	0.033870	328.8	14.4	387.1	185.2	334.5	24.7
TCS12-23	67.75	32.88	34.16	0.96	0.056686	0.000870	0.057467	0.001406	0.446499	0.012148	355.4	5.3	509.3	53.7	374.8	8.5
TCS12-24	69.18	59.10	67.78	0.87	0.051996	0.000612	0.054539	0.000790	0.391559	0.007594	326.8	3.7	394.5	36.1	335.5	5.5
TCS12-25	55.18	47.29	75.70	0.62	0.069275	0.000726	0.056713	0.000685	0.541328	0.008433	431.8	4.4	479.7	25.9	439.3	5.6
TCS12-26	46.29	44.42	26.35	1.69	0.051800	0.001279	0.055299	0.002632	0.389733	0.018133	325.6	7.8	433.4	102.8	334.2	13.2
TCS12-27	87.18	68.91	107.56	0.64	0.076496	0.000681	0.060193	0.000668	0.633258	0.007955	475.2	4.1	609.3	24.1	498.1	4.9
TCS12-28	43.21	85.57	62.57	1.37	0.051582	0.000679	0.054875	0.001254	0.389979	0.009988	324.2	4.2	405.6	51.8	334.4	7.3
TCS12-29	103.98	71.25	62.09	1.15	0.051797	0.001805	0.054453	0.005021	0.391842	0.042733	325.5	11.1	390.8	207.4	335.7	31.2
TCS12-30	22.18	24.57	34.44	0.71	0.051608	0.001755	0.053360	0.002418	0.380113	0.021800	324.4	10.8	342.7	101.8	327.1	16.0
样号：Tcsd17 黑云母花岗岩																
TCSD17-1	1.41	12.34	33.20	0.37	0.049654	0.001809	0.053955	0.004069	0.364891	0.023536	312.4	11.1	368.6	170.4	315.9	17.5
TCSD17-2	36.68	32.25	47.14	0.68	0.050786	0.000682	0.053491	0.001966	0.375129	0.015267	319.3	4.2	350.1	83.3	323.4	11.3
TCSD17-3	49.39	57.17	110.71	0.52	0.051062	0.001350	0.053140	0.000923	0.373200	0.007440	321.0	8.3	344.5	38.9	322.0	5.5
TCSD17-4	38.12	18.93	28.84	0.66	0.050885	0.003807	0.054169	0.004093	0.371114	0.015980	320.0	23.4	388.9	170.3	320.5	11.8
TCSD17-5	62.02	17.69	27.13	0.65	0.067286	0.001360	0.058724	0.002132	0.541781	0.019476	419.8	8.2	566.7	79.6	439.6	12.8
TCSD17-6	60.64	74.43	107.32	0.69	0.061018	0.001605	0.056213	0.001285	0.473610	0.017032	381.8	9.8	461.2	50.0	393.7	11.7
TCSD17-7	40.46	35.86	35.53	1.01	0.067421	0.001400	0.059615	0.001737	0.547131	0.015764	420.6	8.5	590.8	63.0	443.1	10.3
TCSD17-8	14.67	10.72	16.09	0.67	0.050230	0.002955	0.080374	0.005677	0.536827	0.052133	315.9	18.1	1206.5	139.0	436.3	34.5
TCSD17-9	122.96	78.37	70.40	1.11	0.050763	0.000764	0.054819	0.001025	0.382317	0.008982	319.2	4.7	405.6	47.2	328.7	6.6
TCSD17-10	80.29	45.00	56.07	0.80	0.050504	0.001766	0.054419	0.001880	0.383313	0.022727	317.6	10.8	387.1	77.8	329.5	16.7
TCSD17-11	1.77	21.16	30.55	0.69	0.050590	0.000948	0.056179	0.001583	0.388684	0.011857	318.1	5.8	461.2	63.0	333.4	8.7
TCSD17-12	0.48	12.15	18.06	0.67	0.059031	0.001847	0.056953	0.002690	0.460922	0.025739	369.7	11.2	500.0	100.9	384.9	17.9
TCSD17-13	36.22	26.37	36.88	0.72	0.050223	0.002068	0.056869	0.005515	0.389721	0.025117	315.9	12.7	487.1	214.8	334.2	18.4

续表

样号：Tcsd17 黑云母花岗岩

测点	元素含量(10⁻⁶)及比值				同位素比值						年龄/Ma					
	Pb	^{232}Th	^{238}U	Th/U	$^{206}Pb/^{238}U$ 测值	1σ	$^{207}Pb/^{206}Pb$ 测值	1σ	$^{207}Pb/^{235}U$ 测值	1σ	$^{206}Pb/^{238}U$ 测值	1σ	$^{207}Pb/^{206}Pb$ 测值	1σ	$^{207}Pb/^{235}U$ 测值	1σ
TCSD17-14	59.94	99.42	96.80	1.03	0.050881	0.000756	0.055516	0.001299	0.389981	0.011204	319.9	4.6	431.5	47.2	334.4	8.2
TCSD17-15	208.69	127.66	264.97	0.48	0.051037	0.000477	0.054102	0.000903	0.380050	0.005320	320.9	2.9	376.0	34.3	327.1	3.9
TCSD17-16	37.54	24.38	30.45	0.80	0.050102	0.001722	0.053851	0.002389	0.369199	0.018495	315.1	10.6	364.9	100.0	319.1	13.7
TCSD17-17	30.53	24.22	43.09	0.56	0.050912	0.000925	0.058436	0.002514	0.408876	0.017767	320.1	5.7	546.3	94.4	348.1	12.8
TCSD17-18	7.10	14.39	21.53	0.67	0.051111	0.001301	0.056491	0.002259	0.392095	0.018350	321.3	8.0	472.3	88.9	335.9	13.4
TCSD17-19	55.74	16.59	24.16	0.69	0.049915	0.002073	0.052236	0.005346	0.362875	0.041501	314.0	12.7	294.5	239.8	314.4	30.9
TCSD17-20	7.43	20.50	34.36	0.60	0.050313	0.000860	0.055581	0.001333	0.381588	0.009908	316.4	5.3	435.2	49.1	328.2	7.3
TCSD17-21	8.92	5.66	44.47	0.13	0.066155	0.001220	0.055338	0.001201	0.502532	0.012426	412.9	7.4	433.4	48.1	413.4	8.4
TCSD17-22	97.63	51.41	92.07	0.56	0.049921	0.000476	0.053125	0.000760	0.364849	0.005462	314.0	2.9	344.5	31.5	315.8	4.1
TCSD17-23	101.22	90.10	117.85	0.76	0.050407	0.001365	0.055067	0.001239	0.383672	0.014915	317.0	8.4	416.7	50.0	329.7	10.9
TCSD17-24	135.99	64.64	125.78	0.51	0.074066	0.000725	0.056694	0.000624	0.577787	0.007684	460.6	4.3	479.7	25.9	463.0	4.9
TCSD17-25	125.77	63.21	92.32	0.68	0.067282	0.000594	0.056051	0.000783	0.520183	0.008515	419.8	3.6	453.8	25.0	425.3	5.7
TCSD17-26	39.01	39.93	61.20	0.65	0.050500	0.000573	0.055255	0.000984	0.383429	0.007582	317.6	3.5	433.4	38.9	329.6	5.6
TCSD17-27	43.85	10.56	28.45	0.37	0.050157	0.001026	0.055030	0.001935	0.377170	0.014298	315.5	6.3	413.0	84.3	325.0	10.5
TCSD17-28	107.32	22.46	57.18	0.39	0.050547	0.001525	0.055909	0.002015	0.387504	0.014788	317.9	9.4	450.0	81.5	332.5	10.8
TCSD17-29	534.61	434.38	441.74	0.98	0.049913	0.000358	0.054174	0.000347	0.372664	0.003214	314.0	2.2	388.9	14.8	321.6	2.4
TCSD17-30	41.51	25.27	45.50	0.56	0.051020	0.001482	0.055911	0.005564	0.390289	0.034329	320.8	9.1	450.0	224.0	334.6	25.1

175

闪长岩中的锆石多呈无－浅褐黄色，半自形－自形的长柱状及双锥状晶体，晶棱及晶面清楚。所有锆石测点的 U、Th 含量变化不大（表 3－11），U 介于 $21.7 \times 10^{-6} \sim 140.5 \times 10^{-6}$，Th 介于 $18.0 \times 10^{-6} \sim 101.9 \times 10^{-6}$，Th/U 比值介于 $0.66 \sim 1.34$，显示了岩浆锆石的特点。具有较大年龄值的锆石颗粒，可能为俘获或者继承了年龄更老的锆石残留核。其余 12 个锆石的 $^{206}Pb/^{238}U$ 表面年龄数据比较集中，介于 $321.5 \sim 329.6$ Ma，数据点聚集在谐和线两侧及其附近一个较小的区域范围内，其加权平均值为 326.2 ± 1.6 Ma（MSWD = 1.0）（图 3－34），代表了闪长岩的形成年龄。

黑云母花岗岩中所有锆石测点的 U、Th 含量变化不大（表 3－11），U 介于 $27.1 \times 10^{-6} \sim 264.9 \times 10^{-6}$，Th 介于 $12.3 \times 10^{-6} \sim 127.7 \times 10^{-6}$，Th/U 比值介于 $0.37 \sim 1.11$，显示了岩浆锆石的特点。22 个锆石的 $^{206}Pb/^{238}U$ 表面年龄数据比较集中，介于 $312.4 \sim 321.3$ Ma，数据点聚集在谐和线两侧及其附近一个较小的区域范围内，其加权平均值为 317.1 ± 2.1 Ma（MSWD = 0.33）（图 3－34），代表了黑云母花岗岩的形成年龄。该年龄与土古土布拉克组火山岩地层时代一致，表明它们为同一期岩浆活动的产物。

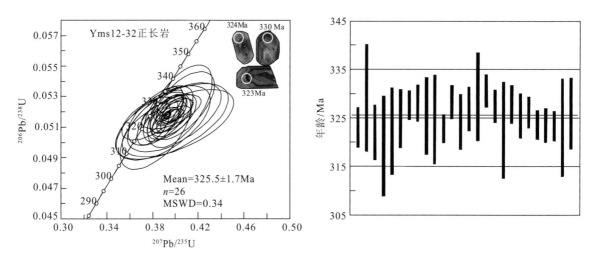

图 3－33　雅满苏铁锌钴矿区侵入岩锆石 LA－ICP－MS U－Pb 年龄谐和图

（三）沙泉子铁铜矿区闪长玢岩

沙泉子铁铜矿区用于定年样品取自闪长玢岩（SQZ99），采样位置见图 3－30。锆石 U－Pb 定年分析结果列于表 3－12。闪长玢岩中锆石长轴多变化于 $50 \sim 120$ μm，长短轴比介于 $1:1 \sim 1.5:1$。大部分锆石具有岩浆锆石的生长环带，个别锆石含有不透明的包裹体，也有个别锆石颗粒见有核边结构，核部呈浑圆状（点 2.1），可能为喷发过程中捕获的或者继承的残留锆石，边部颜色均匀，震荡环带发育，且核部与边部接触界线规则。闪长玢岩中锆石的 U 含量介于 $22.9 \times 10^{-6} \sim 235.8 \times 10^{-6}$，Th 含量变化于 $20.9 \times 10^{-6} \sim 374.4 \times 10^{-6}$，Th/U 比值为 $0.55 \sim 3.22$，显示了岩浆锆石的 Th/U 比值特征。14 个有效分析点的 $^{206}Pb/^{238}U$ 表面年龄数据比较集中，介于 $320.3 \sim 328.3$ Ma，其加权平均值为 322.2 ± 1.7 Ma（MSWD = 0.30）（图 3－35），代表了闪长玢岩的结晶年龄。

（四）地质意义

前人利用不同测年方法对东天山觉罗塔格地区花岗质岩体开展了研究，结果表明，觉罗塔格地区花岗质岩浆活动可分为 4 个阶段，在阿奇山－雅满苏带内主要为早石炭世岩体和晚石炭世—早二叠世岩体，如出露有规模较大的（＞30 km²）西凤山（349 Ma，周涛发等，2010）、石英滩（287 ～ 293 Ma，李华芹等，1998；342 Ma，周涛发等，2010）、长条山（315.7 Ma，王碧香等，1989；337.4 Ma，周涛发等，2010）和红云滩岩体（328.5 Ma，吴昌志等，2006），主要的岩石类型为钾长花岗岩、花

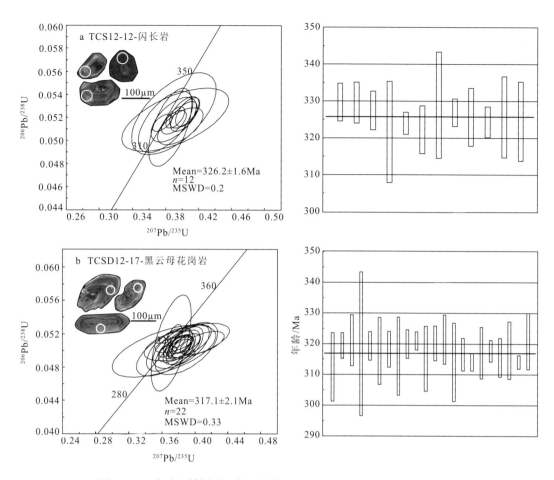

图 3 – 34　突出山铁铜矿区侵入岩锆石 LA – ICP – MS U – Pb 年龄谐和图

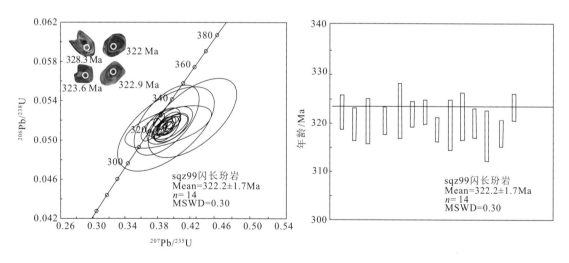

图 3 – 35　沙泉子铁铜矿区侵入岩 LA – ICP – MS 锆石 U – Pb 年龄谐和图

岗闪长岩和花岗斑岩，也有规模相对小的（＜10 km²）土屋 – 延东岩体（334～333 Ma，秦克章等，2000）。此外，也有形成略晚的百灵山岩体（282～307 Ma，李文明等，2002；318 Ma，周涛发等，2010）、赤湖岩体（322 Ma，吴华等，2006）和天目岩体（320 Ma，周涛发等，2010）、白石泉岩体（303 Ma，周涛发等，2010）、维权岩体（297 Ma，周涛发等，2010）和多头山岩体（271 Ma，周涛发等，2010）。此外，李厚民等（2014）获得雅满苏矿区辉绿岩脉年龄为 335 Ma，认为是早石炭世岩浆活动的产物。

表 3-12 沙泉子铁铜矿区侵入岩锆石 LA-ICP-MS U-Pb 年龄测定结果

测点	元素含量(10⁻⁶)及比值				同位素比值						年龄/Ma					
	Pb	U	Th	Th/U	207Pb/206Pb 测值	1σ	207Pb/235U 测值	1σ	206Pb/238U 测值	1σ	207Pb/206Pb 测值	1σ	207Pb/235U 测值	1σ	206Pb/238U 测值	1σ
样品编号: SQ299 闪长玢岩																
SQ299-1	471.51	69.73	170.68	2.45	0.06678	0.00062	1.17144	0.01726	0.12728	0.00152	831.5	18.5	787.3	8.1	772.3	8.7
SQ299-2	167.44	89.34	140.55	1.57	0.05510	0.00076	0.38910	0.00661	0.05125	0.00057	416.7	36.1	333.7	4.8	322.2	3.5
SQ299-3	105.59	35.63	43.77	1.23	0.05445	0.00256	0.39117	0.02647	0.05202	0.00237	390.8	110.2	335.2	19.3	326.9	14.5
SQ299-4	155.72	115.41	133.14	1.15	0.05443	0.00073	0.38183	0.00629	0.05095	0.00055	390.8	26.9	328.4	4.6	320.3	3.4
SQ299-5	17.25	39.00	34.71	0.89	0.05465	0.00195	0.33237	0.01417	0.04403	0.00096	398.2	79.6	291.4	10.8	277.8	5.9
SQ299-6	80.31	101.50	88.82	0.88	0.05317	0.00108	0.37208	0.00796	0.05105	0.00076	344.5	44.4	321.2	5.9	320.9	4.7
SQ299-7	7.29	22.92	20.98	0.92	0.05598	0.00481	0.39055	0.03931	0.05115	0.00283	450.0	187.9	334.8	28.7	321.6	17.4
SQ299-8	57.48	35.33	46.21	1.31	0.05843	0.00283	0.42365	0.03624	0.05225	0.00268	546.3	107.4	358.7	25.9	328.3	16.4
SQ299-9	20.99	19.92	37.49	1.88	0.06986	0.00261	0.94046	0.04196	0.09834	0.00320	924.1	71.8	673.1	22.0	604.7	18.8
SQ299-10	250.65	116.15	374.42	3.22	0.05577	0.00070	0.39271	0.00560	0.05122	0.00047	442.6	27.8	336.3	4.1	322.0	2.9
SQ299-11	15.97	36.14	34.29	0.95	0.05579	0.00230	0.39522	0.01865	0.05148	0.00126	442.6	90.7	338.2	13.6	323.6	7.7
SQ299-12	0.98	42.34	62.57	1.48	0.05426	0.00194	0.38680	0.01389	0.05183	0.00094	388.9	81.5	332.0	10.2	325.7	5.7
SQ299-13	94.81	40.12	41.36	1.03	0.09961	0.00075	3.52943	0.05363	0.25742	0.00367	1617.0	14.4	1533.8	12.0	1476.6	18.8
SQ299-14	76.12	152.94	171.09	1.12	0.05465	0.00073	0.38954	0.00593	0.05172	0.00042	398.2	29.6	334.0	4.3	325.1	2.6
SQ299-15	45.89	90.17	94.21	1.04	0.05598	0.00075	0.39941	0.00617	0.05180	0.00041	450.0	29.6	341.2	4.5	325.6	2.5
SQ299-16	66.51	135.87	89.58	0.66	0.05535	0.00070	0.39035	0.00567	0.05121	0.00042	427.8	27.8	334.6	4.1	321.9	2.6
SQ299-17	87.18	95.82	134.16	1.40	0.05588	0.00184	0.39551	0.01424	0.05136	0.00085	455.6	74.1	338.4	10.4	322.9	5.2
SQ299-18	126.10	127.55	186.84	1.46	0.05604	0.00061	0.50916	0.00691	0.06593	0.00061	453.8	25.9	417.9	4.6	411.6	3.7
SQ299-19	172.35	115.36	306.77	2.66	0.05532	0.00109	0.39398	0.00973	0.05166	0.00081	433.4	44.4	337.3	7.1	324.7	4.9
SQ299-20	74.56	29.50	35.82	1.21	0.05584	0.00434	0.39377	0.03528	0.05133	0.00142	455.6	172.2	337.1	25.7	322.7	8.7
SQ299-21	210.14	235.82	129.72	0.55	0.05562	0.00060	0.39498	0.00518	0.05158	0.00050	438.9	24.1	338.0	3.8	324.2	3.1
SQ299-22	294.08	233.26	333.99	1.43	0.05727	0.00049	0.59401	0.00576	0.07543	0.00060	501.9	18.5	473.4	3.7	468.8	3.6
SQ299-23	93.74	126.47	195.28	1.54	0.05554	0.00142	0.39076	0.01050	0.05114	0.00085	435.2	62.0	334.9	7.7	321.5	5.2
SQ299-24	59.77	91.46	124.57	1.36	0.05637	0.00196	0.39703	0.01390	0.05127	0.00098	477.8	77.8	339.5	10.1	322.3	6.0
SQ299-25	212.24	72.99	87.81	1.20	0.08687	0.00055	2.62822	0.02697	0.21988	0.00213	1366.7	11.9	1308.6	7.5	1281.2	11.2
SQ299-26	38.09	65.11	76.87	1.18	0.08829	0.00188	0.63936	0.01505	0.05269	0.00074	1388.6	41.1	501.9	9.3	331.0	4.6
SQ299-27	108.23	176.54	147.17	0.83	0.05633	0.00082	0.45962	0.00725	0.05936	0.00062	464.9	33.3	384.0	5.0	371.8	3.8
SQ299-28	76.57	125.09	105.59	0.84	0.05442	0.00070	0.38371	0.00587	0.05121	0.00045	387.1	25.0	329.8	4.3	322.0	2.7
SQ299-29	347.83	334.47	439.24	1.31	0.05983	0.00041	0.64397	0.00651	0.07820	0.00067	598.2	14.8	504.8	4.0	485.4	4.0
SQ299-30	125.54	204.64	230.33	1.13	0.05326	0.00051	0.38169	0.00452	0.05208	0.00045	338.9	22.2	328.3	3.3	327.3	2.8

东天山地区阿奇山-雅满苏成矿带内分布有多个产于海相火山岩中的铁矿床，其中雅满苏铁锌钴矿床是目前带内储量最大的铁矿床，由于矿区及外围缺乏广泛的侵入岩体，其矿床成因一直有海相火山岩型（丁天府，1990；卢登荣等，1995；张江等，1996；张洪武等，2001；王志福等，2012；李厚民等，2014）、矽卡岩型（黎广荣等，2013）不同的观点。尽管百灵山含钴铁矿区、突出山铁铜矿区以及沙泉子铁铜矿区分布有花岗质岩类，但由于矿床规模较小，对这些岩体的研究较为薄弱，或者缺乏精确年龄资料，如前人主要根据岩体特征及岩体与地层的接触关系确定岩体成岩时代，如1:5万区域地质调查工作将百灵山岩体和突出山岩体划为石炭纪，将沙泉子岩体划为二叠纪；或者获得的年代学数据不够精确，时代跨度较大，如百灵山花岗闪长岩体被认为形成于282~317 Ma（李文明等，2002；李华芹等，2004a；王龙生等，2005）。

本项目组对百灵山矿区的花岗岩和花岗斑岩进行了锆石 LA-ICP-MS U-Pb 年龄测定，获得了 331.8±0.8 Ma 和 329.8±1.0 Ma 的成岩年龄，可以代表岩体的侵位时代，为早石炭世中期岩体，这与前人通过该区地层中化石确定的早石炭世维宪期时代一致，也与本研究获得的海相火山岩地层中的流纹岩形成时代一致，表明它们是同时代岩浆活动的产物。同时，本研究获得了雅满苏矿区出露的正长岩脉形成年龄为 325.5±1.7 Ma，突出山铁铜矿区闪长岩和黑云母花岗岩的成岩年龄分别为 326.2±1.6 Ma 和 317.1±2.1 Ma，沙泉子铁铜矿区与成矿密切相关的闪长玢岩成岩年龄为 322.2±1.7 Ma，表明它们为早石炭世晚期与晚石炭世早期岩浆活动的产物。早石炭世晚期开始的岩浆活动持续时间较长，这些侵入岩应该为同期岩浆活动形成的不同侵入体。这与前人认为阿奇山-雅满苏成矿带内侵入岩形成于早石炭世中期和晚石炭世—早二叠世时期的认识一致。因此，我们认为阿奇山-雅满苏成矿带内早石炭世中—晚期岩浆活动对铁多金属矿床的形成具有重要控制作用。

三、岩石地球化学

本项目主要对突出山铁铜矿区和沙泉子铁铜矿区出露侵入岩的地球化学特征进行了研究。

（一）突出山铁铜矿区侵入岩

采自突出山铁铜矿区闪长岩（7件）的主量元素、微量元素分析结果列于表3-13。闪长岩具中等的 SiO_2（54.5%~58.5%）和 Al_2O_3（13.8%~15.5%）含量；高的 MgO（5.96%~10.7%）含量；相对低的全碱（4.2%~5.2%）、FeO^T（6.82%~8.66%）、CaO（5.56%~7.65%）、TiO_2（0.63%~0.98%）和 P_2O_5（0.1%~0.17%）含量；$Mg^#$介于0.67~0.72之间。

所有样品在原始地幔标准化蛛网图上（图3-36a）呈现一致的曲线分布形式，并与矿区含矿火山岩（玄武岩）具有相似特征，即亏损高场强元素（Th、Nb、Ta、P、Ti），不同程度地富集大离子亲石元素（K、Pb、Sr）的岛弧火山岩特征。稀土元素总量（∑REE）低，介于 $45.2×10^{-6}$~60.3×

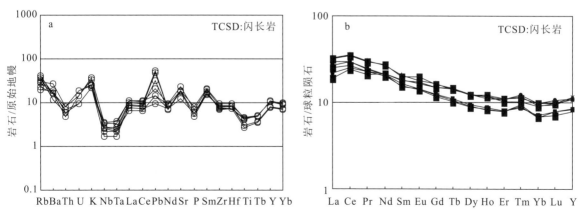

图3-36　突出山铁铜矿区闪长岩微量元素及稀土元素标准化图解

（标准化值据 Sun et al.，1989）

表 3 – 13　突出山铁铜矿区闪长岩主量（%）和微量（10^{-6}）元素组成

样号	TCSD20	TCSD21	TCSD22	TCSD23	TCSD24	TCSD25	TCSD26
SiO_2	58	58.5	54.5	48.5	54.8	48.3	55.5
TiO_2	0.63	0.63	0.89	0.89	0.98	0.85	0.58
Al_2O_3	15.3	15.25	14.85	14.85	15.5	15.1	13.8
Fe_2O_3	5.98	5.81	7.09	9.14	6.69	9.07	6.68
FeO	3.64	3.55	4.46	5.92	3.96	6.06	2.93
MnO	0.16	0.17	0.13	0.16	0.1	0.15	0.18
MgO	6.23	5.96	8.46	9.4	7.5	10.7	8.74
CaO	5.57	5.56	6.31	7.97	6.27	7.65	6.86
Na_2O	4.41	4.41	3.88	3.66	4.36	3.14	3.54
K_2O	0.73	0.75	0.64	0.94	1.09	0.64	0.65
P_2O_5	0.12	0.12	0.17	0.12	0.15	0.12	0.1
烧失量	2.32	2.4	2.23	3.72	1.85	3.57	2.81
A/NK	1.91	1.90	2.11	2.12	1.87	2.59	2.13
A/CNK	0.85	0.84	0.81	0.69	0.79	0.77	0.73
$Mg^{\#}$	0.67	0.67	0.70	0.67	0.69	0.70	0.72
Sc	28.1	28.9	27.4	27.2	27.3	29.3	16.7
V	189	178	187	185	182	181	105
Cr	516	674	345	310	428	830	231
Co	45.1	51	36.4	35.6	42	55.4	30
Ni	211	266	128	115	170	318	165
Cu	19.8	34.3	36.6	322	54.9	49.4	16.5
Zn	78.3	77.8	83.2	85	74.5	84.7	137
Rb	18.3	21.1	14.4	26.2	18.7	23.6	12.6
Sr	398	395	393	256	493	264	375
Y	13.5	13	17.7	18	17	17.2	12.4
Zr	89	90.9	106	78.6	94.1	83.7	87
Nb	1.9	1.9	2.4	1.6	2.5	1.8	1.2
Ba	120	120	110	110	190	80	130
Hf	2.5	2.6	2.9	2.3	2.7	2.3	2.3
Ta	0.1	0.11	0.14	0.09	0.15	0.09	0.07
Pb	9	9.8	2.6	2.7	3.9	1.8	6
Th	0.7	0.7	0.6	0.4	0.7	0.5	0.5
U	0.4	0.4	0.2	0.3	0.3	0.2	0.2
La	6.3	7	7.7	4.5	7.6	5.2	5.9
Ce	18	18.2	21.6	14.8	21.1	15.3	16.2
Pr	2.27	2.33	2.86	2	2.79	2.15	2.14
Nd	9.8	9.8	12.4	9.9	12.7	9.9	9.4
Sm	2.51	2.33	3.13	2.73	3.02	2.78	2.39
Eu	0.84	0.84	1.03	1	1.15	0.96	0.81
Gd	2.5	2.56	3.39	3.06	3.33	3.08	2.41
Tb	0.4	0.41	0.53	0.54	0.55	0.55	0.38

样号	TCSD20	TCSD21	TCSD22	TCSD23	TCSD24	TCSD25	TCSD26
Dy	2.29	2.37	3.14	3.11	3.12	3.15	2.25
Ho	0.46	0.49	0.63	0.69	0.66	0.66	0.47
Er	1.31	1.32	1.78	1.84	1.7	1.81	1.3
Tm	0.23	0.22	0.3	0.29	0.26	0.31	0.24
Yb	1.15	1.22	1.58	1.65	1.55	1.67	1.17
Lu	0.2	0.2	0.24	0.25	0.25	0.27	0.18
ΣREE	48.26	49.29	60.31	46.36	59.78	47.79	45.24
LREE/HREE	4.65	4.61	4.20	3.06	4.23	3.16	4.39
$(La/Yb)_N$	3.93	4.12	3.50	1.96	3.52	2.23	3.62
δEu	1.03	1.05	0.97	1.06	1.11	1.00	1.03

10^{-6} 之间，球粒陨石标准化配分图上呈现轻稀土富集的右倾型，$(La/Yb)_N$ 介于 1.91 ~ 4.1 之间，并具有轻微的 Eu 正异常（δEu = 0.97 ~ 1.05）（图 3 – 36b）。

（二）沙泉子铁铜矿区侵入岩

采自沙泉子铁铜矿区闪长玢岩的主量元素和微量元素分析结果列于表 3 – 14。闪长玢岩与安山岩具有相似的主量元素特征，即具有中等的 SiO_2（52.0% ~ 59.2%）和 CaO（5.98% ~ 12.55%）含量；高的 MgO（3.16% ~ 4.44%）、FeO^T（4.04% ~ 8.10%）、Al_2O_3（16.55% ~ 17.85%）含量；低的 TiO_2（0.64% ~ 0.84%）和 P_2O_5（0.08% ~ 0.15%）含量；全碱含量高（4.74% ~ 7.81%）且明显富钠（Na_2O 含量 > K_2O 含量）。样品的 $Mg^\#$ 介于 0.47 ~ 0.69，铝饱和指数（A/CNK）为 0.58 ~ 1.02，属铝不饱和岩石。

闪长玢岩的稀土元素总量（ΣREE）变化于 65.38×10^{-6} ~ 161.45×10^{-6}，球粒陨石标准化配分图上呈现轻稀土富集（$(La/Yb)_N = 2.9$ ~ 15.6）的右倾型，并具有轻微的 Eu 正异常（δEu = 1.02 ~ 1.27）（图 3 – 37a）。所有样品在原始地幔标准化蛛网图上（图 3 – 37b）呈现一致的曲线分布形式，与矿区的中性和基性火山岩具有相似特征，即亏损高场强元素（Nb、Ta、Ti），不同程度地富集大离子亲石元素（K、Th 和 Rb）的岛弧火山岩特征。

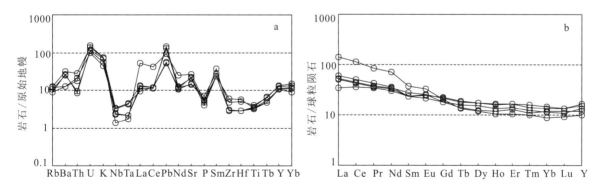

图 3 – 37　沙泉子铁铜矿区闪长玢岩微量元素及稀土元素标准化图解

（标准化值据 Sun et al.，1989）

四、Lu – Hf 同位素

本项目主要对雅满苏铁锌钴矿区的正长岩（YMS32）和沙泉子铁铜矿区出露的闪长玢岩（SQZ99）开展了 Lu – Hf 同位素分析，测试单位及分析流程见本章第二节。结果分别列于表 3 – 15、表 3 – 16。

表 3 − 14 沙泉子铁铜矿区闪长玢岩主量（%）和微量（10⁻⁶）元素组成

编号	SQZ19	SQZ20	SQZ21	SQZ22	SQZ23	编号	SQZ19	SQZ20	SQZ21	SQZ22	SQZ23
SiO_2	55.4	54	58.5	59.2	52	Zr	37	58	69	78	35
TiO_2	0.71	0.72	0.84	0.71	0.64	Nb	1.7	1.6	2.3	2.4	1
Al_2O_3	17.55	17.4	17.85	16.55	17.4	Mo	0.64	0.65	0.56	0.68	0.86
Fe_2O_3	4.85	4.21	3.1	3.85	6.72	Ba	185.5	191	131	225	91.3
FeO	1.97	1.56	1.25	2.12	2.05	Hf	0.9	0.9	1.6	1.8	0.9
MnO	0.15	0.15	0.12	0.11	0.19	Ta	0.2	0.2	0.2	0.2	0.1
MgO	3.81	3.53	3.16	4.44	3.73	Pb	23.4	26.6	9.7	10.4	17.4
CaO	7.9	9.62	5.98	6.02	12.55	Th	0.7	0.8	1.8	2.4	1.5
Na_2O	6.11	5.82	7.36	6.73	4.36	U	2.4	2.3	2	2.9	3.2
K_2O	0.54	0.62	0.45	0.69	0.38	La	11.9	14.2	12.7	8.1	32.9
P_2O_5	0.1	0.08	0.15	0.12	0.11	Ce	26	31	27.6	22.1	68.1
烧失量	2.94	3.38	2.05	1.2	2.06	Pr	3.46	4.02	3.6	3.22	8.16
总和	100.1	99.53	99.56	99.62	100.14	Nd	15.1	16.9	16	14.4	32.8
A/NK	1.66	1.71	1.43	1.41	2.31	Sm	3.52	3.65	4.25	3.55	5.63
A/CNK	0.71	0.63	0.77	0.73	0.58	Eu	1.51	1.45	1.46	1.27	1.89
Mg#	0.57	0.58	0.63	0.65	0.50	Gd	3.74	4.55	4.4	3.68	4.16
Sc	26.8	30.1	25.4	27.9	27.8	Tb	0.59	0.72	0.68	0.53	0.51
V	194	195	147	162	236	Dy	3.81	4.41	4.41	3.15	3.01
Cr	50	60	30	60	60	Ho	0.77	0.92	0.93	0.67	0.58
Co	7	5.4	4.3	5	4.9	Er	2.28	2.8	2.75	2.13	1.72
Ni	7.3	5.5	5.4	8.7	6.7	Tm	0.31	0.36	0.4	0.28	0.25
Cu	78	4.1	<0.2	0.7	1	Yb	1.92	2.25	2.52	2	1.51
Zn	66	66	59	61	51	Lu	0.28	0.34	0.34	0.3	0.23
Ga	15.85	17.25	12.5	14.55	25	$\sum REE$	75.19	87.57	82.04	65.38	161.45
Rb	5.8	6.9	5.7	8.1	7.6	LR/HR	4.49	4.36	3.99	4.13	12.49
Sr	464	437	294	312	570	$(La/Yb)_N$	4.45	4.53	3.61	2.91	15.63
Y	20.8	26	24.5	18.9	15.9	δEu	1.27	1.09	1.03	1.07	1.19

表 3 − 15 雅满苏铁锌钴矿区侵入岩锆石的 Lu − Hf 同位素组成

测点	$^{176}Yb/^{177}Hf$	2σ	$^{176}Lu/^{177}Hf$	2σ	$^{176}Hf/^{177}Hf$	2σ	年龄/Ma	$^{176}Hf/^{177}Hf_t$	$\varepsilon_{Hf(0)}$	$\varepsilon_{Hf(t)}$	t_{DM}	t_{DM2}	$f_{Lu/Hf}$
1	0.0705	0.0002	0.0020	0.0000	0.282835	0.000017	323	0.28282	2.2	8.9	607	765	−0.94
4	0.0456	0.0002	0.0013	0.0000	0.282812	0.000016	329	0.28280	1.4	8.4	628	804	−0.96
5	0.0523	0.0002	0.0014	0.0000	0.282804	0.000017	322	0.28280	1.1	7.9	643	828	−0.96
6	0.0402	0.0001	0.0012	0.0000	0.282733	0.000014	319	0.28273	−1.4	5.4	740	988	−0.96
7	0.0552	0.0002	0.0016	0.0000	0.282799	0.000016	322	0.28279	0.9	7.7	653	842	−0.95
8	0.0439	0.0002	0.0014	0.0000	0.282833	0.000016	324	0.28282	2.1	9.0	600	761	−0.96
9	0.0549	0.0003	0.0015	0.0000	0.282829	0.000016	327	0.28282	2.0	8.9	607	768	−0.95
10	0.0802	0.0006	0.0028	0.0000	0.282836	0.000026	328	0.28282	2.2	8.9	619	772	−0.92
11	0.1372	0.0020	0.0045	0.0001	0.282918	0.000038	325	0.28289	5.2	11.4	522	610	−0.86
12	0.0670	0.0010	0.0020	0.0000	0.282837	0.000018	324	0.28282	2.3	9.0	605	760	−0.94

测点	$^{176}\text{Yb}/^{177}\text{Hf}$	2σ	$^{176}\text{Lu}/^{177}\text{Hf}$	2σ	$^{176}\text{Hf}/^{177}\text{Hf}$	2σ	年龄/Ma	$^{176}\text{Hf}/^{177}\text{Hf}_t$	$\varepsilon_{Hf(0)}$	$\varepsilon_{Hf}(t)$	t_{DM}	t_{DM2}	$f_{Lu/Hf}$
13	0.0636	0.0003	0.0018	0.0000	0.282835	0.000019	323	0.28282	2.2	8.9	604	763	−0.95
14	0.0730	0.0009	0.0019	0.0000	0.282968	0.000019	328	0.28296	6.9	13.7	412	460	−0.94
15	0.0620	0.0006	0.0019	0.0000	0.282843	0.000021	324	0.28283	2.5	9.2	595	746	−0.94
17	0.1068	0.0009	0.0030	0.0000	0.282884	0.000019	327	0.28287	4.0	10.5	552	667	−0.91
18	0.0574	0.0002	0.0017	0.0000	0.282891	0.000018	329	0.28288	4.2	11.1	521	631	−0.95
19	0.0426	0.0005	0.0012	0.0000	0.282923	0.000019	330	0.28292	5.4	12.4	468	549	−0.97
20	0.0614	0.0007	0.0019	0.0000	0.282613	0.000018	327	0.28260	−5.6	1.2	926	1261	−0.94
21	0.0502	0.0007	0.0016	0.0000	0.282777	0.000024	322	0.28277	0.2	6.9	684	891	−0.95
22	0.0531	0.0005	0.0018	0.0000	0.282801	0.000021	328	0.28279	1.0	7.8	653	837	−0.95
23	0.0593	0.0004	0.0017	0.0000	0.282871	0.000016	325	0.28286	3.5	10.3	550	679	−0.95
24	0.0602	0.0009	0.0016	0.0000	0.282824	0.000017	326	0.28281	1.9	8.7	616	782	−0.95
25	0.0586	0.0005	0.0018	0.0000	0.282880	0.000025	323	0.28287	3.8	10.5	540	661	−0.94
26	0.0602	0.0003	0.0014	0.0000	0.282811	0.000020	323	0.28280	1.4	8.2	632	812	−0.96
27	0.0911	0.0010	0.0029	0.0001	0.282838	0.000033	323	0.28282	2.3	8.8	619	772	−0.91
28	0.0605	0.0006	0.0020	0.0000	0.282895	0.000028	323	0.28288	4.4	11.0	520	629	−0.94
29	0.0525	0.0001	0.0012	0.0000	0.282885	0.000014	326	0.28288	4.0	10.9	523	639	−0.96

（一）雅满苏铁锌钴矿区侵入岩 Lu – Hf 同位素

正长岩中 22 个分析点的 $^{176}\text{Lu}/^{177}\text{Hf}$ 变化于 0.0012 ~ 0.0020，均小于 0.0025，表明锆石在形成以后有较少的放射成因 Hf 的累积，获得的 $^{176}\text{Hf}/^{177}\text{Hf}$ 比值能够代表其形成时体系的 Hf 同位素组成（吴福元等，2007）。所有锆石的 $f_{Lu/Hf}$ 变化于 −0.97 ~ −0.9，明显小于镁铁质地壳的 $f_{Lu/Hf}$（−0.34）和硅铝质地壳的 $f_{Lu/Hf}$（−0.72）（Vervoort et al.，1996），因此其二阶段模式年龄（t_{DM2}）（605 ~ 742 Ma）代表了源岩脱离亏损地幔的时间。22 个点具有一致的（$^{176}\text{Hf}/^{177}\text{Hf}$）$_i$ 比值（0.28273 ~ 0.28296），$\varepsilon_{Hf}(t)$ 值（325 Ma）介于 5.4 ~ 13.7（图 3 – 38），暗示了可能是新生地壳物质熔融形成。

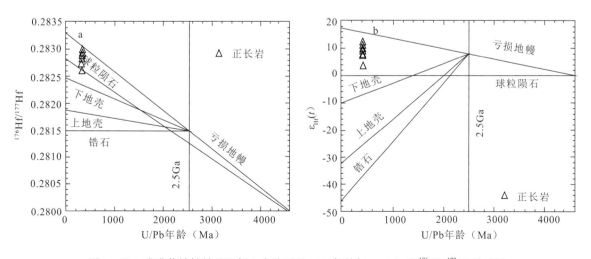

图 3 – 38　雅满苏铁锌钴矿区侵入岩锆石 U – Pb 年龄与 $\varepsilon_{Hf}(t)$ 和 $^{176}\text{Hf}/^{177}\text{Hf}$ 关系图

（二）沙泉子铁铜矿区闪长玢岩 Lu – Hf 同位素

闪长玢岩（SQZ99）中 19 粒锆石分析点的 $^{176}Lu/^{177}Hf$ 比值小于 0.0025，表明它们可以代表闪长玢岩形成时的 Hf 同位素组成。19 个分析点的 $(^{176}Hf/^{177}Hf)_i$ 比值变化于 0.2821 ~ 0.2830，$\varepsilon_{Hf}(t)$ 值（322 Ma）变化较大，介于 – 0.22 ~ 13.9，说明有不同来源物质的参与。单阶段 Hf 模式年龄（t_{DM}）为 401 ~ 954 Ma，二阶段模式年龄（t_{DM2}）为 445 ~ 1347 Ma（表 3 – 16，图 3 – 39）。

表 3 – 16　沙泉子铁铜矿区闪长玢岩锆石 Lu – Hf 同位素组成

点号	$^{176}Yb/^{177}Hf$	$^{176}Lu/^{177}Hf$	$^{176}Hf/^{177}Hf$	2σ	$^{176}Hf/^{177}Hf_t$	$\varepsilon_{Hf}(t)$	t_{DM}	t_{DM2}
SQZ99 – 2	0.0615	0.0016	0.282887	0.000019	0.28288	10.826	527	643
SQZ99 – 3	0.0884	0.0023	0.282913	0.000018	0.2829	11.627	497	591
SQZ99 – 6	0.0359	0.0011	0.282587	0.000016	0.28258	0.332	944	1312
SQZ99 – 7	0.0891	0.0029	0.282982	0.000020	0.28296	13.912	403	445
SQZ99 – 8	0.1245	0.0043	0.282970	0.000029	0.28294	13.192	439	491
SQZ99 – 10	0.1390	0.0047	0.282924	0.000028	0.2829	11.493	516	600
SQZ99 – 11	0.0928	0.0033	0.282124	0.000377	0.2821	– 16.522	1690	2375
SQZ99 – 12	0.0754	0.0026	0.282826	0.000021	0.28281	8.466	631	794
SQZ99 – 14	0.0801	0.0025	0.282833	0.000019	0.28282	8.752	618	775
SQZ99 – 15	0.0546	0.0020	0.282662	0.000019	0.28265	2.780	859	1156
SQZ99 – 16	0.0695	0.0022	0.282661	0.000018	0.28265	2.730	864	1160
SQZ99 – 17	0.0647	0.0017	0.282868	0.000019	0.28286	10.139	555	687
SQZ99 – 19	0.2015	0.0065	0.282902	0.000045	0.28286	10.304	582	676
SQZ99 – 20	0.0877	0.0019	0.282938	0.000022	0.28293	12.582	456	530
SQZ99 – 21	0.0714	0.0019	0.282576	0.000019	0.28256	– 0.222	980	1347
SQZ99 – 23	0.1278	0.0036	0.282930	0.000027	0.28291	11.954	490	570
SQZ99 – 24	0.0812	0.0019	0.282975	0.000020	0.28296	13.914	401	445
SQZ99 – 28	0.0839	0.0021	0.282943	0.000020	0.28293	12.717	451	522
SQZ99 – 30	0.1009	0.0031	0.282900	0.000034	0.28288	10.958	530	634

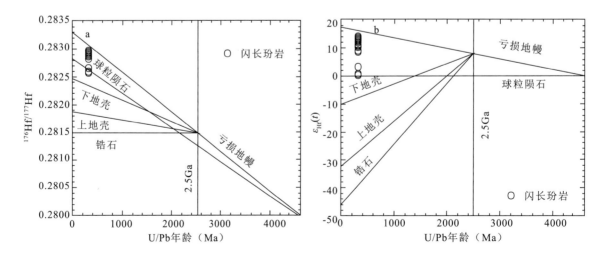

图 3 – 39　沙泉子铁铜矿区闪长玢岩锆石 U – Pb 年龄与 $\varepsilon_{Hf}(t)$ 和 $^{176}Hf/^{177}Hf$ 关系图

五、岩石成因

阿奇山－雅满苏成矿带与铁成矿有关的石炭纪侵入岩主要有百灵山含钴铁矿区的花岗岩和花岗斑岩，雅满苏矿区的正长岩、突出山矿区的闪长岩和沙泉子矿区的闪长玢岩。

突出山矿区闪长岩具有低 Sr 含量（$< 400 \times 10^{-6}$）、低 Al_2O_3 含量（$< 15.5\%$）、Y（$< 18 \times 10^{-6}$）以及 Yb 含量（$< 1.9 \times 10^{-6}$），这与由俯冲的洋壳部分熔融形成的高 Sr、富 Al_2O_3 的埃达克岩（Defant et al.，1990）特征明显不同，可以排除其由俯冲洋壳部分熔融产生。低的 Nb/U 比值（4.8～12）、低的 Ce/Pb 比值（1.9～8.5）和高的 Th 和 Pb 含量表明可能有大洋板片携带的沉积物加入，因为消减沉积物的熔体往往具有较高的 Th、Pb 含量和较低的 Ce/Pb 和 Nb/U 比值。岩石富集大离子亲石元素，亏损 Nb、Ta 和 Ti 等高场强元素，表明有俯冲流体的加入。它们具有高的 MgO 含量（$5.96\% \sim 10.7\%$）、Mg# 值（62～68）以及 Cr 和 Ni 含量（分别为 $310 \times 10^{-6} \sim 674 \times 10^{-6}$ 和 $115 \times 10^{-6} \sim 318 \times 10^{-6}$），表明有地幔楔物质参与（Rappand et al.，1995）。因此，母岩浆应该来源于受俯冲板片流体和沉积物熔体交代地幔楔部分熔融的产物。

沙泉子铁铜矿区闪长玢岩中高 Sr 含量（$< 294 \times 10^{-6} \sim 570 \times 10^{-6}$）和高 Al_2O_3 含量（$< 16.6 \sim 17.9\%$）与由俯冲的洋壳部分熔融形成的高 Sr、富 Al_2O_3 的埃达克岩（Defant et al.，1990）特征有相似性，然而它们的高 Y（$16 \times 10^{-6} \sim 24.5 \times 10^{-6}$）以及 Yb 含量（$1.5 \times 10^{-6} \sim 2.5 \times 10^{-6}$）则有明显不同。岩石具有极低的 Nb 含量（$1.0 \times 10^{-6} \sim 2.4 \times 10^{-6}$）和 Nb/Ta 比值（8～12）也不可能来自沉积地层或蚀变的硅质洋壳，因为它们具有高的 Nb/Ta 比值（一般在 17 以上，Ben et al.，1989），而且所有岩石具有富集大离子亲石元素，亏损 Nb、Ta 和 Ti 等高场强元素特征，表明有俯冲流体物质的加入。锆石的 $\varepsilon_{Hf}(t)$ 值为变化大的正值，但低于亏损地幔的值，表明成岩过程中亏损的幔源岩浆中混有其他来源的物质。它们与玄武岩具有相似的元素地球化学特征，并且主量元素具有连续变化趋势，暗示了它们的亲缘性，应该是受板片流体强烈交代的地幔楔熔体分离结晶的产物。

总之，阿奇山－雅满苏成矿带突出山铁铜矿区为受俯冲板片流体和沉积物熔体交代地幔楔部分熔融的产物；沙泉子铁铜矿区闪长玢岩为受板片流体强烈交代的地幔楔熔体分离结晶的产物。母岩浆源区组成不同、源区岩石部分熔融程度以及演化过程的不同是造成元素特征差异的主要因素。

第四节 西天山石炭纪侵入岩年代学、地球化学及其地质意义

一、岩体地质及岩石学

（一）早石炭世侵入岩

西天山早石炭世侵入岩主要以偏铝和富铝的同碰撞花岗岩为主，与同期的火山岩组成火山岩浆弧。主要呈片状分布于阿吾拉勒阔尔库、伊什基里克山特克斯达坂、那拉提缝合带一带，以宽大岩基的形式存在；那拉提达格特、博罗科努山呼斯特、吐拉苏盆地西缘别伊特萨依、依连哈比尔尕山巴音沟和阿吾拉勒智博、查岗诺尔、松湖等矿区也有零星分布，以小岩体的形式出露。

智博早石炭世岩体出露于矿区北部，以岩株、岩脉的形式出现，岩性以花岗岩、闪长岩为主。查岗诺尔早石炭世岩体出露于矿区北部和西部，以小岩株、岩枝、岩墙的形式存在，岩性以辉石闪长玢岩、闪长玢岩、石英闪长玢岩、花岗闪长岩、花岗斑岩为主。松湖岩体则出露于矿区东部，以小岩株的形式存在，岩性以花岗斑岩为主。别伊特萨依岩体位于博罗科努山吐拉苏火山盆地西缘，为浅成小岩体，出露面积约 5 km²，总体走向 NWW 向，长达 4.5 km，宽 300～1500 m，岩性以花岗闪长斑岩为主。

（辉石）闪长岩：灰白色、灰黑色、灰绿色，块状构造，半自形粒状结构或斑状结构。粒状结构岩石主要由斜长石（40%～45%）、角闪石（35%～40%）、单斜辉石（5%～10%）和黑云母（3%～5%）

组成。斜长石呈自形－半自形板柱状分布，角闪石呈半自形柱状，单斜辉石为半自形粒状。

石英闪长（玢）岩：浅灰、肉红色，块状构造，半自形粒状结构、碎裂结构或斑状结构。粒状结构岩石主要由斜长石（45%～50%）、石英（15%～20%）、角闪石（20%～25%）、钾长石（5%～10%）和黑云母（5%～10%）组成。斜长石和钾长石呈自形－半自形板柱状，斜长石自形程度高于钾长石；角闪石和黑云母呈自形－半自形柱状、片状分布；石英呈他形充填于前述矿物之间；岩石局部较为破碎，斜长石和钾长石呈碎粒结构，石英有韧性变形和重结晶。斑状结构岩石斑晶斜长石含量为35%～50%，多已钾化；角闪石斑晶含量为10%～15%；石英斑晶含量为5%～10%，具溶蚀现象；基质为长英质（30%～50%）及少量微粒－细粒状角闪石、透辉石等暗色矿物。副矿物为磁铁矿和榍石。

花岗闪长岩：多呈岩株－岩基状。灰白色、浅灰白色，块状构造，半自形粒状结构。岩石主要由斜长石（40%～45%）、石英（20%～25%）、角闪石（10%～15%）、钾长石（10%～15%）和黑云母（5%～8%）组成。斜长石为半自形－自形板状，石英和钾长石充填于斜长石之间。角闪石和黑云母以集合团块状出现。

花岗斑岩：呈小岩株产出。岩石呈肉红色，压碎结构，块状构造。岩石主要由石英（20%～30%）、钾长石（45%～50%）、斜长石（5%～10%）和角闪石（3%～5%）组成。副矿物为榍石（2%～3%）和磁铁矿（1%～2%）等。

（二）晚石炭世侵入岩

西天山晚石炭世的侵入岩主要以偏铝和富铝的同碰撞花岗岩或后造山花岗岩为主，呈片状分布于博罗科努山北段、阿吾拉勒西段一带，以宽大岩基的形式存在；阿吾拉勒东段备战、敦德、雾岭、智博矿区、玉希莫勒盖达坂和额尔宾山盲起苏地区、依连哈比尔尕山巴音沟、伊什基里克山科库萨依也有零星分布，以小岩体的形式出露。

阿吾拉勒西段侵入岩广泛发育，均为浅成和超浅成相，规模较小，呈岩枝、小岩株、岩床、岩颈和岩脉产出，多为酸性岩类，中性岩次之。主要岩性包括闪长岩类、石英钠长斑岩、正长斑岩和花岗斑岩类。肯登高尔矿区侵入岩为侵位于上石炭统东图津河组灰岩中的晚石炭世花岗闪长岩体，接触面向外陡倾，平面形态为不规则的波状弯曲，矿区内共见有 3 个岩体，出露面积较小，不到 0.1 km^2（贾志业等，2011）。智博晚石炭世岩体出露于矿区北部，以岩体、岩脉的形式出现，岩性以花岗岩、闪长岩为主。备战矿区中酸性侵入岩发育于矿区南部，以岩株、岩脉的形式出现，岩性主要为钾长花岗岩、钾长花岗斑岩、闪长玢岩（郑勇等，2014）。雾岭闪长岩体位于查岗诺尔含金铁矿西侧约 8 km，呈单式岩株状侵入于大哈拉军山组火山碎屑岩中。

钾长花岗岩：块状构造半自形－他形粒状结构，主要组成矿物为钾长石和石英，其次为斜长石，偶见黑云母。钾长石含量约 65%～70%，以正长石为主，微斜长石较少。正长石可见卡式双晶，条纹结构发育，形态以他形粒状为主，粒径为 0.2～0.7 mm；石英含量为 20%～25%，呈他形粒状，粒径为 0.1～1.0 mm。斜长石含量小于 5%，以钠长石为主，聚片双晶发育，中长石较少。暗色矿物较少，主要为黑云母，呈黄褐色，粒径为 0.1～0.3 mm。副矿物为锆石、榍石、磷灰石、磁铁矿等。

钾长花岗斑岩：岩石具有斑状结构，斑晶由石英、长石组成，粒径为 1～4 mm。石英斑晶呈浑圆状、聚斑状，具不均匀消光；长石斑晶呈半自形－他形，可见以条纹结构发育的正长石和聚片双晶发育的钠长石。基质具有细粒花岗结构，主要由石英（30%～35%）、钾长石（60%～65%，包括正长石和微斜长石）组成，少见钠长石（含量 3%～5%）、黑云母（低于 3%）。副矿物为锆石、磷灰石、磁铁矿等。

花岗闪长岩：块状构造，中细粒花岗结构，主要由钾长石、斜长石、石英、黑云母等组成。其中钾长石多为他形粒状，含量 10%～15%，粒度 1～2 mm。斜长石呈自形－半自形柱状、板状，含量 40%～55%，粒度 0.5～3 mm，可见简单双晶、聚片双晶、卡钠复合双晶，多数聚片双晶纹细密，环带结构较发育，局部绢云母化。黑云母自形－半自形片状，含量 5%～10%，粒度 0.2～2.5 mm。角

186

闪石自形 – 半自形柱状，含量3% ~5%，粒度1 ~4 mm，局部发生绿泥石化。石英呈他形粒状充填于长石等矿物的粒间，其边界多呈港湾状，具微弱波状消光，含量20% ~30%，粒度0.2 ~3 mm。副矿物见锆石、磁铁矿等。

二、年代学

晚泥盆世—早石炭世中酸性侵入岩为英云闪长岩、花岗闪长岩、花岗岩，岩性较为复杂。各地岩体侵入年龄并不一致，具有西老东新的特点（表3 – 17）。伊犁地块北部博罗科努地区的侵入岩形成年龄介于341 ~376 Ma，为晚泥盆世末到早石炭世早期；阿吾拉勒西部为331 Ma，为早石炭世中期；阿吾拉勒东段为326 ~318 Ma，为早石炭世晚期；由西往东呈现出明显时代变新的趋势。另外，伊犁地块那拉提地区形成年龄为355 Ma，属早石炭世早期；乌孙山（伊什基里克山）侵入岩形成年龄在343 ~347 Ma，属于早石炭世早期。可以看出，中酸性侵入岩年龄东西部存在巨大的差别，可达58 Ma。

晚石炭世侵入岩主要分布于阿吾拉勒东段、博罗科努山北段、乌孙山科库萨依地区。其中阿吾拉勒东段年龄为316 ~299 Ma，为晚石炭世产物；博罗科努山北段形成年龄为317 ~308 Ma，属晚石炭世早—中期；乌孙山科库萨依岩体年龄为314 Ma，为晚石炭世早期。

阿吾拉勒西段侵入岩主要分布于各主要铜矿区，如莫早斯特、奴拉赛、群吉萨依、依兰巴斯陶、木兰巴斯陶、黑山头等，岩体位于早二叠世火山穹窿中心（赵军，2013），为次火山岩。根据岩体侵位关系，可以判断其形成时间应晚于火山岩，即不早于早二叠世，但从前人（赵军，2013；刘新等，2012；李晓英等，2012；闫永红等，2013）测试结果来看，均大于300 Ma，为晚石炭世产物。

三、岩石地球化学

（一）晚泥盆世—早石炭世侵入岩

晚泥盆世—早石炭世中酸性侵入岩样品除来自李永军等（2012）和刘振涛等（2008）外，其余均为本次测试。67 件样品岩性主要为花岗岩、花岗闪长岩、石英二长岩，个别为闪长岩和二长岩。

花岗岩 SiO_2 含量为 57.07% ~77.99%（平均 68.60%）；TiO_2 含量为 0.07% ~0.93%（平均 0.45%）；Al_2O_3 含量为 7.39% ~19.31%（平均 14.81%），少数样品含量超过 16%，总体属于准铝质钙碱性花岗岩；MgO 含量为 0.11% ~3.40%（平均 1.35%）；FeO^T 为 0.67% ~9.53%（平均 3.39%）；CaO 含量为 0.18% ~9.28%（平均 2.90%）；$Na_2O + K_2O$ 含量为 4.56% ~9.57%（平均 7.61%）；Na_2O/K_2O 比值约为 1。主量元素的哈克图解（图 3 – 40）显示，Al_2O_3、CaO、K_2O、Na_2O、MgO、TiO_2、FeO^T、P_2O_5 随 SiO_2 含量的增加而线性减少；其中 TiO_2、P_2O_5 随 SiO_2 含量的增加而线性减少的趋势在 SiO_2 =62% 处有所减缓，暗示岩浆演化过程中可能有磷灰石、榍石的分离结晶。同时，花岗岩样品总体具有高 Sr 高 Yb（Sr > 200 × 10^{-6}，Yb 平均值 >2.0 × 10^{-6}）的特征，暗示不可能是少量矿物在源区发生残留引起的，而可能是岩浆演化过程中发生了大规模的磷灰石、榍石分离结晶引起的。

花岗岩 $\sum$ REE = 23.22 × 10^{-6} ~278.99 × 10^{-6}（平均 133.29 × 10^{-6}），其中 LREE = 20.20 × 10^{-6} ~257.32 × 10^{-6}（平均 122.70 × 10^{-6}），HREE = 3.02 × 10^{-6} ~22.69 × 10^{-6}（平均 10.59 × 10^{-6}）；δEu = 0.12 ~1.31（平均 0.68），$(La/Yb)_N$ 比值为 1.96 ~18.09（平均 8.47），$(La/Sm)_N$ 比值为 0.91 ~10.13（平均 4.27），$(Gd/Yb)_N$ 比值为 0.61 ~1.90（平均 1.36）。轻稀土元素和重稀土元素之间的分馏程度较强（LREE/HREE 比值为 3.38 ~21.50，平均 11.67），轻稀土元素内部分馏程度中等，重稀土元素内部分馏程度较弱。球粒陨石标准化的稀土元素配分曲线图显示（图 3 –41），配分曲线均为缓慢右倾的轻稀土富集型，样品显示强负 Eu 异常 – 无异常。

花岗岩的不相容元素原始地幔标准化图上（图 3 –42），Rb、Th、U、K、Pb、Dy、Y 7 种元素有小幅度的相对富集，Nb、Ta、Ba、P 适度亏损，Ti、Lu 显著亏损，Zr、Hf 富集不明显。除了上述相

187

表 3 - 17 西天山主要花岗岩形成时间一览表

地点	岩石名称	测试方法	年龄/Ma	资料来源	采样位置
备战含金铁矿	花岗岩	锆石 LA - ICP - MS U - Pb	307.0 ± 1.2	孙吉明等，2012	矿区东北部
备战含金铁矿	花岗岩	锆石 LA - ICP - MS U - Pb	301.4 ± 0.4	韩琼等，2013	南部隧道口
备战含金铁矿	花岗岩	锆石 LA - ICP - MS U - Pb	299.0 ± 2.5	本书	南部隧道口
查岗诺尔含铜铁矿	闪长岩	锆石 LA - ICP - MS U - Pb	303.8 ~ 305.0	蒋宗胜等，2012	II 矿带
查岗诺尔含铜铁矿	花岗闪长岩	锆石 LA - ICP - MS U - Pb	325.9 ± 2.7	本书	II 矿带
智博铁矿	花岗岩	锆石 LA - ICP - MS U - Pb	320.3 ± 2.5		东矿段
智博铁矿	花岗岩	锆石 LA - ICP - MS U - Pb	294.5 ± 1.0	Zhang et al.，2012	东矿段
智博铁矿	闪长岩	锆石 LA - ICP - MS U - Pb	318.9 ± 1.5		东矿段
智博铁矿	花岗岩	锆石 LA - ICP - MS U - Pb	304.1 ± 1.8		东矿段
敦德铁锌金矿	钾长花岗岩	锆石 LA - ICP - MS U - Pb	295.8 ± 0.7	Duan，2014	矿区南部
敦德铁锌金矿	花岗岩	锆石 LA - ICP - MS U - Pb	300.7 ± 2.0	本书	矿区南部
那拉提达格特	闪长岩	锆石 LA - ICP - MS U - Pb	355 ± 9	朱涛等，2012	
阔尔库岩基	花岗闪长岩	锆石 LA - ICP - MS U - Pb	331 ± 6	李永军等，2007	
阔尔库岩基	二长花岗岩	锆石 LA - ICP - MS U - Pb	281 ± 9		
特克斯达坂	花岗闪长斑岩	Rb - Sr 法	347 ± 3	杨俊泉等，2009	
特克斯达坂	二长花岗岩	锆石 LA - ICP - MS U - Pb、黑云母 K - Ar	291 ~ 292		
群吉萨依铜矿	花岗斑岩	锆石 LA - ICP - MS U - Pb	302 ± 4	闫永红等，2013	
达巴特铜矿	花岗斑岩	锆石 LA - ICP - MS U - Pb	288.9 ± 2.3	唐功建等，2008	
达巴特铜矿	英安斑岩	锆石 LA - ICP - MS U - Pb	315.9 ± 5.9	张作衡等，2006	
达巴特铜矿	花岗斑岩	锆石 LA - ICP - MS U - Pb	317 ± 8.0	王志良等，2006	
博罗科努山	闪长岩	锆石 LA - ICP - MS U - Pb	308.2 ± 5.4	朱世新等，2006	
博罗科努山	辉石闪长岩	锆石 LA - ICP - MS U - Pb	301 ± 7.0	王博等，2007	
博罗科努山	黑云母花岗岩	锆石 LA - ICP - MS U - Pb	294 ± 6 ~ 285 ± 7		
博罗科努山	钾长花岗岩	锆石 LA - ICP - MS U - Pb	280 ± 5 ~ 266 ± 6		
玉希莫勒盖达坂	花岗闪长岩	锆石 LA - ICP - MS U - Pb	315 ± 3、309 ± 3	Wang et al.，2006	
哈希勒根达坂	黑云母花岗岩	TIMS 锆石 U - Pb	286.8 ± 0.8	徐学义等，2006	
库勒萨依	花岗闪长岩	TIMS 锆石 U - Pb	342.5 ± 2.3	朱志敏等，2012	特克斯达坂
科库萨依	石英正长斑岩	锆石 LA - ICP - MS U - Pb	314.4 ± 3.7	程春华等，2010	乌孙山
莱历斯高尔	花岗闪长斑岩	SHRIMP 锆石 U - Pb	362 ± 12	李华芹等，2006	
莱历斯高尔	花岗闪长斑岩	全岩 Rb - Sr 等时线	341 ± 9		
莱历斯高尔	花岗闪长斑岩	锆石 LA - ICP - MS U - Pb	346 ± 1.2	薛春纪等，2011	
3571	花岗闪长斑岩	锆石 LA - ICP - MS U - Pb	350 ± 0.65		
哈勒尕提	二长花岗岩	锆石 LA - ICP - MS U - Pb	376.4 ± 3.2	顾雪祥等，2014	
哈勒尕提	花岗闪长岩	锆石 LA - ICP - MS U - Pb	365.6 ± 3.5		
黑山头	花岗岩	锆石 LA - ICP - MS U - Pb	312.9 ± 1.3		
乌郎达坂	花岗闪长岩	锆石 LA - ICP - MS U - Pb	311.3 ± 1.4	赵军，2013	
莫早斯特	石英二长斑岩	锆石 LA - ICP - MS U - Pb	307.1 ± 1.5		
依兰巴斯陶	石英二长斑岩	锆石 LA - ICP - MS U - Pb	278.2 ± 0.8		
木汗巴斯陶	花岗岩	锆石 LA - ICP - MS U - Pb	319.1 ± 2.4	刘新等，2012	
群吉萨依	花岗斑岩	锆石 LA - ICP - MS U - Pb	302 ± 4	闫永红等，2013	
乌郎达坂	花岗岩	锆石 LA - ICP - MS U - Pb	303 ± 4.0	李晓英等，2012	
依兰巴斯陶	石英二长斑岩	锆石 LA - ICP - MS U - Pb	291.8 ± 3.7		

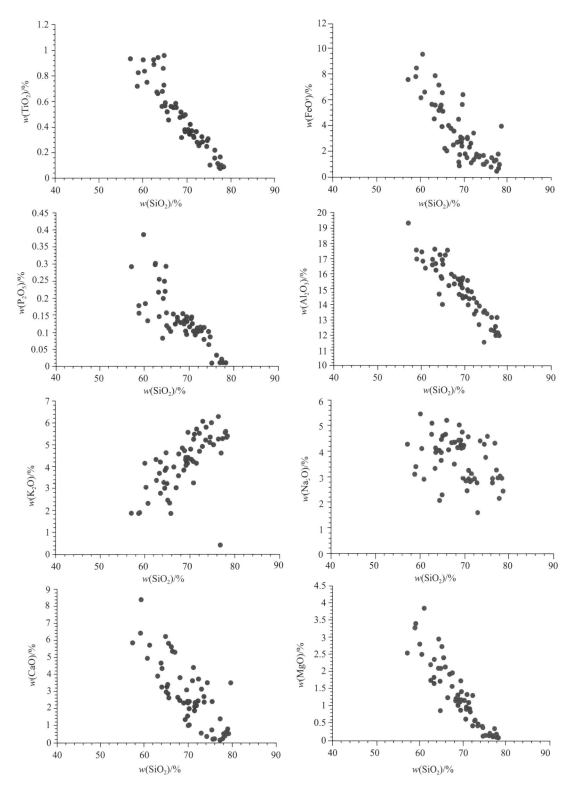

图 3 - 40　晚泥盆世—早石炭世花岗岩哈克图解

对亏损或富集的元素外，其余元素的原始地幔标准化比值介于 10 ~ 70。总体上，配分曲线相对平滑，曲线形态一致。

（二）晚石炭世侵入岩

晚石炭世中酸性侵入岩样品除来自赵军（2013）和刘振涛等（2008）外，其余均为本次测试。

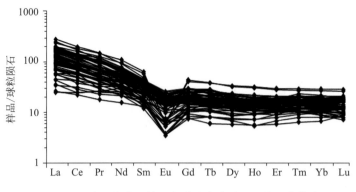

图 3 - 40　晚泥盆世—早石炭世花岗岩稀土元素配分模式

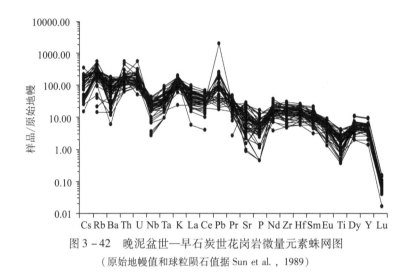

图 3 - 42　晚泥盆世—早石炭世花岗岩微量元素蛛网图

（原始地幔值和球粒陨石值据 Sun et al.，1989）

20 件样品岩性主要为花岗岩，个别为石英闪长岩和花岗闪长岩。侵入岩 SiO_2 含量为 55.36% ~ 78.39%（平均 69.20%）；TiO_2 含量为 0.06% ~ 1.01%（平均 0.35%）；Al_2O_3 含量为 9.58% ~ 17.17%（平均 12.50%），少数样品含量超过 17%，总体属于准铝质钙碱性花岗岩；MgO 含量为 0.11% ~ 3.40%（平均 1.35%）；FeO^T 为 0.82% ~ 7.03%（平均 2.33%）；CaO 含量为 0.16% ~ 9.39%（平均 1.94%）；$Na_2O + K_2O$ 含量为 4.43% ~ 8.75%（平均 6.38%）；Na_2O/K_2O 比值 < 1。

主量元素的哈克图解（图 3 - 43）显示，Al_2O_3、CaO、K_2O、Na_2O、MgO、TiO_2、FeO^T、P_2O_5 随 SiO_2 含量的增加而线性减少。样品明显分为两群：花岗岩群和闪长岩群。花岗岩样品总体具有低 Sr 高 Yb（$Sr < 200 \times 10^{-6}$，Yb 平均值 $> 5.0 \times 10^{-6}$）的特征，闪长岩样品总体具有高 Sr 低 Yb（$Sr > 500 \times 10^{-6}$，Yb 平均值约为 2.0×10^{-6}）的特征，暗示两者来源可能不一致。

侵入岩 $\sum REE = 39.20 \times 10^{-6} \sim 275.31 \times 10^{-6}$（平均 166.90×10^{-6}），其中 LREE = $31.40 \times 10^{-6} \sim 236.12 \times 10^{-6}$（平均 143.22×10^{-6}），HREE = $7.80 \times 10^{-6} \sim 40.15 \times 10^{-6}$（平均 23.69×10^{-6}）；$\delta Eu = 0.03 \sim 1.19$（平均 0.41），其中近半数样品 < 0.1，暗示样品可能遭受了较强的热液蚀变；$(La/Yb)_N$ 比值为 1.61 ~ 7.18（平均 3.70），$(La/Sm)_N$ 比值为 1.62 ~ 4.14（平均 2.92），$(Gd/Yb)_N$ 比值为 0.63 ~ 1.49（平均 0.95）。轻稀土元素和重稀土元素之间的分馏程度中等（LREE/HREE 比值为 3.42 ~ 10.63，平均 6.23），轻稀土元素内部分馏程度较弱，重稀土元素内部基本无分馏。球粒陨石标准化的稀土元素配分曲线图上（图 3 - 44），配分曲线均为缓慢右倾的轻稀土富集型，样品显示强负 Eu 异常。

侵入岩的不相容元素原始地幔标准化图上（图 3 - 45）可以看出，Rb、Th、U、K、Pb、Dy、Y、Zr、Hf、Sm 10 种元素有小幅度的相对富集，Nb、Ta 适度亏损，Ba、P、Ti、Lu 显著亏损。除了上

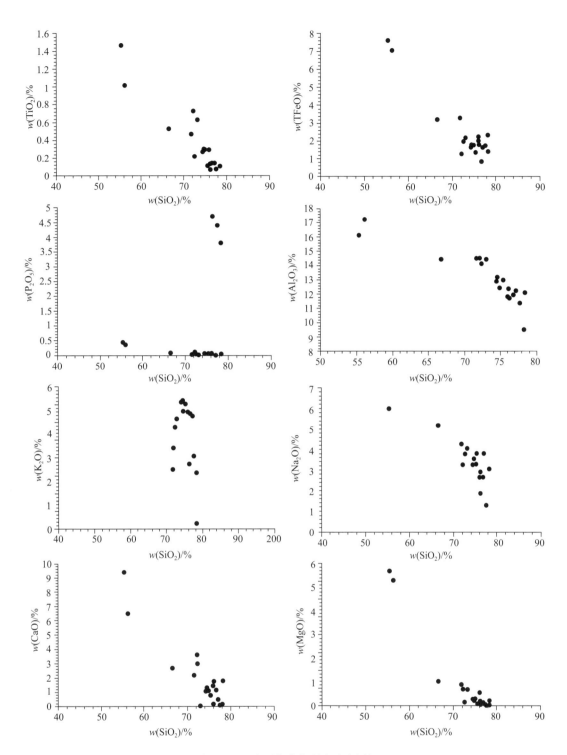

图 3 - 43　晚石炭世花岗岩哈克图解

述相对亏损或富集的元素外，其余元素的原始地幔标准化比值介于 1 ~ 50。总体上，配分曲线相对平滑，曲线形态一致。

四、构造环境

（一）晚泥盆世—早石炭世

不同环境花岗岩的微量元素地球化学特征存在明显的不同，但它们的化学成分基本上是由源区成

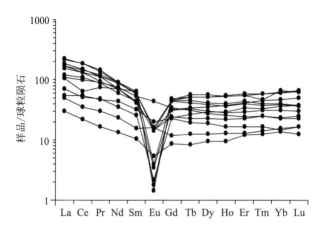

图 3 - 44 晚石炭世花岗岩稀土元素配分模式

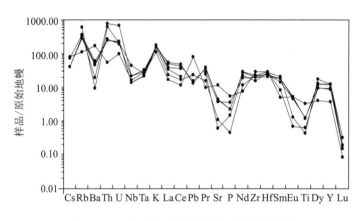

图 3 - 45 晚石炭世花岗岩微量元素蛛网图

分控制的（Forster et al.，1997），因此可采用元素比值对岩浆源区性质进行判别。地球化学性质相近的不相容元素 Nb/Ta 为 3.80 ~ 17.38，平均 10.51，接近于上地壳的相应值（11.4，Taylor et al.，1985），而偏离原始地幔相应值（17.8，McDonough et al.，1995）较大。另外，岩石中 Cr 和 Ni 的含量极低（分别为 2.4×10^{-6} ~ 160×10^{-6}，3.78×10^{-6} ~ 130×10^{-6}），高于地壳含量，暗示岩浆体系中可能有地幔组分的参与。Ti/Zr 及 Ti/Y 比值变化较大（分别为 2.80 ~ 134.99，30 ~ 1064.57），大多数分别大于 20 和 100，表明其为壳幔混合体系。Rb/Nb 比值（2.57 ~ 32.57，平均值为 9.87，上地壳平均值为 4.5），稍高于上地壳平均值，但远高于原始地幔平均值，暗示有俯冲流体的加入。另外，花岗岩富集 K、Rb、Th、U、Pb 等大离子亲石元素和 LREE，具有显著的 Ba、Nb、Ta、P、Ti 负异常，相对较高 Th/Ta 比值（4.43 ~ 56.00，平均 16.17），远高于原始地幔和地壳，暗示有俯冲带流体的加入。

在 Rb -（Y + Nb）、Rb - Yb + Ta 图（图 3 - 46）中样品基本落入岛弧区域，在 Y - Sr/Y 图上（图略）全部样品落入岛弧火山岩区域，暗示晚泥盆世—早石炭世中酸性侵入岩形成于岛弧环境。但低 Zr/Nb 比值（3.16 ~ 54.28）与低 Ba/Th 比（2.36 ~ 74.99）暗示火山岩岩浆源区受俯冲带流体影响。高 Th/Ce 比（0.10 ~ 2.27，平均 0.54）则显示出洋底沉积物加入对侵入岩成分产生了极大的影响。在（La/Yb）$_N$ -（Yb）$_N$ 图（图 3 - 47a）上基本落入经典岛弧花岗岩区域，在 Rb - Hf - Ta 图上（图 3 - 48）样品基本也进入岛弧花岗岩区域。在 A/MF - C/MF（图 3 - 37b）上，样品除落入基性岩的部分熔融区外，还落入变质泥岩、变质砂岩的部分熔融区，暗示花岗岩来源较为复杂，原始地幔和基底都有所贡献。

综上所述，晚泥盆世—早石炭世花岗岩构造环境可能为俯冲碰撞背景下的岛弧环境。

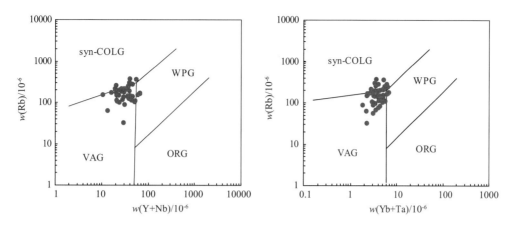

图 3 - 46　晚泥盆世—早石炭世花岗岩 Rb - Y + Nb 与 Rb - Yb + Ta 图解

(据 Pearce et al. , 1984)

Syn—COLG—同碰撞花岗岩；VAG—火山弧花岗岩；ORG—洋背花岗岩；WPG—板内花岗岩

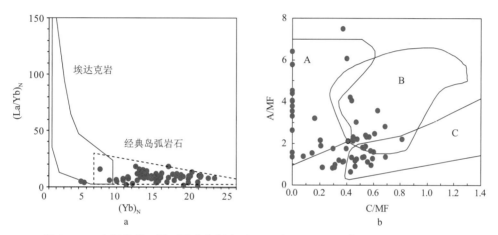

图 3 - 47　晚泥盆世—早石炭世花岗岩 (La/Yb)$_N$ - (Yb)$_N$ 与 A/MF - C/MF 图解

(a 图据 Defant et al. , 1990；b 图据 Alther, 2000)

A—变质泥岩部分熔融；B—变质砂岩部分熔融；C—基性岩的部分熔融

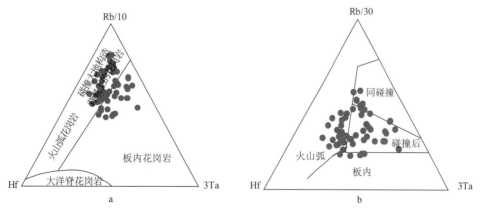

图 3 - 48　晚泥盆世—早石炭世花岗岩 Rb/10 - Hf - 3Ta 与 Rb/30 - Hf - 3Ta 图解

(b 图据 Pearce et al. , 1984；底图据 Harris et al. , 1986)

（二）晚石炭世

晚石炭世花岗岩 Nb/Ta 为 7. 50 ~ 23. 08，平均 11. 83，与上地壳值（11. 4，Taylor et al. , 1985）

相近，低于原始地幔相应值（17.8，McDonough et al.，1995）。另外，岩石中 Cr、Ni 含量极低（分别为 7.5×10^{-6}、1.73×10^{-6}），说明岩浆体系主要来自地壳序列。Ti/Zr 及 Ti/Y 比值变化较大（分别为 1.28～12.68，2.93～248.16），大多数分别小于 10 和 100，表明其主要为壳源岩浆系列；Rb/Nb 比值（1.22～34.10，平均值为 13.84），高于地壳平均值，远高于原始地幔平均值，暗示有俯冲带流体的加入。另外，花岗岩富集 K、Rb、Th、U、Zr、Hf 等大离子亲石元素和 LREE，具有显著的 Ba、Nb、Ta、Sr、P、Ti 负异常，相对较高 Th/Ta 比值（3.28～48.63，平均 23.57），远高于原始地幔和地壳，暗示有俯冲带流体的加入。在 Rb –（Y + Nb）、Rb – Yb + Ta 图（图 3 – 49）中样品基本落入岛弧区域，在 Y – Sr/Y 图上（图略）样品也进入岛弧火山岩区域，暗示晚石炭世中酸性侵入岩形成于岛弧环境。低 Zr/Nb 比值（0.28～43.9，平均 16.54）与低 Ba/Th 比（1.41～260.37，平均 39.55）又暗示火山岩岩浆源区受到了俯冲带流体影响。高 Th/Ce 比（0.06～2.17，平均 0.58）则显示出洋底沉积物加入对侵入岩成分产生了极大的影响。

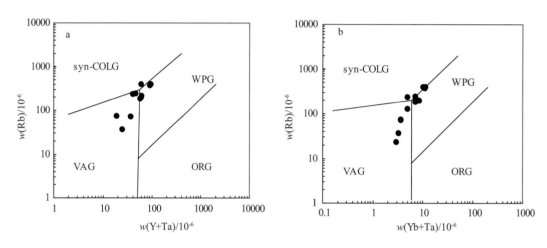

图 3 – 49　晚石炭世花岗岩 Rb – Y + Nb（a）、Rb – Yb + Ta（b）图解

（据 Pearce et al.，1984）

在（La/Yb）$_N$ –（Yb）$_N$ 图（图 3 – 50a）上基本落入经典岛弧花岗岩区域，在 Rb – Hf – Ta 图上（图 3 – 51）样品基本也进入岛弧或同碰撞花岗岩区域。在 A/MF – C/MF（图 3 – 50a）上，图 3 – 52 晚石炭世花岗岩 FeO^T/（FeO^T + MgO）– SiO$_2$ 图（底图据 Papu et al.，1990）样品主要落入变质泥岩

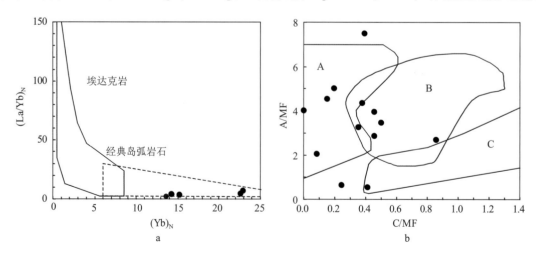

图 3 – 50　晚石炭世花岗岩（La/Yb）$_N$ –（Yb）$_N$ 与 A/MF – C/MF 图解

（a 图据 Defant et al.，1990；b 图据 Alther，2000）

A—变质泥岩部分熔融；B—变质砂岩部分熔融；C—基性岩的部分熔融

194

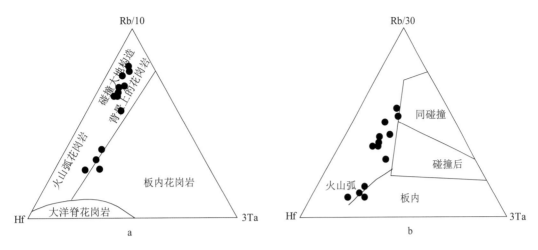

图 3 - 51　晚石炭世花岗岩 Rb/10 - Hf - 3Ta（a）、Rb/30 - Hf - 3Ta（b）图解

（b 图据 Pearce et al.，1984）

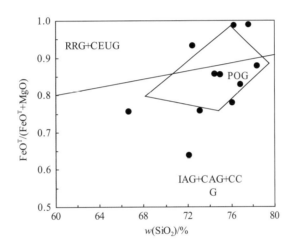

图 3 - 52　晚石炭世花岗岩 $FeO^T/(FeO^T + MgO)$ - SiO_2 图

（底图据 Papu et al.，1990）

部分熔融区，暗示花岗岩来源较为复杂，原始地幔和基底都有所贡献。在 $FeO^T/(FeO^T + MgO)$ - SiO_2（图 3 - 52）图上，样品点则分布较散。

　　综上所述，晚石炭世花岗岩构造环境可能为同碰撞环境，局部可能有后造山花岗岩形成。

第四章 典型矿床地质特征及矿床模型

新疆北部已发现50处铁多金属矿床（点），形成于晚古生代，经历过了多次构造－热液活动，具有多期叠加成矿特征，成矿元素组合复杂，包括 Fe－Cu、Fe－Cu－Au、Fe－Au、Fe－Zn、Fe－Zn－Au、Fe－Zn－Co、Fe－Co、Fe－Pb－Zn、Fe－P、Fe－Mn、Fe－V－Ti 等。本项目组对恰夏铁铜矿、老山口铁铜金矿、乔夏哈拉铁铜金矿、阿克希克铁金矿、雅满苏铁锌钴矿、沙泉子－黑峰山铜铁矿、突出山铁铜矿、百灵山含钴铁矿、磁海含钴铁矿、查岗诺尔含铜铁矿、敦德铁锌金矿、松湖铁（铜钴）矿进行了典型矿床解剖。由于本书篇幅有限，只介绍6个典型矿床。

第一节 恰夏铁铜矿地质特征及矿床模型

恰夏铁铜矿位于阿尔泰南缘，距阿勒泰市北东约16 km，距托莫尔特铁锰矿5 km。目前已完成普查工作，探明为小型铁铜矿。该矿床的研究工作十分薄弱，闫新军等（2001）对含矿地层的微量元素进行过初步分析，阿不都热依木等（2010）对矿床地质特征进行过介绍，杨蕊等（2013）对富 CO_2 流体进行过研究，但对成矿时代、成矿流体性质及来源、成矿物质来源、矿床成因类型等还缺乏研究。在前人研究基础上，本项目组对恰夏铁铜矿进行了系统研究，建立了矿床模型。

一、成矿地质背景

大地构造上位于南阿尔泰晚古生代活动陆缘的泥盆纪—石炭纪克兰弧后盆地（何国琦等，2004）。区域出露地层主要为中－上志留统库鲁姆提群、上志留统—下泥盆统康布铁堡组、中－上泥盆统阿勒泰镇组和第四系（图4－1）。库鲁姆提群为一套中深变质岩，主要岩性为条带状混合岩、矽线黑云斜长片麻岩、十字石红柱石绿泥石二云母片岩夹变质砂岩等。康布铁堡组为一套浅变质中酸性－酸性火山、火山碎屑沉积－浅海相正常陆源碎屑沉积建造，分为上下两个亚组，下亚组主要岩性为石英片岩、千枚岩、变质流纹岩、变质英安岩、变质凝灰岩、变质（凝灰）火山角砾岩；上亚组为变质流纹岩、变质凝灰岩夹片麻岩、绿泥黑云片岩、大理岩薄层或透镜体。变质流纹岩锆石 LA－ICP－MS 或 SHRIMP U－Pb 年龄为（413～382 Ma，Chai et al.，2009；单强等，2011，2012；耿新霞等，2012；郑义等，2013）。阿勒泰镇组为一套浅变质浅海相碎屑－碳酸盐岩复理石建造，岩性主要为变质砂岩、变质（钙质）粉砂岩等，夹基性火山岩、火山碎屑岩和碳酸盐岩。

区内主要构造呈 NW－SE 向，以阿勒泰复式向斜为格架，轴长约50 km，轴面倾向 NE，倾角50°～70°，南西翼正常，北东翼倒转且广泛发育次级褶皱。阿克巴斯套断裂、阿巴宫断裂和克因宫断裂为区域断裂，控制着泥盆系的分布。区域岩浆活动强烈，侵入岩以花岗岩为主，主要分布在阿勒泰复式向斜外侧，形成时代跨度较大，如中晚奥陶世阿巴宫－铁木尔特花岗岩（458～461 Ma）（刘锋等，2009；柴凤梅等，2010）、中二叠世喇嘛昭黑云母二长花岗岩（276 Ma）（王涛等，2005）、晚三叠世尚可兰碱长花岗岩（202 Ma）（Chen et al.，2002）。

二、矿床地质特征

（一）含矿岩系

矿区内出露地层主要为上志留统—下泥盆统康布铁堡组（图4－2），分为上下两个亚组。下亚组

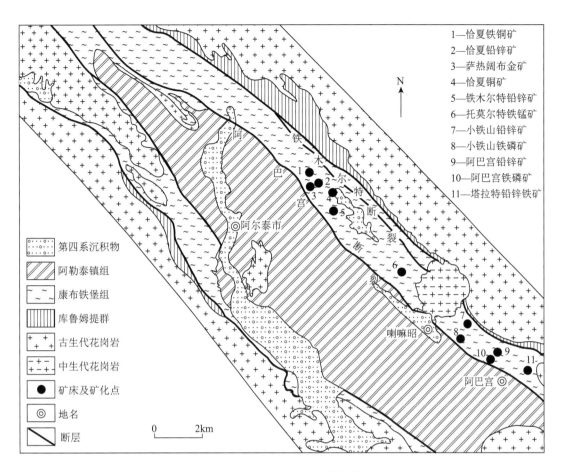

图 4 - 1　兑兰盆地地质及矿产略图
(据新疆有色七〇六地质队，2003，修改)

图例：
- 第四系沉积物
- 阿勒泰镇组
- 康布铁堡组
- 库鲁姆提群
- 古生代花岗岩
- 中生代花岗岩
- 矿床及矿化点
- 地名
- 断层

0   2km

矿产点：
1—恰夏铁铜矿
2—恰夏铅锌矿
3—萨热阔布金矿
4—恰夏铜矿
5—铁木尔特铅锌矿
6—托莫尔特铁锰矿
7—小铁山铅锌矿
8—小铁山铁磷矿
9—阿巴宫铅锌矿
10—阿巴宫铁磷矿
11—塔拉特铅锌铁矿

分布在矿区北东侧，下部为变质流纹质火山细碎屑沉积岩，岩性主要为变质流纹质晶屑凝灰岩、变质流纹岩；上部为浅海相－滨海相细碎屑和化学沉积岩，岩性主要有变质凝灰质粉砂岩、变质钙质砂岩夹薄层大理岩和变质流纹质晶屑凝灰岩。上亚组分布在矿区中部，构成萨热阔布背斜的核部和两翼，依据岩性组合可分为 3 个岩性段。第一岩性段为一套海相火山碎屑岩，主要岩性为变质流纹质晶屑凝灰岩，局部见变质流纹质火山角砾岩。第二岩性段以正常的浅海相粘土质沉积和化学沉积为主，有少量的安山质－英安质－流纹质火山细碎屑的混入，岩性主要为绿泥石英片岩、变质凝灰质砂岩、变质火山角砾凝灰岩、变质流纹质晶屑凝灰岩、变质英安质凝灰岩、变质钙质（粉）砂岩、大理岩等，为铁、铜的主要赋矿层位。第三岩性段为一套酸性火山碎屑岩组合，主要岩性为变质流纹质晶屑凝灰岩、变质流纹岩、变质流纹质火山角砾岩、变质流纹质集块角砾岩、变质沉流纹质晶屑凝灰岩、变火山角砾凝灰岩等。

（二）构造及侵入岩

矿区构造主要为恰夏向斜，其核部地层为康布铁堡组上亚组第二岩性段，两翼为康布铁堡组上亚组第一岩性段，轴线长 7 km，轴面倾向 45±2°，倾角 78°；南西翼地层层序正常，北东翼倒转。恰夏铁铜矿位于恰夏向斜北东翼邻近南东转折端部位。

矿区侵入岩不发育，主要为长几米至几十米沿层间断层和裂隙分布的基性岩脉，多变质为斜长角闪岩。相邻的铁木尔特矿区外围发育黑云母花岗岩（SHRIMP U－Pb 年龄为 459 Ma，柴凤梅等，2010）和黑云母花岗斑岩脉（锆石 LA－MC－ICP－MS U－Pb 年龄为 401 Ma，本书）。

197

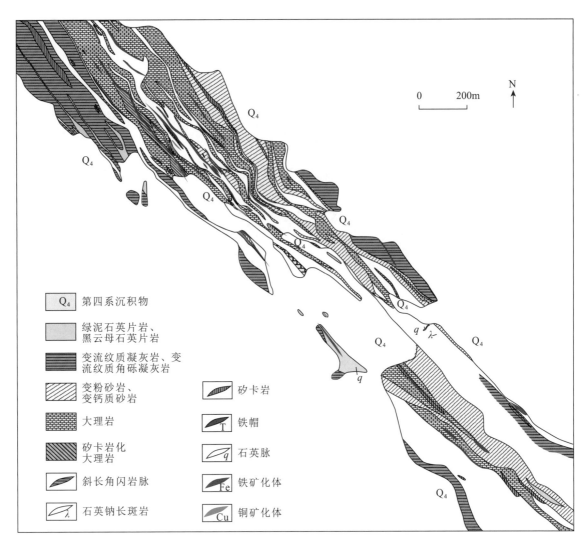

图4-2　恰夏铁铜矿床矿区地质简图

（据黄承科等，2009）

（三）矿体及矿石特征

恰夏铁铜矿区已圈定出主要铁矿体19条，主要独立铜矿体6条，另有多条薄层或小透镜状铁、铜矿体。铁矿体呈层状、似层状、透镜状分布于28～23线间，长50～570 m，宽0.7～12.45 m，矿体总体产状与围岩基本一致，倾向35°～50°，倾角75°～85°（图4-3）。矿化类型主要有磁铁矿化大理岩型、磁铁矿化绿泥石英片岩型、磁铁石英岩型等，部分伴生有铜矿化。独立铜矿体主要呈透镜状，矿体长一般约50 m，宽2.3～7.5 m，矿化类型主要为阳起石矽卡岩型，少量矽卡岩化大理岩型和绿泥石英片岩型。铁铜矿体特征详细描述见表4-1。

矿石类型主要为磁铁矿矿石、含铜磁铁矿矿石和铜矿石。磁铁矿和含铜磁铁矿矿石为块状、（稠密）浸染状、斑杂状、条带（纹）状、脉状；铜矿石为脉状、浸染状、团块状构造（图4-4）。磁铁矿为自形、半自形结构，粒状结构，交代残余结构等。黄铜矿为半自形、他形粒状结构。矿石中金属矿物主要有磁铁矿、黄铜矿、黄铁矿、赤铁矿、斑铜矿、孔雀石、褐铁矿等。非金属矿物主要有石英、重晶石、阳起石、角闪石、透辉石、透闪石、绿帘石、绿泥石、方解石、磷灰石、石榴子石、绢云母、黑云母等。铁矿体全铁平均品位为20.0%～47.42%，伴生铜平均品位为0.26%～0.93%；独立铜矿体铜平均品位为0.25%～0.44%。

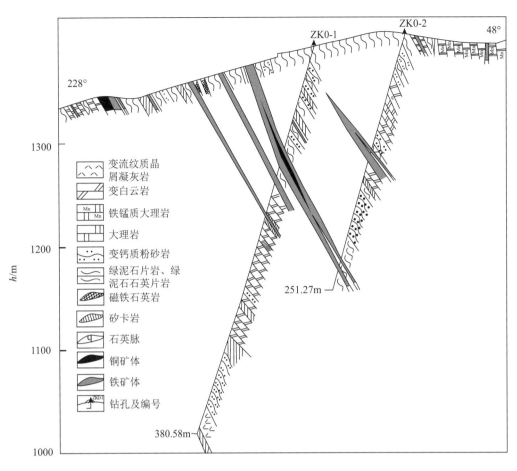

图 4 - 3　恰夏铁铜矿床 0 号勘探线剖面图

（据黄承科等，2009）

图例：
- 变流纹质晶屑凝灰岩
- 变白云岩
- 铁锰质大理岩
- 大理岩
- 变钙质粉砂岩
- 绿泥石片岩、绿泥石石英片岩
- 磁铁石英岩
- 矽卡岩
- 石英脉
- 铜矿体
- 铁矿体
- 钻孔及编号

（四）围岩蚀变及成矿期次划分

围岩蚀变较弱，主要为阳起石化、绿泥石化、透辉石化、透闪石化、硅化、重晶石化、方解石化等（图 4 - 5）。铁矿化主要与硅化有关，形成块状磁铁石英岩；铜矿化主要与矽卡岩化（阳起石化、绿泥石化、透辉石化、透闪石化）和硅化有关，形成铜矿化矽卡岩、含黄铜矿石英脉等。

根据矿物共生组合、矿物生成顺序、穿插关系及围岩蚀变特征，将恰夏铁铜矿成矿过程划分为 3 期，分别为火山沉积期、岩浆热液期和区域变质期。其中火山沉积期为主要成矿期，形成铁矿体和重晶石；岩浆热液期形成含网脉状、浸染状的黄铁矿、黄铜矿石英细脉，在大理岩、斜长角闪岩附近形成阳起石矽卡岩，伴有黄铜矿化；区域变质期主要表现为矿体与围岩一起变形，形成细粒纯净石英脉，火山沉积期形成的铁矿物变质为磁铁矿，细粒矿物重结晶成粗粒矿物。

三、矿床模型

（一）成矿流体特征

1. 流体包裹体类型及特征

依据室温下包裹体中出现的物理相态，按卢焕章等（2004）的分类方案将恰夏铁铜矿中石英和重晶石中原生包裹体划分为 $H_2O - NaCl$ 型、$H_2O - CO_2 - NaCl$ 型。$H_2O - NaCl$ 型再划分为富液体包裹体、富气体包裹体和含子矿物包裹体。$H_2O - CO_2 - NaCl$ 型主要为含液体 CO_2 的三相包裹体（图 4 - 6，表 4 - 2）。

表 4-1 恰夏铁铜矿床铁铜矿体特征表

序号	矿体编号		分布范围（线）	地表控制长度/m	平均宽度（水平样长）/m	平均品位/%		形态
						Fe^T	Cu	
1	铁矿体	⑧-1	41~45	110	2.12	27.44~33.95		似层状
2		①-1	0~23	570	4.28	24.35~40.75	0.26~0.93	似层状、透镜状
3		①-2	23	单工程见矿	3.95	47.42		透镜状
4		①-3	13~17	90	0.7~3.1	33.37~39.97		似层状、透镜状
5		①-4	4	单工程见矿	6.4	38.77	0.47	透镜状
6		②	0~7	200	5.2	24.0~28.80		似层状、透镜状
7		③-1	8~7	310	6.63	23.10~43.97		似层状
8		③-2	8~4	100	2.4	20.15~26.70		似层状
9		③-3	14~12	50	2.67	25.06~33.73		长透镜状
10		④-1	4~5	245	2.87	20.0~36.60		似层状
11		④-2	4~5	210	2.8	22.40~26.45		似层状
12		④-3	20	单工程见矿	4.45	37.48	0.26	透镜状
13		⑤-1	22	单工程见矿	5.8	31.29	0.29	透镜状
14		⑤-2	28~22	110	4.02	26.51~40.47		透镜状、似层状
15		⑤-3	44~42	80	0.8~9.1	22.10~22.80		透镜状
16		⑥-1	68	单工程见矿	3.2	27.98		透镜状
17		⑥-2	86	单工程见矿	12.45	28.15		透镜状
18		⑦-1	88~78	190	3.17	25.87~38.42		似层状
19		⑦-2	78	单工程见矿	4	29.01		透镜状
20	独立铜矿体	Cu-1	0	50	7.45		0.29	透镜状
21		Cu-2	4	50	3.15、2.70		0.26、0.41	透镜状
22		Cu-3	14	50	4.1		0.38~0.42	透镜状
23		Cu-4	18	50	3.75		0.44	透镜状
24		Cu-5	24~22	50	5.92		0.25~0.27	透镜状
25		Cu-6	40	50	2.3		0.28	透镜状

注：资料来自黄承科等，2009，新疆阿勒泰市恰夏铜铁矿普查报告。

表 4-2 恰夏铁铜矿床包裹体类型及特征

成矿期	主矿物	包裹体类型	观察包裹体数/个	组成	形态	长轴/μm	气相分数
火山沉积期	石英	液体包裹体	36	液相和气相	不规则状、长条状、椭圆状、多边形	3~20	一般5%~30%，少数40%
		含子矿物包裹体	1	液相、气相和子矿物	椭圆状	6	10%
		含液体CO_2包裹体	5	气体CO_2、液体CO_2和水溶液	不规则状	12~50	10%~20%
	重晶石	液体包裹体	82	液相和气相	椭圆状、不规则状、长条状	2~21	5%~40%
区域变质期	石英	液体包裹体	106	液相和气相	不规则状、多边形、长条状、椭圆状	3~30	5%~40%
		气体包裹体	2	气相和液相	椭圆状	8~14	90%
		含子矿物包裹体	22	液相、气相和子矿物	椭圆状、不规则状	4~18	5%~20%
		含液体CO_2包裹体	8	气体CO_2、液体CO_2和水溶液	椭圆状、长条状、不规则状	5~10	20%~90%

图 4 – 4　恰夏铁铜矿床矿化特征

a—磁铁石英岩；b—含浸染状黄铁矿的磁铁矿矿石；c—条纹状磁铁矿矿石；d—块状磁铁矿矿石；

e—脉状黄铜矿；f—稠密浸染状磁铁矿矿石

富液体包裹体由气相和液相组成，气液比为 5% ~40%，主要介于 10% ~20%，加热时均一到液相，包裹体长轴变化于 3 ~30 μm，形态主要为不规则状、多边形、长条状和椭圆状。此类包裹体分布最普遍，成群分布，常与其他类型包裹体共生。含子矿物包裹体由子矿物、液相和气相组成，子矿物为盐类子晶，气液比 5% ~20%，长轴变化于 4 ~18 μm，该类包裹体较多，常呈椭圆状、不规则状分布。气体包裹体也由气相和液相组成，气液比一般为 90%，加热时均一到气相，包裹体长轴变化于 8 ~14 μm，该类型包裹体极少，一般呈椭圆状孤立分布。含 CO_2 的三相包裹体由 V_{CO_2}、L_{CO_2} 和 L_{H_2O} 三相组成，CO_2 相的体积百分数为 10% ~90%。室温下一般出现液态 CO_2、气态 CO_2 和水溶液相，部分呈现两相（V_{CO_2} 和 L_{H_2O}），但降温后出现三相。包裹体形态为不规则状、长条状、椭圆状等，长轴为 5 ~50 μm，该类型包裹体与液体包裹体共生。

2. 显微测温结果

对火山沉积期石英和重晶石中 118 个原生液体包裹体进行了显微测温，完全均一温度变化于 153 ~582℃，主要集中于 230 ~290℃（图 4 –7），盐度值为 0.71% ~21.33%，在 17% 处出现峰值。用包裹体均一温度和盐度在 $H_2O – NaCl$ 体系的 $t – \omega – \rho$ 相图上查得密度为 0.70 ~1.07 g/cm³。石英中 5 个含液相 CO_2 三相包裹体的初熔温度变化于 –63.0 ~ –62.6℃，盐度为 10.48% ~12.68%，CO_2 的

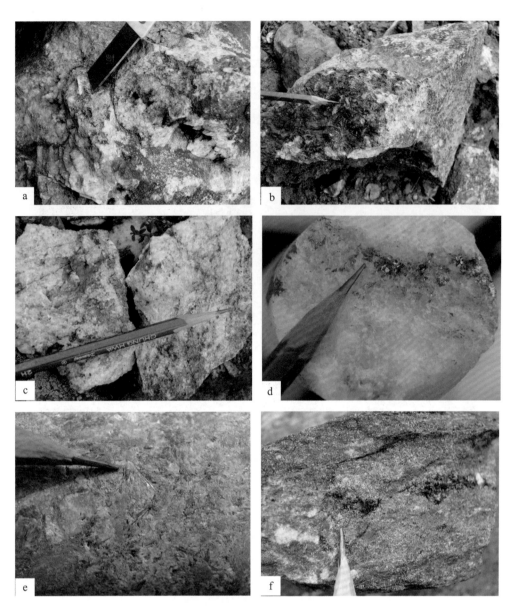

图 4 - 5 恰夏铁铜矿床围岩蚀变特征

a—绿帘石石英脉；b—阳起石矽卡岩；c—重晶石岩；d—含黄铁矿黄铜矿石英脉；
e—透闪石化；f—含磁铁矿透辉石矽卡岩

部分均一温度为 24.0 ~ 30.9℃ （图 4 - 8），CO_2 完全均一温度（均为爆裂温度）变化于 238 ~ 255℃ （图 4 - 7）。

对区域变质期 106 个石英中原生液体包裹体进行了显微测温，完全均一温度变化范围较大，介于 152 ~ 529℃，主要集中于 250 ~ 430℃，盐度值为 3.06% ~ 23.18%，在 9% 和 33% 处出现峰值（图 4 - 7），查得密度为 0.6 ~ 0.96 g/cm³。对 22 个含子矿物包裹体进行了测温，12 个包裹体中子矿物先消失，为不饱和盐水包裹体，其消失温度为 188 ~ 326℃，完全均一温度为 206 ~ 538℃，1 个大于 550℃，8 个包裹体在完全均一前爆裂，爆裂温度在 279 ~ 498℃。在 NaCl 子矿物熔化温度与盐度换算表中（卢焕章等，2004），得出盐度为 32.25% ~ 40.25%。1 个含子矿物包裹体气泡先消失，其消失温度为 168℃，子矿物消失温度为 231℃，大于气泡消失温度，暗示这个包裹体的子矿物是包裹体捕获前形成的。8 件含液相 CO_2 三相包裹体的初熔温度变化于 -63.1 ~ -62.9℃，利用笼形化合物的熔化温度和盐度的关系表（Collins et al.，1979），求得 CO_2 三相包裹体盐度为 9.59% ~ 20.18%。CO_2

202

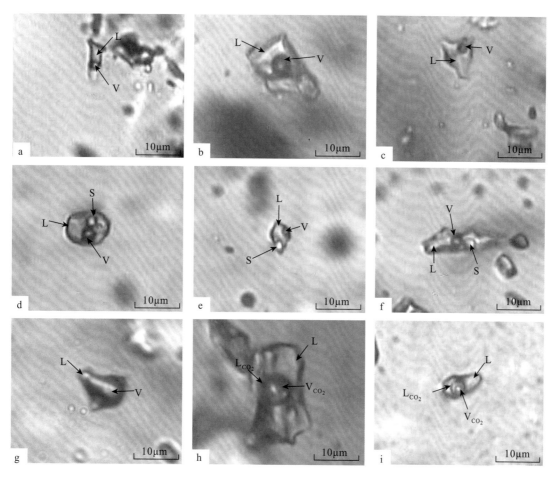

图 4 - 6 恰夏铁铜矿流体包裹体显微照片

a—火山沉积期石英中气液两相包裹体；b—火山沉积期重晶石中气液两相包裹体；c—区域变质期石英中气液两相包裹体；d~f—区域变质期石英中含子矿物三相包裹体；g—区域变质期石英中富气体包裹体；h—火山沉积期石英中含液体 CO_2 三相包裹体；i—区域变质期石英含液体 CO_2 三相包裹体

相部分均一温度为 7.5~20.7℃（图 4 - 8），CO_2 完全均一温度变化于 237~384℃，主要集中在 230 ~250℃ 和 330~350℃（图 4 - 7）。其中 6 个包裹体在完全均一前爆裂，爆裂温度在 237~342℃，1 个包裹体均一到气相。

火山沉积期和区域变质期石英中的 CO_2 三相包裹体中 CO_2 的初熔温度低于 CO_2 三相点（-56.6℃），表明流体成分中除 CO_2 外，还可能存在 CH_4、N_2、H_2S 和 SO_2 等气体（Burruss et al.，1981；卢焕章等，2004），这点得到了包裹体成分分析的证实（见下文讨论）。

3. 流体成分

8 件石英的液相成分和气相成分在中国科学院地质与地球物理研究所包裹体实验室分析，16 件磁铁矿和重晶石的液相成分和气相成分在中国地质科学院矿产资源研究所同位素实验室分析。气相成分的提取、测试过程是：取 50 mg 石英样品放入洁净的石英管内，逐渐升温到 100℃ 然后将试管抽成真空，当分析管内压力小于 6×10^{-6} Pa 后，以 1℃/3 s 的速度将爆裂炉内的温度逐渐升高到 450℃，此时提取气体，即时完成气体的提取过程。用四极杆质谱仪对提取的气体成分进行气相成分测量。取石英样品 1 g 在马福炉中爆裂 10 min（爆裂的温度上限是 450℃），加入 5 ml 蒸馏水在超声离心状态下震荡 10 min，提取离心后的清液，用离子色谱仪测量阴、阳离子成分。

火山沉积期和区域变质期石英中 8 件流体包裹体液相成分测试结果表明，两期成矿流体的液相成分基本相似（表 4 - 3），阳离子以 Na^+ 为主，其次为 Ca^{2+} 和 K^+，Na^+/K^+ 比值介于 3~11.53；阴离

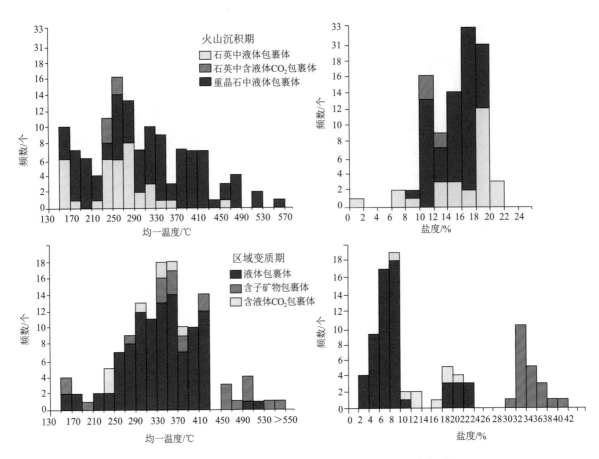

图 4-7 恰夏铁铜矿床流体包裹体均一温度、盐度直方图

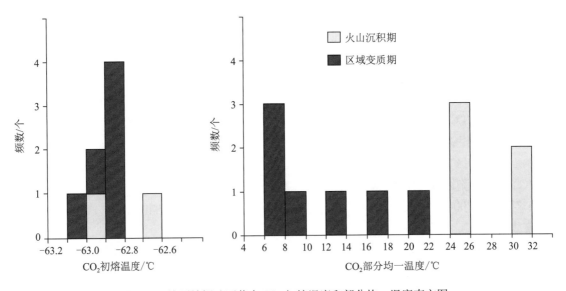

图 4-8 恰夏铁铜矿石英中 CO_2 初熔温度和部分均一温度直方图

子成分以 Cl^- 为主,其次为 SO_4^{2-} 和 F^-,Cl^-/SO_4^{2-} 比值变化于 0.33~29.81。除 F^- 外,火山沉积期的 Na^+、K^+、Ca^{2+}、SO_4^{2-}、Cl^- 含量和离子总量呈现出低于区域变质期的趋势,阴离子和阳离子比值基本一致。

火山沉积期和区域变质期石英中 8 件流体包裹体气相成分测试结果表明,两期成矿流体的气相成分相似(表 4-4),以 H_2O [$x(H_2O)$ 为 45.09%~90.51%]、CO_2 [$x(CO_2)$ 为 8.52%~26.43%]

为主，其次为 N_2 [$x(N_2)$ 为 0.685% ~ 12.227%]、CH_4 [$x(CH_4)$ 为 0.195% ~ 8.852%]、C_2H_6 [$x(C_2H_6)$ 为 0.071% ~ 4.271%]，含少量 Ar [$x(Ar)$ 为 0.018% ~ 3.125%] 和微量 H_2S [$x(H_2S)$ 为 0.002% ~ 0.0076%]。除 H_2O 含量比较低外，火山沉积期的 N_2、Ar、CO_2、CH_4、C_2H_6、H_2S 含量均呈现出高于区域变质期的趋势，但 CO_2/CH_4 比值（2.99 ~ 43.77）和 H_2O/CO_2 比值（1.17 ~ 10.62）与之相反，呈现出低于区域变质期的趋势。

火山沉积期 16 件重晶石和磁铁矿流体包裹体液相成分（表 4 - 5）与 8 件石英液相组成相似，但各离子含量和比值有较大差别，如磁铁矿包裹体中 K^+、Mg^{2+}、Ca^{2+}、F^+、SO_4^{2-} 和离子总量比重晶石和石英包裹体中相应数据至少高出一个数量级，Cl^-/SO_4^{2-} 和 Na^+/K^+ 值明显低于重晶石和石英包裹体。17 件气相成分（表 4 - 6）以 H_2O、CO_2、N_2 为主，其次为 N_2、O_2、CO，含有少量的 CH_4、C_2H_2、C_2H_4、C_2H_6。

4. 成矿流体性质及演化

火山沉积期石英和重晶石中流体包裹体以液体包裹体和含液体 CO_2 三相包裹体为主，测温结果表明成矿流体具有中温（集中于 230 ~ 290℃）、中盐度（集中于 10% ~ 22%）、中 - 低密度（0.70 ~ 1.07 g/cm^3）的特征（图 4 - 7）。与邻近的托莫尔特铁（锰）矿床（张志欣等，2012）、铁木尔特铅锌矿（耿新霞等，2010）、大东沟铅锌矿床（刘敏等，2009）、阿克希克铁金矿的成矿流体类似，暗示这些矿床火山 - 沉积期成矿流体性质相似，可能为同一成矿事件的不同表现。火山沉积期成矿流体液相成分中阳离子主要为 Na^+ 和 Ca^{2+}，K^+ 次之。阴离子主要为 Cl^- 和 SO_4^{2-}，F^- 次之，因此，Cl^- 和 SO_4^{2-} 是该成矿期成矿元素运移的主要配阴离子。成矿流体气相成分中以 H_2O、CO_2 为主，其次为 N_2 和还原性气体。还原性气体与氧化性气体的比值是衡量成矿环境氧化还原程度的一个重要参数，恰夏铁铜矿所有火山沉积期样品的 R/O 比值均小于 1，表明火山沉积期处于氧化环境。

区域变质期石英中流体包裹体以含子矿物包裹体和含液体 CO_2 三相包裹体为特征，测温结果表明成矿流体具有高 - 中温（集中于 230 ~ 430℃），高 - 低盐度并存（集中于 2% ~ 14% 和 30% ~ 42%），中 - 低密度（0.6 ~ 0.96 g/cm^3）的性质，与邻近的托莫尔特铁（锰）矿、铁木尔特铅锌矿区域变质作用形成的包裹体特征类似（徐九华等，2008；张志欣等，2012）。CO_2 包裹体和含子矿物的高盐度包裹体共存，被认为是流体端员的混合，如川西呷村矿床和甘肃白银厂（侯增谦等，2003；Hou et al.，2008）。在均一温度与盐度相关图上（图 4 - 9），存在着低盐度和高盐度两种不同组分的流体，表明它们可能是不混溶包裹体群（张文淮等，1993）。区域变质期成矿流体液相成分中阳离子主要为 Na^+，平均占阳离子总量的 85%，Ca^{2+} 和 K^+ 次之。阴离子主要为 Cl^-，平均占阴离子总量的 89%，SO_4^{2-} 和 F^- 次之。与火山沉积期相比，Cl^-/SO_4^{2-} 比值明显升高，因此，Cl^- 是该成矿期成矿元素运移的主要配阴离子。成矿流体气相组成与火山沉积期相似，CH_4 含量明显降低，H_2O 含量明显升高 [$x(H_2O)$ 平均 85%]，导致 CO_2/CH_4 比值和 H_2O/CO_2 比值明显升高，表明区域变质期流体变为高含水型流体。恰夏铁铜矿区域变质期样品的 R/O 比值介于 0.03 ~ 0.08，小于 1，同样表明区域变质期为氧化环境。

从火山沉积期到区域变质期，成矿流体温度略有升高，含子矿物包裹体明显增多，流体盐度从火山沉积期中盐度到区域变质期高 - 低盐度并存，流体密度有所下降，流体液相成分阳离子中 Na^+ 含量、阴离子中 Cl^- 含量明显升高，成矿元素运移的主要配阴离子变为 Cl^-。R/O 比值均小于 1，说明恰夏铁铜矿成矿过程中是在氧化环境下进行的。

（二）成矿流体来源

1. 测试方法

首先挑选用于 H 和 O 同位素测试的石英单矿物，纯度达 99% 以上。O 同位素分析方法为 BrF_5 法（Clayton et al.，1963），首先将纯净的石英样品与 BrF_5 反应 15 h，萃取氧。分离出的氧进入 CO_2 转化系统，温度为 700℃，时间为 12 min，最后收集 CO_2。

表 4－3　恰夏铁铜矿石英流体包裹体液相成分

序号	样品编号	形成阶段	$w_B/10^{-6}$								参数		
			F^-	Cl^-	SO_4^{2-}	Na^+	K^+	Mg^{2+}	Ca^{2+}	总量	Cl^-/SO_4^{2-}	Na^+/K^+	M^-/M^+
1	QX－32	火山沉积期	0.11	0.26	0.79	0.32	0.11	－	0.22	1.82	0.33	3.00	1.78
2	QX－37		0.00	2.11	0.45	1.76	0.15	－	0.32	4.80	4.65	11.53	1.14
3	QXZK3－01		－	23.61	0.79	22.41	3.30	－	1.33	51.44	29.81	6.79	0.90
4	QXZK3－05		－	6.45	5.43	5.97	0.64	－	0.38	18.87	1.19	9.30	1.70
5	QXZK3－11	区域变质期	－	12.75	0.91	7.38	1.28	－	0.44	22.76	14.07	5.75	1.50
6	QXZK3－17		－	6.69	－	5.28	0.55	－	0.40	12.92	－	9.57	1.07
7	QXZK3－18		－	15.96	0.68	13.86	1.68	－	0.62	32.80	23.54	8.26	1.03
8	QXZK3－24		0.02	14.76	0.68	13.05	1.19	0.05	0.32	30.08	21.77	10.93	1.06

表 4－4　恰夏铁铜矿石英流体包裹体气相成分

序号	样品编号	形成阶段	$x(H_2O)/\%$							参数		
			H_2O	N_2	Ar	CO_2	CH_4	C_2H_6	H_2S	CO_2/CH_4	H_2O/CO_2	R/O
1	QX－32	火山沉积期	45.09	12.227	3.125	26.43	8.852	4.271	0.0076	2.99	1.71	0.50
2	QX－37		79.22	4.233	0.318	13.82	1.115	1.288	0.0012	12.39	5.73	0.17
3	QXZK3－01		90.51	0.685	0.018	8.52	0.195	0.071	0.0002	43.77	10.62	0.03
4	QXZK3－05		80.70	2.138	0.153	15.90	0.886	0.218	0.0014	17.94	5.07	0.07
5	QXZK3－11	区域变质期	79.46	1.625	0.086	17.84	0.809	0.179	0.0010	22.06	4.45	0.06
6	QXZK3－17		86.56	1.819	0.117	10.70	0.541	0.266	0.0008	19.77	8.09	0.08
7	QXZK3－18		86.84	1.068	0.032	11.48	0.452	0.131	0.0004	25.38	7.57	0.05
8	QXZK3－24		84.96	0.989	0.046	13.42	0.422	0.158	0.0009	31.82	6.33	0.04

表 4-5 恰夏铁铜矿火山沉积期磁铁矿和重晶石中流体包裹体液相成分

序号	样号	矿物名称	Na$^+$	K$^+$	Mg^{2+}	Ca^{2+}	F$^-$	Cl$^-$	Br$^-$	NO$_3^-$	SO$_4^{2-}$	Cl$^-$/SO$_4^{2-}$	Na$^+$/K$^+$	M$^-$/M$^+$
							10^{-6}							
1	QX12-6	磁铁矿	7.172	2.522	1.586	86.98	2.391	4.998	0.171	0.593	73.156	0.068	2.844	0.827
2	QX12-8	磁铁矿	8.937	3.347	1.47	88.963	1.554	6.814	1.484	0.802	32.872	0.207	2.67	0.424
3	QX12-9	磁铁矿	1.108	1.198	3.4	14.179	0.238	3.561	0	1.178	80.504	0.044	0.925	4.299
4	QX12-10	磁铁矿	3.501	2.103	2.924	87.646	2.207	4.273	0.249	0.881	97.737	0.044	1.665	1.095
5	QX12-19	磁铁矿	3.532	4.461	6.047	112.572	2.195	4.237	0.192	1.001	122.295	0.035	0.792	1.026
6	QX12-20	磁铁矿	2.042	2.849	5.328	78.325	0.698	3.111	0.756	0.945	87.186	0.036	0.717	1.047
7	QX12-22	磁铁矿	2.181	1.612	2.367	98.3	0.773	2.966	0.222	1.043	128.744	0.023	1.353	1.28
8	QX12-23	磁铁矿	1.187	2.067	4.894	40.046	0.722	2.408	0.118	0.978	275.181	0.009	0.574	5.798
9	QX12-24	磁铁矿	1.877	1.84	2.958	45.791	1.309	3.1	0.389	1.247	117.126	0.026	1.02	2.348
10	QX11-1	重晶石	2.151	0.597	0.036	6.153	0.86	1.362	0.096	1.661	-	-	3.603	0.445
11	QX11-2	重晶石	1.977	0.305	0.048	6.206	0.054	0.986	0	1.386	-	-	6.482	0.284
12	QX11-4	重晶石	2.112	0.309	0.024	5.483	0.083	0.688	0.065	0.813	-	-	6.835	0.208
13	QX11-5	重晶石	3.109	0.491	0.03	4.69	0.072	2.569	0	1.869	-	-	6.332	0.542
14	QX11-6	重晶石	2.168	0.262	0.03	6.563	0.66	1.543	0	1.638	-	-	8.275	0.36
15	QX11-7	重晶石	2.34	0.317	0.03	4.518	0.066	1.478	0	1.55	-	-	7.382	0.429
16	QX11-8	重晶石	2.592	0.28	0.042	5.291	0.056	1.156	0	1.674	-	-	9.257	0.353

表4-6 恰夏铁铜矿火山沉积期磁铁矿和重晶石中流体包裹体气相成分

序号	样号	矿物名称	CH_4	$C_2H_2 + C_2H_4$	C_2H_6	CO_2	H_2O	O_2	N_2	CO	R/O
					相对摩尔分数/%						
1	QX12-6	磁铁矿	8.89	8.16	0.64	28.71	49.23	0.45	20.91	0.52	0.02
2	QX12-7	磁铁矿	7.89	4.76	0.43	32.25	41.81	0.54	24.53	0.73	0.03
3	QX12-8	磁铁矿	9.17	7	0.52	31.84	41.64	0.59	24.44	1.32	0.05
4	QX12-9	磁铁矿	4.28	1.15	0	15.26	65.21	0.37	18.91	0.2	0.02
5	QX12-10	磁铁矿	9.49	2.95	0.41	21.94	60.01	0.38	17.06	0.48	0.03
6	QX12-19	磁铁矿	3.58	0.93	0.08	21	61.72	0.49	16.37	0.38	0.02
7	QX12-20	磁铁矿	4.64	1	0.15	29.92	37.62	1.86	30.32	0.22	0.01
8	QX12-22	磁铁矿	5.21	2.57	0.26	22.62	55.91	0.39	20.01	0.99	0.05
9	QX12-23	磁铁矿	3.26	0.95	0.07	32.55	37.11	2.37	27.57	0.35	0.01
10	QX12-24	磁铁矿	6.81	2.52	0	24.57	45.78	0.58	28.33	0.63	0.03
11	QX11-1	重晶石	8.31	6.3	0	20.84	65.66	1.96	11.39	0	0.01
12	QX11-2	重晶石	14.11	3.18	0	33.94	29.74	4.12	23.26	8.76	0.26
13	QX11-4	重晶石	9.43	2.5	0.46	13.08	78.83	0.81	4.99	2.16	0.17
14	QX11-5	重晶石	26.01	9.42	1.45	21.68	66.56	1.15	7.8	2.44	0.13
15	QX11-6	重晶石	16.24	8.35	0.26	25.27	58.99	2.23	13.26	0	0.01
16	QX11-7	重晶石	16.77	9.12	0	23.2	59.27	2.56	14.71	0	0.01
17	QX11-8	重晶石	7.19	2.35	0.08	18.17	65.19	1.82	10.51	4.21	0.24

注：R/O = （$CH_4 + C_2H_2 + C_2H_4 + C_2H_6 + CO$）/$CO_2$。

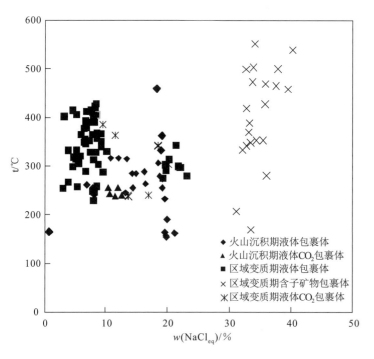

图4-9 恰夏铁铜矿床流体包裹体均一温度-盐度关系图

H同位素分析采用爆裂法，其测试程序为：加热石英包裹体样品使其爆裂，释放挥发份，提取水蒸气，然后在400℃条件下使水与锌反应30 min产生氢气，再用液氮冷冻后，收集到有活性炭的样品瓶中（Coleman et al.，1982）。

208

H 和 O 同位素测试在中国地质科学院矿产资源研究所同位素实验室进行，同位素所用质谱计型号为 MAT253EM。氧同位素的分析精密度为 ±0.2‰，H 同位素的分析精密度为 ±2‰。

2. 测试结果

恰夏铁铜矿床 H、O 同位素测试结果列于表 4-7。火山沉积期 11 件石英和重晶石的 δD_{SMOW} 值变化范围为 -125.5‰ ～ -82‰，$\delta^{18}O_{SMOW}$ 值变化较小，为 9.3‰ ～ 12.1‰。使用石英-水分馏方程 1000 $\ln\alpha = 3.38 \times 10^6 T^{-2} - 3.40$（Clayton et al.，1972）、重晶石-水分馏方程 1000 $\ln\alpha = 3.01 \times 10^6 T^{-2} - 7.3$（Kusakabe et al.，1977）和同一样品中流体包裹体完全均一温度平均值，计算出流体的 $\delta^{18}O_{H_2O}$ 值为 -1‰ ～ 12.3‰。7 件磁铁矿 $\delta^{18}O_{SMOW}$ 值变化于 -2.3‰ ～ 1.9‰。8 件区域变质期石英中流体的 δD_{SMOW} 介于 -100‰ ～ -84‰，$\delta^{18}O_{SMOW}$ 变化于 8.6‰ ～ 10.4‰，$\delta^{18}O_{H_2O}$ 值介于 1.6‰ ～ 5.6‰。

表 4-7 恰夏铁铜矿石英、重晶石、磁铁矿中氢氧同位素组成

序号	样品号	矿物	δD_{V-SMOW}/‰	$\delta^{18}O_{V-SMOW}$/‰	温度/℃	$\delta^{18}O_{H_2O}$/‰	期次
1	QXZK3-01	石英	-100	10.4	325	4.4	区域变质期
2	QXZK3-05	石英	-86	9.6	383	5.1	
3	QXZK3-07	石英	-89	9.5	326	3.5	
4	QXZK3-11	石英	-85	9.7	339	4.1	
5	QXZK3-17	石英	-96	10.1	330	4.2	
6	QXZK3-18	石英	-88	9.4	275	1.6	
7	QXZK3-23	石英	-89	8.6	454	5.6	
8	QXZK3-24	石英	-84	9	326	3	
9	QX-29	石英	-82	9.9	251	1	火山沉积期
10	QX-32	石英	-99	9.8	251	0.9	
11	QX-37	石英	-102	9.3	266	1.1	
12	QX-39	石英	-108	9.5	220	-1	
13	QX11-1	重晶石	-97	11.6	369	11.6	
14	QX11-2	重晶石	-95	10.8	343	10.2	
15	QX11-4	重晶石	-108	11.1	432	12.3	
16	QX11-5	重晶石	-126	11.3	337	10.5	
17	QX11-6	重晶石	-119	12.1	230	7.5	
18	QX11-7	重晶石	-121	11.8	253	8.2	
19	QX11-8	重晶石	-124	10.9	227	6.2	
20	QXZK3-12	磁铁矿		-2.3	500	3.9	
21	QXZK3-14	磁铁矿		0.2	500	6.4	
22	QXZK3-20	磁铁矿		0.6	500	6.8	
23	QXZK3-21	磁铁矿		-0.5	500	5.7	
24	QX13-08	磁铁矿		1.9	500	8.1	
25	QX13-12	磁铁矿		1.7	500	7.9	
26	QX13-15	磁铁矿		0.2	500	6.4	

3. 成矿流体来源

11 件火山沉积期石英和重晶石在 $\delta D - \delta^{18}O_{H_2O}$ 图解中（图 4-10），投影点主要落在岩浆水下侧和左下侧，向大气降水线漂移。7 件磁铁矿 $\delta^{18}O_{SMOW}$ 值介于 -2.3‰ ～ 1.9‰，可以利用磁铁矿-水的分馏方程 1000 $\ln\alpha = -1.47 \times 10^6 T^{-2} - 3.70$（500 ～ 800℃）（Bottinga，1973）计算成矿流体 $\delta^{18}O_{H_2O}$

值。假定磁铁矿形成于 500℃，则计算出 $\delta^{18}O_{H_2O}$ 值为 3.9‰ ~ 8.1‰；假定磁铁矿形成于 800℃，则计算出 $\delta^{18}O_{H_2O}$ 值为 2.7‰ ~ 6.9‰。磁铁矿 O 同位素值同样表明该期成矿流体位于大气降水和岩浆水之间。恰夏铁铜矿成矿作用发生在海底，大气降水的贡献很小，因此成矿流体不是单纯的岩浆水与大气降水的混合。前文已述及，火山沉积期流体包裹体成分（富含 Na^+、Cl^-、H_2O）具有海水特征，因此推测恰夏铁铜矿火山沉积期成矿流体为海水与岩浆水的混合。

8 件区域变质期石英在 $\delta D - \delta^{18}O_{H_2O}$ 图解中（图 4 - 10），投影点落在岩浆水左下侧。流体的 Na^+/K^+ 比值和 F^-/Cl^- 比值可作为判断流体来源的重要指示标志，如 $Na^+/K^+ < 1$，则流体来自岩浆热液；$Na^+/K^+ > 10$ 且 $F^-/Cl^- < 1$，则流体来自幔源岩浆或变质热液（Roedder，1972；卢焕章

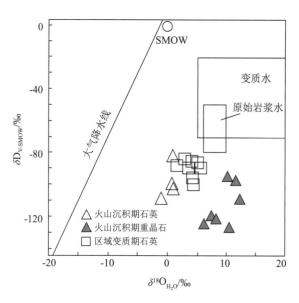

图 4 - 10　恰夏铁铜矿床 $\delta D - \delta^{18}O_{H_2O}$ 图解

等，1990；张德会，1992；王莉娟等，2009；刘敏等，2009；张志欣等，2012）。恰夏铁铜矿区域变质期流体除 1 件样品 $Na^+/K^+ > 10$ 外，其他 7 件样品 $Na^+/K^+ < 10$，$F^-/Cl^- < 1$，中 - 低盐度的气液两相包裹体、含液体 CO_2 三相包裹体和高盐度的含子矿物包裹体共存，富含 CO_2、CH_4、H_2S，表明该期成矿流体具有变质流体的特征。徐九华等（2009）指出阿尔泰南缘克兰火山 - 沉积盆地的海相火山沉积矿床受到造山 - 变质作用的叠加改造，这些矿床同处于康布铁堡组上亚组第二岩性段，碳质流体（$CO_2 - CH_4 - N_2$）发育。因此，恰夏铁铜矿区域变质期成矿流体来自造山 - 变质作用过程形成的变质流体。

（三）成矿物质来源

1. 测试方法

挑选新鲜纯净的黄铁矿、黄铜矿、方铅矿单矿物样品，纯度达 99% 以上。硫化物样品以 Cu_2O 作为氧化剂制样，释放的 SO_2 进行 S 同位素测试。同位素测试在中国地质科学院矿产资源研究所同位素实验室进行，同位素所用质谱计型号为 MAT253EM。硫以 VCDT 为标准，测试精度为 ±0.2‰。

2. 测试结果

S 同位素测试结果列于表 4 - 8。火山沉积期 13 件黄铁矿 $\delta^{34}S$ 为 - 14.2‰ ~ - 1.1‰，平均值为 - 6.6‰；岩浆热液期 7 件黄铁矿、黄铜矿和方铅矿 $\delta^{34}S$ 为 - 3.4‰ ~ 0.7‰，平均值为 - 1.7‰。

3. 成矿物质来源

幔源硫 $\delta^{34}S$ 变化范围很小，为 0‰ ~ 3‰；现代沉积物中的硫化物 $\delta^{34}S$ 值变化范围较大，为 - 28‰ ~ 4‰；变质岩来源的 $\delta^{34}S$ 值变化于 - 20‰ ~ 20‰；海水或海相硫酸盐 $\delta^{34}S$ 值为 20‰ 左右（Ohmoto，1979）。恰夏铁铜矿火山沉积期 13 件黄铁矿的 $\delta^{34}S$ 变化于 - 14.2‰ ~ - 1.1‰，富集轻硫，平均值为 - 6.6‰（图 4 - 11），与邻近的铁木尔特铅锌矿的 25 件喷流沉积期硫化物 $\delta^{34}S$ 值（介于 - 27.8‰ ~ - 16‰，平均值为 - 24‰，耿新霞等，2010）、托莫尔特铁（锰）矿 1 件硫化物 $\delta^{34}S$ 值（- 20‰，杨富全等，2012）、大东沟铅锌矿 10 件硫化物 $\delta^{34}S$ 值（变化于 - 22.3‰ ~ - 1.2‰，刘敏等，2008）、邻区的麦兹盆地硫化物 $\delta^{34}S$ 值（集中于 - 20.6‰ ~ 10.7‰，韩东南等，1992；王京彬等，1998；王书来等，2007）一致，属于生物成因 S。因此，恰夏铁铜矿火山沉积期的 S 主要来自细菌还原海水硫酸盐。岩浆热液期黄铜矿 $\delta^{34}S$ 变化于 - 3.4‰ ~ - 2.6‰，黄铁矿 $\delta^{34}S$ 为 0.7‰，方铅矿 $\delta^{34}S$ 变化于 - 0.6‰ ~ - 0.2‰，3 者的 S 同位素值相差不大，表明硫分馏程度较低。岩浆热液期 S 同位素值均在 0‰ 附近，表明其来自深部岩浆。

210

表4-8 恰夏铁铜矿床硫同位素组成

序号	样品号	测定对象	$\delta^{34}S/‰$	成矿期次
1	QXZK3 – 02	黄铁矿	– 2.2	火山沉积期
2	QXZK3 – 04	黄铁矿	– 1.1	
3	QXZK3 – 05	黄铁矿	– 1.8	
4	QXZK3 – 06	黄铁矿	– 1.1	
5	QXZK3 – 08	黄铁矿	– 11	
6	QXZK3 – 10	黄铁矿	– 7.9	
7	QXZK3 – 12	黄铁矿	– 11.1	
8	QXZK3 – 13	黄铁矿	– 14.2	
9	QXZK3 – 14	黄铁矿	– 8.8	
10	QXZK3 – 18	黄铁矿	– 7.2	
11	QXZK3 – 19	黄铁矿	– 9.1	
12	QXZK3 – 20	黄铁矿	– 5.6	
13	QXZK3 – 21	黄铁矿	– 9.3	
14	QX12 – 27	黄铜矿	– 3.1	岩浆热液期
15	QX12 – 27 – 1	黄铜矿	– 2.6	
16	QX12 – 28	黄铜矿	– 2.9	
17	QX12 – 28 – 1	黄铜矿	– 3.4	
18	QX13 – 15	黄铁矿	0.7	
19	QX13 – 15	方铅矿	– 0.2	
20	QX13 – 16	方铅矿	– 0.6	

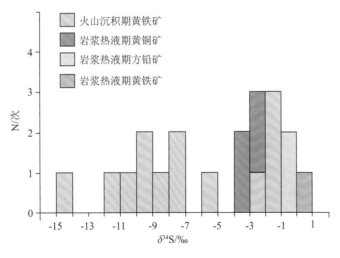

图4-11 恰夏铁铜矿硫同位素直方图

（四）成矿时代

恰夏铁铜矿赋存于上志留—下泥盆统康布铁堡组上亚组第二岩性段，容矿岩系主要为绿泥石英片岩、变质凝灰质砂岩、变质火山角砾凝灰岩、变质流纹质晶屑凝灰岩、变质英安质凝灰岩、变质钙质（粉）砂岩、大理岩等。铁矿体呈层状、似层状、透镜状分布，总体产状与围岩基本一致。矿区发育重晶石岩、磁铁石英岩、含大量黄铁矿的绿泥石片岩（原岩为凝灰岩），这些反映出矿区具有喷流沉积现象。火山沉积期黄铁矿 S 同位素均为负值，属于生物成因 S。这些特征均表明恰夏铁铜矿中的铁矿主要为火山沉积成因。邻近的铁米尔特矿区赋矿围岩康布铁堡组变质流纹岩和变质凝灰岩锆石 U – Pb 年龄为 402 Ma 和 405 Ma（单强等，2011；郑义等，2013），恰夏铁矿成矿时间与含矿火山岩年龄一致，即 402～405 Ma。

本项目组在恰夏矿区采了闪长岩样品，对其进行锆石 LA – ICP – MS U – Pb 年龄测定，测试单位为中国地质科学院矿产资源研究所同位素实验室。锆石特征与测年数据（图 4 – 12，表 4 – 9）表明，10 颗锆石的 $^{206}Pb/^{238}U$ 年龄变化于 394～410 Ma，在谐和图上基本成群集中分布在谐和线上及附近（图 4 – 12），加权平均年龄为 398.9 ±6.2 Ma（MSDW = 0.31），可代表该岩体的形成年龄。矿床地质特征显示岩浆热液期含黄铁矿黄铜矿石英细脉，在大理岩、角闪岩附近形成的阳起石矽卡岩及伴生的黄铜矿化与闪长岩密切相关。闪长岩的侵位年龄可以限定岩浆热液期铜矿的成矿时代为早泥盆世（399 Ma）。含黄铜矿石英脉穿切火山沉积期铁矿，表明铁矿的主成矿期早于 399 Ma。因此，可以限定恰夏铁铜矿的成矿时代为 399～405 Ma。

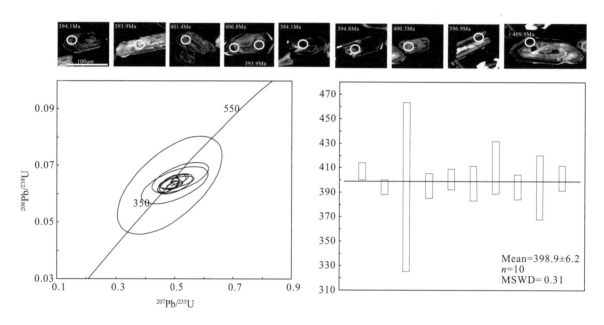

图 4 – 12 恰夏矿区闪长岩锆石 LA – ICP – MS U – Pb 年龄

（五）成矿模式

恰夏铁铜矿床成矿模式简述如下（图 4 – 13）：

在早中奥陶世（500～460 Ma）古亚洲洋板块开始向北俯冲到阿尔泰微大陆之下，形成 500 Ma 左右的火山岩。460～413 Ma 期间形成岛弧火山岩（Windley et al.，2002）、奥陶纪花岗岩（阿巴宫北 – 铁米尔特花岗岩，462～458 Ma，刘锋等，2008；柴凤梅等，2010）。早于 413 Ma，由于板块的俯冲作用在克兰一带形成陆缘拉张断陷盆地，413～382 Ma 形成了康布铁堡组火山碎屑岩和正常沉积岩组合。伴随火山喷发沉积作用，在形成康布铁堡组上亚组中酸性 – 酸性（以酸性为主）火山碎屑岩的同时，在恰夏 – 托莫尔特一带火山洼地形成铁矿源层、铁矿化层、重晶石及磁铁硅质岩。

在康布铁堡组火山 – 沉积岩形成后不久，整个阿尔泰发生了最强烈的与俯冲有关的岩浆侵入活动，在恰夏 – 托莫尔特一带有黑云母花岗斑岩脉、石英钠长斑岩脉、闪长岩脉侵入到地层和火山沉积期形成的铁矿体中，局部与灰岩、角闪岩或凝灰岩作用形成矽卡岩（阳起石、绿泥石、透辉石、透闪石），并在矽卡岩附近的灰岩、（粉）砂岩和凝灰岩中形成含黄铁矿黄铜矿石英细脉，伴有少量细脉状和浸染状的磁铁矿化。

212

表 4 – 9　恰夏铁铜矿闪长岩锆石 LA – ICP – MS U – Pb 数据

点号	含量/10⁻⁶		同位素比值					
	Pb	U	$^{207}Pb/^{206}Pb$	1σ	$^{207}Pb/^{235}U$	1σ	$^{206}Pb/^{238}U$	1σ
QX13 – 18 – 1	34.84	434.25	0.0555	0.0027	0.477	0.0244	0.063	0.0017
QX13 – 18 – 2	14.09	172.16	0.0555	0.0059	0.4989	0.0758	0.063	0.0043
QX13 – 18 – 3	27.07	335.11	0.0564	0.0031	0.4944	0.0301	0.0642	0.0017
QX13 – 18 – 5	37.72	440.78	0.0582	0.0026	0.5167	0.0209	0.0651	0.0011
QX13 – 18 – 6	40.28	514.92	0.0576	0.0022	0.4985	0.0196	0.063	0.001
QX13 – 18 – 8	21.25	272.11	0.0544	0.0074	0.4822	0.1175	0.063	0.0115
QX13 – 18 – 13	48.91	594.45	0.0562	0.0028	0.4817	0.0236	0.0632	0.0017
QX13 – 18 – 14	16.51	213.84	0.0573	0.0045	0.5055	0.041	0.0641	0.0014
QX13 – 18 – 15	25.11	322.71	0.0565	0.0038	0.501	0.0408	0.0635	0.0024
QX13 – 18 – 16	22.5	272.89	0.0579	0.0077	0.5179	0.0642	0.0657	0.0036

点号	同位素比值		表面年龄/Ma					
	$^{208}Pb/^{232}Th$	1σ	$^{207}Pb/^{206}Pb$	1σ	$^{207}Pb/^{235}U$	1σ	$^{206}Pb/^{238}U$	1σ
QX13 – 18 – 1	0.0157	0.0007	431.5	139.8	396	16.8	394.1	10.3
QX13 – 18 – 2	0.0146	0.0013	431.5	232.4	411	51.4	394	26.3
QX13 – 18 – 3	0.0184	0.001	477.8	122.2	407.9	20.4	401.4	10.5
QX13 – 18 – 5	0.0161	0.0007	538.9	98.1	423	14	406.8	6.8
QX13 – 18 – 6	0.0154	0.0007	516.7	81.5	410.7	13.3	394	6
QX13 – 18 – 8	0.0158	0.0023	387.1	304.6	399.6	80.7	394.1	69.5
QX13 – 18 – 13	0.0167	0.0008	457.5	113	399.2	16.2	394.8	10.2
QX13 – 18 – 14	0.0152	0.0009	501.9	174.1	415.4	27.6	400.3	8.6
QX13 – 18 – 15	0.0144	0.0008	472.3	148.1	412.4	27.6	396.9	14.3
QX13 – 18 – 16	0.0136	0.0008	527.8	292.6	423.7	42.9	410	21.6

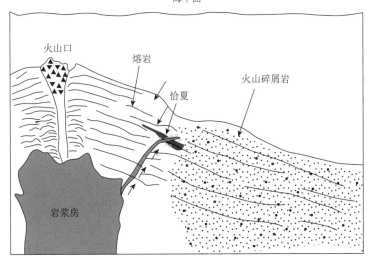

图 4 – 13　恰夏铁铜矿床成矿模式示意图

石炭纪—早二叠世阿尔泰南缘发生碰撞造山作用，区域地层发生变形和变质作用，褶皱和逆冲断层发育，矿区地层和铁矿体发生变形和中低压绿片岩相变质作用。

213

第二节　老山口铁铜金矿地质特征及矿床模型

老山口铁铜金矿（包括托斯巴斯套铁铜金矿和巴斯套金矿）位于准噶尔北缘，距青河县城41 km。该矿于1986年发现，为铜金矿点，后经多年勘查，确定为小型铁铜金矿床，目前正在开采。该矿研究程度较低，进行过初步研究，有层控矽卡岩型矿床、与火山机构有关的中－低温火山热液型矿床、中－低温火山热液型矿床、火山沉积－后期热液蚀变叠加型矿床以及IOCG型矿床（李泰德，2002；闫升好等，2005；聂风军等，2008）等成因类型认识。

一、成矿地质背景

大地构造上位于额尔齐斯断裂带南侧，属萨吾尔晚古生代岛弧东南部（何国琦等，2004）。区内出露的最老地层为上奥陶统（图4－14），岩性为灰岩夹砂岩，顶部有少量玄武安山质火山角砾岩。下泥盆统托让格库都克组为双峰式火山岩，以玄武岩、安山玄武岩为主，夹凝灰砂岩及少量碳酸盐岩。中泥盆统下部北塔山组以基性火山熔岩和火山碎屑岩为主，主要岩石组合为玄武岩、苦橄质玄武岩、苦橄岩及少量安山岩、英安岩。中泥盆统上部蕴都喀拉组为基－中－酸性火山岩建造。上泥盆统卡希翁组为滨－浅海相夹陆相火山碎屑－正常碎屑沉积，夹砾岩，局部玄武岩、流纹岩。下石炭统为海陆交互相碎屑岩夹偏碱性火山岩建造，进一步分为姜巴斯套、那林卡拉和巴塔玛依内山组。上石炭统哈尔加乌组为陆内盆地磨拉石沉积，为砾岩、砂砾岩夹英安岩、凝灰岩。二叠纪为陆内河湖相磨拉石沉积。

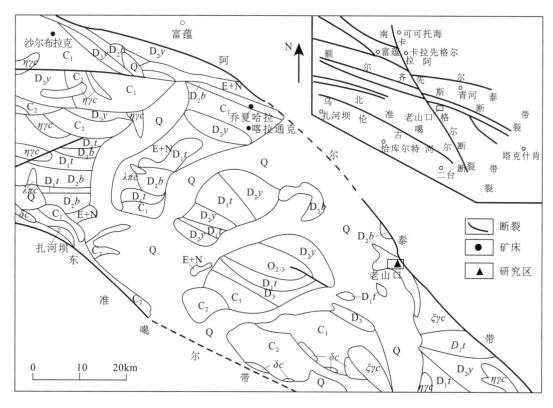

图4－14　新疆北准噶尔老山口一带区域地质略图

（据新疆地矿局第一区调队1：20万地质图修改，1978）

Q—第四系；E＋N—古近系－新近系陆相砂砾岩、泥岩；C₂—上石炭统陆相碎屑岩建造；C₁—下石炭统海陆交互相碎屑岩建造；D₃—上泥盆统卡希翁组海陆交互相碎屑岩建造；D₂y—中泥盆统上部蕴都喀拉组安山岩建造；D₂q—中泥盆统苦橄岩建造；D₂b—中泥盆统北塔山组基性火山岩建造；D₁t—下泥盆统托让格库都克组火山岩建造；O₂₋₃—中－上奥陶统碳酸盐岩建造；ξγc—钾长花岗岩；ηγc—二长花岗岩；δc—闪长岩、石英闪长岩；λπc—石英斑岩、花岗岩

214

侵入岩广泛分布，具有多类型、多时代、多成因和形成于多种构造环境的特征，主要有超基性岩、闪长（玢）岩、花岗闪长岩、花岗斑岩、二长花岗岩和钾长花岗岩等。近年来前人对区内侵入岩年代学、岩石成因、形成环境以及成矿作用等方面进行了大量研究，取得了丰硕的成果（李宗怀等，2004；韩宝福等，2004，2006；童英等，2006；Zhang et al.，2006；王玉往等，2008；周汝洪等，2005；杨富全等，2008；郭丽爽等，2009；周刚等，2009）。高精度年代学研究表明，东准噶尔地区古生代岩浆侵入活动分为 3 个阶段：430～410 Ma、380～370 Ma 和 320～270 Ma。

二、矿床地质特征

（一）含矿岩系

矿区出露地层主要为下泥盆统托让格库都克组和中泥盆统北塔山组浅海相火山岩、火山碎屑岩夹少量碳酸盐岩和正常碎屑岩（图 4-15）。托让格库都克组分布于矿区 NE，下部主要为陆源碎屑岩；上部主要为火山岩、火山碎屑岩等，岩性为玄武岩、安山岩、玄武质（安山质）火山角砾岩、凝灰岩、大理岩、砂岩等。北塔山组分布于矿区中部，自下而上可以划分为 3 段：第一岩性段由玄武岩、辉斑玄武岩、玄武质安山岩、玄武质火山角砾岩、安山岩、安山质火山角砾岩、大理岩、粉砂岩和少量苦橄岩组成；第二岩性段主要为粉砂岩、硅质岩、凝灰岩、含砾砂岩，夹玄武岩；第三岩性段主要为硅质岩。托让格库都克组与上覆北塔山组呈断裂接触。矿体主要赋存于北塔山组第一岩性段玄武质火山角砾岩、玄武岩中，老山口 IV 矿段产于火山机构南部玄武质含集块火山角砾岩、玄武质火山角砾岩、安山质火山角砾岩中。矿区火山颈相主要由闪长玢岩组成，外侧被火山角砾岩和集块岩环绕，北部发育潜火山相的闪长玢岩和隐爆角砾岩。

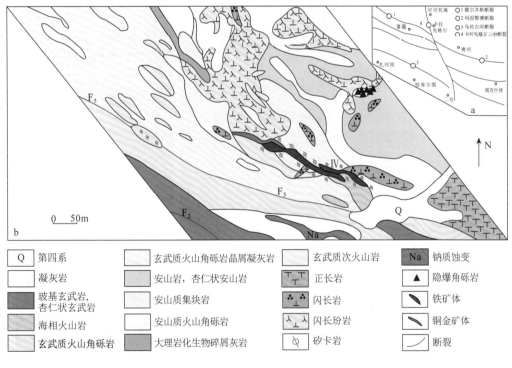

图 4-15　老山口铁铜金矿区地质图
（据新疆有色地质勘查局地球物理探矿队，2003）

（二）构造及侵入岩

矿区断裂主要有两条，分别为北部的卡拉先格尔 - 二台断裂（F_1）和南部的山前大断裂（F_2），两者均为 NW 向延伸，属逆冲性质。前者走向约 340°，东倾，倾角 60°~80°；后者基本与 F₁ 平行，倾角约 70°，发育韧性变形带。两条主断裂之间伴生一系列近 EW 向的次级断裂。火山机构和岩浆岩带受控于 NW 向构造，蚀变带和矿脉一般受控于近 EW 向构造。

矿区内侵入岩以中酸性、中基性的浅成侵入岩为主。由早到晚分别为闪长玢岩、黑云母闪长岩、正长岩、中粒闪长岩等。多呈脉状、岩株状成群产出，受 NW 向断裂控制。其中闪长玢岩和中粒闪长岩与矿化关系密切，是区内铜金矿（化）体的主要容矿围岩。项目组利用 LA–ICP–MS 锆石 U–Pb 方法测得闪长玢岩、黑云母闪长岩、正长岩和中粒闪长岩的年龄分别为 379.7±3 Ma、379.3±2.3 Ma、366.3±1.9 Ma 和 353.8±1.9 Ma，是中晚泥盆世岩浆侵入活动产物。

（三）矽卡岩特征及成因

矿区普遍可见闪长（玢）岩与玄武质火山角砾岩、安山质火山角砾岩、玄武岩接触带发育的绿帘石石榴子石矽卡岩、绿帘石绿泥石矽卡岩，矿体分布于矽卡岩中及其附近（图 4–16）。矽卡岩矿物组合以绿帘石、绿泥石为主，其次为石榴子石、透辉石、阳起石、透闪石、石英等，与典型的钙质矽卡岩组合类似（赵一鸣等，1990）。镜下常见绿帘石交代石榴子石和辉石，绿泥石交代绿帘石。

绿帘石广泛发育，分为 3 期，早期为无矿化的面状绿帘石；中期为磁铁矿绿帘石矽卡岩，与铁矿化关系密切；晚期为含黄铜矿黄铁矿的脉状绿帘石，与铜矿化关系密切。石榴子石局部发育，分为两期，可见晚期含黄铜矿的绿帘石石榴子石细脉切穿早期绿帘石石榴子石矽卡岩；镜下可见磁铁矿及黄铜矿颗粒呈浸染状分布于石榴子石晶粒之间。透辉石局部发育，多呈半自形粒状–短柱状，与早期石榴子石共生。

对采自托斯巴斯套铁铜金矿区的 13 件样品中石榴子石、辉石、绿帘石及磁铁矿单矿物进行了电

图 4–16 老山口铁铜金矿围岩蚀变特征

a—石榴子石被绿帘石和磁铁矿交代呈残斑状；b—闪长玢岩的绿帘石绿泥石化；c—矽卡岩分布于岩体和矿体中；d—含黄铁矿石榴子石的方解石脉穿切绿帘石磁铁矿矿石；e—粗粒石榴子石的生长环带；f—含磁铁矿的细粒石榴子石；g~i—透辉石、绿帘石和磁铁矿共生；Mag—磁铁矿；Py—黄铁矿；Grt—石榴子石；Di—透辉石；Ep—绿帘石；Chl—绿泥石；Cal—方解石；Q—石英

子探针分析，这些样品形成于矽卡岩阶段及退化蚀变阶段，岩石名称为石榴子石矽卡岩、绿帘石石榴子石矽卡岩、绿泥石石榴子石矽卡岩、含磁铁矿绿帘石矽卡岩、含磁铁矿石榴子石矽卡岩、绿帘石磁铁矿石、含黄铁矿磁铁矿石、电子探针测试分析在中国地质大学（北京）地学测试中心完成，仪器为 EPMA-1600 型电子探针，测试加速电压 15 kV，束斑直径 1 μm，电流 $18×10^{-8}$ A。9 件石榴子石电子探针分析结果（表 4-10）表明其成分主要为 Si、Al、Ca 和 Fe，含少量的 Ti、Mn、Cr 和 Mg。图 4-17 显示其端元组分以钙铁榴石为主（31.79%~93.81%，平均为 68.24%），其次为钙铝榴石（2.73%~59.23%，平均为 23.74%）和铁铝榴石（2.27%~8.41%，平均为 5.1%），及小于 3% 的锰铝榴石、镁铝榴石和钙铬榴石。与蒙库铁矿相比，钙铁榴石含量基本一致，相对富集钙铝榴石，显示二者既具有相同的特点，也有一定区别。电子探针数据显示具有环带结构的粗粒石榴子石从内带到外带成分有所变化，但变化不大，变化规律也不甚明显。早晚两期石榴子石在化学成分上区别不明显，均以钙铁榴石和钙铝榴石为主，另外，含少量的锰铝榴石和镁铝榴石，这与我国长江中下游矽卡岩型铁矿的石榴子石化学成分有一定的相似性（赵永鑫，1992；Xu et al，2000；束学福，2004）。

表 4-10 老山口铁铜金矿代表性石榴子石电子探针分析数据及端元组分

样号	LSK-60-1	LSK75-1	LSK75-2	LSK59-1	LSK59-2	LSK58-1	LSK58-2	LSK58-3	LSK58-4
氧化物组成/%									
SiO₂	37.84	35.66	35.08	37.3	37.13	38.23	36.72	38.31	36.12
TiO₂	< d. l.	0.2	< d. l.	< d. l.	< d. l.	0.05	2.23	1.67	3.17
Al₂O₃	4.34	0.72	0.44	5.87	5.65	14.58	8.83	10.33	8.55
Cr₂O₃	0.04	< d. l.	0.18	0.11	< d. l.	0.27	< d. l.	0.27	0.02
FeO*	25.38	30.04	31.06	24.09	25.31	12.26	18.84	16.16	17.86
MnO	1.22	0.27	0.29	0.88	0.89	1.13	0.62	0.68	0.52
MgO	0.05	0.41	0.56	< d. l.	< d. l.	0.01	0.36	0.24	0.48
CaO	30.69	32.22	32.56	31.47	30.98	32.8	31.38	32.33	32.04
Na₂O	0.17	< d. l.	< d. l.	< d. l.	0.07	< d. l.	0.12	< d. l.	< d. l.
NiO	< d. l.	< d. l.	< d. l.	< d. l.	< d. l.	< d. l.	< d. l.	0.44	< d. l.
K₂O	< d. l.	< d. l.	< d. l.	< d. l.	< d. l.	< d. l.	< d. l.	< d. l.	0.02
Total	99.74	99.74	99.74	99.74	99.74	99.74	99.74	99.74	99.74
以 12 个氧原子为基准									
Si	3.07	2.95	2.90	3.01	3.00	3.00	2.94	3.01	2.90
Ti	0.00	0.01	0.00	0.00	0.00	0.00	0.13	0.10	0.19
Al	0.41	0.07	0.04	0.56	0.54	1.35	0.83	0.96	0.81
Cr	0.00	0.00	0.01	0.01	0.01	0.00	0.02	0.02	0.00
Fe³⁺	1.54	1.96	2.01	1.43	1.46	0.64	1.12	0.96	1.13
Fe²⁺	0.18	0.12	0.13	0.20	0.25	0.17	0.15	0.10	0.07
Mn	0.08	0.02	0.02	0.06	0.06	0.08	0.04	0.05	0.04
Mg	0.01	0.05	0.07	0.00	0.00	0.00	0.04	0.03	0.06
Ca	2.66	2.85	2.88	2.72	2.68	2.76	2.69	2.72	2.75
石榴子石组分/%									
Uvt	0.13	0.00	0.57	0.35	0.00	0.84	0.00	0.87	0.07
Adr	78.68	93.81	92.31	71.58	73.05	31.79	57.24	49.62	58.31
Prp	0.21	1.66	2.22	0.00	0.00	0.04	1.47	0.97	1.97
Sps	2.85	0.62	0.65	2.02	2.03	2.50	1.44	1.56	1.21
Grs	11.98	2.73	5.05	19.28	16.51	59.23	34.85	43.42	36.18
Alm	6.15	3.91	4.25	6.78	8.41	5.60	5.00	3.56	2.27

注：Adr = 钙铁榴石，Prp = 镁铝榴石，Grs = 钙铝榴石，Sps = 锰铝榴石，Alm = 铁铝榴石，Uvt = 钙铬榴石。< d. l. 为低于检测线。

6 件辉石的电子探针分析结果及端元组分见表 4 – 11 和图 4 – 17，表明老山口铁铜金矿矽卡岩矿物中辉石以透辉石为主（成分变化于 $Hd_{18}Di_{81}$ – $Hd_{46}Di_{52}$），含少量锰钙辉石。中国的矽卡岩型铁矿均以富透辉石为特征，一般情况下透辉石的含量可达到 50% ~90%，属于钙质矽卡岩（赵斌等，1987；赵一鸣等，1997）。老山口铁铜金矿床矽卡岩中辉石以富透辉石为特征，与新疆蒙矿铁矿、新疆乌吐布拉克铁矿、海南石碌铁矿、长江中下游矽卡岩型铁矿的特征一致（赵永鑫，1992；束学福，2004；徐林刚等，2007；张志欣等，2011）。

表 4 – 11　老山口铁铜金矿代表性辉石电子探针分析数据及端元组分

样号	LSK – 42 – 1	LSK42 – 2	LSK42 – 3	ZK8004 – 9 – 1	ZK8004 – 10 – 2	LSK58 – 3
氧化物组成/%						
SiO_2	53.59	53.12	52.4	53.54	48.87	53.65
TiO_2	0.08	0.06	< d. l.	0.16	1.23	0.15
Al_2O_3	0.45	0.55	0.73	0.41	4.60	0.37
Cr_2O_3	< d. l.	< d. l.	0.09	0.21	0.07	0.13
FeO^*	7.40	7.48	8.59	7.86	17.32	6.19
MnO	0.30	0.51	0.48	0.45	0.99	0.08
MgO	14.37	14.37	13.98	14.80	13.19	15.66
CaO	23.47	23.65	22.37	22.50	10.33	23.46
Na_2O	0.27	0.38	0.29	0.39	1.46	0.13
NiO	< d. l.	< d. l.	0.05	< d. l.	0.25	< d. l.
K_2O	< d. l.	< d. l.	0.02	< d. l.	0.63	< d. l.
Mn/Fe	0.04	0.07	0.06	0.06	0.06	0.01
Total	99.94	100.13	99.00	100.31	98.92	100.25
以 6 个氧原子为基准						
Si	1.99	1.98	1.98	1.99	1.88	1.98
Al（ⅳ）	0.01	0.02	0.02	0.01	0.12	0.02
Al（ⅵ）	0.01	0.00	0.01	0.00	0.09	0.00
Ti	0.00	0.00	0.00	0.00	0.04	0.00
Cr	0.00	0.00	0.00	0.01	0.00	0.00
Fe^{3+}	0.02	0.07	0.04	0.04	0.13	0.02
Fe^{2+}	0.21	0.17	0.23	0.21	0.42	0.17
Mn	0.01	0.02	0.02	0.01	0.03	0.00
Mg	0.80	0.80	0.79	0.82	0.76	0.86
Ca	0.94	0.94	0.91	0.89	0.43	0.93
Na	0.02	0.03	0.02	0.03	0.11	0.01
K	0.00	0.00	0.00	0.00	0.03	0.00
辉石组分/%						
Di	75.97	76.70	72.94	75.68	52.06	81.33
Hd	23.12	21.75	25.64	23.01	45.71	18.44
Jo	0.90	1.55	1.42	1.31	2.22	0.24

注：Di = 透辉石，Hd = 钙铁辉石，Jo = 锰钙辉石，< d. l. 为低于检测线。

10 件绿帘石的电子探针分析结果（表 4 – 12）表明，这些样品均富铁（FeO^T = 13.27% ~19.73%）、铝（Al_2O_3 = 19.34% ~22.81%）和钙（CaO = 20.23% ~22.81%）、贫硅（SiO_2 = 35.99% ~37.65%）、钛（TiO_2 = 0.07% ~0.38%）、锰（MnO = 0.08% ~0.6%）和镁 MgO（0.04% ~0.48%）。

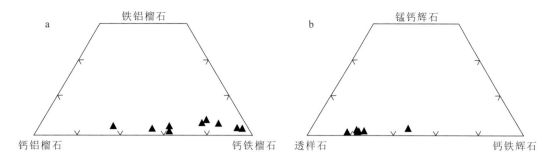

图 4 - 17   老山口铁铜矿石榴子石端元组分图解（a）和辉石端元组分图解（b）

表 4 - 12   老山口铁铜金矿代表性绿帘石电子探针分析数据（%）

样号	LSK40 - 2	LSK40 - 3	LSK40 - 4	LSK40 - 5	LSK42 - 1	LSK42 - 2	LSK42 - 3	LSK85 - 2	ZK8004 - 10 - 1	ZK8004 - 10 - 2
SiO_2	37. 22	37. 12	37. 14	36. 85	37. 55	35. 99	37. 39	36. 64	37. 65	36. 24
TiO_2	0. 21	0. 07	0. 28	0. 17	< d. l.	0. 14	0. 37	0. 38	0. 09	0. 24
Al_2O_3	21. 76	21. 81	21. 19	21. 78	22. 31	21. 76	20. 60	22. 61	22. 81	19. 34
Cr_2O_3	< d. l.	< d. l.	< d. l.	< d. l.	< d. l.	< d. l.	< d. l.	< d. l.	< d. l.	< d. l.
FeO^T	14. 84	14. 93	15. 63	15. 04	14. 39	15. 98	15. 99	13. 97	13. 27	19. 73
MnO	0. 09	0. 17	0. 18	0. 46	0. 16	< d. l.	0. 21	0. 08	0. 45	0. 60
MgO	0. 08	0. 04	< d. l.	0. 16	0. 17	0. 10	0. 19	0. 34	0. 48	0. 30
CaO	22. 28	21. 62	21. 61	21. 76	21. 79	21. 06	22. 19	21. 64	21. 37	20. 23
Total	96. 48	95. 76	96. 02	96. 23	96. 21	95. 02	96. 93	95. 64	96. 13	96. 69

注：FeO^T 为全铁。< d. l. 为低于检测线。

近年来，一些学者提出：矽卡岩不仅仅形成于中酸性、中基性岩体与碳酸盐岩的接触带上，在中酸性、中基性岩体与火山岩围岩中也可以形成（赵一鸣，2002；Meinert et al.，2005）。根据矽卡岩生成机理的不同（Einaudi et al.，1981），划分出变质矽卡岩与交代矽卡岩两类，且提出：以火山岩为围岩的矽卡岩，属于交代矽卡岩，是大范围的岩浆热液流体渗透与火山岩反应的结果，并受热液流体性质控制。老山口铁铜金矿床中矿体产于安山质火山角砾岩、含集块玄武质火山角砾岩与闪长玢岩的接触带内，矿体及其附近发育大量的矽卡岩矿物，矿体与矽卡岩密切共生。老山口铁铜金矽卡岩矿物组分的研究表明，其与我国一些典型交代矽卡岩特点具有相似性，结合野外详细的地质观察，我们认为产于闪长（玢）岩体内外接触带中的矿体与围岩（安山质火山角砾岩、玄武质火山角砾岩、玄武岩）中的大量矽卡岩矿物是中酸性岩浆热液交代火山岩的结果，与典型的交代灰岩形成的矽卡岩有所不同。

交代矽卡岩按其矿物组成不同及其所被交代围岩的差别，划分为钙矽卡岩和镁矽卡岩两类（Einaudi et al.，1981）。钙质矽卡岩含有一系列钙硅酸盐矿物组合，包括富铁的早期矽卡岩阶段石榴子石和辉石，退化蚀变阶段角闪石、绿帘石、阳起石和绿泥石（Purtov et al.，1989；Oyman，2010）。镁质矽卡岩则以贫铁的镁橄榄石、透辉石、方镁石、滑石和蛇纹石为特征（Hall et al.，1988）。Zhao（1987）认为钙质矽卡岩型铁矿中辉石的端元组分主要为透辉石（Di 50% ~90%）。老山口铁铜金矿石榴子石和辉石的主要成分为钙铁榴石和透辉石，表明其具有钙质矽卡岩型矿床的特征。Nakano et al.（1994）通过研究 46 个矽卡岩型矿床，得出矽卡岩型 Cu - Fe 矿床中辉石成分具有低的 Mn/Fe 值（<0.1）。老山口矿床中辉石的 Mn/Fe 值变化于 0.013 ~0.068，平均为 0.049，同样表明老山口铁铜金矿为矽卡岩型矿床。

（四）矿体及矿石特征

老山口铁铜金矿床可以划分为 4 个矿段（Ⅰ，Ⅱ，Ⅲ，Ⅳ），项目组重点研究了Ⅳ矿段，该矿段由上部的含铜金磁铁矿体（I_1）和下部的铜金矿体（I_2）组成（图 4-18）。铁铜金矿体赋存于闪长玢岩和中基性火山岩、火山碎屑岩、大理岩接触部位的大量矽卡岩中及附近，与闪长玢岩有密切的空间关系（图 3-2）。I_1 矿体呈脉状，长 200 m，平均厚度 8.34 m，走向 290°~300°，向北倾伏，倾角为 55°~70°；I_2 矿体呈透镜状，长 110 m，平均厚度 4.60 m，产状与 I_1 矿体相似，走向 290°，向北倾伏，倾角 18°~50°。I_1 矿体中铁、铜、金的平均品位分别为 36.42%，0.28%，0.49 g/t；I_2 矿体中铜、金的平均品位分别为 0.41% 和 1.31 g/t（新疆有色地质勘查局地球物理探矿队，2003）。

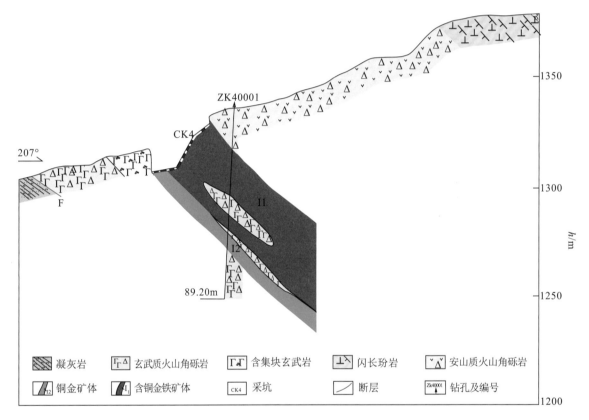

图 4-18　老山口矿床 4 号勘探线剖面图

（据新疆有色地质勘查局地球物理探矿队，2003）

矿石类型主要有 4 种：石榴子石透辉石磁铁矿矿石、绿帘石阳起石透闪石磁铁矿矿石、磁铁矿黄铁矿黄铜矿矿石和石英方解石黄铜矿黄铁矿自然金矿石（图 4-19），其中绿帘石阳起石透闪石磁铁矿矿石为主要矿石类型。矿石构造主要有块状、斑杂状、条带状、浸染状、脉状、角砾状等（图 4-19b~f）。块状矿石主要由细粒磁铁矿组成；斑杂状矿石主要由磁铁矿、黄铜矿、黄铁矿组成；条带状矿石由磁铁矿和绿帘石绿泥石阳起石矽卡岩互为条带而成；浸染状磁铁矿可以见于矽卡岩中或围岩中；角砾状矿石由磁铁矿和方解石组成；含金硫化物常呈脉状穿切磁铁矿矿石。矿石结构有自形-半自形-他形粒状结构、自组织结构、交代残余结构等（图 4-19g~i）。黄铜矿为自形-半自形粒状结构，部分穿切磁铁矿，表明黄铜矿稍晚于磁铁矿形成；黄铁矿为自形-半自形-他形粒状结构；自然金为半自形-他形粒状结构，赋存于黄铁矿、黄铜矿和磁铁矿中。矿石中金属矿物主要有磁铁矿、黄铜矿、黄铁矿、铬铁矿、赤铁矿、磁黄铁矿和自然金，次为斑铜矿、闪锌矿、方铅矿和辉钼矿；非金属矿物主要有绿帘石、绿泥石、石榴子石、阳起石、方解石、角闪石、透闪石、透辉石、钾长石、钠长石、磷灰石、绢云母、石英。

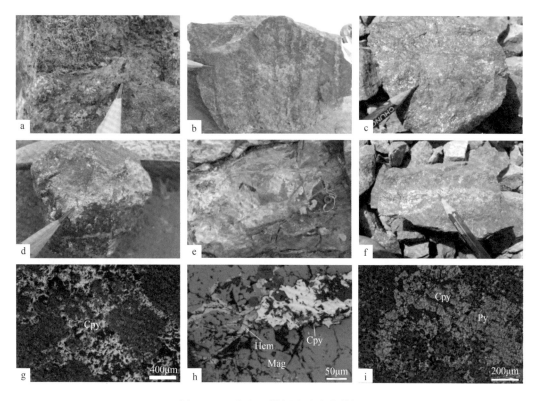

图 4 – 19　老山口铁铜金矿矿化特征

a—石榴子石透辉石化磁铁矿矿石；b—条带状绿帘石磁铁矿矿石；c—磁铁矿黄铁矿黄铜矿矿石；d—石英方解石黄铜矿黄
铁矿矿石；e—角砾状磁铁矿矿石；f—黄铁矿黄铜矿脉穿切磁铁矿矿石；g—网脉状黄铜矿；h—赤铁矿和黄铜矿穿切、交
代磁铁矿；i—黄铁矿黄铜矿脉

　　老山口铁铜金矿铁矿石中铬铁矿较常见，主要呈浑圆他形、不规则状被磁铁矿交代、包裹。铬铁矿晶体大小变化于 50 ~ 200 um。电子探针分析数据（表 4 – 13）表明，老山口铁矿石中铬铁矿主要由 FeO（40.07% ~ 88.39%）、Cr_2O_3（2.87% ~ 49.19%）、Al_2O_3（0.03% ~ 9.32%）组成，并含有少量的 MnO、MgO、TiO_2、CoO、V_2O_3、SiO_2 等。具有富铁铝、高铬、低钛的特征，在尖晶石族矿物分类图中，均分布于高铁铬铁矿范围内（图 4 – 20）。

　　铬铁矿主要以副矿物形式存在于地幔橄榄岩和岩浆岩中，是镁铁 – 超镁铁质岩浆中早期结晶相之

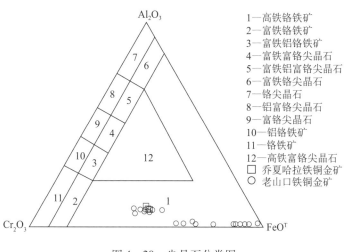

1—高铁铬铁矿
2—富铁铬铁矿
3—富铁铝铬铁矿
4—富铁富铬尖晶石
5—富铁铝富铬尖晶石
6—富铁铬尖晶石
7—铬尖晶石
8—铝富铬尖晶石
9—富铬尖晶石
10—铝铬铁矿
11—铬铁矿
12—高铁富铬尖晶石
□ 乔夏哈拉铁铜金矿
○ 老山口铁铜金矿

图 4 – 20　尖晶石分类图

（底图据索科洛夫，1958）

一，能够指示镁铁－超镁铁质岩浆的物质来源及演化（柴凤梅等，2011）。原生铬铁矿床包括层状铬铁矿床和豆荚状铬铁矿床两种基本类型，前者主要产于古老地台的层状镁铁质－超镁铁质杂岩中，后者主要产于显生宙蛇绿岩中（杨经绥等，2010）。在完整的蛇绿岩剖面中，铬铁矿可以赋存于莫霍面以上堆晶岩中和莫霍面以下地幔橄榄岩中（周勇等，2013）。总之，铬铁矿来源于地幔，与镁铁－超镁铁质岩浆作用有关。然而在老山口矿床的矽卡岩型铁矿石中，铬铁矿多呈浑圆状被磁铁矿包裹、交代。一般铬铁矿不应出现于矽卡岩型矿床中，可能的解释就是老山口铁铜金矿床的围岩为北塔山组第一岩性段，其中的苦橄岩可能为最初的铬铁矿来源，在铁铜金矿的成矿过程中被捕获，形成含铬铁矿的铁矿石。

17 件磁铁矿的电子探针分析结果见表 4 - 13，主要成分为 FeO^T，可以分为第一期磁铁矿（Mag1）和第二期磁铁矿（Mag2）。Mag1 较少，目前仅见于 LSK12 - 4 和 LSK12 - 34 两个样品中，FeO^T 含量变化于 89.32% ~ 90.69%，平均为 90.00%；SiO$_2$ 含量变化于 0.79% ~ 1.83%，平均为 1.31%；K$_2$O 含量变化于 0.004 ~ 0.035%；Al$_2$O$_3$ 含量变化于 0.85% ~ 1.40%，平均为 1.12%；MgO 含量变化于 0.27% ~ 0.37%，平均为 0.32%；Na$_2$O 含量变化于 0.073 ~ 0.14%，平均为 0.11%；MnO 含量变化于 0.13% ~ 0.35%，平均为 0.24%。与 Mag1 明显不同，Mag 2FeO^T 含量变化于 90.72% ~ 94.17%，平均为 92.66%；SiO$_2$ 含量变化于 0.02% ~ 0.78%，平均为 0.15%；K$_2$O 含量变化于 0 ~ 0.052%，平均为 0.007%；Al$_2$O$_3$ 含量变化于 0 ~ 0.12%，平均为 0.032%；MgO 含量变化于 0 ~ 0.085%，平均为 0.0196%；Na$_2$O 含量变化于 0 ~ 0.059%，平均为 0.013%；MnO 含量变化于 0.015% ~ 0.185%，平均为 0.067%。Mag2 比 Mag1 表现出富铁、低杂质元素（SiO$_2$、K$_2$O、Al$_2$O$_3$、MgO、Na$_2$O）的特点（图 4 - 21）。两期磁铁矿的 FeO^T 和 Na$_2$O、SiO$_2$、MgO、杂质元素含量呈负相关性，且明显分布在不同的范围（图 4 - 21），第一期磁铁矿普遍被第二期磁铁矿包裹、交代，二者接触界线截然（图 4 - 22），表明成矿过程中发生了"溶解－再沉淀"作用（Putnis，2009；Putnis et al.，2010），即成矿过程中至少存在两期磁铁矿，Mag2 是 Mag1 经过流体交代再平衡作用而成，暗示了铁矿的热液成因。第一期磁铁矿（Mag1）相对较少，第二期磁铁矿（Mag2）大量发育，暗示老山口铁铜金矿热液成矿占主导地位。结合矿床地质特征，认为老山口铁矿与矿区闪长（玢）岩岩浆期后热液活动有关，成矿与矽卡岩化关系密切，为矽卡岩型矿床。

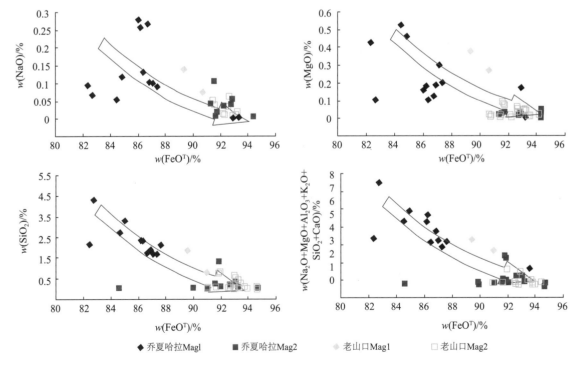

图 4 - 21　乔夏哈拉和老山口铁铜金矿两期磁铁矿 FeO^T 和杂质元素相关图

表 4-13 乔夏哈拉和老山口铁铜金矿代表性磁铁矿、含钒钛磁铁矿和铬铁矿电子探针分析数据

序号	样号	Na$_2$O	MgO	Al$_2$O$_3$	K$_2$O	SiO$_2$	CaO	V$_2$O$_3$	FeO	TiO$_2$	Cr$_2$O$_3$	P$_2$O$_5$	MnO	NiO	CoO	总和	
1	QXHL12-10-Q2-2	0.088	0.195	0.387	0.112	2.091	0.208	0.03	87.418	0.072	0.044	0	0.166	0	0.14	90.958	
2	QXHL12-17-Q1-1	0.1	0.295	0.329	0.028	1.647	0.254	0	87.107	0	0	0.035	0.174	0.02	0.146	90.147	
3	QXHL12-17-Q2-1	0.101	0.176	0.672	0.052	1.651	0.534	0.018	86.842	0	0	0	0.312	0	0.127	90.489	
4	QXHL12-19-Q1-1	0.131	0.104	0.796	0.2	1.703	0.083	0.041	86.37	0.072	0	0.012	0.136	0	0.106	89.766	
5	QXHL12-19-Q3-1	0.266	0.121	1.028	0.116	1.799	0.55	0	86.691	0.024	0.028	0.019	0.167	0.009	0.206	91.057	第一期磁铁矿
6	QXHL12-22-Q1-1	0.278	0.157	1.384	0.177	2.32	0.24	0.058	85.991	0.094	0.039	0.005	0.078	0.018	0.15	91.051	
7	QXHL12-32-Q1-1	0.004	0.002	1.127	0	0.03	0	0.018	93.267	0.12	0.081	0	0.159	0	0.171	94.979	
8	QXHL12-32-Q1-2	0	0.165	0.17	0	0.263	0	3.106	92.914	0	0.061	0.007	0.121	0	0.167	93.974	
9	QXHL12-70-1-1	0.067	0.096	0.897	0	4.278	2.054	0.243	82.679	1.975	0.082	0.01	0.072	0	0.107	92.56	
10	QXHL12-70-1-2	0.257	0.178	1.593	0.047	2.293	0.674	0.155	86.146	0.243	0.007	0.03	0.083	0	0.075	91.781	
11	QXHL12-96-Q1-2	0.093	0.419	0.12	0.026	2.16	0.493	0.03	82.376	0.069	0	0	0.108	0	0.137	86.035	
12	QXHL12-97-1-2	0.054	0.522	0.383	0.033	2.691	0.971	0.084	84.44	0.009	0	0	0.137	0	0.101	89.425	
13	QXHL12-97-1-4	0.118	0.456	0.549	0.058	3.274	0.874	0.042	84.817	0.052	0.09	0.02	0.167	0.008	0.146	90.671	
14	LSK12-4-Q1-2	0.14	0.365	0.845	0.035	1.828	0.182	0.077	89.32	0.144	0.021	0	0.128	0	0.129	93.214	
15	LSK12-34-Q1-2	0.073	0.268	1.396	0.004	0.791	0	0.161	90.687	0.2	0	0	0.354	0	0.114	94.048	
16	QXHL12-10-Q2-1	0	0	0.012	0.002	0.061	0	0	89.676	0.018	0	0	0.079	0	0.163	90.011	
17	QXHL12-17-Q1-2	0.015	0.025	0.024	0	0.114	0	0.024	91.752	0.024	0.043	0.007	0.141	0	0.193	92.362	
18	QXHL12-17-Q2-2	0.053	0.012	0.01	0	0.066	0	0.053	92.88	0	0.095	0	0.106	0	0.138	93.413	
19	QXHL12-19-Q1-2	0.005	0	0	0.004	0.095	0	0.052	91.679	0	0	0	0.09	0	0.186	92.111	
20	QXHL12-19-Q3-2	0.034	0	0.159	0.025	0.242	0	0.029	92.277	0	0	0	0.018	0.018	0.139	92.947	第二期磁铁矿
21	QXHL12-22-Q1-2	0.041	0.023	0.151	0.026	0.29	0	0.057	92.751	0	0.086	0.012	0	0	0.15	93.595	
22	QXHL12-36-1-2	0	0.007	0.024	0	0.019	0	0.23	94.349	0.034	0.085	0.007	0.023	0	0.099	94.877	
23	QXHL12-36-1-3	0.005	0.013	0.099	0	0.039	0	0.041	94.361	0.171	0.041	0.015	0.077	0.02	0.163	95.045	
24	QXHL12-70-1-3	0.037	0.031	0.046	0	0.163	0	0.135	91.314	0.06	0.041	0.032	0.033	0	0.121	92.013	
25	QXHL12-70-1-4	0.105	0.119	0.362	0.048	1.329	0.07	0.341	91.553	0	0	0	0.091	0	0.118	93.836	
26	QXHL12-96-Q1-1	0	0	0	0	0.036	0	0.176	84.492	0	0	0	0.078	0	0.106	84.888	

223

序号	样号	Na$_2$O	MgO	Al$_2$O$_3$	K$_2$O	SiO$_2$	CaO	V$_2$O$_3$	FeO	TiO$_2$	Cr$_2$O$_3$	P$_2$O$_5$	MnO	NiO	CoO	总和	
27	QXHL12 - 105 - 1 - 6	0	0	0.036	0	0.028	0	0.071	90.728	0.009	0.051	0	0.058	0	0.176	91.157	
28	LSK12 - 1 - Q1 - 2	0.015	0.043	0.008	0	0.169	0	0.059	93.256	0.006	0.143	0	0.02	0.009	0.168	93.896	
29	LSK12 - 1 - Q2 - 2	0	0.008	0.03	0	0.019	0	0.059	92.189	0.066	0.296	0	0.017	0	0.179	92.863	
30	LSK12 - 1 - Q4 - 2	0	0	0.064	0	0.069	0	0	93.033	0.054	0.061	0	0.015	0	0.172	93.468	
31	LSK12 - 1 - Q5 - 3	0	0.004	0.04	0	0.05	0	0.153	93.479	0.018	0.756	0	0.031	0	0.159	94.69	
32	LSK12 - 1 - Q7 - 3	0.047	0.009	0	0	0.099	0	0.047	91.441	0	1.596	0.002	0.053	0	0.164	93.458	
33	LSK12 - 1 - Q8 - 3	0	0.03	0.07	0.004	0.085	0	0	93.066	0.053	0.003	0	0.093	0	0.148	93.552	
34	LSK12 - 4 - Q1 - 1	0	0.016	0.029	0	0.019	0	0.029	94.173	0.024	0.078	0.024	0.03	0	0.138	94.56	
35	LSK12 - 4 - Q1 - 3	0	0	0.011	0	0.017	0	0.071	92.417	0.245	0.017	0	0.185	0	0.15	93.113	第一期磁铁矿
36	LSK12 - 8 - Q1 - 3	0	0.015	0	0	0.044	0	0.047	90.717	0.018	1.388	0	0.113	0	0.143	92.485	
37	LSK12 - 8 - Q2 - 3	0.011	0	0.019	0	0.027	0	0.082	92.258	0	0.205	0	0.071	0	0.178	92.851	
38	LSK12 - 8 - Q3 - 3	0.033	0	0.001	0	0.039	0	0	92.55	0.012	0.32	0	0.049	0	0.172	93.176	
39	LSK12 - 11 - Q1 - 2	0.059	0.055	0.041	0.047	0.546	0	0.03	92.608	0.026	0.441	0	0.096	0	0.175	94.124	
40	LSK12 - 20 - Q2 - 3	0	0	0	0	0.028	0	0.041	93.621	0	0.156	0.002	0.087	0	0.195	94.13	
41	LSK12 - 20 - Q1 - 3	0.037	0.085	0.115	0.052	0.778	0.002	0.095	91.596	0	0.129	0	0.056	0	0.124	93.069	
42	LSK12 - 29 - Q1 - 1	0.006	0.018	0	0.01	0.222	0	0.194	93.219	0	0	0.01	0.059	0	0.135	93.873	
43	LSK12 - 29 - Q1 - 2	0	0.034	0.02	0	0.359	0	0.182	92.59	0.017	0.078	0.005	0.081	0	0.15	93.516	
44	LSK12 - 34 - Q1 - 1	0.007	0.017	0.09	0	0.045	0	0.255	92.951	0	0	0	0.085	0.008	0.14	93.598	
45	QXHL12 - 91 - 1 - 3	0.011	0.015	0.087	0	0.019	0	0.17	93.344	0.026	0	0	0.024	0	0.184	93.88	
46	QXHL12 - 91 - 1 - 4	0	0	0.109	0	0.003	0	0.158	92.759	0.009	0.003	0	0.078	0	0.183	93.302	晚期含钒钛磁铁矿
47	QXHL12 - 91 - 1 - 5	0	0.172	0.015	0	0.003	0	0.155	42.771	49.258	0.013	0	8.121	0	0.084	100.592	
48	QXHL12 - 91 - 1 - 6	0	0.123	0.013	0	0.008	0	0.194	42.543	48.162	0.047	0	8.067	0	0.091	99.248	
49	QXHL12 - 91 - 1 - 7	0.011	0.137	0.017	0	0.046	0	0.279	42.457	49.743	0.051	0.009	7.815	0	0.103	100.668	

序号	样号	Na₂O	MgO	Al₂O₃	K₂O	SiO₂	CaO	V₂O₃	FeO	TiO₂	Cr₂O₃	P₂O₅	MnO	NiO	CoO	总和	
50	QXHL12-12-Q2-1	0	0.785	7.48	0	0.051	0	0.165	41.457	0.269	44.938	0	4.6	0.123	0.1	99.968	铬铁矿
51	QXHL12-12-Q3-1	0	7.416	8.587	0.002	0.054	0	0.235	35.909	0.386	47.086	0.005	1.354	0.05	0.113	101.197	铬铁矿
52	QXHL12-12-Q4-1	0.081	0.122	7.655	0.01	0.024	0	0.157	44.404	0.329	42.195	0.014	4.393	0.112	0.105	99.601	铬铁矿
53	LSK12-1-Q1-1	0.024	0.048	1.35	0	0.06	0	0.064	65.479	0.12	27.35	0	1.673	0	0.13	96.298	铬铁矿
54	LSK12-1-Q2-1	0.067	0.024	2.052	0	0.054	0	0.032	63.456	0.048	27.223	0	2.042	0.017	0.149	95.164	铬铁矿
55	LSK12-1-Q4-1	0	0.65	7.426	0.01	0.054	0	0.145	44.587	0.256	44.131	0.007	1.501	0.053	0.094	98.914	铬铁矿
56	LSK12-1-Q4-3	0	0.022	0.136	0	0.06	0	0.067	81.583	0	10.653	0.022	1.017	0	0.117	93.677	铬铁矿边缘
57	LSK12-1-Q5-1	0.064	0.061	7.352	0	0.097	0	0.059	44.553	0.089	43.134	0	2.752	0.05	0.119	98.33	铬铁矿
58	LSK12-1-Q5-2	0.013	0.001	0.09	0	0.041	0	0.146	84.726	0.144	9.389	0.017	0.733	0	0.181	95.464	铬铁矿边缘
59	LSK12-1-Q7-1	0.011	0.288	6.555	0.01	0.04	0	0.118	46.063	0.184	43.385	0.017	2.086	0	0.122	98.879	铬铁矿
60	LSK12-1-Q7-2	0.013	0.113	0.173	0.078	0.836	0.034	0.102	85.996	0.048	6.647	0.024	0.402	0	0.123	94.589	铬铁矿边缘
61	LSK12-1-Q8-1	0.075	0.053	2.421	0.009	0.045	0	0	56.198	0.224	34.674	0.029	2.516	0	0.075	96.319	铬铁矿
62	LSK12-1-Q8-2	0.072	0.034	0.044	0.021	0.12	0	0	88.389	0	2.871	0	0.096	0	0.139	91.786	铬铁矿边缘
63	LSK12-8-Q1-1	0.052	0.539	6.531	0	0.069	0	0	40.066	0.136	49.19	0.014	1.733	0	0.094	98.424	铬铁矿
64	LSK12-8-Q1-2	0.02	0.017	0.169	0.011	0.046	0	0.067	79.953	0.03	12.01	0	1.352	0	0.114	93.789	铬铁矿边缘
65	LSK12-8-Q2-1	0.057	0.253	7.985	0.001	0.056	0	0.196	45.465	0.344	41.105	0	2.502	0.096	0.117	98.177	铬铁矿
66	LSK12-8-Q2-2	0.02	0.049	1.35	0	0.061	0.027	0.177	60.436	0.024	30.652	0	2.485	0.003	0.085	95.369	铬铁矿边缘
67	LSK12-8-Q3-1	0.03	0.722	9.324	0	0.075	0	0.157	42.896	0.201	43.199	0	1.802	0.043	0.086	98.535	铬铁矿
68	LSK12-8-Q3-2	0	0.004	0.029	0.011	0.126	0	0.054	88.201	0.03	5.686	0.046	0.274	0	0.173	94.634	铬铁矿边缘
69	LSK12-20-Q1-1	0.054	0.134	7.273	0.007	0.057	0	0.143	50.32	0.054	36.469	0.005	2.516	0	0.129	97.161	铬铁矿
70	LSK12-20-Q1-2	0.04	0.015	0.259	0.001	0	0.013	0.062	70.871	0	19.021	0.005	1.82	0	0.138	92.24	铬铁矿边缘
71	LSK12-11-Q1-1	0.148	0.107	6.196	0.001	0.105	0	0.072	42.514	0.196	43.518	0	4.055	0	0.126	97.038	铬铁矿

测试单位：中国地质科学院矿产资源研究所同位素实验室。

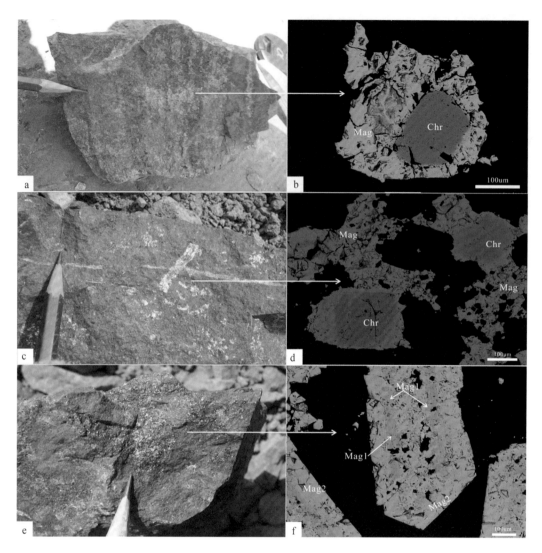

图 4 – 22 磁铁矿、铬铁矿特征

a—条带状绿帘石磁铁矿矿石；b—磁铁矿包裹铬铁矿，背散射；c—块状含硫化物磁铁矿矿石；d—磁铁矿包裹、交代
铬铁矿，背散射；e—块状含硫化物磁铁矿矿石；f—第二期磁铁矿（Mag2）交代第一期磁铁矿（Mag1），背散射；
Mag—磁铁矿；Chr—铬铁矿

黄铜矿、黄铁矿在老山口矿区普遍发育，二者共生，偶与闪锌矿共生（图 4 – 23）。电子探针结果表明黄铜矿中 Cu 含量变化于 34.52% ~ 34.97%，Fe 含量变化于 30.12% ~ 30.88%，S 含量变化于 34.62% ~ 35.30%，其他元素含量很低；黄铁矿除 Fe、S 外，还含少量的 Ni、Co、Zn 等元素（表 4 – 14）。银金矿或呈细脉状沿矿物间隙分布，或呈他形粒状赋存于硫化物和磁铁矿中（图 4 – 23）。成分以 Au 为主，Ag 次之，还有少量的 Fe、Cu、S 等元素（表 4 – 14）。

（五）围岩蚀变与成矿期次划分

矿区围岩蚀变发育，主要为矽卡岩化（绿帘石化、绿泥石化、石榴子石化、透辉石化、阳起石化、透闪石化等），其次为钾长石化、钠长石化、碳酸盐化、绢云母化、硅化等（图 4 – 16）。矽卡岩化见于闪长玢岩和矿体中（图 4 – 16b），或闪长玢岩与中基性火山岩的接触部位（图 4 – 16c）。其中绿帘石、绿泥石化与铁矿化关系最为密切，铜金矿化主要与硅化和碳酸盐化有关（图 4 – 16d）。

成矿过程划分为 3 个阶段，即矽卡岩阶段、退化蚀变阶段、石英 – 硫化物 – 碳酸盐阶段。矽卡岩阶段主要形成石榴子石和透辉石（图 4 – 19a，图 4 – 16e ~ h）。退化蚀变阶段形成磁铁矿、绿帘石、

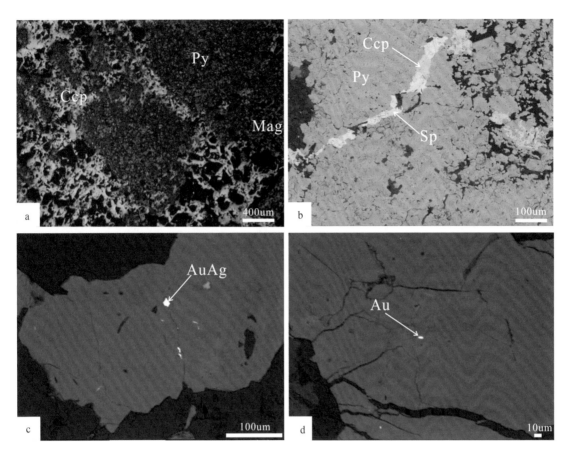

图 4 - 23　老山口铁铜金矿硫化物特征

a—黄铁矿与黄铜矿共生；b—黄铜闪锌矿脉穿切黄铁矿；c—银金矿呈他形粒状分布；d—自然金呈他形粒状分布
Ccp—黄铜矿；Py—黄铁矿；Mag—磁铁矿；AuAg—银金矿；Au—自然金

阳起石和少量角闪石，代表磁铁矿的主成矿阶段（图 4 - 19a，i）。石英 - 硫化物 - 碳酸盐阶段形成含金硫化物石英方解石脉（图 4 - 19d），代表铜金的主成矿阶段。

三、矿床模型

（一）成矿流体特征

1. 流体包裹体类型及特征

用于流体包裹体研究的 7 件石榴子石、4 件绿帘石和 5 件方解石样品分别采自矽卡岩阶段、退化蚀变阶段和石英 - 硫化物 - 碳酸盐阶段。包裹体显微测温工作在中国地质大学（北京）地球化学实验室利用英国产 Linkam THMSG 600 冷热台上进行，可测温范围为 $-196 \sim +600℃$，精度为 $\pm0.1℃$。

根据室温下包裹体的物理相态和化学组成不同，将老山口铁铜金矿床原生包裹体划分为 H_2O - NaCl 型和 H_2O - CO_2 - （$\pm CH_4/N_2$）- NaCl 型包裹体。H_2O - NaCl 型包裹体可以进一步划分为富液体包裹体（I 型）、富气体包裹体（II 型）和含子矿物多相包裹体（III 型）。H_2O - CO_2 - （$\pm CH_4/N_2$）- NaCl 型包裹体在室温下为含 CO_2 的三相包裹体（IV 型）。不同包裹体类型和特征见表 4 - 15和图 4 - 24。

石榴子石中原生包裹体类型主要为液体包裹体，少量的气体包裹体和含子矿物多相包裹体。液体包裹体由气相和液相组成，气液比 5% ~50%，多数为 5% ~20%。气体包裹体由气相和液相组成，气液比 50% ~95%，加热均一到气相。含子矿物多相包裹体（图 4 - 24c）由子矿物 + 液相 + 气相组成，气液比 5% ~40%，子矿物多呈立方体状，少数浑圆状。

表 4 - 14　老山口铁铜金矿硫化物电子探针分析数据

序号	样号	Se	As	S	Te	Bi	Zn	Cu
1	LSK12 - 1 - Q3 - 1	0.018	0.059	53.046	0.012	0	0.915	0.067
2	LSK12 - 1 - Q6 - 2	0.016	0.051	53.48	0	0	0	0.041
3	LSK12 - 1 - Q3 - 2	0	0	34.78	0.043	0	0	34.58
4	LSK12 - 1 - Q6 - 1	0.004	0	34.623	0	0	0.022	34.759
5	LSK12 - 4 - Q3 - 1	0	0	35.301	0	0	0.076	34.517
6	LSK12 - 30 - Q1 - 2	0	0	34.663	0	0	0.007	34.966
7	LSK12 - 4 - Q3 - 2	0.031	0	33.192	0	0.094	66.128	0.026
8	LSK12 - 30 - Q2 - 1	0	0	0.169	0.036	0.449	0	0.273

序号	样号	Fe	Ag	Ni	Co	Au	Total	备注
1	LSK12 - 1 - Q3 - 1	46.007	0.014	0.426	0.081	0.032	100.677	黄铁矿
2	LSK12 - 1 - Q6 - 2	46.491	0.017	0.236	0.544	0.022	100.898	黄铁矿
3	LSK12 - 1 - Q3 - 2	30.879	0.018	0	0.087	0	100.387	黄铜矿
4	LSK12 - 1 - Q6 - 1	30.115	0.008	0	0.075	0.041	99.647	黄铜矿
5	LSK12 - 4 - Q3 - 1	30.298	0	0	0.081	0.072	100.345	黄铜矿
6	LSK12 - 30 - Q1 - 2	30.128	0.015	0	0.05	0	99.829	黄铜矿
7	LSK12 - 4 - Q3 - 2	0.936	0	0	0	0	100.407	闪锌矿
8	LSK12 - 30 - Q2 - 1	2.28	30.131	0	0.066	66.343	99.747	银金矿

测试单位：中国地质科学院矿产资源研究所同位素实验室。

表 4 - 15　老山口铁铜金矿流体包裹体类型及特征

类型	名称	组成	长轴/μm	形态	气相比	观察包体数/个	分布
I	富液体包裹体	液相和气相	1 ~ 25，主要为 2 ~ 7	椭圆状、多边形、长条状、不规则状、负晶形	3% ~ 40%	173	石榴子石、绿帘石和方解石
II	富气体包裹体	气相和液相	1 ~ 10，主要为 3 ~ 8	椭圆状	50% ~ 90%	5	石榴子石和绿帘石
III	含子矿物包裹体	液相、子矿物和气相	2 ~ 17	椭圆状、多边形、长条状、不规状	5% ~ 40%	25	石榴子石、绿帘石和方解石
IV	含 CO_2 三相包裹体	气体 CO_2、液体 CO_2 和水溶液	4 ~ 10	椭圆状、不规则状	10% ~ 45%	13	方解石

绿帘石中原生包裹体类型主要为液体包裹体，由气相和液相组成，气液比 3% ~ 50%，多数为 5% ~ 10%，长轴为 2 ~ 10 μm，一般孤立分布。

方解石中普遍发育液体包裹体，少量含子矿物多相包裹体和含液体 CO_2 的三相包裹体。液体包裹体由气相和液相组成，气液比 3% ~ 35%，多数为 5% ~ 10%，长轴为 4 ~ 21 μm，多数为 5 ~ 10 μm，与其他类型包裹体共生。含子矿物多相包裹体由子矿物 + 液相 + 气相组成，长轴 5 ~ 8 μm，子矿物多呈立方体，主要为石盐，部分流体包裹体中含两个石盐子矿物。含液体 CO_2 的三相包裹体（图 4 - 24h）在室温下一般由 V_{CO_2}、L_{CO_2} 和 L_{H_2O} 三相组成，V_{CO_2} + L_{CO_2} 体积百分数为 5% ~ 10%，该类包裹体或呈孤立状分布，或与液体包裹体共生。

2. 显微测温结果

16 件样品中共 100 个 H_2O - NaCl 型包裹体测温结果见图 4 - 25，其中包括 84 个液体包裹体、13 个含子矿物多相包裹体和 3 个气体包裹体。

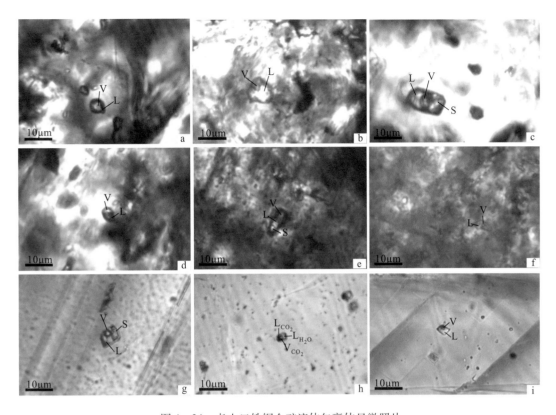

图 4 – 24　老山口铁铜金矿流体包裹体显微照片

a—石榴子石中气体包裹体；b—石榴子石中液体包裹体；c—石榴子石中含子矿物包裹体；d—绿帘石中气体包裹体；
e—绿帘石中含子矿物包裹体；f—绿帘石中液体包裹体；g—方解石中含子矿物包裹体；h—方解石中含 CO_2 三相包裹
体；i—方解石中液体包裹体

石榴子石中 32 个液体包裹体完全均一温度变化范围较大，为 205 ~ 588℃，主要集中于 210 ~ 310℃，盐度值为 8.95% ~ 17.96%，在盐度值为 16.5% 处出现峰值。用包裹体均一温度和盐度在 H_2O – NaCl 体系的 $t - \omega - \rho$ 相图上查得密度为 0.60 ~ 1.00 g/cm³。4 个含子矿物多相包裹体完全均一温度变化于 241 ~ 588℃，3 个含子矿物包裹体完全均一温度 > 550℃，所有气泡先于子矿物消失，表明它们均为过饱和包裹体。1 个气体包裹体在加热到 284℃ 时均一到气相。

绿帘石中 27 个液体包裹体完全均一温度变化于 212 ~ 498℃，主要集中于 210 ~ 330℃，盐度值为 7.02% ~ 27.04%，查得密度为 0.60 ~ 0.95 g/cm³。1 个含子矿物包裹体完全均一温度为 230℃，2 个 > 550℃，所有气泡先于子矿物消失。2 个气体包裹体完全均一温度分别为 370℃ 和 562℃。

方解石中 25 个液体包裹体完全均一温度变化于 150 ~ 380℃，在 150℃ 和 230℃ 处出现峰值。盐度变化于 13.4% ~ 18.47%，查得密度为 0.75 ~ 1.10 g/cm³。3 个过饱和的含子矿物包裹体完全均一温度为 150 ~ 250℃，子晶消失温度为 370 ~ 376℃。

方解石中 6 个含 CO_2 三相包裹体中 CO_2 的初熔温度约为 – 57.7℃，低于 CO_2 三相点（ – 56.6℃），表明流体成分中除 CO_2 外，还可能存在 CH_4、N_2、H_2S 和 SO_2 等气体（Burruss et al.，1981；卢焕章等，2004）。笼形物消失温度变化于 – 3.9 ~ 3.2℃，可以查得盐度为 11.61% ~ 19.05%。CO_2 相的部分均一温度和完全均一温度分别变化于 23.9 ~ 30.7℃ 和 190 ~ 266℃。

3. 成矿流体性质及演化

Kwak（1986）总结出大多数矽卡岩矿物中的流体具有高温（ > 700℃）、高盐度（ > 50%，含多个子矿物）的性质。Takeno et al.（1999）提出大多数矽卡岩型矿床中包裹体的完全均一温度高达甚至超过 700℃，而矽卡岩型 Cu 和 Zn 矿床中包裹体的完全均一温度相对较低，为 300 ~ 550℃。Singoyi et al.（2001）和 Zurcher et al.（2001）认为矽卡岩阶段的石榴子石和辉石一般形成于 500 ~ 700℃、

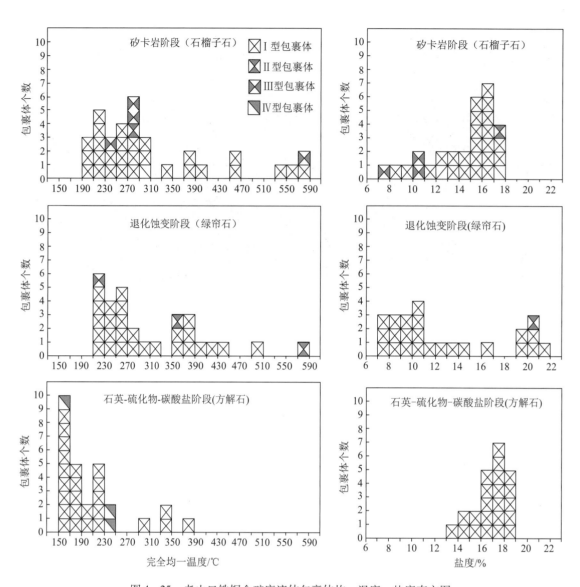

图 4-25　老山口铁铜金矿床流体包裹体均一温度、盐度直方图

50%盐度的流体中，退化蚀变阶段的绿帘石则形成于相对低温、盐度＜25%的流体中。Yao et al. (2014) 则认为热液矿化过程中成矿流体开始为高温、高盐度的岩浆流体，而大量成矿元素的沉淀却经常发生在中低温度、中低盐度的晚期，如蒙库矽卡岩型铁（铜）矿中大量磁铁矿在矽卡岩阶段（241～500℃，9.6%～12.9%）向硫化物阶段（145～382℃，1.2%～13.0%）演化的过程中沉淀成矿；山东沂南金铜铁矿的铁矿化形成于退化蚀变阶段（290～438℃，9.7%～23.1%），铜金矿化形成于石英－硫化物阶段（150～300℃，6.5%～17.3%）（Zhang et al.，2011）。老山口铁铜金矿的成矿温度和盐度与上述两者类似，铁矿化形成于晚期中低温、中低盐度的成矿流体。

在老山口矿床的成矿过程中，矽卡岩阶段成矿流体为高中温（205～588℃）、中低盐度（8.95%～17.96%），以岩浆水为主。退化蚀变阶段成矿流体温度（212～498℃）和盐度（7.02%～27.04%）略有下降，表明有少量大气降水的加入。石英－硫化物－碳酸盐阶段大气降水增多，成矿流体具有低温（集中于150～250℃）、中盐度（13.4%～18.47%）的性质。

（二）成矿流体来源

对采自托斯巴斯套铜金矿 ZK8004 钻孔岩芯、老山口Ⅳ号铁矿体的石榴子石和方解石进行 C、H、O 同位素测定。

首先挑选用于 H、O 同位素测试的石榴子石和方解石单矿物，纯度达99%以上。O 同位素分析方法为 BrF₅ 法（Clayton et al.，1963），首先将纯净的石榴子石样品与 BrF5 反应 15 h，萃取氧。分离出的氧进入 CO_2 转化系统，温度为 700℃，时间为 12 min，最后收集 CO_2（Mao et al.，2002）。H 同位素分析采用爆裂法，其测试程序为：加热石榴子石和方解石包裹体样品使其爆裂，释放挥发份，提取水蒸气，然后在 400℃ 条件下使水与锌反应产生氢气，再用液氮冷冻后，收集到有活性炭的样品瓶中（Coleman et al.，1982）。

方解石的 C 和 O 同位素分析过程见文献（Mao et al.，2002），首先在 25℃ 条件下，使方解石与磷酸反应释放 CO_2（McCrea，1950）。用中国的国家一级碳酸盐 C、O 同位素参考物质 GBW04416 和 GBW04417 作为工作标准。方解石样品的 $\delta^{18}O_{PDB}$ 值和 $\delta^{13}C_{PDB}$ 直接从 CO_2 测得。在转变 $\delta^{18}O_{PDB}$ 与 $\delta^{18}O_{SMOW}$ 时，使用 Friedman 等（1977）的方程：$\delta^{18}O_{SMOW} = 1.03086\delta^{18}O_{PDB} + 30.86$。测试在中国地质科学院矿产资源研究所同位素实验室进行，H、O 和 C 同位素用 MAT 253 EM 质谱计测试。O 和 C 同位素的分析精密度为 ±0.2‰，H 同位素的分析精密度为 ±2‰。C、H、O 同位素测试结果列于表 4-16 和图 4-26。

表 4-16　老山口铁铜金矿石榴子石、方解石中碳氢氧同位素组成

序号	样号	矿物	$\delta D_{V-SMOW}/‰$	$\delta^{18}O_{V-SMOW}/‰$	$T_h/℃$	$\delta^{13}C_{V-PDB}/‰$	$\delta^{18}O_{fluid}/‰$
1	LSK58	石榴子石	-101	6.4	263		7.04
2	LSK60	石榴子石	-110	5.8	304		7.02
3	LSK61	石榴子石	-105	5.9	255		6.41
4	LSK62	石榴子石	-94	5.2	332		6.75
5	LSK63	石榴子石	-104	6.2	443		8.70
6	LSK65	石榴子石	-98	6.8	394		8.94
7	ZK8004-2	石榴子石	-84	6.3	250		6.72
8	LSK49	方解石	-144	11.8	156	-0.4	0.10
9	LSK51	方解石	-110	7.1	192	2.4	-2.36
10	LSK96	方解石	-92	12.7	207	0.6	4.03
11	LSK97	方解石	-95	12.9	207	0.8	4.23
12	LSK107	方解石	-117	13.3	166	-0.9	2.27

矽卡岩阶段 7 件石榴子石的 δD_{SMOW} 值变化范围为 -110‰ ~ -84‰，$\delta^{18}O_{SMOW}$ 值变化较小，为 5.2‰ ~ 6.8‰。使用石榴子石-水分馏方程 $1000\ln\alpha = 1.22 \times 10^{-6}T^{-2} - 4.88$（Taylor，1974）和同一样品中流体包裹体完全均一温度平均值，计算出流体的 $\delta^{18}O_{H_2O}$ 值为 6.4‰ ~ 8.9‰。5 件方解石碳、氢、氧同位素采自与晚期矿化有关的胶结角砾的方解石，其 $\delta^{13}C_{PDB}$ 变化于 -0.9‰ ~ 2.4‰，δD_{SMOW} 值变化在 -144‰ ~ -92‰，$\delta^{18}O_{SMOW}$ 值介于 7.1‰ ~ 13.3‰。使用方解石-水分馏方程 $1000\ln\alpha = 2.78 \times 10^6 T^{-2} - 3.39$（O'Neil et al.，1969）和同一样品中流体包裹体完全均一温度平均值，计算出流体的 $\delta^{18}O_{H_2O}$ 值为 -2.4‰ ~ 4.2‰。

7 件石榴子石样品的 $\delta^{18}O_{H_2O}$ 值为 6.4‰ ~ 8.9‰，位于岩浆水变化范围内（5.5‰ ~ 9.5‰；Sheppard，1986），δD_{SMOW} 值（-110‰ ~ -84‰）稍低于岩浆水（-80‰ ~ -40‰，Sheppard，1986）。5 件方解石样品的 $\delta^{18}O_{H_2O}$ 值（-2.4‰ ~ 4.2‰）和 δD_{SMOW} 值（-144‰ ~ -92‰）均低于岩浆水的相应值。老山口铁铜金矿的 H、O 同位素组成与山东沂南金铜铁矿（早期矽卡岩阶段石榴子石 $\delta^{18}O_{H_2O}$ = 6.8‰，δD_{SMOW} = -73‰，退化蚀变-磁铁矿阶段磁铁矿和镜铁矿 $\delta^{18}O_{H_2O}$ = 7.9‰ ~ 11.6‰，δD_{SMOW} = -112‰ ~ -82‰，Zhang et al.，2011）、金-铜、铁-钴系列花岗岩中初始混合岩浆水（$\delta^{18}O$ = 6.0‰ ~ 9.0‰，δD = -110‰ ~ -65‰，张理刚，1985）、乔夏哈拉铁铜金矿（方解石 $\delta^{18}O_{H_2O}$ =

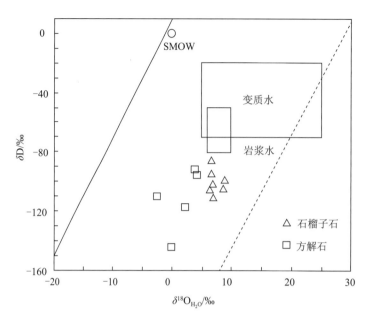

图 4 - 26　老山口铁铜金矿床 $\delta D - \delta^{18} O_{H_2O}$ 图解

(原始岩浆水范围据 Sheppard, 1986)

$-0.72‰ \sim 7.67‰$，$\delta D_{SMOW} = -136‰ \sim -111‰$，本书）类似，暗示成矿流体早期主要来源于岩浆水，晚期有大气降水的加入。

Taylor et al. (1983)，Taylor (1986) 和 Hedenquist (1994) 提出在早期岩浆房的去气作用过程中，H 同位素会发生强烈的分馏，导致稍晚形成矿物的 H、O 同位素组成不同于原始岩浆水。Shen et al. (2007) 认为岩浆去气作用和大气降水混合作用是造成准噶尔北西缘阔尔真阔拉和布尔克斯岱矿床中 δD 值偏低的两种主要因素。在老山口铁铜金矿中，石榴子石和方解石中流体包裹体的温度和盐度分别显示岩浆水和大气降水的特点，结合 H、O 同位素分析，认为石榴子石中偏低的 δD 值可能与岩浆去气作用有关，方解石中低的 $\delta^{18} O_{H_2O}$ 和 δD_{SMOW} 值与大气降水的加入有关。

老山口矿床的 $\delta^{13} C_{PDB}$ 值变化于 $-0.9‰ \sim 2.4‰$，平均值为 $0.5‰$，高于沉积物中有机 C（平均约为 $-25‰$，Clark et al.，2004）、火成岩（$-30‰ \sim -3‰$，Hoefs，2004）、地幔来源 C 同位素值（$-5‰ \pm 2‰$，Hoefs，2004），与海相碳酸盐 C 同位素组成（$-1‰ \sim 2‰$，平均为 $0‰$，Rollinson，1993）较接近，表明 C 主要来源于地层中海相碳酸盐岩。韩吟文等（2003）认为热液系统中 C 可以来源于大气降水在碳酸盐岩地层中对流循环时淋取的 C。因此，老山口方解石中 $\delta^{13} C$ 同样证明了晚期成矿流体中大气降水的加入。

（三）成矿物质来源

对 33 件黄铁矿、黄铜矿和磁黄铁矿单矿物进行了 S 同位素测试，样品为含浸染状、块状、脉状及条带状黄铁矿的磁铁矿矿石，含黄铁矿黄铜矿石英脉，含黄铁矿磁铁矿矿石和含黄铁矿方解石脉，均采自石英 - 硫化物 - 碳酸盐阶段。S 同位素测试在中国地质科学院矿产资源研究所同位素实验室完成，测试方法以 Cu_2O 作为氧化剂制备样品，用 MAT - 251 型质谱仪测定，分析精度为 $\pm 0.2‰$。

33 件样品 $\delta^{34} S$ 值变化于 $-2.6‰ \sim 5.4‰$，平均值为 $1.4‰$。其中 24 件黄铁矿 $\delta^{34} S$ 值变化于 $-2‰ \sim 5.4‰$，平均值为 $2.1‰$；7 件黄铜矿 $\delta^{34} S$ 值偏低，为 $-2.6‰ \sim 2.5‰$，平均值为 $-0.9‰$；2 件磁黄铁矿 $\delta^{34} S$ 值为 $1.9‰$ 和 $2.4‰$（表 4 - 17）。Ohmoto (1972) 和 Ohmoto 等 (1979) 认为热液矿物的 S 同位素组成与源区的 $\delta^{34} S$ 组成和含 S 矿物在热液流体中沉淀的物理化学条件有关。老山口矿床所有硫化物、黄铁矿、黄铜矿和磁黄铁矿的 $\delta^{34} S$ 平均值分别为 $1.4‰$、$2.1‰$、$-0.9‰$ 和 $2.15‰$，

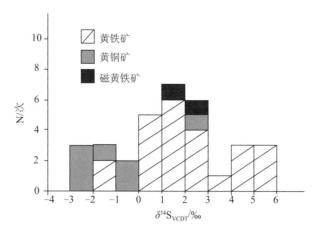

图 4 - 27　老山口铁铜金矿 S 同位素直方图

主要集中在0‰~3‰（图4-27）。不同硫化物的不同δ^{34}S 平均值可能与岩浆房的去气作用有关（陈骏等，2004）。Ohmoto 等（1979）认为在矿物组合相对简单的情况下，δ^{34}S 平均值可以代表总硫值。因此，所有硫化物的平均值（1.4‰）表明老山口矿床与乔夏哈拉铁铜金矿（δ^{34}S 平均值为 -0.1‰，本书）类似，均来源于深部（0±3‰，Hoefs，2004）。

表 4 - 17　老山口铁铜金矿 S 同位素组成

序号	样号	矿物	$\delta^{34}S_{CDT}$/‰	序号	样号	矿物	$\delta^{34}S_{CDT}$/‰
1	LSK11 - 17	黄铁矿	1.8	18	LSK83	黄铁矿	- 2.0
2	LSK11 - 18	黄铁矿	- 1.8	19	LSK85	黄铁矿	2.8
3	LSK11 - 23	黄铁矿	4.8	20	LSK83	黄铁矿	0.1
4	LSK11 - 24	黄铁矿	5.4	21	LSK87	黄铁矿	0.6
5	LSK11 - 25	黄铁矿	5.4	22	LSK88	黄铁矿	0.4
6	LSK11 - 26	黄铁矿	2.3	23	LSK89	黄铁矿	1.3
7	LSK11 - 27	黄铁矿	4.0	24	LSK96	黄铁矿	5.1
8	LSK11 - 28	黄铁矿	4.4	25	LSK313	黄铜矿	- 0.2
9	LSK11 - 34 - 1	黄铁矿	1.5	26	LSK314	黄铜矿	- 0.2
10	LSK74	黄铁矿	2.7	27	LSK316	黄铜矿	- 2.1
11	LSK75	黄铁矿	2.4	28	LSK319	黄铜矿	- 2.4
12	LSK76	黄铁矿	1.8	29	LSK320	黄铜矿	- 2.6
13	LSK77	黄铁矿	3.1	30	LSK11 - 15	黄铜矿	- 1.3
14	LSK78	黄铁矿	1.5	31	LSK11 - 34	黄铜矿	2.5
15	LSK79	黄铁矿	1.1	32	LSK223	磁黄铁矿	2.4
16	LSK80	黄铁矿	0.8	33	LSK224	磁黄铁矿	1.9
17	LSK81	黄铁矿	0.2				

前人研究（Foster et al.，1996；Ruiz et al.，1999；Mao et al.，2002）表明，Re-Os 同位素体系不仅可以测定成矿时代，还可以示踪成矿物质来源，如 Stein et al.（2001）提出成矿物质为地幔来源的矿床比地壳来源的矿床具有明显高的 Re 含量，Mao et al.（1999，2003）通过分析中国各类矿床中辉钼矿 Re 的含量，提出随着成矿物质从地幔、壳幔混合到地壳来源的不同，辉钼矿中的 Re 含量呈数量级下降，从几百 ug/g、几十 ug/g 到几 ug/g。其可靠性得到了国内外学者的认可（Selby et al.，2001；Berzina et al.，2005）。老山口铁铜金矿辉钼矿中 Re 含量变化于 442.0×10^{-6} ~ 4770×10^{-6}（见

下文)，与世界上其他铜矿类似（Berzina et al.，2005），表明其成矿物质主要来源于地幔。

（四）成矿时代

用于 Re-Os 定年的 6 件辉钼矿样品采自老山口铁铜金矿石和闪长玢岩，或呈薄膜状、浸染状分布于绿帘石绿泥石磁铁矿矿石和含黄铁矿黄铜矿磁铁矿矿石中，或呈细脉状、团块状分布于闪长玢岩中（图4-28）。Re-Os 同位素分析测试工作在国家地质实验测试中心完成，采用 Carius 管封闭溶样分解样品，Re 和 Os 的分离等化学处理过程及质谱测试过程参见文献（Shirey et al.，1995；Du et al.，2004；Mao et al.，2008）。质谱测定采用美国 TJA 公司生产的 TJA X - series ICPMS 测定同位素比值。对于 Re：选择质量数 185、187，用 190 监测 Os。对于 Os：选择质量数为 186、187、188、189、190、192。用 185 监测 Re。本次实验标准物质为 GBW04435（HLP）。

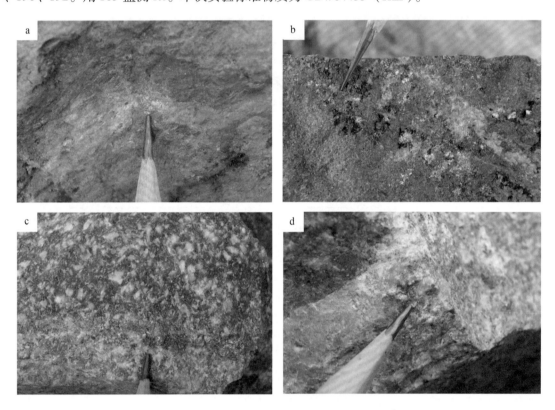

图 4-28　老山口铁铜金矿辉钼矿特征
a—薄膜状辉钼矿；b—浸染状辉钼矿；c—闪长玢岩中细脉状辉钼矿；d—闪长玢岩中团块状辉钼矿

老山口铁铜金矿 6 件辉钼矿 Re-Os 测试结果列于表 4-18。Re 和 ^{187}Re 含量较稳定，分别为 $442.0 \times 10^{-6} \sim 629.4 \times 10^{-6}$ 和 $277.8 \times 10^{-6} \sim 395.6 \times 10^{-6}$；Os 和 ^{187}Os 含量变化于 $0.143 \times 10^{-9} \sim 4.478 \times 10^{-9}$ 和 $1782 \times 10^{-9} \sim 2523 \times 10^{-9}$。Re-Os 模式年龄 t 按下式计算：$t = 1/\lambda \left[\ln \left(1 + {^{187}}Os/{^{187}}Re \right) \right]$，采用 λ（^{187}Re 衰变常数）$= 1.666 \times 10^{-11} a^{-1}$（Smoliar et al.，1996）。计算出的 6 件样品的 Re-Os 同位素模式年龄较接近，为（381.0 ± 6.2）~（384.5 ± 5.2）Ma，加权平均年龄为 383.2 ± 4.5 Ma（MSWD = 0.063，图4-29）。采用 ISOPLOT 软件（Ludwig，1999）对所获得的数据进行等时线计算，6 件辉钼矿样品获得的等时线年龄为 383 ± 26 Ma，MSWD = 0.11，与模式年龄和加权平均年龄比较接近，在误差范围内基本一致。等时线年龄的误差较大，可能是相似的 Re 和 Os 含量造成的。

老山口铁铜金矿 6 件辉钼矿加权平均年龄为 383 ± 4.5 Ma（MSWD = 0.06），与矿化相关闪长玢岩（379.7 ± 3.0 Ma，见第三章第一节）在误差范围内一致。辉钼矿与黄铜矿、黄铁矿等含金硫化物共生，其年龄可以代表铜金的成矿年龄，表明老山口铁铜金矿与乔夏哈拉铁铜金矿（375.2 ± 2.6 Ma，本书）、卡拉先格尔斑岩铜矿带（$373 \sim 378$ Ma，吴淦国等，2008；杨富全等，2012）成矿时代一致，均为中泥盆世。斑岩铜矿一般形成于俯冲或后碰撞环境（Sillitoe，2010），中泥盆世准噶尔北缘为板块俯冲阶段（Zhang et al.，2009）。老山口和乔夏哈拉铁铜金矿化与卡拉先格尔斑岩铜矿具有密切的时空关系、形成于相同的构造背景，暗示老山口和乔夏哈拉铁铜金矿可能为区域斑岩成矿系统的一部分。

表 4 – 18 老山口铁铜金矿辉钼矿 Re – Os 同位素数据

样号	Re/10^{-9}		Os/10^{-6}		^{187}Re/10^{-9}		^{187}Os/10^{-6}		表面年龄/Ma	
	测定值	2σ	测定值	2σ	测定值	2σ	测定值	2σ	测定值	2σ
LSK12 – 22	597.484	4.363	0.277	0.293	375.531	2.742	2413	19	384.5	5.2
LSK12 – 19	487.406	4.171	4.478	6.146	306.344	2.622	1951	22	381.0	6.2
LSK12 – 21	629.428	5.660	0.143	0.320	395.608	3.557	2523	21	381.6	5.6
LSK12 – 22 – 1	585.377	6.105	0.342	0.361	367.921	3.837	2361	18	383.9	5.9
LSK12 – 23	449.582	3.905	1.272	1.511	282.571	2.454	1812	17	383.8	5.8
LSK12 – 23 – 1	442.004	3.310	0.890	0.229	277.809	2.081	1782	14	383.8	5.2

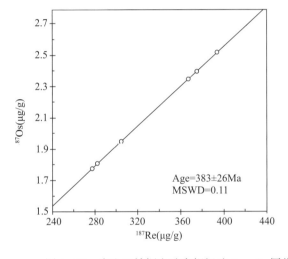 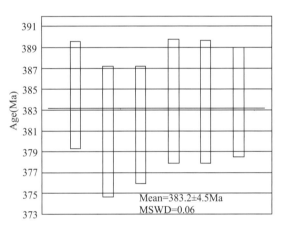

图 4 – 29 老山口铁铜金矿床辉钼矿 Re – Os 同位素等时线和辉钼矿 Re – Os 模式年龄加权平均值

（五）成矿模型

将老山口铁铜金矿的成矿过程模式化为图 4 – 30，其成矿过程概述如下：准噶尔地区古生代经历了大洋扩张、板块俯冲、碰撞和后碰撞过程。新元古代—奥陶纪，发育被动大陆边缘类复理石沉积，伴随准噶尔洋壳向北向阿尔泰微板块之下的俯冲，转为活动大陆边缘（吴淦国等，2008）。准噶尔北缘在志留纪处于弧后盆地环境（Windley et al.，2002）。随着洋壳继续向北俯冲，泥盆纪区域火山活动强烈，形成早泥盆世托让格库都克组岛弧火山岩，390～380 Ma 中泥盆世北塔山组发育玻安岩、苦橄岩（于学元等，1993；张海祥等，2004；陈毓川等，2004；张招崇等，2005）和中基性火山岩，基–中–酸性火山岩建造的蕴都喀拉组，同时在北塔山组形成 Fe、Cu 等的矿源层。中泥盆世其构造背景仍为大洋岛弧环境。北塔山组形成后不久，即 380 Ma 左右紧随火山作用之后残余岩浆沿断裂或火山口侵入，在乔夏哈拉 – 老山口一带形成闪长（玢）岩侵入到北塔山组中，如老山口矿区黑云母闪长岩（379 Ma）、闪长玢岩（379 Ma）等。卡拉先格尔一带在 381～375 Ma 形成类似埃达克质的石英闪长玢岩 – 花岗闪长斑岩。

老山口矿区伴随岩体、岩脉的侵入，在北塔山组玄武岩、火山角砾岩和灰岩的接触带附近产生矽

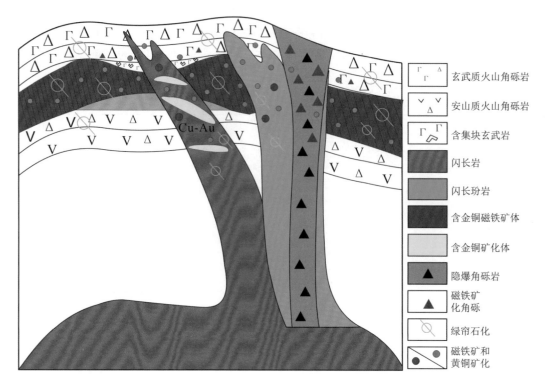

图4-30　老山口铁铜金矿床成矿模型

卡岩化蚀变和铁铜金矿化。矽卡岩化早期阶段形成石榴子石、透辉石等，随后的退变质作用形成以绿帘石、闪石类（透闪石、阳起石）、绿泥石为主的蚀变，还有钾长石化蚀变，同时有大量磁铁矿、黄铜矿、黄铁矿等的形成。其中黄铜矿和黄铁矿呈浸染状分布于钾长石脉或绿帘石脉之中。晚期阶段温度急剧下降，形成了绢云母、方解石、石英等矿物组合。354 Ma左右中粒闪长岩脉沿断裂侵入，在岩脉和地层接触带附近形成强烈的绿帘石化和方解石化，伴有铜矿化、金矿化和少量磁铁矿化（如托斯巴斯套南金矿）。

第三节　沙泉子-黑峰山铁铜矿地质特征及矿床模型

沙泉子-黑峰山一带位于阿齐山-雅满苏火山岛弧带的最东段。已发现许多含铜铁矿点或小型铁铜矿床，沙泉子、黑峰山铁铜矿是其中典型的代表。虽然这些铁铜矿点和矿床的规模较小，但它们均在不大的区域范围内集中分布，且具有相同的含矿岩系、矿化类型及蚀变特征，暗示这些矿床、矿点周围以及该区域内的深部存在规模大的铁或铜成矿的可能性。由于铁、铜的矿化强度、规模都很小，还较少引起关注，进一步的深部勘查及矿床地质、地球化学特征及矿床成因等方面的研究程度相对较低。

一、成矿地质背景

沙泉子、黑峰山铁铜矿床位于哈密市南东约170～180 km处。所处大地构造属性与雅满苏铁锌钴矿一致，同样属于阿奇山-雅满苏石炭纪岛弧带，为该带由雅满苏向东延伸的最东端。该区段出露地层前人称为下石炭统土古土布拉克组（在岛弧带西部称为底坎儿组和沙泉子组），主要为一套滨海-浅海相的中基性火山岩-碎屑沉积岩-碳酸盐岩。但本次研究发现，在沙泉子-黑峰山的沙泉子组中均存在早二叠世的中基性-酸性岩浆活动，以黑峰山矿区最为发育。区内发育石炭纪—早二叠世闪长岩、花岗闪长岩，整体呈EW向展布。

二、矿床地质特征

沙泉子、黑峰山矿床均是以铁为主的铁铜矿床。沙泉子矿区分东、中、西3个矿段，各矿段地质特征相似，仅由于断层或岩体相隔。铁、铜矿体主要集中在中矿段，我们主要针对中矿段开展工作。黑峰山铁铜矿的矿床地质特征与沙泉子铁铜矿比较相似。因此，我们将二者一起进行研究。

（一）含矿岩系及构造

1. 含矿岩系

沙泉子矿区出露地层为下石炭统土古土布拉克组一套中酸性火山岩、火山碎屑岩。从矿区中矿段来看（图4-31），可为4个岩性段：第一岩性段分布于矿区北部，为一套安山岩 - 英安岩、凝灰质砂岩、砂岩，与第二岩性段呈整合接触；英安岩中分布有小的透镜状铁矿体及蚀变带。第二岩性段分布于中部，岩性较单一，主要为安山岩，夹玄武岩，有少量凝灰岩，向东相变为英安岩、灰岩、砂岩、凝灰岩等，与上部呈整合接触。第三岩性段为凝灰岩夹安山岩，分布于中偏南部，为矿体主要赋存层位；岩性组合以凝灰岩、流纹质凝灰岩、英安质凝灰岩、蚀变凝灰岩为主，次为安山岩，发育矽卡岩化。铁矿体主要产在第二和第三岩性段之间的一套玄武岩和安山岩接触部位。第四岩性段为灰绿色凝灰岩、灰绿色玄武岩夹少量安山岩。与下部呈断层接触。

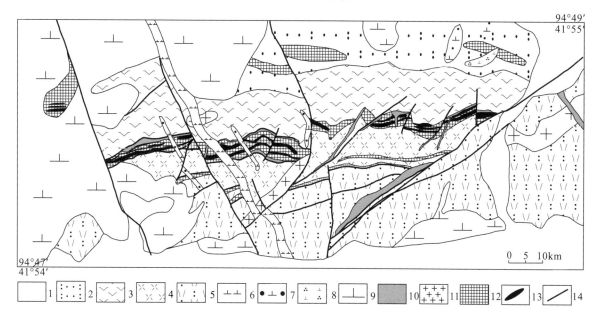

图4-31　沙泉子矿区中矿段地质图

（据新疆地质矿产勘查开发局第六地质大队，2011）

1—第四系；2—土古土布拉克组 第一岩性段英安岩、凝灰质砂岩；3—土古土布拉克组 第二岩性段流纹岩 - 玄武岩；4—土古土布拉克组 第三岩性段凝灰岩夹英安岩；5—土古土布拉克组 第四岩性段凝灰岩 - 玄武岩；6—闪长岩脉；7—细粒闪长岩脉；8—石英闪长岩脉；9—闪长岩；10—闪长玢岩脉；11—花岗斑岩；12—蚀变带；13—铁铜矿体；14—断层

黑峰山矿区出露地层为下石炭统土古土布拉克组中的一套火山岩、火山碎屑岩，主要为暗灰绿色中基性喷出岩，包括玄武岩、安山岩等（图4-32），相对沙泉子矿区略偏基性。另外，还有酸性的霏细岩及中酸性凝灰岩出露。

2. 构造

沙泉子铁铜矿位于沙泉子背斜南翼，区内地层基本呈单斜构造。以南约1km即为沙泉子深大断裂，受大型构造及岩浆侵入的影响，区内次级断裂异常发育，地表岩石破碎强烈。断裂具有多期性，顺层断裂产状基本与地层一致，被区内其余断层错断，形成时间较早；沿顺层断裂有弱蚀变和矿化，局部断裂中可形成单独的铁矿体或铜矿体，对前期铁矿体也有叠加富集现象。近EW向断裂主要为北

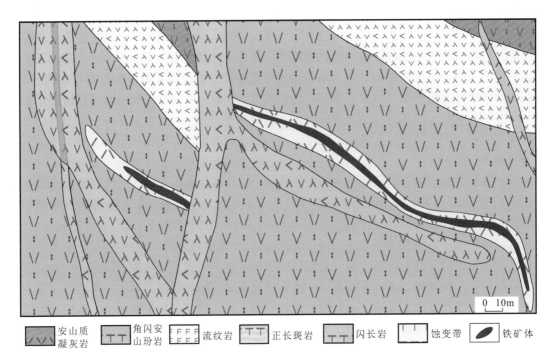

图 4-32 黑峰山铁铜矿Ⅳ号矿体地质图
(据新疆地质矿产勘查开发局第六地质大队，2011)

图例：安山质凝灰岩　角闪安山玢岩　流纹岩　正长斑岩　闪长岩　蚀变带　铁矿体

倾的逆断层，对矿体影响最大，使矿体在深部倾向上错断。"X"型断裂构造组切断 EW 向断裂，为较晚期断裂，部分断层贯入有闪长岩脉。

黑峰山矿区构造作用相对于沙泉子矿区要弱得多，仅发育小的次级断裂构造。

（二）侵入岩

沙泉子矿区岩浆侵入活动较为强烈，以中性岩浆侵入为主，少量酸性岩。规模较大的为分布于矿区西部和北部的闪长岩体，其余分布于中部的如花岗斑岩、石英闪长岩、闪长岩、细粒闪长岩及闪长岩玢岩，均呈脉状（图 4-31），多沿断裂侵位。花岗斑岩侵入较早，可见被闪长玢岩脉穿切；闪长玢岩脉体虽然出露规模不大，但与矿化蚀变关系密切，分布于蚀变带两侧，顺层产出，局部也有穿切矿体现象；其余脉岩均穿切闪长玢岩脉，同时对矿体有破坏作用。根据野外观察，岩浆侵入顺序（早到晚）为：花岗斑岩→闪长玢岩→细粒闪长岩、闪长岩、石英闪长岩。闪长玢岩中锆石 LA - ICP - MS U - Pb 年龄为 322.2 ± 1.7 Ma，这些岩体、岩脉为同期岩浆活动形成的不同侵入岩。另外，矿区还发育二叠纪侵入岩，如闪长岩和辉长闪长岩锆石 LA - ICP - MS U - Pb 加权平均值分别为 276.3 ± 1.4 Ma 和 282.5 ± 1.7 Ma。

黑峰山矿区岩浆侵入作用较沙泉子矿区也弱，多呈脉状，主要为闪长岩脉、闪长玢岩脉以及花岗斑岩脉等（图 4-32）。其中，闪长玢岩脉体与铁矿富集以及铜的矿化有密切关系。

（三）矿体及矿石特征

1. 矿体特征

沙泉子铁铜矿目前共圈定出规模不等的磁铁矿体 19 个，其中中矿段为 12 个（含 3 个盲矿体），占铁总资源量 70% 左右；西矿段 4 个，占总资源量近 20%；东矿段 3 个，规模较小。矿体主要呈层状、扁豆状、透镜状产出，多呈 2~3 层平行排列（图 4-33a，图 4-34），常被断层切割呈断续分布。矿体顶板围岩主要为凝灰岩，部分玄武岩，底板也以蚀变凝灰岩为主，次为玄武岩、安山岩。在闪长玢岩与围岩接触带上也可见晚期的不规则铁矿化，矿化与闪长玢岩侵入有关（图 4-33b）。矿床中铁品位变化相对较大，Fe^T品位在20%～60.2%；矿体走向长从数十米到小于400 m不等，厚度一般在5 m以下，较为稳定，最厚达13.91 m；倾向上延伸数十米至数百米，最大达460 m；矿体总体倾向南（150°～175°），倾角30°～45°。

图4-33 沙泉子矿体与闪长玢岩关系

a—层状矿体被闪长玢岩破坏；b—与闪长玢岩有关的铁矿化

铜矿体主要分布于中矿段。地表铜矿化主要是孔雀石化，基本都产于矿区蚀变带中，一般出现在含铁矽卡岩及铁矿体内，常沿裂隙成薄膜状分布，少部分产在细粒闪长岩脉内。氧化矿铜品位0.7%～3.75%。原生铜矿体主要呈隐伏状埋深于20～40 m以下，赋存于闪长岩-闪长玢岩与土古土布拉克组的外接触带上，常与铁矿体共生。产于铁矿体内形成含铜铁矿体，或产于铁矿体边部形成单独铜矿体（图4-34）。铜矿体大致沿地层或铁矿体走向呈似层状、透镜状，局部切穿铁矿体，显示出铜矿化为叠加于早期铁矿化之上的晚期矿化。矿体长度50～500 m，真厚度2～6 m，平均3.38 m，最大延伸165 m。铜品位0.22%～3.24%，平均为0.68%。

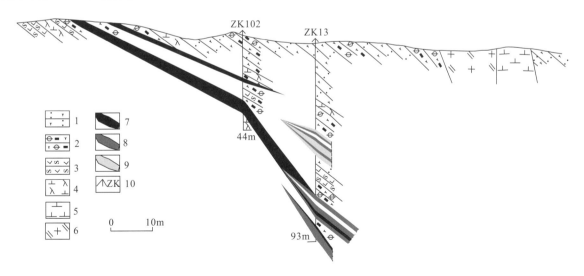

图4-34 沙泉子铁铜矿勘探线剖面图

（据新疆地矿局第六地质大队，2011）

1—凝灰岩；2—蚀变含铁凝灰岩；3—蚀变含铁安山岩；4—闪长玢岩；5—闪长岩；
6—斜长花岗斑岩；7—铁矿体；8—铜铁矿体；9—铜矿体；10—钻孔

2. 矿石特征

沙泉子矿区矿石可分为层状磁铁矿矿石（图4－35a），浸染状、稠密浸染状磁铁矿矿石，块状粗粒磁铁矿矿石（图4－35e、g），块状细粒磁铁矿矿石（图4－35d、h），角砾状磁铁矿矿石（图4－35f），含铜矽卡岩型磁铁矿矿石，矽卡岩型浸染状铜矿石。后两种类型是以石榴子石、绿帘石蚀变为主的矿化（图4－35b、c、d）。局部矽卡岩化矿石中可见细脉或薄膜状分布的辉钼矿，少量石英碳酸盐脉中赋存有自形黄铜矿、黄铁矿、闪锌矿、方铅矿等硫化物（图4－35g、i）。矿石中金属矿物以磁铁矿为主，次为黄铁矿、黄铜矿、赤铁矿、镜铁矿、褐铁矿，少量孔雀石、铜蓝、斑铜矿、闪锌矿、方铅矿、穆磁铁矿等，微量辉铜矿、辉钼矿。非金属矿物主要有石榴子石、绿帘石、绿泥石和石英等，少量阳起石、钾长石、方解石、磷灰石、黑云母等。

图4－35　沙泉子铁铜矿矿化蚀变特征

a—条带状黄铁矿、磁铁矿矿石，被后期粗粒自形磁铁矿叠加；b—石榴子石、绿帘石矽卡岩化蚀变中浸染状磁铁矿；c—石榴子石磁铁矿矿石，孔雀石呈薄膜状；d—细粒块状磁铁矿与含黄铜矿、磁铁矿、黄铁矿矽卡岩接触；e—绿帘石绿泥石粗粒自形磁铁矿矿石；f—早期磁铁矿呈残留角砾产于矽卡岩化蚀变中；g—块状磁铁矿矿石中晚期硅化碳酸盐化蚀变中含粗粒自形黄铜矿和黄铁矿；h—早期细粒磁铁矿边部硅化蚀变中镜铁矿；i—硅化脉体中方铅矿化

黑峰山矿区矿石特征与沙泉子矿区特征相似，也可分为条带状矿石，层状矿石（图4－36c）、角砾状矿石（图4－36d、e），浸染状、稠密浸染状磁铁矿矿石，（图4－36f）和块状矿石。矿石中金属矿物主要为磁铁矿，其次为赤铁矿、黄铁矿，少量黄铜矿、孔雀石、褐铁矿。非金属矿物主要是绿帘石，少量石榴子石、绿泥石、石英、方解石等。矿石全铁平均含量 $Fe^T = 42.55\% \sim 51\%$、$P = 0.002\% \sim 0.07\%$、$S = 0.088\% \sim 0.3\%$。

（四）围岩蚀变

沙泉子矿区矿体围岩岩性较简单，为一套不同程度蚀变的凝灰岩。西矿段和东矿段因较多保留火山沉积铁矿特点而显示岩石蚀变不发育，仅在矿体两侧很窄的范围内有弱蚀变，甚至部分地段矿体直接夹在围岩之中未见蚀变。中矿段多数矿体围岩蚀变强烈，尤其在与闪长玢岩脉体接触部位蚀变发育，主要为石榴子石化（图4－35b、c、d）、绿帘石化（图4－35b、d、e、f）、绿泥石化（图4－35e）、钾长石化以及碳酸盐化、硅化（图4－35g、h、i）等，形成石榴子石矽卡岩，石榴子石绿帘石矽卡岩，绿帘石绿泥石岩、绿泥石岩等。几种蚀变无明显分带现象，但一般靠近矿体者，蚀变较

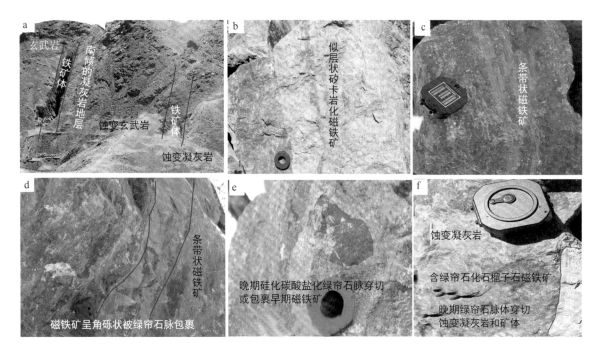

图 4 - 36　黑峰山铁矿体及矿化蚀变特征

强，矿石也较富，普遍具石榴子石化、绿帘石化、碳酸盐化、铁矿化以及铜矿化，远离矿体则为绿泥石化所代替。

黑峰山矿区围岩蚀变也主要为矽卡岩化，以绿帘石化蚀变最为发育，少量石榴子石蚀变。绿帘石蚀变多呈面状或绿帘石脉体产出（图 4 - 36b、c、d、e、f），常见绿帘石化蚀变穿切或包裹早期磁铁矿和蚀变岩石（图 4 - 36d、c、f），局部可见晶形很好的绿帘石晶体与石英方解石共生（图 4 - 36e）。

（五）成矿期次和成矿阶段划分

沙泉子矿区火山岩地层、矿体、侵入岩野外产出特征和接触关系，以及铜、铁矿化和围岩蚀变特征表明，早期火山岩形成过程中，伴随有以铁为主的沉积成矿；之后晚期闪长质岩浆侵入，对早期铁矿体具有破坏作用，但同时在闪长玢岩与地层或早期铁矿体接触部位存在矽卡岩化和铁、铜的矿化叠加、富集。因此，根据含矿岩系、侵入体、矿体、矿石产出特征以及矿物共生组合特征，可以划分为火山沉积期和接触交代成矿期，后者又可进一步分为矽卡岩铁、铜成矿阶段和铅锌等硫化物阶段（图 4 - 37）。

通过与沙泉子铁铜矿床地质特征的对比研究，认为黑峰山含铜铁矿床的成矿作用和成矿机制与沙泉子铁铜矿床是一致的：早期火山岩形成过程中，伴随有以铁为主的沉积成矿；之后晚期闪长质岩浆侵入，对早期铁矿体具有破坏作用，但同时在闪长玢岩与地层或早期铁矿体接触部位形成矽卡岩化和铁、铜的矿化叠加、富集。

三、矿床模型

在详细调查矿床地质特征基础上，我们采集了不同类型的岩矿石样品，利用电子探针分析、微量元素、稀土元素分析以及 C、H、O、S 等同位素测试分析，探讨铁、铜成矿物质来源、流体演化特征和成因机制。

（一）矿物地球化学

1. 电子探针分析

针对沙泉子铁铜矿床中不同类型矿石中磁铁矿进行电子探针分析，测试在中国地质科学院矿产资

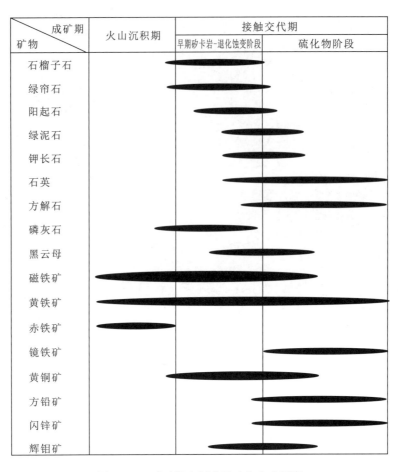

图 4 - 37　成矿期次划分及矿物生成顺序

源研究所完成。测试仪器为日本 JOEL 公司生产的 JXA – 823V，加速器电压为 15 kV，束电流为 20nA，束斑直径为 5μm，使用硬玉（Si、Na 和 Al）、镁橄榄石（Mg）、正长石（K）、磷灰石（P）、硅灰石（Ca）、金红石（Ti）、合成氧化物（Cr、Mn、Fe、Ni）作为标准，分析误差小于 0.01%。结果列于表 4 – 19。

成矿过程演化从火山沉积阶段以细粒磁铁矿为主到后期矽卡岩化过程中磁铁矿（或黄铜矿）成矿以及矽卡岩化晚期硫化物阶段铁铜成矿，其矿物成分有明显变化。如块状细粒磁铁矿中 FeO 含量高，变化小（90.86% ~93.61%）；退化蚀变阶段磁铁矿中 FeO 含量不稳定，变化较大（76.7% ~94.71%），而硫化物阶段磁铁矿相对粗粒自形，FeO 含量较高，变化相对不大（88.60% ~94.33%）。除 FeO 外，其他主量元素含量都比较低。其中，SiO_2 在早期细粒磁铁矿和硫化物阶段粗粒磁铁矿中含量平均分别为 0.4% 和 0.5%，在退化蚀变阶段磁铁矿中含量相对高一些，平均 0.79%。TiO_2 的含量在各种磁铁矿样品中绝大多数低于 0.20%，最高为 1.02%，但仍表现出早期细粒磁铁矿中 TiO_2 含量最低，硫化物阶段块状粗粒磁铁矿次之，退化蚀变阶段磁铁矿相对前二者略高的特征。Al_2O_3 含量由细粒磁铁矿（0.02% ~0.33%，平均 0.08%）－块状粗粒磁铁矿（0.00 ~0.42%，平均 0.13%）－退化蚀变阶段磁铁矿（0.01% ~4.00%，平均 0.60%）表现出含量升高，与 TiO_2 变化特征一致，但变化明显。K_2O、Na_2O、CaO、MgO、MnO 等也具有与上述相似的特征。V_2O_5、P_2O_5、Cr_2O_3、NiO 等在各样品中都非常低，很多低于检出线。

不同类型磁铁矿的电子探针分析结果显示，存在两期磁铁矿，与野外及显微镜下观察一致。即伴随火山喷发的磁铁矿沉积成矿和后期与岩浆侵入有关的矽卡岩化过程中交代蚀变形成磁铁矿，后者又可划分为矽卡岩阶段和硫化物阶段。早期火山沉积过程中，可能由于岩浆分异程度较高，磁铁矿在火山喷发沉积过程中快速结晶堆积，基本没有明显的物质交换，因此形成高 FeO，低 Ti、Al、K、Na、

表 4－19 沙泉子铁铜矿床磁铁矿电子探针分析结果

样品号	样品特征	Na₂O	MgO	Al₂O₃	K₂O	CaO	SiO₂	FeO	TiO₂	Cr₂O₃	V₂O₃	P₂O₅	MnO	NiO	总量
SQZ12-52-1-1		0.00	0.00	0.07	0.00	0.00	0.33	93.29	0.13	0.02	0.00	0.00	0.04	0.00	93.88
SQZ12-52-2-2		0.08	0.00	0.02	0.00	0.00	0.02	91.98	0.03	0.05	0.01	0.00	0.05	0.00	92.22
SQZ12-52-3-1		0.01	0.01	0.02	0.00	0.07	0.08	91.83	0.03	0.05	0.04	0.00	0.06	0.00	92.19
SQZ12-53-1-1	块状细粒磁铁矿矿石	0.04	0.09	0.33	0.02	0.40	1.69	90.86	0.03	0.00	0.00	0.00	0.13	0.00	93.60
SQZ12-53-2-1		0.00	0.00	0.03	0.01	0.00	0.07	92.74	0.04	0.04	0.00	0.00	0.00	0.00	92.93
SQZ12-53-3-2		0.04	0.01	0.02	0.00	0.00	0.18	93.61	0.03	0.08	0.00	0.01	0.04	0.00	94.02
SQZ12-54-1-1		0.02	0.02	0.15	0.00	0.15	0.64	92.92	0.01	0.00	0.08	0.00	0.10	0.00	94.09
SQZ12-54-2-2		0.00	0.01	0.03	0.00	0.00	0.04	92.63	0.06	0.04	0.00	0.00	0.11	0.00	92.92
SQZ12-54-3-1		0.04	0.01	0.04	0.00	0.00	0.13	92.35	0.02	0.04	0.00	0.00	0.08	0.00	92.71
SQZ12-55-1-2		0.01	0.00	0.01	0.00	0.00	0.06	93.63	0.07	0.00	0.12	0.00	0.03	0.00	93.93
SQZ12-55-2-1		0.04	0.03	0.21	0.01	0.25	1.10	92.40	0.02	0.00	0.04	0.00	0.10	0.00	94.19
SQZ12-55-3-1		0.07	0.01	0.02	0.00	0.00	0.10	92.97	0.16	0.06	0.00	0.00	0.07	0.00	93.47
SQZ12-55-4-1		0.06	0.00	0.03	0.01	0.00	0.06	93.69	0.01	0.00	0.10	0.00	0.01	0.01	93.98
SQZ12-56-1-1		0.01	0.03	0.17	0.01	0.10	0.80	94.26	0.07	0.00	0.02	0.00	0.10	0.02	95.58
SQZ12-56-2-1		0.09	0.00	0.04	0.01	0.10	0.05	93.21	0.00	0.05	0.00	0.00	0.07	0.02	93.63
SQZ12-56-2-2	块状粗晶磁铁矿矿石	0.02	0.06	0.08	0.00	0.00	0.08	92.98	0.00	0.05	0.01	0.00	0.05	0.00	93.34
SQZ12-56-3-1		0.06	0.04	0.12	0.00	0.07	0.58	92.33	0.21	0.00	0.06	0.00	0.07	0.05	93.48
SQZ12-56-4-1		0.03	0.01	0.37	0.00	0.17	0.26	89.74	0.33	0.05	0.06	0.00	0.06	0.05	91.14
SQZ12-56-4-2		0.00	0.05	0.42	0.01	0.02	0.41	88.60	0.01	0.00	0.02	0.00	0.02	0.02	89.56
SQZ12-56-4-4		0.02	0.00	0.09	0.00	0.00	0.10	94.30	0.03	0.00	0.03	0.01	0.05	0.00	94.62
SQZ12-56-4-5		0.02	0.00	0.02	0.00	0.00	0.02	93.62	0.00	0.01	0.05	0.00	0.03	0.00	93.77
SQZ12-57-1-1		0.04	0.01	0.27	0.01	0.38	2.07	91.27	0.07	0.01	0.06	0.00	0.07	0.00	94.24
SQZ12-57-2-1		0.00	0.00	0.00	0.00	0.76	0.03	92.47	0.00	0.06	0.01	0.00	0.00	0.00	93.33
SQZ12-57-2-2		0.00	0.05	0.15	0.01	0.20	1.18	92.46	0.10	0.02	0.00	0.00	0.06	0.00	94.23
SQZ12-57-3-1		0.09	0.06	0.30	0.01	0.57	2.03	88.80	0.16	0.06	0.01	0.00	0.07	0.00	92.15
SQZ12-57-3-2		0.00	0.00	0.06	0.01	0.00	0.34	91.78	0.00	0.00	0.02	0.00	0.02	0.01	92.24

样品号	样品特征	Na$_2$O	MgO	Al$_2$O$_3$	K$_2$O	CaO	SiO$_2$	FeO	TiO$_2$	Cr$_2$O$_3$	V$_2$O$_3$	P$_2$O$_5$	MnO	NiO	总量
SQZ12-58-1-1		0.03	0.04	0.11	0.00	0.07	0.63	93.55	0.16	0.01	0.04	0.00	0.08	0.00	94.70
SQZ12-58-1-2		0.11	0.03	0.39	0.04	1.37	1.42	92.11	0.17	0.10	0.07	0.00	0.06	0.00	95.87
SQZ12-58-2-1	含方解石黄铜黄铁磁铁矿矿石	0.00	0.01	0.04	0.02	0.00	0.09	93.59	0.07	0.00	0.01	0.00	0.05	0.00	93.88
SQZ12-58-3-1		0.00	0.03	0.06	0.00	0.16	0.22	94.33	0.10	0.01	0.00	0.01	0.05	0.03	95.01
SQZ12-59-1-1		0.00	0.03	0.03	0.00	0.08	0.47	93.60	0.07	0.04	0.00	0.00	0.02	0.04	94.39
SQZ12-59-2-1		0.00	0.00	0.04	0.01	0.00	0.13	93.20	0.00	0.00	0.10	0.00	0.06	0.03	93.57
SQZ12-59-2-2		0.02	0.00	0.01	0.00	0.00	0.31	94.06	0.00	0.09	0.00	0.00	0.00	0.00	94.49
SQZ12-59-3-1		0.08	0.01	0.08	0.00	0.00	0.10	93.76	0.05	0.03	0.01	0.01	0.02	0.00	94.14
SQZ12-59-3-2		0.08	0.00	0.20	0.01	0.14	0.43	93.55	0.10	0.10	0.00	0.01	0.03	0.05	94.69
SQZ12-60-1-1		0.06	0.04	0.18	0.01	0.37	0.53	92.30	0.00	0.05	0.00	0.00	0.07	0.00	93.61
SQZ12-60-2-1		0.01	0.00	0.02	0.00	0.00	0.20	91.01	0.00	0.06	0.14	0.00	0.08	0.00	91.52
SQZ12-60-3-9	绿帘石磁铁矿矿石	0.05	0.00	0.14	0.00	1.04	0.09	88.86	0.27	0.02	0.00	0.00	0.06	0.00	90.53
SQZ12-60-3-12		0.08	1.88	4.00	0.03	0.87	2.35	77.27	1.02	0.54	0.02	0.00	0.15	0.00	88.23
SQZ12-60-3-14		0.02	0.00	0.06	0.00	0.18	0.43	92.92	0.00	0.14	0.08	0.00	0.06	0.00	93.89
SQZ12-60-4-2		0.02	0.00	0.05	0.00	0.00	0.32	94.71	0.00	0.05	0.00	0.00	0.00	0.01	95.17
SQZ12-61-1-2	绿帘石化含磁铁矿玄武岩	0.03	0.03	0.04	0.00	0.50	2.07	76.17	0.01	0.01	0.00	0.01	0.00	0.03	78.90
SQZ12-62-1-3		0.00	0.01	0.02	0.00	0.00	0.02	93.73	0.07	0.01	0.00	0.00	0.00	0.02	93.88
SQZ12-62-2-1	石榴子石绿帘石磁铁矿矿石	0.00	0.00	0.04	0.00	0.00	0.01	94.73	0.00	0.04	0.05	0.00	0.00	0.00	94.86
SQZ12-62-3-2		0.07	0.03	0.49	0.00	2.66	3.62	80.73	0.24	0.37	0.03	0.02	0.10	0.02	88.38

样品号	样品特征	Na₂O	MgO	Al₂O₃	K₂O	CaO	SiO₂	FeO	TiO₂	Cr₂O₃	V₂O₃	P₂O₅	MnO	NiO	总量
SQZ12-63-1-1		0.06	0.04	0.28	0.03	0.67	0.84	91.79	0.05	0.03	0.00	0.02	0.08	0.00	93.88
SQZ12-63-1-2		0.11	0.32	0.48	0.17	1.63	4.11	87.31	0.04	0.01	0.00	0.00	0.09	0.00	94.27
SQZ12-63-1-3		0.04	0.00	0.67	0.05	0.91	0.35	87.27	0.69	0.06	0.03	0.00	0.07	0.00	90.12
SQZ12-63-1-5	石榴子石绿泥石磁铁矿矿石	0.04	0.00	0.15	0.00	1.39	0.19	87.95	0.00	0.08	0.00	0.02	0.05	0.04	89.91
SQZ12-63-2-1		0.13	0.00	0.36	0.01	0.26	0.90	91.74	0.16	0.07	0.01	0.01	0.07	0.00	93.72
SQZ12-63-3-1		0.04	0.01	0.04	0.01	0.05	0.05	90.37	0.03	0.03	0.03	0.00	0.05	0.00	90.71
SQZ12-63-3-2		0.00	0.03	0.08	0.01	0.00	0.21	93.46	0.00	0.10	0.00	0.01	0.05	0.01	93.96
SQZ12-63-3-4		0.08	0.15	0.68	0.13	1.00	2.38	88.88	0.28	0.00	0.02	0.00	0.05	0.00	93.64
SQZ12-63-4-1		0.02	0.04	0.10	0.00	0.01	0.45	92.40	0.07	0.03	0.02	0.00	0.02	0.00	93.17
SQZ12-63-4-2		0.00	0.01	0.06	0.00	0.00	0.23	92.93	0.13	0.08	0.14	0.00	0.04	0.00	93.63
SQZ12-64-1-2	硅化绿泥石石榴子石磁铁矿蚀变岩	0.05	0.03	1.83	0.00	0.19	0.57	86.78	0.02	0.01	0.00	0.00	0.00	0.01	89.48
SQZ12-64-1-4		0.00	0.00	2.28	0.00	0.15	0.54	87.13	0.00	0.00	0.02	0.01	0.00	0.07	90.20
SQZ12-64-2-2		0.00	0.00	1.55	0.00	0.07	0.66	86.90	0.16	0.00	0.01	0.01	0.00	0.00	89.37
SQZ12-64-3-2		0.06	0.03	0.99	0.02	0.21	1.07	85.85	0.15	0.05	0.02	0.00	0.05	0.00	88.49
SQZ12-92-1-1	石榴子石磁铁矿矿石	0.06	0.00	1.32	0.00	0.14	0.27	86.26	0.05	0.00	0.03	0.00	0.00	0.01	88.14
SQZ12-92-1-2		0.03	0.06	0.81	0.01	0.34	0.48	87.80	0.00	0.04	0.00	0.02	0.03	0.01	89.62
SQZ12-92-2-3		0.02	0.02	0.83	0.02	0.00	0.46	87.78	0.00	0.12	0.06	0.01	0.03	0.00	89.34
SQZ12-92-2-4		0.09	0.00	1.45	0.01	0.20	0.52	86.04	0.02	0.06	0.05	0.02	0.00	0.00	88.47
SQZ12-93-1-1	含磁铁矿绿帘石砂卡岩	0.07	0.00	0.07	0.00	0.14	0.54	92.41	0.00	0.02	0.00	0.00	0.02	0.00	93.28
SQZ12-93-1-2		0.04	0.03	0.06	0.00	0.11	0.42	93.70	0.03	0.05	0.01	0.00	0.03	0.03	94.50
SQZ12-93-2-1		0.00	0.01	0.10	0.00	0.05	0.44	94.39	0.00	0.08	0.00	0.00	0.07	0.00	95.14
SQZ12-93-2-2		0.00	0.00	0.01	0.00	0.00	0.05	93.33	0.04	0.03	0.03	0.01	0.06	0.03	93.59

Ca、Mg、Mn 等，且各成分含量变化不大的细粒磁铁矿。后期矽卡岩化过程中，强烈的交代蚀变作用导致显著的物质交换反应，元素的带进带出较为普遍，流体成分不均匀，因而形成的磁铁矿（或黄铁矿、黄铜矿）各元素成分含量相对较高，但变化较大；到硫化物阶段，成矿流体成分已基本稳定，此时形成的磁铁矿（或黄铁矿、黄铜矿等）不仅自形粗晶，而且各成分含量变化不大。

在林师整（1982）根据磁铁矿中 TiO_2、Al_2O_3、（$MgO + MnO$）的成分变化特征划分的磁铁矿成因分类图中（图 4 - 43a），沙泉子铁铜矿中不同类型磁铁矿的样品点分布较为散乱，但大致仍能看出一些成因规律：块状细粒磁铁矿主要位于火山岩型区域，表明与火山沉积有关；落于其他区域的样品可能是由于矿化叠加的结果。与矽卡岩化蚀变共生的磁铁矿较为复杂，在各类型区域都有分布，但主要落于岩浆型、矽卡岩型和沉积变质型区域内及其附近，说明此类磁铁矿既有与岩浆、交代蚀变有关的特征，也有对早期磁铁矿具有继承性的特点。相对粗粒的磁铁矿主要落于岩浆型和矽卡岩型区域，说明具有与侵入岩和交代蚀变密切的成因关系，属于晚期演化的热液型磁铁矿。

在 Dupuis 等（2011）建立的磁 – 赤铁矿成因分类图解中（图 4 – 38b），块状细粒磁铁矿大多数落在沉积型区域，少数落在 IOCG 型和矽卡岩型区域，表明可能为与火山岩有关的沉积型磁铁矿。与退化蚀变有关的磁铁矿以及粗粒自形磁铁矿部分落在沉积型区域，多数落在矽卡岩型区，属于与矽卡岩化作用有关的矽卡岩型磁铁矿和演化晚期的热液型磁铁矿。

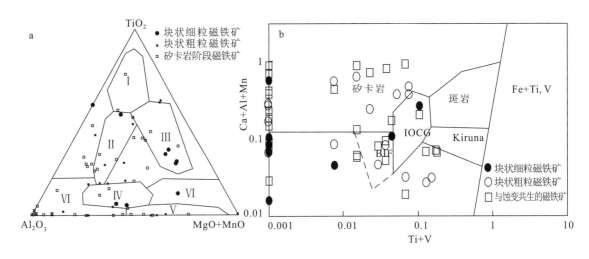

图 4 - 38　沙泉子铁铜矿磁铁矿成因分类图解 – TiO_2 – Al_2O_3 – （$MgO + MnO$）与 $Ti + V$—$Ca + Al + Mn$ 图解

（a 图据林师整，1982；底图据 Dupuis et al. ，2011）

Ⅰ—副矿物型；Ⅱ—岩浆型；Ⅲ—火山岩型；Ⅳ—接触交代型；Ⅴ—矽卡岩型；Ⅵ—沉积变质型

2. 岩矿石稀土元素特征

沙泉子铁铜矿床中 3 件绿帘石矽卡岩、2 件含黄铁矿透辉石矽卡岩、3 件含少量绿帘石的石榴子石磁铁矿矿石以及 2 件粗粒块状磁铁矿矿石和 2 件细粒块状磁铁矿矿石进行了稀土及微量元素分析。测试在广州澳石分析测试中心测定。主量元素的测定采用 X – 射线荧光光谱仪（ME – XRF26）测定。测定前将 200 目岩石粉末样品烘干（在烘箱中经 1050℃高温下烘烤 1 h 后称重获得烧失量（LOI）。其中 Al_2O_3、CaO、Fe_2O_3、K_2O、MgO、MnO、Na_2O、P_2O_5、SiO_2、TiO_2 采用 GB/T14506.28 – 2010 标准；H_2O + 按 GB/T14506.2 – 2010 标准；CO_2 按 GB9835 – 1988 标准；FeO 用滴定法测定，按照 GB/T14506.14 – 2010 标准执行；LOI 采用 LY/T1253 – 1999 标准。分析误差优于 5%。分析结果列于表 4 – 20。

微量元素用四酸消解、质谱/光谱仪综合分析（ME – MS61），稀土元素采用硼酸锂熔融、等离子质谱法（ME – MS81）测定。微量元素精度为：元素含量大于 10×10^{-6} 的精度优于 5%，而小于 10×10^{-6} 的精度优于 10%。

表4-20 沙泉子铁铜矿床岩矿石微量及稀土元素组成

样号	SQZ 13-35	SQZ 13-36	SQZ 13-37	SQZ 13-38	SQZ 13-39	SQZ 13-40	SQZ 13-41	SQZ 13-42	SQZ 13-53	SQZ 13-54	SQZ 13-55	SQZ 13-56
类型	绿帘石矽卡岩			含黄铁矿透辉石矽卡岩		含少量绿帘石的石榴子石磁铁矿矿石			粗粒块状磁铁矿矿石		细粒块状磁铁矿矿石	
La	10.8	4.7	29.6	4.8	2.1	13.9	653	12.4	2.0	1.8	2.0	16.5
Ce	23.3	13.8	64.4	10.7	4.9	21.0	822	17.5	2.6	2.4	3.6	23.1
Pr	3.02	2.16	8.17	1.47	0.76	2.26	62.8	1.68	0.28	0.25	0.41	2.09
Nd	13.1	10.3	34.1	6.5	3.6	10.1	163.0	7.0	1.0	0.9	1.6	7.1
Sm	2.86	2.58	6.52	1.78	1.05	3.24	12.60	2.55	0.18	0.22	0.36	1.23
Eu	1.12	1.09	2.62	0.66	0.35	1.56	3.56	0.90	0.06	0.07	0.08	0.80
Gd	3.05	2.89	7.85	1.55	1.14	3.62	6.67	3.34	0.22	0.17	0.41	1.07
Tb	0.46	0.43	1.14	0.21	0.16	0.52	0.79	0.44	0.04	0.03	0.08	0.16
Dy	2.80	2.70	6.97	1.39	1.03	3.04	4.15	2.84	0.21	0.19	0.46	0.96
Ho	0.58	0.55	1.46	0.25	0.20	0.62	0.83	0.57	0.04	0.05	0.11	0.19
Er	1.70	1.58	4.22	0.75	0.68	1.89	2.29	1.66	0.17	0.11	0.37	0.63
Tm	0.24	0.24	0.48	0.11	0.10	0.27	0.28	0.22	0.02	0.01	0.03	0.07
Yb	1.48	1.46	2.60	0.72	0.68	1.70	1.53	1.43	0.10	0.09	0.29	0.65
Lu	0.24	0.21	0.54	0.12	0.12	0.24	0.30	0.23	0.02	0.01	0.06	0.11
Y	15.2	14.1	38.5	7.5	7.0	17.5	23.9	16.7	1.5	1.2	3.2	6.4
ΣREE	64.75	44.69	170.7	31.01	16.87	63.96	1733.8	52.76	6.94	6.30	9.86	54.66
LREE	54.2	34.63	145.41	25.91	12.76	52.06	1716.9	42.03	6.12	5.64	8.05	50.82
HREE	10.55	10.06	25.26	5.10	4.11	11.90	16.84	10.73	0.82	0.66	1.81	3.84
LR/HR	5.14	3.44	5.76	5.08	3.10	4.37	101.96	3.92	7.46	8.55	4.45	13.23
$(La/Yb)_N$	5.23	2.31	8.17	4.78	2.22	5.86	306.14	6.22	14.35	14.35	4.95	18.21
δEu	1.15	1.22	1.12	1.19	0.97	1.39	1.07	0.94	0.92	1.07	0.63	2.08
Rb	0.7	0.9	29.9	46.5	122.0	0.9	0.6	0.5	2.5	3.4	30.6	30.8
Ba	19.9	4.8	216	133.0	266	4.1	12.3	5.4	12.0	22.5	241	206
Th	1.49	1.25	3.32	4.99	2.27	1.25	5.99	1.40	0.32	0.20	2.26	4.94
U	1.46	0.83	3.62	3.57	5.06	2.96	7.72	1.79	1.29	0.72	2.29	4.16
Ta	0.2	0.1	0.2	0.3	0.4	0.2	0.3	0.2	0.1	0.1	0.2	0.2
Nb	1.6	1.5	2.6	4.7	6.1	2.9	5.1	2.4	0.9	0.5	1.2	1.2
Sr	1980	2500	1435	87.0	72.4	51.7	280	61.5	11.8	12.1	23.4	91.5
Zr	44	44	70	82	107	42	100	38	8	5	31	31
Hf	1.3	1.4	1.9	2.2	2.9	1.1	2.3	0.9	0.2	<0.2	0.8	1.0
V	399	389	158	48	39	38	61	30	42	92	40	40
Cr	30	20	70	50	40	30	30	30	10	10	10	20
Cs	0.16	0.17	0.34	4.43	10.25	0.11	0.11	0.08	0.24	0.19	0.73	1.01
Ga	30.6	32.8	27.7	6.1	7.3	7.4	10.9	7.2	8.1	14.5	10.6	8.7

含绿帘石的石榴子石磁铁矿矿石：3件样品稀土总量变化非常大，介于$52.76 \times 10^{-6} \sim 1733.80 \times 10^{-6}$，1件样品稀土总量相对其他所有样品异常高；LREE/HREE = 3.92 ~ 101.96，（La/Yb）$_N$ = 5.86 ~ 306.14，δEu = 0.94 ~ 1.39。2件样品稀土元素配分模式表现为轻稀土元素轻度富集、平缓的右倾型，δEu 具无 Eu 异常到中等正 Eu 异常特征；1件样品出现异常，轻稀土高度富集，可能是局部含有磷灰石等富稀土矿物所致（图4-39a）。

矽卡岩：3件绿帘石矽卡岩样品稀土总量变化较大，在$44.69 \times 10^{-6} \sim 170.67 \times 10^{-6}$；LREE/

HREE = 3.44 ~ 5.76，(La/Yb)$_N$ = 2.31 ~ 8.17，δEu = 1.12 ~ 1.22。2 件含黄铁矿透辉石矽卡岩的总稀土元素含量较低，变化于 16.87 × 10^{-6} ~ 31.01 × 10^{-6}；LREE/HREE = 3.10 ~ 5.08；(La/Yb)$_N$ = 2.22 ~ 4.78，δEu = 0.97 ~ 1.19。5 件样品的稀土元素配分模式较为相似，均为轻稀土元素相对轻度富集、平缓的右倾型，δEu 具无 Eu 异常到轻微正 Eu 异常（图 4 - 39b）。

粗粒块状磁铁矿：2 件样品的稀土总量很低，在 6.30 × 10^{-6} ~ 6.94 × 10^{-6}，LREE/HREE = 7.46 ~ 8.55，(La/Yb)$_N$ = 14.35，δEu = 0.92 ~ 1.07；稀土元素配分模式表现为轻稀土元素中等富集、平缓的右倾型，δEu 具无 Eu 异常到轻微正 Eu 异常（图 4 - 39c）。

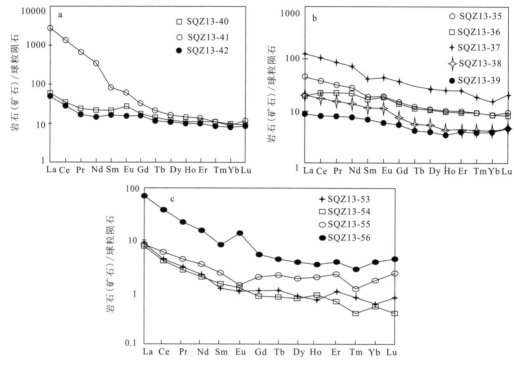

图 4 - 39　沙泉子铁铜矿岩矿石稀土配分模式图

细粒块状磁铁矿：2 件样品的稀土总量变化较大，在 9.86 × 10^{-6} ~ 54.66 × 10^{-6}，LREE/HREE = 4.45 ~ 13.23，(La/Yb)$_N$ = 4.95 ~ 18.21，δEu = 0.63 ~ 2.08；稀土元素配分模式表现为轻稀土元素从轻度富集到中等富集，重稀土平缓的右倾型，δEu 具从中等负 Eu 异常到强正 Eu 异常变化的特征（图 4 - 39c）。

上述各岩矿石稀土特征显示，矽卡岩和含磁铁矿矽卡岩与粗粒块状磁铁矿较为相似，应具有相同或相似的成因。细粒块状磁铁矿稀土元素则表现出与上述不同的特征，尤以不同 δEu 异常特征相区别，说明细粒块状磁铁矿可能具有不同于前 3 者的成因机制。在（La/Yb）$_N$ -（La/Sm）$_N$ 图解中（图 4 - 40），矽卡岩和含磁铁矿矽卡岩与粗粒块状磁铁矿样品分别表现出较好的线性正相关趋势，暗示 3 者存在明显的成因关系。细粒块状磁铁矿和一个粗粒磁铁矿样品则构成另一条线性正相关趋势，也显示部分晚期粗粒磁铁矿可能继承了较多早期细粒磁铁矿成分。

（二）稳定同位素特征

1. S 同位素组成

采集沙泉子铁铜矿床和黑峰山铁铜矿床内不同产状、不同深度的矿石和蚀变岩石中的黄铁矿、方铅矿、黄铜矿样品用于 S 同位素组成分析。测试在中国地质科学院矿产资源研究所同位素实验室完成。硫化物样品以 Cu$_2$O 作为氧化剂制样，然后置于马弗炉内，再用 V$_2$O$_5$ 氧化法制备 SO$_2$，用 MAT -251 质谱仪测定。采用 VCDT 国际标准，分析精度 ±0.2‰。结果列于表 4 - 21。

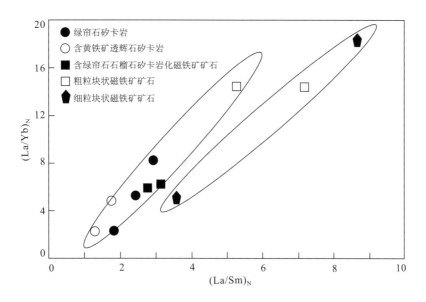

图4-40 沙泉子铁铜矿岩矿石 (La/Yb)$_N$ - (La/Sm)$_N$

表4-21 沙泉子、黑峰山铁铜矿 S 同位素组成

样品号	名称	$\delta^{34}S_{V-CDT}/‰$	样品号	名称	$\delta^{34}S_{V-CDT}/‰$	样品号	名称	$\delta^{34}S_{V-CDT}/‰$
SQZ12-52	黄铁矿	-3.2	SQZ12-89	黄铁矿	0.1	SQZK0501-14	黄铁矿	-3.3
SQZ12-53	黄铁矿	-3	SQZ12-90	黄铁矿	-2.1	HFS12-07	黄铁矿	2.5
SQZ12-54	黄铁矿	-2.6	SQZ12-109	黄铁矿	-2	HFS12-08	黄铁矿	-3.3
SQZ12-55	黄铁矿	-0.9	SQZ12-110	黄铁矿	-1.3	HFS12-09	黄铁矿	-4.3
SQZ12-56	黄铁矿	0.3	SQZ12-111	黄铁矿	-2	HFS12-10	黄铁矿	-4.4
SQZ12-57	黄铁矿	0.2	SQZ12-112	黄铁矿	-2.9	HFS12-16	黄铁矿	-3.5
SQZ12-86	黄铁矿	-0.4	SQZk0501-6	斑铜矿	-4.3	HFS12-17	黄铁矿	-4
SQZ12-87	黄铁矿	-0.3	SQZk0501-10	方铅矿	-12.3			
SQZ12-88	黄铁矿	-0.4	SQZk0501-11	方铅矿	-13.1			

　　沙泉子铁铜矿中15件黄铁矿、1件黄铜矿和1件斑铜矿 $\delta^{34}S$ 值变化于 -4.3‰~0.3‰；硅化脉中2件方铅矿 $\delta^{34}S$ 值较低 (-12.3‰ ~ -13.1‰)。总体上沙泉子矿床中硫化物 $\delta^{34}S$ 值变化范围在变质岩和现代沉积物中生物成因硫之内，主要峰值位于 -3‰~0‰，接近幔源硫同位素变化范围，暗示可能来源于深源岩浆 S 并不同程度受到了海水硫酸盐细菌还原 S 的扰动。较低负值反映出海水中硫酸盐细菌还原 S 特征 (图4-41)。3件细粒磁铁矿矿石中黄铁矿 $\delta^{34}S$ (-2.6‰ ~ -3.2‰) 相对于粗晶磁铁矿矿石中黄铁矿 $\delta^{34}S$ (-1.3‰~0.3‰) 值略微偏负。其他产状的硫化物 $\delta^{34}S$ 变化特征可能是源于后期交代蚀变对早期火山沉积成矿的叠加，又经过了海水硫酸盐细菌还原 S 的扰动所致。黑峰山6件黄铁矿的 $\delta^{34}S$ 值在 +2.5‰ ~ -4.4‰，其中5件集中在 -3.3‰ ~ -4.4‰ (图4-41)，与沙泉子铁铜矿主要特征相似，相对沙泉子矿区黄铁矿 $\delta^{34}S$ 值更负的原因可能是受海水硫酸盐细菌还原硫影响相对较大。有1件黄铁矿 $\delta^{34}S_{V-CDT}$ 值为2.54‰，偏向花岗质岩浆 S，显示可能含有较多花岗质岩浆成因 S。

　　由上述 S 同位素组成分布特征推断，沙泉子-黑峰山铁铜矿床中的 S 可能有3种来源：早期火山沉积过程中的幔源 S、后期侵入的深源花岗质岩浆 S 以及海水中硫酸盐细菌还原 S。这3种物源 S 的不同程度混合，形成了沙泉子、黑峰山铁铜矿床中硫化物 $\delta^{34}S$ 值的上述变化特征。另外，沙泉子铁

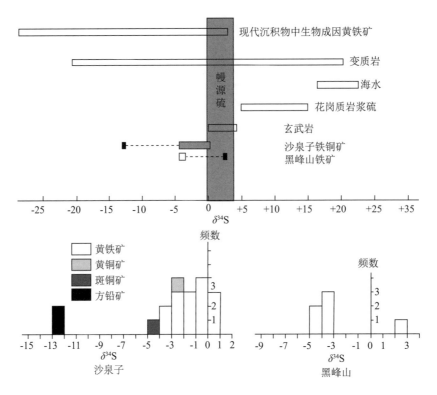

图 4 - 41　沙泉子 - 黑峰山铁铜矿硫化物 S 同位素

铜矿中细脉状辉钼矿的 Re - Os 同位素分析结果表明，Re 含量较高（251.1～514.9）μg/g，具有中高温热液成因特征，暗示 Mo 主要来源于地幔（卢欣祥等，2011）。

2. C、H、O 同位素组成

对沙泉子铁铜矿和黑峰山铁铜矿开展了 C、H、O 稳定同位素研究。在沙泉子铁铜矿中采集 8 件石榴子石、9 件石英、6 件方解石样品，在黑峰山铁铜矿中挑选 5 件方解石。石榴子石、石英单矿物用于 H、O 同位素分析，方解石用于 C、O 同位素分析。测试在中国地质科学院矿产资源研究所国土资源部同位素实验室完成。分析结果列于表 4 - 22。由于沙泉子矿床中蚀变矿物的流体包裹体都很细小，测温比较困难，多数测温数据不可用，仅少数结果正常，因此在计算流体 $\delta^{18}O_{H_2O}$ 时我们利用同种矿物可用测温结果的平均值作为该矿物的形成温度，并参与矿物包裹体的 $\delta^{18}O_{H_2O}$ 计算。

沙泉子铁铜矿床 8 件石榴子石的 δD 值较低，介于 - 131‰～ - 167‰，其中 7 件较集中，在 - 131‰～ - 139‰，1 件 δD 值（ - 167‰）很低，偏离较远。$\delta^{18}O$ 值变化于 3.0‰～7.9‰。计算流体的 $\delta^{18}O_{H_2O}$ 值变化于 1.5‰～7.3‰，接近于岩浆水 $\delta^{18}O$ 值。石英的 δD 值变化范围介于 - 95‰～ - 128‰，集中在 - 111‰～ - 119‰。$\delta^{18}O$ 值变化于 8.7‰～12.7‰。计算流体的 $\delta^{18}O_{H_2O}$ 值变化于 - 0.7‰～ - 10.4‰。图 4 - 42a 显示由早期石榴子石矽卡岩阶段到硫化物阶段，成矿流体明显向雨水线方向漂移，说明成矿流体在早期阶段（石榴子石 - 绿帘石矽卡岩化阶段）有较多的岩浆水参与，当成矿演化到晚期阶段（硫化物阶段）时，随着大量大气水的加入，成矿流体逐渐演变为大气降水为主。

沙泉子铁铜矿中方解石 $\delta^{13}C$ 变化于 - 0.9‰～ - 3.2‰，4 件在 - 3.0‰左右，接近于地幔来源 C 同位素值（ - 5‰±2‰，Hoefs，1997），两件在 - 1.0‰左右。4 件方解石 $\delta^{18}O$ 变化于 6.7‰～11.5‰，两件在 - 4.4‰～ - 5.1‰。黑峰山铁铜矿中方解石 $\delta^{13}C$ 变化于 - 2.4‰～ - 3.1‰，$\delta^{18}O$ 变化于 10.2‰～11.8‰。在方解石的 $\delta^{18}O$ - $\delta^{13}C$ 图解上（图 4 - 42b），黑峰山铁铜矿中所有方解石和沙泉子铁铜矿中大多数方解石落入花岗岩区域或边界附近，表明流体中 C 主要来自深部岩浆。沙泉子铁铜矿中有 2 件样品 $\delta^{13}C$ 接近 - 1.0‰，接近海相碳酸盐 C 同位素组成（ - 1‰～2‰，Rollinson，

1993），并且 O 同位素明显向负值偏离，显示在流体演化过程中与周围环境（深循环大气水和碳酸盐岩）发生了明显的同位素交换。

表 4 - 22 沙泉子、黑峰山铁铜矿 C、H、O 同位素组成

样品号	样品	$\delta D_{V-SMOW}/‰$	$\delta^{18}O_{V-SMOW}/‰$	样品号	名称	$\delta^{13}C_{V-PDB}/‰$	$\delta^{18}O_{V-PDB}/‰$	$\delta^{18}O_{V-SMOW}/‰$
SQZK5303 - 1	石榴子石	-138	4.2	SQZ12 - 58	方解石	-3.2	-18.8	11.5
SQZK5303 - 2	石榴子石	-132	3.0	SQZ12 - 59	方解石	-2.6	-19.2	11.2
SQZK5303 - 3	石榴子石	-131	3.4	SQZ12 - 83	方解石	-1.1	-34.2	-4.4
SQZK5303 - 5	石榴子石	-136	3.7	SQZ12 - 84	方解石	-0.9	-35.0	-5.1
SQZK6302 - 1	石榴子石	-139	7.9	SQZ12 - 85	方解石	-1.8	-21.4	8.8
SQZK6302 - 3	石榴子石	-133	5.7	SQZ12 - 86	方解石	-2.6	-23.5	6.7
SQZK6302 - 4	石榴子石	-133	5.9	HFS12 - 11	方解石	-3.1	-18.5	11.8
SQZK6302 - 5	石榴子石	-167	4.9	HFS12 - 12	方解石	-3.1	-18.7	11.7
SQZK0501 - 7	石英	-114	9.0	HFS12 - 13	方解石	-2.4	-19.7	10.6
SQZK0501 - 11	石英	-128	11.1	HFS12 - 14	方解石	-2.6	-20.1	10.2
SQZK0501 - 12	石英	-114	11.5	HFS12 - 15	方解石	-2.6	-19.6	10.7
SQZ12 - 101	石英	-111	12.7					
SQZ12 - 102	石英	-118	9.3					
SQZ12 - 103	石英	-122	10.6					
SQZ12 - 105	石英	-128	11.9					
SQZ12 - 106	石英	-95	8.7					
SQZ12 - 107	石英	-119	10.4					

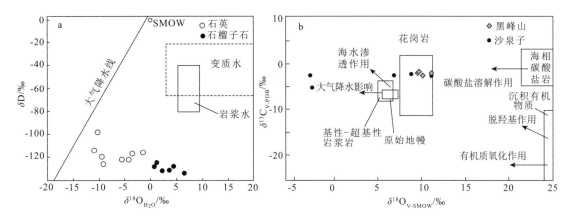

图 4 - 42 沙泉子、黑峰山铁铜矿 C、H、O 同位素组成判别图解

（三）成矿时代

1. 含矿岩系及侵入岩年代学对成矿时代的限定

项目组对沙泉子矿区土古土布拉克组流纹岩、矿化闪长玢岩、闪长岩和英安岩等进行了 LA - ICP - MS 锆石 U - Pb 年龄测定。研究结果表明，沙泉子矿区具有两期岩浆活动，其中流纹岩和与成矿有关的闪长玢岩形成于早石炭世（分别为 320.8 ± 1.7 Ma 和 323.5 ± 1.7 Ma），穿切矿体和矿化闪长玢岩的闪长岩以及偏酸性的英安岩形成时代分别为 276.3 ± 1.4 Ma 和 285.9 ± 2.0 Ma，属于早二叠世。由此认为铁铜矿化不早于早石炭世（320 Ma 左右），可能主要与该期岩浆喷出和侵入活动有关。

黑峰山铁矿区霏细岩、闪长岩脉和闪长玢岩脉 LA - ICP - MS 锆石 U - Pb 年龄结果显示，霏细岩

形成于 285.3 ± 2.6 Ma，闪长岩 274.4 ± 2.5 Ma，闪长玢岩 273.7 ± 1.6 Ma。因此，黑峰山矿区早二叠世岩浆活动剧烈，铁铜矿化形成于早二叠世 285 ~ 274 Ma。

2. 沙泉子矿区辉钼矿 Re - Os 年龄对成矿时代的限定

项目组在沙泉子矿区野外调查时发现了磁铁矿化蚀变岩、黄铁矿磁铁矿矿石（图 4 - 43a）、黄铜黄铁矿磁铁矿矿石（图 4 - 43b）中均存在少量细脉状、薄膜状、浸染状辉钼矿化。其产状特征表明辉钼矿的形成与矿区内矽卡岩化铁、铜的矿化同期或稍晚。采集 7 件辉钼矿样品并对其进行了 Re - Os 同位素测年，结果列于表 4 - 23。沙泉子矿区辉钼矿 Re 含量明显高于区域上其他矿床，具有中高温热液成因特征。模式年龄介于 313.2 ± 4.4 ~ 316.6 ± 4.6 Ma，变化范围很小。等时线年龄为 316 ± 6 Ma（MSWD = 0.46）（图 4 - 43c），加权平均年龄为 314.6 ± 1.7 Ma（MSWD = 0.29）（图 4 - 43d），二者非常一致。因此，辉钼矿、矽卡岩型铁铜矿化的形成时代应在 315 ~ 316 Ma。

mot—辉钼矿，py—黄铁矿，cp—黄铜矿

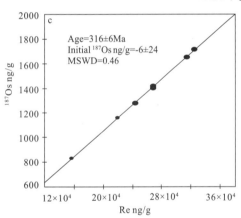
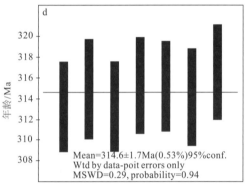

图 4 - 43 沙泉子矿区辉钼矿野外照片及其 Re - Os 同位素年龄图解

表 4 - 23 沙泉子矿区辉钼矿 Re - Os 年龄结果

样号	Re 含量/10⁻⁶		Os 含量/10⁻⁹		¹⁸⁷Re 含量/10⁻⁶		¹⁸⁷Os 含量/10⁻⁹		模式年龄/Ma	
	测定值	误差	测定值	误差	测定值	误差	测定值	误差	测定值	误差
SQZ66 - 1	388.3	3.1	0.0752	0.2527	244	2	1277	10.2	313.2	4.4
SQZ66 - 2	499.5	5	0.0681	0.1526	313.9	3.1	1651	13	314.9	4.8
SQZ66 - 3	426	3.5	0.0783	0.1756	267.7	2.2	1401	11	313.2	4.4
SQZ66 - 4	426.6	4	0.1743	0.3311	268.2	2.5	1412	11.3	315.3	4.7
SQZ66 - 5	350.2	2.8	0.066	0.222	220.1	1.8	1159	9.3	315.2	4.4
SQZ66 - 6	251.1	2.4	0.0865	0.2289	157.8	1.5	828.2	6.8	314.1	4.7
SQZ66 - 7	514.9	4.6	0.3681	0.1807	323.7	2.9	1711	14	316.6	4.6

注：测试在国家地质实验测试中心完成。

3. 沙泉子－黑峰山一带铁铜成矿时代

综合上述矿床特征及年代学研究结果，本区内铁铜的成矿具有多期性和持续时间长的特点，目前可推断与早石炭世和早二叠世时期的火山喷发和岩浆侵入活动有关。沙泉子矿区主要表现为早期（320 Ma 左右）的火山沉积成因的铁矿化和随后由于岩浆侵入活动形成的矽卡岩化铁铜等的矿化叠加（315～316 Ma）。随着区内岩浆活动的持续进行，早二叠世时期（285～274 Ma）又发生与火山沉积有关的铁成矿作用及同期岩浆侵入活动有关的铁铜矿化，以黑峰山矿区的铁铜矿化特征为代表。

（四）矿床成因机制

在早石炭统—早二叠世时期，沙泉子铁铜矿与黑峰山铁铜矿床处于板块边缘环境，具有 Fe－Cu 多元素组合，蚀变以绿帘石、石榴子石矽卡岩化为主，与成矿有关的闪长玢岩、闪长岩以及成矿形成于早石炭世和早二叠世。铁矿体呈层状或似层状、透镜体状产出，与赋矿的火山岩及火山碎屑岩产状基本一致。铁矿石具有明显的层状及块状构造，块状细粒磁铁矿具有火山岩型磁铁矿特征，晚期粗粒磁铁矿属交代成因磁铁矿。成矿流体由高温岩浆流体演化为以大气降水为主的流体。晚期铁铜矿化叠加于沉积成因铁矿化上。因此，沙泉子铁铜矿与黑峰山铁铜矿床应属火山沉积＋热液交代叠加改造型成矿，即早期以火山沉积成矿为主，同期的闪长质岩浆侵入，岩浆期后热液交代火山岩形成矽卡岩，伴随矽卡岩演化形成铁铜矿化，叠加到早期铁矿体中及附近。

第四节　磁海含钴铁矿地质特征及矿床模型

东天山地区发育多个不同成因的铁矿床（Zhang et al.，2005；陈毓川等，2008；Hou et al.，2013）。其中与火山岩－侵入岩有关的铁矿床主要分布于阿奇山－雅满苏一带（如红云滩铁矿床、百灵山含钴铁矿床、突出山铁铜矿床、雅满苏铁锌钴矿床、沙泉子铁铜矿床、黑峰山铁铜矿床）和北山地区（磁海含钴铁矿床）。其中磁海含钴铁矿床是东天山地区北山裂谷带内一产于辉绿岩中的大型铁矿床，此类铁矿床在国内独有，世界上也非常罕见，仅在美国宾夕法尼亚州的 Cornwall 地区发现，并被命名为 Cornwall 型铁矿床（Eugster et al.，1979；Rose et al.，1985）。目前，磁海控制铁储量已达 1 亿吨（王登红等，2007）。尽管前人对磁海含钴铁矿的地质特征、矿物组合、同位素地球化学、成矿作用和成矿规律进行过研究，但其成因的认识一直存在较大争议，包括磁海式铁矿（张明书，1980）、次火山岩－矿浆贯入－热液交代型（赵玉社，2000）、次火山热液型（薛春纪等，2000）、岩浆分异－矿浆贯入－热液交代多成因型（王玉往等，2006）、矽卡岩型（赵一鸣等，2012）和岩浆－热液型（Huang et al.，2013）等不同观点。

一、成矿地质背景

中亚造山带位于北部的西伯利亚板块和南部塔里木板块之间，是世界上最大的显生宙增生型造山带（Jahn et al.，2000），并且发育大量的 Cu－Ni、Au 和 Fe 多金属矿化（朱永峰等，2007；Yang et al.，2009，2013；Qin et al.，2011；Zhu，2011；Mao et al.，2014；Seltmann et al.，2014；Zhang et al.，2014）。东天山属于中亚造山带南缘，本书所指的东天山是位于乌鲁木齐－库尔勒公路以东、吐哈盆地以南的天山地区，它被认为是在古生代由不同地块逐渐拼接而成（Xiao et al.，2004；Han et al.，2010），包括博格达－哈尔里克地块、觉罗塔格地块、中天山地块、南天山地地和北山裂谷。这些地块之间发育大规模二叠纪走滑断层（Wang et al.，2010）。

北山地区位于东天山南缘，塔里木盆地的东北缘，总体呈 NEE 向展布，二叠纪被认为是一个裂谷（Xiao et al.，2010）。北山地区具前寒武系结晶基底，出露地层包括古元古界北山岩群低角闪岩相变质岩、中元古界长城系古硐井岩群和红柳泉岩组黑云母斜长变粒岩和黑云母石英片岩、下寒武统双鹰山组灰岩和含碳泥质页岩、下石炭统红柳园组火山－陆源碎屑岩、下二叠统红柳河组中基性火山岩、下二叠统因尼卡拉塔格组碎屑岩、上二叠统骆驼沟组砾岩和砂岩、第三系、第四系沉积物。侵入岩发育，主要为石炭—二叠纪侵入岩，岩石类型从超镁铁质、镁铁质到长英质岩类均有出露。其中二叠纪镁铁－超镁铁质侵入岩多与 Cu－Ni 矿化密切相关（姜常义等，2006；李华芹等，2006，2009；孙燕等，2009；苏本勋等，2009，2010；孙赫等，2010；Qin et al.，2011）。对于该时期的构造背景存在有多种争议，如晚古生代发育起来的裂谷（李锦轶等，2000，2006；肖渊甫等，2000；左国朝等，2004；姜常义等，2006；徐学义等，2009；郑勇等，2009；齐天骄等，2012）；活动大陆边缘（范育新等，2007；颉伟等，2011）；后碰撞伸展构造环境（李华芹等，2006，2009；唐萍芝等，2010；孟庆鹏等，2014）和地幔柱（毛景文等，2006；Mao et al.，2008；Franco et al.，2008；Qin et al.，2011；齐天骄等，2012）。本项目组通过对磁海矿区镁铁质岩和酸性岩的研究认为，磁海矿区早二叠世岩浆岩是后碰撞伸展环境的产物。

二、矿床地质特征

（一）矿区地质

磁海含钴铁矿床位于哈密市南直距 186 km（距雅满苏矿床 96 km）处，北山地区红柳河－星星峡断裂和南部的柳园深大断裂之间，磁海矿区包括磁海、磁西和磁南 3 个矿段。矿区内出露的地层主要有中元古界蓟县系、奥陶系和二叠系。蓟县系主要由平头山群长英质片岩、大理岩、白云岩组成，奥陶系为板岩、硅质岩，二叠系包括下二叠统下部的双堡塘组火山岩、火山碎屑岩和上部的菊石滩组灰岩、粉砂岩。矿区内发育有 NE 向、EW 向和 NW 向断裂，以 EW 向构造最为发育。侵入岩发育，主要有侵入到蓟县系和奥陶系中的辉绿岩、辉长岩、闪长岩和花岗岩，其中辉绿岩与磁铁矿体关系密切，磁铁矿体主要产在辉绿岩及与其接触的石榴子石－透辉石矽卡岩中（图 4－44）。矿区内辉长岩、辉绿岩呈多次脉动式侵入特征，目前的研究证明至少存在～295 Ma 角闪辉长岩、～286 Ma 辉绿岩、～275 Ma 粗粒辉长岩和辉绿岩（见第三章）3 期镁铁质岩浆侵入作用。同时也存在同时代的中酸性岩石（～294 Ma 花岗闪长岩、～286 Ma 花岗岩和石英二长岩和～265 Ma 二长岩）。认为磁海含钴铁矿床的形成时代为二叠纪（薛春纪等，2000；郑佳浩等，2014）。同时，块状磁铁矿中硫化物 Re－Os 年龄为 262 Ma（Huang et al.，2013），表明磁铁矿的形成时间应不晚于 262 Ma。

（二）矿体和围岩特征

磁海矿床是以铁为主，伴生有钴和镍等有益组分的大型矿床。主体矿带由多个矿体组成，矿体群产于辉绿岩体中，受辉绿岩体控制。磁海矿段位于矿区东北部，为露天开采，规模最大，磁南矿段和磁西矿段分别位于磁海矿段的南部和西部，规模相对较小，均为井下开采（图 4－44）。磁海矿段和磁西矿段矿体围岩均为辉绿岩，而磁南矿段矿体主要围岩为辉石岩和辉长岩。磁海主要含矿带长约 1.6 km，主矿体分布在含矿带的膨大部分。矿带向北陡倾，倾角 55°～65°，深部有变陡的趋势。矿层的单层厚度不大，一般一米到数米，局部十几米到几十米（盛继福，1985）。磁海矿段发育不同期次的辉绿岩，辉绿岩侵入到蓟县系长英质片岩和部分辉长岩中，已圈定的近百个矿体主要在辉绿岩和部分石榴子石透辉石矽卡岩中呈透镜状、脉状 EW 向成群近平行产出，并见后期辉绿岩脉穿切早期辉绿岩和矿体（图 4－45a、b、c），也见有少量晚期花岗岩细脉侵入到辉绿岩中。铁矿石储量超过 1 亿吨（王登红等，2007），其中磁海矿段占整个磁海铁矿储量的 90% 以上，平均全铁品位为 43.5%。磁南矿带长约 650 m，宽 40～200 m，主矿段长约 800 m，宽 100～200 m。总走向 310°～320°，局部呈弧形变化。倾向北，倾角 55°～75°，主矿体倾角在 65°～70°。分上下两个含矿部位，上部（垂深 300 m 以上）矿带较窄，下部（垂深 500 m 以下）矿带变宽，延深大于 800 m。单个矿体的产状与矿带的产状基本一致，但单个矿体形态较为复杂，主要有薄板状、透镜状、扁豆状、脉状、囊状等，倾向上延深稳定，高品位矿石主要分布矿带中下部，低品位矿石主要分布于矿带边部，主要矿体有向西侧伏趋势。共圈出工业矿体 29 个，一般长 50～200 m，厚 2～13 m，延深一般在 50～390 m，全铁品位变化于 40.5%～54.5%（新疆矿产勘查局第九地质队，1998）。总之，磁海矿区采坑剖面和钻孔资料均显

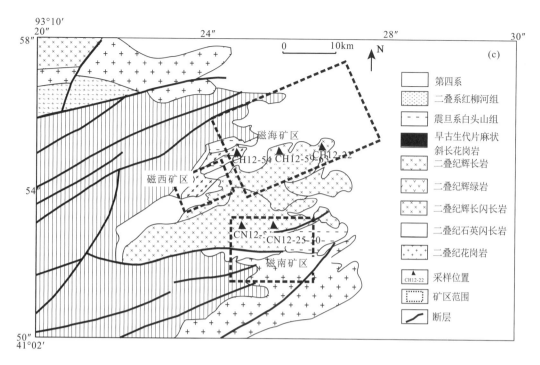

图4-44 磁海矿区地质图

（据新疆维吾尔自治区地质勘查开发局，1979；西北地质勘查局5队，1999改编）

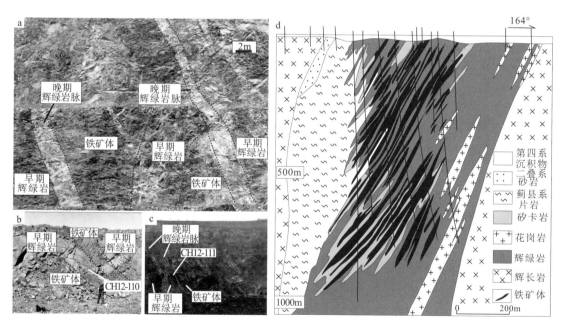

图4-45 磁海矿体围岩及代表性剖面图

（图d据薛春纪等，2000，修改）

a—早期辉绿岩与矽卡岩铁矿体接触，晚期浅色辉绿岩脉穿切早期辉绿岩和矽卡岩铁矿体；b—早期辉绿岩与铁矿体接触；
c—晚期辉绿岩脉穿切早期辉绿岩和铁矿体；d—磁海矿段V号勘探线剖面图

示磁海3个矿段铁矿体均与矽卡岩化关系密切，且3个矿段矿化特征相似（图4-45d）。

磁海采坑剖面显示，矽卡岩铁矿体和块状铁矿体均赋存于辉绿岩中（图4-46）。围岩辉绿岩呈墨绿色或棕色（图4-46a，b），其矿物组合为单斜辉石+斜长石+黑云母；块状铁矿体产在矽卡岩中或矽卡岩与辉绿岩接触带上，其矿物组合为磁铁矿+角闪石±绿帘石+方解石（图4-46c）；矽卡

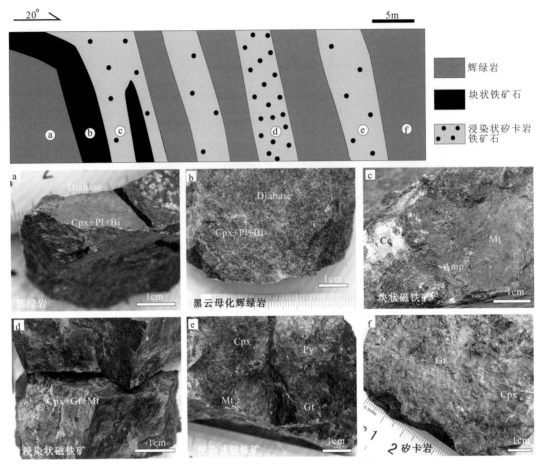

图4-46 磁海采坑辉绿岩、浸染状矿石和块状铁矿石的接触关系

Cpx—单斜辉石；Pl—斜长石；Bi—黑云母；Amp—角闪石；Mt—磁铁矿；Gt—石榴子石；Py—黄铁矿

岩铁矿体含数量不等的浸染状磁铁矿（图4-46d~f），矿物组合为单斜辉石+石榴子石+磁铁矿+黄铁矿。

（三）矿石结构构造

磁铁矿是磁海矿床矿石中主要金属矿物，其他金属矿物有磁黄铁矿、黄铜矿、黄铁矿、毒砂、辉砷钴矿、斜方砷钴矿、针镍矿、斜方砷镍矿、自然铋、辉铋矿、黑铋金矿和自然金。非金属矿物主要为石榴子石、钙铁辉石、绿帘石、黑柱石、角闪石、绿泥石、石英、方解石。

矿石构造主要有浸染状构造、条带状构造和致密块状构造。浸染状磁铁矿在磁海、磁西、磁南3个矿段均有出现，主要为磁铁矿在石榴子石透辉石矽卡岩中呈浸染状分布（图4-47a），磁铁矿含量约在10%~40%。透辉石颗粒细小呈集合体紧密出现，石榴子石颗粒较大，磁铁矿主要分布于石榴子石或单斜辉石颗粒中（图4-47b）。条带状磁铁矿分布在磁海矿段和磁西矿段，磁铁矿含量约为30%~60%，在磁南矿段未见此类型矿石，主要为磁铁矿和石榴子石透辉石矽卡岩构成近平行的条带（图4-47c）。显微镜下可见矽卡岩条带中透辉石和石榴子石颗粒之间分布有磁铁矿，磁铁矿条带中有细小浸染状透辉石颗粒分布于其中（图4-47d）。致密块状磁铁矿主要产于磁海矿段采坑，磁铁矿可达60%~90%，含少量方解石、角闪石、绿帘石和硫化物；块状构造磁铁矿中磁铁矿颗粒自形粗大，方解石、角闪石充填于磁铁矿颗粒的空隙中（图4-47e）；含磁黄铁矿中粒块状磁铁矿矿石中磁黄铁矿常呈近平行或不规则的细条状分布于磁铁矿中。显微镜下可见黄铁矿细脉穿切、包裹早期形成的磁铁矿颗粒（图4-47f）。

图 4 –47　磁海矿区的主要矿物组成及其构造特征

Mt—磁铁矿；Gt—石榴子石；Amp—角闪石；Py—黄铁矿

矿石结构主要有结晶结构和交代结构，其中磁铁矿、透辉石、石榴子石等多具自形晶结构，如磁铁矿呈半自形 – 他形包裹于石榴子石中（图 4 –48a），呈半自形 – 自形晶与石榴子石共生于浸染状磁铁矿矿石中，并且磁铁矿在背散射照片中显示明显的环带结构（图 4 –48b、c）。磁黄铁矿、黄铁矿、辉砷钴矿等多呈半自形 – 他形粒状结构（图 4 –48d）。交代结构也极为发育，如角闪石交代石榴子石（图 4 –48e）、透辉石，磁黄铁矿交代磁铁矿具浑圆状边界（图 4 –48f）。

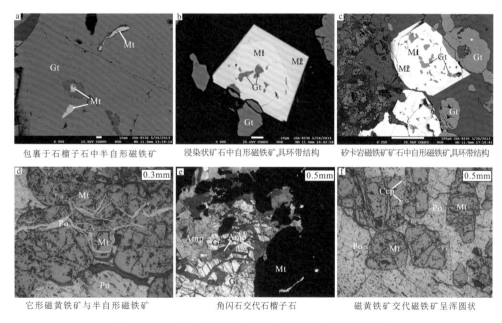

图 4 –48　磁海含钴铁矿区的主要矿物组成及结构特征

Mt—磁铁矿；Gt—石榴子石；Amp—角闪石；Po—磁黄铁矿

（四）热液蚀变

磁海矿床围岩蚀变主要为矽卡岩化、钠长石化、磁黄铁矿、黄铜矿化和碳酸盐化。其中，钠长石化分布广，但强度小，原岩基本面貌未彻底改变，主要发育于辉绿岩中，是基性斜长石发生钠（更）

长石化，局部也见铁镁矿物的钠（更）长石化。矽卡岩化广泛发育，与磁铁矿关系密切，分布远大于磁铁矿体的范围，且为矿体直接围岩，主要为石榴子石 – 辉石 – 磁铁矿组合和磁铁矿 + 角闪石 ± 绿帘石 ± 黑柱石组合（图 4 – 49）。其中石榴子石和单斜辉石主要与浸染状磁铁矿共生（图 4 – 49a，b，c），并见早期形成的石榴子石被角闪石不同程度的交代（图 4 – 49d，e）形成磁铁矿，也见早期形成的矽卡岩角砾被后期的块状磁铁矿所包裹（图 4 – 49f），大量磁铁矿的形成与绿帘石、黑柱石和角闪石等矽卡岩关系密切（图 4 – 49g，h）。磁黄铁矿 – 黄铜矿化发育在石榴子石透辉石蚀变岩的中上部及边部，表现为磁铁矿被磁黄铁矿和黄铁矿交代（图 4 – 49i）。

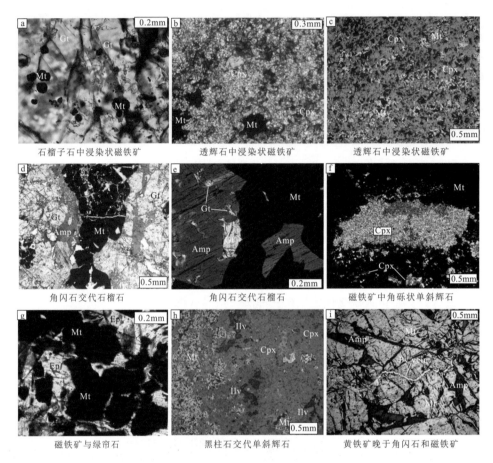

图 4 – 49　磁海含钴铁矿床主要蚀变特征

（五）成矿期次和成矿阶段划分

根据野外和显微镜下的矿石结构构造、矿物共生和产出特征，可以将磁海矿床划分为 4 个成矿阶段（图 4 – 50）：K – Na 蚀变阶段、无水矽卡岩阶段、退化蚀变阶段和石英 – 方解石 – 硫化物阶段。K – Na 蚀变阶段主要表现为斜长石的钠长石化和辉石的黑云母化；无水矽卡岩阶段为石榴子石 – 辉石和少量磁铁矿组合，主要形成石榴子石、辉石和少量磁铁矿；退化蚀变阶段是铁的主要形成阶段，为角闪石 – 绿帘石 – 黑柱石 – 磁铁矿组合，形成大量磁铁矿和部分磁黄铁矿，少量毒砂以及钴和镍的独立矿物等（如斜方砷钴矿、辉砷钴矿、红砷镍矿）；石英 – 方解石 – 硫化物阶段是钴、金、铋的主要矿化阶段，为石英 – 磁黄铁矿 – 辉砷钴矿 – 斜方砷钴矿组合。

（六）矿相学及矿物化学

1. 矽卡岩矿物

磁海含钴铁矿床矽卡岩化广泛发育，并与磁铁矿密切共生。矽卡岩矿物主要有石榴子石、单斜辉

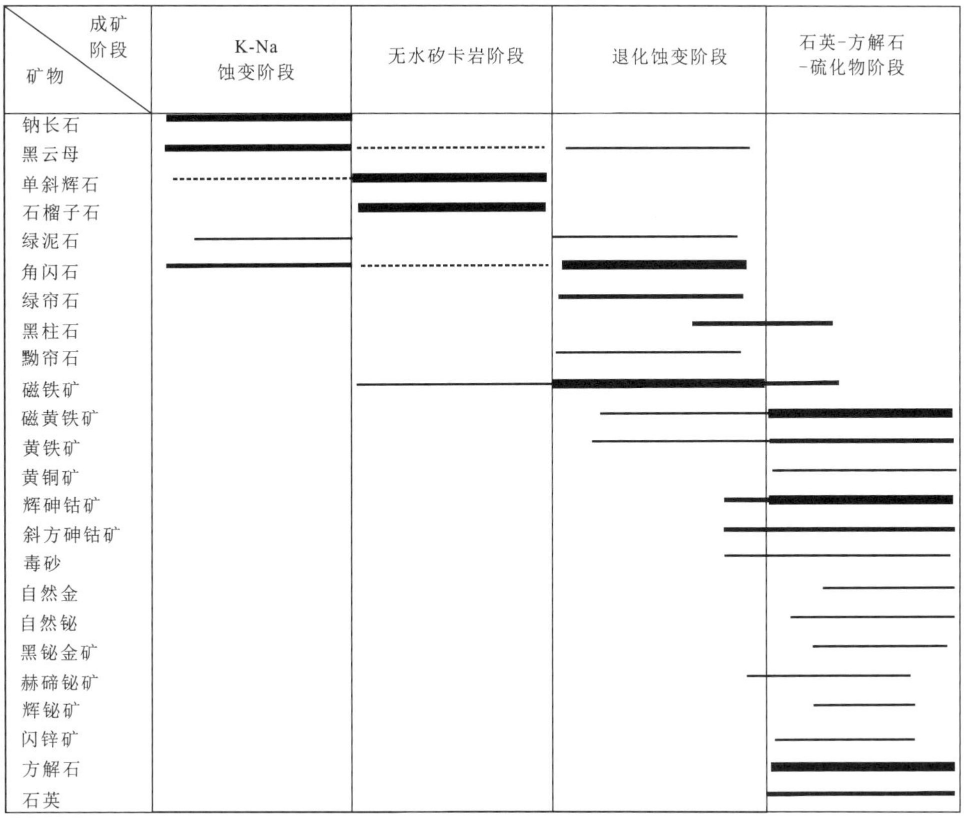

矿物 \ 成矿阶段	K-Na 蚀变阶段	无水矽卡岩阶段	退化蚀变阶段	石英-方解石-硫化物阶段
钠长石	▬▬			
黑云母	▬▬▬	- - -		
单斜辉石	- - -	▬▬▬		
石榴子石	────	────		
绿泥石	──			
角闪石	──	- - -	▬▬▬	
绿帘石			────	
黑柱石			────	
黝帘石			──	
磁铁矿		▬▬▬	▬▬▬	
磁黄铁矿			──	▬▬▬▬
黄铁矿				────
黄铜矿				────
辉砷钴矿			──	▬▬▬
斜方砷钴矿			──	────
毒砂			──	────
自然金				────
自然铋				────
黑铋金矿				────
赫碲铋矿			──	────
辉铋矿				────
闪锌矿				────
方解石				▬▬▬▬
石英				────

图 4-50 磁海含钴铁矿床矿物生成顺序

石、角闪石、绿帘石、黑柱石等。本项目通过对磁海含钴铁矿矽卡岩的成分及演化进行系统研究，以期为矿床成因研究提供重要证据。

（1）石榴子石

石榴子石是磁海含钴铁矿床内最发育的矽卡岩矿物之一，在磁海、磁西和磁南 3 个矿段均有产出。石榴子石主要与单斜辉石共生，以块状或斑点状产出，呈肉红色，粒度变化较大，部分具环带结构（图 4-51a）。电子探针分析结果表明（表 4-24），石榴子石主要为钙铁榴石和钙铝榴石，具环带结构的石榴子石从核部到边部，Al_2O_3 的含量明显降低而 FeO^T 的含量明显升高（图 4-51b），核部 And 变化范围为 22.91~29.10%，边部 And 变化范围为 51.64%~59.47%（图 4-51c）石榴子石成分从靠近钙铝榴石端元到靠近钙铁榴石端元接近连续变化，且大多数位于矽卡岩铁矿中石榴子石的成分范围（图 4-51d）。

（2）辉石

磁海、磁西和磁南 3 个矿段的辉石呈淡绿色或白色，粒度变化范围较大，与石榴子石和磁铁矿共生的辉石粒度相对较小（图 4-52a），电子探针分析结果表明（表 4-25），大多数辉石为透辉石，且均落在矽卡岩铁矿辉石成分的范围内（图 4-52b）。磁南矿段也发育有浅绿色钙铁辉石，矿物颗粒相对较大，与浸染状磁铁矿和少量黄铁矿共生（图 4-52c），可见有角闪石交代辉石现象（图 4-52d），也见辉石被黑柱石交代（图 4-52e），该辉石属钙铁辉石，与矽卡岩型铁矿床中辉石成分范围一致（图 4-52f）。

（3）角闪石

磁海含钴铁矿床角闪石大量出现，多与磁铁矿共生，在块状矿石中很发育（图 4-53a），并见交代早期石榴子石（图 4-53b）和透辉石（图 4-53c）。电子探针分析结果表明（表 4-26），矿区内角闪石相对富铁，主要是铁-绿钙闪石，少量为铁浅闪石，并且大多数落在矽卡岩铁矿的角闪石范围内（图 4-53d）。

表4-24 磁海含钴铁矿床石榴子石电子探针分析结果

样号	具有环带结构石榴子石									无环带结构石榴子石								
	CX12-40-1-1	CX12-40-1-2	CX12-40-1-3	CX12-40-1-4	CX12-40-1-5	CX12-40-1-6	CX12-40-1-7	CX12-40-1-8	CX12-40-1-9	CHI2-102-2-2	CHI2-117-1-1	CHI2-117-3-2	CHI2-135-1-1	CHI2-135-2-1	CHI2-05-1-1	ch12-28-1-1	ch12-11-1-1	ch12-31-1-1
	核部	核部	核部	中间	中间	中间	边部	边部	边部									
SiO_2	38.59	38.01	37.67	36.80	36.58	37.00	37.00	36.63	36.82	36.92	39.30	38.31	36.72	38.28	38.63	39.44	37.29	36.86
TiO_2	0.40	0.58	0.69	0.46	0.69	0.89	0.39	0.76	0.67	0.36	0.13	0.68	0.03	0.09	0.25	1.15	0.04	0.05
Al_2O_3	16.99	16.25	15.40	8.54	8.44	10.04	9.18	10.16	8.55	10.87	16.72	15.70	9.85	14.03	15.98	16.88	9.41	13.45
Cr_2O_3	0.02	0.01	0.03	0.01	0.02	0.01	0.00	0.00	0.02	0.04	0.02	0.00	0.00	0.00	0.00	0.03	0.00	0.00
FeO	8.69	8.70	9.70	17.54	17.58	15.77	16.83	17.04	17.73	18.01	10.49	11.72	17.10	12.46	10.36	8.83	17.23	14.35
MnO	1.10	1.06	1.08	0.72	0.64	0.57	0.50	1.37	0.72	0.65	0.62	0.53	0.38	0.58	0.62	0.66	0.38	0.84
MgO	0.73	0.50	0.56	0.25	0.21	0.30	0.24	0.15	0.24	0.13	0.57	0.31	0.14	0.22	0.31	0.51	0.07	0.11
CaO	33.26	33.63	33.64	33.73	33.82	33.94	33.70	31.99	33.90	31.98	33.14	33.61	33.35	33.52	31.51	32.64	33.49	32.34
total	99.78	98.83	98.83	98.06	98.04	98.59	97.88	98.15	98.64	99.01	101.00	100.91	97.63	99.19	97.67	100.19	97.97	98.02
基于12个氧原子计算																		
Si	2.97	2.97	2.95	2.97	2.96	2.96	2.99	2.96	2.96	2.96	3.00	2.95	2.98	3.00	3.04	3.02	3.01	2.95
Ti	0.02	0.03	0.04	0.03	0.04	0.05	0.02	0.05	0.04	0.02	0.01	0.04	0.00	0.01	0.01	0.07	0.00	0.00
Al	1.54	1.49	1.42	0.81	0.80	0.95	0.87	0.97	0.81	1.03	1.50	1.42	0.94	1.30	1.48	1.52	0.89	1.27
Cr	0.00	0.00	0.00	0.00	0.00	0.00	0.00	0.00	0.00	0.00	0.00	0.00	0.00	0.00	0.00	0.00	0.00	0.00
Fe^{3+}	0.46	0.51	0.58	1.19	1.19	1.05	1.12	1.03	1.19	0.99	0.49	0.58	1.07	0.70	0.48	0.42	1.10	0.76
Fe^{2+}	0.10	0.06	0.05	0.00	0.00	0.01	0.01	0.12	0.00	0.22	0.18	0.17	0.08	0.12	0.20	0.14	0.06	0.20
Mn	0.07	0.07	0.07	0.05	0.04	0.04	0.03	0.09	0.05	0.04	0.04	0.03	0.03	0.04	0.04	0.04	0.03	0.06
Mg	0.08	0.06	0.07	0.03	0.02	0.04	0.03	0.02	0.03	0.02	0.06	0.04	0.02	0.03	0.04	0.06	0.01	0.01
Ca	2.75	2.81	2.82	2.92	2.93	2.91	2.91	2.77	2.92	2.74	2.71	2.77	2.90	2.81	2.66	2.67	2.89	2.77
And	22.91	25.30	29.10	59.28	59.47	52.49	56.22	51.64	59.44	48.98	24.60	29.08	53.33	35.11	24.36	21.72	55.16	37.47
Gro	68.46	68.36	64.55	38.04	38.19	44.71	41.19	40.70	37.81	41.70	65.87	62.92	42.48	58.86	66.04	69.85	41.58	53.65
Alm	3.37	2.05	1.70	0.00	0.00	0.28	0.50	3.96	0.10	7.27	5.98	5.65	2.80	3.86	6.96	4.88	2.08	6.57
Pyr	2.80	1.95	2.16	1.00	0.82	1.18	0.96	0.59	0.96	0.50	2.16	1.20	0.54	0.87	1.25	2.00	0.30	0.44
Spe	2.40	2.33	2.39	1.65	1.45	1.30	1.13	3.12	1.63	1.45	1.34	1.15	0.86	1.29	1.39	1.47	0.87	1.88

注:测试在中国地质科学院矿产资源研究所完成,测试仪器为日本JOEL公司生产的JXA-823V。

260

表4-25 磁海含钴铁矿床辉石电子探针分析结果

样号	CN12-84 -1-1	CN12-84 -2-1	CN12-84 -3-1	CN12-84 -3-2	CN12-21 -1-1	cn12-17 -3-1	CN12-86 -2-1	CN12-86 -2-2	CX12-21 -3-4	CX12-21 -3-5	ch12-24 -2-2	ch12-24 -1-1	CH12-102 -1-1	CH12-102 -1-2	CH12-117 -2-4	CH12-135 -1-2	CH12-25 -2-3
SiO_2	51.90	50.85	47.54	48.48	51.63	49.71	53.38	53.70	54.23	50.51	49.92	50.90	51.47	50.18	52.69	50.04	51.26
TiO_2	0.00	0.00	0.19	0.09	0.54	0.09	0.00	0.00	0.00	0.00	0.00	0.04	0.10	0.21	0.03	0.20	0.04
Al_2O_3	0.21	1.23	5.54	5.17	1.54	0.34	0.02	0.00	0.35	2.20	0.80	0.52	2.33	3.17	0.26	3.14	0.58
Cr_2O_3	0.02	0.00	0.00	0.00	0.01	0.00	0.00	0.00	0.00	0.01	0.00	0.00	0.00	0.04	0.00	0.00	0.00
FeO	12.60	13.65	13.27	13.25	7.55	14.65	8.93	8.44	5.20	8.50	12.98	12.99	7.88	9.20	10.54	11.37	10.52
MnO	0.75	0.79	0.41	0.35	0.20	0.50	0.32	0.14	0.25	0.40	0.61	0.76	0.29	0.27	0.33	0.29	0.35
MgO	10.76	9.69	9.28	9.55	14.64	8.84	13.25	13.70	15.06	12.56	9.62	9.41	13.36	12.32	12.45	10.95	12.87
CaO	24.61	24.36	24.19	23.98	24.23	23.37	25.14	25.07	25.11	24.63	23.85	24.03	24.80	24.78	24.63	24.56	24.51
Na_2O	0.01	0.05	0.11	0.18	0.23	0.14	0.00	0.01	0.09	0.14	0.02	0.41	0.16	0.14	0.07	0.05	0.44
K_2O	0.00	0.02	0.02	0.03	0.03	0.00	0.00	0.01	0.03	0.01	0.00	0.02	0.02	0.01	0.00	0.00	0.09
total	100.87	100.64	100.55	101.07	100.60	97.63	101.03	101.06	100.32	98.95	97.80	99.07	100.40	100.32	101.01	100.60	100.66
以6个氧原子和4个阴离子为基准																	
Si	1.97	1.95	1.82	1.84	1.92	1.97	1.99	1.99	1.99	1.92	1.96	1.98	1.92	1.89	1.98	1.90	1.94
$Al(iv)$	0.00	0.05	0.18	0.16	0.02	0.00	0.00	0.00	0.01	0.08	0.04	0.02	0.08	0.11	0.00	0.10	0.00
$Al(vi)$	0.00	0.00	0.07	0.08	0.00	0.00	0.00	0.00	0.01	0.02	0.00	0.00	0.02	0.03	0.00	0.04	0.00
Ti	0.00	0.00	0.01	0.00	0.02	0.00	0.00	0.00	0.00	0.00	0.00	0.00	0.00	0.01	0.00	0.01	0.00
Cr	0.00	0.00	0.00	0.00	0.00	0.00	0.00	0.00	0.00	0.00	0.00	0.00	0.00	0.00	0.00	0.00	0.00
Fe^{3+}	0.07	0.08	0.15	0.13	0.12	0.07	0.04	0.03	0.00	0.10	0.05	0.08	0.09	0.11	0.06	0.09	0.19
Fe^{2+}	0.33	0.36	0.27	0.28	0.11	0.42	0.24	0.23	0.16	0.17	0.37	0.34	0.15	0.17	0.27	0.27	0.13
Mn	0.02	0.03	0.01	0.01	0.01	0.02	0.01	0.00	0.01	0.01	0.02	0.02	0.01	0.01	0.01	0.01	0.01
Mg	0.61	0.55	0.53	0.54	0.81	0.52	0.74	0.76	0.83	0.71	0.56	0.54	0.74	0.69	0.70	0.62	0.73
Ca	1.00	1.00	0.99	0.98	0.97	0.99	1.00	1.00	0.99	1.00	1.01	1.00	0.99	1.00	0.99	1.00	0.99
Na	0.00	0.00	0.01	0.01	0.02	0.01	0.00	0.00	0.01	0.01	0.00	0.03	0.01	0.01	0.01	0.00	0.03
K	0.00	0.00	0.00	0.00	0.00	0.00	0.00	0.00	0.00	0.00	0.00	0.00	0.00	0.00	0.00	0.00	0.00
Wo	49.24	49.57	50.56	49.86	47.50	49.00	49.52	49.32	49.74	50.01	49.86	49.52	49.60	50.06	48.74	50.20	47.53
En	29.96	27.44	26.99	27.63	39.94	25.78	36.30	37.52	41.51	35.49	28.00	26.98	37.16	34.62	34.28	31.15	34.72
Fs	20.76	22.82	22.05	21.85	11.75	24.67	14.17	13.14	8.42	14.00	22.08	21.99	12.66	14.80	16.72	18.47	16.21
Ac	0.03	0.17	0.40	0.66	0.82	0.55	0.00	0.02	0.33	0.50	0.06	1.51	0.58	0.52	0.26	0.18	1.54

注：测试在中国地质科学院矿产资源研究所完成，测试仪器为日本JOEL公司生产的JXA-823V。

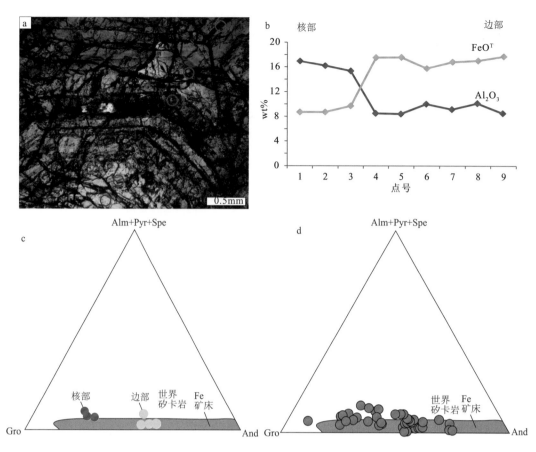

图4-51　磁海含钴铁矿床石榴子石成分特征

（世界范围矽卡岩Fe矿的石榴子石成分据Meinert et al.，2005）

a—具环带结构的石榴子石及电子探针分析点位；b—具环带结构石榴子石从核部到边部主要成分的变化；

c—环带结构石榴子石端元组分图解；d—磁海含钴铁矿床所有石榴子石端元组分图解

端元组分：Gro—钙铝榴石；And—钙铁榴石；Alm + Pyr + Spe—铁铝榴石 + 镁铝榴石 + 锰铝榴石

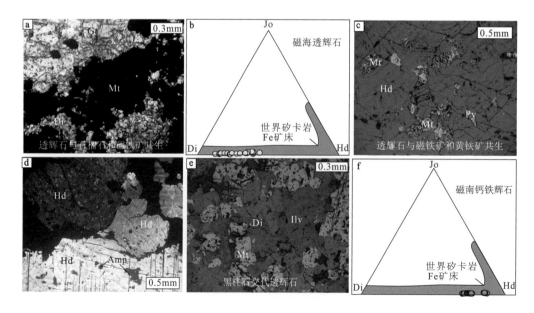

图4-52　磁海含钴铁矿床辉石成分特征

Hd—钙铁辉石；Mt—磁铁矿；Amp—角闪石；Py—黄铁矿；Jo—钙锰辉石；Di—透辉石；Hd—钙铁辉石

（世界范围矽卡岩Fe矿的石榴子石成分据Meinert et al.，2005）

表 4 - 26 磁海含钴铁矿床角闪石电子探针分析结果

样号	CH12 - 117 - 2 - 1	CH12 - 117 - 2 - 2	CH12 - 117 - 3 - 1	CH12 - 84 - 2 - 2	CH12 - 84 - 4 - 1	CH12 - 139 - 4 - 1	CH12 - 139 - 4 - 2	CH12 - 144 - 3 - 1	CH12 - 171 - 1 - 1
SiO_2	38.16	35.33	35.85	36.38	36.28	37.93	36.95	38.03	36.70
TiO_2	0.77	0.30	0.42	0.23	0.28	0.20	0.13	0.36	0.15
Al_2O_3	14.05	14.31	14.50	13.55	13.23	10.27	11.45	11.18	14.73
FeO	23.05	29.62	31.18	29.88	29.61	32.61	30.43	26.62	22.78
MnO	0.22	0.26	0.30	0.28	0.26	0.38	0.32	0.18	0.24
MgO	6.49	1.12	0.48	1.76	2.30	1.10	2.13	4.78	5.81
CaO	11.93	11.22	11.40	11.33	11.45	11.30	11.39	11.52	11.74
Na_2O	2.06	1.57	1.76	1.63	1.41	1.33	1.26	1.70	1.36
K_2O	1.49	2.52	2.05	2.55	2.77	2.20	2.65	1.79	2.68
F	0.00	0.00	0.00	0.04	0.00	0.00	0.04	0.08	0.43
Cl	1.11	2.99	2.66	2.48	2.82	2.48	2.92	1.93	2.39
总量	99.33	99.24	100.61	100.10	100.40	99.78	99.67	98.14	98.99
Si	5.92	5.77	5.79	5.88	5.85	6.21	6.03	6.13	5.79
Al^{IV}	2.08	2.23	2.21	2.12	2.15	1.79	1.97	1.87	2.21
Al^{VI}	0.50	0.53	0.54	0.45	0.37	0.19	0.23	0.25	0.52
Ti	0.09	0.04	0.05	0.03	0.03	0.02	0.02	0.04	0.02
Fe^{3+}	0.00	0.09	0.09	0.02	0.03	0.13	0.09	0.06	0.12
Fe^{2+}	2.99	3.96	4.12	4.01	3.97	4.34	4.07	3.52	2.88
Mn	0.03	0.04	0.04	0.04	0.04	0.05	0.04	0.02	0.03
Mg	1.50	0.27	0.12	0.42	0.55	0.27	0.52	1.15	1.36
Ca	1.98	1.96	1.97	1.96	1.98	1.98	1.99	1.99	1.98
Na	0.62	0.50	0.55	0.51	0.44	0.42	0.40	0.53	0.41
K	0.30	0.53	0.42	0.53	0.57	0.46	0.55	0.37	0.54
阳离子数	16.01	15.91	15.91	15.98	15.97	15.87	15.91	15.94	15.88
OH^-	0.00	0.00	0.00	0.00	0.00	0.00	0.00	0.00	0.00
F	0.00	0.00	0.00	0.00	0.00	0.00	0.00	0.00	0.00
Cl	0.00	0.00	0.00	0.00	0.00	0.00	0.00	0.00	0.00
Si_T	5.92	5.77	5.79	5.88	5.85	6.21	6.03	6.13	5.79
Al_T	2.08	2.23	2.21	2.12	2.15	1.79	1.97	1.87	2.21
Al_C	0.50	0.53	0.54	0.45	0.37	0.19	0.23	0.25	0.52
Fe_C^{3+}	0.00	0.09	0.09	0.02	0.03	0.13	0.09	0.06	0.12
Ti_C	0.09	0.04	0.05	0.03	0.03	0.02	0.02	0.04	0.02
Mg_C	1.50	0.27	0.12	0.42	0.55	0.27	0.52	1.15	1.36
Fe_C^{2+}	2.91	3.96	4.12	4.01	3.97	4.34	4.07	3.50	2.88
Mn_C	0.00	0.04	0.04	0.04	0.04	0.05	0.04	0.00	0.03
Fe_B^{2+}	0.08	0.00	0.00	0.00	0.00	0.00	0.00	0.03	0.00
Mn_B	0.03	0.00	0.00	0.00	0.00	0.00	0.00	0.02	0.00
Ca_B	1.89	1.96	1.97	1.96	1.98	1.98	1.99	1.95	1.98
Na_B	0.00	0.04	0.03	0.04	0.02	0.01	0.01	0.00	0.02
Ca_A	0.10	0.00	0.00	0.00	0.00	0.00	0.00	0.04	0.00
Na_A	0.62	0.46	0.52	0.47	0.42	0.41	0.39	0.53	0.40
K_A	0.30	0.53	0.42	0.53	0.57	0.46	0.55	0.37	0.54

注：下标表示离子在晶体中所占位置；测试在中国地质科学院矿产资源研究所完成。测试仪器为日本 JOEL 公司生产的 JXA - 823V。

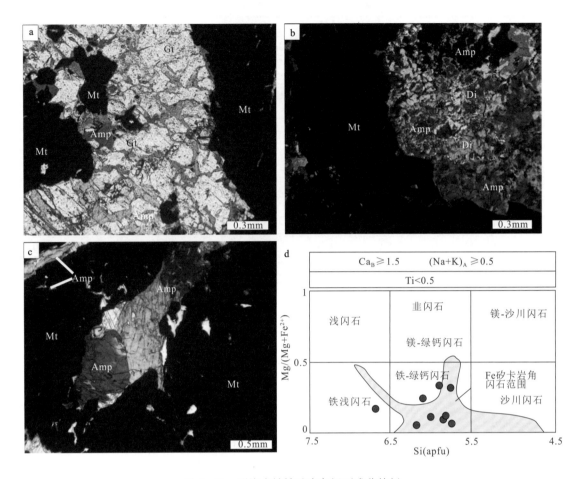

图 4-53　磁海含钴铁矿床角闪石成分特征

(矽卡岩 Fe 矿的角闪石成分据 Pons et al.，2009)

Gt—石榴子石；Mt—磁铁矿；Amp—角闪石；Di—透辉石

2. 金属矿物

前已述及，磁海含钴铁矿床中，金属矿物主要为磁铁矿。本研究通过显微镜及电子探针分析，发现了钴和镍的独立矿物（如辉砷钴矿、斜方砷钴矿和少量的红砷镍矿、针镍矿、斜方砷镍矿）和富钴矿物（磁黄铁矿和黄铁矿）、自然金-自然铋组合。对磁铁矿、自然金-自然铋以及钴的赋存状态开展研究，以期获得矿床成因信息。

（1）磁铁矿

磁铁矿属于尖晶石族矿物中的磁铁矿系列，化学通式为 $XFe_2^{3+}O_4$，在磁铁矿系列中，磁铁矿（$Fe^{2+}Fe_2^{3+}O_4$）与镁铁矿（$MgFe_2O_4$）和钛磁铁矿（$FeTiO_4$）可以形成一个完全的固溶体。由于磁铁矿能在一系列地质环境中产出，并可以在其晶形结构中混入 Ti、Si、Al、Mg、V、Cr、Mn、Co、Ni、Cu、Zn、Ga、Sn 和 Pb 等大量的微量元素，因此它是重要的岩石和矿床成因的指示剂（Newberry et al.，1982；Ghiorso et al.，1991；Westendorp et al.，1991；Huberty et al.，2012）。作为铁矿床最主要的矿石矿物，大量研究显示不同矿床类型中的磁铁矿的 Ti、Mg、V、Cr、Ca、Al、Mn、Si 等成分含量的变化范围不同，判别包括矽卡岩、Kiruna、IOCG、BIF 等铁不同类型矿床的重要指标（徐国凤等，1979；Nadoll et al.，2012；Dupuis et al.，2011；Hu et al.，2014）。本研究选取磁海铁矿浸染状、条带状和块状矿石中的磁铁矿以及具有环带结构的磁铁矿进行电子探针分析，结果分别列于表 4-27 和表 4-28。同时也对不同构造（浸染状、条带状和块状）矿石中的磁铁矿单矿物开展了稀土元素分析，结果列于表 4-29。

表 4 - 27 磁海含钴铁矿床不同构造矿石中磁铁矿电子探针分析结果 (%)

No.	样号	SiO₂	TiO₂	Al₂O₃	Cr₂O₃	FeOᵀ	MnO	NiO	MgO	CaO	Na₂O	K₂O	P₂O₅	V₂O₃	总量
						浸染状磁铁矿矿石									
1	CH12 - 05 - 2 - 1	0.02	0.36	1.6	0	89.81	0.3	0	0.06	0	0	0.01	0	0.04	92.21
2	CH12 - 49 - 1 - 1 - 1	0.07	0.39	0.71	0.02	92.3	0.03	0.04	0.06	0	0.02	0	0	0	93.65
3	CH12 - 49 - 1 - 2 - 2	0.05	0.8	1.37	0.08	91.11	0.13	0	0.04	0	0	0	0	0.11	93.68
4	CH12 - 50 - 1 - 3 - 3	0.03	0.09	0.86	0.03	91.28	0.16	0.03	0.02	0	0	0	0.02	0	92.51
5	CH12 - 50 - 1 - 4 - 1	0.64	0.17	0.88	0.06	90.35	0.13	0.01	0.33	0	0.05	0.01	0	0	92.62
6	CH12 - 102 - 1 - 3	0.09	1.75	1.28	0.03	90.62	0.28	0	0.03	0.01	0.14	0.01	0	0.01	94.24
7	CH12 - 102 - 2 - 4	0.01	1.33	0.99	0.05	91.8	0.17	0	0.06	0.01	0.05	0	0.01	0.04	94.53
8	CH12 - 117 - 1 - 3	0.06	0.82	0.97	0.01	91.89	0.16	0.01	0.03	0	0.02	0	0.01	0.03	94
9	CH12 - 117 - 2 - 3	0.1	0.2	0.21	0.06	92.15	0.03	0.01	0	0	0.09	0.02	0	0.03	92.9
10	CH12 - 117 - 3 - 3	0.69	0.2	1.07	0.02	90.65	0.02	0	0.17	0	0.07	0.01	0	0	92.88
11	CH12 - 135 - 1 - 3	0.09	0.16	0.56	0	93.12	0.25	0.09	0.02	0	0.04	0	0	0.01	94.35
12	CH12 - 135 - 2 - 3	0.73	0.8	1.29	0.06	89.42	0.47	0	0.37	0	0.2	0	0.02	0.02	93.37
13	CH12 - 135 - 3 - 1	0.07	0.04	1.6	0	91.38	0.51	0.01	0.21	0	0.13	0	0.02	0.01	93.98
14	CH12 - 135 - 3 - 2	0.05	0.16	1.04	0	91.4	0.5	0.02	0.09	0	0.38	0.02	0	0	93.66
15	CN12 - 2 - 2 - 1 - 1	0.23	0.69	1.63	0.07	89.56	0.01	0	0.05	0	0.05	0	0	0.1	92.42
16	CN12 - 02 - 3 - 2 - 1	0.07	0.68	5.03	0.06	88.27	0.16	0	0.07	0	0	0	0	0.04	94.4
17	CN12 - 08 - 3 - 1	0.12	1.37	2.09	0.07	89.25	0.12	0	0.02	0	0	0.01	0	0.07	93.1
18	CN12 - 09 - 1 - 1	0.04	0.34	2.09	0.07	90.55	0.64	0	0.07	0	0.03	0	0.01	0.02	93.86
19	CN12 - 09 - 2 - 1	0.03	1.06	2.95	0.03	89.33	0.58	0	0.1	0	0.05	0	0	0.02	94.14
20	CN12 - 64 - 1 - 2	0.09	0.3	0.78	0.11	90.6	0.16	0.01	0	0	0.02	0	0.01	0	92.09
21	CN12 - 64 - 2 - 2	0.12	0.53	0.93	0.1	90.84	0.13	0	0	0.08	0.01	0	0	0	92.74
22	CN12 - 64 - 3 - 3	0.11	1	2.18	0.15	89.65	0.2	0	0.04	0	0.07	0	0.01	0	93.4
23	CN12 - 84 - 1 - 3	0.1	0	0.46	0.02	92.67	0.05	0.03	0.04	0.03	0.08	0	0.01	0.01	93.54
24	CN12 - 84 - 2 - 2	0.06	0.58	3.02	0	89.48	0.29	0	0.05	0.05	0.08	0.01	0.06	0	93.63
25	CN12 - 84 - 3 - 3	0.14	0.09	0.19	0.04	90.98	0.1	0	0.01	0.06	0.31	0.01	0.01	0	91.94

No.	样号	SiO$_2$	TiO$_2$	Al$_2$O$_3$	Cr$_2$O$_3$	FeO^T	MnO	NiO	MgO	CaO	Na$_2$O	K$_2$O	P$_2$O$_5$	V$_2$O$_3$	总量
						条带状磁铁矿矿石									
1	CX12-43-1-3	1.16	0.16	1.41	0	90.3	0.21	0.01	0.33	0.16	0.02	0	0	0.05	93.8
2	CX12-43-2-2	0.05	0.39	1.39	0	91.79	0.14	0	0	0.11	0	0	0.03	0.04	93.94
3	CX12-43-2-3	4.08	0	0.57	0.03	88.88	0.08	0	0.05	0.7	0.12	0.05	0	0.04	94.61
4	CX12-43-2-4	0.06	0.43	1.48	0	92.26	0.21	0	0.08	0	0.15	0.02	0	0.04	94.72
5	CX12-43-3-2	0.08	0.27	1.85	0	90.77	0.34	0	0.27	0	0.01	0	0	0.04	93.63
6	CX12-44-1-3	0.07	0.3	1.28	0.01	92.69	0.16	0	0	0	0.02	0	0.01	0.02	94.55
7	CX12-44-1-4	0.08	0.31	1.51	0	91.57	0.16	0.03	0.05	0	0.06	0.01	0	0	93.77
8	CX12-44-2-2	0.06	0.46	1.39	0.01	91.58	0.16	0	0.06	0.05	0.05	0	0	0.02	93.84
9	CX12-44-2-3	0.2	0.28	2.23	0.01	89.08	0.22	0.02	0.43	0.04	0	0	0	0	92.5
10	CX12-44-3-2	0.09	0.23	1.41	0	90.73	0.18	0	0.03	0.02	0.06	0.01	0.01	0	92.77
11	CX12-44-3-3	0.05	0.12	1.04	0	91.85	0.18	0	0.09	0	0.02	0.01	0.01	0	93.37
12	CX12-44-3-4	0.13	0.16	0.31	0	92.71	0.11	0	0	0	0.06	0.01	0.01	0.01	93.51
13	CX12-21-1-2	0.25	0.08	1.02	0	91.67	0.13	0	0.03	0	0.21	0.01	0.04	0.04	93.48
14	CX12-21-3-2	0.11	0.79	1.76	0.04	88.54	0.39	0.05	0.01	0.41	0.21	0.02	0.04	0.05	92.39
15	CX12-21-3-3	0.42	0.19	1.13	0	92.37	0.14	0	0.04	0	0.15	0	0	0.01	94.45
						块状磁铁矿矿石									
1	CH12-25-1-1	0.03	0.09	0.82	0	91.59	0.43	0.02	0.1	0	0.04	0.01	0.01	0	93.13
2	CH12-25-2-2	0.02	0	0.72	0	93.1	0.31	0	0.05	0	0.05	0.01	0	0	94.28
3	CH12-25-3-1	0.06	0.04	0.86	0.03	92.27	0.34	0	0.05	0	0	0.01	0	0	93.66
4	CH12-25-3-2	0.08	0.03	0.78	0.05	92.88	0.18	0	0.02	0	0.03	0.02	0	0	94.07
5	CH12-25-4-1	0	0.12	0.9	0.03	93.44	0.07	0.02	0.02	0	0.07	0.01	0	0	94.6
6	CH12-84-1-2	0.11	0.34	2.19	0.01	91.98	0.28	0.01	0.02	0	0.07	0	0	0.06	95.06
7	CH12-84-2-1	0.17	0.07	2.27	0.04	91.44	0.32	0.03	0.14	0	0.18	0.01	0	0	94.66
8	CH12-84-3-1	0.22	0.03	2.41	0	89.55	0.32	0.04	0.13	0	0.15	0.01	0	0.04	92.9
9	CH12-139-2-1	0.23	0.08	1.73	0	90.71	0.11	0	0.14	0	0.07	0.02	0	0.02	93.12
10	CH12-139-3-1	0.28	0.16	0.95	0.01	90.67	0.17	0	0.05	0	0.04	0	0.01	0	92.34
11	CH12-139-4-3	0.16	0.15	1.77	0	91.42	0.11	0.02	0.12	0.03	0	0	0	0	93.77
12	CH12-144-1-1	0.13	0	0.95	0	91.48	0.32	0.01	0.12	0	0.04	0.02	0.02	0	93.08

No.	样号	SiO$_2$	TiO$_2$	Al$_2$O$_3$	Cr$_2$O$_3$	FeO^T	MnO	NiO	MgO	CaO	Na$_2$O	K$_2$O	P$_2$O$_5$	V$_2$O$_3$	总量
13	CH12-144-2-2	0.06	0.13	0.91	0.01	91.68	0.08	0.03	0	0	0	0	0	0.02	92.93
14	CH12-144-3-2	0.11	0.03	0.62	0.03	92.25	0.09	0	0.01	0	0	0	0	0.01	93.21
15	CH12-171-1-2	0.2	0.04	0.89	0	91.77	0.19	0	0.04	0	0.05	0.02	0.05	0	93.33
16	CH12-171-4-1	0.34	0.12	1.04	0.04	91.65	0.15	0	0.11	0	0.13	0	0.03	0.01	93.61
17	CH12-171-2-1	0.08	0	1.24	0	91.98	0.09	0	0.07	0	0.12	0	0	0	93.46
18	CH12-171-2-2	0.26	0	0.95	0.01	91.02	0.14	0	0.02	0	0.04	0	0.01	0	92.45
19	CH12-171-3-1	1.34	0.22	5.67	0.02	84.87	0.12	0	1.25	0.68	0.2	0	0	0.02	94.38
20	CN12-05-1-1	0.05	0.18	2.1	0	89.65	0.15	0.04	0.18	0	0.12	0.03	0	0.01	92.49
21	CN12-05-2-2	0.11	0.11	2.12	0.04	89.69	0.03	0	0.15	0	0.03	0	0	0	92.29
22	CN12-86-1-2	1.5	0	0.01	0.03	89.27	0.12	0.04	0.65	0.24	0	0	0	0	91.84
23	CN12-86-1-4	0.07	0	2.26	0	92.18	0.07	0	0.12	0	0.02	0	0	0	94.71
24	CN12-86-2-4	0.11	0.1	2.86	0.01	89.99	0.06	0	0.05	0	0.08	0	0.03	0	93.27

表4-28 磁海含钴铁矿床具环带结构磁铁矿电子探针分析结果（%）

Sample	SiO$_2$	TiO$_2$	Al$_2$O$_3$	Cr$_2$O$_3$	FeO^T	MnO	NiO	MgO	CaO	Na$_2$O	K$_2$O	V$_2$O$_5$	Total
CX12-43-2-3 Line 001	3.59	0.07	0.56	0.00	87.09	0.13	0.11	0.07	1.89	0.13	0.04	0.01	93.68
CX12-43-2-3 Line 002	4.72	0.03	0.72	0.00	88.34	0.14	0.01	0.05	1.11	0.21	0.08	0.05	95.46
CX12-43-2-3 Line 003	5.24	0.02	0.90	0.00	88.36	0.14	0.01	0.08	0.87	0.19	0.11	0.05	95.96
CX12-43-2-3 Line 004	0.11	0.20	0.45	0.07	93.21	0.09	0.02	0.00	0.16	0.00	0.01	0.12	94.42
CX12-43-2-3 Line 005	0.04	0.39	1.10	0.04	92.34	0.12	0.00	0.01	0.12	0.05	0.00	0.00	94.22
CX12-43-2-3 Line 006	0.09	0.49	1.89	0.00	91.75	0.07	0.00	0.02	0.15	0.00	0.01	0.01	94.48
CX12-43-2-3 Line 007	0.09	0.37	1.36	0.00	92.17	0.09	0.00	0.01	0.14	0.02	0.00	0.01	94.26
CX12-43-2-3 Line 008	0.10	0.30	1.39	0.00	92.66	0.07	0.00	0.00	0.22	0.03	0.00	0.00	94.77
CX12-43-2-3 Line 009	0.08	0.38	0.89	0.04	93.38	0.11	0.00	0.00	0.34	0.06	0.00	0.06	95.34
CX12-43-2-3 Line 010	4.42	0.03	0.68	0.02	86.77	0.15	0.00	0.09	1.41	0.16	0.08	0.00	93.81

注：测试在中国地质科学院矿产资源研究所完成，测试仪器为日本JOEL公司生产的JXA-823V。

267

表 4-29 磁海含钴铁矿床不同构造矿石中磁铁矿和辉绿岩稀土元素分析结果（10⁻⁶）

样品编号	样品类型	测试对象	La	Ce	Pr	Nd	Sm	Eu	Gd	Tb	Dy	Ho	Er	Tm	Yb	Lu
CN12-05	浸染状矿石	磁铁矿	3.29	7.52	0.96	4.14	0.91	<0.05	0.91	0.14	0.82	0.16	0.38	<0.05	0.21	<0.05
CN12-08	浸染状矿石	磁铁矿	0.18	0.50	0.15	0.76	0.12	<0.05	0.20	<0.05	0.18	<0.05	0.07	<0.05	0.06	<0.05
CH12-05	浸染状矿石	磁铁矿	0.29	0.64	0.08	0.32	0.06	<0.05	0.08	<0.05	0.06	<0.05	<0.05	<0.05	<0.05	<0.05
CH12-14	浸染状矿石	磁铁矿	2.40	5.67	0.75	3.24	0.68	0.29	0.72	0.10	0.61	0.13	0.36	0.05	0.34	0.05
CH12-24	浸染状矿石	磁铁矿	2.54	4.43	0.42	1.25	0.19	<0.05	0.17	<0.05	0.12	<0.05	0.05	<0.05	<0.05	<0.05
CX12-01	条带状矿石	磁铁矿	6.47	12.50	1.18	3.61	0.41	0.12	0.30	<0.05	0.16	<0.05	0.11	<0.05	0.09	<0.05
CX12-08	条带状矿石	磁铁矿	7.70	10.60	0.77	1.87	0.19	0.18	0.15	<0.05	0.09	<0.05	0.06	<0.05	0.07	<0.05
CX12-10	条带状矿石	磁铁矿	1.97	3.17	0.32	0.93	0.10	0.08	0.15	<0.05	0.09	<0.05	<0.05	<0.05	0.05	<0.05
CX12-11	条带状矿石	磁铁矿	14.40	25.50	2.37	7.66	1.01	0.45	0.81	0.09	0.46	0.09	0.25	<0.05	0.15	<0.05
CX12-12	条带状矿石	磁铁矿	0.51	1.06	0.14	0.65	0.13	0.08	0.10	<0.05	0.09	<0.05	<0.05	<0.05	<0.05	<0.05
CX12-14	条带状矿石	磁铁矿	2.77	4.44	0.47	1.76	0.40	0.37	0.40	0.05	0.22	<0.05	0.11	<0.05	0.07	<0.05
CH12-06	块状矿石	磁铁矿	1.39	1.92	0.18	0.60	<0.05	<0.05	0.05	<0.05	<0.05	<0.05	<0.05	<0.05	<0.05	<0.05
CH12-08	块状矿石	磁铁矿	3.20	6.08	0.64	2.42	0.45	0.29	0.49	0.08	0.43	0.09	0.27	<0.05	0.25	<0.05
CH12-16	块状矿石	磁铁矿	3.78	6.07	0.54	1.56	0.21	<0.05	0.14	<0.05	0.11	<0.05	0.07	<0.05	0.07	<0.05
CH12-17	块状矿石	磁铁矿	18.60	29.60	2.60	7.54	0.86	0.27	0.69	0.05	0.31	<0.05	0.12	<0.05	0.10	<0.05
CH12-41	块状矿石	磁铁矿	6.22	9.92	0.87	2.45	0.19	0.06	0.22	<0.05	0.06	<0.05	<0.05	<0.05	<0.05	<0.05
CH12-47	块状矿石	磁铁矿	1.34	2.69	0.34	1.28	0.24	0.06	0.22	<0.05	0.21	<0.05	0.10	<0.05	0.07	<0.05
CH12-49	块状矿石	磁铁矿	0.57	1.24	0.14	0.59	0.09	<0.05	0.10	<0.05	0.09	<0.05	0.06	<0.05	0.05	<0.05
CH01	辉绿岩	全岩	32.38	77.76	8.56	33.21	6.50	0.93	5.68	0.73	4.97	1.10	3.08	0.41	2.65	0.41
CH05	辉绿岩	全岩	25.04	57.17	6.50	24.00	4.85	2.00	4.62	0.64	4.32	0.97	2.83	0.41	2.48	0.38
CH06	辉绿岩	全岩	13.83	37.82	5.25	24.49	6.98	2.16	8.85	1.28	9.60	2.21	6.41	0.89	5.67	0.88
CH07	辉绿岩	全岩	13.80	37.57	5.24	23.47	6.87	2.06	8.30	1.24	9.04	2.14	6.05	0.81	4.77	0.79
CH10	辉绿岩	全岩	8.31	21.73	2.81	12.77	3.80	1.17	4.78	0.71	5.37	1.24	3.58	0.48	3.05	0.49
CH11	辉绿岩	全岩	6.32	18.11	2.52	12.33	3.87	1.31	4.74	0.72	5.35	1.23	3.59	0.49	3.01	0.46
CH19	辉绿岩	全岩	16.65	45.85	5.81	26.92	7.14	1.67	8.84	1.29	9.53	2.19	6.35	0.87	5.44	0.89
CH25	辉绿岩	全岩	11.72	30.12	3.91	17.68	4.94	1.80	6.03	0.92	7.11	1.64	4.63	0.64	3.94	0.60
CH02	辉绿岩	全岩	11.78	30.67	4.32	20.11	5.34	1.54	6.65	1.00	7.52	1.67	5.09	0.74	4.58	0.75
CH09	辉绿岩	全岩	26.53	58.89	6.85	28.12	6.86	1.96	7.98	1.18	8.70	2.02	5.71	0.83	5.12	0.81
CH12	辉绿岩	全岩	11.22	31.35	4.19	19.48	5.48	1.70	6.77	0.98	7.17	1.54	4.33	0.67	4.25	0.70

注：测试在中国地质科学院矿产资源研究所完成，测试仪器为日本 JOEL 公司生产的 JXA-823V；辉绿岩数据据 Hou et al.，2013。

不同构造矿石中的磁铁矿成分明显不同，浸染状、条带状和块状矿石中 TiO_2 含量逐渐降低，分别为（0~1.75%，平均0.56%，$n=25$）、（0~0.43%，平均0.28%，$n=15$）、（0~0.34%，平均0.09%；$n=24$）（图4-59a，b，c）；MgO 的含量逐渐升高，分别为（0~0.37%，平均0.08%，$n=25$）、（0~0.43%，平均0.10%，$n=15$）和（0~1.25%，平均0.15%；$n=24$）。3 种类型矿石中磁铁矿 V_2O_5 含量均很低，分别为0.02%、0.02%和0.01%。在判别磁铁矿成因（Ca + Al + Mn）－（Ti + V）图解上，3 种矿石类型磁铁矿主要落在矽卡岩成因磁铁矿区域（图4-54d，e，f）；在 V_2O_5－TiO_2 图解上多数位于矽卡岩和热液型磁铁矿区域，显示与 Kiruna 或 El Laco 岩浆铁矿磁铁矿成分明显不同（图4-54g，h，i）。

环带结构的磁铁矿（图4-55a，b）分析结果表明（表4-24），从核部（Mt1）到边部（Mt2）TiO_2 和 FeO^T 含量下降，CaO 和 SiO_2 的含量上升（图4-55c）。Wechsler et al.（1984）研究认为，当正四价元素（例如 Ti）与正二价阳离子配对时可以替换占领磁铁矿的 B 位（三价阳离子）。因此，FeO^T 与 SiO_2 + CaO 相反的关系可能是正四价的 Si 与正二价的 Ca 替换正三价的 Fe。环带磁铁矿从核部（Mt1）到边部（Mt2）TiO_2 的含量逐渐降低，与矿石构造关系密切，即核部至边部与浸染状－条带状－块状矿石磁铁矿的 TiO_2 的含量逐渐降低一致，可能反映成矿过程中更多的热液流体参与。相似的富 Si 磁铁矿环带在其他矽卡岩矿床中也有报道（Ciobanu et al.，2004；Shimazaki，1998）。这一环带很可能代表了矽卡岩矿床中流体成分和/或物理化学参数的改变（Dare et al.，2014）。

不同构造矿石（浸染状、条带状和块状矿石）中的磁铁矿稀土元素分析结果（表4-26）表明，它们的稀土元素总量（$\sum REE$）均很低，大多数 HREE 都低于 ICP－MS 的检测限。它们的稀土元素球粒陨石标准化配分模式图（图4-56a，b，c）与围岩磁海辉绿岩（Hou et al.，2013）截然不同，表明磁海辉绿岩可能不是磁海铁的直接来源；并且与岩浆成因的 Kiruna 铁矿石（Jonsson et al.，2013）也不同，表明它们可能具有不同的成因。条带状和块状铁矿石中磁铁矿具有程度不同的 Eu 正异常，这与新疆阿尔泰矽卡岩型铁矿床具有相似特征。

（2）钴与含钴矿物

在显微镜下观察，含钴磁海铁矿床钴和镍的存在形式有两种，一是以钴和镍的独立矿物形式存在，可见辉砷钴矿和斜方砷钴矿与磁黄铁矿、黄铜矿和黄铁矿以及石英共生，表明其形成于石英－硫化物阶段。辉砷钴矿多分布于磁黄铁矿边部，并包裹早期浑圆状磁铁矿（图4-57a，b，c），斜方砷钴矿多分布于磁黄铁矿内部（图4-57d，e）。红砷镍矿与辉砷钴矿密切共生（图4-57f）。此外，也见有少量的砷钴矿、针镍矿和斜方砷镍矿与磁黄铁矿和黄铜矿共生。

另外一种是钴以类质同象存在于硫化物（如黄铁矿、黄铜矿和磁黄铁矿）中。

对黑云母辉绿岩中黄铁矿、辉长岩中磁黄铁矿、辉砷钴矿和镍黄铁矿、磁铁矿石中黄铁矿和磁黄铁矿进行了电子探针分析（表4-30）。黑云母辉绿岩中黄铁矿的钴和镍含量较低（Co 0.03%~0.08%，Ni 0~0.11%），矿石中黄铁矿的钴和镍含量（Co 0.04%~0.17%，Ni 0~0.16%）与之相近。辉长岩中磁黄铁矿的钴和镍分别为0.09%~0.48%和0.29%~0.53%，矿石中磁黄铁矿的钴含量（0.09%~0.19%）与之接近，但镍含量（0~0.07%）明显偏低。黄铜矿中钴含量明显偏低（0.047%）。辉长岩中辉砷钴矿钴含量变化范围较大（20.50%~28.93%），镍含量较高（5.86%~10.84%），含少量铁（2.36%~4.27%）。矿石中辉砷钴矿的钴（11.74%~29.88%）和镍含量（3.89%~20.00%）相对高，部分过渡为辉砷镍矿（图4-58a，b）。

辉砷钴矿和斜方砷钴矿是主要钴的独立矿物。大多数黄铁矿和磁黄铁矿钴和镍的含量都很低，它们应该不是磁海矿床钴的主要来源。

此外，磁海矿区不同基性岩（角闪辉长岩、辉绿岩和粗粒辉长岩）的地球化学数据表明，从角闪辉长岩、辉绿岩到粗粒辉长岩钴－镍含量逐渐升高（图4-58c，d），且粗粒辉长岩的钴－镍含量明显高于角闪辉长岩和辉绿岩，表明粗粒辉长岩可能是磁海矿区钴－镍主要来源。

（3）自然金和含铋矿物

通过显微镜观察，在磁南矿段不同矿物组合的矽卡岩和块状矿石中，发现有自然金、自然铋以及

269

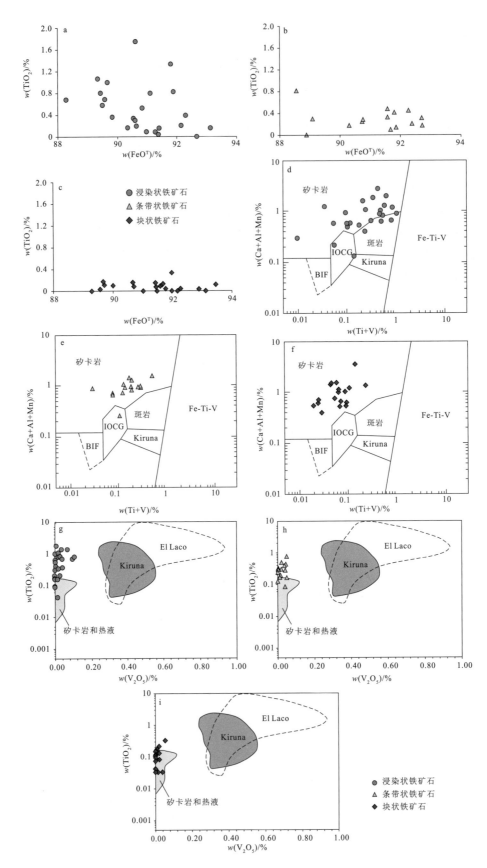

图 4 – 54　磁海含钴铁矿床不同构造矿石磁铁矿元素相关性图解

a ~ c—FeO^T – TiO$_2$ 图解；d ~ f—磁铁矿（Ti + V）–（Ca + Al + Mn）成因判别图解；

g ~ h—磁铁矿 V$_2$O$_5$ – TiO$_2$ 图解

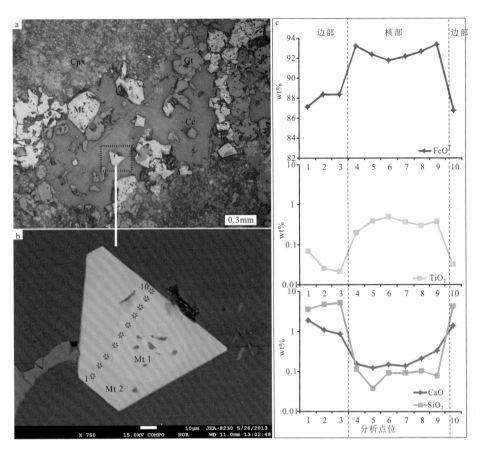

图 4 - 55　磁海含钴铁矿床环带结构磁铁矿元素相关性图解

a—条带状矿石中自形 - 半自形的磁铁矿颗粒；b—具有环带的磁铁矿，核部为（Mt1），边部为
（Mt2）和电子探针测试点位；c—具有环带磁铁矿核部（Mt1）和边部（Mt2）成分的变化

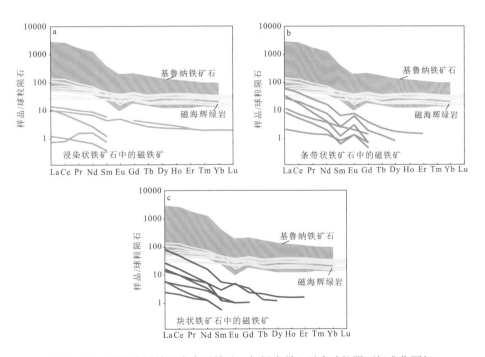

图 4 - 56　磁海含钴铁矿床中磁铁矿、辉绿岩稀土元素球粒陨石标准化图解

（磁海辉绿岩数据引自 Hou et al. ，2013；Kiruna 矿石数据引自 Jonsson et al. ，2013）

a—浸染状矿石中磁铁矿；b—条带状矿石中磁铁矿；c—块状铁矿石中磁铁矿

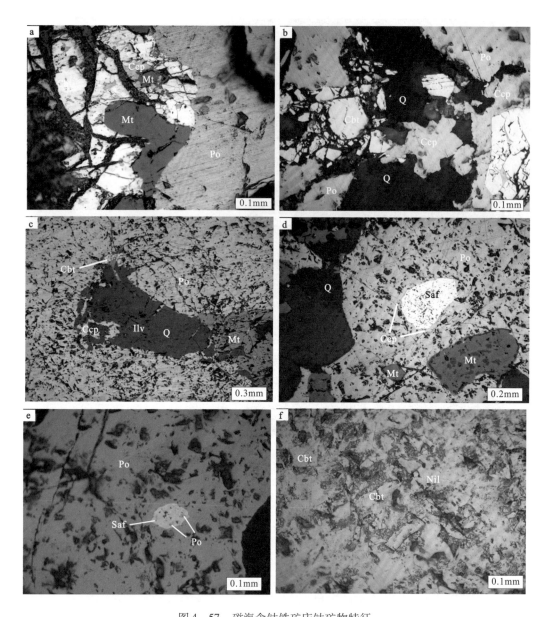

图 4 – 57　磁海含钴铁矿床钴矿物特征

a, b, c—磁黄铁矿 – 辉砷钴矿 – 黄铜矿 – 石英组合；d, e—磁黄铁矿 – 斜方砷钴矿 – 黄铜矿 – 石英 – 磁铁矿
组合；f—辉砷钴矿与红砷镍矿共生；Po—磁黄铁矿；Mt—磁铁矿；Cbt—辉砷钴矿；Ccp—黄铜矿；Ilv—黑柱
石；Q—石英；Saf—斜方砷钴矿；Nil—红砷镍矿

含铋矿物（如辉铋矿、黑铋金矿与赫碲铋矿等）。其中自然金与自然铋密切共生，且自然铋的含量远
高于自然金。自然金常呈粒状或不规则状被辉砷钴矿和斜方砷钴矿包裹（图 4 – 59a，b），或与黄铜
矿一起被毒砂包裹（图 4 – 59c，d）。自然铋多呈粒状分布于黑柱石中（图 4 – 60a）或与自然金沿黑
柱石边部分布（图 4 – 60b），也见自然铋部分或全部被交代为辉铋矿（图 4 – 60c，d）和黑铋金矿
（图 4 – 60e，f，g）。黑铋金矿也可与 Bi – Te 化合物（Bi_8Te_3）共生（图 4 – 60h），见部分赫碲铋矿
（Bi_7Te_3）边部为辉铋矿（图 4 – 60i）。

　　对毒砂、自然铋、辉铋矿、黑铋金矿、Au – Bi 矿物、自然金进行了电子探针分析（表 4 – 31），
结果表明：毒砂中 As 含量变化范围较小，为 42.25% ~ 42.81%，对应 As 原子百分比为 29.9 ~ 30.7。
大部分自然铋不含 Te（一个分析点 ZCN13 – 3 – 1 – 5 含 Te 约 2.91% 除外）和 Au（ZCN13 – 3 – 1 –
13，5.21% Au 和 ZCN13 – 3 – 1 – 14，2.49% Au 除外），含少量 Fe（在 0.13% ~ 2.28%）。辉铋矿中
也含有部分 Fe，其含量变化于 1.73% ~ 2.70%。黑铋金矿含有高的铁（7.02% ~ 7.08%），大部分黑

表 4-30 磁海铁（含钴）矿床含 Co-Ni 矿物电子探针分析结果

样品号	As	S	Fe	Co	Ni	总和	矿物名称
CH12-105-2-1	0.08	51.85	42.36	3.08	2.19	99.56	辉绿岩中黄铁矿
CH12-105-2-2	0.02	53.08	47.55	0.03	0.00	100.67	辉绿岩中黄铁矿
CH12-105-1-1	0.04	53.60	46.33	0.08	0.00	100.05	辉绿岩中黄铁矿
CH12-105-1-2	0.06	52.92	46.98	0.07	0.11	100.13	辉绿岩中黄铁矿
CH12-105-1-3	0.01	53.42	46.98	0.08	0.01	100.50	辉绿岩中黄铁矿
CH12-105-1-4	0.01	52.97	47.67	0.07	0.00	100.72	辉绿岩中黄铁矿
CN12-80-1-1	0.06	53.24	46.62	0.04	0.03	99.99	黄铁矿
CN12-80-1-2	0.01	53.03	46.63	0.04	0.00	99.70	黄铁矿
CN12-75-1-2	0.00	53.08	46.23	0.16	0.12	99.59	黄铁矿
CN12-75-1-3	0.00	52.35	46.67	0.11	0.09	99.21	黄铁矿
CN12-75-1-4	0.00	53.17	46.53	0.15	0.04	99.89	黄铁矿
CN12-75-2-1	0.00	52.56	46.49	0.09	0.07	99.21	黄铁矿
CN12-75-2-3	0.05	51.98	47.09	0.17	0.16	99.45	黄铁矿
CN13-1-1-6	0.00	39.25	59.82	0.14	0.37	99.58	辉长岩中磁黄铁矿
CN13-1-2-1	0.00	38.75	60.14	0.11	0.29	99.30	辉长岩中磁黄铁矿
CN13-1-3-3	0.07	38.14	59.65	0.10	0.33	98.29	辉长岩中磁黄铁矿
CN13-1-3-4	0.00	38.38	60.00	0.09	0.53	99.01	辉长岩中磁黄铁矿
CN13-1-1-8	0.15	39.06	59.55	0.48	0.44	99.67	辉长岩中磁黄铁矿
CN13-1-1-7	0.02	32.69	28.83	7.95	29.69	99.19	辉长岩中镍黄铁矿
CN12-80-1-3	0.00	39.08	59.64	0.12	0.01	98.85	磁黄铁矿
CN12-80-1-4	0.06	38.54	60.02	0.10	0.00	98.72	磁黄铁矿
CN12-51-4-2	0.07	38.19	61.04	0.11	0.07	99.48	磁黄铁矿
CN12-75-1-1	0.05	38.50	59.96	0.17	0.04	98.72	磁黄铁矿
CN12-75-2-2	0.00	38.63	59.84	0.14	0.00	98.62	磁黄铁矿
CN12-75-2-4	0.02	38.90	60.06	0.16	0.05	99.19	磁黄铁矿
CN12-51-2-6	0.04	38.67	60.80	0.09	0.03	99.63	磁黄铁矿
CN12-51-1-6	0.04	38.04	59.94	0.09	0.01	98.14	磁黄铁矿
ZKCH13-23-1-6	0.02	38.61	59.87	0.19	0.36	99.06	磁黄铁矿
CN13-1-1-1	43.03	19.23	2.36	28.93	5.86	99.42	辉砷钴矿
CN13-1-1-2	43.54	19.36	3.85	25.14	7.81	99.71	辉砷钴矿
CN13-1-1-3	45.46	18.33	4.02	21.04	10.84	99.68	辉砷钴矿
CN13-1-1-4	44.01	19.17	4.27	20.50	10.73	98.68	辉砷钴矿
CN13-1-1-5	44.14	19.29	3.93	24.83	7.60	99.78	辉砷钴矿
CN12-40-3-9	46.27	13.66	5.73	34.33	0.00	99.99	辉砷钴矿
CN12-40-3-10	39.28	19.42	5.64	35.25	0.00	99.59	辉砷钴矿
CN12-52-1-5	47.05	18.64	6.64	24.48	4.22	101.02	辉砷钴矿
CN12-64-4-2	46.32	18.96	2.51	11.74	20.00	99.54	辉砷镍矿
CN12-75-1-5	41.45	18.50	2.95	30.01	4.20	97.11	辉砷钴矿
CN12-75-3-1	44.65	18.73	3.53	27.10	4.65	98.65	辉砷钴矿
ZKCH13-23-1-1	41.35	19.89	4.00	32.68	0.91	98.83	辉砷钴矿
ZKCH13-23-1-2	44.75	19.25	5.81	28.46	0.99	99.26	辉砷钴矿
ZKCH13-23-1-4	42.98	19.26	4.99	30.84	1.02	99.08	辉砷钴矿
ZKCH13-23-1-5	42.42	19.65	5.68	30.71	1.24	99.71	辉砷钴矿
CN12-80-2-8	44.99	18.73	6.64	27.20	2.11	99.66	辉砷钴矿
CN12-80-2-9	44.32	18.72	5.25	26.59	4.04	98.92	辉砷钴矿
CN12-80-2-10	44.54	19.27	12.47	23.52	0.85	100.64	辉砷钴矿

样品号	As	S	Fe	Co	Ni	总和	矿物名称
CN12 - 75 - 3 - 6	45. 43	19. 03	0. 51	28. 92	4. 97	98. 85	辉砷钴矿
CN12 - 75 - 3 - 5	44. 82	20. 12	3. 38	29. 75	2. 67	100. 72	辉砷钴矿
CN12 - 75 - 3 - 4	45. 09	18. 58	3. 45	30. 36	1. 99	99. 47	辉砷钴矿
CN12 - 75 - 3 - 3	42. 57	19. 52	2. 92	29. 53	4. 83	99. 37	辉砷钴矿
CN12 - 51 - 1 - 4	44. 75	18. 31	1. 99	29. 76	3. 56	98. 37	辉砷钴矿
CN12 - 51 - 1 - 3	44. 55	18. 64	2. 83	27. 65	3. 73	97. 40	辉砷钴矿
CN12 - 64 - 1 - 4	42. 93	19. 15	2. 99	26. 10	7. 81	98. 97	辉砷钴矿
CN12 - 64 - 1 - 5	44. 41	18. 93	1. 83	29. 88	3. 89	98. 93	辉砷钴矿
CN12 - 64 - 1 - 6	44. 96	19. 07	2. 00	14. 43	18. 61	99. 07	辉砷镍矿
CN12 - 64 - 1 - 7	44. 87	18. 93	2. 88	19. 97	12. 02	98. 67	辉砷钴矿
CN12 - 64 - 1 - 11	44. 70	18. 39	3. 64	18. 77	13. 76	99. 27	辉砷钴矿
CN12 - 64 - 1 - 15	44. 96	19. 11	2. 60	18. 03	13. 25	97. 95	辉砷钴矿
CN12 - 40 - 3 - 4	66. 19	0. 19	9. 78	22. 99	0. 00	99. 14	斜方砷钴矿
CN12 - 40 - 3 - 8	64. 94	0. 21	5. 47	29. 06	0. 00	99. 68	斜方砷钴矿
CN12 - 80 - 3 - 1	69. 02	0. 31	17. 49	11. 35	0. 88	99. 05	斜方砷钴矿
CN12 - 80 - 3 - 2	68. 84	0. 36	14. 42	13. 32	1. 95	98. 89	斜方砷钴矿
CN12 - 80 - 3 - 3	69. 21	0. 24	18. 46	10. 38	1. 22	99. 51	斜方砷钴矿
CN12 - 80 - 3 - 4	69. 87	0. 26	18. 51	10. 21	0. 73	99. 57	斜方砷钴矿
CN12 - 75 - 3 - 2	68. 71	0. 42	5. 99	17. 53	6. 40	99. 05	斜方砷钴矿
CN13 - 26 - 1 - 1	69. 54	1. 57	10. 89	14. 44	2. 30	98. 74	斜方砷钴矿
CN13 - 26 - 1 - 2	68. 01	1. 80	11. 71	14. 65	3. 23	99. 40	斜方砷钴矿
CN13 - 26 - 1 - 3	69. 58	0. 25	14. 10	14. 85	0. 88	99. 65	斜方砷钴矿
CN13 - 26 - 1 - 4	68. 47	0. 24	14. 82	14. 37	0. 77	98. 68	斜方砷钴矿
ZCN13 - 3 - 5 - 1	72. 30	0. 15	14. 74	8. 16	5. 28	100. 63	斜方砷钴矿
ZCN13 - 3 - 5 - 2	72. 15	0. 17	16. 63	8. 43	3. 46	100. 85	斜方砷钴矿
CN12 - 75 - 3 - 7	69. 11	0. 31	3. 75	20. 95	5. 50	99. 63	斜方砷钴矿
CN12 - 51 - 1 - 1	68. 69	0. 42	2. 45	25. 83	1. 33	98. 72	斜方砷钴矿
CN12 - 51 - 1 - 2	63. 30	3. 11	5. 61	24. 98	2. 05	99. 04	斜方砷钴矿
CN12 - 51 - 2 - 2	68. 64	0. 40	3. 54	25. 97	1. 22	99. 77	斜方砷钴矿
CN12 - 51 - 2 - 4	63. 95	3. 87	5. 45	24. 36	1. 60	99. 23	斜方砷钴矿
CN12 - 51 - 3 - 1	67. 10	0. 27	6. 70	23. 54	2. 27	99. 89	斜方砷钴矿
CN12 - 51 - 3 - 2	68. 76	0. 14	7. 47	22. 07	0. 80	99. 24	斜方砷钴矿
CN12 - 51 - 4 - 1	62. 56	0. 71	6. 74	9. 11	19. 40	98. 51	斜方砷镍矿
CN12 - 51 - 2 - 1	53. 59	0. 12	22. 87	20. 96	1. 98	99. 53	砷钴矿
CN12 - 51 - 2 - 3	51. 60	0. 61	22. 55	20. 62	2. 38	97. 76	砷钴矿
CN12 - 64 - 1 - 1	0. 20	36. 19	2. 44	0. 37	59. 98	99. 18	针镍矿
CN12 - 64 - 1 - 2	0. 10	35. 97	2. 51	0. 35	59. 56	98. 50	针镍矿
CN12 - 64 - 1 - 3	0. 12	33. 49	1. 54	0. 11	64. 11	99. 37	针镍矿
CN12 - 64 - 4 - 1	54. 64	0. 05	0. 05	0. 17	43. 76	98. 67	红砷镍矿
CN12 - 64 - 1 - 8	55. 79	0. 03	0. 02	0. 18	42. 89	98. 90	红砷镍矿
CN12 - 64 - 1 - 9	55. 84	0. 07	0. 01	0. 17	42. 03	98. 11	红砷镍矿
CN12 - 64 - 1 - 10	54. 52	0. 08	0. 02	1. 65	42. 46	98. 73	红砷镍矿
CN12 - 64 - 1 - 12	55. 99	0. 07	0. 04	0. 08	42. 88	99. 06	红砷镍矿
CN12 - 64 - 1 - 13	55. 76	0. 08	0. 03	0. 12	42. 27	98. 27	红砷镍矿
CN12 - 64 - 1 - 14	55. 10	0. 09	0. 15	0. 08	42. 73	98. 15	红砷镍矿

注：测试在中国地质科学院矿产资源研究所完成，测试仪器为日本 JOEL 公司生产的 JXA - 823V。

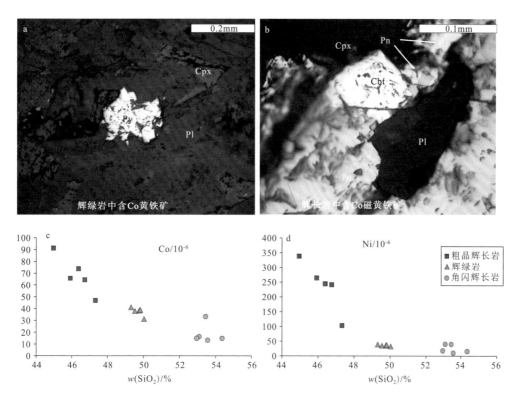

图 4 – 58 磁海含钴铁矿床 Co – Ni 矿物赋存状态特征

Py—黄铁矿；Pl—斜长石；Cpx—单斜辉石；Po—磁黄铁矿；Pn—镍黄铁矿

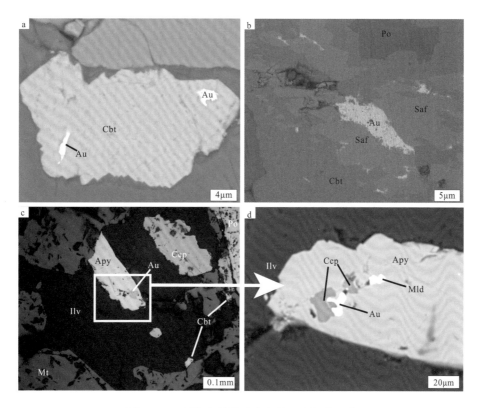

图 4 – 59 磁海含钴铁矿床自然金岩相学照片

a—自然金颗粒被辉砷钴矿包裹，BSE；b—自然金被斜方砷钴矿和辉砷钴矿包裹，BSE；c—自然金颗粒被毒砂包裹，反射光；d—毒砂中含自然金和黄铜矿，BSE；Cbt—辉砷钴矿；Au—自然金；Po—磁黄铁矿；Saf—斜方砷钴矿；Mt—磁铁矿；Apy—毒砂；Ilv—黑柱石；Ccp—黄铜矿

275

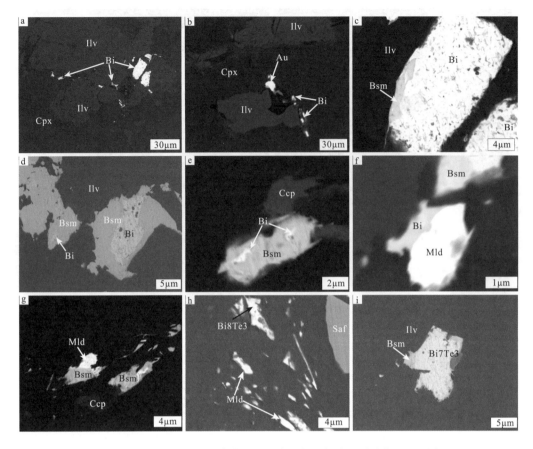

图 4 - 60　磁海含钴铁矿床自然金 - 自然铋及相关金属矿物 BSE 照片

a—粒状自然铋与黑柱石共生；b—自然金、自然铋与黑柱石共生；c—辉铋矿沿自然铋边部交代；d—辉铋矿交代自然铋；
e—辉铋矿交代自然铋，呈孤岛状的残留自然铋；f—黑铋金矿与自然铋共生；g—辉铋矿分布于黑铋金矿边部；h—黑铋金
矿与 Bi_8Te_3 共生；i—辉铋矿分布于赫碲铋矿（Bi_7Te_3）边部。Cpx—单斜辉石；Ilv—黑柱石；Bi—自然铋；Au—自然金；
Bsm—辉铋矿；Ccp—黄铜矿；Mld—黑铋金矿；Saf—斜方砷钴矿

铋金矿基本不含 As 和 S，但包裹于毒砂中的黑铋金矿含有 As（6.73% ～ 8.29%）和 S（3.07% ～
3.57%）。大部分自然金含有 Ag，含量变化于 0.01% ～ 7.65%；自然金均含 Bi（0.49% ～ 1.51%）
和 Fe（1.18% ～ 3.24%）。Au - Bi 矿物的 Bi 含量变化于 11.13% ～ 24.85%，Au 含量变化于
68.97% ～ 86.13%。Bi - Te 矿物成分主要变化于 Bi_7Te_3—Bi_8Te_3 之间。

3. 矿物对铁成矿作用的指示

磁海含钴铁矿床赋存于辉绿岩及矽卡岩中，矽卡岩及其组成矿物是其形成物理化学条件的反映，
从辉绿岩的侵入到金属矿化和成矿后的整个过程中，物理化学条件变化强烈，这种差异决定了蚀变矿
物组合以及矿化类型（Meibert et al.，2005；赵一鸣等，2012）。因此，通过对矿床中矽卡岩矿物和成
矿金属矿物的研究，可以揭示成矿流体运移和金属矿化过程环境的变化（Meibert et al.，2005）。

前人研究表明，矽卡岩阶段石榴子石和辉石的组成能够指示矽卡岩系统的物理化学条件。一般来
说，矽卡岩型铁铜矿床中钙铁榴石和透辉石共生时含铁的比值较小，表明矽卡岩化溶液的酸度较低，
氧逸度较高；若透辉石 - 钙铝 - 钙铁榴石共生，表明矽卡岩化溶液具有中等酸度（赵一鸣等，
2012）。磁海矿区主要为钙铝 - 钙铁榴石 - 透辉石组合，并且石榴子石由中心至边缘 FeO^T 含量逐渐
增加，表明成矿流体温度逐渐降低，氧逸度逐渐升高（因为大量钙铁榴石表明了氧化型矽卡岩特
征）。磁南矿区出现了钙铝榴石和钙铁辉石组合，表明属成矿流体演化晚期产物，因为随着 Fe^{3+} 大量
进入钙铁榴石，使得成矿流体氧逸度逐渐降低，该阶段形成钙铝榴石和钙铁辉石组合。退化蚀变阶段
早期主要形成磁铁矿和角闪石等矿物，表明成矿流体温度降低，其高的氧逸度也是导致磁铁矿沉淀的

表4-31 磁海含钴铁矿床自然金-自然铋及相关金属矿物电子探针分析结果

样号	矿物	Se	As	Ge	Pb	S	Te	Bi	Zn	Cu	Fe	Ag	Ni	Co	Sb	Au	总和
CN12-80-1-5	毒砂	0.00	42.59	0.00	0.00	20.64	0.00	0.00	0.00	0.01	35.72	0.03	0.12	0.15	0.06	0.08	99.39
CN12-80-1-6	毒砂	0.00	42.25	0.00	0.08	21.47	0.00	0.00	0.01	0.04	36.39	0.00	0.00	0.09	0.14	0.00	100.47
CN12-80-2-5	毒砂	0.00	42.81	0.00	0.00	20.65	0.00	0.00	0.00	0.02	36.00	0.02	0.00	0.03	0.00	0.03	99.55
CN12-80-2-6	毒砂	0.00	42.57	0.00	0.00	20.47	0.00	0.00	0.00	0.00	36.38	0.00	0.01	0.09	0.00	0.01	99.52
CN12-80-2-7	毒砂	0.00	42.40	0.00	0.06	20.37	0.00	0.00	0.00	0.03	37.47	0.00	0.03	0.06	0.06	0.00	100.46
ZCN13-3-1-5	自然铋	0.04	0.00	0.00	0.00	0.00	2.91	96.52	0.00	0.00	0.24	0.00	0.01	0.00	0.00	0.00	99.72
ZCN13-3-1-6	自然铋	0.03	0.00	0.04	0.00	0.00	0.00	100.13	0.00	0.00	0.20	0.00	0.00	0.00	0.03	0.02	100.46
ZCN13-3-1-13	自然铋	0.00	0.00	0.00	0.00	0.00	0.12	94.14	0.00	0.00	1.30	0.02	0.00	0.00	0.00	0.00	100.78
ZCN13-3-1-14	自然铋	0.02	0.03	0.00	0.00	0.00	0.19	95.97	0.00	0.01	1.29	0.06	0.01	0.00	0.02	2.49	100.06
ZCN13-3-1-7	自然铋	0.00	0.00	0.00	0.00	0.00	0.00	99.24	0.04	0.00	0.33	0.00	0.01	0.01	0.04	0.00	99.67
ZCN13-3-1-8	自然铋	0.01	0.00	0.00	0.00	0.00	0.05	100.06	0.07	0.00	0.23	0.00	0.08	0.00	0.07	0.00	100.57
ZCN13-3-1-9	自然铋	0.02	0.00	0.00	0.00	0.00	0.00	99.88	0.00	0.02	0.19	0.01	0.01	0.00	0.02	0.00	100.16
ZCN13-3-1-10	自然铋	0.00	0.00	0.01	0.00	0.00	0.00	99.40	0.00	0.06	0.13	0.02	0.00	0.00	0.03	0.00	99.66
ZCN13-3-1-11	自然铋	0.00	0.00	0.00	0.00	0.00	0.00	100.09	0.00	0.00	0.15	0.05	0.01	0.02	0.00	0.06	100.38
CN12-52-1-4	自然铋	0.00	0.00	0.00	0.00	0.00	0.01	98.26	0.00	0.05	1.05	0.03	0.00	0.05	0.02	0.00	99.47
CN12-52-1-6	自然铋	0.00	0.00	0.00	0.00	1.02	0.01	97.62	0.01	0.00	1.04	0.00	0.00	0.00	0.01	0.01	99.70
CN12-75-3-7	自然铋	0.00	0.00	0.00	0.00	0.02	0.00	97.66	0.02	0.00	2.28	0.00	0.00	0.00	0.08	0.00	100.07
CN12-52-1-7	辉铋矿	0.02	0.00	0.00	0.00	18.99	0.10	78.15	0.00	0.00	2.70	0.03	0.02	0.00	0.00	0.00	99.99
CN12-52-1-5	辉铋矿	0.00	0.00	0.00	0.00	18.69	0.00	78.89	0.06	0.05	1.73	0.00	0.00	0.03	0.02	0.00	99.42
ZCN13-3-1-1	Bi$_8$Te$_3$	0.00	0.00	0.00	0.00	0.00	17.68	82.01	0.06	0.03	0.29	0.01	0.01	0.00	0.00	0.05	100.14
ZCN13-3-1-1	Bi$_8$Te$_3$	0.03	0.00	0.00	0.00	0.00	18.26	81.92	0.01	0.04	0.28	0.01	0.00	0.00	0.00	0.00	100.53

续表

样号	矿物	Se	As	Ge	Pb	S	Te	Bi	Zn	Cu	Fe	Ag	Ni	Co	Sb	Au	总和
ZCN13-3-1-2	Bi$_8$Te$_3$	0.04	0.00	0.00	0.00	0.00	18.18	81.15	0.00	0.00	0.31	0.00	0.05	0.00	0.00	0.00	99.72
ZCN13-3-1-3	Bi$_8$Te$_3$	0.08	0.00	0.00	0.00	0.01	17.53	81.15	0.00	0.07	0.36	0.00	0.00	0.00	0.00	0.08	99.28
ZCN13-3-1-4	Bi$_8$Te$_3$	0.03	0.00	0.00	0.00	0.00	18.00	80.97	0.01	0.00	0.28	0.03	0.01	0.00	0.00	0.00	99.32
ZCN13-3-1-1	Bi$_8$Te$_3$	0.00	0.00	0.01	0.00	0.00	18.01	81.27	0.00	0.00	0.25	0.04	0.00	0.00	0.00	0.04	99.62
CN12-52-1-2	Bi$_7$Te$_3$	0.06	0.00	0.00	0.00	1.68	20.22	73.93	0.05	0.00	4.26	0.01	0.04	0.00	0.00	0.27	100.52
CN12-80-2-4	黑铋金矿	0.00	6.73	0.00	0.00	3.07	0.00	26.81	0.06	0.03	7.02	0.00	0.00	0.01	0.02	56.73	100.49
CN12-80-2-5	黑铋金矿	0.00	8.29	0.05	0.00	3.57	0.00	25.54	0.03	0.00	7.06	0.02	0.03	0.00	0.04	56.21	100.84
CN12-80-2-6	黑铋金矿	0.00	7.47	0.00	0.00	3.09	0.00	26.90	0.06	0.00	7.08	0.02	0.00	0.02	0.01	55.93	100.58
CN12-52-1-1	黑铋金矿	0.00	0.00	0.00	0.00	0.01	0.02	30.48	0.00	0.01	7.44	0.00	0.00	0.00	0.01	61.99	99.96
CN12-52-1-1	黑铋金矿	0.00	0.01	0.03	0.00	0.02	0.14	27.11	0.00	0.01	8.88	0.00	0.05	0.02	0.00	63.23	99.49
CN12-75-3-3	Au-Bi	0.00	0.00	0.00	0.00	3.08	0.08	24.85	0.02	0.24	1.80	0.01	0.00	0.00	0.01	68.97	99.06
CN12-75-3-2	Au-Bi	0.00	0.00	0.00	0.00	4.81	0.00	20.69	0.00	0.24	1.87	0.00	0.00	0.01	0.00	72.31	99.93
CN12-80-2-2	Au-Bi	0.00	4.29	0.00	0.00	3.59	0.03	13.04	0.05	0.56	0.94	0.33	0.00	0.08	0.02	76.92	99.83
CN12-80-1-3	Au-Bi	0.00	1.19	0.00	0.00	0.31	0.04	10.51	0.02	0.34	4.03	0.52	0.00	0.00	0.02	83.81	100.80
CN12-75-3-4	Au-Bi	0.00	0.01	0.00	0.00	0.51	0.00	11.13	0.00	0.24	1.71	0.05	0.01	0.00	0.00	86.13	99.78
CN12-80-2-1	自然金	0.00	0.24	0.00	0.00	0.45	0.05	0.49	0.00	0.30	2.88	6.80	0.05	0.02	0.00	87.88	99.15
ZCN13-3-1-12	自然金	0.00	0.01	0.00	0.00	0.00	0.03	0.66	0.07	0.33	1.18	7.65	0.00	0.01	0.00	89.51	99.44
CN12-80-1-1	自然金	0.00	1.16	0.00	0.00	0.32	0.00	0.64	0.00	0.21	3.24	2.95	0.01	0.05	0.00	91.25	99.82
CN12-75-3-5	自然金	0.00	0.00	0.04	0.00	0.18	0.00	1.51	0.08	0.23	1.76	0.01	0.00	0.00	0.00	96.77	100.58
CN12-75-3-6	自然金	0.00	0.00	0.00	0.00	0.03	0.02	0.82	0.00	0.13	1.87	0.00	0.00	0.02	0.00	97.95	100.84

注：测试在中国地质科学院矿产资源研究所完成，测试仪器为日本JOEL公司生产的JXA-823V。

原因。退化蚀变阶段晚期形成绿帘石、绿泥石、黑柱石，并见石英、方解石以及磁黄铁矿、黄铁矿和黄铜矿组合充填于石榴子石和磁铁矿间，表明成矿流体氧化环境已转变为还原环境，因为氧逸度降低，可以使硫由高价态（S^{4+} 和 S^{6+}）转变为低价态（S^{2-} 和 HS^-），为硫化物的沉淀创造了条件。

磁海矿床中发现有自然金、自然铋以及含铋矿物（如辉铋矿、黑铋金矿与赫碲铋矿以及 Bi – Te 化物等），自然金与这些矿物密切共生。在黄铁矿 – 磁黄铁矿 – 毒砂组合中包裹自然金的毒砂中 As 含量为 29.9% ~ 30.7%，根据毒砂中 As 含量与毒砂结晶温度图解（Kretschmar et al.，1976），获得该阶段成矿流体温度约为 340 ~ 360℃，$\log f_{S_2} = -9.5 ~ -8.5$（图 4 – 61a）。此外，根据 Bi – Te 化合物成分相图（图 4 – 61b），Bi_7Te_3 温度约为 312℃，Bi_8Te_3 温度约为 266℃（Ciobanu et al.，2005，2010）。前人研究成果表明，在与侵入岩型、造山型、矽卡岩型和浅成低温热液型金矿床中常出现 Bi – 硫族化合物（硫族元素为 Te、Se 和 S），这些化合物中均含有 $0.1 \times 10^{-6} ~ 2527 \times 10^{-6}$ 的不可见 Au（Ciobanu et al.，2009），Au 与 Bi 为正相关（Baker et al.，2005；Tooth et al.，2008）。实验（Douglas et al.，2000）和热动力学模型（Tooth et al.，2008）研究表明，当流体温度高于自然铋的熔点 271.4℃ 时（Okamoto et al.，1983），自然铋主要以铋熔体的形式存在于成矿流体中并吸附其中的 Au，即使在流体中 Au 不饱和，Bi 熔体也能十分有效的捕获 Au（Douglas et al.，2000）。磁海矿床中自然铋的含量远高于自然金（Bi/（Au + Bi）>90%），表明当温度降低至 241 ~ 271.4℃ 时，Bi – Au 熔体（铋含量 >86.8%）固结形成自然铋和含金铋熔体；在 241℃ 时，开始形成含金自然铋（86.8% Bi，13.2% Au）和黑铋金矿，表现为黑铋金矿和自然铋共生；温度低于 116℃，黑铋金矿发生分解形成自然金和自然铋，表现为自然铋与自然金共生（Oberthür et al.，2008；Tooth et al.，2008）。

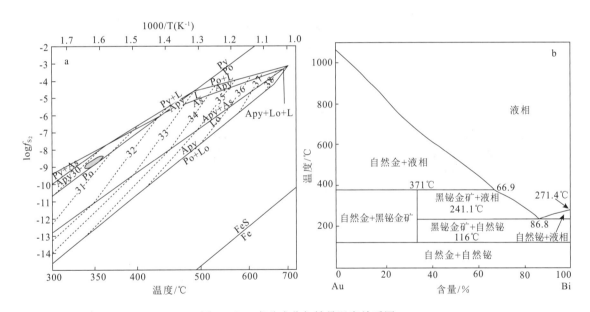

图 4 – 61　毒砂成分与结晶温度关系图

a—阴影表示磁海金矿化矿物稳定区域及毒砂成分区间；b—金 – 铋合金相图

As—自然砷；Asp—毒砂；L—液相；Lo—斜方砷铁矿；Po—磁黄铁矿；Py—黄铁矿

（a 据 Kretschmar et al.，1976；b 据 Okamoto et al.，1983）

总之，磁海含钴铁矿床的矿物学和矿物化学（矽卡岩矿物和金属矿物）研究表明，磁海矿床中成矿流体由矽卡岩早期阶段的高温低氧逸度，向退化蚀变阶段的低温高氧逸度，以及石英硫化物阶段的低温低氧逸度演化。随着流体的演化，在早期矽卡岩阶段，形成石榴子石、透辉石、钙铁辉石和少量磁铁矿；在退化蚀变阶段形成绿帘石、角闪石、磁铁矿，阶段晚期形成少量黑柱石、辉砷钴矿、斜方砷钴矿、毒砂，以及 Bi_7Te_3、Bi_8Te_3、含 Au 的 Bi 熔体等；在石英硫化物阶段形成钴独立矿物、毒砂、含 Co 磁黄铁矿、黄铁矿、黄铜矿以及自然铋、黑铋金矿和自然金。同时，磁海矿床中的自然金 – 自然铋组合以及 Bi 熔体捕获自然金机制对东天山早二叠世 Au 矿床成矿机制具有指示意义。

三、矿床模型

（一）成矿流体特征

1. 流体包裹体岩相学

用于包裹体研究的样品采自磁海、磁西及磁南矿区，选择矽卡岩阶段、退化蚀变阶段和石英－方解石硫化物阶段的石榴子石、透辉石、绿帘石、石英和方解石进行包裹体研究。包裹体显微测温工作在中国地质大学（北京）地球化学实验室利用英国产 LinkamTHMSG600 冷热台上进行，可测温范围为 $-196 \sim +600℃$。

依据室温下包裹体的物理相态不同，按卢焕章等（2004）的分类方案将磁海矿床原生包裹体划分为流体包裹体和硅酸盐熔融包裹体。硅酸盐熔融包裹体进一步分为玻璃质熔融包裹体和流体熔融包裹体。依据室温下化学组成，将流体包裹体进一步划分为 $H_2O - NaCl$ 型和 $H_2O - CO_2 - NaCl$ 型。$H_2O - NaCl$ 型划分为纯气体包裹体、气体包裹体、液体包裹体和含子矿物包裹体。$H_2O - CO_2 - NaCl$ 型可划分为含液体 CO_2 的三相包裹体和 $H_2O + CO_2 +$ 子矿物多相包裹体。磁海含钴铁矿床中不同成矿期、不同矿物其包裹体类型各不相同，其特征见图 4 – 62。

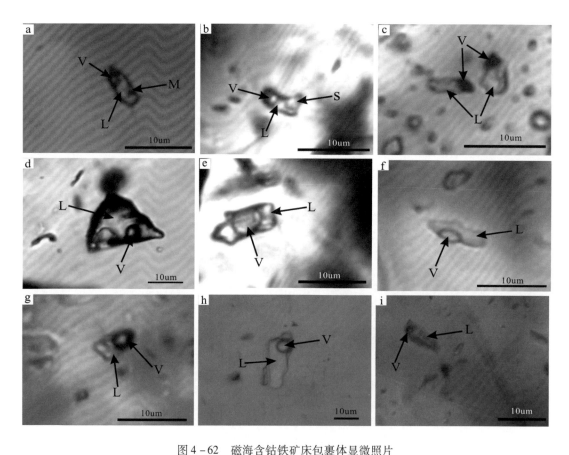

图 4 – 62　磁海含钴铁矿床包裹体显微照片

a—石榴子石中流体熔融包裹体；b—石榴子石中含子矿物包裹体；c—石榴子石中液体包裹体；d 和 e—透辉石中的液体包裹体；f 和 g—绿帘石中液体包裹体；h—石英中的液体包裹体；i—方解石中的液体包裹体

石榴子石中普遍发育包裹体，以液体包裹体为主，其次是含子矿物包裹体，偶见流体熔融包裹体，多呈柱状或不规则状（图 4 – 62a ~ c），子矿物一般很小，约 $1 \sim 2~\mu m$。其余矽卡岩矿物（透辉石和绿帘石）以及石英和方解石中包裹体类型以液体包裹体为主，其他类型包裹体不发育，且多为不规则状，少数呈短柱状（图 4 – 62d ~ i）。

2. 显微测温结果

对采自矽卡岩阶段和石英硫化物阶段的包裹体进行显微测温，结果见表4~32和图4-63。

表 4 – 32　磁海含钴铁矿床流体包裹体均一温度和盐度分析结果

样品号	矿物	相成分	均一温度 Th/℃	冰点 Tm$_{ice}$/℃	盐度/%
CH12 – 95	透辉石	L + V	142 ~ 526	– 6. 8 ~ – 5. 2	8. 14 ~ 10. 24
CH12 – 95	石榴子石	L + V，L + V + S	463 ~ 600		
CH12 – 96	透辉石	L + V	485 ~ 563		
CH12 – 96	石榴子石	L + V，L + V + S	377 ~ 597		46. 16 ~ 69. 49
CH12 – 118	石榴子石	L + V，L + V + S	556 ~ 600		
CH12 – 118	透辉石	L + V，L + V + S	454 ~ 600		
CH12 – 123	石榴子石	L + V	412 ~ 598		
CH12 – 123	透辉石	L + V，L + V + S	543 ~ 596		
CN12 – 55	石榴子石	L + V	271 ~ 599	– 6. 7	10. 11
CN12 – 60	石榴子石	L + V	454 ~ 586		
CX12 – 39	石榴子石	L + V，L + V + M	384 ~ 596	– 21. 0 ~ – 20. 5	22. 71 ~ 23. 05
CX12 – 40	石榴子石	L + V，L + V + S	569 ~ 599		59. 90 ~ 61. 13
CX12 – 41	石榴子石	L + V，L + V + S	341 ~ 594	– 20. 0 ~ – 10. 8	8. 41 ~ 63. 77
CX12 – 52	石榴子石	L + V	342 ~ 597	– 8. 2	11. 93
CX12 – 52	透辉石	L + V	422 ~ 598	– 20. 8 ~ – 10. 2	14. 15 ~ 22. 91
CN12 – 41	绿帘石	L + V	229 ~ 409	– 11. 0 ~ – 8. 7	12. 51 ~ 14. 97
CN12 – 42	绿帘石	L + V	272 ~ 456	– 12. 4 ~ – 8. 9	12. 73 ~ 16. 34
CN12 – 63	绿帘石	L + V	160 ~ 343	– 9. 4 ~ – 5. 4	8. 41 ~ 13. 29
CH – 81	石英	L + V	194 ~ 367	– 13. 8 ~ – 5. 8	8. 95 ~ 17. 61
CH – 82	石英	L + V	147 ~ 197	– 13. 8 ~ – 1. 1	1. 91 ~ 17. 61
CH – 83	石英	L + V	158 ~ 207	– 10. 1 ~ – 0. 5	0. 88 ~ 14. 04
CH – 119	石英	L + V	138 ~ 320	– 6. 5 ~ – 0. 1	0. 18 ~ 9. 86
CH – 161	石英	L + V	190 ~ 360	– 6. 0 ~ – 1. 0	1. 74 ~ 9. 21
CH – 164	石英	L + V	230 ~ 299	– 20. 7 ~ – 6. 0	9. 21 ~ 22. 85
CH – 165	石英	L + V	282 ~ 332	– 20. 1 ~ – 16. 3	19. 68 ~ 22. 44
CN12 – 49	石英	L + V	192 ~ 300	– 9. 4 ~ – 7. 5	11. 10 ~ 13. 29
CN12 – 67	石英	L + V	171 ~ 198	– 18. 5 ~ – 12. 1	16. 05 ~ 21. 33
CN12 – 68	石英	L + V	176 ~ 192	– 15. 2 ~ – 12. 5	16. 43 ~ 18. 80
CX12 – 31	石英	L + V	246 ~ 338	– 11. 0 ~ – 6. 2	9. 47 ~ 14. 97
CX12 – 32	石英	L + V	211 ~ 347	– 10. 4 ~ – 5. 3	8. 28 ~ 14. 36
CH12 – 45	方解石	L + V	142 ~ 350	– 10. 0 ~ – 2. 0	3. 39 ~ 13. 94
CH12 – 46	方解石	L + V	140 ~ 320	– 12. 0 ~ – 2. 0	3. 39 ~ 15. 96
CH12 – 104	方解石	L + V	145 ~ 193	– 14. 8 ~ – 8. 7	12. 51 ~ 18. 47
CH12 – 122	方解石	L + V	142 ~ 167	– 11. 8 ~ – 3. 1	5. 11 ~ 15. 76
CX12 – 27	方解石	L + V	147 ~ 187	– 5. 2 ~ – 4. 7	4. 49 ~ 8. 14
CX12 – 28	方解石	L + V	149 ~ 259	– 5. 9 ~ – 3. 7	6. 01 ~ 9. 08

矽卡岩阶段石榴子石和透辉石包裹体均一温度变化于 142 ~ 600℃，主要集中在 500 ~ 600℃，冰点温度变化于 -21.0 ~ -5.2℃，利用冰点在冷冻法冰点-盐度关系表（Bodnar，1993），查得流体的盐度值为 46.16% ~ 69.49% 和 8.14% ~ 23.05%。用包裹体均一温度和盐度在 NaCl - H₂O 体系的 $T - W - \rho$ 相图（Bodnar，1983）查得密度。退化蚀变阶段绿帘石液体包裹体均一温度变化于 160 ~ 456℃，主要变化于 220 ~ 460℃，冰点温度变化于 -12.4 ~ -5.4℃，对应流体盐度主要变化范围为 8.41% ~ 16.34%。晚期石英-方解石硫化物阶段石英和方解石中液体包裹体均一温度变化于 128 ~ 367℃，主要变化于 140 ~ 220℃ 和 280 ~ 340℃，冰点温度变化于 -20.1 ~ -10.1℃，对应流体盐度变化范围为 0.18% ~ 22.85%（图 4 - 63）。

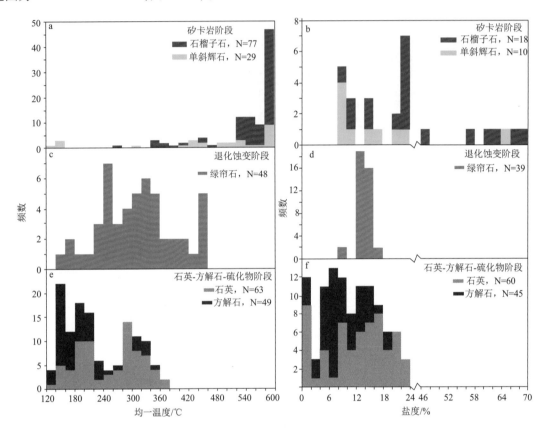

图 4 - 63　磁海含钴铁矿床不同阶段流体包裹体均一温度和盐度直方图

a ~ b—矽卡岩阶段石榴子石和透辉石包裹体的均一温度和盐度；c ~ d—退化蚀变阶段绿帘石包裹体的
均一温度和盐度；e ~ f—石英-方解石—硫化物阶段石英和方解石包裹体的均一温度和盐度

以上分析表明，从矽卡岩阶段、退化蚀变矽卡岩阶段和晚期石英-方解石硫化物阶段流体包裹体温度逐渐降低，反映了随着成矿作用的进行温度持续降低的过程。

3. 包裹体成分

本研究对石榴子石、绿帘石和磁铁矿进行了流体包裹成分的气相色谱和离子色谱分析。测试在中国地质科学院矿产资源研究所国土资源部成矿作用与资源评价重点实验室完成，气相色谱分析实验所用仪器为 GC - 2010 型气相色谱仪，最低检出限 1×10^{-6}；离子色谱分析所用仪器为 Shimadzuy HIC - SP Super 型离子色谱仪，最低检出限阴离子为 1×10^{-9}，阳离子为 1×10^{-6}。气相和液相测试结果分别列于表 4 - 33 和表 4 - 34。

石榴子石、绿帘石和磁铁矿中包裹体气体组成均以 CO_2、H_2O、N_2、O_2 为主，少量 CO，而 CH_4、C_2H_4、C_2H_6 和 C_2H_2 的含量均很低。液相离子色谱分析结果表明，各阶段阳离子成分以 Ca^{2+}、Na^+、K^+ 和 Mg^{2+} 为主，除了 Cx13 - 15 样品外，其余样品 Na^+/K^+ 均大于 1，表明流体总体富 Na。其中阴离子以 F^-、Cl^-、NO_3^- 和 SO_4^{2-} 为主，含少量的 Br^-，其中 $Cl^-/F^- > 5$，且多数均大于 10。

表 4 – 33　磁海含钴铁矿床流体包裹体成分的气相色谱分析结果

样号	矿物	CH$_4$ ug/g	C$_2$H$_2$ + C$_2$H$_4$ ug/g	C$_2$H$_6$ ug/g	CO$_2$ ug/g	H$_2$O ug/g	O$_2$ ug/g	N$_2$ ug/g	CO ug/g
CX13 – 115	绿帘石	0.119	0.248	nd	225.025	637.156	92.468	495.778	10.208
CX13 – 4	石榴子石	0.067	0.095	nd	340.143	336.597	256.217	1322.025	3.945
CH13 – 54	石榴子石	0.521	0.423	0.079	392.635	442.861	181.121	1003.025	31.937
CH13 – 54	磁铁矿	1.011	0.815	0.216	515.751	725.083	9.715	493.68	38.97
CN13 – 11	绿帘石	0.378	0.426	0.019	536.321	355.14	116.292	755.876	34.182
CH13 – 46	绿帘石	0.324	0.574	0.074	315.787	448.556	43.009	322.537	21.602
CN13 – 9	磁铁矿	0.559	0.179	nd	181.975	282.977	59.037	343.497	15.376
CN13 – 3	磁铁矿	0.347	0.486	0.119	558.849	343.522	86.081	869.127	30.069
CX13 – 3	磁铁矿	0.653	0.595	nd	1062.251	60.906	1219.376	nd	nd
ZKCH13 – 82	磁铁矿	0.477	0.642	0.175	347.023	372.247	105.963	232.383	21.625

取样温度为 100 ~ 500℃。n. d 表示低于检出限。

表 4 – 34　磁海含钴铁矿床流体包裹体成分的离子色谱测定结果（ug/g）

编号	矿物	Na$^+$	K$^+$	Mg^{2+}	Ca^{2+}	F$^-$	Cl$^-$	Br$^-$	NO$_3^-$	SO$_4^{2-}$
cx13 – 15	绿帘石	6.29	38.924	15.084	180.93	0.847	10.997	0.508	4.388	1041.987
CX13 – 4	石榴子石	7.117	5.012	10.468	193.603	1.717	38.604	0.609	5.677	371.504
CH13 – 46	绿帘石	9.927	n. d	8.539	216.14	1.909	20.861	1.284	8.469	717.633
CN13 – 11	绿帘石	1.501	n. d	0.854	15.279	0.157	6.174	0.073	1.078	30.358
CH13 – 54	石榴子石	3.037	1.092	1.296	43.36	1.282	18.784	0.176	1.078	128.418
CH13 – 54	磁铁矿	11.553	2.031	57.523	59.347	0.224	10.596	0.084	0.638	345.22
CN13 – 3	磁铁矿	2.288	1.129	30.804	11.064	0.065	1.474	0	1.052	98.794
CX13 – 3	磁铁矿	17.483	3.079	84.652	188.427	0.315	5.213	1.64	2.045	482.09
ZKCH13 – 82	磁铁矿	4.269	2.398	32.734	32.505	0.235	1.812	n. d	0.452	354.279
CN13 – 9	磁铁矿	1.92	n. d	5.366	36.952	0.495	7.673	n. d	0.769	56.178

n. d 表示低于检出限。

4. 成矿流体性质

　　早期矽卡岩阶段石榴子石发育流体包裹体和熔流包裹体，液体包裹体和含子矿物包裹体共存。矿物中熔融包裹体和液体包裹体共存是岩浆 – 热液过渡性质矿床的显著标志之一（林新多，1999）。测温结果表明，石榴子石和透辉石流体包裹体中除少数均一温度小于 540℃ 外，大多数变化于 540 ~ 600℃，在 540℃ 和 600℃ 出现了两个峰值（图 4 – 63）。石榴子石和透辉石流体包裹体盐度分为中低盐度和高盐度两部分，前者变化于 8.14% ~ 22.91%，在 8.14% 和 22.9% 处出现明显峰值，并且石榴子石结晶时流体的盐度高于透辉石。高盐度变化于 46.16% ~ 69.49%。石榴子石和透辉石流体包裹体中未发现含 CO$_2$ 包裹体，表明矽卡岩期成矿流体为 H$_2$O – NaCl 型。成矿温度变化很大，从近 500℃ 演化到 200℃ 左右，石榴子石开始结晶时，流体系统中还存在硅酸盐熔体，到透辉石结晶时已不存在硅酸盐熔体。均一温度与盐度相关图上，盐度稳定，基本不随均一温度变化。总之，矽卡岩期早阶段成矿流体属高 – 中温、中高盐度、中高密度的 H$_2$O – NaCl 体系。

　　退化蚀变阶段绿帘石中均一温度变化于 229 ~ 456℃，盐度为 8.41% ~ 16.34%，绿帘石结晶时均一温度和盐度明显降低，密度增高。退化蚀变矿物中未发现含 CO$_2$ 包裹体，表明该阶段成矿流体为中温、低盐度、中低密度的 H$_2$O – NaCl 体系。与早期矽卡岩阶段相比，温度区间变窄，流体盐度和密度明显降低。

　　石英和方解石流体包裹体均一温度变化范围明显大于石榴子石、透辉石和绿帘石，介于 142 ~ 380℃。石英在 140 ~ 160℃、190 ~ 220℃ 和 300 ~ 360℃ 出现峰值。盐度变化于 0.18% ~ 22.85%，在

0.88%、9.21%和16.05%出现峰值。方解石在140~160℃、190~220℃和280~320℃出现峰值，盐度变化于3.39%~18.47%，在3.39%、6.01%和15.76%出现峰值。总之，温度变化大，从中温逐渐演化到低温（380~132℃），盐度变化范围宽，流体以$H_2O-NaCl$型为主，局部混合有H_2O-CO_2型流体，大气降水与早期流体混合导致了流体的降温稀释过程。

（二）成矿流体来源

磁海含钴铁矿床石英（12件）和方解石（18件）H、O、C同位素测试结果列于表4-35。石英的δD_{SMOW}值变化于-116‰~-78‰，平均为-96‰，明显低于岩浆水范围（-80‰~-40‰，Sheppard，1986），$\delta^{18}O_{SMOW}$值介于9.0‰~14.4‰，平均为12.3‰；使用石英-水分馏方程$1000\ln\alpha = 3.38\times10^6T^{-2}-3.40$（Clayton et al.，1972）和对应石英样品流体包裹体均一温度的平均值，计算得出石英的$\delta^{18}O_{H_2O}$值变化于-3.70‰~6.47‰。在$\delta D - \delta^{18}O_{H_2O}$图解中（图4-64a），样品点落在岩浆水左下方，靠近岩浆水分布区。与Taylor（1974）给出的岩浆水的H-O同位素值相比，磁海含钴铁矿床样品具有相对较低的δD和$\delta^{18}O_{H_2O}$值，说明磁海矿床成矿后期可能有大气水加入。

表4-35　磁海含钴铁矿床C-H-O同位素数据

样号	矿物	δD_{V-SMOW}/‰	$\delta^{18}O_{V-SMOW}$/‰	T/℃	$\delta^{13}C_{V-PDB}$/‰	$\delta^{18}O_{H_2O}$/‰
CH12-81	石英	-116	12.2	244		2.96
CH12-82	石英	-95	12.9	163		-1.47
CH12-83	石英	-97	13.1	189		0.67
CH12-119	石英	-91	12.1	221		1.66
CH12-161	石英	-92	13.4	280		5.75
CH12-164	石英	-86	12.0	282		4.43
CH12-165	石英	-106	10.8	305		4.09
CN12-49	石英	-78	14.4	231		4.50
CN12-67	石英	-99	9.0	185		-3.70
CN12-68	石英	-91	10.8	184		-1.97
CX12-31	石英	-101	13.5	296		6.47
CX12-32	石英	-102	13.4	282		5.83
CH12-04	方解石		10.5		3.6	
CH12-30	方解石		15.9		3.2	
CH12-31	方解石		17.3		1.4	
CH12-33	方解石		4.3		3.0	
CH12-37	方解石		0.2		3.6	
CH12-39	方解石		-2.6		3.4	
ch12-44	方解石		12.9		-0.2	
ch12-45	方解石		12.2		-0.3	
ch12-46	方解石		12.1		0.2	
CH12-47	方解石		-1.4		1.6	
CH12-104	方解石		12.1		3.4	
CH12-122	方解石		15.5		0.8	
CX12-23	方解石		9.2		0.9	
CX12-24	方解石		9.1		1.1	
CX12-25	方解石		9.9		1.1	
CX12-27	方解石		8.6		-0.3	
CX12-28	方解石		-5.8		1.5	
CX12-29	方解石		8.2		-0.3	

注：测试在中国地质科学院矿产资源研究所同位素实验室进行，H、O和C同位素用MAT 253 EM质谱计进行测试。O和C同位素的分析精密度为±0.2‰，H同位素的分析精密度为±2‰。

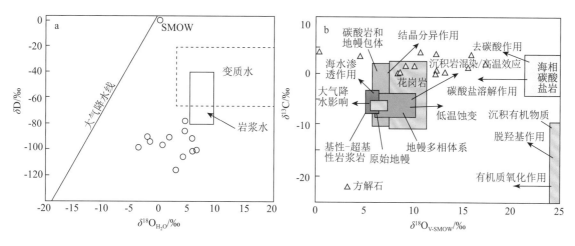

图 4 - 64　磁海含钴铁矿床 $\delta D - \delta^{18}O_{H_2O}$ 图解（a）与方解石 $\delta^{18}O_{SMOW} - \delta^{13}C$ 图解（b）

（a 图岩浆水和变质水区域据 Taylor，1974；b 图底图据刘家军，2004

方解石样品的 $\delta^{13}C_{PDB}$ 值变化于 $-0.3‰ \sim 3.6‰$，与海相碳酸盐岩 C 同位素组成（$-1‰ \sim 2‰$，Rollinson，1993）相差较大，而与地幔来源 C 同位素值（$-5‰ \pm 2‰$，Hoefs，1997）十分接近。δO_{SMOW} 值变化范围较大，介于 $-5.8‰ \sim 17.3‰$（表 4 - 32）。使用方解石 - 水分馏方程 $1000\ln\alpha = 2.78 \times 10^6 T^{-2} - 3.39$（O'Neil et al.，1969）和同一样品方解石中流体包裹体均一温度平均值，计算流体的 $\delta^{18}O_{H_2O}$ 值为 $-13.37‰ \sim 6.53‰$。在 $\delta^{18}O_{SMOW} - \delta^{13}C_{PDB}$ 图解中（图 4 - 64b），多数样品总体呈近水平展布，大多数分布于花岗岩和沉积岩范围内，表明在演化过程中可能发生流体与围岩之间的水岩反应或 CO_2 的脱气作用（刘家军等，2004）。

总之，石英 - 方解石 - 硫化物阶段成矿流体主要是岩浆水，混合少量大气降水；流体中 C 来自花岗质岩浆，在演化过程中发生水岩反应或 CO_2 的脱气作用。

（三）硫同位素示踪

本研究对磁海含钴铁矿床 19 件黄铁矿、3 件磁黄铁矿、2 件黄铜矿及 4 件石膏单矿物的 S 同位素进行了分析，分析结果见表 4 - 36。

表 4 - 36　磁海含钴铁矿床 S 同位素分析结果

样号	矿物	$\delta^{34}S_{CDT}/‰$	样号	矿物	$\delta^{34}S_{CDT}/‰$
CH12 - 01	黄铁矿	0.7	CN - 23	黄铁矿	- 0.1
CH12 - 02	黄铁矿	0.8	CN12 - 04	黄铁矿	1.0
CH12 - 03	黄铁矿	0.2	CN12 - 15	黄铁矿	2.2
CH12 - 06	黄铁矿	0.2	CN12 - 36	黄铁矿	- 2.2
CH12 - 24	黄铁矿	0.6	CN12 - 79	黄铁矿	- 3.0
CH12 - 37	黄铁矿	- 1.2	CH12 - 84	黄铜矿	2.0
CH12 - 38	黄铁矿	0.2	CH12 - 85	黄铜矿	0.7
CH12 - 39	黄铁矿	- 0.8	CN12 - 06	磁黄铁矿	0.8
CH12 - 47	黄铁矿	0.5	CN12 - 34	磁黄铁矿	2.3
CH12 - 49	黄铁矿	- 0.4	CN12 - 81	磁黄铁矿	1.4
CH12 - 50	黄铁矿	- 0.4	CH12 - 01	石膏	11
CN - 04	黄铁矿	0.4	CH12 - 02	石膏	11.6
CN - 05	黄铁矿	- 0.1	CH12 - 03	石膏	10.3
CN - 06	黄铁矿	1.5	CH12 - 23	石膏	4.5

20 件黄铁矿 δ^{34}S 值位于 −5.2‰ ~ 2.2‰，平均 −0.3‰，3 件磁黄铁矿 δ^{34}S 值变化于 0.8‰ ~ 2.3‰，平均 1.5‰，2 件黄铜矿 δ^{34}S 值为 0.7‰ ~ 2.0‰，平均 1.4‰，4 件石膏 δ^{34}S 值介于 4.5‰ ~ 11.6‰，平均 9.4‰。不同硫化物 S 同位素的峰值在 −1‰ ~ +3‰（图 4−65），表明 S 主要源自地幔。

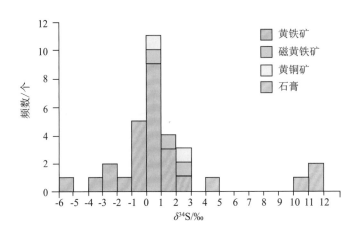

图 4−65　磁海含钴铁矿硫化物 δ^{34}S$_{CDT}$图

（四）Fe 同位素示踪

相比传统的 H−O−S 等稳定同位素，作为 Fe 矿床最主要矿石矿物，磁铁矿的 Fe 同位素可以最直接揭示成矿流体的演化和成矿物质来源。Fe 同位素受蚀变作用影响不大（Li et al.，2013），并且可以较好的示踪矽卡岩型铁矿的成矿物质来源（Wang et al.，2011；Zhu et al.，2016）。因此，本书选取磁海矿区形成时代与成矿时间相近的辉绿岩、钻孔花岗岩、石英二长岩全岩和矿石中的磁铁矿单矿物进行 Fe 同位素分析，示踪磁海矿床 Fe 的来源。

磁海铁矿床 δ^{56}Fe 总体分布范围为 −0.28‰ ~ 0.23‰（表 4−37，图 4−66）。其中，浸染状矿石中磁铁矿 δ^{56}Fe 变化于 0.11‰ ~ 0.14‰，与块状矿石中磁铁矿变化范围（δ^{56}Fe 为 0.12‰ ~ 0.15‰）相似。磁海含钴铁矿床矿石中磁铁矿 δ^{56}Fe（0.11‰ ~ 0.15‰；$n = 7$）与前人所报道矽卡岩型铁矿中磁铁矿（δ^{56}Fe 为 0.07‰ ~ 0.20‰；Zhu et al.，2016）一致，明显低于岩浆型铁矿中磁铁矿（δ^{56}Fe 为 0.20‰ ~ 0.31‰；Liu et al.，2014）。铁矿体围岩辉绿岩的 δ^{56}Fe 最低，变化于 −0.28‰ ~ −0.14‰，石英二长岩 δ^{56}Fe 变化范围为 −0.08‰ ~ 0.04‰，钻孔花岗岩 δ^{56}Fe 变化范围为 −0.06‰ ~ 0.23‰。

由于磁海矿床的铁矿体产于辉绿岩中，部分学者认为其中的 Fe 主要来自辉绿岩（王玉往等，2006）。然而，磁海辉绿岩的地球化学分析结果表明，随着蚀变程度（烧失量）的增加，辉绿岩中 Fe 的含量也随之增加，表明热液交代过程并未从辉绿岩中提取出大量的 Fe（Hou et al.，2013），这也得到 Fe 同位素数据的支持。由于在岩浆−热液矿床形成过程中，流体从成矿岩浆出溶过程中会发生 Fe 同位素分馏（Heimann et al.，2008），相对成矿岩体，出溶的流体富集 Fe 的轻同位素，相应地形成磁铁矿也将相对富集 Fe 的轻同位素（Wang et al.，2011）。因此，发生流体出溶的成矿岩体应该比铁矿石中的磁铁矿富集 Fe 的重同位素（Zhu et al.，2016）。相对于铁矿石中的磁铁矿，磁海辉绿岩明显富集轻的 Fe 同位素，由此判断它不是磁海铁矿 Fe 的主要来源。浸染状铁矿石中有部分具有高 Ti 含量的磁铁矿中的 Ti 主要源自辉绿岩，辉绿岩可能为早期浸染状铁矿石提供了部分成矿物质。石英二长岩样品的 δ^{56}Fe 均小于铁矿石中磁铁矿的 δ^{56}Fe，表明石英二长岩也不是磁海铁矿成矿物质的主要来源。相对而言，钻孔中花岗岩部分样品相对磁铁矿富集重的 Fe 同位素，表明花岗岩可能发生了含 Fe 流体的出溶，花岗岩可能为磁海矿床提供了部分成矿物质来源。

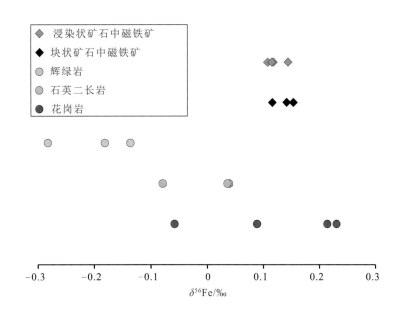

图 4 – 66 磁海铁矿床磁铁矿、辉绿岩、石英二长岩和花岗岩的 $\delta^{56}Fe$ 成分

表 4 – 37 磁海铁矿石中磁铁矿、辉绿岩、二长岩和花岗岩全岩的 Fe 同位素分析结果

	样品类型	$\delta^{56}Fe/‰$	SD/‰	$\delta^{57}Fe/‰$	SD/‰
CH13 – 8	浸染状铁矿石	0.11	0.05	0.15	0.05
CH13 – 8 – ra	浸染状铁矿石	0.12	0.07	0.18	0.07
CH13 – 58	浸染状铁矿石	0.12	0.05	0.17	0.06
CH13 – 60	浸染状铁矿石	0.14	0.05	0.23	0.07
CH13 – 34	块状铁矿石	0.12	0.06	0.17	0.06
ZKCH13 – 80	块状铁矿石	0. 15	0.08	0.21	0.08
ZKCH13 – 83	块状铁矿石	0.14	0.06	0.22	0.06
CH14 – 33	辉绿岩	– 0.18	0.05	– 0.28	0.07
CH14 – 34	辉绿岩	– 0.28	0.03	– 0.46	0.07
CH14 – 35	辉绿岩	– 0.14	0.06	– 0.26	0.04
CH14 – 18	二长岩	0.04	0.06	0.04	0.08
CH14 – 21	二长岩	0.04	0.05	0.05	0.07
CH14 – 24	二长岩	– 0.08	0.07	– 0.11	0.06
ZKCH13 – 70	花岗岩	– 0.06	0.05	– 0.08	0.07
ZKCH13 – 71	花岗岩	0.09	0.05	0.16	0.06
CH14 – 29 – 2	花岗岩	0.21	0.06	0.30	0.07
CH14 – 29 – 2 – r[a]	花岗岩	0.23	0.07	0.34	0.08

注：分析单位为澳实矿物实验室。其中 r[a] 代表平行样。

矽卡岩型铁矿通常与中酸性侵入岩关系密切，铁矿中的 Fe 主要来自中酸性岩浆岩（Zürcher et al.，2001；Pons et al.，2009；Mao et al.，2011）。岩浆－热液系统中的流体包裹体研究显示来从浅成长英质岩浆中演化出的岩浆－热液含大量的 Fe（Audétat et al.，2000；Baker et al.，2004；Chang et al.，2004），但在矽卡岩型矿床中大量的 Fe 是如何从 Fe 含量相对较低的中酸性侵入岩中迁移、聚集形成上亿吨的 Fe 矿床目前尚不清楚，可能的主要解释有两种，第一种是矿区内与矽卡岩 Fe 矿有关的中酸性岩浆存在多次侵入作用（Pons et al.，2009），可能是岩浆的多期次侵入为成矿元素提供补给；第二种是侵入围岩的侵入岩本身可能主要作为一个通道提供部分成矿元素，深部可能存在一个大的岩浆房为成矿元素提供主要来源（Shinohara et al.，1995；Klemm et al.，2007）。结合 Fe 同位素结果和磁海矿床地质特征，我们认为磁海矿区深部可能存在一个大的岩浆房提供铁矿的成矿物质。

通常情况下，岩浆上升到浅成范围岩浆将会达到挥发分相饱和出溶（Candela，1997）。熔体经历挥发分出溶的岩浆 – 热液环境对应的静岩压力在50 ~ 150MPa（Audétat et al.，2003），在这个压力范围内含水花岗岩的固相线范围为 650 ~ 700℃（Simon et al.，2004）。由于静岩压力的减小（第一次沸腾）和/或第二次沸腾超 – 固相线温度出溶的岩浆流体开始提取部分 Fe（Simon et al.，2004）。在岩浆 – 热液体系中，金属元素主要以 Cl 或者 S 络合物进行运移（朱永峰等，2010），其中 Cl 强烈倾向进入液相而 S 倾向进入气相中（Drummond et al.，1985）。在液态卤水和气体共存的相中 Fe、Mn、K、Na、Rb、Cs、Ag、Pb、Zn 等倾向以 Cl 络合物的形式进入液态水相中，Cu、Au、As、Li 和 B 更倾向进入蒸气相（Heinrich et al.，1999；Audétat et al.，2000；Zajacz et al.，2008）。深部产生高压气体可以运移部分 Fe 到上覆热液环境中，但随着岩浆上升过程中压力降低，Fe 逐渐在卤水中富集（Simon et al.，2004），主要在卤水中以 Fe – Cl 络合物的形式运移。在磁海矿区，稳定同位素特征表明早期的成矿流体主要源自岩浆，与磁铁矿共生的角闪石 Cl 含量较高，表明形成磁海矿床的含铁流体是源自岩浆并且是以 Fe – Cl 络合物的形式运移的。

（五）成矿时代

本研究对磁海含钴铁矿床的镁铁 – 超镁铁质岩、花岗岩、直接含矿围岩辉绿岩和成矿期后穿切矿体的辉绿岩脉进行年代学测试，结果表明，镁铁 – 超镁铁质岩、花岗岩以及直接赋矿辉绿岩属同一期岩浆活动的不同侵入体，年龄为286.5 ±1.8 Ma 和284.8 ±1.3 Ma，代表了成矿年龄的下限，穿切矿体的辉绿岩脉成岩年龄为275.8 ±2.2 Ma，代表成矿时代的上限，即限定磁海铁矿床的形成时间介于286 ~275 Ma，属于早二叠世成矿。

为了进一步准确的限定矿床的形成时间，本研究对块状磁铁矿石中的角闪石（CH12 – 84）（图4 –67a）进行了 ^{40}Ar – ^{39}Ar 年代学测试。角闪石 ^{40}Ar – ^{39}Ar 年代学测试在中国地质科学院地质研究所氩 – 氩同位素年代学实验室完成。手标本与显微镜下照片均显示磁海矿床中角闪石与块状磁铁矿共生，并见角闪石交代早期石榴子石，与铁矿化密切相关（图4 –67b，c）。角闪石的 ^{40}Ar – ^{39}Ar 测年结果列于表4 –38。

表4 –38　磁海含钴铁矿床角闪石 Ar – Ar 同位素分析结果

$T/℃$	$\left(\frac{^{40}Ar}{^{39}Ar}\right)_m$	$\left(\frac{^{36}Ar}{^{39}Ar}\right)_m$	$\left(\frac{^{37}Ar}{^{39}Ar}\right)_m$	$\left(\frac{^{38}Ar}{^{39}Ar}\right)_m$	$^{40}Ar/\%$	F	$\frac{^{39}Ar}{(10^{-14}mol)}$	$\frac{^{39}Ar}{(Cum.)(\%)}$	年龄/Ma	$±1\sigma$/Ma
800	1703. 5740	5. 7609	19. 3709	1. 0960	0. 15	2. 6249	0. 00	0. 03	13	534
900	1279. 6429	4. 2830	93. 6362	0. 8971	1. 61	22. 3424	0. 01	0. 12	110	159
980	145. 3507	0. 3690	14. 0685	0. 1511	25. 67	37. 7351	0. 04	0. 43	182. 6	8. 2
1060	66. 0420	0. 0189	2. 9959	0. 1284	91. 84	60. 7971	0. 85	6. 78	285. 7	2. 7
1100	60. 3032	0. 0030	2. 0908	0. 1302	98. 79	59. 6736	7. 43	62. 04	280. 9	2. 6
1130	60. 6124	0. 0060	2. 5392	0. 1298	97. 38	59. 1440	0. 68	67. 06	278. 5	2. 6
1170	60. 8825	0. 0039	2. 1274	0. 1319	98. 37	59. 9920	1. 93	81. 40	282. 2	2. 6
1200	60. 4433	0. 0031	2. 1758	0. 1287	98. 74	59. 7894	2. 40	99. 22	281. 4	2. 6
1230	62. 7288	0. 0097	3. 4057	0. 1251	95. 83	60. 2760	0. 10	99. 94	283. 5	3. 3
1280	79. 7781	0. 0058	11. 5491	0. 1815	79. 43	63. 9657	0. 01	100. 00	300	31

注：W = 101. 07 mg；J = 0. 002823，F = $^{40}Ar^*$ / ^{39}Ar 是放射性 Ar^{40} 和 Ar^{39} 的比值。

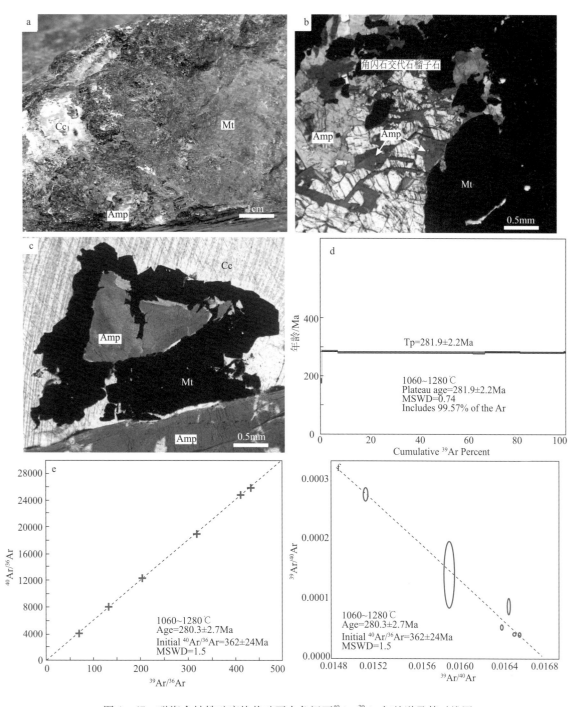

图 4-67　磁海含钴铁矿床块状矿石中角闪石 $^{40}Ar/^{39}Ar$ 年龄谱及等时线图

　　角闪石的坪年龄（tp）为 281.9±2.2 Ma（2σ）、$^{39}Ar/^{40}Ar-^{36}Ar/^{40}Ar$ 等时线与反等时线年龄分别为 280.7±2.7 Ma 和 280.7±2.7 Ma。由于 Ar 同位素体系形成后，在动力和流体作用下，其温度超过 Ar 封闭体系的温度时（全岩 Ar 同位素体系封闭温度 300℃），会导致角闪石 Ar 同位素体系完全重置（陈文等，2003），坪年龄记录的是最后一次热事件的年龄。因此 281.9±2.2 Ma 的年龄结果表明角闪石结晶完成后未受 275 Ma 辉绿岩脉热事件的影响。同时样品的坪年龄和反等时线年龄在误差范围内一致，表明 281.9±2.2 Ma 能够代表角闪石的结晶年龄，这与磁海矿床酸性岩、含矿的镁铁-超镁铁质岩形成年龄一致，为早二叠世，也表明磁海含钴铁矿床的形成年龄为 ~282 Ma，属于早二叠世成矿。

（六）成矿模型

磁海含钴铁矿床自发现以来，因铁矿体赋存于辉绿岩和矽卡岩，部分铁矿体与辉绿岩具有截然的接触关系，部分磁铁矿具有典型的岩浆来源磁铁矿的高 TiO_2 含量（盛继福，1985；赵玉社，2000；王玉往等，2006），使其成因类型长期存在较大争议，主要包括：次火山岩 – 矿浆贯入 – 热液交代型铁矿（赵玉社，2000）、次火山热液型铁矿（薛春纪等，2000）、岩浆分异 – 矿浆贯入 – 热液交代多成因型（王玉往等，2006）、矽卡岩型（赵一鸣等，2012）和岩浆 – 热液型（Huang et al.，2013）。这些成因类型争议的焦点主要在于成矿过程是否有岩浆作用直接参与。

我们的研究认为：磁海含钴铁矿床矿体与围岩关系显示，矿区至少存在二期辉绿岩侵入活动，年代学研究显示分别为 ~286 Ma 和 ~275 Ma，其中 ~275 Ma 为 ~282 Ma 成矿作用后的辉绿岩，野外可见铁矿体与辉绿岩之间的截然接触界线，是成矿期后的辉绿岩脉穿切早期形成的铁矿体导致。磁海含钴铁矿床中 TiO_2 含量相对高的磁铁矿仅存在于浸染状矽卡岩矿石中，从浸染状、条带状到块状矿石中 Fe 逐渐富集而 TiO_2 含量逐渐降低，并且这些 TiO_2 含量相对高的磁铁矿在其判别图解中位于热液成因区而非岩浆成因区域，表明浸染状矿石中部分 Ti 含量相对高的磁铁矿可能是继承其原岩辉绿岩中的 Ti，因为在高温的岩浆中 Ti 相对稳定（Van Baalen，1993），且倾向进入磁铁矿中（Dare et al.，2014）。不同构造矿石磁铁矿中的 Ti 含量的变化可能表明与成矿流体加入有关。此外，石榴子石 – 透辉石为主的矽卡岩广泛发育，并与浸染状磁铁矿关系密切；块状矿石与角闪石、绿帘石和黑柱石等退化蚀变矽卡岩矿物密切相关。

综上所述，磁海含钴铁矿床其成矿模型可概况如下（图 4 – 68）：

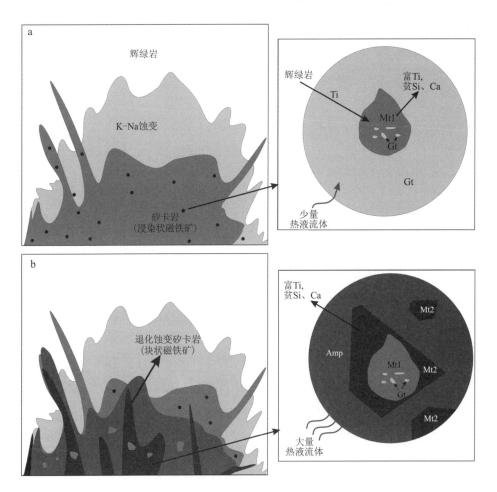

图 4 – 68　磁海含钴铁矿床成矿模式图

早二叠世（296～284 Ma）磁海地区处于后碰撞时期，由于岩石圈伸展拉张导致软流圈上涌，上涌的软流圈地幔物质加热早期俯冲板片及沉积物等使其熔融形成岩浆，这些来源于亏损的软流圈地幔与俯冲物质的镁铁质岩浆上升到达陆壳内部形成岩浆房，同时由于岩浆的热引起陆壳岩石熔融形成酸性岩浆，岩浆房中的岩浆（基性和酸性）经过结晶分异、同化混染以及岩浆混合等过程分别形成296～294 Ma的角闪辉长岩和花岗闪长岩，285 Ma 的辉绿岩、花岗岩和石英二长岩，276 Ma 的辉绿岩和粗粒辉长岩，265 Ma 的二长岩。

282 M 左右经过岩浆房演化富含大量挥发份的岩浆上侵（温度约 659～691℃），交代辉绿岩使之发生 K－Na 蚀变，该 K－Na 蚀变阶段导致辉石发生黑云母化和基性斜长石发生钠化；随着交代作用的持续进行，形成石榴子石和透辉石（540℃）矿物组合，并出现少量磁铁矿呈浸染状分布，此阶段的磁铁矿继承了原岩辉绿岩中的 Ti 而具有较高的 Ti 含量，由于氧逸度的变化，可见有钙铝榴石和钙铁辉石组合，此为早期矽卡岩阶段。随着温度逐渐降低（456～343℃）及氧逸度的升高，成矿流体与早期无水矽卡岩发生反应，形成以含水硅酸盐矿物为主（绿帘石和角闪石）的组合，并伴随形成大量具低 Ti 富 Si 和 Ca 的磁铁矿形成块状矿石；流体演化至石英－方解石－硫化物阶段（<343℃），流体的氧逸度逐渐降低，开始形成黄铁矿、磁黄铁矿、黄铜矿等金属矿物组合，并出现毒砂、辉砷钴矿、斜方砷钴矿、辉砷镍矿等含 Co、Ni 矿物、Bi－Te 化合物和含 Au 的 Bi 熔体；271～241℃时，开始出现自然铋；在 241℃时，开始形成含金自然铋和黑铋金矿，温度低于 116℃，黑铋金矿发生分解形成自然金和自然铋。

275 Ma，基性岩浆上侵形成辉绿岩，切穿早期形成各基性岩和磁铁矿体。265 Ma，二长岩上侵，形成二长岩。

第五节　敦德铁锌金矿地质特征及矿床模型

一、成矿地质背景

西天山阿吾拉勒铁矿带是中国十大重要金属矿产资源接替基地之一，已发现查岗诺尔、备战、智博、敦德 4 个大型铁矿，松湖、尼新塔格－阿克萨依、铁木里克等多个中小型铁矿，这些矿床成矿主元素为 Fe，伴生 Zn、Co、Au、Cu 等。铁矿床赋存于一套早石炭世海相火山岩或火山碎屑岩中，成矿的大地构造背景可能与伊犁板块和塔里木板块俯冲－碰撞过程中形成的局部伸展环境有关，深部可能存在造山带根部的拆沉作用（Chen et al.，1999；Sun et al.，2008；Gao et al.，2009；Tang et al.，2010；张作衡等，2012；Duan et al.，2014）。这些铁矿床普遍发育强烈的热液蚀变，与侵入岩空间关系不紧密，在空间分布上具有一定的规律性，自东向西由发育高温矽卡岩蚀变的磁铁矿矿床变化为发育低温绿泥石－绢云母化蚀变的赤铁矿矿床（段世刚等，2014）。

二、矿床地质特征

（一）矿区地质特征

1. 地层

敦德铁锌金矿区出露地层为下石炭统大哈拉军山组第三亚组（图 4－69），其余为大面积冰川堆积物、冰水堆积物和残坡积物。大哈拉军山组第三亚组岩性主要为玄武质凝灰岩、安山岩、安山质凝灰岩、火山集块岩、火山角砾岩，少量为大理岩、灰岩。地层产状南倾，走向 NE－SW 方向。该地层内明显发育火山角砾岩筒，见火山通道，通道附近分布有凝灰岩角砾；另外，在 3912、3788 平硐内见火山角砾岩筒（图 4－70）。平硐内可见火山角砾岩筒北倾，直径在 500 m 左右；筒内角砾和集块磨圆度不好，以棱角状、次棱角岩、花岗岩及少量磁铁矿碎石堆积而成，经钻孔验证为 Fe₂ 磁铁矿体。角砾外围见明显的熔浆胶结边；角砾和集块成分较为复杂，以玄武质凝灰岩、安山质凝灰岩为

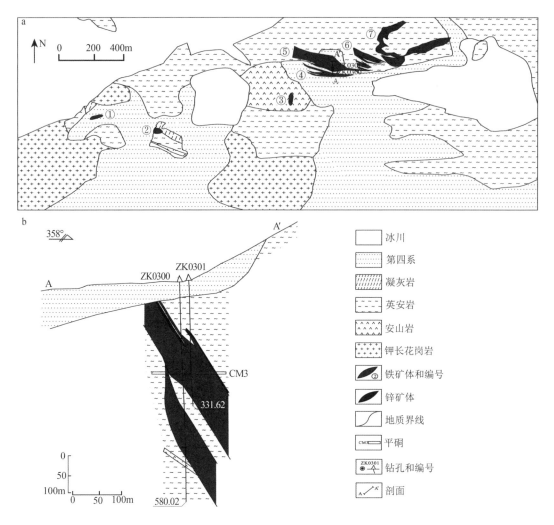

图 4 - 69 敦德铁锌金矿床地质图（a）和剖面图（b）

（据新疆地质矿产勘查开发局第三地质大队，2011 修改）

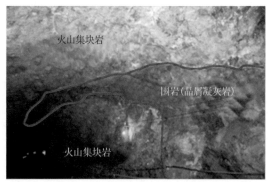

图 4 - 70 敦德铁锌金矿 3912 平硐内火山通道中的火山集块岩

主，少量为安山岩，粒径大多在 20 cm 以上，粒径在 1 m 以上的也较多，最大可达 3.5 m。这些特征表明，该火山角砾岩筒为一坍塌的火山通道。

2. 构造

矿区构造较为简单，主要为一单斜构造。矿区出露的地层为大哈拉军山组一套玄武质凝灰岩，走向 SWW - NEE 向，倾向 NNW，倾角中等 50°~75°。矿区断裂构造不发育，从矿区 3788、3912 平硐施工情况看，深部均未见大的断层，局部发育次级的小断层，对矿体破坏作用不大。

3. 岩浆侵入活动

矿区内侵入岩主要为中粗粒钾长花岗岩，出露于矿区西部及西南部，呈 NW - SE 条带状分布，与大哈拉军山组火山岩为侵入接触关系。岩石呈肉红色，块状构造，中 - 细粒花岗结构。岩石主要由钾长石（40%～50%）、斜长石（20%～30%）、石英（15%～30%）、黑云母（5%～10%）等组成。角闪石多已蚀变为绿帘石、绿泥石等；副矿物榍石、磁铁矿、白钛石等微量（＜5%）。岩体边缘具有明显的热液蚀变，主要有绿泥石化、绢云母化、硅化、方解石化和萤石化，并具有蚀变分带现象，硅化 - 绢云母化带内见明显的浸染状、脉状黄铜矿 - 闪锌矿 - 黄铁矿分布，方解石脉附近见黄铜矿脉。岩体形成时间晚于火山岩，也晚于铁矿化时间。

（二）矿体特征

1. 矿体产出特征

敦德铁锌金矿赋存于大哈拉军山组玄武质凝灰岩中。目前已圈定铁矿体 7 条，并单独圈定出锌矿体 2 条。矿区西部 3 个铁矿体（编号为 Fe_1、Fe_2、Fe_3）出露地表，东部的 4 个铁矿体为隐伏矿体（图 4 - 71）。矿体一般呈板状、大透镜状、不规则状，长度一般为 56～931 m，厚度为 2～100 m。

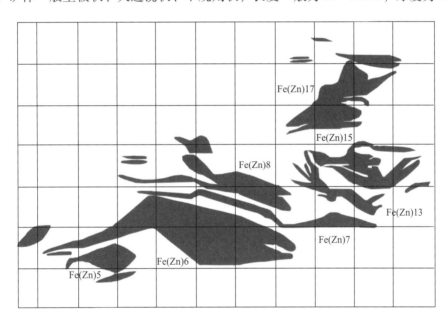

图 4 - 71　敦德铁锌金矿 3788 中段平面地质图
（据新疆地矿局第三地质大队，2011）

西部铁矿体总体走向均为 NE - SW 向，矿体产状 NW 倾，倾角 55°～70°。Fe_1 矿体见于矿区西部，长约 53 m，宽约 10 m，走向 256°，大部为残坡积覆盖，基岩只在东西两侧断续出露；据物探磁测资料，矿体南倾，倾角较缓；铁矿石 Fe^T 品位为 22.21%～32.55%，平均品位为 25.23%，属于贫铁矿体。Fe_2 矿体见于矿区中部，长约 70 m，宽约 15 m，走向 355°，西倾，倾角 60°～70°，呈透镜状，南窄北宽，基岩出露较好，其内可见凝灰岩透镜体；磁铁矿体赋存于玄武质凝灰岩中，矿体呈似层状、透镜状产出，顶底板均为绿帘石阳起石化玄武质凝灰岩；矿石 TFe 品位为 20.04%～33.11%，平均品位为 26.77%，属于贫铁矿体。Fe_3 矿体见于矿区中东部，地表露头长度约 2 m，宽约 1.5 m，四周全为第四系坡积物所覆盖，钻探表明磁铁矿体赋存于玄武质凝灰岩中，矿体呈似层状、透镜状产出，顶底板均为绿帘石阳起石化玄武质凝灰岩。

东部 4 条铁矿体均向北陡倾，产状 355°～15°∠52°～75°，为矿区的主要铁矿体，均位于火山通道内。矿体剖面呈筒状（图 4 - 72），中段平面图上呈不规则状，厚 1.7～41.25 m，为浸染状、致密块状矿体。磁铁矿体赋存于火山通道中玄武质晶屑凝灰岩和火山集块岩内，顶、底板主要为绿帘石阳起石化玄武质凝灰岩，少量为火山集块岩。铁矿体 TFe 一般为 20% ~65%，MFe 一般为 15% ~60%；伴生锌品位为 0.5% ~5.3%。

图 4 – 72　敦德铁锌金矿 8 线勘探剖面图
（据新疆地矿局第三地质大队，2011）

2 条独立锌矿体总体走向为 NE – SW 向，矿体产状 NW 倾，倾角 25° ~35°。矿体位于钾长花岗岩体与玄武质晶屑凝灰岩的接触部位，赋矿岩性为玄武质晶屑凝灰岩。矿体呈脉状、透镜体状展布，为隐伏矿体。矿体中锌平均品位为 1.98% 和 1.00%。

目前，已获得铁矿石资源量 2.18×10^8 t，锌金属资源量 161×10^4 t，金 50 t（新疆地矿局第三地质大队，2014）。

2. 矿石特征

矿石主要构造主要为稠密浸染状构造、块状构造、条带状构造、稀疏浸染状构造、斑杂状构造，次为网脉状构造、细脉状构造、角砾状构造、星点状构造。

矿石结构较为复杂，主要为他形 – 半自形、自形粒状结构、他形不规则状结构、交代结构、包裹结构，次为纤维状、纤片状、叶状、鳞片状、放射状集合体、叶片状集合体。磁铁矿、黄铁矿多呈半自形 – 自形粒状结构。矿石主要结构由结晶较早或结晶能力强的矿物形成，主要表现为粒状磁铁矿、黄铁矿晶形介于自形和半自形间，或部分磁铁矿为自形晶，部分为半自形晶。磁铁矿晶体为五角十二面体，粒径为 0.01 ~3 mm。磁铁矿与方解石脉接触部位见巨粒五角十二面体磁铁矿晶体，单晶体粒径为 5 ~500 mm（图 4 –73）。除磁铁矿外，部分黄铁矿、磁黄铁矿、黄铜矿、闪锌矿、赤铁矿、方铅矿等矿物晶粒多呈他形 – 半自形粒状结构。大多闪锌矿及部分黄铁矿具他形不规则状结构，交代结构主要为褐铁矿沿黄铁矿边缘交代黄铁矿。包裹结构主要为闪锌矿、磁铁矿相互包裹，磁铁矿、闪锌矿包裹黄铁矿、磁黄铁矿、黄铜矿等。部分粒状磁铁矿分布在纤维状、纤片状、叶状、鳞片状、放射状集合体、叶片状集合体蛇纹石中，有的则沿裂纹呈线状分布在蛇纹石中。

矿石中原生金属矿物主要为磁铁矿和闪锌矿，其次为斜方砷铁矿、磁黄铁矿、黄铁矿、黄铜矿、毒砂、赤铁矿，还有痕量的方铅矿。脉石矿物主要为钙铝 – 钙铁榴石、透辉石、绿帘石、绿泥石、方

图 4 – 73　敦德铁锌金矿自形巨粒磁铁矿

解石、磷灰石，另有少量的铁韭闪石、石英和云母。地表有褐铁矿、孔雀石、蓝铜矿等氧化物。磁铁矿是铁矿石中的主要金属矿物，呈半自形 – 自形粒状，粒径 <0.01 ~ 0.9 mm，部分可达 0.5 m，呈浸染状、块状分布，一般与方解石共生，部分可与闪锌矿、黄铁矿、毒砂等连生，但金属硫化物一般呈浸染状、脉状分布于磁铁矿周围，粒径及自形程度也远小于磁铁矿。磁黄铁矿多呈细脉状沿磁铁矿裂隙分布。黄铁矿多呈浸染状、脉状分布于磁铁矿周围的方解石脉中，或分布于锌矿体中，少量黄铁矿沿磁铁矿裂隙呈细脉状分布。闪锌矿与非金属矿物（方解石、石英、绿泥石等）、磁铁矿、磁黄铁矿、（钴）毒砂、黄铜矿和黄铁矿关系密切（图 4 – 74）。主要有两种分布形式：其一为他形粒状、不规则状，粒径为 0.01 ~ 0.2 mm，呈浸染状、星散状、脉状分布于锌矿石中，多包裹磁黄铁矿、黄铜矿，形成包含结构，部分与黄铁矿规则连生；其二主要与磁铁矿呈规则 – 半规则连生，接触界线光滑平直，部分闪锌矿沿磁铁矿粒间空隙、边缘和裂隙分布，偶尔见闪锌矿包裹磁铁矿、黄铁矿现象。毒砂、钴毒砂多呈他形 – 半自形粒状、柱状分布，粒径 0.02 ~ 0.25 mm，多与砷钴矿共生，是金的主要载体。方解石为主要非金属矿物，多呈他形粒状和不规则状分布，粒径 0.05 ~ 2.5 mm。金属硫化物多呈浸染状、星点状分布其中。

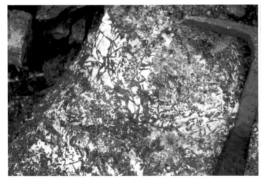

图 4 – 74　闪锌矿呈星散 – 脉状分布于方解石脉（左图）和呈浸染状分布于铁矿体裂隙内（右图）

（三）围岩蚀变

围岩蚀变在敦德铁锌金矿区广泛发育。蚀变主要有硅化、石榴子石化、方解石化、绿泥石化、绿帘石化、蛇纹石化、阳起石化、钾长石化、萤石化、绢云母化、褐铁矿化、角斑岩化、钠长石化。

矿区火山岩普遍发育角斑岩化或石英角斑岩化，尤其是在凝灰岩、玄武质安山岩中。在铁矿石中也可见角斑岩化，后期矿化、蚀变均切穿角斑岩。角斑岩化呈白色或无色，硬度大，呈团块状、团斑状分布，为海水与海相火山岩反应的产物，前人多视之为硅化。硅化主要发育于岩体附近的矿体与围岩中，呈脉状发育，与金属硫化物矿化关系密切，愈接近锌矿体，蚀变愈强。硅化常与绢云母化一起成为锌矿化、铜矿化的指示现象。萤石化发育于岩体内部，是岩浆热液低温蚀变产物。绿泥石化在火山岩、岩体及锌矿体中广泛发育，也为低温热液蚀变产物。方解石化分布较为广泛，主要呈脉状分布于灰岩、大理岩、花岗斑岩、凝灰岩中，与锌金矿化关系十分密切；或呈团块状、网脉状分布于铁矿体中，为火山热液结晶产物。钠长石化主要分布于火山岩和铁矿体中，以钠长石斑晶或条带的形式存在，形成时间明显早于火山岩和铁矿体。石榴子石化在矿体顶底板及夹石中广泛分布，局部形成石榴子石岩。阳起石化、钾长石化在矿体近矿围岩与夹石中呈脉状分布。阳起石化、蛇纹石化分布于夹石与铁矿化蚀变岩中，与辉石、橄榄石的蚀变有关，蛇纹石化在矿体中部和底部较发育。

（四）成矿期次划分

通过野外及室内镜下观察，根据矿物共生组合及相互穿插关系，将成矿作用过程划分为 4 期（矿浆期、火山热液期、岩浆热液期和表生期）、9 个阶段，其中与铁矿化有关的为矿浆期、火山热液期，与金有关的为火山热液期，与锌有关的为岩浆热液期。

矿浆喷溢成矿期：划分为两个成矿阶段，①矿浆喷溢沉积成矿阶段：火山活动间隙期由铁矿浆自火山通道口涌出，顺火山斜坡下泄至海底低洼地段（期间可能有部分铁矿浆由海底潮汐活动带至远离火山口地段），或沿火山环状（放射状）断裂充填，形成磁铁矿体，如 Fe_1、Fe_2 磁铁矿体。该期矿体的矿石主要为致密块状铁矿石，少量条带状铁矿石，局部见流动构造。②矿浆通道溢流成矿阶段：矿浆喷溢沉积成矿阶段后期，由于火山通道口的坍塌封闭，使矿浆上升喷溢受阻，矿浆流开始沿通道内裂隙、断裂充填，形成筒状铁矿体。

火山热液充填期：划分为 4 个成矿阶段，①阳起石 – 绿帘石 – 磁铁矿阶段，形成磁铁矿、赤铁矿等金属矿物，以及绿帘石、阳起石等非金属矿物。该阶段形成角砾状、脉状及浸染状矿石，叠加于矿浆期矿石之上。②方解石 – 磁铁矿阶段，以磁铁矿、方解石的大量发育为特征。磁铁矿具有较好的晶形，呈粗晶自形粒状分布，方解石呈脉状、团块状分布于磁铁矿周围。③钾长石 – 黄铁矿阶段，主要形成钾长石、黄铁矿，黄铁矿呈浸染状、不连续细脉状。④方解石 – 绿泥石 – 硫化物阶段，主要形成方解石、绿泥石、黄铁矿、磁黄铁矿、（钴）毒砂，为金的主要成矿阶段。该阶段热液活动形成浸染状大量毒砂、磁黄铁矿、黄铁矿等硫化物，发育于脉状、团块状方解石中。其中金主要赋存于（钴）毒砂的粒间及晶格缺陷中。

岩浆热液成矿期：该成矿期主要为锌成矿期，包括 3 个成矿阶段：①硅化 – 绢云母化 – 硫化物成矿阶段，主要形成石英、绢云母、钾长石和黄铜矿、闪锌矿、方铅矿、磁黄铁矿、黄铁矿等硫化物，金属硫化物呈脉状、浸染状分布于岩体、碳酸盐岩及晶屑凝灰岩中。②方解石化 – 绿泥石化 – 闪锌矿成矿阶段，主要形成方解石、绿泥石、闪锌矿、方铅矿，闪锌矿主要呈方解石 – 绿泥石 – 闪锌矿脉或浸染状闪锌矿分布于火山岩中，或叠加在铁矿体之上。③萤石化成矿阶段，该阶段以形成大量萤石为特征，为成矿末期残余热液矿化阶段，主要形成萤石、黄铁矿和少量方解石，萤石以脉状分布为特征。

表生氧化期：受成矿后构造作用影响，矿体抬升至地表进入氧化环境，形成褐铁矿为主的氧化矿物，并见少量孔雀石、铜蓝等。

三、矿床模型

（一）主要成矿元素赋存状态

铁：主要以氧化物的形式赋存于磁铁矿和赤铁矿中，其次以铁硫化物的形式存在于黄铁矿、磁黄铁矿、黄铜矿中，另外方钍石、硅钍石、钴辉锑矿、氟磷灰石等矿物中也有微量铁存在（图 4 – 75、表 4 – 39）。其中铁在磁铁矿、赤铁矿、黄铁矿、黄铜矿、磁黄铁矿中以主量元素的形式占据矿物晶格，在方钍石、硅钍石、钴辉锑矿、氟磷灰石等矿物中则以类质同象的形式占据矿物晶格。

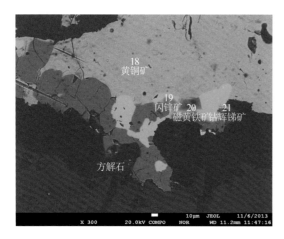 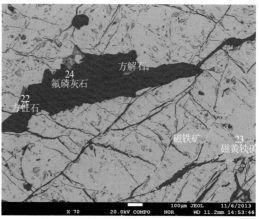

图4-75 敦德铁锌金矿石主要矿物分布形式

表4-39 敦德铁锌金矿主要矿物电子探针分析结果

点号	元素	重量%	归一%	原子%	元素	重量%	归一%	原子%
18	Se	0.013	0.013	0.0078	Fe	30.252	30.715	25.1616
	Cu	33.112	33.618	24.203	Sb	0.045	0.046	0.017
	Zn	0.158	0.16	0.1125	S	34.803	35.335	50.4256
	Co	0.063	0.064	0.0498	Ni	0.007	0.007	0.0057
	Au	0.017	0.017	0.0041	Ag	0.018	0.018	0.0016
	Mn	0.006	0.006	0.0054				
19	As	0.117	0.117	0.0747	Sr	0.007	0.007	0.0041
	Fe	7.862	7.867	6.7588	Cu	0.233	0.233	0.1759
	Zn	57.749	57.749	42.412	S	33.497	33.52	50.1665
	Co	0.05	0.05	0.0409	Ni	0.005	0.005	0.0039
	Mn	0.411	0.411	0.359				
22	SiO_2	0.054	0.054	0.0023	FeO	0.463	0.461	0.0164
	Ce_2O_3	1.16	1.155	0.018	PbO	0.864	0.857	0.0098
	ThO	97.874	97.472	0.9711				
23	As	0.003	0.003	0.0016	Fe	59.645	60.35	46.8039
	Sb	0.071	0.072	0.0255	Pb	0.155	0.157	0.0328
	S	38.766	39.224	52.9929	Co	0.153	0.155	0.114
	Ni	0.039	0.039	0.0293				

锌：主要以锌硫化物的形式存在于闪锌矿中，其次以类质同象的形式存在于黄铜矿、黄铁矿和磁黄铁矿中。

金：显微镜下主要以包裹金为主，占68.96%；其次是粒间金，占17.30%；裂隙金占13.74%。包裹金主要表现为银金矿包裹于毒砂、钴毒砂、黄铁矿和砷钴矿中，多呈不规则状、脉状、粒状等；其次为包裹于方解石中。粒间金主要为银金矿分布于钴毒砂、砷钴矿粒间，多呈不规则状；另外方解石粒间也有银金矿分布。裂隙金主要表现为银金矿呈不规则状、麦粒状、三角形等分布于岩石裂隙或褐铁矿裂隙间、非金属矿物与岩石裂隙间（刘通等，2013）。

稀土元素：主要赋存于磷钇矿和氟碳铈矿中，其次存在于方钍石、硅钍石、氟磷灰石中。其中，在磷钇矿和氟碳铈矿中稀土以主量元素的形式占据矿物晶格，在方钍石、硅钍石、氟磷灰石等矿物中则以类质同像的形式占据矿物晶格。

（二）同位素地球化学

1. Fe 同位素

样品矿物挑纯在廊坊市诚信地质服务有限公司进行；样品测试在瑞典 Luleå 的 ALS Scandinavia AB 进行。分析仪器为 MC – ICP – MS（NEPTUNE，ThermoScientific），样品分离采用酸溶法（HNO_3 + HCl + HF），标样和样品进样溶液的浓度相对偏差控制在 0.01% 以内。测试结果以样品的 Fe 同位素比值相对于标样（IRMM – 014）的同一同位素比值的千分偏差表示。

敦德矿区磁铁矿 Fe 同位素较为均一（图 4 – 76），δ^{56}Fe 分布范围在 – 0.20‰ ~ 0.15‰，与火山岩 Fe 同位素分布范围一致。其中，热液期磁铁矿与矿浆期磁铁矿稍有差别，矿浆期磁铁矿 δ^{56}Fe 主要分布于 – 0.05‰ ~ 0.15‰，热液期磁铁矿 δ^{56}Fe 主要分布于 – 0.20‰ ~ 0.05‰。

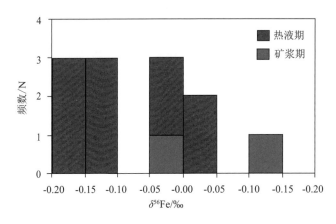

图 4 – 76　敦德铁锌金矿磁铁矿 Fe 同位素分布

2. O 同位素

测试在北京核工业地质研究所分析测试研究中心完成。氧同位素分析采用传统的 BrF_5 分析方法（Clayton et al.，1963），用 BrF_5 与含氧矿物在真空和高温条件下反应提取矿物氧，并与灼热电阻石墨棒燃烧转化成 CO_2 气体 分析测试仪器为 MAT253EM 型质谱计，分析精度为 ±0.2‰，相对标准为 V – SMOW。

磁铁矿 O 同位素分布较为分散，δ^{18}O 分布范围在 2.0‰ ~ 11.0‰（图 4 – 77），与典型幔源 O 同位素范围（3.0‰ ~ 8.0‰，主要集中于 4.0‰ ~ 6.0‰）有所不同，表明磁铁矿中的氧除地幔外，还可能有其他来源的氧加入。

（三）流体包裹体温度

磁铁矿单矿物高温爆裂温度测试在中国科学院地质与地球物理研究所流体包裹体实验室进行。600℃ 以下矿物爆裂温度图谱显示，敦德铁锌金矿磁铁矿形成具有多期多阶段特点。在 600℃ 以下，磁铁矿形成温度可分为 3 个阶段：第三阶段磁铁矿形成于 450℃ 左右；第二阶段磁铁矿形成于 390℃ 左右；第三阶段磁铁矿形成于 330℃ 左右。其中，粗粒磁铁矿中仅见 330℃、390℃，叠加有粗粒磁铁矿的细粒磁铁矿主要爆裂温度为 390℃、450℃。

透明、半透明矿物流体包裹体均一温度（图 4 – 78）则显示了中低温热液的特点。石英脉中流体包裹体均一温度分布于 170 ~ 330℃，主要集中于 190 ~ 290℃，为中低温热液产物；方解石脉中流体包裹体均一温度分布于 170 ~ 330℃，主要集中于 210 ~ 290℃，也为中低温热液产物；闪锌矿流体包裹体均一温度分布于 170 ~ 350℃，主要集中于 230 ~ 310℃，为中温热液产物。即使经过压力校正，透明、半透明矿物形成温度（200 ~ 400℃）仍然低于磁铁矿形成温度，表明这些矿物与磁铁矿是在

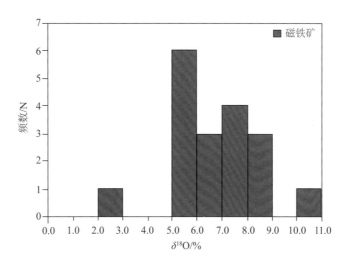

图 4 - 77　敦德铁锌金矿磁铁矿氧同位素分布

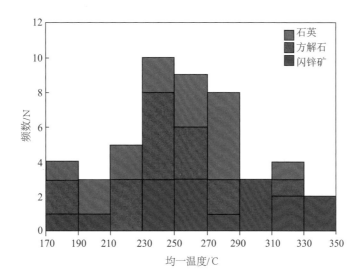

图 4 - 78　敦德铁锌金矿流体包裹体均一温度分布图解

不同物理化学条件下形成的产物。

（四）成矿时代

1. 锆石 LA – ICP – MS U – Pb 年龄

对矿区钾长花岗岩进行了 LA – ICP – MS 锆石 U – Pb 定年。锆石 U – Pb 年龄测试在中国地质科学院成矿过程实验室 LA – ICP – MS 仪器上完成，并对锆石稀土含量进行测定。光学显微镜及 CL 图像表明，所挑选锆石晶形较完好，主要呈四方双锥状、长柱状、板柱状，个别为短柱状。透射光下为无色或浅黄色，晶体轮廓清晰，晶面多数光滑，部分锆石颗粒发育裂隙。锆石长度大于 $100~\mu m$，长宽比在 $1:1.5 \sim 3:1$，少量呈浑圆状。阴极发光图像显示发育有清晰的岩浆震荡环带。

本次分析锆石样品 20 个。锆石的 U、Th 含量较高，分别可达 97×10^{-6} 和 443×10^{-6}。锆石具有较为均一的 Th/U 比（$0.41 \sim 0.58$），大部分在 $0.41 \sim 0.50$。锆石稀土元素总量 $>400 \times 10^{-6}$，大部分介于 $600 \times 10^{-6} \sim 700 \times 10^{-6}$；除 3 个样品外，其余锆石配分模式（图 4 – 79）均具有轻稀土亏损、重稀土逐步富集、强 Ce 正异常和 Eu 负异常、轻稀土和重稀土内部分异明显的特点，为典型的岩浆锆石。3 个锆石具有微弱的 Ce 正异常、强 Eu 负异常、轻稀土富集和分异不明显、重稀土分异明显特点，为热液锆石。

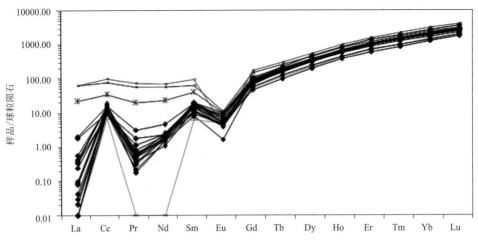

图 4 - 79　敦德铁锌金矿区钾长花岗岩锆石稀土元素配分模式

17 个分析点 ^{206}Pb/^{238}U 年龄变化于 293 ~ 310 Ma（图 4 - 80），其等时线年龄为 300.8 ± 1.0 Ma，加权平均值为 300.7 ± 2.0 Ma，其中有几个点偏离谐和线，这可能是由于不同程度的普通 Pb 的贡献，或者是与结晶后 U 和 Pb 同位素增加或丢失有关。

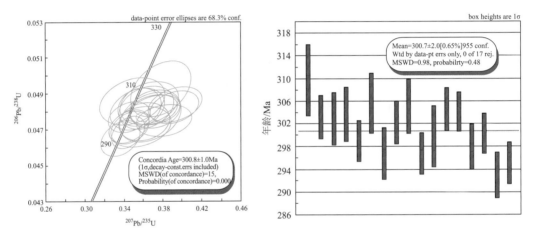

图 4 - 80　敦德铁锌金矿区钾长花岗岩锆石 U - Pb 年龄

2. 磁铁矿 Re - Os 等时线年龄

Re - Os 同位素分析在中国科学院地球化学研究所矿床地球化学国家重点实验室进行。实验参照 Qi 等（2010）的方法，Re 和 Os 采用 PE ELAN DRC - e ICP - MS 进行测试，Re 和 Os 全流程空白分别为 6.4×10^{-12} 和 2×10^{-12} g。在含 Re 和 Os 待测溶液中加入适量的 Ir 溶液，按照 Schoenberg 等（2000）的方法进行质量歧视校正。分析结果的绝对不确定度（2σ）为分析过程中的所有误差传递所得，包括称量误差、质谱测定的误差，空白校正的误差及稀释剂校正误差等。分析结果由辉钼矿标样 HLP 和 JDC 监控，测定结果与推荐值基本一致（Qi 等，2010）。该方法测试精度约为 2% ~ 5%，可运用于金属矿床定年。

敦德矿床磁铁矿的 Re、Os 含量变化较大，分别为 0.95×10^{-9} ~ 25.64×10^{-9} 和 0.002×10^{-9} ~ 0.010×10^{-9}（表 4 - 40）。采用 ISOPLOT 程序（Ludwig，2003）对 7 个磁铁矿样品的 ^{187}Re/^{188}Os 及 ^{187}Os/^{188}Os 比值进行等时线投图，并考虑误差相关系数（Rho Ludwig，1980），得到的等时线年龄为（315 + 13/ - 15）Ma（MSWD = 0.0038；图 4 - 81），加权平均年龄为 314.7 Ma（MSWD = 0.51；图 4 - 81）。等时线的加权平均方差 MSWD 值与期望值（Wendt et al.，1991）非常相近，而且低 Re/Os 比值样品也落在等时线上，说明等时线年龄是可信的。

表 4 – 40 敦德铁锌金矿磁铁矿 Re – Os 同位素数据

样号	Re/10⁻⁹		Os/10⁻⁹		¹⁸⁷Re/10⁻⁹		¹⁸⁷Os/10⁻⁹		模式年龄/Ma	
	测定值	1σ	测定值	1σ	测定值	1σ	测定值	1σ	测定值	1σ
12DD – 5	3.44	0.06	0.002	0.000	2.151	0.039	0.0111	0.0001	286	4
12DD – 7	1.71	0.07	0.010	0.000	1.073	0.046	0.0057	0.0001	296	6
12DD – 10	3.21	0.03	0.009	0.000	2.008	0.021	0.0104	0.0002	321	7
12DD – 14	0.95	0.02	0.002	0.000	0.592	0.015	0.0032	0.0001	211	8
12DD – 15	1.48	0.02	0.006	0.000	0.925	0.012	0.0050	0.0001	248	6
12DD – 26	1.93	0.06	0.002	0.000	1.210	0.038	0.0064	0.0001	210	5
DD12 – 1	25.64	0.62	0.002	0.000	16.091	0.388	0.0833	0.0012	329	4

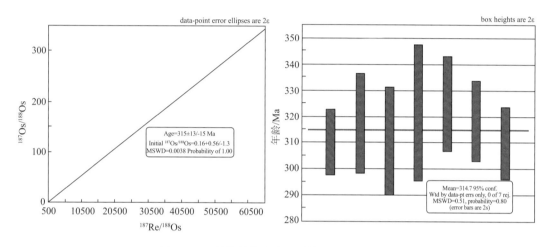

图 4 – 81 敦德铁锌金矿区磁铁矿 Re – Os 年龄

（五）成因分析

1. 成矿类型

段士刚等（2013）原位分析结果表明，敦德铁锌金矿磁铁矿可以分为明显两类：一类为块状、稠密浸染状矿石中的磁铁矿，矿物颗粒较细；另一类为稀疏浸染状、脉状矿石中的磁铁矿，矿物颗粒较粗；两类磁铁矿在 Mn、Si、Ca、Na、V、K、Pb、Ba、Sr、Ni、Sb、Cu 含量上具有明显的差别（图 4 – 82），块状、稠密浸染状磁铁矿中 Mn 含量明显高于稀疏浸染状和脉状磁铁矿，为后者的 2 ~ 4倍；Si、Ca、Na、V、K、Pb、Ba、Sr、Ni、Sb、Cu 含量明显低于后者，为后者的 1/6 ~ 1/220。两者在元素与铁关系图（图 4 – 83）上，也分为两类。这些特征表明，敦德铁锌金矿区磁铁矿应存在两期成矿作用，与铁矿石微量、稀土元素分析结果相同。元素原位分析标准化图谱显示，两类磁铁矿具有相似的配分模式，暗示两者具有相似的成矿物质来源。

前已述及，磁铁矿 600℃ 以下爆裂温度分为 3 个阶段，相应温度分别为 450℃、390℃、330℃。李秉伦（1983）对宁芜陆相火山岩型铁矿带的研究表明，磁铁矿爆裂温度 > 450℃ 属矿浆型，330 ~ 400℃ 基本属火山热液型。可以看出，敦德矿区矿浆型、火山热液型磁铁矿均有分布，属矿浆型 – 火山热液叠加型。其中粗粒磁铁矿爆裂温度 ≤ 400℃，属火山热液型磁铁矿。Fe 同位素特征显示，矿区磁铁矿 Fe 同位素分布范围与火山岩较为一致，而与其他岩性（碳酸盐岩、碎屑岩、页岩）明显不一致，暗示磁铁矿中 Fe 元素主要来自岩浆。磁铁矿 O 同位素分布范围较广，但主要落入玄武岩 O 同位素范围（李铁军，2013），但也有其他来源 O 的加入，与花岗岩、碳酸盐岩有较大差别。敦德矿区及外围出露岩性主要为火山岩，次为碳酸盐岩和钾长花岗岩。野外观察表明，钾长花岗岩及与围岩接触带中并无铁矿化，暗示大量磁铁矿形成与钾长花岗岩无关。另外，磁铁矿成矿年龄为 315 Ma，大于

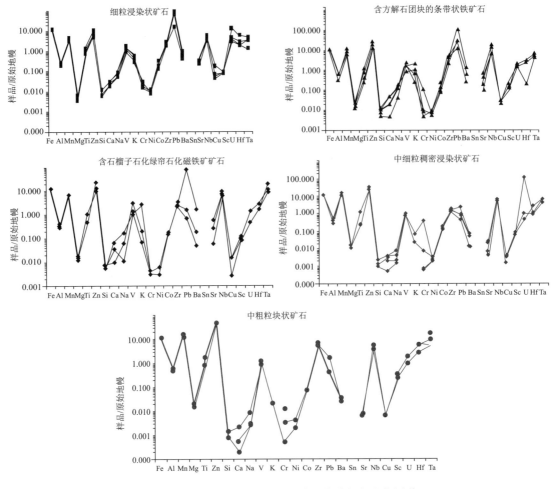

图4-82 敦德铁矿区磁铁矿元素原位分析标准化图谱

（数据来自段士刚等，2013）

钾长花岗岩形成年龄（301 Ma），也表明铁矿的形成与钾长花岗岩无关。因此，磁铁矿中的O除来自火山岩外，还有少量碳酸盐岩的贡献。矿区方解石、石英、闪锌矿形成温度为200～400℃。其中方解石以脉状、条带状形式存在于磁铁矿体、锌矿体及钾长花岗岩、凝灰岩中，组成方解石团块、方解石脉、方解石－黄铁矿脉、方解石－黄铁矿－磁黄铁矿－毒砂脉、方解石－闪锌矿脉，形成温度范围较宽，表明方解石与铁矿化、锌矿化、金矿化有关，为火山热液、岩浆热液产物；石英则以脉状分布于钾长花岗岩中，组成石英－黄铜矿脉、石英－闪锌矿脉，为岩浆热液产物；闪锌矿以脉状、浸染状、条带状形式存在于磁铁矿体、锌矿体及钾长花岗岩、凝灰岩中，组成方解石－闪锌矿脉、石英－闪锌矿脉，为岩浆热液产物。

2. 成矿过程

上已述及，粗粒磁铁矿为火山热液产物。含粗粒磁铁矿的铁矿体主要分布于火山通道内，呈筒状，是矿区的主要矿体，其储量占矿区探明储量的80%以上；矿石主要为致密块状、稠密浸染状，少数呈脉状、团块状，磁铁矿晶形较为完整，颗粒粗大。含细粒磁铁矿的铁矿体赋存火山通道附近的火山断裂、裂隙及火山洼地内，部分地段矿体被粗粒磁铁矿呈稠密浸染状叠加或呈脉状穿插，是矿区的次要矿体；矿石呈稀疏浸染状、细粒致密块状、条带状、脉状，磁铁矿颗粒较细。这些特征暗示细粒磁铁矿早于粗粒磁铁矿形成，为矿浆型磁铁矿。独立锌矿体呈脉状、透镜状分布于钾长花岗岩体外接触带的凝灰岩中，部分地段闪锌矿脉切穿磁铁矿体，矿石呈脉状、浸染状；伴生锌矿体分布于筒状铁矿体下部，叠加于铁矿体之上，矿石呈浸染状、团块状、脉状，闪锌矿等金属硫化物在铁矿体中定向分布（图4-84），表明锌矿体晚于粗粒磁铁矿形成。

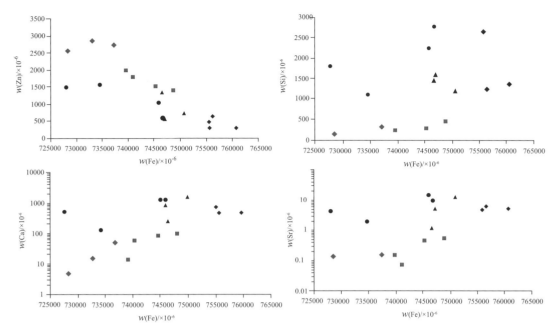

图 4 - 83　敦德铁锌金矿区磁铁矿不同微量元素与铁关系

（数据来自段士刚等，2013）

（● 代表细粒浸染状磁铁矿；▲ 代表磁铁矿–矽卡岩条带中磁铁矿；◆ 代表磁铁矿条带中磁铁矿；

◆ 代表中细粒稠密浸染状磁铁矿；■ 代表中粗粒块状磁铁矿）

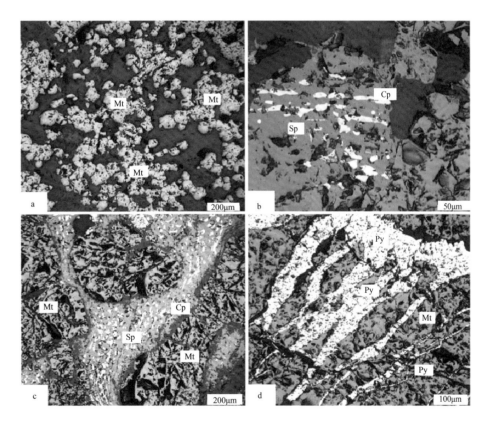

图 4 - 84　敦德铁矿区矿石

（据李大鹏等，2013）

a—浸染状磁铁矿矿石，半自形磁铁矿晶体呈星点状分布于脉石矿物中（反射光）；b—浸染状矿石中的闪锌矿与黄铜矿共生，黄铜矿呈脉状穿插于闪锌矿中（反射光）；c—致密块状矿石中的磁铁矿被闪锌矿脉穿插，闪锌矿中包含星点状的黄铜矿（反射光）；d—致密块状矿石中的磁铁矿被黄铁矿脉穿插（反射光）

敦德铁锌金矿成矿过程为：早石炭世晚期，敦德矿区发生大规模海底火山作用。①火山活动间隙期有铁矿浆自火山通道口涌出，顺火山斜坡下泄至海底低洼地段（期间可能有部分铁矿浆由海底潮汐活动带至远离火山口地段），或沿火山环状（放射状）断裂充填，形成磁铁矿体。②随后由于火山通道口的坍塌封闭，使矿浆上升喷溢受阻，矿浆流开始沿通道内裂隙、断裂充填，形成脉状铁矿体；火山活动晚期，由火山岩浆分异出的火山热液在上升过程中沿途交代周围岩石（碳酸盐岩、火山岩），并在火山通道及附近断裂、岩石裂隙内卸载、淀积，形成火山热液型铁矿体，叠加于矿浆期矿石之上，伴随大量围岩蚀变和金属硫化物（黄铁矿、磁黄铁矿、（钴）毒砂），伴生金即赋存于（钴）毒砂等矿物的粒间及晶格缺陷中。③火山活动结束后，铁矿成矿作用陷入沉寂期，中酸性岩浆侵入活动开始活跃，并分异出大量岩浆热液。这些热液从岩体及围岩中萃取了大量成矿物质，并伴随强烈的热液蚀变，最后在岩体外接触带（凝灰岩）中沉淀，形成锌矿体。部分锌矿体叠加在铁矿体之上。

第六节　雅满苏铁锌钴矿地质特征及矿床模型

东天山地区发育多个赋存于海相火山岩中的铁矿床，这些矿床主要分布于阿奇山 - 雅满苏一带。雅满苏铁锌钴矿床位于该成矿带中部，是该带内产于海相火山岩中的典型矿床之一。雅满苏铁锌钴矿床位于哈密市南东 110 km 处雅满苏镇，于 1957 年由新疆地质矿产勘查开发局第六地质大队发现，1965 年正式开采，目前隶属于宝钢集团八钢公司，是该区的一座大型露天铁矿，目前该矿露天开采已经闭坑，正逐步转为地下开采，是自治区和八钢公司的铁原料支柱，为该区经济的持续发展做出巨大贡献。雅满苏铁锌钴矿床赋存于下石炭统雅满苏组上亚组富含碳酸盐岩的细粒中性火山碎屑岩及矽卡岩中，含矿带呈近 EW 向展布。在长约 2900 m、宽 100 ~ 200 m 的矽卡岩中共发现大小矿体 23 个，以 Fe1、Fe2 + 3 号矿体规模较大。目前已探明铁矿石量为 3549 万吨，TFe 平均品位为 51.43%，其中 TFe 品位大于 50% 的富铁矿石占 77%，属中型富铁矿床（董连慧等，2013）。前人对该矿床地质、地球化学特征及矿床成因等方面做了大量的研究，对其成因有矽卡岩型、火山气液交代充填 - 富铁流体贯入型、海底火山喷溢熔离型、火山气液交代 - 充填型和火山沉积与火山热液交代 - 充填多种成因复合型等（卢登蓉等，1985；张洪武等，2001；王兴保，2005；何英，2007；王志福等，2012）。

一、成矿地质背景

新疆东天山地区位于中亚造山带南缘，大地构造位置处于哈萨克斯坦 - 准噶尔板块与塔里木板块的结合部位（李春昱，1981；左国朝，1990；周济元，1996）。雅满苏铁锌钴矿床位于该区觉罗塔格岛弧带阿奇山 - 雅满苏 - 苦水断裂与阿奇克库都克 - 沙泉子断裂（又名中天山北缘断裂）间的阿奇山 - 雅满苏岛弧带。带内出露地层主要为下石炭统雅满苏组火山碎屑岩夹灰岩、正常碎屑岩、火山熔岩，下石炭统土古土布拉克组为凝灰岩夹砾岩、含化石灰岩、安山岩、玄武岩夹凝灰岩、火山角砾岩和集块岩。中二叠统阿尔巴萨依组火山熔岩夹少量火山碎屑岩建造。带内石炭纪岩浆活动强烈，火山活动总体以裂隙式喷发为主，但有明显的火山活动中心及残留的火山机构，各喷发中心相互间呈线状排列，受阿奇克库都克 - 沙泉子断裂控制。侵入岩不十分发育，总体展布呈近 EW 向，与区域构造线方向基本一致，岩石类型简单，以石炭纪和二叠纪中酸性侵入岩为主。发育有与火山沉积 - 岩浆热液作用有关的铁铜矿床（红云滩铁矿、百灵山含钴铁矿、雅满苏铁锌钴矿、沙泉子铁铜矿、黑峰山铁铜矿），与火山沉积作用有关的十里坡自然铜矿，与石炭纪—二叠纪岩浆侵入活动有关的铁岭矽卡岩型铜矿床、维权和双井子银矿床（董连慧等，2009）。

二、矿床地质特征

（一）含矿岩系

矿区出露雅满苏组上亚组的一套浅海相火山岩夹碎屑沉积岩组合。可分为 5 个岩性段：第一岩性段为灰岩、结晶灰岩，夹安山岩及英安质含火山角砾晶屑凝灰岩。第二岩性段下部为碱性玄武质凝灰岩夹结晶灰岩、安山质玻屑凝灰岩；上部为结晶灰岩、大理岩、玄武质火山集块角砾岩、碱性玄武质火山集块岩、碱性玄武质火山集块凝灰岩，局部见小的磁铁矿体。第三岩性段下部为矽卡岩化玄武岩，碱性玄武质火山角砾岩、集块角砾岩，局部有磁铁矿产出；中部为玄武岩、玄武质晶屑凝灰岩；上部为流纹质、英安质凝灰岩，安山质晶屑凝灰岩（常蚀变为石榴子石矽卡岩或复杂矽卡岩，有磁铁矿化或铁矿体）。第四岩性段上部为安山质晶屑凝灰岩及火山角砾岩；下部为安山质晶屑凝灰岩夹凝灰质灰岩薄层。第五岩性段为灰岩、结晶灰岩或大理岩夹安山质晶屑凝灰岩（图4-85）。

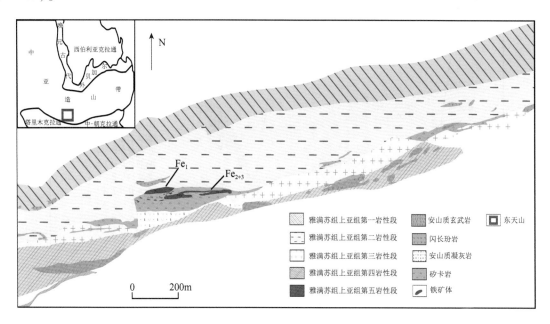

图4-85　雅满苏铁锌钴矿区地质图
（据新疆地质矿产勘探开发局第六地质大队，2005）

矿区脉岩主要为闪长玢岩，规模较小，总体呈近EW向展布，与区域构造线方向基本一致。矿床产于雅满苏背斜南翼近轴部，总体为一向南倾的单斜构造，区内断裂构造发育，可分为成矿前、成矿期和成矿后断裂。成矿期断裂为近EW向压扭性逆断层，具多期次活动特征，对铁矿成矿起着导矿、容矿的作用。成矿期后断裂主要是一些逆冲断层、脆性横向平移正断层及斜向平移逆断层，对矿体有一定的破坏作用。

（二）侵入岩

雅满苏铁锌钴矿区侵入岩不发育，仅在矿体北部出露有二叠纪闪长岩、二长花岗岩和似斑状钾长花岗岩，均侵入于石炭系苦水混杂岩带中。矿区内正长岩脉、辉绿岩脉发育，矿区切穿铁矿体和矽卡岩的辉绿岩脉锆石 SHRIMP $^{206}Pb/^{238}U$ 加权平均值为 335 ± 4.0 Ma（MSWD = 2）（李厚民等，2014）。矿区南部切穿雅满苏上亚组正长岩脉的锆石 LA - ICP - MS $^{206}Pb/^{238}U$ 加权平均值为 325.5 ± 1.7 Ma（MSWD = 0.34）。

（三）矿体及矿石特征

雅满苏铁锌钴矿床赋存于雅满苏背斜南翼的火山岩建造中，赋矿构造和赋矿岩层呈近EW向带状展布，雅满苏铁锌钴矿共发现大小矿体23个（Fe1、Fe2 + 3号矿体规模较大），分布于上、中、下3个赋矿层位。其围岩为富含碳酸盐的细粒中基性火山碎屑岩，近矿围岩矽卡岩，铁矿层与上、下围岩产状基本一致。铁矿体的空间分布受成矿期断裂构造控制，层状、似层状或透镜体产出。各矿体之间在平面上相互侧列，剖面上呈斜列状分布，其长宽比一般为1∶5～1∶20，矿体视厚0.4～20.17 m，平均8.6 m，TFe品位26.26%～51.64%。出露地表的矿体，自西向东为石榴子石矽卡岩、磁铁矿矿体、复杂矽卡岩及大理岩蚀变带。矿体在垂直方向的分布上大致为结晶灰岩、安山质凝灰岩、石榴子石矽卡岩、透镜状磁铁矿体、复杂矽卡岩、似层状磁铁矿体、石榴子石矽卡岩（图4-86）。在矿区西部矽卡岩及Fe1矿体底部见有铜锌多金属矿化及钴矿化。

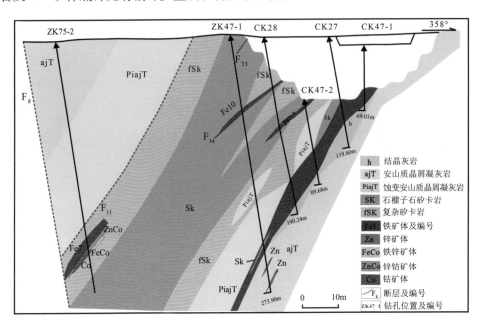

图4-86　雅满苏铁锌钴矿区勘探线剖面图
（据资料新疆维吾尔自治区第六地质大队，2011，修编）

矿石类型主要有石榴子石磁铁矿石和透辉石绿帘石磁铁矿矿石。矿石构造以块状构造和浸染状构造（图4-87a）为主，局部为条带状构造（图4-87b）。矿石结构主要为半自形-他形粒状结构、交代结构。矿石主要金属矿物为磁铁矿，其次为黄铁矿、赤铁矿、闪锌矿、黄铜矿等。非金属矿物主要有石榴子石、透辉石、透闪石、绿帘石、斜长石、阳起石、方解石、石英等。

磁铁矿可分为早晚两期。早期磁铁矿大多为他形-半自形粒状，颗粒总体较细且大部分磁铁矿发白（图4-87c），一般呈稀疏浸染状、纹层条带状，部分呈致密块状，常与石榴子石、辉石、绿帘石等硅酸盐矿物共生。磁铁矿晶隙中常见少量细粒他形黄铁矿（图4-87d）及蚀变的钠长石。晚期磁铁矿大多粒度较粗、晶形较好（图4-86e），部分磁铁矿成集合体产出，呈稠密浸染状、致密块状。这类矿石一般位于矿体的边缘部位，或者沿断裂裂隙分布，常与绿帘石、绿泥石、钾长石、阳起石等矿物共生。这个时期的磁铁矿常交代石榴子石、透辉石等早期矿物（图4-87f），为热液交代作用的产物。晚期形成的磁铁矿也有较细粒者，呈浸染状或条带状分布于绿帘石矽卡岩（图4-87g）或复杂矽卡岩中。铁矿石中黄铁矿形成较晚，大多数呈他形-半自形粒状，一般呈脉状（图4-87h）、浸染状、条带状（图4-87b）或团块状（图4-87i）分布于矿石内部或者与围岩的接触带上，常常交代早期形成的矿物。黄铜矿一般呈细粒他形粒状，呈不规则细脉状分布（图4-87j），常伴有黄铁矿。

石榴子石主要有两期：第一期是致密块状细粒石榴子石，呈浅褐色-红褐色，半自形-自形晶粒，粒径0.14～1.16 mm。部分具环带结构和双晶，个别呈筛状变晶结构，可见其受后期构造应力作用而发生碎裂和错位的现象。这类石榴子石大多与磁铁矿共生（图4-87f）；第二期是粗粒石榴子石，深棕-黑红色，粒径0.15～2.15 mm，半自形-自形粒状，呈五角十二面体、四角八面体，大部分具同心环带构造和双晶，部分石榴子石边部被后期热液交代呈亮边（图4-87k）。透辉石常呈放射状集合体产出，具有弱的多色性，多为他形-半自形粒状、短柱状（图4-87l），粒径0.13～0.5 mm，多与细粒石榴子石密切共生。绿帘石呈粒状、柱状、板状，粒径0.06～0.57 mm，见其以粒

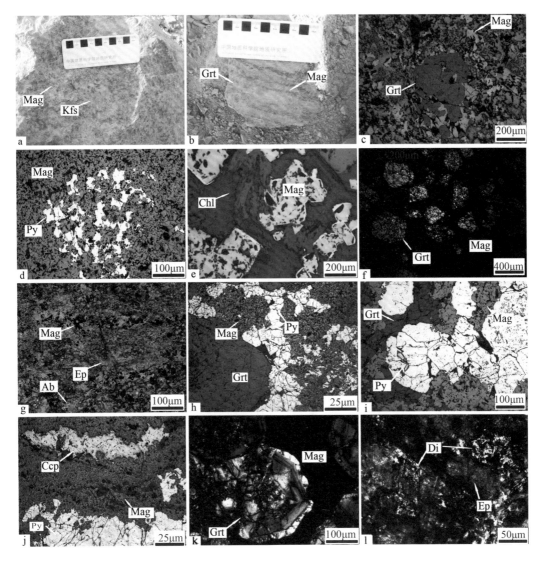

图 4 – 87　雅满苏铁锌钴矿床矿石特征

a—浸染状磁铁矿；b—石榴子石中的条带状磁铁矿；c—早期细粒不规则亮白磁铁矿与石榴子石共生（反射光）；d—磁铁矿中细粒他形黄铁矿（反射光）；e—晚期粗粒自形磁铁矿与绿泥石（反射光）；f—团块状黄铁矿交代早期形成的矿物（反射光）；g—浸染状磁铁矿分布在绿帘石矽卡岩中（单偏光）；h—脉状黄铁矿（反射光）；i—磁铁矿、黄铁矿、黄铜矿组成条带（反射光）；j—磁铁矿与较破碎无环带石榴子石共生（单偏光）；k—磁铁矿交代环带石榴子石呈亮边（正交偏光）；l—绿帘石交代粒状、短柱状辉石（正交偏光）；Mag—磁铁矿；Py—黄铁矿；Ccp—黄铜矿；Grt—石榴子石；Di—辉石；Ep—绿帘石；Chl—绿泥石；Ab—钠长石；Kfs—钾长石

状集合体分布，或沿着石榴子石、辉石的边部或内部交代，形成交代残余结构或交代反应边结构（图4－86l）。阳起石多呈放射状和短柱状，常交代石榴子石和磁铁矿。绿泥石大部分产于石榴子石矽卡岩中，充填在石榴子石的间隙，无交代现象；另有部分绿泥石广泛分布于复杂矽卡岩中，一般与透辉石、绿帘石、钾长石、钠长石及石榴子石共生，对上述各种矿物有明显的交代现象。碳酸盐矿物呈脉状产出，充填在石榴子石、辉石、绿帘石的空隙中，或者切穿矽卡岩，是矿化晚期的产物。

（四）围岩蚀变

矿区岩石普遍遭受强烈的蚀变，离矿体越近蚀变越强烈，主要的围岩蚀变有矽卡岩化、（石榴子石化、透辉石化、绿帘石化、绿泥石化）、碳酸盐化、硅化。蚀变分带显著，呈近似平行的水平对称带状展布。以铁矿体为中心，向南北两侧依次出现石榴子石矽卡岩带－复杂矽卡岩带－绿帘石碳酸盐化带－硅化带（卢登荣等，1995）。铁矿体主要赋存于石榴子石矽卡岩带中。此外，钾长石化在矿区较发育，在矿石和围岩中均有发现。钾长石一般呈团块状、浸染状、星点状及条带状不均匀分布于矿体、围岩以及接触带中，局部出现钾长石与磁铁矿相间排列组成的条带。

（五）成矿期次划分

根据矿石组构、矿物共生组合和穿插关系，划分为3个成矿阶段：矽卡岩阶段、退化蚀变阶段和石英方解石硫化物阶段。矽卡岩阶段主要形成石榴子石、透辉石无水矽卡岩矿物；退化蚀变阶段主要形成绿帘石、绿泥石、阳起石、磁铁矿、钾长石等，是铁矿的主要成矿阶段；石英方解石硫化物阶段形成石英、方解石、黄铁矿、黄铜矿、闪锌矿等，是锌和钴主要成矿阶段。

（六）矿相学及矿物化学

从代表性的样品中挑选出不同期次、种类和结构构造的石榴子石和磁铁矿进行成分分析。测试在中国地质科学院矿产资源研究所电子探针室完成。结果分别列于表4－41和4－42。

1. 石榴子石

雅满苏铁锌钴矿床52件石榴子石电子探针分析结果、阳离子数及端员组分（表4－41）显示：石榴子石端员组分以钙铁榴石（And）为主，其变化范围为45.68%～100%，平均63.59%；其次是钙铝榴石（Gro），其变化范围为0.67%～57.95%，平均34.11%；铁铝榴石（Alm）和锰铝榴石（Sps）的含量较低，两者之和的变化范围为1.1%～29.03%，平均4.44%。镁铝榴石（Prp）和铬铁榴石（Ura）的含量更低，平均含量分别只有0.27%和0.11%。石榴子石端员组分图解（图4－88）显示其端员组分为钙铁榴石—钙铝榴石系列，钙铁榴石比钙铝榴石的含量高一些，绝大多数的石榴子石集中在两者的过渡部位，其中第一期石榴子石富铁而第二期石榴子石相对富铝。前人通过实验研究表明，在氧化环境下生成的石榴子石富钙铁榴石分子，而还原条件下生成的石榴子石更富含钙铝榴石组分（Gustafson，1974；赵斌，1983）。雅满苏铁锌钴矿第一期石榴子石中钙铁榴石组分高达100%，而第二期石榴子石中钙铝榴石组分达57.95%，这充分说明第一期石榴子石形成环境较氧化，而第二期石榴子石形成环境相对还原。雅满苏铁锌钴矿床的石榴子石环带比较发育，为了进一步了解石榴子石环带的元素组成变化，对部分具有环带结构的石榴子石从环带的核部向边缘依次进行电子探针分析。分析结果表明，石榴子石环带从核部向边缘 Si 和 Ca 元素的含量没有明显的变化，Fe 和 Al 之间的替代关系亦不明显，仅在小范围内波动，反映了石榴子石形成过程中物理化学环境稳定。

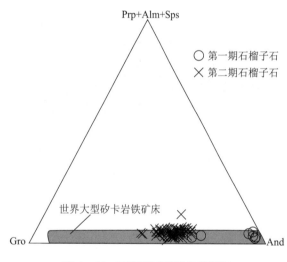

图4－88　石榴子石端员组份图解
And—钙铁榴石；Gro—钙铝榴石；Alm—铁铝榴石；
Sps—锰铝榴石；Prp—镁铝榴石

2. 磁铁矿

32件磁铁矿的电子探针分析结果（表4－42）显示：磁铁矿主要成分为 $FeO^T = 79.07\%$ ～94.77%，$SiO_2 = 0.02\%$ ～3.26%，$TiO_2 = 0.01\%$ ～0.37%，$MnO = 0.01\%$ ～0.19%，$MgO = 0.01\%$ ～0.54%，$CaO = 0.02\%$ ～1.2%，$Al_2O_3 = 0.01\%$ ～3.89%。雅满苏铁锌钴矿床中的磁铁矿全铁 FeO^T 含量与其他次要组分的关系图（图4－89）显示，磁铁矿中 FeO^T 与 Al_2O_3、CaO、MgO、SiO_2 总体上均呈负相关关系。早期磁铁矿（稀疏浸染状和条带状矿石）FeO^T 含量比晚期相对高些，晚期磁铁矿（稠密浸染状和块状矿石）中 Al_2O_3、CaO、MgO、SiO_2 含量相对较高，一般认为 FeO^T 与 SiO_2、MgO

表 4-41 雅满苏铁锌钴矿床石榴子石电子探针分析结果（%）

样号	YMS1-1-1	YMS1-2-1	YMS2-5-2	YMS2-7-1	YMS3-2-1	YMS3-3-1	YMS4-1-1	YMS5-2-1	YMS12-2-1	YMS12-4-1	YMS12-4-3	YMS13-2-2	YMS13-4-1	YMS14-2-1
SiO_2	36.88	37.05	37.42	37.36	36.25	37.02	36.39	37.1	36.11	36.26	36.1	37.28	37.08	34.8
TiO_2	0.68	0.15	0.22	0.1	0.07	0.25	1.51	0.21	0.06	0.03	0.23	0.19	0.13	0.02
Al_2O_3	8.68	8.54	8.99	8.56	6.95	9.79	7.61	10.38	5.74	11.5	6.73	8.95	8.25	1.07
Cr_2O_3	0.01	0.03	0	0	0	0.06	0.02	0.03	0.02	0	0.04	0	0	0.01
FeO	18.14	19.13	18.82	18.82	20.74	16.17	19.05	17.06	22	15.19	20.76	18.99	19.05	27.73
MnO	0.48	0.48	0.46	0.33	0.44	0.57	0.4	0.66	0.43	0.59	0.32	0.5	0.49	0.33
MgO	0.05	0.03	0.04	0.01	0.04	0.05	0.04	0.06	0.04	0.08	0.03	0.08	0.09	0.14
CaO	33.2	33.22	33.02	33.67	32.7	33.18	33.16	32.59	32.75	33.61	32.74	33.3	33.11	32.25
Na_2O	0.05	0.03	0.04	0.03	0	0	0.04	0.02	0.06	0.01	0.02	0.03	0.02	0.01
K_2O	0	0	0	0.02	0	0	0	0	0	0.03	0.01	0	0.01	0
P_2O_5	0	0.02	0.02	0.04	0.02	0.04	0	0.03	0.02	0.03	0	0.01	0.02	0.03
总和	98.16	98.68	99.07	98.98	97.22	97.12	98.25	98.13	97.24	97.34	96.99	99.34	98.26	96.39
Si	2.98	2.99	3	3	2.98	3	2.95	2.99	2.99	2.94	2.98	2.98	3	2.96
Ti	0.04	0.01	0.01	0.01	0	0.02	0.09	0.01	0	0	0.01	0.01	0.01	0
Al	0.83	0.81	0.85	0.81	0.67	0.94	0.73	0.99	0.56	1.1	0.65	0.84	0.79	0.11
Cr	0	0	0	0	0	0	0	0	0	0	0	0	0	0
Fe^{3+}	1.16	1.19	1.14	1.19	1.33	1.05	1.24	1.01	1.45	0.94	1.35	1.16	1.21	1.92
Fe^{2+}	0.07	0.1	0.12	0.08	0.09	0.05	0.05	0.14	0.07	0.09	0.09	0.11	0.08	0.06
Mn	0.03	0.03	0.03	0.02	0.03	0.04	0.03	0.04	0.03	0.04	0.02	0.03	0.03	0.02
Mg	0.01	0	0	0	0	0.01	0	0.01	0	0.01	0	0.01	0.01	0.02
Ca	2.87	2.87	2.84	2.9	2.88	2.88	2.88	2.81	2.9	2.92	2.89	2.85	2.87	2.94
Ura	0.03	0.09	0	0	0	0.19	0.05	0.11	0.07	0	0.14	0	0	0.05
And	58.36	59.4	57.4	59.44	66.43	52.67	63.09	50.61	72.07	46.13	67.19	57.91	60.57	94.65
Gro	38.08	35.97	37.45	37.24	29.29	43.93	34.19	43.01	24.22	49.3	28.93	36.99	35.3	2.1
Pyr	0.21	0.11	0.16	0.03	0.16	0.18	0.15	0.23	0.15	0.33	0.13	0.32	0.35	0.58
Spe	1.09	1.1	1.05	0.74	1.03	1.32	0.94	1.49	1.01	1.32	0.75	1.13	1.12	0.79
Alm	2.23	3.32	3.94	2.54	3.1	1.71	1.58	4.55	2.49	2.92	2.85	3.64	2.66	1.85

样号	YMS15-1-2	YMS15-2-2	YMS15-3-2	YMS16-2-5	YMS16-3-1	YMS16-3-2	YMS18-2-1	YMS19-1-1	YMS19-2-1	YMS21-2-1	YMS26-2-1	YMS26-4-1	YMS30-1-1
SiO_2	37.14	36.95	37	36.97	36.68	36.65	35.53	36.75	37.1	36.78	36.81	36.8	36.78
TiO_2	0.01	0	0.49	0.08	0	0.05	0	0.2	0.15	0.28	0.42	0.33	1.03
Al_2O_3	22.52	6.76	8.65	8.04	8.69	6.19	0.16	7.17	8.22	7.95	7.13	6.95	9.4
Cr_2O_3	0.07	0.04	0.06	0	0.04	0.01	0	0	0	0	0	0	0
FeO	13.05	20.97	18.57	20.17	19.38	21.7	27.38	20.95	19.15	19.07	20.16	19.97	18
MnO	0.79	0.48	0.44	0.52	0.52	0.49	0.21	0.44	0.45	0.45	0.41	0.26	0.55
MgO	0	0.03	0.11	0.05	0.09	0.04	0.03	0.06	0.06	0.08	0.09	0.09	0.16
CaO	21.66	33.06	33.16	33.04	32.83	33.06	32.27	33.22	33.3	33.42	32.97	32.76	32.71
Na_2O	0.04	0	0	0.03	0.11	0.07	0.03	0.25	0.03	0	0.02	0.08	0
K_2O	0.04	0	0	0.01	0.02	0	0.12	0.07	0.01	0.01	0.02	0	0
P_2O_5	0.03	0.02	0	0	0.03	0	0.02	0.01	0.02	0	0.02	0.04	0
总和	95.35	98.31	98.47	98.91	98.39	98.24	95.75	99.1	98.48	98.04	98.06	97.27	98.62
Si	2.99	3	2.98	2.98	2.97	2.99	3.03	2.98	3	2.98	2.99	3.01	2.95
Ti	0	0	0.03	0	0	0	0	0.01	0.01	0.02	0.03	0.02	0.06
Al	2.14	0.65	0.82	0.76	0.83	0.6	0.02	0.68	0.78	0.76	0.68	0.67	0.89
Cr	0	0	0	0	0	0	0	0	0	0	0	0	0
Fe^{3+}	0	1.35	1.17	1.24	1.19	1.41	1.96	1.32	1.22	1.24	1.3	1.31	1.1
Fe^{2+}	0.88	0.08	0.08	0.12	0.13	0.07	0	0.09	0.08	0.05	0.07	0.06	0.11
Mn	0.05	0.03	0.03	0.04	0.04	0.03	0.01	0.03	0.03	0.03	0.03	0.02	0.04
Mg	0	0	0.01	0.01	0.01	0	0	0.01	0.01	0.01	0.01	0.01	0.02
Ca	1.87	2.88	2.86	2.86	2.85	2.89	2.95	2.88	2.88	2.9	2.87	2.87	2.82
Ura	0.22	0.13	0.19	0	0.12	0.02	0	0	0	0	0	0	0
And	0	67.42	58.6	61.93	58.73	70.27	98.71	65.93	60.86	61.97	65.61	66.07	55.26
Gro	57.95	28.58	36.98	32.82	35.34	25.97	0.67	29.72	35.28	34.88	30.8	30.87	39.14
Pyr	0	0.13	0.45	0.2	0.37	0.15	0.12	0.22	0.25	0.31	0.37	0.38	0.63
Spe	1.68	1.11	1	1.19	1.18	1.13	0.5	1	1.03	1.04	0.94	0.6	1.25
Alm	27.35	2.64	2.79	3.87	4.25	2.47	0	3.13	2.59	1.81	2.27	2.08	3.71

环带结构石榴子石

样号	YMS1-3-1	YMS1-3-2	YMS1-3-3	YMS2-2-1	YMS2-2-2	YMS2-2-3	YMS5-3-1	YMS5-3-2	YMS5-3-3	YMS13-3-1	YMS13-3-2	YMS13-3-3	YMS13-3-4
SiO_2	37.59	36.33	36.76	36.97	36.78	37.05	37.05	37.12	37.21	37.64	37.22	37.49	37.09
TiO_2	0.11	0.07	0.07	0.16	0.28	0.09	0.32	0.26	0	0.18	0.02	0.04	0.26
Al_2O_3	8.14	6.73	6.94	7.6	7	6.26	9.24	9.7	9.4	11.63	8.34	9.02	8.35
Cr_2O_3	0.01	0.06	0	0	0	0	0	0	0	0.02	0	0.01	0
FeO	19.67	20.69	20.47	20.34	20.93	22.19	17.99	17.97	17.79	15.11	18.63	18.4	18.73
MnO	0.45	0.47	0.38	0.5	0.43	0.39	0.49	0.56	0.53	0.51	0.41	0.42	0.46
MgO	0.01	0.05	0.04	0.05	0.05	0.03	0.03	0.03	0.03	0.07	0.02	0.15	0.08
CaO	33.09	32.81	32.63	33	33.05	33.5	32.95	33.09	32.83	33.83	33.74	33.53	33.17
Na_2O	0	0.01	0.01	0	0	0.02	0.03	0.07	0.02	0	0.04	0.02	0
K_2O	0	0.02	0	0	0	0	0.01	0.03	0.02	0	0	0	0
P_2O_5	0.01	0	0.04	0.03	0.03	0.01	0	0.01	0	0.03	0	0.01	0.05
总和	99.08	97.23	97.36	98.67	98.54	99.57	98.1	98.85	97.85	99.01	98.42	99.08	98.19
Si	3.01	2.99	3.01	2.99	2.98	2.99	2.99	2.98	3.01	2.99	3	3	3
Ti	0.01	0	0	0.01	0.02	0.01	0.02	0.02	0	0.01	0	0	0.02
Al	0.77	0.65	0.67	0.72	0.67	0.59	0.88	0.92	0.9	1.09	0.79	0.85	0.8
Cr	0	0	0	0	0	0	0	0	0	0	0	0	0
Fe^{3+}	1.22	1.35	1.32	1.28	1.33	1.41	1.11	1.09	1.1	0.91	1.21	1.15	1.19
Fe^{2+}	0.1	0.08	0.09	0.1	0.09	0.08	0.1	0.12	0.11	0.09	0.05	0.08	0.07
Mn	0.03	0.03	0.03	0.03	0.03	0.03	0.03	0.04	0.04	0.03	0.03	0.03	0.03
Mg	0	0.01	0	0.01	0.01	0	0	0	0	0.01	0	0.02	0.01
Ca	2.84	2.89	2.87	2.86	2.87	2.89	2.85	2.84	2.84	2.88	2.92	2.87	2.87
Ura	0.03	0.2	0	0	0	0	0	0	0	0.05	0	0.02	0
And	61.22	67.25	66.28	63.76	66.54	70.36	55.88	54.22	55.05	45.68	60.32	57.47	60.03
Gro	34.2	28.75	29.81	31.57	29.29	25.83	39.5	40.42	40.06	49.98	36.95	38.28	36.22
Pyr	0.05	0.18	0.16	0.18	0.19	0.1	0.1	0.14	0.13	0.26	0.08	0.58	0.3
Spe	1.02	1.09	0.89	1.13	0.99	0.89	1.12	1.26	1.22	1.14	0.94	0.96	1.06
Alm	3.48	2.52	2.86	3.35	2.99	2.82	3.39	3.96	3.54	2.9	1.71	2.7	2.39

样号	YMS14-1-1	YMS14-1-2	YMS14-1-3	YMS16-2-1	YMS16-2-2	YMS16-2-3	YMS17-1-1	YMS17-1-2	YMS20-7-1	YMS20-7-2	YMS20-7-3	YMS20-7-4
						环带结构石榴子石						
SiO_2	36.11	36.73	36.62	37.46	37.21	37.1	37.06	37.11	36.54	37.34	35.89	37.24
TiO_2	0.23	0.13	0.22	0.31	0.08	0.08	0.06	0.26	0	0.03	0.04	0.23
Al_2O_3	6.49	6.97	8.25	10.11	8.61	7.69	8.61	8.29	0.04	9.3	0	8.8
Cr_2O_3	0.02	0.06	0.1	0.04	0.07	0	0	0.01	0	0.03	0	0
FeO	20.44	20.61	18.78	17.02	19.5	20.56	19.35	19.6	28.05	17.75	28.73	18.2
MnO	0.39	0.34	0.44	0.63	0.57	0.55	0.59	0.47	0.3	0.53	0.4	0.49
MgO	0.14	0.1	0.09	0.11	0.08	0.08	0.07	0.06	0	0.08	0.13	0.1
CaO	33.07	33.4	32.93	32.92	32.7	32.61	32.88	33.18	32.18	32.52	31.28	32.76
Na_2O	0.03	0.03	0.02	0.02	0.04	0.02	0.04	0.02	0.02	0.02	0.05	0.01
K_2O	0	0.02	0.01	0	0	0.01	0	0	0	0	0.01	0.02
P_2O_5	0.03	0.01	0	0	0.04	0.01	0.03	0.03	0.01	0	0.01	0.02
总和	96.93	98.37	97.47	98.63	98.89	98.68	98.68	99.02	97.77	98.55	96.73	99.2
Si	2.98	2.98	2.99	3	2.99	3	2.99	2.98	3.07	3.02	3.04	3.01
Ti	0.01	0.01	0.01	0.02	0	0	0	0.02	0	0	0	0.01
Al	0.63	0.67	0.79	0.95	0.82	0.73	0.82	0.79	0	0.89	0	0.84
Cr	0	0	0.01	0	0	0	0	0	0	0	0	0
Fe^{3+}	1.37	1.33	1.2	1.03	1.18	1.27	1.19	1.21	1.95	1.09	1.97	1.14
Fe^{2+}	0.04	0.07	0.08	0.11	0.13	0.12	0.12	0.1	0.02	0.11	0.07	0.09
Mn	0.03	0.02	0.03	0.04	0.04	0.04	0.04	0.03	0.02	0.04	0.03	0.03
Mg	0.02	0.01	0.01	0.01	0.01	0.01	0.01	0.01	0	0.01	0.02	0.01
Ca	2.92	2.91	2.88	2.82	2.82	2.82	2.84	2.86	2.89	2.82	2.84	2.84
Ura	0.07	0.19	0.33	0.14	0.22	0	0	0.02	0	0.11	0	0
And	68.46	66.54	60.01	51.94	58.96	63.34	59.19	60.7	99.8	55.16	100	57.67
Gro	28.74	29.93	35.56	42.49	34.79	30.92	35.28	34.53	0	39.55	0	37.82
Pyr	0.56	0.38	0.38	0.45	0.31	0.32	0.27	0.24	0	0.34	0.53	0.41
Spe	0.9	0.77	1.02	1.44	1.3	1.25	1.34	1.07	0.73	1.23	0.97	1.13
Alm	1.27	2.19	2.7	3.54	4.42	4.17	3.92	3.44	0.6	3.61	2.29	2.97

注：石榴子石环带成分表中，编号前两位数字相同的代表同一颗石榴子石，第3位数字由小到大代表石榴子石由中心到边缘。

表 4 – 42　雅满苏铁锌钴钴矿床磁铁矿电子探针分析结果（%）

矿石构造	点号	SiO₂	TiO₂	Al₂O₃	Cr₂O₃	TFeO	MnO	MgO	CaO	Na₂O	K₂O	P₂O₅	NiO	V₂O₃	总和
稀疏浸染状磁铁矿石	YMS12-6-1-2	0	0.128	0.003	0.141	93.978	0.122	0.01	0	0.069	0.003	0	0.035	0	94.489
稀疏浸染状磁铁矿石	YMS12-8-3-1	0.134	0	0.004	0.058	92.884	0.067	0.037	0.094	0.038	0	0	0.036	0	93.352
稀疏浸染状磁铁矿石	YMS12-8-4-1	0.097	0.06	0	0.055	88.81	0.136	0	0.238	0	0	0.01	0.002	0	89.408
稀疏浸染状磁铁矿石	YMS12-9-1-2	0.001	0	0.038	0	94.767	0.185	0.009	0.129	0.098	0.01	0.01	0.001	0	95.248
稀疏浸染状磁铁矿石	YMS12-26-3-1	0.062	0	0.113	0.015	93.061	0.041	0.013	0	0.073	0.007	0	0.024	0	93.385
条带状磁铁矿石	YMS12-22-1-2	0.262	0.08	0.154	0.055	93.109	0.01	0.036	0	0.04	0.019	0	0	0	93.765
条带状磁铁矿石	YMS12-22-1-1	0.107	0.044	0.128	0	92.92	0.056	0	0.018	0.068	0	0.006	0	0	93.47
条带状磁铁矿石	YMS12-22-1-2-1	0.134	0.058	0.132	0	91.658	0	0.019	0.077	0.051	0.003	0	0	0.012	92.143
条带状磁铁矿石	YMS12-23-3-1	0.148	0	0.058	0.058	93.14	0.01	0.036	0.077	0	0	0	0	0	93.527
块状磁铁矿石	YMS12-18-3-1	2.288	0.104	0.619	0	89.894	0.026	0.366	0.816	0.09	0.023	0.016	0	0	94.242
块状磁铁矿石	YMS12-19-3-2	2.277	0.078	0.529	0.056	91.486	0.048	0.227	0.75	0.061	0.057	0.039	0	0	95.608
块状磁铁矿石	YMS12-20-2-1	1.751	0.002	0.497	0.033	89.579	0.055	0.12	0.562	0.077	0.045	0.003	0.002	0	92.724
块状磁铁矿石	YMS12-20-5-1	1.18	0.018	0.501	0	88.382	0.022	0.086	0.719	0.089	0.039	0.003	0	0.036	91.175
块状磁铁矿石	YMS12-20-5-2	1.391	0	0.074	0.048	89.528	0.054	0.078	0.667	0.266	0.04	0	0.031	0	92.254
块状磁铁矿石	YMS12-20-6-1	1.139	0	0.312	0.014	90.198	0.067	0.079	0.324	0.16	0.024	0.011	0.011	0	92.411
块状磁铁矿石	YMS12-25-3-1	0.167	0.026	0.145	0.069	92.83	0.048	0.037	0	0.055	0	0	0.038	0	93.377
块状磁铁矿石	YMS12-25-1-1	0.201	0	0.22	0.007	93.04	0.073	0.009	0	0.227	0.055	0.01	0	0	93.842
块状磁铁矿石	YMS12-25-2-1	3.255	0.122	0.346	0.011	90.054	0.022	0.544	1.193	0.076	0.026	0	0.076	0	95.649
块状磁铁矿石	YMS12-28-1-1	0.9	0.01	0.256	0.011	92.469	0.041	0.157	0.252	0.025	0.04	0.021	0	0	94.182
块状磁铁矿石	YMS12-21-1-1	2.369	0.075	0.386	0.074	89.077	0.056	0.413	0.887	0.093	0.025	0	0	0	93.455
块状磁铁矿石	YMS12-21-4-1	0.654	0.011	0.21	0.127	91.713	0.116	0.028	0.064	0.622	0.004	0	0	0	93.549
稠密浸染状磁铁矿石	YMS12-24-1-1	0.03	0	0.011	0	93.221	0.039	0	0	0	0	0	0	0	93.301
稠密浸染状磁铁矿石	YMS12-24-1-1-3	0.016	0	0.001	0.037	93.073	0.038	0	0	0.125	0.012	0.008	0	0	93.427
稠密浸染状磁铁矿石	YMS12-24-2-1-1	1.865	0.028	3.889	3.228	79.074	0.047	0.122	0.037	1.313	0.035	0	0.016	0	88.495
稠密浸染状磁铁矿石	YMS12-24-2-2-1	1.264	0.097	0.511	0.034	88.009	0.091	0.362	1.197	0.139	0.035	0.009	0.039	0.026	92.415
稠密浸染状磁铁矿石	YMS12-24-2-1	0.162	0.055	0.646	0.271	87.541	0.116	0.15	0.964	0.152	0.031	0	0.036	0	91.399
稠密浸染状磁铁矿石	YMS12-24-1-2	0.082	0.042	0.174	0.109	93.101	0.119	0	0	1.065	0.009	0	0.036	0	94.794
稠密浸染状磁铁矿石	YMS12-29-1-1-1	0.093	0.256	0.087	0	93.272	0.109	0.016	0	0.033	0.003	0	0	0.01	93.778
稠密浸染状磁铁矿石	YMS12-29-1-1	1.469	0.027	0.21	0.007	89.791	0	0	0.638	0.065	0.01	0.014	0	0.036	90.514
稠密浸染状磁铁矿石	YMS12-29-1-2	0.12	0.368	0.266	0.037	92.432	0.101	0.229	0	0	0.003	0	0.036	0	95.274
稠密浸染状磁铁矿石	YMS12-29-2-1-1	0.514	0.047	0.208	0	89.559	0.01	0.104	0	0	0.021	0	0	0.016	90.268

313

这种负相关性反映了相对还原的环境不利于磁铁矿的形成，而相对氧化的环境则有利于磁铁矿的生成（张志欣等，2011；洪为等，2012a；王志华，2012）。国外学者（Dupuis et al.，2011）对不同成因类型的典型铁矿床的铁氧化物中微量元素进行了对比研究，提出用铁氧化物中微量元素 Ca + Al + Mn – Ti + V 判别图解（图 4 - 90a）可以判断一些矿床的成矿类型。雅满苏铁锌钴矿的大多数样品落入矽卡岩区，部分早期的磁铁矿落入基鲁纳型和 IOCG 型区。在磁铁矿的 TiO_2 – Al_2O_3 – MgO 成因图解（图 4 - 90b）中，大多数样品落入沉积变质接触交代磁铁矿趋势区，部分早期磁铁矿分布在基性 – 超基性磁铁矿及酸性 – 碱性岩浆的趋势区内。

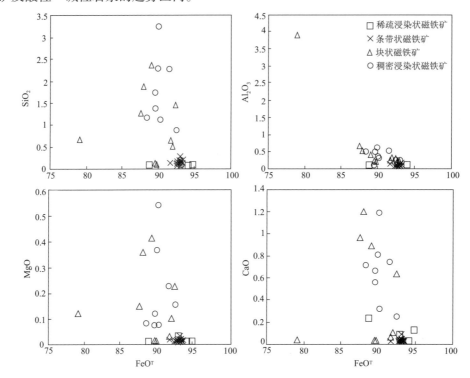

图 4 - 89　雅满苏铁锌钴矿床磁铁矿中氧化物相关图解

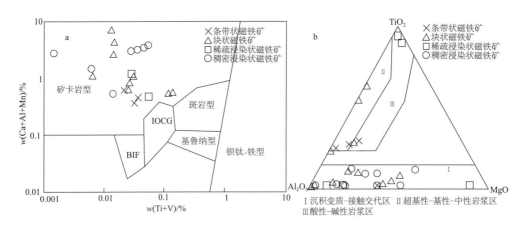

图 4 - 90　雅满苏铁锌钴矿床磁铁矿 Ca + Al + Mn – Ti + V 图解（a）与 TiO_2 – Al_2O_3 – MgO（b）图解

（据 Dupuis et al.，2001；陈光远，1987）

综上所述，雅满苏铁锌钴矿床的石榴子石端员组分以钙铁榴石 – 钙铝榴石系列为主，表明雅满苏铁锌钴矿矽卡岩为交代矽卡岩中的钙矽卡岩，雅满苏铁锌钴矿中大部分的磁铁矿具交代成因特征，表明雅满苏铁锌钴矿的形成与岩浆热液交代作用有关，其余磁铁矿分布在中基性岩浆趋势区，说明岩浆作用对成矿有一定的影响。

三、矿床模型

（一）成矿流体特征

1. 流体包裹体类型及特征

包裹体样品采自雅满苏矿床不同矿体的不同矿物组合和成矿阶段。这些样品为矽卡岩阶段、退化矽卡岩阶段及石英方解石硫化物阶段，寄主矿物分别为石榴子石、绿帘石和方解石。将样品磨制成厚约 0.06 mm 的双面抛光薄片，在矿相学和流体包裹体岩相学观察的基础上，挑选具代表性的、较发育的原生包裹体进行显微测温分析。

雅满苏矿床中发育原生包裹体和次生包裹体。原生包裹体主要为流体包裹体，一般原生包裹体形状较规则，呈半浑圆–浑圆形、椭圆形或呈较好半自形负晶形；次生包裹体其形态极其不规则，呈锯齿状，或沿矿物裂隙分布，相界线与原生包裹体相比较浅且透明。雅满苏铁锌钴矿床原生包裹体主要包括两大类型：流体包裹体和熔融包裹体，流体包裹体主要为 NaCl–H_2O 型气液两相包裹体，未见含 CO_2 包裹体及含子矿物的流体包裹体。石榴子石中的流体包裹少而小，次生包裹体较多，可见少量熔融包裹体。绿帘石及方解石中的流体包裹体较石榴子石中发育，未见熔融包裹体。不同成矿阶段、不同矿物中的包裹体形态上未有明显差异，但包裹体类型上各不相同，其特征见图 4 – 91 及表 4 – 43。

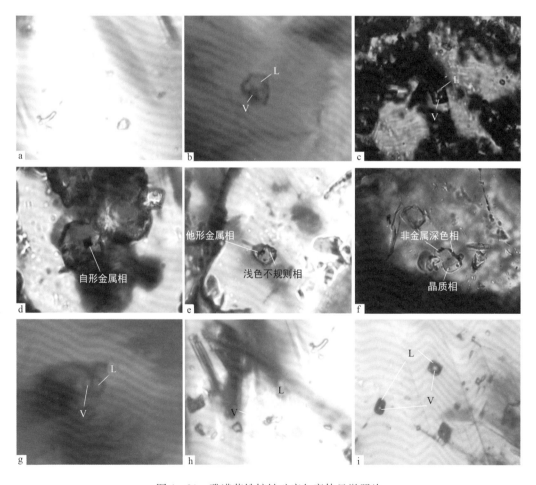

图 4 – 91　雅满苏铁锌钴矿床包裹体显微照片

a—f—主矿物为石榴子石：a—纯气体包裹体，b—液体包裹体，c—气体包裹体，d—含自形金属熔融包裹体，
e—他形金属熔融包裹体，f—结晶和未结晶的熔融包裹体；g—绿帘石中的液体包裹体；h—方解石中的液体包
裹体；i—方解石中的气体包裹体

表 4 – 43　雅满苏铁锌钴矿床不同成矿阶段矿物包裹体类型及特征

成矿阶段	主矿物	观察个数	种类	形态	长轴	气液比/%
矽卡岩阶段	石榴子石	54	L + V	不规则状、负晶形、次圆形	2.7 ~ 21 μm	10% ~ 30%
退化蚀变阶段	绿帘石	26	L + V	负晶形、长条状、不规则形	2 ~ 6.5 μm	10% ~ 45%
石英方解石化物阶段	方解石	74	L + V	不规则状、椭圆状、长条状、菱形	2.7 ~ 28 μm	10% ~ 45%

（1）矽卡岩阶段

石榴子石中发育有流体包裹体和熔融包裹体，其中流体包裹体包括纯气体包裹体（图 4 – 91a）、液体包裹体（图 4 – 91b）、气体包裹体（4 – 91c），以液体包裹体为主，熔融包裹体多呈孤立状随机分布，无定向性，多为椭圆形和不规则状，长轴范围 8 ~ 45 μm，根据矿物属性可分为含金属的熔融包裹体和含非金属的熔融包裹体，含金属熔融包裹体又分为自形金属相（图 4 – 91d）和他形金属相（图 4 – 91e），非金属熔融包裹体包括结晶质相与不规则他形晶质相（图 4 – 91f）。

（2）退化蚀变阶段

绿帘石包裹体类型有纯气体包裹体、液体包裹体（图 4 – 91g），以液体包裹体为主，包裹体孤立随机分布，群状、线状分布的很少。

（3）石英方解石硫化物阶段

方解石中包裹体以液相包裹体为主，偶见有气相包裹体及纯气体包裹体。

2. 显微测温结果

对上述成矿阶段矿物中 NaCl – H₂O 型包裹体进行了显微测温，测温分析在新疆大学包裹体实验室 Linkam 600 型测温台上进行。其结果见表 4 – 44 和图 4 – 92。

表 4 – 44　雅满苏铁锌钴矿床液体包裹体显微测温结果及参数

主矿物	冰点温度/℃（Num）	完全均一温度/℃（Num）	均一相	盐度/%	ρ/g·cm⁻³
石榴子石	– 1.9 ~ – 22.5（38）	230 ~ >500（49）	L	3.23 ~ 21.68	0.61 ~ 0.97
绿帘石	– 3.8 ~ – 21.2（23）	100 ~ >500（25）	L	6.16 ~ 23.18	0.6 ~ 1.02
方解石	– 1 ~ – 20（57）	110 ~ 380（75）	L	1.74 ~ 23.18	0.84 ~ 1.05

（1）早期矽卡岩阶段

石榴子石中的 54 个液体包裹体均一温度变化于 230 ~ 440℃ 和 >550℃ 两个区间，峰值为 220 ~ 260℃，冰点变化于 – 1.9 ~ – 22.5℃，对应流体的盐度值主要变化范围为 3% ~ 21.26% 和 7.31% ~ 17.79%，部分包裹体在加温过程中发生了爆裂或者温度升到 550℃ 未达到均一。

（2）退化蚀变阶段

对绿帘石中的 26 个液体包裹进行了测温，其中包裹体均一温度变化于 100 ~ 380℃ 和 >550℃，对应流体盐度主要变化范围为 6.16% ~ 14%、18% ~ 23%，绿帘石中个别包裹体升温至 550℃ 仍为达到均一，部分包裹体泄露。

（3）石英方解石硫化物阶段

方解石中 74 个液体包裹体均一温度变化于 110 ~ 380℃，峰值为 170℃ 和 230℃，对应流体盐度主要变化范围为 1.74% ~ 22.38%。

3. 成矿流体密度

根据 NaCl – H₂O 体系的 $T – \omega – \rho$ 相图（Bodnar，1983），查得石榴子石中的液体包裹体密度为 0.61 ~ 0.97 g/cm³；绿帘石中的液体包裹体密度为 0.6 ~ 1.02 g/cm³；方解石液体包裹体密度为 0.84 ~ 1.05 g/cm³（图 4 – 93）。

4. 成矿流体性质

矽卡岩矿物中的流体包裹体是研究成矿流体演化的最直接、最有效的途径（Kwak et al.，1981；

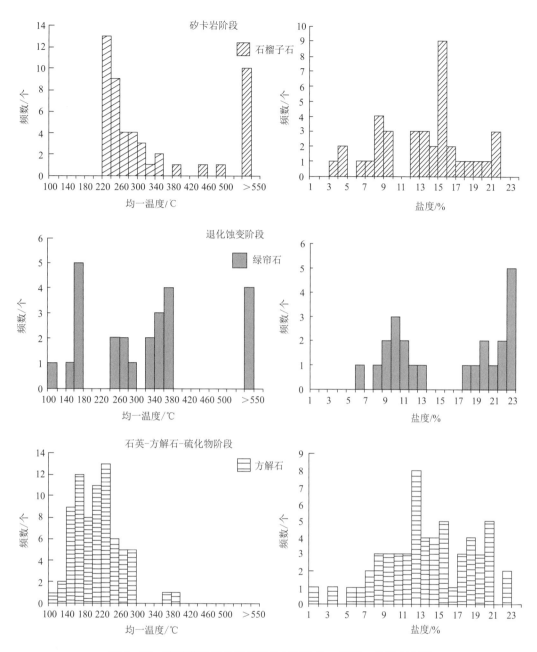

图 4 - 92　雅满苏铁锌钴矿床流体包裹体均一温度、盐度直方图

Baker，2002；Meinert et al.，2003；Baker et al.，2003）。近年来，众多学者对石榴子石中的包裹体进行了大量研究。吴言昌等（1996）根据石榴子石中发现的熔融包裹体，推测石榴子石形成于岩浆 – 热液过渡性流体。对此观点林新多（1999）及赵一鸣等（1999）也对其进行了肯定。雅满苏铁锌钴矿床矽卡岩阶段形成的石榴子石中发现了熔融包裹体和流体包裹体，并且熔融包裹体和流体包裹体有共存的现象，因此推断矽卡岩阶段存在岩浆 – 热液过渡性流体；流体包裹体的均一温度主要集中变化于 230 ~ 440℃和 >550℃个区间，峰值为 220 ~ 260℃，流体盐度变化于 3% ~ 21.26% 和 7.31% ~ 17.79%，表明矽卡岩阶段成矿流体从岩浆 – 热液过渡，温度从大于 550℃逐渐降低，成矿热液为高 – 中温、中 – 低盐度的 $NaCl - H_2O$ 体系。

退化蚀变阶段绿帘石的流体包裹体均一温度主要变化于 160 ~ 380℃，盐度为 6.16% ~ 14.77%，在 10% 和 21% 出现峰值，成矿流体属高 – 中温、中 – 低盐度的 $NaCl - H_2O$ 体系。该阶段包裹体与早期矽卡岩阶段相比，温度区间变宽，流体盐度有所降低。

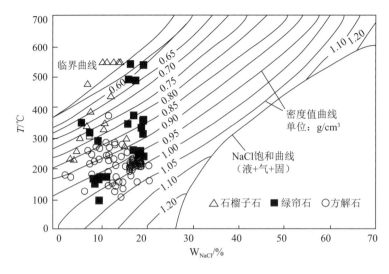

图 4 - 93　H₂O - NaCl 体系的温度 - 盐度 - 密度相图

（据 Bodnar，1983）

石英方解石硫化物阶段的方解石液体包裹体均一温度变化于 110 ~ 380℃，峰值为 170 ~ 230℃，流体盐度为 1.74% ~ 22.38%，峰值为 12%，成矿流体属中 - 低温、中 - 低盐度的 NaCl - H₂O 体系。与矽卡岩阶段和退化蚀变阶段相比，平均均一温度、流体盐度有所降低，暗示存在低温、低盐度的大气降水的加入。

整体上流体从矽卡岩阶段→退化蚀变阶段→石英方解石硫化物阶段平均温度和盐度都有降低的趋势，其密度有略微的升高趋势，但总体上密度较小（0.61 ~ 0.97 g/cm³→0.6 ~ 1.02 g/cm³→0.84 ~ 1.05 g/cm³）。总之，雅满苏铁锌钴矿流体以 NaCl - H₂O 体系为主，流体从高 - 中温度、中 - 低盐度向中 - 低温度、低盐度演化。雅满苏铁锌钴矿矽卡岩矿物中温度相比世界矽卡岩型矿床较低，但从矽卡岩阶段→退化蚀变阶段→石英方解石硫化物阶段均一温度和盐度逐渐降低的趋势与世界矽卡岩型矿床类似，表明雅满苏矿床的形成过程与世界矽卡岩矿床相似。

（二）成矿流体来源

1. C、O 同位素

对采自雅满苏铁锌钴矿床中的方解石细脉、粗粒方解石脉以及大理岩中方解石进行了 C、O 同位素测定。同位素测试在中国地质科学院矿产资源研究所同位素实验室进行，O 和 C 同位素用 MAT 253 EM 质谱计进行测试。C 和 O 同位素的分析精密度为 ±0.2‰。结果列于表 4 - 45。

表 4 - 45　雅满苏铁锌钴矿床方解石中 C、O 同位素组成

样品号	样品名称	$\delta^{13}C_{V-PDB}$/‰	$\delta^{18}O_{V-PDB}$/‰	$\delta^{18}O_{V-SMOW}$/‰
YMS24	方解石细脉	1.1	- 36.9	- 7.2
YMS26	方解石细脉	1.0	- 37.2	- 7.5
YMS27	方解石细脉	0.3	- 31.2	- 1.2
YMS64	地层中大理岩	0.6	- 10.3	20.3
YMS65	地层中大理岩	0.4	- 10.2	20.4
YMS70	粗粒方解石脉	- 1.0	- 18.8	11.5
YMS72	粗粒方解石脉	- 0.9	- 17.6	12.8
YMS73	粗粒方解石脉	- 0.9	- 18.0	12.4

两件大理岩的 $\delta^{13}C$ 变化于 0.4‰~0.6‰，$\delta^{18}O$ 为 20.3‰~20.4‰，与正常的海相沉积灰岩值（$\delta^{13}C = -1‰~2‰$，$\delta^{18}O = 20‰~24‰$）相似。6 件方解石脉的 $\delta^{13}C$ 变化于 -0.9‰~1.1‰，平均为 -0.05‰，$\delta^{18}O$ 为 -7.5‰~12.8‰，与地幔来源 C 同位素值（-5‰±2‰，Hoefs，1997）接近，明显区别于两件大理岩样品，表明成矿流体中 C 不是来自围岩中的灰岩，而是来源于深部岩浆或地幔；其中 3 件方解石细脉的 $\delta^{18}O$ 值明显亏损，向负值偏离，推断形成这些方解石的流体可能有低 $\delta^{18}O$ 的天水参与。

在 $\delta^{18}O_{SMOW} - \delta^{13}C_{PDB}$ 图解上（图 4-94）雅满苏铁锌钴矿中的粗粒方解石脉落入花岗岩区的边界附近，表明该流体中的 C 主要来自深部岩浆。C、O 同位素的这种分布形式可能有两种解释：一是流体与围岩之间的水岩反应（刘家军等，2004）；二是 CO_2 脱气作用（郑永飞等，2000）。如果 C、O 同位素的水平分布形式是由 CO_2 的脱气作用所致，则因热液流体一般以 H_2O 为主，CO_2 的脱气对流体 O 同位素组成的影响并不明显，而对 C 同位素组成变化较显著（郑永飞等，2001）。显然，这与矿区的实际情况不相符，另外在显微镜下也未发现 CO_2 包裹体存在的迹象。因此，CO_2 的脱气作用不应是影响方解石等碳酸盐矿物沉淀的主要因素，推断方解石的沉淀主要是由水-岩反应并伴随温度的降低所致。

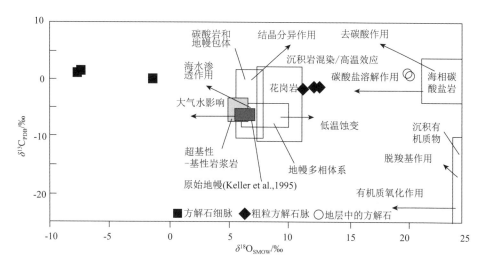

图 4-94　雅满苏铁锌钴矿方解石的 $\delta^{18}O_{SMOW} - \delta^{13}C_{PDB}$ 图解

（底图据刘建明等，1997；孙景贵等，2001；刘家军，2004）

2. He、Ar 同位素

采自雅满苏铁锌钴矿主要矿体的 5 件黄铁矿中流体包裹体的 He、Ar 同位素进行了分析。所选样品均为新鲜的未蚀变的黄铁矿，将上述样品破碎，在双目显微镜下挑选新鲜的黄铁矿单矿物，纯度达 99% 以上。He 和 Ar 同位素分析在中国科学院矿床地球化学国家重点实验室完成。结果列于表 4-46。

3 件矽卡岩（石榴子石矽卡岩和绿帘石矽卡岩）中黄铁矿的 $^4He = 67.6076 \times 10^{-8} \sim 183.3063 \times 10^{-8}$ cm³STP/g，平均为 113.7822×10^{-8} cm³STP/g，$^3He = 107.7516 \times 10^{-14} \sim 158.1068 \times 10^{-14}$ cm³STP/g，平均为 139.7666×10^{-14} cm³STP/g，$^3He/^4He = 0.8371 \sim 2.3386Ra$（Ra 为大气中的 $^3He/^4He = 1.4 \times 10^{-6}$）$^{40}Ar$ 含量变化于 $23.1514 \times 10^{-8} \sim 33.6921 \times 10^{-8}$ cm³STP/g，^{36}Ar 含量变化于 $4.3626 \times 10^{-10} \sim 8.7900 \times 10^{-10}$ cm³STP/g，$^{40}Ar/^{36}Ar$ 值为 383.2987~530.6769，平均为 433.4435。两件磁铁矿中黄铁矿 $^4He = 4.0159 \times 10^{-8} \sim 10.6905 \times 10^{-8}$ cm³STP/g，平均为 7.3532×10^{-8} cm³STP/g，$^3He = 16.6776 \times 10^{-14} \sim 27.0085 \times 10^{-14}$ cm³STP/g，平均为 21.8431×10^{-14} cm³STP/g，$^3He/^4He = 2.5264 \sim 4.1529Ra$。$^{40}Ar$ 含量变化于 $2.2926 \times 10^{-8} \sim 5.5050 \times 10^{-8}$ cm³STP/g，^{36}Ar 含量变化于 $0.6308 \times 10^{-10} \sim 1.5616 \times 10^{-10}$ cm³STP/g，$^{40}Ar/^{36}Ar$ 值为 352.5156~363.4392，平均为 357.9774。

表 4 –46　苏铁锌钴矿床黄铁矿中流体包裹体的氦和氩同位素分析结果

样品号	YMS – 3	YMS – 4	YMS – 5	YMS – 6	YMS – 7
样品名称	含黄铁矿细粒磁铁矿矿石	含黄铁矿绿帘石矽卡岩	含粗粒黄铁矿石榴子石矽卡岩	含细粒黄铁矿石榴子石矽卡岩	含黄铁矿磁铁矿矿石
$^4\mathrm{He}(10^{-8}(\mathrm{cm^3 STP/g}))$	10.6905	183.3063	67.6076	90.4328	4.0159
$^3\mathrm{He}(10^{-14}(\mathrm{cm^3 STP/g}))$	27.0085	153.4415	158.1068	107.7516	16.6776
$Rc/10^{-6}$	2.5264	0.8371	2.3386	1.1915	4.1529
R/Ra	1.8046	0.5979	1.6704	0.8511	2.9664
$^{40}\mathrm{Ar}(\times 10^{-8}(\mathrm{cm^3 STP/g}))$	5.505	23.1514	24.2333	33.6921	2.2926
$^{36}\mathrm{Ar}(\times 10^{-10}(\mathrm{cm^3 STP/g}))$	1.5616	4.3626	6.2723	8.79	0.6308
$^{40}\mathrm{Ar}/^{36}\mathrm{Ar}$	352.5156	530.6769	386.3549	383.2987	363.4392
$^{36}\mathrm{Ar}/^{38}\mathrm{Ar}$	7.0385	5.321	5.2975	5.2919	4.8432
$^{40}\mathrm{Ar}^*/\%$	16.1739	44.3164	23.5159	22.9061	18.6934
$^{40}\mathrm{Ar}^*(\times 10^{-8}(\mathrm{cm^3 STP/g}))$	0.8904	10.2599	5.6987	7.7175	0.4286
$^{40}\mathrm{Ar}^*/^4\mathrm{He}$	0.0833	0.056	0.0843	0.0853	0.1067
$\mathrm{He^M}/\%$	27.5398	8.9184	25.4695	12.8253	45.469

注：HeM 为地幔成因 He 同位素；$^{40}\mathrm{Ar}^*$ 为放射性^{40}Ar 同位素；计算所采用参数为国际公认地球大气值：Ra = ^{3}He/^{4}He = 1.400 × 10^{-6}，^{40}Ar/^{36}Ar = 295.5，^{4}He/^{36}Ar = 0.165。

　　已有研究显示（Hiyagon et al.，1992；Stuart et al.，1995；Bumard et al.，1999；Ballentine et al.，2002），地质体中不同来源地质流体的^{3}He/^{4}He 和^{40}Ar/^{36}Ar 有明显的区别，如：①大气饱和水（ASW），主要包括大气降水和海水等，其特征性^{3}He/^{4}He 和^{40}Ar/^{36}Ar 同位素组成分别为 1Ra 和 295.5；②深源地幔流体，其特征性^{3}He/^{4}He 和^{40}Ar/^{36}Ar 值分别应为 6 ~ 9Ra 和 >40000；③地壳流体，主要指与地壳岩石发生过相互作用的饱和空气大气水，He、Ar 以放射性成因为主，其特征性^{3}He/^{4}He 和^{40}Ar/^{36}Ar 组成分别应为 0.01 ~ 0.05 Ra 和 >20000。雅满苏铁锌钴矿床中 5 件黄铁矿的流体包裹体^{3}He/^{4}He = 0.8371 ~ 4.1529Ra，平均值 2.2093 Ra，与大气组成比较接近，高于地壳放射性成因的^{3}He/^{4}He，低于地幔流体的^{3}He/^{4}He 特征值。在^{3}He/^{4}He 同位素组成图中（图 4 – 95a），样品均落于地幔端元和地壳端元之间，并靠近地壳组成一侧。假定成矿流体为壳幔二元体系，根据如下壳幔二元体系公式可以计算出样品中幔源氦的组成百分数（Ballentine et al.，2002）：He$_{地幔}$ = $\{($^{3}He/^{4}He$)_{样品}$ – (^{3}He/^{4}He$)_{地壳}/($^{3}He/^{4}He$)_{地幔}$ – (^{3}He/^{4}He$)$地壳$\}$ ×100，其中（^{3}He/^{4}He）地壳值为地壳岩石的平均产率 0.02 Ra，（^{3}He/^{4}He）地幔值为大陆岩石圈的平均值 6.5 Ra（Stuart et al.，1995），计算得到样品中幔源 He 占 8.92% ~ 45.47%，表明成矿流体中 He 为地壳流体和地幔流体两端元混合产物。

　　5 件黄铁矿样品的^{40}Ar/^{36}Ar 值为 352.5156 ~ 530.6769，平均为 403.2570，介于大气（295.5）（Stuart et al.，1995）和地幔柱（296 ~ 2780）之间（Hiyagon et al.，1992），明显低于深源地幔流体几个数量级（>40000）。在^{40}Ar/^{36}Ar – R/Ra 图解中（图 4 – 95b），位于大气值和幔源氩值之间，同样表现出幔源流体和壳源流体两端元混合的特征，表明具有大气成因 Ar 同位素组成的大气降水下渗过程中获取容矿围岩中放射性成因^{40}Ar，导致^{40}Ar/^{36}Ar 值高于大气饱和水值。根据放射性成因^{40}Ar*含量的计算公式，可以计算出样品中放射性成因 Ar 同位素的组成数（Ballentine et al.，2002）：^{40}Ar* = $\{1 – 295.5/($^{40}Ar/^{36}Ar$)_{样品}\}$ ×100，计算结果显示了黄铁矿中流体包裹体的放射性成因^{40}Ar*含量占总数的 16.17% ~ 44.32%，大气^{40}Ar 贡献达 55.68% ~ 83.83%，表明成矿流体中主要来源于大气降水，大气饱和水参与成矿作用。黄铁矿中流体包裹体的^{40}Ar*/^{4}He 比值分布范围较大，变化于 0.056 ~ 0.1067 之间，其平均值 0.0831 与地壳流体的^{40}Ar*/^{4}He 平均值 0.156（Stuart et al.，1995；胡瑞忠，1997）比较接近，而与地幔流体的^{40}Ar*/^{4}He 比值 0.33 ~ 0.56 相差较远（Dunai et

al.，1995）。在 $^{40}Ar^*/^4He - R/Ra$ 图解中（图 4 - 95c），雅满苏铁锌钴矿的样品位于壳源氦和幔源氦之间。

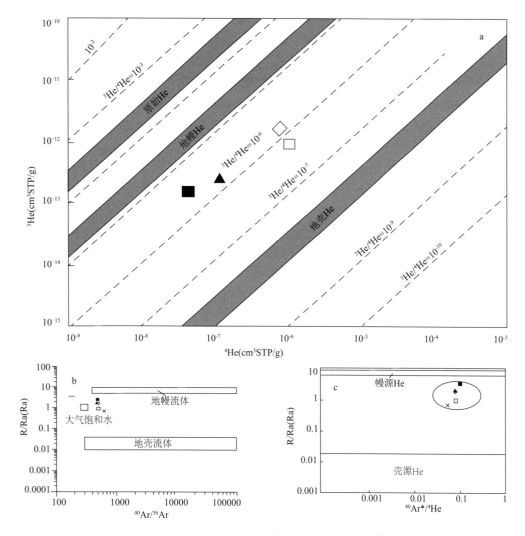

图 4 - 95　雅满苏铁锌钴矿床黄铁矿中流体（a）$^3He - ^4He$ 图；（b）$^{40}Ar/^{36}Ar - R/Ra$ 关系图；
（c）$^{40}Ar^*/^4He - R/Ra$ 关系图
（a 据 Mamyrin et al.，1984；b 据 Burnard et al.，1999；c 据翟伟等，2012）

综上所述，C、O 同位素特征研究结果表明，雅满苏铁锌钴矿床成矿流体中的 C 主要来自深部岩浆，且在流体演化过程中与周围环境发生了明显的同位素交换。黄铁矿流体包裹体的 He 和 Ar同位素特征表明，Rc/Ra 值为 0.5979 ~ 2.9664，幔源 He 含量为 8.9184% ~ 45.4690%，$^{40}Ar/^{36}Ar$比值变化于 352.5156 ~ 530.6769，$^{40}Ar^*$ 含量为 16.17% ~ 44.32%。成矿流体为深源岩浆流体混合大气降水。

（三）成矿物质来源

1. S 同位素

对采自磁铁矿矿石、矽卡岩及安山岩中的 7 件黄铁矿进行了 S 同位素分析，测试由中国地质科学院矿产资源研究所同位素实验室完成，结果列于表 4 - 47。雅满苏 7 件黄铁矿的 $\delta^{34}S$ 值变化范围为 - 2.0‰ ~ + 8.5‰，平均为 0.64‰，在 S 同位素直方图中（图 4 - 96），4 件样品的 $\delta^{34}S$ 值集中在 - 2.0‰ ~ - 0.5‰，另外两件落在了幔源硫区间，说明具有幔源岩浆成因，有 1 件采自安山岩中的黄铁矿 $\delta^{34}S$ 值为 + 8.5‰，偏向花岗质岩浆硫。

表4-47 雅满苏铁锌钴矿床S同位素组成

序号	样品号	岩石名称	$d^{34}S/‰$
1	YMS12-23	条带状黄铁矿磁铁矿矿石	-1.1
2	YMS12-22	条带状黄铁矿磁铁矿矿石	0.1
3	YMS12-28	黄铁矿磁铁矿矿石	-0.5
4	YMS12-25	含石榴子石黄铁矿磁铁矿矿石	-0.8
5	YMS12-26	含黄铁矿石榴子石透辉石的矽卡岩	-2.0
6	YMS12-30	含磁铁矿黄铁矿石榴子石矽卡岩	0.3
7	YMS12-27	含黄铁矿蚀变安山岩	8.5

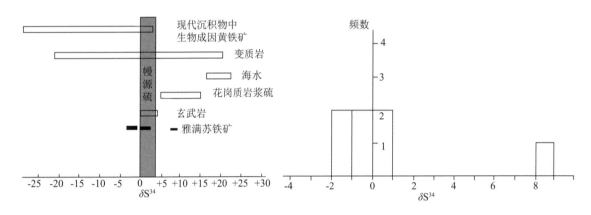

图4-96 雅满苏铁锌钴矿床黄铁矿S同位素直方图

硫的来源大致可以分为3类：①岩浆硫、地幔硫、陨石硫，其$\delta^{34}S$值接近于0‰，变化范围小。②海水或海相硫酸盐硫其$\delta^{34}S$值较高，20‰左右。由海水硫酸盐还原形成硫化物的$\delta^{34}S$值变化范围较大，主要取决于形成环境和还原程度，如开放环境、封闭环境等。③生物成因或细菌还原硫，其$\delta^{34}S$值多为较低的负值，变化范围也很大。在简单矿物组合中，矿物的$\delta^{34}S$平均值可代表热液总硫值（Ohmoto et al.，1979）。雅满苏铁锌钴矿中含硫矿物主要为硫化物，因此，热液中总$\delta^{34}S$值相当于矿物中$\delta^{34}S$平均值，为0.6‰，主要显示深源岩浆硫特征，推断S来自火山喷气。

2. 稀土元素

稀土元素属于不活泼元素，地球化学性质具有相似性，在矿化作用过程中可以示踪成矿流体性质。通过研究矿石矿物及不同岩石中的稀土元素组成特征和配分形式，判断成矿环境和物理化学条件，成为解决成矿物质来源、成矿条件和成矿流体的有效手段之一（Hanson，1980；Henderson，1984；葛朝华等，1984；王中刚，1989；Frietsch et al.，1995；李厚民等，2003，2009；杨耀民等，2004）。本次研究对石榴子石矽卡岩（5件）、透辉石矽卡岩（4件）、绿帘石矽卡岩（3件）和磁铁矿矿石（4件）共16件样品进行了稀土及微量元素分析。测试工作由国家地质实验测试中心完成。分析采用酸溶法，分析仪器为等离子质谱X~series，执行标准为DZ/T0223-2001，分析误差小于5%。结果列于表4-48。

5件石榴子石矽卡岩样品稀土特征基本相同，稀土元素总量$\sum REE$为$52.27×10^{-6} \sim 98.15×10^{-6}$，轻稀土略富集，LREF/HREE=$2.06 \sim 6.05$，正Eu异常较弱或无明显异常，$\delta Eu=0.93 \sim 1.36$，无明显Ce异常，$\delta Ce=0.83 \sim 1.22$。稀土配分模式为较平缓的右倾型（图4-96a）。透辉石矽卡岩样品稀土元素特征变化较大，1件样品（YMS13-54）稀土总量相对较低，$\sum REE=75.5×10^{-6}$，LREF/HREE=5.8；其他3件样品稀土总量较高，$\sum REE=278.16×10^{-6} \sim 490.13×10^{-6}$，LREF/

HREE = 30.4 ~ 85.1。两件样品（YMS13 - 54、55）具有明显的负 Eu 异常（δEu = 0.40 ~ 0.57）；另两件样品具有正 Eu 异常（δEu = 1.14 ~ 1.52）。所有样品均无明显的 Ce 异常（δCe = 0.91 ~ 0.93）。稀土配分模式图上（图 4 - 97b），3 件样品呈明显的轻稀土富集且分馏程度较高的陡倾斜型，1 件样品呈相对较平缓的右倾斜型，重稀土分馏均不明显。

表 4 - 48　雅满苏铁锌钴矿床岩矿石稀土元素组成

样号	YMS13 - 48	YMS13 - 49	YMS13 - 50	YMS13 - 51	YMS13 - 52	YMS13 - 53	YMS13 - 54	YMS13 - 55
岩性	石榴子石矽卡岩	石榴子石矽卡岩	石榴子石矽卡岩	石榴子石矽卡岩	石榴子石矽卡岩	透辉石矽卡岩	透辉石矽卡岩	透辉石矽卡岩
La	6.4	4.7	10.4	4.4	4.6	151.5	19.2	143
Ce	11.4	13.5	38.1	13.2	12.9	245	31.1	214
Pr	1.69	2.79	5.56	2.81	2.24	21	2.8	16.05
Nd	11.5	19	23.3	19.3	13.1	60.5	8.9	37.8
Sm	4.85	7.14	4.76	7.07	4.41	4.92	2.01	3.45
Eu	2.15	2.2	2.11	2.24	1.59	1.42	0.3	0.65
Gd	4.8	7.24	4.58	7.47	4.26	2.21	2.61	3.41
Tb	0.74	1.18	0.69	1.19	0.64	0.27	0.51	0.6
Dy	4.37	6.58	3.62	6.86	3.58	1.38	3.24	3.78
Ho	0.89	1.34	0.75	1.36	0.72	0.27	0.68	0.82
Er	2.38	3.4	2.07	3.55	1.96	0.74	1.88	2.31
Tm	0.32	0.55	0.31	0.48	0.28	0.11	0.29	0.34
Yb	1.82	2.52	1.63	2.55	1.73	0.69	1.64	2.08
Lu	0.28	0.4	0.27	0.37	0.26	0.12	0.24	0.31
Y	23.5	37.9	23.9	38.2	20.1	7.8	19.1	22.4
∑REE	53.59	72.54	98.15	72.85	52.27	490.13	75.40	428.60
LREE/HREE	2.44	2.13	6.05	2.06	2.89	83.65	5.80	30.40
(La/Yb)$_N$	2.52	1.34	4.58	1.24	1.91	157.49	8.40	49.31
(La/Sm)$_N$	0.85	0.42	1.41	0.40	0.67	19.88	6.17	26.76
(Gd/Yb)$_N$	2.18	2.38	2.32	2.42	2.04	2.65	1.32	1.36
δEu	1.35	0.93	1.36	0.94	1.11	1.14	0.40	0.57
δCe	0.83	0.90	1.22	0.90	0.98	0.93	0.92	0.91
样号	YMS13 - 48	YMS13 - 49	YMS13 - 50	YMS13 - 51	YMS13 - 52	YMS13 - 53	YMS13 - 54	YMS13 - 55
岩性	透辉石矽卡岩	绿帘石矽卡岩	绿帘石矽卡岩	绿帘石矽卡岩	块状磁铁矿矿石	块状磁铁矿矿石	块状磁铁矿矿石	块状磁铁矿矿石
La	93.3	510	528	12.8	4.2	2.8	2.1	1.2
Ce	141	738	770	22.2	8.9	6.4	5.3	3
Pr	10.9	56.1	59	2.13	0.95	0.91	0.71	0.4
Nd	26.8	121.5	133	7.3	3.6	4.2	3.3	1.7
Sm	2.08	5.43	6.76	1.45	0.72	1.47	0.72	0.31
Eu	0.85	1.55	3.37	0.48	0.16	0.28	0.24	0.06
Gd	1.18	2.69	2.64	1.24	0.54	0.66	0.69	0.24
Tb	0.15	0.37	0.27	0.18	0.09	0.1	0.11	0.04
Dy	0.75	2.02	1.1	1.12	0.66	1.23	0.66	0.2
Ho	0.15	0.43	0.19	0.24	0.13	0.22	0.15	0.04
Er	0.43	1.14	0.5	0.77	0.37	0.53	0.43	0.11
Tm	0.07	0.18	0.07	0.12	0.07	0.17	0.07	0.01
Yb	0.42	1.01	0.48	0.94	0.32	0.58	0.35	0.1
Lu	0.08	0.16	0.09	0.16	0.04	0.05	0.05	0.02
Y	4.2	12.6	5.3	7.3	4.6	5.6	6.5	1.5
∑REE	278.16	1440.58	1505.47	51.13	20.75	19.60	14.88	7.43
LREE/HREE	85.12	179.07	280.92	9.72	8.35	4.54	4.93	8.78
(La/Yb)$_N$	159.34	362.20	789.03	9.77	9.41	3.46	4.30	8.61
(La/Sm)$_N$	28.96	60.63	50.42	5.70	3.77	1.23	1.88	2.50
(Gd/Yb)$_N$	2.32	2.20	4.55	1.09	1.40	0.94	1.63	1.99
δEu	1.52	1.10	2.04	1.07	0.75	0.75	1.03	0.65
δCe	0.91	0.88	0.88	0.95	1.05	0.98	1.06	1.06

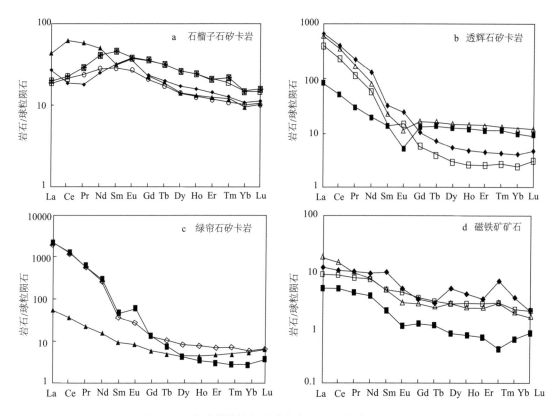

图 4 – 97   雅满苏铁锌钴矿矽卡岩及矿石的稀土配分模式

(球粒陨石标准据文献 Sun et al., 1989)

绿帘石矽卡岩除 1 件样品 (YMS13 – 63) 稀土总量较低 ($\sum$REE = 51.13 × 10^{-6})，轻重稀土比值相对较低 (LREF/HREE = 9.7) 外，另两件样品稀土元素总量较高 ($\sum$REE 为 1440.58 × 10^{-6} ～ 1505.47 × 10^{-6})，轻重稀土比值也高 (LREE/HREE = 179.07 ～ 280.92)。所有绿帘石矽卡岩样品均具弱或较明显的正 Eu 异常 (δEu = 1.06 ～ 2.04)，无明显的 Ce 异常 (δCe = 0.88 ～ 0.94)。稀土配分模式图上 (图 4 – 97c)，3 件样品呈明显的轻稀土富集且分馏程度较高的陡倾斜型，重稀土曲线相对较平缓。

4 件磁铁矿石稀土元素特征基本一致，稀土元素含量低，$\sum$REE 值 7.43 × 10^{-6} ～ 20.75 × 10^{-6})，轻稀土略富集 (LREF/HREE = 4.5 ～ 8.78)，无明显 Ce 异常 (δCe = 0.98 ～ 1.06)，除个别样品 (YMS13 – 59) 外，无明显 Eu 异常 (δEu = 1.02) 外，多数样品具有中等程度的负 Eu 异常 (δEu = 0.65 ～ 0.75)。稀土配分模式为较平缓的右倾型 (图 4 – 97d)。

雅满铁锌钴矿矽卡岩和磁铁矿石稀土元素特征变化较大，表明其具有较复杂的形成过程。石榴子石矽卡岩、磁铁矿石及个别绿帘石矽卡岩样品稀土元素总量较低，轻稀土略富集，具有正的 Eu 异常或无明显 Eu 异常，Ce 异常不明显，与新疆蒙库、乔夏哈拉、乌吐布拉克、查岗诺尔等近矿围岩含大量矽卡岩的铁矿具有相似稀土元素地球化学特征 (闫升好等，2005；杨富全等，2007；张志欣等，2011；洪为等，2012)，表明其成矿特征的相似性。透辉石矽卡岩既有具正 Eu 异常的样品，也有具明显负 Eu 异常的样品，且稀土总量及轻重稀土比值变化较大，可能受到不同阶段不同性质流体交代作用的影响。绿帘石矽卡岩中出现轻稀土含量异常高的样品，可能与其中含有一定量的褐帘石有关，同时也暗示了流体成分的复杂多样性。

高温条件是决定流体中是否出现 Eu 正异常的重要条件 (Bau, 1991；Hass et al., 1995)。雅满苏磁铁矿石中除个别样品无明显铕异常外，多数样品具中等程度负 Eu 异常，表明其可能形成于不同的温度条件，既有高温度条件下形成的无明显 Eu 异常磁铁矿石，也有温度相对较低条件下形成的具负 Eu 异常的矿石。这与流体包裹体测温具有较大的变化范围一致。Ce 属于变价元素，有两种价态为 Ce^{3+} 和 Ce^{4+}。通常在氧化条件下，Ce^{3+} 被氧化成 Ce^{4+}，而 Ce^{4+} 很难被溶解，因此沉积物中呈现 Ce 正异常或无明显的负异常；当处于次氧化或缺氧环境时，Ce 被活化并以 Ce^{3+} 形式释放到水体中，导致沉积物中呈现 Ce 负异常（DeBaar et al.，1985；杨兴莲等，2008）。雅满苏铁锌钴矿床中矽卡岩、矿石无明显 Ce 异常，说明其形成于氧化环境。

雅满苏铁锌钴矿石榴子石矽卡岩等近矿围岩及部分磁铁矿石的稀土元素特征与矿区玄武岩、安山质凝灰岩和流纹质凝灰岩相似，稀土总量较低，轻稀土略富集，无明显 Eu、Ce 异常，暗示其存在明显成因联系。透辉石矽卡岩和绿帘石矽卡岩轻稀土富集程度明显提高，且出现有轻稀土异常富集和具有中等程度负 Eu 异常的样品，表明形成这些矽卡岩的流体强烈富集轻稀土。雅满苏铁锌钴矿石榴子石矽卡岩等近矿围岩的 Y/Ho 比值为 25～32，平均 28.5，与球粒陨石基本一致（Bau et al.，1995）。磁铁矿石的 Y/Ho 比值为 25.5～43.3，平均 35.6，明显低于海水（44～47），显示了与岩浆的亲缘性，表明雅满苏铁锌钴矿石榴子石矽卡岩等近矿围岩及磁铁矿形成与岩浆热液有关。在 Y/Ho - La/Ho 图（图 4-98a）和 $(La/Yb)_N$ - $(La/Sm)_N$ 图中（图 4-98b），所有样品呈现明显的线性分布特征，表明磁铁矿石与矽卡岩、火山岩具有同源性，成矿物质主要来源于火山岩。

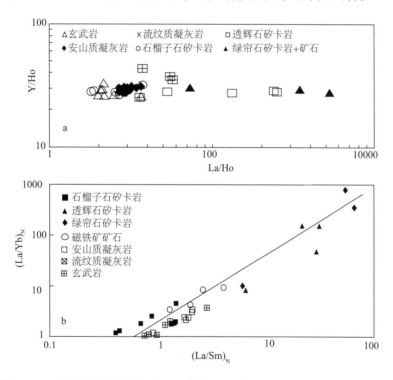

图 4-98　雅满苏铁锌钴矿床岩石、矽卡岩及矿石的 Y/Ho - La/Ho 图（a）和
$(La/Yb)_N$ - $(La/Sm)_N$ 图（b）

（四）矽卡岩化对铁成矿的指示

雅满苏铁锌钴矿床产于早石炭世基性 - 中性 - 酸性火山沉积岩系中，近矿围岩及矿石中发育大量矽卡岩矿物，矿体与矽卡岩密切共生，表明铁矿形成与矽卡岩化过程有密切关系。矽卡岩形成的地质条件非常广泛，侵入体附近、断裂带或剪切带、浅部的地热系统、海底以及下地壳深埋的变质地体中均有产出，形成于区域变质、混合岩化、矿浆充填、接触变质作用以及不同流体参与的交代作用（赵一鸣等，1997；2002；Meinert，1998；2005）。Einaudi et al.（1981）根据矽卡岩形成机理不同将矽卡岩划分为交代矽卡岩和变质矽卡岩两类，交代矽卡岩一般产于侵入体和碳酸盐岩接触带或有一定距离的地层中，形成温度较高，流体一般认为是岩浆成因的；变质矽卡岩形成于区域变质阶段。雅满

苏铁锌钴矿近矿围岩矽卡岩化强烈，矽卡岩大量分布，主要有石榴子石矽卡岩、透辉石矽卡岩、透辉石石榴子石矽卡岩、绿帘石透辉石矽卡岩，石榴子石端员组分以钙铁榴石－钙铝榴石系列为主，这种特点与我国的蒙库铁矿（杨富全等，2007）、长江中下游（赵斌等，1982；赵永鑫，1992；束学福，2004）及大兴地区（朱钟秀等，1989）的矽卡岩型铁矿的石榴子石特征一致。与世界上主要大型矽卡岩型铁矿石榴子石特征具有可比性（Meinert，1992）。成矿流体以 $NaCl－H_2O$ 体系为主，与世界矽卡岩型矿床成矿流体性质相似。雅满苏铁锌钴矿石中磁铁矿的成分（如 $Ca + Al + Mn－Ti + V$）与矽卡岩型铁矿中磁铁矿具有一致特征，反映了大多数样品经过了一个热液交代作用过程，同时也暗示矽卡岩化对成矿的贡献。早期磁铁矿的 $TiO_2－Al_2O_3－MgO$ 显示与中基性岩浆的成因联系，晚期磁铁矿的 $TiO_2－Al_2O_3－MgO$ 表明热液交代作用对成矿贡献，这些特点也表明雅满苏铁锌钴矿矽卡岩为交代矽卡岩。

对于交代矽卡岩成因，一般认为是由酸性－中酸性花岗质岩体与碳酸盐岩以及富钙镁质的碎屑岩接触交代作用形成，在接触带广泛发育矽卡岩，并且矽卡岩与大量金属堆积成矿密切相关（赵一鸣等，1990；程裕淇等，1994：赵一鸣，2002）。雅满苏铁锌钴矿体与矽卡岩呈似层状、透镜状产于中基性火山沉积岩系中，并非产于中酸性岩体与碳酸盐岩的接触部位沿岩体接触带分布，这与传统的典型接触交代矽卡岩型铁矿有一定差异，而与新疆阿尔泰蒙库铁矿（杨富全等，2007）、乌吐布拉克铁矿（张志欣等，2011）、西天山查岗诺尔铁矿矽卡岩阶段矿化（洪为等，2012）以及东天山红云滩铁矿（张立成等，2013）的地质特征相似。矿体均产于受构造控制的矽卡岩带内，其矽卡岩矿物的化学成分与我国一些交代矽卡岩型矿床中的钙矽卡岩（赵一鸣等，1990）基本相同。包括雅满苏矿床在内的新疆上述铁矿的矽卡岩是火山热液交代火山岩和碳酸盐岩的产物。C、O 和 S 同位素成分特征显示成矿流体中 C 不是来自灰岩，而是来源于深部岩浆或地幔，S 来源于岩浆硫。雅满苏铁锌钴矿石榴子石矽卡岩等近矿围岩及部分磁铁矿石的稀土元素特征表明，磁铁矿石与矽卡岩及赋矿地层中的火山岩具有一定的成因联系。因此，本研究认为雅满苏铁锌钴矿为产于海相火山岩中的交代矽卡岩型矿床，成矿物质主要来源于火山岩，成矿热液主要来源于岩浆期后热液，是岩浆热液流体交代雅满苏组基性－中性火山岩（火山角砾岩和安山质凝灰岩）及灰岩过程中形成。

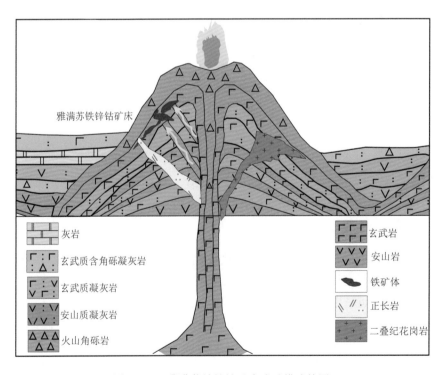

图 4 - 99　雅满苏铁锌钴矿床成矿模式简图

（五）成矿过程

成矿过程可以概括为图4-99。早石炭世地幔来源岩浆喷出地表，形成雅满苏组火山岩系，岩浆喷发的晚期阶段或期后，由于岩浆经过充分结晶分异形成富钠质火山热液，该热液沿断裂运移交代早期富铁火山岩，首先形成钠长石＋石榴子石＋透辉石等矿物组合的早期矽卡岩。随着成矿流体的演化，温度逐渐降低，发生了矽卡岩的退化蚀变作用，形成一套钾钙质硅酸盐类矿物组合，主要以绿帘石、绿泥石为主，其次是阳起石、透闪石、角闪石、钾长石、钠长石等，同时形成大量磁铁矿，形成块状磁铁矿体。在石英方解石硫化物阶段温度持续降低，氧逸度不断下降，形成石英、方解石、闪锌矿、黄铁矿和含钴金属硫化物等，形成锌矿化、钴矿化，叠加到退化蚀变阶段形成的铁矿体上，或形成单独锌矿体、钴矿体、锌钴矿体。

第五章　新疆北部铁多金属矿成矿规律

新疆北部（阿尔泰、准噶尔、天山）是我国重要的铁成矿带之一，在新疆具有重要地位，特别是近年来西天山阿吾拉勒地区铁矿找矿取得重要突破，发现和评价了查岗诺尔、智博、敦德、备战4个大型矿床，数个中小型矿床。新疆北部铁矿主要赋存于泥盆纪—石炭纪火山沉积建造中，与火山岩和侵入岩均有一定的时空和成因联系，具有分布广、规模小、多期次、多成因和多种矿物组合特征。新疆北部已发现50余处铁多金属（除铁外，共生或伴生铜、铅、锌、金、钼、锰、钴、钒、钛等）矿床（点）（图5-1），以铁的规模计算，蒙库、磁海、敦德、查岗诺尔、备战铁为大型铁矿，敦德伴生的锌金属资源量为 161×10^4 t，金50 t（新疆地矿局第三地质大队，2014），均达到大型规模；雅满苏铁锌钴矿、阿巴宫（包括小铁山）铁磷稀土矿、托莫尔特铁锰矿、莫托沙拉铁锰矿为中型，其他的为小型或矿点。前人对一些典型矿床进行了较为详细的研究，如蒙库、乔夏哈拉、磁海、敦德、智博，但对于铁矿中共/伴生元素、矿床模型、新疆北部铁多金属矿的成矿规律研究薄弱。矿床的成因长期存在分歧，有矽卡岩型、火山喷流沉积型、火山喷流沉积+叠加改造型、海相火山岩型、矿浆型、次火山岩-矿浆贯入-热液交代型、次火山热液型、岩浆分异-矿浆贯入-热液交代多成因型、岩浆-热液型、富铁岩浆流体、变质成因等之争（张建中等，1987；王京彬等，1998；赵玉社，2000；薛春纪等，2000；王登红等，2002；仇仲学，2003；Wang et al.，2003；李嘉兴等，2003；胡兴平，2004；王玉往等，2006；徐林刚等，2007；杨富全等，2008；蒋宗胜等，2012；赵一鸣等，2012；段士刚等，2014；李厚民等，2014）。

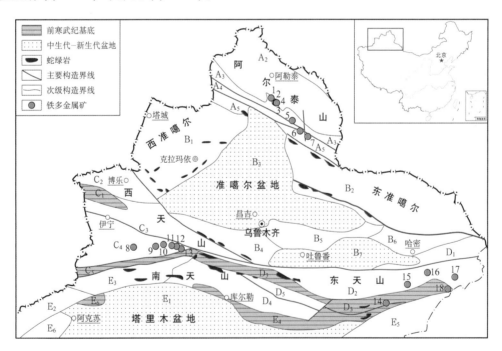

图5-1　新疆北部火山-侵入岩型主要铁多金属矿分布略图

1—恰夏铁铜矿；2—托莫尔特铁锰矿；3—阿巴宫-小铁山铁磷稀土矿；4—塔拉特铅锌矿；5—阿克希克铁金矿；6—乔夏哈拉铁铜矿；7—老山口铁铜金矿；8—阔拉萨依铜铁锌矿；9—式可布台含铜铁矿；10—松湖铁（铜钴）矿；11—查岗诺尔含铜铁矿 12—敦德铁锌金矿；13—备战含金铁矿；14—磁海含钴铁矿；15—雅满苏铁锌钴矿；16—突出山铁铜矿；17—沙泉子-黑峰山铁铜矿；18—天湖铁铜矿

第一节 铁多金属矿成因类型

新疆北部已发现50余处铁多金属矿床（点）（图5-1），其中蒙库、查岗诺尔、敦德、备战、磁海的铁资源量达到大型规模，其他为中小型和矿点。伴生元素只有敦德的锌和金达到大型规模，其他矿床共伴生元素为小型。部分矿床进行过研究，总体上研究程度低。新疆北部铁多金属矿多形成于泥盆纪和石炭纪，少数形成于二叠纪（见下文讨论），经历过了多次构造－热液活动，具有多期叠加成矿特征。同时矿床（点）主要分布在火山沉积岩系中，与火山作用有着或多或少的关系，火山作用可形成矿体、矿源层或提供成矿物质。与火山作用同时代的侵入岩（次火山岩）和部分不同时代侵入岩在空间和成因上与铁多金属矿有一定的联系。本书在划分成因类型上以铁成矿作用为主进行划分。依据含矿岩系、与侵入岩关系、矿体特征、矿化类型、围岩蚀变和矿床地球化学资料等将新疆北部铁多金属矿的成因类型划分为火山岩型、矽卡岩型、辉绿岩型和岩浆型4种主要类型（表5-1），其中火山岩型和矽卡岩型是主要类型。火山岩型进一步划分出矿浆型（?）（如阿巴宫铁磷稀土矿）、矿浆＋热液型（如敦德铁锌金矿）、火山－次火山热液型（如阔拉萨依铁铜锌矿）、火山沉积型（如托莫尔特铁锰矿）、火山沉积＋叠加改造型（如沙泉子铁铜矿）5个亚类型；矽卡岩型可划分为矽卡岩＋叠加改造型（如蒙库铁（铜）矿）和接触交代矽卡岩（如哈勒尕提铁铜多金属矿）或类矽卡岩（交代火山岩）型（如乔夏哈拉铁铜金矿）两个亚类型。另外，有少量矿床属热液型（如梧桐沟铁（铜）矿）、沉积型（如鱼峰含钛铁矿、也根布拉克含钛铁矿）和沉积＋叠加改造型（如天湖铁铜矿）。主要矿床特征列于表5-2。

表5-1 新疆北部火山－侵入岩型铁多金属矿类型划分

矿床类型及亚类		成矿元素	主要特征	矿床实例
火山岩型	矿浆型（?）	Fe－P－REE Fe－Cu Fe－Cu－Co	产于火山沉积岩系，受火山断裂、角砾岩筒、火山通道控制	阿巴宫铁磷稀土矿、小铁山铁磷稀土矿、查岗诺尔含铜铁矿、松湖铁（铜钴）矿
	矿浆＋热液叠加型	Fe－Zn－Au	产于火山沉积岩系，受火山机构控制，铁、金形成于矿浆期和火山热液期，铜、铅锌形成岩浆热液期	敦德铁锌金矿
	火山－次火山热液型	Fe－Zn－Au Fe－Zn－Cu	产于玄武质凝灰岩中，受火山通道控制	塔尔塔格、阔拉萨依、阿克萨依
	火山沉积型	Fe－Mn	产于火山沉积岩系，受岩相和古地理控制	托莫尔特铁锰矿、薄克吐巴依铁锰矿、莫托沙拉铁锰矿、式可布台含铜铁矿
	火山沉积型＋叠加改造型	Fe－Cu Fe－Au Pb－Zn－Fe	产于火山沉积岩系，受岩相和断裂控制，铁形成于火山沉积期，铜、金、铅锌形成热液期	恰夏铁铜矿、阿克希克铁金矿、塔拉特铅锌铁矿、沙泉子铁铜矿
矽卡岩型	矽卡岩型＋叠加改造型	Fe－Cu	矿化分布在花岗岩外接触的火山岩系的矽卡岩中，铜矿化受断裂控制	蒙库铁（铜）矿
	接触交代矽卡岩或类矽卡岩（交代火山岩）型	Fe－Cu－Au Fe－Cu Fe－Zn－Co Fe－Cu－Mo Fe－Cu－Pb－Zn－Au	闪长岩与灰岩、凝灰岩、安山岩外接触带的矽卡岩中	乔夏哈拉铁铜金矿、老山口铁铜金矿、加马特铁铜金矿、雅满苏铁锌钴矿、哈勒尕提铁铜多金属矿
辉绿岩型		Fe－Co	矿体赋存于辉绿岩中，主要矿化类型矽卡岩型，少量热液型	磁海含钴铁矿
岩浆型		V－Ti－Fe	产于基性岩中	哈旦孙钒钛磁铁矿、库卫钒钛磁铁矿、尾亚钒钛磁铁矿、哈拉达拉钒钛磁铁矿

表 5 - 2　新疆北部主要铁多金属矿地质特征

矿床名称	赋矿岩系	容矿岩石	岩体	围岩蚀变	矿石中金属矿物	矿石中非金属矿物	矿体规模/m	矿石品位	成矿元素	成因类型	参考文献
恰夏铁铜矿	S₃—D₁康布铁堡组上亚组	大理岩、变钙质粉砂岩、绿泥石英片岩、变凝灰质粉砂岩	早泥盆世闪长玢岩脉	砂卡岩化、重晶石化、硅化	磁铁矿、少量黄铁矿、黄铜矿、方铅矿、闪锌矿	石英、绿泥石、方解石、黑云母、绢云母、阳起石、绿帘石	铁矿体长50~650m，平均厚度2.8~5.8m；铜矿体长约50m，平均厚2.3~7.5m	TFe平均品位20%~47.42%；Cu平均品位0.25%~0.44%	Fe、Cu	火山岩型	黄承科等，2009
托莫尔特铁锰矿	S₃—D₁康布铁堡组上亚组	变凝灰砂岩、变火山岩(含火山碎屑)凝灰岩、变粉砂岩、大理岩	早泥盆世花岗斑岩脉	阳起石化、透闪石化、绢云母化、绿泥石化	磁铁矿、软锰矿、黄铁矿、少量磁赤铁矿、黄铜矿	方解石、石英、绢云母、黑云母、榴子石、阳起石、绿帘石	铁矿体长200~650m，平均厚8.8~15.0m	TFe平均品位31.31%~33.69%；Mn平均品位4.45%~7.64%	Fe、Mn	火山岩型	黄承科等，2008
塔拉特铅锌铁矿	S₃—D₁康布铁堡组下亚组第二岩性段上部	黑云母变粒岩、变质凝灰岩、变质火山角砾岩、变质流纹岩	早二叠世黑云母二长花岗岩	砂卡岩化、黑云母化、硅化石化和碳酸盐化	方铅矿、闪锌矿、磁铁矿、赤铁矿、少量黄铁矿、黄铜矿	黑云母、角闪石、透辉石、阳起石、绿帘石	铅锌矿体长920m，厚0.41~10.88m，平均厚度3.01m	铅平均品位1.92%，锌平均品位2.19%；MFe平均5.76%~14.74%	Pb、Zn、Fe	火山岩型	黄承科等，2009
阿巴宫铁磷稀土矿	S₃—D₁康布铁堡组上亚组	变火山角砾岩、斜长角闪岩、片岩、变粒岩	斜长角闪岩脉	透闪石化、阳起石化、绿泥石化、钠长石化、碳酸盐化		石英、磷灰石、白云母、绢云母、阳起石、钠长石、方解石	铁矿体长200~1800m，平均厚1.4~16.56m	TFe平均品位44.18%~67.21%；P₂O₅平均品位3.8%~10.8%	Fe、P、REE	火山岩型	刘锋等，2009
蒙库铁(铜)矿	C₁南明水组	变粒岩、浅粒岩、斜长角闪岩、砂卡岩	早、中泥盆世花岗岩	砂卡岩化、硅化、绢云母化、绿泥石化	磁铁矿、少量磁赤铁矿、黄铜矿、辉钼矿	石榴子石、透辉石、角闪石、长石、石英、绿泥石、绿帘石、透闪石	铁矿体长50~2322m，厚1.3~103.2m	TFe平均品位24%~58%；Cu平均品位0.001%~1.53%	Fe，局部伴生Cu	砂卡岩型	杨富全等，2008a；李建国等，2009
阿克希克铁金矿	C₁南明水组	玄武岩、安山岩、凝灰岩	玄武安山岩、玄武岩	硅化、绢云母化、绿泥石化、黄铁矿化、碳酸盐化	磁铁矿、赤铁矿、少量黄铁矿、自然金	斜长石、石英、角闪石、绢云母、黑云母	铁矿体长120~300m，宽4.48~6.16m	TFe平均品位29.1%~35.1%；Au平均品位0.36~1.19g/t	Fe、Au	火山岩型	李强等，2014
乔夏哈拉铁铜金矿	D₂北塔山组	凝灰岩、玄武岩、山岩、大理岩	中泥盆世闪长岩、闪长玢岩	砂卡岩化、绿帘石化、绿泥石化、硅化	磁铁矿、赤铁矿、黄铜矿、磁黄铁矿、斑铜矿、自然金、辉金钼矿	石英、长石、绿帘石、石榴子石、绿泥石、阳起石、透闪石	矿体长80~540m，宽1~20m	TFe平均品位35.5%；Cu平均0.55%~2.2%；Au平均0.13~2.4g/t	Fe、Cu、Au	砂卡岩型	李泰德，2002；应立娟等，2009

矿床名称	赋矿岩系	容矿岩石	岩体	围岩蚀变	矿石中金属矿物	矿石中非金属矿物	矿体规模/m	矿石品位	成矿元素	成因类型	参考文献
老山口铁铜金矿床	D_2北塔山组	安山质火山角砾岩、含角砾凝灰岩、玄武岩	中泥盆世闪长岩、闪长玢岩	矽卡岩化、绿帘石化、碳酸盐化	磁铁矿、黄铁矿、黄铜矿、毒砂、自然金、银金矿	石英、方解石、绿帘石、绿泥石、钠长石、绢云母、斜长石、角闪石	长110~200 m，平均厚5.5~13.92 m	TFe平均品位35.5%~36.42%；Cu平均品位0.19%~0.41%；Au平均0.49~1.31 g/t	Fe、Cu、Au	矽卡岩型	程剑，2004；吕书君等，2012
哈旦孙钒钛铁矿	镁铁-超镁铁杂岩	辉长闪长岩和辉长岩	辉长岩、石英二长闪长岩、花岗闪长岩		钛磁铁矿、磁铁矿	辉石、角闪石、石英、斜长石	长25~98 m，厚3.9~43 m	TFe品位27.35%~32.57%，$V_2O_5$0.21%~0.24%，$TiO_2$3.58%	Fe、V、Ti	岩浆型	贺永康，2006
莫托萨拉铁锰矿	C_1阿克沙克组	花岗质砾岩、砂岩、结晶灰岩	闪长岩脉	硅化、绿泥石化、碳酸盐化	赤铁矿、磁铁矿、黄铁矿、菱锰矿、褐锰矿、黑锰矿	重晶石、方解石、石英、方铅矿、碧玉、硬锰矿、石膏	铁矿体厚度平均18 m，锰矿体长0.8~1 km，平均厚4.7 m	TFe平均品位47.2%，Mn平均品位18.7%	Fe、Mn	火山岩型	袁涛，2003；陈毓川等，2008
敦德铁锌金矿	C_1大哈拉军山组	晶屑凝灰岩、玄武质凝灰熔岩和安山岩	早二叠世花岗岩	矽卡岩化、绿帘石化、绿泥石化、碳酸盐化、钾长石化	磁铁矿、闪锌矿、黄铁矿、白铁矿、磁黄铁矿、黄铜矿	石榴子石、透辉石、绿帘石、绿泥石、阳起石、石英	长56~930 m，厚2.0~100 m	TFe品位20%~64.95%，Zn品位0.5%~5.31%	Fe、Zn、Au	火山岩型	新疆第三地质大队，2011
查岗诺尔含铜铁矿	C_1大哈拉军山组	安山质晶屑凝灰岩、安山岩、流纹岩	正长花岗岩、花岗闪长岩	矽卡岩化、碳酸盐化、硅化等	磁铁矿、黄铁矿、黄铜矿、赤铁矿、镜铁矿	石榴子石、阳起石、绿帘石、绿泥石、透辉石、方解石、石英	铁主矿体长2.9km，厚3.65~218 m，平均厚度64.2 m	TFe品位20.2%~64.2%，平均品位35.6%	Fe，伴生少量Cu	火山岩型	冯金星等，2010；洪为等，2012a
武可布台含铜铁矿	C_2伊什基里克组	安山质、英安质凝灰岩、沉凝灰岩夹砂岩、灰岩	闪长岩和石英钠长斑岩	绿泥石化、绢云母化、硅化、黄铁矿化和碳酸盐化	赤铁矿、少量镜铁矿、磁铁矿、菱铁矿、黄铁矿	石英、碧玉、重晶石、长石、绢云母、滑石、绿泥石	矿体长100~900 m，厚3~15 m	TFe平均56.56%，最高可达66.78%	Fe，伴生少量Cu	火山岩型	田培仁，1990；袁涛，2003
松湖铁（铜钴）矿	C_1大哈拉军山组	凝灰岩、砂屑凝灰岩和钙质粉砂岩	未见岩体	钾长石化、绿泥石化、方解石化、阳起石化、硅化	磁铁矿、赤铁矿、黄铁矿、黄铜矿	钾长石、绿泥石、绿帘石、阳起石、方解石、石英	主矿体长735 m，平均厚度22.24 m	TFe品位22.2%~52.2%，平均品位45.03%	Fe，伴生少量Cu、Co	火山岩型	周昌平等，2007；单强等，2009；王春龙等，2012

矿床名称	赋矿岩系	容矿岩石	岩体	围岩蚀变	矿石中金属矿物	矿石中非金属矿物	矿体规模/m	矿石品位	成矿元素	成因类型	参考文献
铁木里克铁金矿	C_2伊什基里克组	凝灰岩、含角砾凝灰岩、沉凝灰岩	闪长岩	绿泥石化、绢云母化、硅化、碳酸盐化	磁铁矿、赤铁矿、黄铜矿	石英、方解石、绿泥石	矿体长50~620 m,厚1.1~1.8 m	TFe品位35.9%~50.8%	Fe、Au	火山岩型	李凤鸣等,2011
阔拉萨依铁铜锌矿	C_1大哈拉军山组	含砾晶屑凝灰岩、安山岩、角砾熔岩、安山岩	二长花岗岩、石英闪长岩斑岩	砂卡岩化、碳酸盐化、硅化	磁铁矿、黄铁矿、磁黄铁矿、黄铜矿	石英、长石、方解石、绿帘石、石榴子石、绿泥石、绢云母	铁矿体长300~360 m,厚1.5~24.7 m,Zn矿体厚4.8~11.76 m	TFe平均品位44.6%,Zn1.3%	Fe、伴生少量Zn、Cu	火山岩型	李泰德等,2009;李凤鸣等,2011
阿灭里根萨依铁铜锌矿	S尼勒克河组	微晶灰岩、大理岩化灰岩、大理岩	二长花岗岩、花岗岩斑岩	砂卡岩化、硅化	磁铁矿、赤铁矿、闪锌矿、斑铜矿、黄铜矿	石英、透辉石、石榴子石、绿泥石、方解石	主矿体长30~70 m,厚0.5~11.46 m	TFe平均品位54.96%,Cu平均品位0.69%,Zn平均2.65%	Fe、伴生Cu、Zn	砂卡岩型	李新光等,2012
磁海含钴铁矿	赋存于早二叠世辉绿岩	辉绿岩	粗粒辉长岩、辉绿岩、花岗岩、花岗闪长岩、二长花岗岩	砂卡岩化、钠化、钾化、黑云母化、绢云母化、碳酸盐化	磁铁矿、赤铁矿、黄铁矿、黄铜矿、辉砷钴矿	辉石、石榴子石、闪长石、石英、黑云母、绿泥石	铁矿体长180~360 m,厚70~130 m	TFe品位30.40%~33.10%	Fe、伴生少量Co	辉绿岩型	左国朝等,2004;王玉往等,2006;唐萍芝等,2010
雅满苏铁锌钴矿	C_1雅满苏组上亚组	玄武岩、玄武质集块岩、辉绿岩、大理岩	正长岩、闪长岩、花岗岩	砂卡岩化、碳酸盐化、硅化	磁铁矿、赤铁矿、黄铁矿	石榴子石、角闪石、绿帘石、绿泥石、石英、方解石、透辉石	铁矿体长940~1314 m,宽约120 m	TFe品位35%~55%	Fe、Zn、Co	砂卡岩型	卢登蓉等,1995;张洪武,2001
沙泉子铁铜矿	C_1土古土克第二、三岩性段	凝灰岩、玄武岩、安山岩	闪长玢岩 322 Ma	砂卡岩化、钾化、黑云母化、绢云母化、碳酸盐化和硅化	磁铁矿、黄铁矿、黄铜矿、赤铁矿、镜铁矿、辉钼矿	石榴子石、绿帘石、绿泥石、石英、辉石、阳起石、钾长石、方解石	铁矿体长10~400 m,厚度小于5 m,铜矿体长50~500 m,平均厚3.38 m	TFe品位20%~60.2%,铜品位0.22%~3.24%,平均为0.68%	Fe、Cu	火山岩型	黄小文,2013
黑峰山铁铜矿	P阿奇布拉克组	基-中性凝灰岩	花岗闪长岩 274 Ma	砂卡岩化、钾化、黑云母化、碳酸盐化和硅化	磁铁矿、黄铜矿、赤铁矿、镜铁矿、斑铜矿、闪锌矿	石榴子石、绿泥石、石英、绿帘石、透辉石、阳起石、钾长石	铁矿体最长430 m	TFe品位42.5%~51%	Fe、Cu	火山岩型	新疆地矿局第六地质大队,2006
奖出山铁铜矿	C_1土古土克组第二岩性段	安山质凝灰岩、大理岩	闪长岩 326 Ma,花岗岩 318 Ma	砂卡岩化、硅化、碳酸盐化	磁铁矿、假象赤铁矿、赤铁矿、黄铁矿、黄铜矿	方解石、石英、绿泥石、绿帘石、石榴子石、云母石、阳起石	铁矿体长50~300 m,平均厚度0.55~18.09 m	TFe品位33.86%~40.35%,铜平均品位为1.44%	Fe、Cu	砂卡岩型	新疆地矿局第六地质大队,2006

第二节　铁多金属矿空间分布及特征

新疆北部铁多金属矿在空间上集中分布于 4 个地区，即阿尔泰南缘、准噶尔北缘、西天山阿吾拉勒和东天山一带。新疆北部铁多金属矿主要含矿岩系为上志留统—下泥盆统康布铁堡组变质火山沉积岩系，中泥盆统北塔山组火山沉积岩系，下石炭统大哈拉军山组、阿克沙克组、雅满苏组和土古土布拉克组火山沉积岩系，上石炭统伊什基里克组火山沉积岩系。不同类型矿床（点）在空间上具有明显分布规律。

一、火山岩型

火山岩型主要分布于阿尔泰南缘、西天山阿吾拉勒、东天山阿奇山－雅满苏一带，赋矿地层为上志留统—下泥盆统康布铁堡组变质火山沉积岩系，下石炭统雅满苏组、大哈拉军山组和土古土布拉克组，上石炭统伊什基里克组火山沉积岩系。矿体总体顺层，局部切层，矿化与火山活动有关。按铁储量计算，矿床规模为大型、中型和小型。

（一）矿浆型

矿浆型铁多金属矿主要分布于阿尔泰南缘克兰盆地（如阿巴宫铁磷稀土矿），西天山阿吾拉勒一带的（如查岗诺尔含铜铁矿、智博铁矿、敦德铁锌金矿部分矿化、尼新塔格铁多金属、松湖铁（铜钴）矿）。

1. 矿浆型一般特征

自 20 世纪 50 年代以来，在智利北部第三纪玄武岩中发现了呈矿流产出的拉科磁铁矿床，铁矿体产状、矿石结构构造与玄武岩流基本相同（Richard et al.，2002；Fernandd et al.，2003），如层状和席状矿体、角砾状构造、气孔构造、水平构造、火山烟囱等。之后，在世界众多国家相继发现了类似铁矿床，如伊朗（Morteza et al.，2007）、瑞典（Vollmer et al.，1984；Rudyard et al.，1995）、秘鲁、加拿大、墨西哥，我国的宁芜火山盆地中也发现有众多类似矿浆型铁矿（翟裕生等，1980；徐志刚，2014）。这些铁矿床具有相似的地质、地球化学特征，其成因除矿浆外无法用其他学说来解释（Park，1961），因此被命名为矿浆型铁矿。经过近半个世纪的研究，人们发现所有矿浆型铁矿床是地球深部火山岩浆作用的结果，虽然存在一些相似的地质地球化学特征，但由于地质构造背景和火山作用深度的不同，不同矿床在赋矿岩性、矿石矿物组合、地球化学条件等方面存在较大的差异，无法用单一成矿模式来描述所有的矿浆型铁矿床。矿浆型铁矿特征（张文佑等，1977；吴利仁等，1978；Sillitoe et al.，2002；Henriquez et al.，2003；Jami et al.，2007；Piepjohn et al.，2007；Hildebrand，1986；Lyons，1988；Chen et al.，2010；徐志刚，2014）简述如下：

1）矿浆型铁矿床既可成群集中出现在同一地区，如瑞典基律纳型矿床、智利近太平洋地区、我国宁芜火山盆地，常绵延数百至上千平方千米，具有相似的矿物组合和地质特征，常沿断裂带等间距分布；也可呈点状分布，不同矿床特征可能有所不同，如云南曼养铁矿等。

2）矿浆型铁矿床在空间上基本分布于火山穹隆构造中，产于陆内裂谷、岛弧环境中。矿体多分布于火山通道口外侧的低洼地带或火山通道内及火山机构内的环状断裂，这些部位是磁铁矿浆流流动、迁移的有利场所。控矿因素主要为火山构造，另外，古地形也对控矿有一定的影响。

3）矿床主要赋存于火山岩－碎屑岩建造中，矿体大多赋存于凝灰岩、安山岩中，或赋存于与火山作用有关的凝灰质砂岩、沉凝灰岩中，但赋存于灰岩、大理岩、白云岩、火山角砾岩、流纹岩、玄武岩中的矿体很少见，具有明显的岩控特征。成矿多以充填开放式空间（火山通道、断裂、火山洼地等）为主，在地表（包括海底，以下同）、近地表条件下进行，火山通道口多有明显的坍塌、崩落现象，具有近同生成矿特征。矿体赋存深度距当时地表一般小于 1000 m，但个别矿床深度可超过 1500 m。

4）第三纪是世界上矿浆型铁矿的重要成矿期（如智利），其次是古元古代（如瑞典）。在中国矿浆型铁矿的主要成矿期为早白垩世，如宁芜火山盆地；其次为石炭纪，如西天山。另外，云南曼养铁矿发生在三叠纪。

5）矿浆型铁矿矿物组合较为简单，主要矿石矿物为磁铁矿、赤铁矿，常伴有黄铁矿、黄铜矿、磁黄铁矿、闪锌矿和方铅矿等；主要脉石矿物为绿泥石、绿帘石、透辉石、石榴子石、方解石，伴有石英、萤石、电气石等。矿物颗粒大小不均，早期矿物颗粒小，后期颗粒大。大部分铁矿区具有铜、金、锌异常，少数具有经济意义。

6）铁矿石储量一般大于10万吨，铁矿石品位一般＞35%，其中部分矿床品位很高、储量很大，如智利埃尔拉科、瑞典基鲁纳铁矿床铁矿石品位＞60%，储量＞2000万吨。矿床储量的大小，与主要矿体赋存部位有关，赋存于火山洼地的矿床要大于赋存于火山通道和火山断裂中的铁矿床。

7）矿床的成矿流体为矿浆，少量为火山-次火山热液。成矿温度一般高于600℃，最低可到400℃，集中于700~800℃。矿床的形成与火山作用有关。

8）矿区常见含铁碧玉岩，呈层状覆盖于铁矿体之上。部分矿区火山岩细碧岩化、角斑岩化。

9）矿区主要围岩蚀变为绿帘石化、透辉石化、石榴子石化、绿泥石化。蚀变以脉状蚀变为主，如绿帘石化、透辉石化和石榴子石化，位于矿体的边部或以脉状穿插于矿体和围岩中。围岩与矿体的接触界线非常清晰，无过渡带。

10）矿体常呈席状、层状（似层状）、透镜体状、脉状、筒状分布，有时可见水平层理；矿石构造主要为树枝状、球状、瘤状、气孔状、碎渣状、放射状、块状；大部分矿石中磷的含量较高，一般在2%~5%。

11）矿床铁氧化物 $\delta^{56}Fe$ 多在0‰左右，Fe主要来源于火山岩；$\delta^{18}O$ 在2‰~8‰，O主要来源于地幔，不同矿区氧化物之间的同位素平衡程度各不相同。矿石Pb同位素组成比较复杂，有些矿床富放射性成因铅，显示为上地壳来源；有些矿床Pb同位素组成差异较大，有的Pb同位素组成很均一。

2. 西天山石炭纪火山岩中铁矿床与矿浆型铁矿对比

西天山石炭纪火山岩中铁矿床矿石品位、赋矿岩石、构造背景、矿物组合、矿床规模、围岩蚀变、成矿流体、同位素组成、矿石构造以及与火山岩存在密切关系等特征均与矿浆型铁矿一致（图5-2，表5-3），暗示西天山石炭纪火山岩中铁矿床与矿浆型铁矿床具有一致的成因。

磁铁矿和围岩安山岩的界限非常清晰，直接过渡，没有蚀变带　　　　磁铁矿与安山岩的流动构造　　　　磁铁矿中的波纹、流动构造

图5-2　西天山矿浆型典型矿石及与围岩关系

3. 阿巴宫铁磷稀土矿特征

阿尔泰南缘矿浆型主要分布在克兰盆地阿巴宫-西铁山，含矿岩系为康布铁堡组上亚组第二岩性段，直接围岩为火山角砾岩、变凝灰岩、斜长角闪岩、云母片岩、浅粒岩。矿体附近发现了大量角砾岩，包括隐爆角砾岩、碎裂岩和磁铁矿化角砾岩，矿区可能存在角砾岩筒，其形成与成矿有关。矿体呈透镜状、脉状，受火山断裂控制，斜切地层分布，与围岩界线清楚。矿体沿走向多有膨胀、收敛、尖灭再现、分枝复合现象，在垂向上多呈漏斗状或楔状。成矿元素组合以铁、磷灰石、稀土为主，空间上与铅锌矿相距较近。围岩蚀变形成的矿物主要有透闪石、阳起石、绿泥石、绿帘石、钠长石、磷

灰石、黄铁矿、萤石、石英、方解石，少量石榴子石。围岩蚀变略具分带性，上盘为硅化、黑云母化、绿泥石化、绿帘石化、碳酸盐化，下盘具绿帘石化、绿泥石化、角（透）闪石化和少量石榴子石化等组合的矽卡岩化。已发现了阿巴宫铁磷稀土矿、西铁山铁磷稀土矿。

新疆北部是否存在矿浆型铁矿一直存在争议，还需要进一步细致工作，寻找更多的证据。

表5-3 西天山晚古生代火山岩中铁矿床与世界矿浆型铁矿特征对比

条件	世界矿浆型铁矿	西天山石炭纪矿浆型铁矿床
品位	铁矿石全铁品位＞35%，埃尔拉科、基鲁纳矿床＞60%	铁矿石全铁品位约为38%～45%，式可布台含铜铁矿约为65%
规模	单个矿床铁矿石量大于10万吨，最大可＞2000万吨	主要铁矿床均大于35万吨，智博铁矿、查岗诺尔含铜铁矿床＞400万吨
矿化范围	常集中分布于同一地区，面积数百平方千米；或呈孤立状出现	分布区＞10000 km²
赋矿岩石	主要为凝灰岩、安山岩，少量为凝灰质砂岩、沉凝灰岩	主要为凝灰岩、安山岩，部分矿区为凝灰质砂岩、绢云母千枚岩、板岩
矿体深度	小于1000 m，个别＞1500 m	＜1000 m，部分矿床（阔拉萨依、敦德、尼新塔格）未见底
构造背景	陆内裂谷、岛弧	岛弧、大陆边缘火山弧
与火山岩关系	密切，铁矿浆由中基性岩浆分异而来	密切，铁矿浆由玄武安山质岩浆分异而来
与侵入岩关系	一般与矿区侵入岩无直接联系	时间上、空间上与矿区侵入岩无关，部分矿区侵入岩错断铁矿体，对矿体有破坏作用
与沉积岩关系	一般与矿区沉积岩无直接联系	无成因联系，部分沉积岩仅提供岩浆、矿浆上升通道和赋矿空间
控矿因素	火山机构控矿，地形也有一定的影响	火山机构控矿，火山通道口附近洼地、火山通道、火山环状断裂中均有矿体分布
成矿时代	第三纪到古元古代均有分布，主要为第三纪	石炭纪
矿体矿石构造	矿体呈席状、层状、透镜体状、脉状、筒状，矿石呈树枝状、球状、瘤状、气孔状、碎渣状、放射状、块状	矿体呈似层状、透镜体状、脉状、筒状，矿石呈树枝状、碎渣状、块状、豹纹状和瘤状
矿物组合	磁铁矿、赤铁矿，常伴有黄铁矿、磁黄铁矿、黄铜矿、闪锌矿、方铅矿	磁铁矿、赤铁矿，常伴有黄铁矿、磁黄铁矿、黄铜矿、闪锌矿
共、伴生元素	大部分铁矿区有铜、金、锌异常	有铜、金、钴、锌异常，不同矿区异常组合不同
围岩蚀变	绿帘石化、透辉石化、绿泥石化、石榴子石化、方解石化，蚀变呈脉状	绿帘石化、透辉石化、绿泥石化、石榴子石化、方解石化，蚀变呈脉状
成矿流体	铁矿浆和火山热液	铁矿浆、火山-次火山热液
细碧角斑岩化	有	有
同位素	铁氧化物δ⁵⁶Fe多在0‰左右，δ¹⁸O在2‰～8‰	磁铁矿δ⁵⁶Fe多在0‰左右，δ¹⁸O在3‰～8‰
矿床实例	瑞典基律纳	查岗诺尔、智博、尼新塔格、松湖、敦德

（二）火山-次火山热液型

火山-次火山热液型主要分布于西天山阿吾拉勒，如塔尔塔格、阔拉萨依、阿克萨依。含矿热液沿火山口环状断裂、断层、火山通道充填交代，形成脉状、筒状、透镜状矿体，距离火山口0～0.5 km。矿石构造为块状、角砾状、晶洞状、脉状，角砾主要为方解石、石英等。磁铁矿为中粗粒，粒径 0.3～15 mm，颜色呈银黑色、亮黑色。矿石与围岩界线模糊，呈过渡关系。围岩蚀变以绿帘石化、钾长石化（塔尔塔格、阿克萨依）、方解石化（阔拉萨依）为主，矿石表面无流动构造；磁铁矿包裹体爆裂温度 <400℃。少数矿区见少量矿浆型矿体，但规模很小，如阿克萨依。主要成矿元素是 Fe－Zn－Au 和 Fe－Zn－Cu。

矿浆型磁铁矿石稀土元素配分模式为平缓右倾型，具有轻微的 Eu 负异常；微量元素具有强 Sr 负异常、Zr 负异常、Hf 正异常和 Y 无异常（图 5－3，图 5－4）。火山－次火山岩热液型磁铁矿石稀土元素配分模式为陡立右倾型，具有明显的 Eu 正异常；微量元素具有弱 Sr 负异常、弱 Zr 负异常、Hf 异常不明显和明显的 Y 正异常，微量、稀土元素含量明显高于矿浆型磁铁矿石一个数量级。矿浆型磁铁矿石、火山－次火山热液型磁铁矿矿石可同时出现在同一矿区，即同一矿区可出现不同成因矿体，如备战含金铁矿、查岗诺尔含铜铁矿。两类铁矿在微量、稀土元素含量及总量、稀土元素配分模式、Sr 异常、Zr 异常、Hf 异常和 Y 异常上均存在较大的差别。

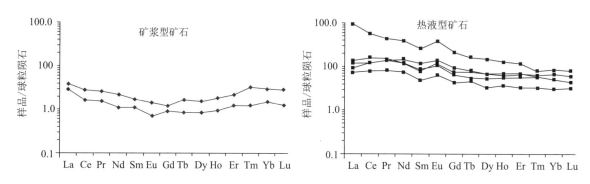

图 5－3　西天山查岗诺尔铁矿不同成因矿石稀土元素配分模式

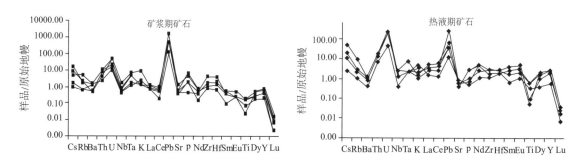

图 5－4　西天山查岗诺尔铁矿不同成因矿石微量元素蛛网图

（三）火山沉积型

火山沉积型主要分布于阿尔泰南缘的冲乎尔盆地北西延伸带（如薄克土巴依铁锰矿）、克兰盆地（如托莫尔特铁锰矿）和麦兹盆地（如红岭铁锰铅矿），西天山（如莫托萨拉铁锰矿、加曼台锰铁矿、式可布台含铜铁矿）。成矿元素组合主要为铁－锰、铁－锰－铅锌、铁－铅锌、铁－铜矿。含矿地层为上志留—下泥盆统康布铁堡组（阿尔泰南缘）和下石炭统阿克沙克组（西天山）和上石炭统伊什基里克组（西天山）。克兰盆地恰夏—托莫尔特一带含矿岩系为康布铁堡组上亚组中第二岩性段，容矿岩系为绿泥（石英）片岩、变凝灰质砂岩、变含火山角砾凝灰岩、变英安质凝灰岩、变钙质粉砂岩、大理岩等。矿区发育热水沉积硅质岩和重晶石岩（如薄克土巴依矿区），铁矿化受火山岩相控制（邻近火山机构和火山－沉积洼地中心），以铁、锰为主，形成铁－锰组合，空间上与铅锌铜矿和金矿相距不远。铁锰矿体呈似层状、透镜状，沿走向和倾向均有分枝复合现象。围岩蚀变主要为硅化、绢云母化、碳酸盐化。阿尔泰南缘火山沉积铁锰矿经历了区域变质作用，区域变质期主要表现为矿体与围岩一起变形，火山沉积期形成的铁矿物变质成磁铁矿，同时细粒矿物重结晶成粗粒矿物。在麦兹盆地局部发现了火山沉积型铁锰铅矿，如红岑铁锰铅矿，含矿地层为康布铁堡组下亚组第二岩性段含铁锰大理岩及向变粒岩的过渡层位中。直接围岩为大理岩、变粒岩、斜长角闪岩。矿体呈层状和似层状，产状较陡，近直立，倾向南西，局部北东。主要矿石矿物为磁铁矿、硬锰矿，其次为方铅矿、软锰矿、黄铁矿，少量磁黄铁矿；非金属矿物以方解石、白云石为主，还有透闪石、石英、绿帘石、黑云母等。矿体蚀变较弱，在局部较强，主要为碳酸盐化，具铅锌矿化、透闪石化、硅化及绿帘石化等。

（四）火山沉积+叠加改造型

火山沉积+叠加改造型铁多金属矿分布于阿尔泰南缘的克兰盆地（如恰夏铁铜矿、塔拉特铅锌铁矿）、准噶尔北缘（如阿克希克铁金矿）、东天山（如沙泉子铁铜矿、黑峰山铁铜、突出山铁铜矿）。成矿元素组合为 Fe－Cu、Fe－Pb、Zn、Fe－Au。赋矿地层有上志留统—下泥盆统康布铁堡组（阿尔泰南缘），下石炭统南明水组（准噶尔北缘）、土古土布拉克组（东天山），下二叠统阿奇山布拉克组（东天山）。矿区发育热水沉积硅质岩、重晶石岩、黄铁矿层（如恰夏矿区），早期铁矿化受火山岩相控制（邻近火山机构和火山－沉积洼地中心）。克兰盆地恰夏铁铜矿与铅锌铜矿（铁米尔特）、铁锰矿（托莫尔特）、铜锌铁金矿（乌拉斯沟）和金矿（萨尔阔布）相距不远。铁矿体呈似层状、透镜状，沿走向和倾向均有分枝复合现象。金、铜、铅锌、锌矿体呈脉状、透镜状叠加在早期形成铁矿体之中、边部或形成单独矿体。围岩蚀变主要为硅化、矽卡岩化（石榴子石、透辉石、透闪石、绿帘石、绿泥石、阳起石）、绢云母化、碳酸盐化、钾化。金矿化与硅化、黄铁矿化、绢云母化有关，如阿克希克铁金矿；铜矿化与矽卡岩化有关，如沙泉子铁铜矿、黑峰山铁铜矿、恰夏铁铜矿；铜锌矿化与硅化有关，如乌拉斯沟铜锌铁金矿。成矿过程经历了火山沉积期和岩浆热液叠加改造期，火山沉积期主要形成层状、似层状铁矿体。岩浆热液叠加改造期主要与岩浆侵入活动有关，有两种矿化类型，其一，岩浆热液交代火山岩和灰岩形成矽卡岩，在退化蚀变阶段形成晚期磁铁矿化（如沙泉子），在石英－碳酸盐－硫化物阶段形成铜矿化（如沙泉子、黑峰山、突出山）或铅锌矿化（如塔拉特）；其二，岩浆热液直接形成含网脉状、浸染状的黄铁矿、黄铜矿石英细脉（如恰夏），或闪锌矿黄铜矿脉、闪锌矿黄铜矿石英脉（如乌拉斯沟）。阿尔泰南缘克兰盆地的铁多金属矿还经历了区域变质作用，区域变质期主要表现为矿体与围岩一期变形，形成细粒纯净石英脉，火山沉积期形成的铁矿物变质成磁铁矿，同时细粒矿物重结晶成粗粒矿物。阿克希克铁金矿的成矿过程与上述矿床略有不同，火山沉积期形成层状铁矿体，之后构造活动，含矿热液形成含硫化物、自然金（银金矿）石英脉，穿切早期形成的铁矿体。

二、矽卡岩型

矽卡岩型铁多金属矿分布广泛，阿尔泰南缘的麦兹盆地（如蒙库铁（铜））、准噶尔北缘（如乔夏哈拉铁铜金矿、老山口铁铜金矿、加马特铁铜金矿）、西天山（如哈勒尕提铁铜多金属矿、阿灭里根萨依铁铜锌矿、巴音布鲁克铁铜矿、阔库确科铁铜多金属矿）、东天山（如雅满苏铁锌钴矿、突出山铁铜矿、百灵山含钴铁矿、铁岭含钴铁矿）。赋矿地层有上奥陶统胡独克大阪组碳酸盐岩，志留系尼勒克河组碳酸盐岩、巴音布鲁克组细碎屑岩－碳酸盐岩，上志留统—下泥盆统康布铁堡组变质火山沉积岩系，中泥盆统北塔山组火山沉积岩系，下石炭统雅满苏组、土古土布拉克组火山沉积岩系。成矿作用与矽卡岩及其演化有关。

（一）矽卡岩型+叠加改造型

矽卡岩+叠加改造型见于阿尔泰南缘麦兹盆地的蒙库铁（铜）矿，赋存于康布铁堡下亚组第二岩性段中。岩石组合为（含斑）角闪变粒岩、条带状角闪斜长变粒岩、黑云母变粒岩、角闪斜长片麻岩、斜长角闪岩、黑云母片岩、大理岩、变砂岩、浅粒岩。铁矿体直接容矿岩石为角闪（斜长）变粒岩、浅粒岩、矽卡岩、大理岩。铁矿体总体顺层分布，局部切层，矿体内及周围发育大量矽卡岩。矿物组合为石榴子石、辉石、角闪石、阳起石、透闪石、绿帘石、绿泥石。矽卡岩是岩浆热液交代灰岩和火山岩（熔岩和火山碎屑岩）的产物。矿床具有叠加成矿特征，早期火山活动可能形成矿源层或贫铁矿（?），但主要铁成矿作用与矽卡岩的退化变质作用有关，蒙库矿区矽卡岩的形成可能与早－中泥盆世花岗岩、英云闪长岩和闪长岩侵入活动有关，限定铁成矿时代为 404～384 Ma。1 号矿体西段 110～118 线之间矿石中还伴生有铜，主要为含黄铜矿石英脉、黄铁矿辉钼矿石英大脉，沿断裂裂隙分布，其形成晚于铁矿体，铜含量为 0.001%～1.53%。杨富全等（2011）获得含黄铁矿辉钼矿石英大脉中辉钼矿 Re－Os 等时线年龄为 261 Ma，代表蒙库矿区在中二叠世存在铜钼矿化事件。

（二）接触交代矽卡岩或类矽卡岩（交代火山岩）型

接触交代矽卡岩主要指侵入岩与碳酸盐岩接触带形成矽卡岩，类矽卡岩主要是岩浆热液交代火山岩（熔岩和火山碎屑岩），局部交代灰岩形成一套矽卡岩矿物组合。这类铁多金属矿床在新疆北部广泛分布，如准噶尔北缘乔夏哈拉－加马特一带、西天山和东天山。

接触交代矽卡岩型主要有西天山的哈勒尕提铁铜多金属矿、阿灭里根萨依铁铜锌矿、巴音布鲁克铁铜矿、阔库确科铁铜多金属矿。矽卡岩矿物组合有石榴子石、辉石、角闪石、绿帘石、绿泥石、透闪石、阳起石，不同矿区矽卡岩矿物组合不同，以某几种矿物为主，此外，还发育硅化和碳酸盐化。侵入岩主要有二长花岗岩、钾长花岗岩、正长花岗岩、花岗闪长岩、石英闪长岩。多金属矿体呈脉状、透镜状和不规则状赋存于矽卡岩中。矿石中主要金属矿物有磁铁矿、赤铁矿、黄铜矿、斑铜矿、闪锌矿、方铅矿、黄铁矿、黝铜矿、辉钼矿。成矿元素组合复杂，主要有 Fe－Cu－Pb、Zn－Au－Ag－Mo、Fe－Cu－Zn、Fe－Cu。矿床规模以中小型为主。

类矽卡岩型铁多金属矿主要有准噶尔北缘的乔夏哈拉铁铜金矿、老山口铁铜金矿、加马特铁铜金矿，东天山的雅满苏铁锌钴矿、百灵山含钴铁矿、铁岭含钴铁矿、突出山铁铜矿。矿体呈脉状、透镜状、似层状、不规则状赋存于矽卡岩中，矽卡岩一般出现在岩体或岩脉外接触带，有的矿距离岩体或岩脉较远。有少量矿区未发现岩体或岩脉，是火山热液交代火山岩形成矽卡岩。矽卡岩矿物组合与接触交代矽卡岩一致，主要有石榴子石、辉石、角闪石、绿帘石、绿泥石、透闪石、阳起石，不同矿区矽卡岩矿物组合不同，以某几种矿物为主。此外，还发育硅化、钾长石化、青磐岩化、绢云母、碳酸盐化。侵入岩主要有闪长岩、石英闪长岩、正长岩、花岗岩、花岗闪长岩、花岗斑岩、钾长花岗岩、角闪花岗岩。矿石中主要金属矿物有磁铁矿、赤铁矿、黄铜矿、斑铜矿、辉铜矿、闪锌矿、方铅矿、黄铁矿、磁黄铁矿、毒砂、辉钼矿、自然金、银金矿。成矿元素组合有 Fe－Cu－Au、Fe－Co、Fe－Zn－Co、Fe－Cu。矿床规模以中小型为主。

接触交代矽卡岩或类矽卡岩铁多金属矿成矿过程经历了矽卡岩阶段、退化蚀变阶段、石英－碳酸盐－硫化物阶段，铁矿形成于退化蚀变阶段，铜金、钴、锌钴、铜矿形成于石英－碳酸盐－硫化物阶段。

三、岩浆型

岩浆型钒钛磁铁矿分布较广，见于中阿尔泰（如库卫钒钛磁铁矿、查干郭勒乡 C－8 含钛铁矿）、准噶尔北缘（如哈旦孙钒钛磁铁矿）、西天山（如哈拉达拉钒钛磁铁矿）、东天山（如尾亚钒钛磁铁矿）。成矿与基性侵入岩有关，如辉长岩、角闪辉长岩、辉长苏长岩、橄榄辉长岩、辉石岩。矿体赋存于角闪辉长岩、（橄榄）辉石岩、黑云母辉长斜长岩中，呈脉状、透镜状、似层状。矿石中金属矿物有磁铁矿、钛铁矿、钛磁铁矿、含钒钛铁矿、赤铁矿、黄铁矿、磁黄铁矿、镍黄铁矿、黄铜矿。库卫钒钛磁铁矿、查干郭勒乡 C－8 含钛铁矿、哈旦孙钒钛磁铁矿的成矿作用主要经历了岩浆结晶分凝阶段，形成浸染状、脉状和块状矿石，岩体总体分异较弱，未出现大规模层状分异的韵律层，含矿岩体较小，矿床规模小，为小型。尾亚钒钛磁铁矿划分为浸染状和贯入式脉状，前者与围岩呈渐变关系，形状多呈大的透镜体或相互平行的薄条状体，由浸染状－致密块状矿石组成；后者可呈脉状、舌状穿入前者或围岩中，界线清楚，使矿体呈现不规则的脉状、网脉状，有时在破碎的浸染状矿体中呈胶结物，在接触带边部粒度明显变细，形成冷凝边，显然，贯入式矿体的形成晚于浸染状矿体。尾亚钒钛磁铁矿的规模最大，成矿过程也相对复杂，可分为岩浆结晶分凝阶段（形成似层状、浸染状和块状矿石）、贯入阶段（形成贯入式块状矿石）和岩浆热液阶段（形成伟晶状矿石）（王玉往等，2005）。虽出现部分似层状矿石，但岩体总体分异较弱，未出现大规模层状分异的韵律层。矿床规模为中型。

四、辉绿岩型

辉绿岩型仅见于东天山地区北山裂谷带的磁海含钴铁矿床，是产于辉绿岩中的大型铁矿床，此类铁矿床在国内独有，世界上也非常罕见，仅在美国宾夕法尼亚州的 Cornwall 地区发现，并被命名为 Cornwall 型铁矿床。磁海含钴铁矿赋存于辉绿岩中，受辉绿岩体控制。磁海矿段和磁西矿段矿体围岩均为辉绿岩，而磁南矿段矿体主要围岩为辉石岩和辉长岩。单个矿体的产状与矿带的产状基本一致，但单个矿体形态较为复杂，主要有薄板状、透镜状、扁豆状、脉状、囊状等，倾向上延深稳定，高品位矿石主要分布于矿带中下部，低品位矿石主要分布于矿带边部，主要矿体有向西侧伏趋势。矿石构造主要有浸染状构造、条带状构造和致密块状构造。矿化主要为矽卡岩型，少量贯入式脉状和具有海绵陨铁结构的块状矿化。磁铁矿是磁海含钴铁矿床矿石中的主要金属矿物，其余的金属矿物有磁黄铁矿、黄铜矿、黄铁矿、毒砂、辉砷钴矿、斜方砷钴矿、针镍矿、斜方砷镍矿、自然铋、辉铋矿、黑铋金矿和自然金。非金属矿物主要为石榴子石、钙铁辉石、绿帘石、黑柱石、角闪石、绿泥石、石英、方解石。围岩蚀变主要为矽卡岩化、钠长石化和碳酸盐化。将磁海矿床划分为 4 个成矿阶段：K - Na 蚀变阶段、无水矽卡岩阶段、退化蚀变阶段（主要成矿阶段）和石英 - 方解石 - 硫化物阶段。K - Na 蚀变阶段主要表现为斜长石的钠长石化和辉石的黑云母化。尽管磁海含钴铁矿的主要成矿作用与矽卡岩矿床有很大的相似之处，但考虑到特殊围岩、矿化特征、成矿物质来源、成矿流体特征等，将其单独作为一种类型，即辉绿岩型。

第三节　铁多金属矿成矿时代

蒙库铁（铜）矿、塔拉特铅锌铁矿、老山口铁铜金矿、乔夏哈拉铁铜金矿、沙泉子铁铜矿发现了辉钼矿，进行了 Re - Os 同位素年龄测试；沙泉子铁铜矿和磁海含钴铁矿进行了黄铁矿 Re - Os 同位素年龄测试；沙泉子铁铜矿、式可布台含铜铁矿、查岗诺尔含铜铁矿、松湖铁（铜钴）矿、阔拉萨依铁铜锌矿、敦德铁锌金矿进行了磁铁矿 Re - Os 同位素年龄测试，这些年龄可代表成矿时代或某种成矿元素的形成时代。岩浆型矿床（如库卫钒钛磁铁矿、查干郭勒乡 C - 8 含钛铁矿、哈旦孙钒钛磁铁矿、哈拉达拉钒钛磁铁矿、尾亚钒钛磁铁矿）的成矿作用与岩浆作用有关，岩体的年龄基本代表了成矿年龄。火山沉积作用形成的铁锰矿（如薄克吐巴依铁锰矿、托莫尔特铁锰矿）、铁铜矿（如沙泉子、恰夏）赋矿的火山岩年龄可以代表铁成矿时代。矽卡岩型矿床矽卡岩中锆石 LA - ICP - MS U - Pb 年龄可代表成矿时代（如雅满苏铁锌钴矿、阿巴宫铁磷稀土），多数矽卡岩型矿床根据与成矿有关岩体的年龄进行限定（如突出山铁铜矿）。

新疆北部铁多金属矿成矿作用复杂，多期叠加造成了成矿元素组合复杂，不同的成矿元素成矿时代不尽相同。蒙库铁（铜）矿为矽卡岩型，铁成矿作用与岩浆期后热液交代火山岩和灰岩形成矽卡岩有关，矿体周围片麻状花岗岩和片麻状英云闪长岩锆石 SHRIMP U - Pb 年龄分别为 404 Ma 和 400 Ma，闪长岩锆石 LA - ICP - MS U - Pb 年龄为 384 Ma，限定铁成矿时代为 404 ~ 384 Ma。蒙库铁（铜）矿中铜矿体赋存于 I 号矿体内的石英大脉中，杨富全等（2011）获得含黄铁矿辉钼矿石英大脉的辉钼矿 Re - Os 等时线年龄为 261 Ma，代表蒙库矿区在中二叠世存在一次热液活动和铜钼矿化事件，铁和铜成矿时间相差 123 ~ 143 Ma。乔夏哈拉和老山口铁铜金矿中铁和铜金共生，成矿与闪长岩和闪长玢岩侵入火山岩系形成的矽卡岩有关，铁和铜金形成于同一成矿期的不同成矿阶段，前者形成于退化蚀变阶段，后者形成于石英 - 硫化物 - 碳酸盐阶段。乔夏哈拉铁铜金矿与成矿有关的闪长岩锆石 LA -

ICP – MS U – Pb 年龄和角闪石 Ar – Ar 年龄均为 378 Ma，矿石中辉钼矿 Re – Os 等时线年龄为 375 Ma，成矿时代与岩体（脉）侵位时间一致。老山口铁铜金矿与成矿有关的闪长岩和闪长玢岩锆石 LA – ICP – MS U – Pb 年龄分别为 379 Ma 和 380 Ma，矿石中辉钼矿 Re – Os 加权平均年龄为 384 Ma，二者在误差范围内一致，但该年龄早于侵入岩年龄，考虑到铁铜金成矿作用与侵入岩有关，推断铁铜金成矿时代在 380 Ma 左右。恰夏铁铜矿的铁矿体形成于火山沉积期，相邻的铁米尔特附近变质流纹岩锆石 U – Pb 年龄为 407 ~ 402 Ma，变质凝灰岩锆石 U – Pb 年龄为 405 Ma，限定铁成矿作用发生在 407 ~ 402 Ma，铜矿体赋存于矽卡岩中或为含黄铜矿石英细脉，成矿作用与闪长岩脉有关，闪长岩脉锆石 LA – ICP – MS U – Pb 年龄为 399 Ma，限定铜成矿时间略晚于 399 Ma，比铁成矿时间晚 3 ~ 8 Ma。托莫尔特铁锰矿属火山沉积型，容矿岩系中变质流纹岩锆石 SHRIMP U – Pb 年龄为 407 Ma，切穿矿体的黑云母花岗斑岩锆石 LA – ICP – MS U – Pb 年龄为 402 Ma，限定成矿时代在 407 ~ 402 Ma，与恰夏铁铜矿中铁矿化时代一致。

沙泉子铁铜矿中铁矿体形成于火山沉积期，容矿火山岩系中流纹岩锆石 LA – ICP – MS U – Pb 年龄为 321 Ma，大致代表了铁成矿时间，铜矿体与闪长质岩浆热液形成的矽卡岩有关，闪长玢岩锆石 LA – ICP – MS U – Pb 年龄为 324 Ma，铜矿石中辉钼矿 Re – Os 等时线年龄为 316 Ma，代表铜成矿时代，在误差范围内火山岩、闪长玢岩和铜成矿时代三者一致，为晚石炭世。黑峰山铁铜矿容矿火山岩系中流纹岩锆石 LA – ICP – MS U – Pb 年龄为 285 Ma，可以代表火山沉积期形成的铁矿时代，铜矿化与闪长岩和闪长玢岩有关，锆石 LA – ICP – MS U – Pb 年龄均为 274 Ma，表明铜矿化时代为 274 Ma 左右，与铁矿化相差 11 Ma。雅满苏铁锌钴矿含矿火山岩系中流纹岩和玄武岩锆石 LA – ICP – MS U – Pb 年龄分别为 334 Ma 和 324 Ma，正长岩为 325 Ma，矽卡岩为 324 Ma，代表成矿时代在 324 Ma。磁海含钴铁矿床直接含矿围岩辉绿岩锆石 LA – ICP – MS U – Pb 年龄为 286.5 Ma 代表了成矿年龄的下限，穿切矿体的辉绿岩脉年龄 275.8 Ma 代表成矿时代的上限，角闪石 Ar – Ar 年龄为 282 Ma，结合黄铁矿 Re – Os 等时线年龄及较大的误差（262 ± 34 Ma），限定磁海含钴铁矿床的形成时间介于 286 ~ 276 Ma，属于早二叠世成矿。百灵山含钴铁矿英安岩、花岗岩和花岗斑岩锆石 LA – ICP – MS U – Pb 年龄分别为 334 Ma、332 Ma 和 330 Ma，矿化与岩浆侵入时形成的矽卡岩有关，限定成矿时代为 332 ~ 330 Ma。

敦德铁锌金矿容矿火山岩系中英安岩锆石 LA – ICP – MS U – Pb 为 316 Ma，磁铁矿 Re – Os 等时线年龄为 315 Ma，表明铁成矿与火山作用有关，铁成矿时代为 315 Ma，金矿化的形成略晚于 315 Ma；锌矿体的形成与岩浆侵入作用有关，钾长花岗岩和斜长花岗岩锆石 LA – ICP – MS U – Pb 年龄分别为 296 Ma 和 301 Ma，限定锌矿化时间在 301 ~ 296 Ma。查岗诺尔含铜铁矿凝灰岩锆石 SHRIMP U – Pb 年龄为 330 Ma，磁铁矿 Re – Os 等时线年龄为 337 ± 8 Ma，在误差范围内二者年龄一致，铁成矿时代在 330 Ma 左右。松湖铁（铜钴）矿容矿安山岩锆石 SHRIMP U – Pb 年龄为 324 Ma，磁铁矿 Re – Os 等时线年龄为 330 ± 14 Ma，考虑到误差范围，二者年龄一致，表明铁成矿时代在 324 Ma。式可布台含铜铁矿容矿火山岩锆石 LA – ICP – MS U – Pb 年龄为 313 ~ 301 Ma，这个年龄可以代表铁成矿时代。备战含金铁矿容矿火山岩 U – Pb 年龄为 329 ~ 300 Ma，矽卡岩中石榴子石 Sm – Nd 年龄为 317 Ma，矿体中及周围发育矽卡岩，矽卡岩形成时代可代表成矿时代，即矿床形成于 317 Ma。哈拉达拉钒钛磁铁矿赋存于镁铁 – 超镁铁岩中，橄榄辉长岩和辉长岩锆石 U – Pb 年龄变化于 309 ~ 306 Ma，限定成矿时代为 309 ~ 306 Ma。

本项目组及前人对 23 个铁多金属矿开展了锆石 SHRIMP 和 LA – ICP – MS U – Pb 年龄，辉钼矿、黄铁矿和磁铁矿 Re – Os 年龄，少量石榴子石 Sm – Nd 法、含钾矿物 Ar – Ar 年龄和锆石 TIMS U – Pb 年龄测定，年龄结果列于表 5 – 4，同时列出了红云滩和智博铁矿的年龄。根据成矿时代将新疆北部火山 – 侵入岩型铁多金属矿形成时代划分为 5 个成矿期（图 5 – 5）：

1）早泥盆世（409 ~ 384 Ma）在阿尔泰形成铁 – 锰矿（如托莫尔特铁锰矿 407 ~ 402 Ma，薄克吐巴依铁锰矿 399 Ma）、钒 – 钛 – 铁矿（如查干郭勒乡 C – 8 铁矿 390 Ma，库卫钒钛磁铁矿 399 ~ 385 Ma）、铁 – 磷 – 稀土矿（如阿巴宫 396 Ma）、铁矿（如蒙库铁（铜）矿中铁矿体 404 ~ 384 Ma）、铁 –

表 5-4　新疆北部火山-侵入岩型铁多金属矿成岩成矿时代

矿床名称	岩石名称	测试方法	年龄/Ma	资料来源
托莫尔特铁锰矿	变质流纹岩	锆石 SHRIMP U-Pb	406.7±4.3	Chai et al.，2009
	黑云母花岗斑岩	锆石 LA-ICP-MS U-Pb	401.6±0.6	本书
薄克吐巴依铁锰矿	变质安山岩	锆石 LA-ICP-MS U-Pb	398.8±1.3	本书
阿巴宫铁磷稀土矿	斜长角闪岩	锆石 LA-ICP-MS U-Pb	395.7±1.7	本书
恰夏铁铜矿	闪长岩	锆石 LA-ICP-MS U-Pb	398.9±6.2	本书
蒙库铁（铜）矿	片麻状花岗岩	锆石 SHRIMP U-Pb	404±8	杨富全等，2008
	片麻状英云闪长岩	锆石 SHRIMP U-Pb	400±6	杨富全等，2008
	闪长岩	锆石 LA-ICP-MS U-Pb	384.3±1.2	本书
	黄铁矿辉钼矿石英脉	辉钼矿 Re-Os 法（等时线年龄）	261±6.9	杨富全等，2011
查干郭勒乡 C-8 含钛铁矿	角闪辉长岩	锆石 LA-ICP-MS U-Pb	389.8±0.9	本书
库卫钒钛磁铁矿	辉长苏长岩	锆石 LA-ICP-MS U-Pb	385.2±1.6	本书
	辉长苏长岩	锆石 LA-ICP-MS U-Pb	397.5±2.3	本书
	辉长岩	锆石 LA-ICP-MS U-Pb	398.7±3.7	本书
乔夏哈拉铁铜金矿	闪长玢岩	锆石 LA-ICP-MS U-Pb	377.6±1.4	本书
	闪长岩脉中角闪石	Ar-Ar 法（坪年龄）	378.1±3.6	应立娟等，2008
	英云闪长岩脉	锆石 LA-ICP-MS U-Pb	288.9±1.7	本书
	黄铜矿磁铁矿矿石、绿帘石磁铁矿矿石	辉钼矿 Re-Os 法（等时线年龄）	375.2±2.6	本书
老山口铁铜金矿	闪长玢岩	锆石 LA-ICP-MS U-Pb	379.7±3	本书
	闪长岩	锆石 LA-ICP-MS U-Pb	379.3±2.3	本书
	含铜磁铁矿矿石	辉钼矿 Re-Os 法（加权平均年龄）	383.6±2.1	本书
塔拉特铅锌铁矿	变质流纹岩	锆石 LA-ICP-MS U-Pb	408.7±5.3	Chai et al.，2009
	辉钼矿化蚀变斜长角闪岩	辉钼矿 Re-Os 法（等时线年龄）	266±14	本书
哈旦孙钒钛磁铁矿	二长岩	锆石 SHRIMP U-Pb	289.5±3.6	周刚等，2009
沙泉子铁铜矿	流纹岩	锆石 LA-ICP-MS U-Pb	320.8±1.7	本书
	闪长玢岩	锆石 LA-ICP-MS U-Pb	323.5±1.7	本书
	黄铜矿矿石	辉钼矿 Re-Os 法（等时线年龄）	316±6	本书
	铁矿石	黄铁矿 Re-Os 法（等时线年龄）	295±7	Huang et al.，2103a
	铁矿石	磁铁矿 Re-Os 法（等时线年龄）	302±12	Huang et al.，2103b
雅满苏铁锌钴矿	流纹岩	锆石 LA-ICP-MS U-Pb	334.4±1.7	本书
	玄武岩	锆石 LA-ICP-MS U-Pb	324.4±0.9	Hou et al.，2013
	正长岩	锆石 LA-ICP-MS U-Pb	325.5±1.7	本书
	矽卡岩	锆石 LA-ICP-MS U-Pb	323.5±1.0	Hou et al.，2013
突出山铁铜矿	流纹岩	锆石 LA-ICP-MS U-Pb	323.2±3.1	本书
	闪长岩	锆石 LA-ICP-MS U-Pb	326.2±1.6	本书
	黑云母花岗岩	锆石 LA-ICP-MS U-Pb	317.1±2.1	本书
黑峰山铁铜矿	流纹岩	锆石 LA-ICP-MS U-Pb	285.3±2.6	本书
	闪长岩	锆石 LA-ICP-MS U-Pb	274.4±2.5	本书
	闪长玢岩	锆石 LA-ICP-MS U-Pb	273.7±1.6	本书

矿床名称	岩石名称	测试方法	年龄/Ma	资料来源
磁海含钴铁矿	辉绿岩	锆石 LA‐ICP‐MS U‐Pb	286.5±1.8	本书
	辉绿岩脉	锆石 LA‐ICP‐MS U‐Pb	275.8±2.2	本书
	粗晶辉长岩	锆石 LA‐ICP‐MS U‐Pb	276.1±0.6	本书
	辉绿岩	锆石 SHRIMP U‐Pb	263.8±3.6	齐天骄等，2012
	矿石	黄铁矿 Re‐Os 法（等时线年龄）	262±34	Huang et al.，2013
	角闪石	Ar‐Ar 坪年龄	281.9±2.2	本书
百灵山含钴铁矿	英安岩	锆石 LA‐ICP‐MS U‐Pb	333.8±1.1	本书
	花岗岩	锆石 LA‐ICP‐MS U‐Pb	331.8±0.8	本书
	花岗斑岩	锆石 LA‐ICP‐MS U‐Pb	329.8±1.0	本书
红云滩铁矿	英安岩	锆石 LA‐ICP‐MS U‐Pb	333.8±0.9	本书
	流纹岩	锆石 LA‐ICP‐MS U‐Pb	333.7±1.2	本书
	花岗岩	锆石 LA‐ICP‐MS U‐Pb	328.8±0.8	吴昌志等，2008
尾亚钒钛磁铁矿	石英闪长岩	锆石 TIMS U‐Pb	257.4±5.2	王京彬等，2006
	石英闪长岩脉	锆石 TIMS U‐Pb	259.9±1.6	王京彬等，2006
	钾长花岗岩脉	锆石 TIMS U‐Pb	253.9±0.5	王京彬等，2006
敦德铁锌金矿	英安岩	锆石 LA‐ICP‐MS U‐Pb	316.0±1.7	Duan et al.，2013
	钾长花岗岩	锆石 LA‐ICP‐MS U‐Pb	295.8±0.7	Duan et al.，2013
	斜长花岗岩	锆石 LA‐ICP‐MS U‐Pb	300.8±1.0	本书
	磁铁矿矿石	磁铁矿 Re‐Os 法（等时线年龄）	315±10	本书
备战含金铁矿	英安岩	锆石 LA‐ICP‐MS U‐Pb	329.1±1.0	孙吉明等，2012
	花岗岩	锆石 LA‐ICP‐MS U‐Pb	307.0±1.2	孙吉明等，2012
	花岗岩	锆石 LA‐ICP‐MS U‐Pb	301.4±0.4	韩琼等，2013
	火山岩	锆石 LA‐ICP‐MS U‐Pb	316.1±2.2	李大鹏等，2012
	花岗岩	锆石 LA‐ICP‐MS U‐Pb	299.0±2.5	本书
	英安岩	锆石 SHRIMP U‐Pb	300.4±2.2	本书
	钠长斑岩	锆石 SHRIMP U‐Pb	308.7±2.1	本书
	凝灰岩	锆石 SHRIMP U‐Pb	303.0±2.1	本书
	矽卡岩	石榴子石 Sm‐Nd 法	316.8±6.7	洪为等，2012
式可布台含铜铁矿	火山岩	锆石 LA‐ICP‐MS U‐Pb	301±1	李潇林斌等，2014
	火山岩	锆石 LA‐ICP‐MS U‐Pb	313±2	李潇林斌等，2014
查岗诺尔含铜铁矿	类矽卡岩	石榴子石 Sm‐Nd 法（等时线年龄）	316.8±6.7	洪为等，2012
	流纹岩	锆石 LA‐ICP‐MS U‐Pb	301.8±0.9	蒋宗胜等，2012
	英安岩	锆石 LA‐ICP‐MS U‐Pb	300.3±1.1	蒋宗胜等，2012
	闪长岩	锆石 LA‐ICP‐MS U‐Pb	303.8～305	蒋宗胜等，2012
	流纹岩	锆石 LA‐ICP‐MS U‐Pb	321.2±1.3	冯金星等，2011
	凝灰岩	锆石 SHRIMP U‐Pb	329.9±3.7	本书
	花岗岩	锆石 LA‐ICP‐MS U‐Pb	325.9±2.7	本书
	磁铁矿矿石	磁铁矿 Re‐Os 法（等时线年龄）	337±8	本书
松湖铁（铜钴）矿	安山岩	锆石 SHRIMP U‐Pb	323.9±1.9	本书
	磁铁矿矿石	磁铁矿 Re‐Os 法（等时线年龄）	330±14	本书

矿床名称	岩石名称	测试方法	年龄/Ma	资料来源
智博铁矿	安山岩	锆石 SHRIMP U – Pb	310.0 ± 3.0	本书
	英安岩	锆石 SHRIMP U – Pb	307.0 ± 3.0	本书
	凝灰岩	锆石 SHRIMP U – Pb	336.0 ± 4.0	本书
	花岗岩	锆石 LA – ICP – MS U – Pb	320.3 ± 2.5	Zhang et al.，2012
	花岗岩	锆石 LA – ICP – MS U – Pb	294.5 ± 1.0	Zhang et al.，2012
	闪长岩	锆石 LA – ICP – MS U – Pb	318.9 ± 1.5	Zhang et al.，2012
	花岗岩	锆石 LA – ICP – MS U – Pb	304.1 ± 1.8	Zhang et al.，2012
哈拉达拉钒钛磁铁矿	辉长岩	锆石 SHRIMP U – Pb	354	Zhu et al，2005
	橄榄辉长岩	锆石 SHRIMP U – Pb	308.8 ± 1.9	龙灵利等，2012
	辉长岩	锆石 SHRIMP U – Pb	307.3 ± 8.2	龙灵利等，2012
	辉长岩	锆石 SHRIMP U – Pb	308.3 ± 1.8	薛云兴等，2009
	辉长岩	锆石 SIMS U – Pb	306.2 ± 2.7	朱志敏等，2010
阔拉萨依铁铜锌矿	英安岩	锆石 LA – ICP – MS U – Pb	353.3 ± 3.5	张荣华等，2009
	磁铁矿矿石	磁铁矿 Re – Os 法（等时线年龄）	319 ± 12	本书

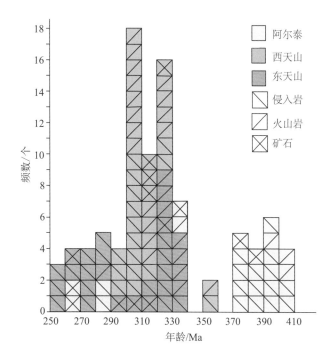

图 5 – 5 新疆北部铁多金属矿区火山岩、侵入岩和矿石年龄

铜矿（如恰夏铁铜矿中铁成矿时代 407～402 Ma，铜成矿时代为 399 Ma）、铅－锌－铁矿（如塔拉特火山沉积期形成的铅锌铁矿 409 Ma）。

2）中泥盆世（380～375 Ma）在准噶尔北缘形成铁－铜－金矿（如乔夏哈拉铁铜金矿为 375 Ma，老山口铁铜金矿为 380 Ma 左右）。

3）早石炭世（334～324 Ma）在西天山和东天山形成铁－锌－钴矿（如雅满苏铁锌钴矿 324 Ma）、铁－钴矿（如百灵山含钴铁矿 334～330 Ma；松湖铁（铜钴）矿 324 Ma）、铁（如红云滩铁矿 334～329 Ma）、铁－锰矿（如莫托沙拉铁锰矿）。

4）晚石炭世（323～302 Ma）在东天山和西天山主要形成铁－铜矿（如沙泉子铁铜矿中铁成矿

时代 321 Ma，铜成矿时代为 316 Ma；突出山铁铜矿中铁成矿时代为 323 Ma，铜成矿时代为 317 Ma；查岗诺尔含铜铁矿 321～300 Ma；式可布台含铜铁矿 313～301 Ma），其次是铁－铜－锌矿（如阔拉萨依铁铜锌矿 319 Ma）、铁－锌－金矿（如敦德铁锌矿 315～296 Ma）、铁矿（如智博铁矿 336～307 Ma）、铁金矿（如备战含金铁矿，317 Ma）；钒钛磁铁矿（如哈拉达拉 309～306 Ma）。

5）二叠纪（289～254 Ma）成矿作用分布广泛，在阿尔泰、准噶尔北缘、东天山形成钒－钛－铁矿（哈旦孙钒钛磁铁矿 289 Ma，尾亚钒钛磁铁矿 260～254 Ma）、铅锌矿（塔拉特铅锌铁矿中的岩浆热液期形成的铅锌矿体 266 Ma）、铜矿（蒙库铁（铜）矿中铜矿体 261 Ma）、铁－铜矿（黑峰山铁铜矿 285～274 Ma）、铁－钴矿（磁海含钴铁矿 286～276 Ma）。

新疆北部不同地区和不同类型铁多金属矿成矿时代存在差异，阿尔泰成矿时代为早泥盆世（409～384 Ma），矿床类型主要是火山岩型，其次是岩浆型，少量矽卡岩型。准噶尔北缘成矿时代为中泥盆世（380～375 Ma），矿床类型为矽卡岩型。西天山成矿时代为早石炭世（330～324 Ma），矿床类型为火山岩型；晚石炭世（321～300 Ma）是西天山铁多金属矿主要成矿期，矿床类型主要为火山岩型，少量岩浆型。东天山包括 3 个成矿期：①早石炭世（334～324 Ma），矿床类型为矽卡岩型和火山岩型；②晚石炭世（323～316 Ma），主要类型是叠加改造型，铁矿属火山沉积型，铜矿与岩浆侵入形成的矽卡岩有关，铜矿化叠加在铁矿体之上，或单独形成矿体；③二叠纪（285～254 Ma），主要矿床类型有火山沉积型＋叠加改造型、岩浆型和辉绿岩型。总体上从阿尔泰→准噶尔北缘→西天山→东天山铁多金属成矿时代逐渐变年轻，成矿作用从 409 Ma 开始到 254 Ma 结束，持续了 155 Ma。火山岩型和矽卡岩型出现在 5 个成矿期，岩浆型出现在早泥盆世（399～385 Ma）、晚石炭世（309～306 Ma）和晚二叠世（360～354 Ma），辉绿岩型只出现在早二叠世（286～276 Ma）。

第四节　铁多金属矿成矿物质来源

一、S 同位素示踪

新疆北部主要铁多金属矿硫化物和少量硫酸盐 S 同位素特征见图 5－6。阿尔泰南缘蒙库铁矿 69 件黄铁矿同位素均为正值，变化于 1.9‰～13.98‰，主要集中在 3‰～10‰，峰值为 4.5‰和 7‰，表明 S 来自于围岩火山岩。与同处麦兹盆地的 VMS 型可可塔勒铅锌矿有明显差别，后者硫化物的 $\delta^{34}S$ 变化于 $-15.8‰～5.1‰$，多数在 $-16‰～-11‰$，明显富集轻硫，表明层状矿体中 S 主要来自细菌还原海水，浸染状矿体的 S 来自岩浆流体（王京彬等，1998）。乔夏哈拉铁铜金矿 14 件硫化物 $\delta^{34}S$ 变化于 $-1.1‰～2.92‰$，峰值为 1.5‰；老山口铁铜金矿 33 件黄铁矿、黄铜矿和磁黄铁矿 $\delta^{34}S$ 变化于 $-2.6‰～5.4‰$，峰值为 1.5‰，两个矿的热液总 S 值均接近幔源硫（$0\pm3‰$，Hoefs，1997），表明成矿流体中的 S 来自地幔或深源岩浆，可能来自于成矿有关的闪长（玢）岩脉。阿巴宫铁磷稀土矿床 19 件黄铁矿（其中 4 件王京彬等，1998 转自桂林矿产地质研究院，其余为杨富全等，2012）和 1 件磁黄铁矿 $\delta^{34}S$ 变化于 $-4.3‰～5.2‰$，峰值为 3.5‰，表明 S 来源于火山岩。托莫尔特铁锰矿 18 件硫化物 $\delta^{34}S$ 变化较大，即有正值也有负值，变化于 $-20‰～13.1‰$，主要集中在 $-2‰～1‰$和 6‰～13‰，峰值为 $-0.5‰$和 10.5‰。S 同位素变化范围与同处克兰盆地的大东沟铅锌矿相似。托莫尔特铁锰矿 S 同位素特征表明 S 具有多种来源，$\delta^{34}S$ 为 $-2‰～1‰$与幔源硫相当，与侵入矿体的黑云母花岗斑岩脉有关；$\delta^{34}S$ 为 6‰～13‰，可能来自于火山喷气的硫或从火山岩中淋滤出来的硫；1 件样品的 $\delta^{34}S$ 值为 $-20‰$，具有生物成因硫的特征。恰夏铁铜矿 20 件黄铁矿和方铅矿的 $\delta^{34}S$ 除 1 件外，均为负值，介于 $-14.2‰～0.7‰$，峰值不明显。与同处克兰盆地的铁米尔特铅锌铜矿相似，为单一负值，富集轻硫，具有生物成因硫的特征，表明硫主要来自细菌还原海水，也暗示矿床的形成经历过沉积作用。

东天山沙泉子铁铜矿中 19 件硫化物 $\delta^{34}S$ 值变化于 $-4.3‰～0.3‰$和 $-12.3‰～-13.1‰$，前者峰值为 $-2.5‰～-0.5‰$。黑峰山铁铜矿 6 件黄铁矿的 $\delta^{34}S$ 值在 $-4.4‰～2.5‰$，其中 5 件集中在

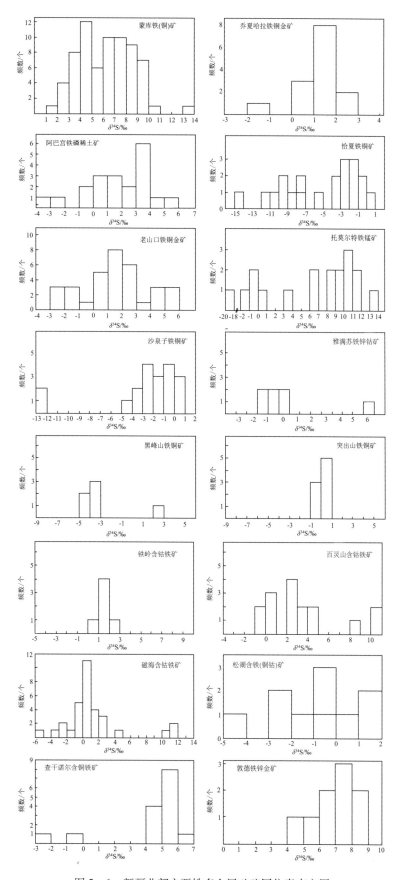

图 5-6 新疆北部主要铁多金属矿硫同位素直方图

（敦德据 Duan et al.，2014；蒙库、阿巴宫、托莫尔特据杨富全等，2012 及相关文献其他矿据本书资料）

-4.4‰~-3.3‰，与沙泉子铁铜矿主要特征相似。雅满苏铁锌钴矿 7 件黄铁矿的 $\delta^{34}S$ 值变化于 -2.0‰~+8.5‰，集中在 -0.5‰ 左右。突出山铁铜矿床中 8 件黄铁矿 S 同位素的 $\delta^{34}S$ 变化于 -0.3‰~0.4‰，集中于 0 值附近且呈对称分布，显示岩浆硫的特点。6 件铁岭含钴铁矿硫化物 $\delta^{34}S$ 值变化于 0‰~3‰，峰值为 1.5‰，并呈塔式分布显示硫源单一，来自深源。

百灵山含钴铁矿 16 件硫化物 $\delta^{34}S$ 值变化于 -1‰~11‰，峰值为 2.5‰。磁海含钴铁矿 25 件硫化物 $\delta^{34}S$ 值介于 -5.2‰~2.3‰，峰值为 0.5‰，4 件石膏 $\delta^{34}S$ 值介于 4.5‰~11.6‰，主体上与乔夏哈拉和老山口铁铜金矿 S 同位素特征一致，峰值接近幔源硫（0±3‰，Hoefs，1997），暗示硫来自容矿的辉绿岩。

查岗诺尔含铜铁矿 15 件黄铁矿 $\delta^{34}S$ 值介于 -3‰~6.2‰，主要集中于 4.7‰~6.2‰。敦德铁锌金矿 9 件硫化物值介于 3.8‰~8.1‰，并呈塔式分布，显示硫源单一。松湖铁（铜钴）矿 10 件黄铁矿 $\delta^{34}S$ 分布范围在 -5.0‰~2.0‰，与黑峰山铁铜矿硫同位素特征一致。

总之，新疆北部铁多金属矿 S 同位素具有一定规律，蒙库铁（铜）矿、阿巴宫铁磷稀土矿、沙泉子铁铜矿、黑峰山铁铜矿、百灵山含钴铁矿、查岗诺尔含铜铁矿、敦德铁锌金矿、松湖铁（铜钴）矿 S 主要来自基性火山岩围岩；乔夏哈拉铁铜金矿、老山口铁铜金矿、雅满苏铁锌钴矿 S 主要来自与成矿有关的闪长岩（与火山岩同期），磁海含钴铁矿床 S 来自围岩辉绿岩，突出山铁铜矿硫来自与成矿关系密切的闪长岩；恰夏铁铜矿床硫主要来自细菌还原海水；托莫尔特铁矿 S 来源复杂，既有火山岩又有花岗岩和细菌还原海水。沙泉子铁铜矿有少量 S 来自细菌还原海水。

二、Fe 同位素示踪

对西天山阿吾拉勒带的 3 个矿开展了 Fe 同位素分析（图 5-7）。查岗诺尔含铜铁矿的 11 件磁铁矿样品 $\delta^{56}Fe$ 值变化于 0.039‰~0.276‰，其中矿浆期的样品更接近 0‰，与火成岩较为一致，热液期 Fe 同位素稍大于矿浆期，变化于 0.094‰~0.276‰。敦德铁锌金矿磁铁矿 Fe 同位素较为均一，$\delta^{56}Fe$ 分布范围在 -0.20‰~0.15‰，与火山岩型 Fe 同位素分布范围一致。其中，热液期磁铁矿稍有差别，矿浆期磁铁矿 $\delta^{56}Fe$ 主要分布于 -0.05‰~0.15‰，热液期磁铁矿 $\delta^{56}Fe$ 主要分布于 -0.20‰~0.05‰。松湖铁（铜钴）矿磁铁矿 Fe 同位素较为均一，$\delta^{56}Fe$ 分布于 0.10‰~0.35‰，与火山岩 Fe 同位素分布范围一致。其中，矿浆期与热液期磁铁矿稍有差别，矿浆期磁铁矿 $\delta^{56}Fe$ 主要分布于 0.10‰ 左右，热液期磁铁矿 $\delta^{56}Fe$ 主要分布于 0.15‰~0.35‰。总之，3 个矿中磁铁矿的 Fe 同位素 $\delta^{56}Fe$ 均在 -0.2‰~0.3‰，集中分布在 0‰ 左右，分布范围较窄，与火山岩型 Fe 同位素范围较为一致，而与碳酸盐岩、海底热流、碎屑岩等有着较大的差别，表明这些铁矿中 Fe 来自火山作用，与中基性岩浆的大规模分异有关，后期有火山热液的参与。

三、O 同位素示踪

西天山铁多金属矿磁铁矿 O 同位素显示（图 5-8），$\delta^{18}O$ 主要分布于 1.0‰~11.0‰。其中查岗诺尔含铜铁矿、备战含金铁矿、松湖铁（铜钴）矿范围较窄，为 1.0‰~6.0‰；阔拉萨依铁铜锌矿为 8.0‰~11.0‰，范围更窄；敦德范围较宽，在 2.0‰~11.0‰。一般来说，幔源 O 同位素一般在 4.5‰~6.5‰（储雪蕾等，1999；夏群科等，2001），正常海相碳酸盐岩、海水和大气降水的 O 同位素分别在 25‰~30‰、-1‰~1‰、-50‰~-5‰（查向平，2010）。查岗诺尔、备战、松湖矿床磁铁矿中氧主要来自地幔，与区域大规模的火山作用有关。敦德、阔拉萨依矿床磁铁矿的 O 除来自地幔外，还受到了地层碳酸盐岩中氧的混染；但两者混染的程度有所不同，敦德铁锌金矿 O 同位素较为分散，混染程度较低；阔拉萨依铁铜锌矿 O 同位素较为集中。这可能与两者的矿石类型有关，敦德铁锌金矿矿浆型铁矿石、热液型铁矿均有存在，阔拉萨依铁铜锌矿目前仅发现火山热液型铁矿石。

不管是 Fe 同位素还是 O 同位素，磁铁矿在组成上均与火山岩有着密切的联系，暗示成矿元素 Fe 主要来自火山作用。

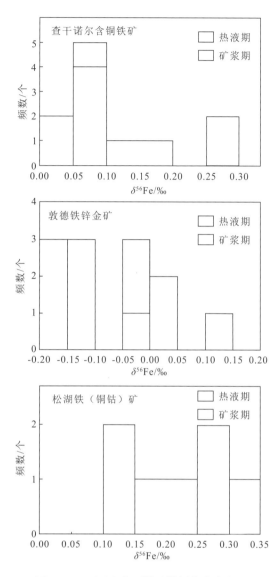

图 5 – 7 西天山主要铁矿铁同位素直方图

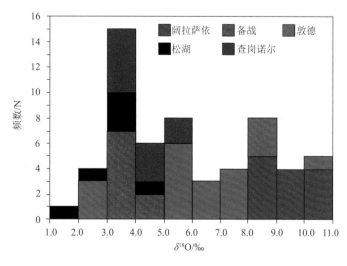

图 5 – 8 西天山主要铁矿磁铁矿 O 同位素直方图

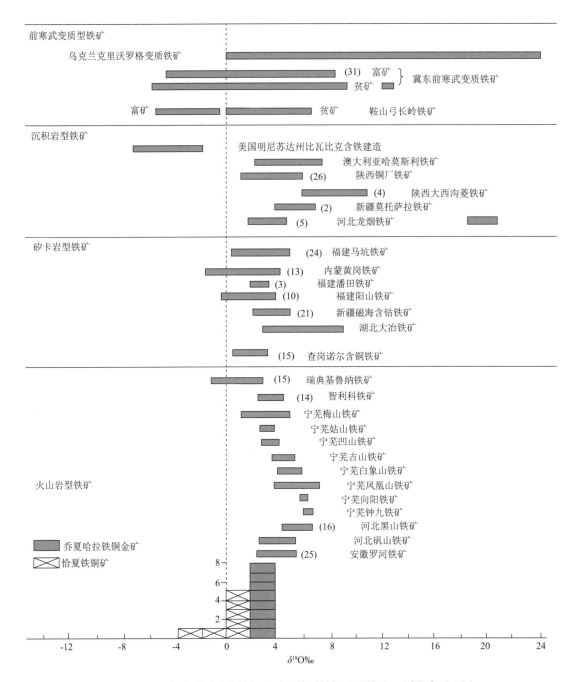

图 5-9　阿尔泰乔夏哈拉铁铜金矿和恰夏铁铜矿磁铁矿 O 同位素对比图

基鲁纳铁矿和拉科铁矿据 Nyström 等（2008），宁芜铁矿据袁家铮等（1997），马坑铁矿据韩发等（1983），乔夏哈拉铁矿和
恰夏铁铜矿数据据本文，其他数据资料据北京大学地质系（1979）和赵一鸣等（2012）；括号里面的数字为样品数

　　阿尔泰南缘乔夏哈拉铁铜金矿 8 件磁铁矿 $\delta^{18}O$ 主要分布于 2.5‰ ~ 4.0‰（图 5-9），与矽卡岩型相似。恰夏铁铜矿 7 件磁铁矿 $\delta^{18}O$ 平均值为 0.26‰，变化于 0‰附近，与岩浆热液的 $\delta^{18}O$ 组成相似，以 $\delta^{18}O$ 值不出现较大正值、负值区别于沉积变质型铁矿和沉积岩型铁矿。结合恰夏矿区矽卡岩蚀变不发育的地质特征，认为恰夏磁铁矿的形成与火山作用有关。

四、Pb 同位素示踪

　　磁铁矿 Pb 同位素的 $\Delta\gamma - \Delta\beta$ 成因分类图解（图 5-10）显示，西天山主要铁多金属矿床磁铁矿基本落入由上地壳与地幔混合组成的俯冲带铅范围，主要与岩浆作用有关。磁铁矿形成可能与地幔流体、地壳的混染有关。矿石 μ 基本较为均一，在 9.43 ~ 11.28，绝大多数在 9.50 左右。

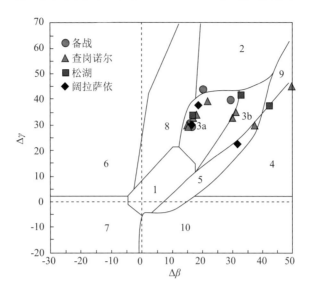

图 5 - 10　西天山主要铁多金属矿床磁铁矿 Pb 同位素组成

（底图据朱炳泉等，1998）

1—地幔源铅；2—上地壳铅；3—上地壳与地幔混合的俯冲带铅（3a—岩浆作用；3b—沉积作用）；4—化学沉积型铅；

5—海底热水作用铅；6—中深变质作用铅；7—深变质下地壳铅；8—造山带铅；9—古老页岩上地壳铅；10—退变质铅

五、Sr – Nd 同位素示踪

西天山主要铁多金属矿中磁铁矿 $\varepsilon_{Sr}(t)$ 介于 4.2 ~ 51.6，绝大多数在 20 ~ 40 之间；$\varepsilon_{Nd}(t)$ 值变化于 - 2.7 ~ + 5.0，整体为低 $\varepsilon_{Nd}(t)$，表明其来源于较为富集的地幔。在 $\varepsilon_{Sr}(t)$ – $\varepsilon_{Nd}(t)$ 协变图上（图 5 - 11），磁铁矿 Sr、Nd 同位素主体落入地幔系列区，与岛弧火山岩较为一致。各样品点有向富 Sr 方向偏移的趋势，暗示矿石矿物 Sr、Nd 同位素主体来源于岛弧火山岩外，还有地壳物质的贡献。

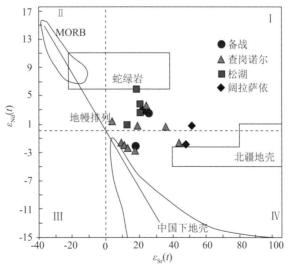

图 5 - 11　西天山主要铁多金属矿床磁铁矿 Sr – Nd 同位素组成

（底图据朱炳泉等，1998）

MORB—洋中脊玄武岩

六、稀土元素特征

东天山阿齐山－雅满苏－沙泉子成矿带几个典型铁多金属矿床中赋矿火山岩、侵入岩、不同类型矽卡岩、矽卡岩矿物以及矿石和磁铁矿单矿物的稀土元素特征见图 5－12。其中，红云滩矿床稀土元素特征据张立成等（2013）研究成果，其余矿床为本项目组成果。

百灵山含钴铁矿：斑点状磁铁矿石（LREE/HREE = 1.07 ~ 1.09，δEu = 0.78 ~ 0.92，δCe = 0.77 ~ 0.78）与粗粒石榴子石矽卡岩（LREE/HREE = 0.56，δEu = 0.61，δCe = 0.92）的稀土元素配分模式具有相似性，均为平缓的左倾型，ΣREE 低，轻重稀土分异不明显，Eu 中－弱负异常和 Ce 弱负异常。差别主要为轻重稀土元素分馏程度不同，暗示它们之间存在成因联系。块状磁铁矿石（LREE/HREE = 7.58 ~ 8.51，δEu = 0.98 ~ 1.1，δCe = 0.63 ~ 0.96）、绿帘石磁铁矿石（LREE/HREE = 24.76，δEu = 2.23，δCe = 0.92）、绿帘石矽卡岩（LREE/HREE = 4.76 ~ 93.19，δEu = 1.32 ~ 3.11，δCe = 0.88 ~ 0.93）和细粒石榴子石绿泥石矽卡岩（LREE/HREE = 3.29，δEu = 1.14，δCe = 0.76）稀土配分模式相似，均呈明显的右倾型，轻、重稀土分异较明显，具弱－明显的 Eu 正异常，与斑点状磁铁矿石和粗粒石榴子石矽卡岩有较明显区别，暗示具有不同的成因。而与赋矿火山岩及矿区花岗斑岩具有相似的稀土分布形式，暗示它们与火山岩及花岗斑岩有一定的联系。

雅满苏铁锌钴矿：石榴子石矽卡岩轻稀土略富集（LREF/HREE = 2.06 ~ 6.05），弱正或无 Eu 异常（δEu = 0.93 ~ 1.36），弱负－弱正 Ce 异常（δCe = 0.83 ~ 1.22），稀土配分模式为较平缓的右倾型。透辉石矽卡岩稀土特征变化大，较强负 Eu 异常－正 Eu 异常（δEu = 0.40 ~ 1.52），无 Ce 异常，稀土配分模式呈重稀土相对较平缓、轻稀土富集明显（LREE/HREE = 30.4 ~ 85.1）且分馏程度较高的右陡倾。绿帘石矽卡岩稀土特征与透辉石矽卡岩较为相似（LREE/HREE = 179.07 ~ 280.92，δEu = 1.06 ~ 2.04），稀土配分模式也较为相似。磁铁矿矿石稀土含量低，轻稀土略富集（LREF/HREE = 4.5 ~ 8.78），中等负 Eu－无异常（δEu = 0.65 ~ 1.02），无 Ce 异常（δCe = 0.98 ~ 1.06），稀土配分模式为较平缓的右倾型，与石榴子石矽卡岩稀土配分模式比较相似。石榴子石矽卡岩、磁铁矿矿石及个别绿帘石矽卡岩与新疆蒙库、乔夏哈拉、乌吐布拉克、查岗诺尔等具有相似的稀土元素地球化学特征（闫升好等，2005；杨富全等，2007；张志欣等，2011；洪为等，2012），表明其成矿的相似性。透辉石矽卡岩变化大的稀土特征暗示可能受到不同阶段不同性质流体交代作用的影响。矽卡岩、矿石无明显 Ce 异常，说明其形成于氧化环境，成矿流体没有 Ce 的相对亏损，成矿过程中没有海水的明显加入。石榴子石矽卡岩及部分磁铁矿石的稀土元素特征与矿区的玄武岩、安山质凝灰岩和流纹质凝灰岩相似，暗示其存在明显的成因联系。Y/Ho－La/Ho 图和（La/Yb）$_N$－（La/Sm）$_N$ 图呈现的线性分布特征也表明磁铁矿石与矽卡岩、火山岩具有同源性，成矿物质主要来源于火山岩。

沙泉子铁铜矿：含绿帘石石榴子石矽卡岩化磁铁矿矿石、绿帘石矽卡岩、粗粒块状磁铁矿的稀土元素配分模式较为相似，均为轻稀土元素相对富集、重稀土平缓的右倾型，δEu 具无 Eu 异常到轻微正 Eu 异常。细粒块状磁铁矿表现为轻稀土从轻度富集到中度富集、重稀土平缓的右倾型，δEu 中度负 Eu 异常到强正 Eu 异常。稀土特征表明，矽卡岩、含磁铁矿矽卡岩、与粗粒块状磁铁矿应具有相同或相似的成因。细粒块状磁铁矿则显示不同的成因机制。（La/Yb）$_N$－（La/Sm）$_N$ 图解还显示部分晚期粗粒磁铁矿对早期细粒磁铁矿的继承。

突出山铁铜矿：绿泥绿帘石矽卡岩为轻稀土相对富集的平缓右倾型（LREE/HREE = 4.85 ~ 5.64，（La/Yb）$_N$ = 3.32 ~ 5.60），弱负 Eu 异常、无 Ce 异常（δEu = 0.68 ~ 0.80，δCe = 1.02 ~ 1.08）。与长江中下游铁铜矿区岩浆成因矽卡岩稀土配分模式特点不同（赵斌等，1999；赵劲松等，2007），与喷气或喷流－沉积作用形成的含钙铁榴石为主的矽卡岩（Lottermoser，1988；路远发等，1998）也明显不同，而与东天山觉罗塔格地区土古土布拉克组火山岩及矿区含磁铁矿灰岩相似或近乎一致，具有交代成因的特点。磁铁矿（镜铁矿）矿石为轻稀土相对富集的较平缓右倾型 [LREE/HREE = 2.85 ~ 9.21，（La/Yb）$_N$ = 1.61 ~ 6.33] 强负－弱正 Eu 异常（δEu = 0.22 ~ 1.09），弱负－弱正 Ce 异常（δCe = 0.86 ~ 1.34），与火山热液型西天山查岗诺尔铁矿床中块状磁铁矿矿石（汪邦耀等，2011）、

350

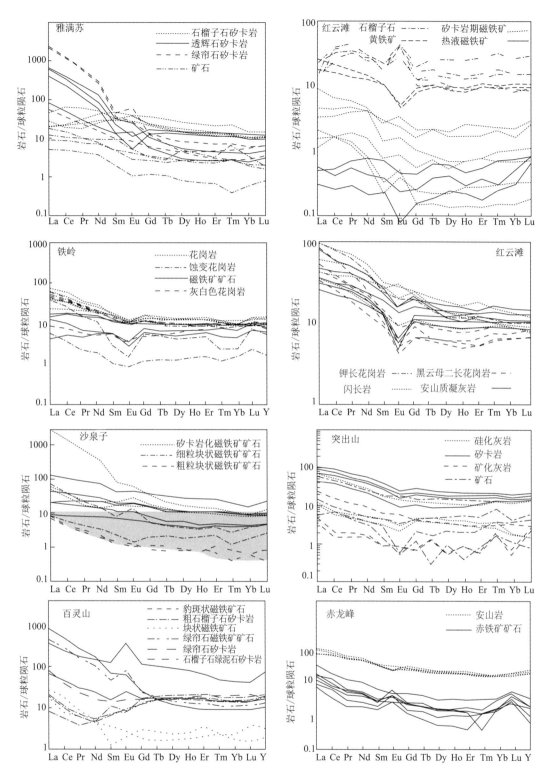

图 5 - 12 阿齐山 - 雅满苏 - 沙泉子成矿带铁多金属矿床稀土元素特征对比图

敦德铁锌金矿中矿石的稀土配分模式（葛松胜等，2014）特点一致，具有火山热液成因的特点。$\Sigma La - Nd - \Sigma Sm - Ho - \Sigma Er - Lu$ 图解表明矽卡岩、矿石与围岩具有相似性和成因联系。

红云滩铁矿：矿区内钾长花岗岩 $\Sigma REE = 179.1 \times 10^{-6}$，$\Sigma LREE/\Sigma HREE = 5.70$，$(La/Yb)_N = 1.94$，$(La/Sm)_N = 9.28$，$(Gd/Yb)_N = 4.06$，Eu 弱负异常而 Ce 基本无异常（$\delta Eu = 0.90$，$\delta Ce = 0.99$）。黑云母二长花岗岩 $\Sigma REE = 60.59 \times 10^{-6} \sim 138.03 \times 10^{-6}$，$\Sigma LREE/\Sigma HREE = 5.50 \sim 12.37$，

$(La/Yb)_N = 4.34 \sim 12.68$，$(La/Sm)_N = 2.18 \sim 6.36$，$(Gd/Yb)_N = 0.88 \sim 1.48$，Eu 较强负异常而 Ce 基本无异常（$\delta Eu = 0.29 \sim 0.72$，$\delta Ce = 0.99 \sim 1.04$）。闪长岩 $\Sigma REE = 75.79 \times 10^{-6} \sim 198.67 \times 10^{-6}$，$\Sigma LREE/\Sigma HREE = 2.15 \sim 8.25$，$(La/Yb)_N = 3.27 \sim 10.28$，$(La/Sm)_N = 1.51 \sim 3.19$，$(Gd/Yb)_N = 1.26 \sim 2.67$，Eu 中等负异常到弱正异常而 Ce 基本无异常（$\delta Eu = 0.74 \sim 1.25$，$\delta Ce = 0.96 \sim 1.00$）。三者稀土特征类似，均显示轻、重稀土分异较明显，轻稀土相对富集，且相对于重稀土，轻稀土内部分异更强烈的特征，Eu 异常特征也显示它们可能为同源岩浆演化产物。安山质凝灰岩稀土特征与闪长岩稀土特征最为接近，$\Sigma REE = 61.96 \times 10^{-6} \sim 150.27 \times 10^{-6}$，$\Sigma LREE/\Sigma HREE = 2.55 \sim 6.87$，$(La/Yb)_N = 2.86 \sim 8.52$，$(La/Sm)_N = 1.94 \sim 3.09$，$(Gd/Yb)_N = 0.97 \sim 1.34$，Eu 强负异常而 Ce 基本无异常（$\delta Eu = 0.35 \sim 0.77$，$\delta Ce = 0.89 \sim 1.00$），暗示区内岩浆侵入和喷发活动为同期、同源岩浆作用的产物。石榴子石稀土 $\Sigma REE = 79.47 \times 10^{-6} \sim 111.03 \times 10^{-6}$，轻、重稀土分异作用不强，部分样品轻稀土相对富集 [$\Sigma LREE/\Sigma HREE = 2.12 \sim 6.37$，$(La/Yb)_N = 0.82 \sim 1.84$]，轻、重稀土内部分异程度不高 [$(La/Sm)_N = 0.69 \sim 1.06$，$(Gd/Yb)_N = 0.75 \sim 1.48$]，Eu 强正异常、Ce 弱正异常（$\delta Eu = 1.82 \sim 3.02$，$\delta Ce = 1.10 \sim 1.44$），轻稀土曲线呈向上弧形弯曲，一般在 Eu 处出现峰值，重稀土曲线略向上弧形弯曲、较平直。矽卡岩期磁铁矿稀土元素 ΣREE 很低，变化较大（$2.26 \times 10^{-6} \sim 12.53 \times 10^{-6}$），轻、重稀土之间分异较强烈，轻稀土富集明显 [$\Sigma LREE/\Sigma HREE = 3.55 \sim 16.01$，$(La/Yb)_N = 1.66 \sim 14.76$]，轻稀土内部分异作用强烈，重稀土分异较弱 [$(La/Sm)_N = 1.2 \sim 7.3$，$(Gd/Yb)_N = 0.73 \sim 1.02$]，较强 Eu 正异常、弱负 – 弱正 Ce 异常（$\delta Eu = 1.07 \sim 2.16$，$\delta Ce = 0.88 \sim 1.15$）。稀土配分模式上形态差别较大，但具有相似的规律。热液期磁铁矿稀土 ΣREE 很低，为（$0.95 \sim 2.42$）$\times 10^{-6}$，轻、重稀土之间分异较矽卡岩期磁铁矿弱，轻稀土相对弱富集 [$\Sigma LREE/\Sigma HREE = 1.98 \sim 6.95$，$(La/Yb)_N = 0.68 \sim 6.08$]，轻、重稀土内部分异作用都不明显 [$(La/Sm)_N = 0.71 \sim 1.47$，$(Gd/Yb)_N = 0.51 \sim 2.68$]，Eu 负异常和 Ce 负异常（$\delta Eu = 0.42 \sim 0.77$，$\delta Ce = 0.57 \sim 0.89$）。稀土配分模式为轻稀土弱富集的缓右倾型。黄铁矿稀土 ΣREE 低 $11.53 \times 10^{-6} \sim 15.46 \times 10^{-6}$，轻、重稀土之间分异较强，轻稀土相对富集 [$\Sigma LREE/\Sigma HREE = 3.55 \sim 16.01$，$(La/Yb)_N = 2.16 \sim 4.39$]，轻稀土内部分异相对较强，而重稀土分异很弱 [$(La/Sm)_N = 2.23 \sim 4.00$，$(Gd/Yb)_N = 0.67 \sim 0.98$]，强 Eu 负异常，无 Ce 异常（$\delta Eu = 0.34$，$\delta Ce = 0.95 \sim 1.02$）。稀土配分模式为轻稀土富集的缓右倾型。地质特征上红云滩矿床中石榴子石与磁铁矿密切相关，二者稀土元素配分模式相似，差别为轻、重稀土元素分馏程度不同，暗示它们具有同源性，存在着成因联系。它们的 Y/Ho 比值均接近球粒陨石值，反映石榴子石和磁铁矿的形成与岩浆活动有关；与岩体和地层的稀土元素配分模式完全不同，表明它们不是接触交代而成；而与岩浆热液成因稀土元素配分模式相似，暗示与岩浆热液交代有关。热液期磁铁矿、黄铁矿稀土特征与矽卡岩期磁铁矿不同。综合研究显示矽卡岩是含矿岩浆热液沿断裂构造运移交代安山质凝灰岩的产物，矽卡岩退化蚀变作用又导致铁元素大量沉淀。

铁岭含钴铁矿：矿区花岗岩和蚀变花岗岩 ΣREE 相对较低（$32.84 \times 10^{-6} \sim 83.05 \times 10^{-6}$），轻、重稀土一定程度分异，轻稀土富集 [$\Sigma LREE/\Sigma HREE = 2.68 \sim 5.77$，$(La/Yb)_N = 1.66 \sim 7.35$]，轻稀土内部相对重稀土分异作用稍强 [$(La/Sm)_N = 1.31 \sim 4.58$，$(Gd/Yb)_N = 1.10 \sim 1.70$]，中等 – 弱 Eu 负异常，弱 Ce 正异常或无异常（$\delta Eu = 0.68 \sim 0.93$，$\delta Ce = 1.03 \sim 1.13$）。矿石 ΣREE 相对较低 $6.22 \times 10^{-6} \sim 34.81 \times 10^{-6}$，轻、重稀土分异强烈，轻稀土富集 [$\Sigma LREE/\Sigma HREE = 1.27 \sim 7.33$，$(La/Yb)_N = 0.62 \sim 15.45$]，轻稀土内部分异强烈，重稀土分异较弱 [$(La/Sm)_N = 0.74 \sim 12.05$，$(Gd/Yb)_N = 0.74 \sim 1.33$]，较强 Eu 负异常、弱 Ce 正异常或无异常（$\delta Eu = 0.34 \sim 0.76$，$\delta Ce = 0.98 \sim 1.17$）。花岗岩和蚀变花岗岩与矿石稀土含量不同，但配分型式颇为接近，变化特征相似，分馏程度略有差异可能受海水影响，暗示它们具有成因联系。Y/Ho 比值（$28 \sim 32$）一致并均接近球粒陨石值，反映磁铁矿形成与花岗岩侵入活动有关（Bau et al.，1995）。

赤龙峰含金铁矿：矿区赋矿围岩安山岩 $\Sigma REE = 104.98 \times 10^{-6} \sim 132.69 \times 10^{-6}$，轻、重稀土有一定程度分异，轻稀土富集 [$\Sigma LREE/\Sigma HREE = 4.66 \sim 5.32$，$(La/Yb)_N = 4.44 \sim 6.10$]，轻、重稀土内部分异作用均不强 [$(La/Sm)_N = 2.18 \sim 2.95$，$(Gd/Yb)_N = 1.65 \sim 1.88$]，弱 Eu 负异常，弱 Ce 正异

352

常（$\delta Eu = 0.76 \sim 0.98$，$\delta Ce = 1.05 \sim 1.10$）。矿石 ΣREE 相对较低 $6.13 \times 10^{-6} \sim 29.04 \times 10^{-6}$，轻、重稀土分异较强，轻稀土富集 $[\Sigma LREE / \Sigma HREE = 4.89 \sim 9.69$，$(La/Yb)_N = 3.95 \sim 11.04]$，轻稀土内部分异较强，重稀土分异相对较弱 $[(La/Sm)_N = 4.15 \sim 6.62$，$(Gd/Yb)_N = 0.83 \sim 1.69]$，Eu 弱负 - 较强正异常、弱 Ce 负异常 - 正异常（$\delta Eu = 0.85 \sim 2.39$，$\delta Ce = 0.76 \sim 1.11$）。二者稀土配分模式有差异，主要在于安山岩稀土配分模式稳定，弱 Eu 负异常，曲线平缓，而矿石稀土配分相对变化较大，Eu 正异常较强，曲线似折线型，暗示沉积成矿时海水的参与影响。安山岩 Y/Ho（28～29）、矿石 Y/Ho（33～43）比值差异也反映这一点（海水 Y/Ho > 44，Bau et al.，1995）。

阿巴宫铁磷稀土矿：磷灰石的稀土元素及微量元素表明，磷灰石 ΣREE 变化于 $1352.96 \times 10^{-6} \sim 6986.33 \times 10^{-6}$，平均 3717.70×10^{-6}。$(La/Yb)_N$ 比值变化于 $1.37 \sim 9.77$，δEu 变化于 $0.22 \sim 0.30$；以轻稀土富集、轻重稀土元素分馏较弱和 Eu 的显著负异常为特征，与宁芜玢岩铁矿和瑞典 Kiruna 型铁矿相一致，表明阿巴宫矿床与上述矿床成因相似。磷灰石稀土元素与矿体围岩流纹岩非常相似，暗示铁的成矿作用与岩浆的分异和矿浆贯入有关（杨富全等，2012）。

乔夏哈拉铁铜金矿：铁矿体和富铜矿体的稀土元素组成及配分模式迥然不同。铁矿体具有低 ΣREE（$9.89 \times 10^{-6} \sim 28.36 \times 10^{-6}$）、富轻稀土元素（LREE/HREE = 3.13）及正 Eu 异常（$\delta Eu = 1.49$）等特点，指示成矿物质与火山岩有关。富铜矿体异常富集轻稀土元素 $[LREE = (197.75 \times 10^{-6} \sim 2015.60 \times 10^{-6})]$；LREE/HREE = 25.9 $\sim$ 311.56、基本无 Eu 和 Ce 异常、配分曲线向右倾陡，与闪长岩有相似性，其成因和成矿物质与闪长（玢）岩有关（闫升好等，2005）。

蒙库铁（铜）矿：采自不同矿体、不同类型的矿石样品显示出十分相似的稀土配分模式，为轻稀土相对富集，重稀土相对亏损的右倾型，具有强的正 Eu 异常。斜长透辉角闪岩、绿帘石、石榴子石和矿石的稀土配分模式具有相似性，均为右倾，正 Eu 异常，基本上无 Ce 异常（部分矿石具有很弱的负 Eu 异常，$\delta Ce = 0.81 \sim 0.86$），差别在于轻、重稀土元素组内部分馏程度不同，暗示铁矿与石榴子石和绿帘石矽卡岩存在成因联系，也表明铁可能来自基性火山岩（杨富全等，2012）。

老山口铁铜金矿：闪长玢岩 ΣREE 介于（$45.99 \times 10^{-6} \sim 51.19 \times 10^{-6}$），稀土元素配分模式为轻稀土富集且轻稀土较重稀土分异显著的右倾型 $[LREE/HREE = 3.28 \sim 3.55$，$(La/Yb)_N = 2.20 \sim 2.59]$，$\delta Eu = 0.96 \sim 1.02$，$\delta Ce = 0.95 \sim 0.99$，无明显 Eu 异常，基本无 Ce 异常。玄武岩 ΣREE 为 $45.37 \times 10^{-6} \sim 60.69 \times 10^{-6}$，稀土元素配分模式为右倾型 $[LREE/HREE = 2.27 \sim 4.05$；$(La/Yb)_N = 1.55 \sim 3.84]$，$\delta Eu = 0.87 \sim 0.94$，$\delta Ce = 0.98 \sim 1.00$，略有负 Eu 异常，基本无负 Ce 异常。矽卡岩 ΣREE 很低，为 $20.24 \times 10^{-6} \sim 29.10 \times 10^{-6}$，稀土元素配分模式相似，为右倾型 $[LREE/HREE = 1.89 \sim 2.59$，$(La/Yb)_N = 0.56 \sim 0.62]$，$\delta Eu = 2.76 \sim 3.36$，$\delta Ce = 0.65 \sim 1.01$，具有正 Eu 异常，基本无负 Ce 异常。磁铁矿矿石稀土特征分成两组，其一，ΣREE 为（$13.48 \sim 13.51$）$\times 10^{-6}$，LREE/HREE = 3.36 $\sim$ 4.12，$(La/Yb)_N = 4.23 \sim 4.76$，$\delta Eu = 0.53 \sim 0.56$，$\delta Ce = 0.25 \sim 0.84$，具明显的负 Eu 异常及负 Ce 异常。其二，$\Sigma REE$ 为 $7.40 \times 10^{-6} \sim 13.00 \times 10^{-6}$，LREE/HREE = 1.71 $\sim$ 2.04，$(La/Yb)_N = 0.91 \sim 1.50$，$\delta Eu = 1.33 \sim 2.09$，$\delta Ce = 0.78 \sim 0.85$，具明显的正 Eu 异常及弱负 Ce 异常。在 $(La/Yb)_N - $

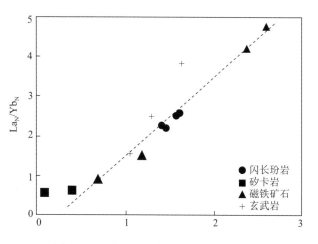

图 5 - 13　老山口矿床闪长岩、玄武岩、矽卡岩及矿石 $(La/Yb)_N - (La/Sm)_N$ 图解

$(La/Sm)_N$ 图解中（图 5 - 13），多数样品呈直线分布，表现出一定的相关性，表明闪长（玢）岩、矽卡岩、玄武岩和矿石存在明显的成因关系，暗示矽卡岩的形成与闪长（玢）岩、玄武岩有关，铁等成矿物质来源于闪长（玢）岩类、玄武岩。

总之，稀土元素特征表明，尽管东天山和阿尔泰铁多金属矿床类型、成矿作用、成矿过程有差异，但成矿物质均来自火山岩及同期岩体。

第五节　铁多金属矿成矿流体

一、成矿流体性质

托莫尔特铁锰矿火山沉积期流体包裹体均一温度变化范围较大，介于 142～405℃，主要集中在 170～300℃，峰值为 190℃。流体盐度变化于 3.23%～22.71%，主要集中在 4%～9% 和 14%～20%。区域变质期石英脉中以发育含液体 CO_2 包裹体为特征，部分均一温度为 6.3～22.1℃，完全均一温度介于 210～523℃，峰值为 310℃，流体包裹体盐度为 4.8%～11.33%，峰值为 11%。总之，托莫尔特铁锰矿沉积期成矿流体以中-低温、中-低盐度为特征，区域变质期以发育 CO_2 包裹体、中-高温度、低盐度为特征（杨富全等，2012）。

恰夏铁铜矿火山沉积期成矿流体具有中温（集中于 230～290℃）、中盐度（集中于 10%～22%）、中-低密度（0.70～1.07 g/cm³）的特征。与邻近的托莫尔特铁锰矿床、铁木尔特铅锌铜矿、大东沟铅锌矿成矿流体类似，暗示这些矿床火山沉积期成矿流体性质相似。火山沉积期成矿流体液相成分中阳离子主要为 Na^+ 和 Ca^{2+}，K^+ 次之，阴离子主要为 Cl^- 和 SO_4^{2-}，F^- 次之，成矿流体气相成分中以 H_2O、CO_2 为主，其次为 N_2 和还原性气体。区域变质期成矿流体具有高-中温（集中于 230～430℃），高-低盐度并存（集中于 2%～14% 和 30%～42%），中-低密度（0.6～0.96 g/cm³）的性质。

老山口铁铜金矿矽卡岩阶段成矿流体为中-高温（205～588℃）、中-低盐度（8.95%～17.96%），以岩浆水为主。退化蚀变阶段成矿流体温度（212～498℃）和盐度（7.02%～27.04%）略有下降，表明有少量大气降水的加入。石英-硫化物-碳酸盐阶段大气降水增多，成矿流体具有中-低温（集中于 150～250℃）、中盐度（13.4%～18.47%）的性质。

乔夏哈拉铁铜金矿石英-硫化物阶段从高温延续到低温（143～503℃），主要集中在 200～360℃，峰值为 250℃；流体盐度值为 1.23%～13.72%，峰值为 6.5% 和 11.5%；流体的密度为 0.63～1.0 g/cm³，成矿流体属中-低温、中-低盐度和低密度的 $NaCl-H_2O-CO_2$（$\pm CH_4/N_2$）体系。

阿克希克铁金矿火山沉积期成矿流体具有中温（集中于 180～320℃）、低盐度（集中于 6%～10%）、中-低密度（0.59～0.98 g/cm³）的特征。热液期成矿流体具有中温（集中于 220～320℃），低盐度（集中于 2%～10%），中-低密度（0.55～1.03 g/cm³）的性质。从火山沉积期到热液期，成矿流体温度略有升高，含 CO_2 包裹体明显增多，流体盐度有降低的趋势，流体中碳质含量明显升高。

雅满苏铁锌钴矿矽卡岩阶段石榴子石均一温度变化于 230～440℃ 和 >550℃，流体盐度值介于 3%～21.26%，表明矽卡岩阶段成矿流体为高-中温、中-低盐度的 $NaCl-H_2O$ 体系。退化蚀变阶段绿帘石均一温度变化于 160～380℃ 和 >550℃，盐度主要集中在 8%～14%、18%～23%，成矿流体属中-高温、中-低盐度的 $NaCl-H_2O$ 体系。碳酸盐-硫化物阶段方解石均一温度变化于 110～380℃，主要在 140～240℃，流体盐度为 8%～21%，峰值在 12%，成矿流体属中-低温、中-低盐度的 $NaCl-H_2O$ 体系。与矽卡岩阶段和退化蚀变阶段相比，均一温度、流体盐度有所降低，暗示存在低温、低盐度的大气降水的加入。

突出山铁铜矿矽卡岩阶段石榴子石和退化蚀变阶段绿帘石在 200～220℃ 与 >380℃ 处出现均一温度峰值，盐度在 13%、16.5% 及 22.5% 处出现峰值，表明其成矿流体属于中-高温、中-低盐度 $NaCl-H_2O$ 体系。矽卡岩阶段流体与典型矽卡岩矿床相比，温度与盐度均相对偏低，而硫化物阶段流体的温度（130～270℃）和盐度（0.5%～23%）相比矽卡岩阶段并没有显著降低，可能是海底火山作用晚期岩浆热液的产物，成矿流体来源于混合的海水和岩浆水，硫化物阶段流体中海水的比例相比矽卡岩期较高。

百灵山含钴铁矿石英－硫化物阶段石英均一温度集中在 175～295℃，峰值为 235℃，盐度为 12.28%～19.45%，峰值为 16.5%。包裹体子矿物消失温度基本上大于气泡消失温度，属过饱和盐水包裹体，是子晶和溶液同时被捕获的产物（Mao et al.，2003）。石英－硫化物阶段成矿流体属于中－高温、中盐度、中－低密度的 $NaCl-H_2O$ 体系。

敦德铁锌金矿中闪锌矿流体包裹体均一温度为 180～343℃，与闪锌矿有关的石英和方解石中流体包裹体均一温度为 184～324℃，178～312℃。形成闪锌矿的流体温度集中于 210～290℃，峰值为 240℃，属于中温成矿。磁铁矿爆裂温度为 326～450℃，属高温，明显高于闪锌矿及同阶段矿物。形成温度的明显差异，也暗示两者成因上的差别。

总之，新疆北部火山沉积型铁矿床沉积期成矿流体以发育液体包裹体、中低温、中低盐度为特征；叠加的区域变质期除发育含液体 CO_2 包裹体外还发育多种流体包裹体，温度（低温－高温）和盐度（低盐度－高盐度）变化范围大，但以中－高温度（200～430℃）为主。老山口铁铜金矿和乔夏哈拉铁铜金矿硫化物阶段成矿流体从高温演化到低温（150～360℃）、中－低盐度（1.23%～18.47%）为特征。雅满苏、突出山和百灵山为矽卡岩型矿床，矽卡岩阶段成矿流体为中－高温度（230～440℃）、退化蚀变阶段温度略有下降（160～380℃）、硫化物阶段以中－低温度为主（140～295℃），3 个阶段流体盐度变化不大，为中低盐度（0.5%～23%），百灵山硫化物阶段以中盐度为特色。敦德铁锌金矿磁铁矿形成阶段以高温为特征，锌形成阶段为中温。

二、成矿流体来源

沙泉子铁铜矿床 8 件石榴子石的 δD 值较低，集中于 -131‰～ -139‰，流体 $\delta^{18}O_{H_2O}$ 值变化于 1.5‰～7.3‰。石英的 δD 值集中在 -111‰～ -119‰，流体的 $\delta^{18}O_{H_2O}$ 值变化于 -0.7‰～ -10.4‰。H 和 O 同位素显示成矿流体在早期阶段（矽卡岩化阶段）以岩浆水为主，当成矿作用演化到晚阶段（石英碳酸盐阶段）时，成矿流体逐渐演变为大气降水为主。

雅满苏铁锌钴矿区大理岩的 $\delta^{13}C = 0.4‰～0.6‰$，$\delta^{18}O = 20.3‰～20.4‰$，与正常的海相沉积灰岩值相似。方解石脉 $\delta^{13} = -0.9‰～1.1‰$，$\delta^{18}O = -7.5‰～12.8‰$，明显不同于大理岩围岩，表明成矿流体中 C 不是来自围岩中的灰岩，$\delta^{18}O-\delta^{13}C$ 图解则显示流体中的 C 主要来自深部岩浆，$\delta^{18}O$ 值变化特征表明水－岩反应过程中发生了 O 同位素交换，可能有低 $\delta^{18}O$ 的天水参与。黄铁矿 He、Ar 同位素含量及比值特征表明成矿流体中 He、Ar 为地壳流体和地幔流体两端元混合产物，幔源 He 占 8.92%～45.47%，放射性成因 $^{40}Ar^*$ 含量占总数的 16.17%～44.32%，大气 ^{40}Ar 贡献达 55%～84% 左右。因此，雅满苏铁锌钴矿床成矿流体为以岩浆流体为主的壳幔混合来源流体，大气降水与早期的高温流体混合从而产生了流体的降温稀释过程。

磁海含钴铁矿硫化物阶段石英的 δD 值变化于 -116‰～ -78‰，$\delta^{18}O$ 值介于 9.0‰～14.4‰，$\delta^{18}O_{H_2O}$ 值变化于 -3.70‰～6.47‰。在 $\delta D-\delta^{18}O_{H_2O}$ 图解中样品点落在岩浆水左下方，靠近岩浆水分布区。与 Taylor（1974）给出的岩浆水的 H-O 同位素值相比，磁海含钴铁矿床样品具有相对较低 δD 和 $\delta^{18}O_{H_2O}$ 值，说明磁海矿床成矿后期可能有大气水加入，硫化物阶段成矿流体主要是岩浆水，混合少量大气降水。方解石样品的 $\delta^{13}C$ 值位于 -0.3‰～3.6‰，在 $\delta^{18}O-\delta^{13}C$ 图解中多数样品总体呈近水平展布，大多数分布于花岗岩和沉积岩范围内，表明在演化过程中可能发生流体与围岩之间的水岩反应或 CO_2 的脱气作用。

恰夏铁铜矿和托莫尔特铁锰矿火山沉积期石英和重晶石在 $\delta D-\delta^{18}O_{H_2O}$ 图解中投影点主要落在岩浆水下侧和左下侧，向大气降水线漂移。成矿作用发生在海底，大气降水的贡献很小，因此成矿流体不是单纯的岩浆水与大气降水的混合。火山沉积期流体包裹体成分（富含 Na^+、Cl^-、H_2O）具有海水特征，因此推测恰夏铁铜矿和托莫尔特铁锰矿火山沉积期成矿流体为海水与岩浆水的混合。区域变质期石英 H 和 O 同位素表明成矿流体为变质流体。

老山口铁铜金矿石榴子石 δD 值变化于 -110‰～ -84‰，$\delta^{18}O$ 值为 5.2‰～6.8‰，$\delta^{18}O_{H_2O}$ 值为

6.4‰ ~ 8.9‰；硫化物阶段方解石 δD 值变化 – 144‰ ~ – 92‰，$\delta^{18}O$ 值介于 7.1‰ ~ 13.3‰，$\delta^{18}O_{H_2O}$ 值为 – 2.4‰ ~ 4.2‰，$\delta^{13}C$ 变化于 – 0.9‰ ~ 2.4‰。H 和 O 同位素表明矽卡岩阶段成矿流体主要是岩浆水，硫化物阶段主要是大气降水，混合岩浆水。

乔夏哈拉铁铜金矿硫化物阶段石英 δD 值变化于 – 141‰ ~ – 93‰，$\delta^{18}O$ 值为 14‰ ~ 15.8‰，$\delta^{18}O_{H_2O}$ 值为 2.1‰ ~ 9.6‰；方解石 δD 值变化于 – 136‰ ~ – 111‰，$\delta^{18}O$ 值为 8.1‰ ~ 13.6‰，$\delta^{18}O_{H_2O}$ 值为 – 0.72‰ ~ 7.67‰，$\delta^{13}C$ 变化于 – 3.9‰ ~ – 2.7‰。H 和 O 同位素表明，成矿流体主要是岩浆水混合大气降水。流体中的 C 来自闪长质岩浆，部分来自地层灰岩。

总之，新疆北部火山沉积型铁多金属矿床沉积期成矿流体是海水与岩浆水的混合。乔夏哈拉铁铜金矿、老山口铁铜金矿、雅满苏铁锌钴矿矽卡岩阶段成矿流体为岩浆水（老山口），硫化物阶段主要是岩浆水混合大气降水，沙泉子铁铜矿叠加改造期矽卡岩阶段成矿流体以岩浆水为主，硫化物阶段是岩浆水混合大气降水。磁海含钴铁矿硫化物阶段成矿流体主要是岩浆水，混合少量大气降水。蒙库铁（铜）矿、托莫尔特铁锰矿和恰夏铁铜矿区域变质期成矿流体主要为变质水。

第六节 岩浆活动与铁多金属成矿作用

一、泥盆纪岩浆活动与铁多金属成矿作用

阿尔泰（包括准噶尔北缘）与火山岩有关的铁多金属矿床主要产于阿尔泰南缘的冲乎尔盆地、克兰盆地、麦兹盆地和准噶尔北缘的乔夏哈拉－老山口一带。其中：克兰盆地的铁矿床主要有恰夏铁铜矿床、托莫尔特铁锰矿床、小铁山铁磷稀土矿床、阿巴宫铁磷稀土矿床、乌拉斯沟铜锌铁金矿和塔拉特铅锌铁金矿。除塔拉特铅锌铁矿产于上志留统—下泥盆统康布铁堡组下亚组外，其余矿床均产于康布铁堡组上亚组第二岩性段。矿体总体顺层，局部切层，矿体受层位、岩性、岩相和火山断裂控制。尽管这些矿床的矿化特征、控矿因素以及直接含矿岩石不同，分属火山沉积型（托莫尔特铁锰矿床）、火山沉积＋叠加改造型（恰夏铁铜矿床）、VMS 型（乌拉斯沟铜锌铁金矿）和矿浆型（阿巴宫铁磷稀土矿床）等多种成因类型，但均与康布铁堡组火山作用有关。火山－次火山热液型和矿浆型是火山作用直接形成矿体，火山沉积矿床是火山喷发间歇期，火山作用带到海底的铁、锰、铅锌等成矿物质经过沉积作用，在火山洼地形成层状矿体，因此，火山岩型矿床的成矿物质主要来自火山活动，特别是基性火山岩，火山作用是形成火山岩型矿床的主导作用。

麦兹盆地已发现有蒙库大型铁（铜）矿床、红岑铁锰铅锌矿、什根特铅锌铁矿等。铁矿受层位控制，主要产于上志留统—下泥盆统康布铁堡组下亚组第二和第三岩性段。矿体总体顺层分布，局部切层。蒙库铁（铜）矿体内及附近发育矽卡岩，矿化分布在外接触带的矽卡岩中。铁矿体成因多属接触交代矽卡岩＋类矽卡岩（交代火山岩）型，铜矿化属热液叠加改造型。在矿体中（如蒙库 18 号矿体）、接触带（蒙库 1 号矿体）发现了花岗岩、黑云母闪长岩，矽卡岩是岩浆热液交代灰岩和火山岩（基性熔岩和火山碎屑岩）的产物。这类矿床的成矿作用较为复杂，康布铁堡组第一旋回火山活动期间形成了含铁较高的矿源层，甚至矿化层，为其后的成矿奠定了物质基础（如蒙库 1 号矿体）。含矿岩系形成不久花岗岩和黑云母闪长岩侵入，岩浆热液交代灰岩和基性火山岩形成矽卡岩，伴随矽卡岩的演化形成磁铁矿，叠加到早期矿化层上，形成铁矿体，其后又经历了区域变质作用的叠加改造，但这类矿床的主导成矿作用是矽卡岩作用，其铁等成矿物质来自火山岩，特别是基性火山岩，岩浆作用主要是提供热源。红岑铁锰铅锌矿和什根特铅锌铁矿属火山沉积型矿床，其成矿作用与火山作用有关，成矿物质主要来自火山活动。

准噶尔北缘乔夏哈拉－老山口一带的铁矿床主要为铁铜金矿床，如乔夏哈拉铁铜金矿、老山口铁铜金矿（包括托斯巴斯套铁铜金矿、托斯巴斯套南铜－金矿、托库特拜金矿）、加玛特铁铜金矿，赋存于北塔山组第三岩性段。矿化产于灰岩、凝灰岩、玄武岩、大理岩与闪长（玢）岩脉接触带的绿帘石矽卡岩中。矿体呈层状、透镜状，与围岩产状基本一致。成矿与闪长质岩浆热液活动有关，但成

矿物质来自闪长岩和围岩火山岩。年代学研究表明，闪长（玢）岩形成时间与北塔山组火山岩相近，闪长（玢）岩属于次火山岩，与火山熔岩和火山碎屑岩是同一火山活动的产物，也可以说乔夏哈拉 - 老山口一带的铁铜金矿形成是火山活动的产物。

新疆阿尔泰及准噶尔北缘发育与镁铁 - 超镁铁岩有关的钒钛磁铁矿，如库卫钒钛磁铁矿、查干郭勒含钛磁铁矿，矿化赋存于角闪辉长岩、橄榄辉长岩、辉长岩中，矿化与这些岩石有密切的时空和成因关系，矿化是岩浆分异作用和岩浆热液作用的产物，因此镁铁 - 超镁铁岩对钒钛磁铁矿形成起着决定作用。

二、西天山石炭纪火山活动与成矿的关系

西天山铁多金属矿成矿作用主要与石炭纪火山作用有关，涉及早石炭世大哈拉军山组和阿克沙克组，晚石炭世艾肯达坂组和伊什基里克组 4 个火山期的火山作用。

（一）火山岩与铁矿体在空间上的亲缘性

几乎所有铁矿区（哈拉达拉除外）火山岩都相当发育。主要矿物为磁铁矿的矿区大部分火山岩为下石炭统大哈拉军山组中基性火山岩，岩性主要为安山岩、英安岩和凝灰岩、火山角砾岩及少量玄武岩和流纹岩，如智博、查岗诺尔、松湖、备战、阔拉萨依、尼新塔格等；小部分铁矿区火山岩为上石炭统艾肯达坂组中基性火山岩，岩性为玄武质粗面安山岩、粗面安山岩、流纹岩、霏细岩、英安岩及凝灰岩、火山角砾岩（包括火山集块岩），如阿克萨依、塔尔塔格。主要矿物是赤铁矿的矿区含矿岩系为上石炭统伊什基里克组火山岩，岩性主要为安山岩、英安岩、流纹岩、凝灰岩、火山角砾岩及少量玄武岩，如波斯勒克等；部分为浅海相火山碎屑岩和硅质岩，硅质岩为火山成因，如莫托沙拉、式可布台。

铁矿体主要赋存于火山凝灰岩或火山成因的碎屑岩中，部分赋存于火山熔岩（安山岩、流纹岩）中。矿体与围岩接触界线清晰，无明显蚀变与过渡现象，呈层状、似层状，时间上明显晚于同期火山岩（熔岩、碎屑岩）；部分矿体与凝灰岩呈侵入接触关系，呈脉状、浸染状，产状普遍较陡，明显受火山机构内断裂、裂隙所控制，时间上也晚于火山岩，为（次）火山热液活动产物。不论哪种形式，铁矿体顶、底板均为火山岩或火山碎屑岩，显示了两者在空间上的亲缘性。

（二）形成时代上的一致性

备战含金铁矿区英安岩、钠长斑岩（次火山岩）、流纹岩年龄分别为 329 Ma、309 Ma、300 Ma，从中性到酸性火山岩年龄逐渐变小，显示出岩浆分异的特征。铁矿体位于火山凝灰岩中，形成时间应晚于凝灰岩，与熔岩相近或稍晚于熔岩。花岗岩（299 Ma）晚于火山岩形成，与火山岩、矿体均为侵入接触关系，为成矿后侵入体。因此，铁矿体形成时间应该在 300 ~ 329 Ma。

查岗诺尔含铜铁矿由于采样地点及测试单位的不同，熔岩年龄存在一定差异。但类矽卡岩为火山热液产物，形成时间晚于同期熔岩。2 号铁矿带中花岗闪长岩与铁矿体为侵入接触关系，地表可见明显的侵入界线，岩体中见铅锌矿化和铜矿化，形成时间也应晚于熔岩、凝灰岩与矿体。因此，本次测试的凝灰岩、花岗岩年龄基本代表了其真实年龄，也显示出矿区火山作用的多期性。查岗诺尔含铜铁矿的矿石中磁铁矿 Re - Os 等时线年龄为 336 Ma（表 5 - 5），考虑到精度与误差问题，其真实值应在 325 ~ 330 Ma 之间。松湖铁（铜钴）矿磁铁矿 Re - Os 等时线年龄为 314 Ma，小于 323.9 ± 1.9 Ma 的火山岩年龄，与铁矿体赋存于火山岩中的事实相符。

智博铁矿熔岩由于采样地点不同，岩石年龄存在一定差异。安山岩、流纹岩均为中矿段隧道口样品，属同一期火山活动的产物，年龄比较集中，为 307 ~ 310 Ma，代表晚期火山活动时间。钠长斑岩为中矿段 40 线钻孔深部样品，与上述岩石不属同一岩层，其 336 Ma 年龄代表了矿区早期火山活动时间。矿区花岗岩有两期（Zhang et al.，2012），早期花岗岩切穿铁矿体，形成时间为 320.3 ± 2.5 Ma，形成环境为大洋板块俯冲有关的活动大陆边缘岛弧环境；晚期花岗岩分别切穿矿体和火山岩，形成时

间分别为 295 Ma 和 304 Ma，为后碰撞花岗岩；闪长岩侵入于大哈拉军山组火山岩中，形成时间为 319 Ma，形成环境为岛弧环境。铁矿体早于花岗岩形成，其年龄在 320～336 Ma 之间。

表 5-5　西天山主要铁矿床成矿时间一览表

矿床名称	岩石名称	测试方法	年龄/Ma	资料来源	采样位置
查岗诺尔	铁矿石	磁铁矿 Re-Os	(336±8)	本次测试	I 矿带 3100 平硐
松湖	铁矿石	磁铁矿 Re-Os	(330±14)	本次测试	1 矿体
敦德	铁矿石	磁铁矿 Re-Os	(316±10)	本次测试	3912 平硐 8 穿脉
阔拉萨依	铁矿石	磁铁矿 Re-Os	(319±12)	本次测试	平硐

敦德铁锌金矿英安岩年龄为 316 Ma，代表了成矿前火山熔岩形成时间；花岗岩年龄介于 295～300 Ma，岩石具有明显的铜矿化、铅锌矿化，代表了成矿后中酸性岩浆侵入时间；磁铁矿年龄为 316 Ma，代表了真实的矿石形成时间。阔拉萨依铁铜锌矿只有两个年龄样品，英安岩、磁铁矿年龄分别为 320 Ma 和 319 Ma，基本代表了矿区火山熔岩、铁矿体形成时间。

从上述年龄分析来看，西天山主要铁多金属矿床由西到东（松湖、查岗诺尔、智博、敦德、备战），具有火山岩年龄由老变新的趋势，这可能与当时古天山洋关闭方向有关。铁矿形成年龄稍微晚于火山熔岩，但要早于中酸性侵入岩。这个规律表明，铁矿体不可能来自中酸性岩浆侵入，但可能与火山活动有关。另外，从不多的年龄数据来看，铁矿石形成时间虽晚于火山岩，但差距不大，约在 10 Ma 以内，说明火山岩与成矿作用具有较好的一致性。

（三）物质来源上的相似性

尽管不同铁多金属矿床的不同类型矿体存在差异，其磁铁矿的 Fe 同位素 $\delta^{56}Fe$ 均在 -0.2‰～0.3‰ 之间（图 5-7），分布范围较窄，集中分布在 0‰ 左右，与火山岩 Fe 同位素范围较为一致，而与碳酸盐岩、海底热流、碎屑岩等有着较大的差别。

磁铁矿 O 同位素的分布（图 5-8）表明，$\delta^{18}O$ 主要分布于 1.0‰～11.0‰。其中查岗诺尔、备战、松湖范围较窄，为 1.0‰～6.0‰；阔拉萨依为 8.0‰～11.0‰，范围也较窄；敦德范围较宽，在 2.0‰～11.0‰ 之间。一般来说，幔源 O 同位素一般在 4.5‰～6.5‰（储雪蕾等，1999；夏群科等，2001），正常海相碳酸盐岩、海水和大气降水的 O 同位素分别在 25‰～30‰、-1‰～1‰、-50‰～-5‰（查向平，2010）。查岗诺尔、备战、松湖矿床磁铁矿中 O 主要来自地幔，与区域大规模的火山作用有关。敦德铁锌金矿、阔拉萨依铁铜锌矿磁铁矿的 O 除来自地幔外，还受到了地层碳酸盐岩中氧的混染；但两者混染的程度有所不同，敦德铁锌金矿 O 同位素较为分散，混染程度较低；阔拉萨依 O 同位素较为集中。不管是 Fe 同位素还是 O 同位素，磁铁矿在组成上均与火山岩有着密切的联系，暗示铁主要来自火山作用。

（四）岩浆演化的特殊性

早石炭世火山岩哈克图中岩浆演化中在 $SiO_2=50\%$ 左右出现拐点，暗示钛磁铁矿、磷灰石、钠长石、角闪石在此处的大量分离结晶和部分橄榄石、辉石的熔蚀出现。

早石炭世火山岩 $Mg^\#$ 值与组分图解（图 5-14）显示，岩浆演化过程中出现了明显的分异现象：一组岩浆向着高 Si 和低 Fe、Ti、Ca 的趋势演化，呈 Bowen 演化趋势；另一组岩浆向低 Si 和高 Fe、Ti、Ca 的趋势演化，呈 Fenner 演化趋势。这种岩浆分异现象，在峨眉山地幔柱中也曾出现过（徐义刚等，2003）。Fenner 演化趋势是促使岩浆富集铁氧化物的主要原因。彭头平等（2005）曾将 Fenner 趋势成因总结为 3 个：①普通洋脊型玄武质岩浆简单的分离结晶作用；②低压条件下俯冲板片的大比例部分熔融；③地幔柱头前锋富铁组分的部分熔融。早石炭世，西天山整体处于火山岛弧环境，火山岩 Fenner 趋势的出现可能与俯冲板片的大比例部分熔融或俯冲带流体交代的上覆地幔楔的部分熔融

（Leybourne et al. ，1999）有关。高的热流和年轻洋壳的快速俯冲可导致这种部分不熔融。

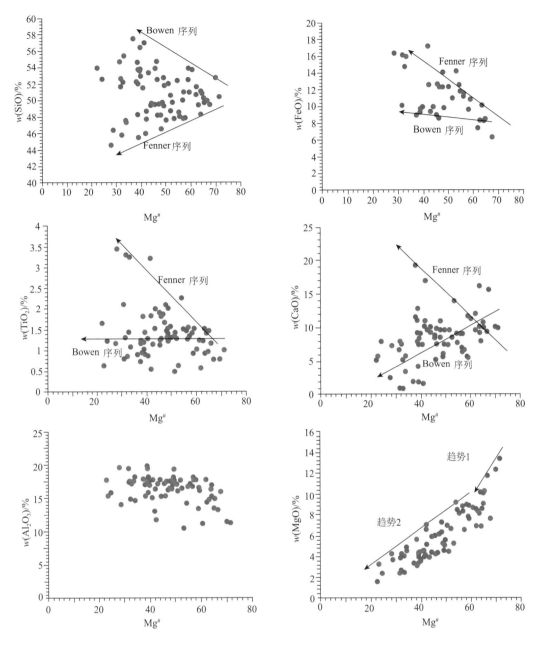

图 5 - 14　西天山早石炭世火山岩 Mg#值与各组分图解

岩石元素地球化学特征表明，西天山早石炭世玄武岩、安山岩中碱含量较高，$Na_2O + K_2O$ 为 5% ~9%，且 $Na_2O > K_2O$；挥发份为 1% ~ 6%。火山岩具有较高的 Ba/Nb （3.22 ~ 206.78，绝大部分在 >20）、Sr/Th （6.71 ~1600，绝大部分在 >30）、Ba/Th （2.49 ~500，绝大部分在 >40）比值和较低的 Th/Ce 值（0.03 ~1.12，大部分在 0.36 以下），与受俯冲带流体交代的火山岩一致。同时早石炭世火山岩形成环境为碰撞俯冲环境，因此，西天山早石炭世火山岩源区受到了俯冲带流体的交代作用。西天山中基性火山岩中两类不同分异趋势的存在，主要与俯冲带流体交代地幔楔有关。流体的加入，不仅可使岩浆产生不混溶现象，也可降低熔体中铁、钛氧化物的结晶，并促使橄榄石、辉石的熔蚀。其反应式如下：

$3CaFeSi_2O_6$（辉石）$+ Na_2O + Al_2O_3 \rightarrow 3FeO + 2NaAlSi_3O_8$（钠长石）$+ 3CaO$

$6CaFeSi_2O_6$（辉石）$+ 2Na_2O + 2Al_2O_3 + O_2 \rightarrow 2Fe_3O_4 + 4NaAlSi_3O_8$（钠长石）$+ 6CaO$

$6Fe_2SiO_4$（橄榄石）$+ Na_2O + Al_2O_3 \rightarrow 12FeO + 2NaAlSi_3O_8$（钠长石）

$3Fe_2SiO_4$（橄榄石）$+ Na_2O + Al_2O_3 + O_2 \rightarrow 2Fe_3O_4 + 2NaAlSi_3O_8$（钠长石）

这个推测，也与镜下所观察到的玄武岩、玄武质安山岩中橄榄石、辉石被磁铁矿、钛磁铁矿熔蚀交代相吻合。另外，在智博等矿区的铁矿石中发现有钠长石、尖晶石斑晶与磁铁矿晶体共存，暗示磁铁矿与部分钠长石可能同时形成，这也与上述推测一致。

综上所述，火山岩与铁成矿作用有着密切的关系，至少部分磁铁矿是从火山岩分异的矿浆中结晶的。

三、西天山侵入岩与成矿关系

西天山晚古生代铁多金属矿成矿作用除与石炭纪火山作用有关外，还与晚泥盆世—早石炭世中酸性侵入岩和基性侵入岩有关。

（一）空间上具有亲缘性

目前，西天山仅在哈勒尕提、阔库确科两个矿区发现与中酸性侵入岩有关的铁矿体。两矿区矿体均位于中酸性岩体与大理岩、灰岩的接触部位。接触部位发育大规模的矽卡岩化，铁矿体位于矽卡岩带中。矿体与围岩接触界线为过渡关系，见大量的蚀变现象。矿体呈似层状、透镜状产出，在平剖面上具有膨大缩小、舒缓波状特征。铁矿体顶、底板均为矽卡岩带或矽卡岩化带，显示了两者在空间上的亲缘性。西天山仅在哈拉达拉发现与基性侵入岩有关的钒钛磁铁矿体。铁矿体位于橄榄辉长岩中，由区域 NE - NW 向断裂控制，矿体位于数条 NE - NW 向裂隙中。矿体与围岩呈渐变关系，见大量的绿帘石化。含矿橄榄辉长岩中矿物晶形较好，晶粒粗大，以辉石、橄榄石为主，橄榄石、辉石中见磁铁矿沿边部出溶。矿体呈脉状、透镜状产出，在平面和剖面上具有膨大缩小、舒缓波状现象。铁矿体顶、底板分别为橄榄辉长岩和辉绿辉长岩，显示了铁矿体、基性岩体在空间上的亲缘性。铁矿脉是富铁基性岩浆分异结晶的产物（林锦富和邓燕华，1996；黄秋岳和朱永峰，2012；高纪璞等，1991），在时间上具有较好的一致性。

（二）形成时代上一致

哈勒尕提矿区花岗岩体年龄为 357～376 Ma。由于测试单位和测试部位不同，不同研究者获得的结果有所不同，如高景刚等（2014）获得二长花岗岩年龄为 367 Ma，顾雪祥等（2014）获得了 369 Ma 的花岗闪长岩年龄，姜寒冰等（2014）则获得了 357～362 Ma 的二长花岗岩年龄。尽管存在差异，但可以确定岩体形成于晚泥盆世—早石炭世。从接触关系上看，铁矿体与岩体几乎同时形成，或稍微晚于岩体形成。铁矿体中普遍见铜、钼、金、铅锌矿化，大多数矿体中可单独圈出铜矿体。铜矿石中普遍见辉钼矿。铁、铜、钼矿化为同期不同阶段成矿产物（高景刚等，2014；顾雪祥等，2014），因此，辉钼矿年龄可代表铜矿体形成年龄，也可代表铁矿体形成年龄。高景刚等（2014）获得铜矿石中辉钼矿 Re - Os 等时线年龄为 370～371 Ma，也代表了铁矿体的形成时间。尽管 Re - Os 年龄稍微大于高景刚等（2014）获得的 367 Ma 岩体年龄，但也在误差范围之内，因此，成矿与成岩在形成时间上几乎是同时，成矿作用与中酸性岩体的侵入活动有关。

（三）物质来源相似

哈勒尕提矿区花岗闪长岩稀土总含量为 $110.4 \times 10^{-6} \sim 170.4 \times 10^{-6}$，$(La/Yb)_N$ 为 7.16～12.38，δEu 为 0.27～0.93，LREE/HREE 为 9.45～19.55，$(La/Sm)_N$ 为 3.02～10.13，$(Gd/Lu)_N$ 为 0.64～1.65，稀土元素配分模式为弱负 Eu 异常的轻稀土富集右倾型（图 5-15）。二长花岗岩稀土总量为 $110.7 \times 10^{-6} \sim 238.08 \times 10^{-6}$，略高于花岗闪长岩；$(La/Yb)_N$ 为 8.74～13.45，δEu 为 0.27～0.76，LREE/HREE 为 12.33～17.85，$(La/Sm)_N$ 为 4.30～8.93，$(Gd/Lu)_N$ 为 0.65～1.38，稀土元素配分模式为强负 Eu 异常的轻稀土富集右倾型。石英闪长岩（图 5-16）稀土总量为 $56.1 \times 10^{-6} \sim 149.3 \times$

10^{-6}，低于花岗闪长岩和二长花岗岩；(La/Yb)$_N$ 为 1.27～12.19，δEu 为 0.28～0.67，LREE/HREE 为 3.34～15.59，(La/Sm)$_N$ 为 0.91～5.75，(Gd/Lu)$_N$ 为 0.93～1.40，稀土元素配分模式为强负 Eu 异常的轻稀土富集右倾型。铁铜矿石稀土总量为 63.64×10^{-6}，低于花岗闪长岩、二长花岗岩和石英闪长岩；(La/Yb)$_N$ 为 7.84，δEu 为 0.38，LREE/HREE 为 11.78，(La/Sm)$_N$ 为 10.03，(Gd/Lu)$_N$ 为 0.50，稀土元素配分模式为强负 Eu 异常的轻稀土富集右倾型，但钼矿化的石英闪长岩右倾程度要小于未矿化的闪长岩脉。铁矿石虽然在稀土元素总量上要小于岩体（花岗闪长岩、二长花岗岩）和岩脉（石英闪长岩），但仍然具有一些相似之处，如轻重稀土分馏明显、轻稀土内部分馏较强、重稀土基本未出现分馏、Eu 异常均为负、轻稀土总量大于重稀土、配分模式均为轻稀土富集右倾型等，暗示铁矿化与中酸性岩浆侵位有关。

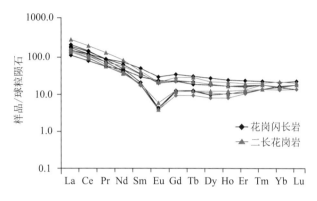

图 5－15　哈勒尕提矿区岩体稀土元素配分模式

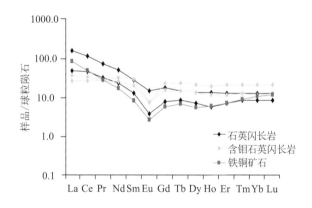

图 5－16　哈勒尕提矿区岩脉、矿石稀土元素配分模式

微量元素蛛网图上（图 5－17），铁矿石中除 P、Y 明显高于岩体和 Cs、Rb、Ba 明显低于岩体外，其他大部分元素含量低于花岗闪长岩，高于二长花岗岩。花岗闪长岩中有众多小裂隙和小断层，裂隙、断层中可以清晰地看到黄铁矿、黄铜矿及磁铁矿呈定向排列。石英闪长岩脉中见明显的辉钼矿化，石英辉钼矿脉在岩石中沿裂隙呈线性分布，未见磁铁矿脉发育。石英闪长岩脉侵位于地层和二长花岗岩中，二长花岗岩中无辉钼矿脉发育，暗示石英闪长岩主要与辉钼矿脉有关，与铁矿化无关。

哈勒尕提矿区花岗闪长岩 Ta/Hf 比值在 0.21～0.95，Th/Hf 比值为 1.83～11.52，Th/Ta 比值为 8.51～12.50，Nb/Ta 比值在 5.00～15.51，Zr/Hf 比值在 0.01～0.64。二长闪长岩 Ta/Hf 在 0.29～1.59，Th/Hf 为 2.80～18.84，Th/Ta 为 9.56～14.10，Nb/Ta 介于 5.18～13.56，Zr/Hf 为 0.01～0.90。石英闪长岩 Ta/Hf 为 0.38～1.11，Th/Hf 在 2.34～6.00，Th/Ta 在 3.74～9.93，Nb/Ta 在 7.94～16.54，Zr/Hf 在 0.01～0.02。铁矿石 Ta/Hf 为 0.99，Th/Hf 为 10.49，Th/Ta 为 10.64，Nb/Ta 为 8.69，Zr/Hf 为均 0.03。这些微量元素比值特征表明，铁可能主要来自岩体。另外，铁矿石蛛网图和

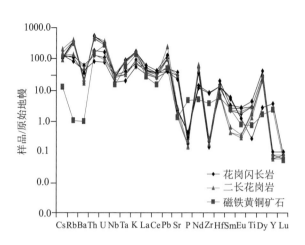

图 5 - 17　哈勒乑提矿区岩体、矿石微量元素蛛网图

岩体基本相似外，还有一些细微差别，暗示除岩体外，矿石中铁可能还有围岩的贡献。

　　虽然哈拉达拉基性侵入岩和铁矿石在稀土元素含量总量及δEu上有较大的差距（图5-18），但 LREE/HREE（基性侵入岩为3.13~5.57，铁矿石4.72~10.65）、（La/Yb）$_N$（基性侵入岩为1.27~2.98，铁矿石2.97~11.32）、（La/Sm）$_N$（基性侵入岩为0.98~1.63，铁矿石1.56~3.03）、（Gd/Yb）$_N$（基性侵入岩为0.92~1.61，铁矿石为1.77~3.10）比值上较为接近，均表现为轻重稀土分馏明显，轻、重稀土内部分馏较弱，轻稀土总量大于重稀土，配分模式均为轻稀土富集右倾型等，暗示铁矿化可能与基性岩浆侵位有关。铁矿石和基性侵入岩虽然在 Th/Ce（铁矿石为0.06~0.14，平均0.10，稍大于MORB；基性侵入岩0.01~0.09，平均0.02，与N-MORB相近）、Ba/Th（铁矿石为22.22~31.36，平均26.19，未受俯冲带流体影响；基性侵入岩为64.99~2151.75，平均为755.35，受俯冲带流体影响明显）比值上存在一定的差别，但在 Zr/Y（铁矿石为3.08~5.71，平均4.76；基性侵入岩1.48~7.31，平均4.36，稍高于原始地幔，与下地壳相近）、Nb/U（铁矿石为2.58~5.00，平均3.79；基性侵入岩6.97~47.50，平均21.25，均低于N-MORB和原始地幔）、Ce/Pb（铁矿石为2.17~11.38，平均6.77；基性侵入岩1.38~10.76，平均5.47，均位于原始地幔与地壳之间）比值上较为接近，表明铁可能主要来自岩体。另外，岩体中有众多小裂隙和小断层，裂隙、断层中可以清晰地看到磁铁矿-辉石脉充填其中，也暗示铁主要来自岩体。在微量元素地球化学特征上（图5-19），铁矿石明显富集高场强元素（U、Ta、Ti、Pb）、亏损大离子亲石元素（K、Ba、Rb），明显不同于辉长岩和橄榄岩，显示两者的不同。暗示除岩体外，矿石中铁可能还有地壳的贡献。因此，西天山基性侵入岩与铁成矿作用也有着密切的关系，磁铁矿可能来自于橄榄辉长岩的分离结晶。

（四）构造地质背景一致

　　在 $\varepsilon_{Sr}(t)$ - $\varepsilon_{Nd}(t)$ 协变图（图5-20）上，哈勒乑提主要矿石矿物 Sr、Nd 同位素主体落入北疆地壳区，少量位于岛弧区，暗示其来源较为复杂。主要矿石矿物 $\varepsilon_{Sr}(t)$ 变化较大，介于-9.1~51.6，绝大多数在30~70；$\varepsilon_{Nd}(t)$ 值变化于-6.7~-2.9，整体为低 $\varepsilon_{Nd}(t)$。活泼元素 Sr 同位素分布较为分散，不活泼元素 Nd 同位素分布较为集中。Pb 同位素组成表明地壳、地幔的混染较为均一，暗示单纯由地壳、地幔的混染组成的成矿元素源区是一个较为均匀的源区。因此，分散的 Sr 同位素组成还可能有一个地幔、地壳之外的来源。结合岛弧区的特点，这个来源可能为俯冲带流体的加入，带来了富放射性的 Sr 同位素。铁矿体在构造背景上，也是与花岗岩一致的。因此，晚泥盆世—早石炭世中酸性侵入岩与铁成矿作用也有着密切的关系，磁铁矿可能来自于花岗闪长岩的分离结晶。

四、东天山石炭纪—二叠纪火山-岩浆侵入活动对铁成矿制约

　　东天山地区已发现100余处铁矿产地，但多数为矿点和矿化点，其中产于火山-侵入岩中的铁多

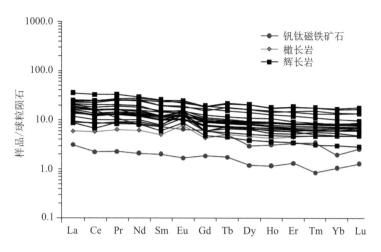

图 5-18 哈拉达拉地区岩体、铁矿石稀土元素配分模式

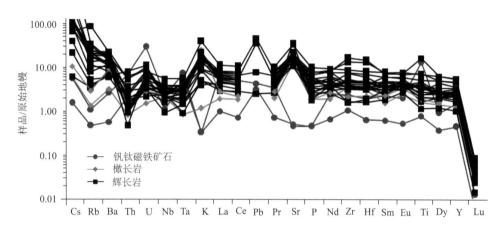

图 5-19 哈拉达拉地区岩体、铁矿石微量元素蛛网图

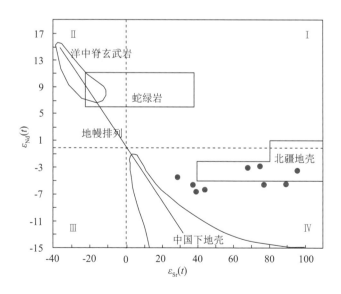

图 5-20 哈勒尕提矿石矿物 Sr-Nd 同位素组成

（底图据文献朱炳泉等，1998）

金属矿床主要位于阿齐山－雅满苏成矿带内。这些矿床赋存于下石炭统雅满苏组和土古土布拉克组火山沉积岩系中，矿体围岩矽卡岩发育，也见有钠长石化和角岩化。矿体呈似层状、透镜状赋存于火山沉积岩系和矽卡岩带中，受断裂控制。

（一）石炭纪岩浆活动构造背景与铁矿化的联系

百灵山含钴铁矿和雅满苏铁锌钴矿区侵入岩的侵位年龄介于 334～329 Ma，为早石炭世中期侵入；突出山铁铜矿和沙泉子铁铜矿区侵入岩的年龄介于 323～321 Ma，为早石炭世晚期侵入。这些岩体与侵入地层的火山岩具有相同的年龄，它们为同期岩浆活动的产物。这些含矿火山－侵入岩形成于活动大陆边缘环境，该环境总体为挤压状态，常伴有局部拉张或应力短期释放，即有大陆边缘局部的伸展。前人研究成果表明，在俯冲碰撞挤压环境下，强烈的壳幔相互作用与热循环可以形成大量岩浆，局部的伸展为岩浆上升与侵位提供了动力和空间（Hitzman et al.，1992；毛景文等，2008；Groves et al.，2010）。俯冲环境中洋壳物质及幔源物质的加入，为铁矿化提供了重要物质基础。前已述及，东天山石炭纪岩浆岩中，原始岩浆来源于俯冲物质（俯冲流体、洋壳熔体以及沉积物熔体）、软流圈地幔和岩石圈地幔物质，原始岩浆含水，并且在演化过程中经历了深部岩浆房充分的结晶分异过程，为岩浆中的挥发份达到饱和继而出溶提供了必要条件，使金属元素和 Cl 从熔体中分离（Candela et al.，1995；Shinohara et al.，1995；Hedequinst et al.，1998）形成含矿热液，局部的伸展使得挥发份得以释放和岩浆上升。同时，随着基性程度的增高，Fe 含量也随之增高，表明火山－侵入岩具有铁的矿化潜力。微量元素和稳定同位素资料显示，矿床中的 Fe、Cu 和 S 等成矿物质主要来源于岩浆体系，表明火山－侵入岩与成矿有密切联系。

总之，活动大陆边缘环境及其伴随的构造岩浆事件，为东天山赋存于石炭纪火山－侵入岩中的铁矿床形成创造了极为重要的动力条件，也能够为矿床的形成提供重要的成矿物质。

（二）火山－侵入岩与铁矿化的联系

百灵山含钴铁矿区发育大量矽卡岩，矿区及外围出露花岗岩、花岗闪长岩以及花岗斑岩，矿体产于矽卡岩和花岗斑岩中，在侵入体与围岩接触部位矽卡岩极为发育，因此，铁矿的形成与岩体的侵入有直接的成因联系。这些花岗质岩石形成年龄为 331～329 Ma，岩体形成年龄是铁成矿时代的下限，含钴铁矿床形成于岩体侵入期或略晚于侵入期，即百灵山含钴铁矿床为早石炭世中期成矿。

雅满苏铁锌钴矿床是东天山地区规模较大的铁矿床，尽管矿体产于矽卡岩中，但由于矿区内缺乏花岗质岩石，其矿床成因也多有争议。然而，矿区内发育大量的各类脉岩，本书获得了矿区内出露的切穿矿体的正长岩脉年龄为 325 Ma，略晚于赋矿地层火山岩的喷发年龄（334 Ma），与阿奇山－雅满苏带内早石炭世晚期火山岩具有一致年龄，表明其为早石炭世晚期岩浆活动的产物。矽卡岩矿物的流体包裹体及同位素，岩石、矿石稀土特征，均表明铁矿的形成与岩浆热液活动有关。325 Ma 的脉岩侵位提供了成矿时代的上限，即铁成矿时代略晚于 334 Ma，但不晚于 325 Ma，属早石炭世中期成矿。火山岩及与其同期形成的各类脉岩为雅满苏铁锌钴矿的形成提供了主要热源，火山岩围岩主要提供成矿物质，矽卡岩的退化变质过程是形成铁矿主成矿期的主导作用。

沙泉子铁铜矿床产于矽卡岩及与之接触的闪长玢岩内，本书获得了闪长玢岩形成于 322 Ma，与侵入地层的火山岩具有一致的结晶年龄。对 5 件含辉钼矿黄铜矿石榴子石磁铁矿矿石中的辉钼矿进行了 Re－Os 年龄测定，模式年龄为 315.6±4.1 Ma，代表铁成矿时代为早石炭世晚期成矿。尽管有二叠纪岩浆活动，并且距矽卡岩及矿体不远，但矽卡岩及铁矿体形成可能与这一期岩浆侵入活动没有关系。

突出山铁铜矿床产于矽卡岩及与之接触的闪长岩内，本书获得赋矿地层流纹岩锆石 U－Pb 年龄为 323.2±3.1 Ma，与矿区铜、铁矿化有关的闪长岩锆石 U－Pb 年龄为 326.2±1.6 Ma，与火山岩年龄在误差范围内一致，此外，获得了矿区不含矿的侵入于地层中的黑云母花岗岩锆石 U－Pb 年龄为 317.1±2.1 Ma，限定突出山铁铜矿床的成矿时代介于 323～317 Ma 之间。

黑峰山铁铜矿产于矽卡岩及与之接触的闪长玢岩，矽卡岩位于闪长玢岩与围岩接触部位。本书获得了闪长岩和闪长玢岩形成于 275 Ma 和 274 Ma，与侵入地层的火山岩（流纹岩 285 Ma）属同一期岩浆活动的产物。285 Ma 流纹岩代表了成矿时代下限，275 Ma 代表了成矿时代上限，即黑峰山属于早二叠世成矿。

磁海含钴铁矿赋存于早二叠世辉绿岩中，矿区发育矽卡岩化，矿化类型主要是矽卡岩型，其次是热液型，少量具有海绵陨铁结构的矿化。矿区岩浆活动频繁，磁海矿区花岗闪长岩、花岗岩、石英二长岩和二长岩形成的时间分别为 294.1 ± 2.2 Ma、286.5 ± 0.7 Ma、284.3 ± 3.3 Ma 和 265.6 ± 3.0 Ma，磁海矿区内至少存在 ~294 Ma、~286 Ma 和 ~265 Ma 3 期中酸性岩浆侵入活动事件。辉绿岩体年龄为 286 Ma，成矿后辉绿岩脉的年龄为 276 Ma，磁海镁铁质杂岩体中角闪辉长岩和粗粒辉长岩年龄分别为 295 Ma 和 276 Ma，这表明磁海含钴铁矿区的基性岩浆活动至少持续了 19 Ma。铁等成矿物质来源于辉绿岩，岩浆热液可能来自于花岗岩和石英二长岩，因此磁海含钴铁矿的形成与岩浆侵入活动有关。

总之，阿奇山 – 雅满苏构造带内赋存于石炭—二叠纪火山 – 侵入岩中铁多金属矿床的成岩、成矿两者是不可分割的统一体。

（三）火山 – 侵入岩浆蚀变作用与铁矿化的联系

阿奇山 – 雅满苏成矿带内铁多金属矿床围岩发育角岩化、钠长石化和矽卡岩化蚀变。在沙泉子铁铜矿床、百灵山含钴铁矿床和红云滩铁矿床中，在围岩的接触带上，均见发育有明显的烘烤边，火山岩均已蚀变，并且在火山岩中有环带发育的自形钙铁榴石，常见 2~3 个钙铁榴石被富铝的钙铁榴石或钙铝榴石包裹，也见石榴子石极为破碎，在火山岩中可见角岩化。这些特征表明，火山岩受接触变质作用影响形成了角岩。这是由于热的传导比流体的运移要快，岩浆侵位后围岩首先在岩浆热的作用下发生热接触变质作用，同时围岩间可以发生双向扩散作用进行物质交换，形成反应矽卡岩（彭慧娟，2013）。这一过程导致火山岩中富 Fe 的火山沉积岩形成细粒结构富 Fe 贫 Al 的石榴子石。热变质阶段虽然很少发生铁的沉淀，但由于角岩易碎，很容易在岩浆侵位导致的构造调整过程中发生断裂，并且热变质过程中挥发份的丢失导致岩石孔隙度增大，为热液的运移、水岩反应以及矿质的沉淀创造了有利条件（Einaudi et al.，1981；张智宇，2011）。因此，热接触变质对铁的成矿具有重要影响。

沙泉子铁铜矿床、百灵山含钴铁矿床和红云滩铁矿床、突出山铁铜矿床和雅满苏铁锌钴矿床围岩发育明显的钠化和钾化蚀变。如在酸性火山岩中斑晶均蚀变为钠长石、钾长石斑晶发育交代净边结构和蠕英结构，角闪石斑晶分解为金红石和磁铁矿，说明均发生了强烈的热液蚀变作用，并且蚀变早期存在高温高压汽水状态（陈鸣等，1991），这是由岩浆中析出富钠、氟和氯的气液向上运移，对围岩产生钠质交代作用形成 [对应的化学反应有：斜长石：$CaAl_2Si_2O_8 + 4SiO_2 + 2Na^+ = 2NaAlSi_3O_8 + Ca^{2+}$；角闪石：$Ca_2 (Mg, Fe)_5Si_8O_{22} (OH)_2 + 4Na^+ + 4Al^{3+} + 4SiO_2 = 4NaAlSi_3O_8 + 2 Ca^{2+} + 5 (Mg, Fe)^{2+} + 2H^+$；岩浆热液 + 角闪石 = TiO_2（金红石）+ Fe_3O_4（磁铁矿）]，在此过程中也使 Ca^{2+}、Mg^{2+} 和 Fe^{2+} 进入到气液，使气成热液逐渐转化为含矿热液，同时伴随 Na^+ 的消耗，流体中的 Cl^- 的浓度大大提高，由此为金属元素（包括铁）的搬运创造了条件（张招崇等，2014）。因此，石炭纪火山 – 岩浆侵入活动为东天山地区赋存于火山岩中的铁矿床形成提供了重要的能量和物质基础。

矽卡岩化作用是东天山石炭纪铁多金属矿床常见的蚀变作用。矽卡岩化广泛发育，表明与围岩强烈的交代作用。矽卡岩中化学反应和矿物组合常取决于交代性流体的成分及总体温压状态（Titley，1973；Guilbert et al.，1974）。早期交代作用发生于相对高温并具较强氧化性，含矿热液上升，并与大气水或海水混合交代火山岩，形成大量粗粒石榴子石、透辉石等矽卡岩矿物，随后温度下降，岩浆流体演化的富 Fe、Si、Mg、Cl 的流体交代早期无水硅酸盐高温矿物相，即发生退化蚀变作用（Meinert et al.，2003），产生大量含水硅酸盐矿物（如阳起石、绿帘石等）和大量磁铁矿。当温度继续降低时，流体中的 Cu、Zn、H_2S、CO_2 等组分进入体系中，与 Fe、Si 等组分共同产生硫化物、石英、碳酸盐矿物。此外，这些含矿热液在演化过程中可以沿火山围岩裂隙贯入形成脉状矿石，也可以进入未完全固结的侵入岩中演化，交代侵入岩中的矿物形成含矿岩体。

综上所述，阿奇山－雅满苏成矿带石炭纪火山－侵入岩浆活动为铁多金属矿床的形成提供了重要的岩浆－热液流体系统。

第七节 铁多金属矿床中共生和伴生元素

一、共生和伴生元素分类

新疆北部已发现 50 余处铁多金属矿，除铁外，共生或伴生多，有铜、铅、锌、金、钼、锰、钴、钒、钛、磷、稀土元素等，形成的成矿元素组合有 Fe－Cu、Fe－Mn、Fe－Co、Fe－Au、Fe－Cu－Au、Fe－Pb－Zn、Fe－Zn－Au、Fe－P－REE、Fe－Zn－Cu、Fe－Zn－Co、Fe－Cu－Co、Fe－V－Ti、Fe－Ti、Fe－Cu－Pb－Zn－Au 等。新疆北部不同地区成矿元素组合不尽相同，如阿尔泰有 8 个成矿元素组合，主要为 Fe－Cu（如恰夏）、Fe－Mn（如托莫尔特）、Fe－Pb－Zn（如塔拉特）、Fe－Cu－Zn－Au（如乌拉斯沟）、Fe－P－REE（如阿巴宫）、Fe－V－Ti（如库卫）、Fe－Ti（如查干郭勒）。准噶尔北缘有 3 个成矿元素组合，主要为 Fe－Cu－Au（如乔夏哈拉）、Fe－Au（如阿克希克）、Fe－V－Ti（如哈旦孙）。西天山有 8 个成矿元素组合，主要为 Fe－Cu（查岗诺尔）、Fe－Mn（莫托萨拉）、Fe－Zn－Au（如敦德）、Fe－Au（如备战）、Fe－Zn－Cu（如阔拉萨依）、Fe－Cu－Co（如松湖）、Fe－V－Ti（如哈拉达拉）、Fe－Cu－Pb－Zn－Au（如哈勒尕提）。东天山有 4 个成矿元素组合，主要有 Fe－Cu（如沙泉子）、Fe－Zn－Co（如雅满苏）、Fe－Co（如磁海）、Fe－V－Ti（如尾亚）。

依据成矿作用铁多金属矿床中共生和伴生元素分为 3 种：①铁与共生和伴生元素是同一成矿作用形成，如 Fe－Mn 组合、Fe－P－REE 组合、Fe－V－Ti 组合和 Fe－Ti 组合，前两者与火山作用有关，后两者与镁铁－超镁铁质岩浆的结晶分异、贯入和岩浆热液作用有关。②铁与共生和伴生元素是同一成矿事件不同阶段的产物，一般铁形成较早，其他元素形成较晚，如 Fe－Pb－Zn 组合、Fe－Co 组合、Fe－Au 组合（如备战）、Fe－Cu 组合（如式可布台、查岗诺尔、突出山）、Fe－Cu－Pb－Zn－Au 组合、Fe－Zn－Cu 组合（如阔拉萨依），这些组合多与火山作用有关，少数与矽卡岩化作用有关。③不同成矿事件叠加的产物，如 Fe－Cu（如恰夏、沙泉子、黑峰山）组合中铁矿化形成于火山沉积期，铜矿化形成于岩浆热液作用形成的矽卡岩期；Fe－Au 组合，如阿克希克矿床，铁矿化形成于火山沉积期，金矿化形成于热液期；Fe－Zn－Au 组合，如敦德矿床，铁、金形成于矿浆期和火山热液期，铜、锌形成岩浆热液期。

二、共生和伴生元素赋存状态

铁多金属矿床中共生和伴生元素可以分布于铁矿体中，也可以单独形成矿体与铁矿相连或空间上分离。如哈勒尕提矿区金、铁均已达小型规模，铅锌、铜主要呈独立矿体出现，金、银均无独立矿体。铜主要赋存于黄铜矿、斑铜矿中，铅、锌主要赋存于方铅矿、闪锌矿中，金主要赋存于黄铁矿、磁黄铁矿和毒砂中，银赋存于砷黝铜矿、斑铜矿中。上述含铜矿物主要出现在铜矿体中，部分出现于铁矿体中，铜矿体中也见少量磁铁矿存在。铁、铜矿体中铁氧化物和铜矿物相互共存，无穿插与切割现象。铅锌矿体与铜、铁矿体位于同一条矽卡岩带，但发育于不同部位，是同一成矿作用不同成矿阶段产物，具有相同的成因。

雅满苏铁锌钴矿赋存于下石炭统雅满苏组火山岩系，圈定 23 个铁矿体，其中 Fe1 和 Fe2＋3 矿体为主矿体。在矿体底部火山角砾岩、凝灰岩中见到了块状铜铅锌多金属矿化、矿区西部矽卡岩及 Fe1 矿体底部见到铜铅锌多金属矿化及钴矿化，单独圈定出锌矿体、钴矿体、锌钴矿体和铁钴矿体。

敦德铁锌金矿赋存于下石炭统大哈拉军山组玄武质凝灰岩中，目前已圈定铁矿体 7 条，并单独圈定出锌矿体两条。已获得铁矿石资源量 2.18 亿吨，锌金属资源量 161 万吨，金 50 t（新疆地矿局第三地质大队，2014），是目前新疆最大多金属矿，3 种成矿元素均达到大型规模。铁主要以氧化物的形式赋存于磁铁矿和赤铁矿中。敦德铁矿伴生元素主要是 Zn，赋存于闪锌矿中，与石英、方解石组成石英－闪锌矿脉、方解石－闪锌矿脉，主要见于矿区南部，呈脉状分布于花岗岩附近的地层中，或呈浸染状分布于铁矿体中。矿区花岗岩主要为浅肉红色中粗粒钾长花岗岩，出露于矿区西部及西南部，呈 NW－SE 向条带状分布，与中部火山岩地层之间为侵入接触关系。岩体内见黄铜矿、闪锌矿脉，并见明显绿泥石化、萤石化和硅化；在与火山岩（主要是凝灰岩）接触带附近蚀变更加明显，绿泥石化、硅化、绢云母化、方解石化、萤石化大量发育，并见石英－闪锌矿粗脉、方解石－闪锌矿粗脉发育其中并向凝灰岩内部延伸。石英－闪锌矿粗脉、方解石－闪锌矿粗脉附近无磁铁矿脉发育，暗示锌矿化可能与铁矿化无关，而是独立的成矿作用形成，与岩体侵位有关。磁铁矿体在该矿区主要赋存于火山通道内的凝灰岩、安山岩中，呈筒状、囊状、透镜体状产出，与围岩接触界线清晰，部分矿体周围见绿帘石化、石榴子石化和透辉石化。包裹金主要表现为银金矿包裹于毒砂、钴毒砂、黄铁矿、砷钴矿和方解石中，粒间金主要为银金矿分布于钴毒砂、砷钴矿、方解石粒间，裂隙金主要表现为银金矿呈不规则状、麦粒状、三角形等分布于岩石裂隙或褐铁矿裂隙间、脉石矿物与岩石裂隙间（刘通和丁海波，2013）。

阔拉萨依矿区伴生元素主要为 Cu，少量 Zn，铜赋存于黄铜矿中，见于矿区东南部可可达地区，与石英组成石英－黄铜矿脉，共发现铜矿体 3 条。3 条矿体均为地表出露矿体，赋存于花岗闪长岩体与大哈拉军山组、阿克沙克组凝灰岩接触带中。接触带内部及周围无磁铁矿脉发育。接触带两侧均已矽卡岩化，见明显的硅化、绿帘石化、绿泥石化、碳酸盐化，铜矿体主要位于硅化蚀变带（硅化凝灰岩）中，成因类型属矽卡岩型－热液充填型。磁铁矿体在该矿区主要赋存于北部的火山通道内，赋矿围岩为凝灰岩、角砾岩化凝灰岩，呈脉状、似层状、透镜体状产出，与围岩接触界线清晰，部分矿体周围见绿帘石化。

阿克希克铁金矿圈出 6 条含金磁（赤）铁矿体，全铁平均品位为 29.1%～35.1%，伴生金平均品位 0.36～1.19 g/t。金矿化分为含金磁（赤）铁矿和含金石英脉。金主要以自然金或含银自然金的形式存在，以包体金、晶隙金、裂隙金的方式赋存于黄铁矿中或石英与黄铁矿晶隙间及褐铁矿裂隙中，含硫化物的石英细脉以及磁（赤）铁硅质岩中。备战含金铁矿金赋存于黄铁矿、磁黄铁矿中。黄铁矿、磁黄铁矿晶形完整，晶粒粗大，呈脉状、浸染状分布于铁矿体（磁铁矿粒径较细，为细－微粒）中，或错断细粒磁铁矿脉，周围见脉状绿帘石化。黄铁矿、磁黄铁矿脉中可见粗粒磁铁矿呈定向分布。从形成时间上看，黄铁矿、磁黄铁矿晚于细粒磁铁矿，但基本与粗粒磁铁矿同时或稍晚于粗粒磁铁矿，为火山作用后期火山－次火山热液产物。

新疆北部 Fe－Cu 矿和 Fe－Cu－Au 矿有类似的特征，可以圈出铁矿体、铜（金）矿体和铁铜矿体。乔夏哈拉铁铜金矿化赋存于玄武岩、凝灰岩、大理岩、闪长玢岩和绿帘石矽卡岩中。各矿段均有多层矿体，最多达 5 层，一般只有 1～2 个主矿层。铁矿体呈似层状、扁豆状或透镜状。已发现矿体十几个，但规模较大的有 7 个。可划分为磁铁矿体、含金铜磁铁矿体和铜金矿体（图 5－21）。铜金矿体或产于局部铜金含量较高的铁矿体内，或位于铁矿体下盘的绿帘石化矽卡岩中。铁矿体主要由磁铁矿组成，含铜矿物主要是黄铜矿，少量斑铜矿和辉铜矿。自然金矿（Au＝95.08%，Ag＝5.09%）和银金矿（Au＝43.04%、Ag＝37.23%、Cu＝7.52%、Fe＝6.75%、S＝7.34%）呈包裹金、粒间金和裂隙金赋存于黄铁矿、黄铜矿、斑铜矿中。老山口铁铜金矿成矿特征与乔夏哈拉铁铜金矿类似，上部为含铜金磁铁矿体，下部为铜金矿体。铁矿体主要由磁铁矿组成，含铜矿物主要是黄铜矿，少量斑铜矿。金主要呈银金矿（Au＝66.36%，Ag＝30.13%）和自然金形式，银金矿或呈细脉状沿矿物间隙分布，或呈他形粒状赋存于硫化物和磁铁矿中。恰夏铁铜矿区已圈定出主要铁矿体 19 条，主要独立铜矿体 6 条，另有多条薄层或小透镜状铁、铜矿体。铁矿体呈层状、似层状、透镜状，矿体总体产状与围岩基本一致，部分伴生有铜矿化。独立铜矿体主要呈透镜状，矿化类型主要为阳起石矽卡岩型，少量矽卡岩化大理岩型和绿泥石英片岩型。沙泉子铁铜矿目前共圈定出规模不等的磁铁矿体 19 条，铜矿化产于铁矿体内形成含铜铁矿体，或产于铁矿体边部形成单独铜矿体。铜矿体大致沿地层或铁矿体走向呈似层状、透镜状，局部切穿铁矿体，显示出铜矿化为叠加于早期铁矿化之上的晚期矿

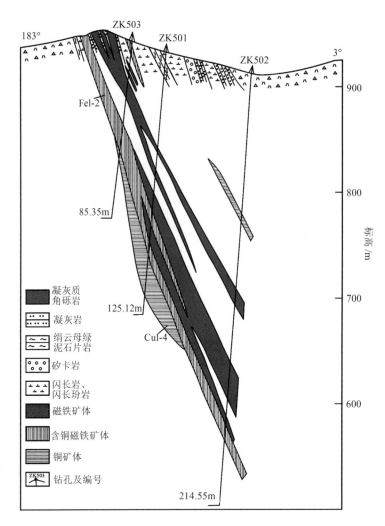

图 5-21　乔夏哈拉铁铜金矿 5 勘探线剖面图

（新疆有色地质勘查局七〇一队，2004）

化。突出山铁铜矿床分为东、西两个矿区，东矿区已圈定 15 个铁矿体，西矿区已圈定 12 个铁矿体，1 个铜铁矿体。铁矿体主要呈透镜状，次为脉状、似层状，具有膨大缩小、分枝复合等现象。矿体产状与地层基本一致，铜铁矿体呈似层状产出，顶底板为大理岩和矽卡岩。闪长岩脉与富铁矿体和铜矿体关系密切，分布于两侧，铁铜矿体的含铁矿物主要是磁铁矿，其次为假象赤铁矿（又称穆磁铁矿）、赤铁矿，含铜矿物主要是黄铜矿，少量辉铜矿。查岗诺尔含铜铁矿的伴生元素主要是 Cu，赋存于黄铜矿中。黄铜矿与方解石一起组成方解石－黄铜矿脉，主要见于Ⅰ铁矿带，呈脉状分布于安山岩、凝灰岩中，脉长 3~30 m，宽 5~100 cm，伴随绿泥石化；或呈方解石、黄铜矿团块赋存于安山岩的气孔中。部分地段见方解石－黄铜矿脉穿插于磁铁矿体中。矿脉极不规则，时断时续，为后期热液沿岩石小断层、裂隙充填产物，难以计算储量。Ⅱ铁矿带附近花岗闪长岩中见黄铜矿脉，脉宽约50 cm，长约 50 m，周围见绿泥石化、绢云母化和方解石化，无铁矿化。花岗闪长岩体呈岩株状产出，侵位于Ⅱ铁矿带中，接触带部位形成矽卡岩化，但未发现磁铁矿体。磁铁矿体主要赋存于凝灰岩、安山岩中，呈透镜体状、似层状产出，与围岩接触界线清晰，部分矿体周围见绿帘石化、石榴子石化和透辉石化。式可布台含铜铁矿区伴生元素主要为 Cu，赋存于黄铜矿、孔雀石中，与黄铁矿组成黄铜矿－黄铁矿脉，分布于矿区围岩（千枚岩、砂岩）及铁矿体中，为后期热液矿化产物。

　　阿巴宫铁磷稀土矿床圈出 5 个铁矿体，其中以 2 号、4 号和 5 号矿体规模最大，矿体呈透镜状、脉状或似层状，受火山断裂控制，略斜切地层，与围岩界线清楚。单独圈出了磷灰石矿体。矿石类型

有石英 – 磷灰石 – 磁铁矿矿石、石英 – 磁铁矿矿石和磷灰石 – 磁铁矿矿石。含铁矿物主要为磁铁矿，假象赤铁矿、赤铁矿次之。磷矿物为磷灰石，稀土元素赋存于磷灰石中。磷灰石是阿巴宫矿床中的特征矿物，以3种形式存在，第一种为早阶段形成的自形 – 半自形细粒晶体，浸染状分布于细粒磁铁矿中；第二种为自形 – 半自形脉状分布的晶体；第三种为晚阶段形成的自形伟晶状晶体，常与粗粒磁铁矿和石英共生。矿石中全铁平均品位变化于20% ~56%，P平均品位变化于3.8% ~10.8%。磷灰石单矿物中稀土元素总量变化较大（1093×10^{-6} ~6986×10^{-6}）。

大多数含钴铁矿没有单独圈定钴矿体。如磁海含钴铁矿已圈定近百个矿体，主要赋存于辉绿岩中，没有单独圈定钴矿体。铁矿物为磁铁矿，钴的独立矿物为辉砷钴矿（Co = 11.74% ~29.88%）、斜方砷钴矿（Co = 8.16% ~29.06%）、砷钴矿（Co = 20.62% ~20.96%），富钴矿物为磁黄铁矿（Co = 0.09% ~0.48%）和黄铁矿（Co = 0.03% ~0.17%），钴以类质同象存在于这些硫化物中。可见辉砷钴矿和斜方砷钴矿与磁黄铁矿、黄铜矿和黄铁矿以及石英共生，辉砷钴矿多分布于磁黄铁矿边部，并包裹早期浑圆状磁铁矿，表明其形成于石英 – 硫化物阶段。从角闪辉长岩、辉绿岩到粗粒辉长岩Co – Ni含量逐渐升高，且粗粒辉长岩的Co – Ni含量明显高于角闪辉长岩和辉绿岩，表明粗粒辉长岩可能是磁海矿区Co – Ni的主要来源。另外发现了镍的独立矿物红砷镍矿、针镍矿、斜方砷镍矿。松湖铁（铜钴）矿在地表圈定4个主要矿体，在钻孔中矿区西部3个矿体连在一起，没有单独圈定铜钴矿体。与铁矿化有关的蚀变主要为绿帘石化、钾化、阳起石化和赤铁矿化。与钴、铜矿化有关的蚀变为方解石化、绿泥石化、黄铁矿化、黄铜矿化。矿石中全铁含量为22.23% ~54.18%，平均为46.09%，局部富集铜钴，如ZK101，ZK103和ZK401岩芯中铜含量变化于0.1% ~0.85%，钴含量介于0.01% ~0.27%。铁矿物主要为磁铁矿，少量赤铁矿、镜铁矿，含铜矿物为黄铜矿，钴主要赋存于黄铁矿中。钴黄铁矿是含铜 – 钴热液活动的产物，钴黄铁矿在松湖铁（铜钴）矿床中有两种产状：一种是自形程度较低但晶体粗大，具有明显的碎裂纹并充填了黄铜矿细脉；另一种是自形程度高的黄铁矿，呈五角十二面体、八面体或立方体，经常与针铁矿、黄铜矿共生。有些靠近针铁矿、黄铜矿及黄铜矿细脉的黄铁矿中其钴含量更高。草莓黄铁矿钴含量介于570×10^{-6} ~4790×10^{-6}之间，其中大多数钴的含量大于1000×10^{-6}；他形 – 半自形黄铁矿钴含量介于280×10^{-6} ~6870×10^{-6}之间，钴黄铁矿的钴含量明显增大，其值介于9570×10^{-6} ~33360×10^{-6}之间，其中大部分样品的含量超过了20000×10^{-6}，其平均值高达24470×10^{-6}。电子探针元素面分析结果显示在松湖铁（铜钴）矿床黄铁矿中钴的分布很不均匀，钴黄铁矿或者呈条带状分布在自形的黄铁矿边缘，或者呈碎裂状分布在黄铜矿细脉附近。显微结构研究显示，在松湖铁（铜钴）矿床中钴黄铁矿总是和黄铜矿相伴，该类黄铁矿本身呈碎裂状或被黄铜矿细脉所充填，远离黄铜矿的黄铁矿钴含量骤减，这一现象表明钴黄铁矿的形成与晚期黄铜矿细脉的贯入有密切的成因联系。另外，那些粗大自形的黄铁矿边缘钴含量骤增也与晚期黄铜矿细脉的贯入有成因联系。由此推测，钴黄铁矿是富铜 – 钴流体交代成矿期黄铁矿的产物（牛贺才等，2010）。百灵山含钴铁矿中6个连续样品（厚度达6 m）钴含量大于边界品位（0.02% ~0.06%）（补充勘探报告，2003）。铁矿形成于退化蚀变阶段，钴形成于硫化物阶段，赋存于黄铁矿中。

钒钛磁铁矿见于库卫、查干郭勒、哈旦孙、哈拉达拉、尾亚。磁铁矿为这些矿床中主要矿石矿物，含钛矿物主要有钛铁矿、钛磁铁矿、含钒钛铁矿。钛铁矿以叶片状出溶于磁铁矿中或以独立矿物出现与磁铁矿共生，两者的形成时间、成因机制相同。

三、共生和伴生元素利用情况

新疆北部铁多金属矿综合利用情况分为5类：其一：开采铁矿，对共生、伴生的其他成矿元素没有回收，如磁海含钴铁矿、松湖铁（铜钴）矿、蒙库铁（铜）矿、查岗诺尔含铜铁矿、阿巴宫铁磷稀土矿、百灵山含钴铁矿、雅满苏铁锌钴矿、突出山铁铜矿、式可布台含铜铁矿和阔拉萨依铁铜锌矿。其二：开采伴生金，铁没有利用，如阿克希克铁金矿曾经被当做金矿进行堆浸，现已停采。其三：开采铜、铅锌矿，铁、金、银没有利用，如哈勒尕提矿床。其四：开采铁矿，综合利用共生和伴生成矿元素，如塔拉特铅锌铁矿、乔夏哈拉铁铜金矿、老山口铁铜金矿、备战含金铁矿、莫托萨拉铁锰矿、尾亚钒钛磁铁矿、黑峰山铁铜矿、乌拉斯沟铜锌铁金矿；曾经开采，已停采的有沙泉子铁铜矿。其五：目前没有开采，如敦德铁锌金矿、托莫尔特铁锰矿、薄克土巴依铁锰矿、库卫钒钛磁铁矿、查干郭勒含钛铁矿、恰夏铁铜矿、哈拉达拉钒钛磁铁矿、哈旦孙钒钛磁铁矿、什根特铅锌铁矿等。

通过本次研究认为新疆北部铁多金属矿应当加强综合利用，特别是目前开采铁矿没有利用共生或伴生的矿床，有些成矿元素尽管含量不高，但经济价值较高，如备战含金铁矿铁矿石中金品位约 0.2 g/t，但在开采期每年回收金约 20 kg。阿巴宫矿床共生磷灰石，建议改进选矿工艺，回收磷灰石。磁海控制铁储量已达 1 亿吨，矿体中普遍有钴矿化，局部有镍矿化，建议开展钴资源量评价，改进选矿工艺，回收钴。雅满苏矿床近年来深部发现了锌和钴矿化，单独圈出了矿体，但多数矿体延伸情况不清楚，建议加大深部找矿力度，评价锌和钴的资源潜力。蒙库铁矿局部有铜矿化，规模不大，目前没有利用价值。查岗诺尔含铜铁矿中铜矿化分布不均匀，规模不大，目前综合利用有难度。

第八节　新疆北部是否存在 IOCG 型矿床

一、IOCG 型矿床特征

（一）国外 IOCG 型矿床研究进展

20 世纪 70 年代在南澳大利亚 Stuart Shelf 地区探明了奥林匹克坝超大型铜 – 铁 – 金 – 铀矿床（其中探明 45 Mt Cu，2000 t Au，and 1.6 Mt U_3O_8；35% 铁，1.6% 铜，0.06% U_3O_8，0.6 g/t 金和 3.5 g/t 银）（Roberts et al.，1983；Scott，1987；WMC Resources Ltd，2005）。这一重要发现促使人们关注富铁氧化物矿床，但其独有的特征很难将其归为某一种已知矿床类型。随着研究的深入，人们发现有一批类似的铜 – 金（或银、铌、稀土、铀、铋和钴）矿床具有独特的成矿作用，如澳大利亚昆士兰州的斯坦及欧内斯 – 亨利、南澳大利亚的奥斯本、智利拉坎德拉利亚、巴西 Sossego、中国白云鄂博、加拿大苏迪尼、瑞典艾克迪等矿床（Corriveau，2006；Cox and Singer.，2007；聂凤军等，2008；Monteiro et al.，2008）。根据其富氧化铁、大量角砾岩筒控矿、形成于元古宙等显著特征，Bell（1982）、Youles（1984）、Hauck et al.（1989）、Hauck（1990）将奥林匹克坝与美国密苏里东南部的铁矿省、加拿大育空地区的 Wernecke 山、南澳大利亚的 Mount Painter 地区、我国的白云鄂博和瑞典的基鲁纳进行对比。Hitzman et al（1992）把这些矿床统称为元古宙铁氧化物（Cu – U – Au – REE）矿床。由于这一概念把奥林匹克坝、基鲁纳和白云鄂博等具有规模大、元素多、埋藏浅、易采选和经济价值巨大的矿床有机地联系在一起，引起了国际上的巨大反响和高度关注，学术界和矿业界都表示出极大的兴趣（毛景文等，2008）。对于基鲁纳型铁矿是否作为 IOCG 型的一个端元，存在很大争议，如 Chen（2013）提出 IOCG 型矿床不包括基鲁纳型铁矿、矽卡岩型铁矿、富磁铁矿的斑岩型铜/金矿和矽卡岩型铜/金矿。2003 年在希腊召开的第七届 SGA 会议、2008 年在挪威奥斯陆召开的第 33 届国际地质大会和 2009 年在澳大利亚汤斯维尔召开的第十届 SGA 会议等重要国际会议上均设立"铁氧化物铜金矿床"专题对其成矿背景、矿床特征、成矿作用、矿床模型、成矿规律和找矿方向进行专门研讨（Williams，2009）。

氧化铁 – 铜 – 金矿床（IOCG）定义：是 20 世纪 90 年代 Hitzman 等首次提出的用来描述铁氧化物 Cu – Au – U – REE 矿床的一个概念（Hitzman et al.，1992），iron oxide（Cu – U – Au – REE）deposits。Sillitoe（2003）定义氧化铁 – 铜 – 金矿床（IOCG）为含有大量磁铁矿和/或赤铁矿的矿床，并伴随有黄铜矿 ± 斑铜矿。Corriveau（2006）和 Cox 等（2007）将氧化铁型铜 – 金（Iron Oxide Copper – Gold）矿床定义为铁氧化物（低钛磁铁矿和赤铁矿）含量大于 20% 的铜 – 金（或银、铌、稀土元素、铀、铋和钴）矿床。其主要特征是含大量磁铁矿和/或赤铁矿，伴有铜硫化物、黄铁矿、金和稀土元素等，具有强烈的钠 ± 钙和钾蚀变。成矿流体为高盐度、富 CO_2 和 $CaCl_2$，贫硫的流体。矿床形成于克拉通内部或大陆边缘，定位于浅－中深地壳中。尽管矿体赋存于岩浆岩中，但成矿与火成岩活动没有必然联系（Pollard，2000；Williams et al.，2005）。Hitzman et al.（1992）当初将这些矿床限定为元古宙，现有资料表明这类矿床从太古宙到中新生代都有分布，除了铁、铜、铀、金、稀土主元素外，一些矿床不同程度含有钴、银、铋、钼、氟、碲、硒，甚至锡、钨、铅锌和钡等（Niiranen，2005）。

IOCG 矿床全球时空分布特点：在形成时间上，IOCG 型矿床从太古宙至新生代均有分布，空间上遍及北美洲、南美洲、亚洲、欧洲、澳洲和非洲的部分地区。地球上最早出现的 IOCG 矿床位于巴西 Carajas 地区，形成时代为新太古代（2.35～2.75Ga，Tazava et al.，2000；Dreher et al.，2008）。多数 IOCG 矿床形成于元古宙，包括南澳大利亚的奥林匹克坝，澳大利亚昆士兰州 Cloncurry 地区的 Ernest Henry、Osborne、Starra、Mt Elliott、Eloise、Hillside 矿床（Mark et al.，2000；Marshall et al.，2006，2008；Ismail et al.，2014），我国的白云鄂博、迤纳厂（Hou et al.，2015），加拿大育空地区的 Wernecke 山，瑞典基鲁纳地区（Hitzman，1992）以及芬兰的 Kolari 和 Misi 地区（Niiranen，2005），这些矿床的形成时代为 1900～1590 Ma。伊朗中部 Bafq 矿集区的成矿时代为 515～529 Ma（Toraband et al.，2007）。俄罗斯乌拉尔南部的古生代 Magnitogorsk 矿床（Herrington et al.，2000）。加拿大 Mont-de-l'Aigle 矿床形成于泥盆纪（Simard et al.，2006）。智利和秘鲁铁氧化物－铜－金带成矿时代为 165～112 Ma（Sillitoe，2003；Gelcich et al.，2005；Marschik et al.，2006）。在阿根廷西北地区 Salta 省境内发现了中新生代 IOCG 矿床（如 Arizario 和 Lindero，Dow 和 Hitzman，2000）。墨西哥 Durago 地区 Cerro de Mercado 矿床（Lyons，1988；Williams et al.，2005）、美国犹他州的铁泉矿床、智利 El Laco 铁矿、智利和秘鲁的 Coastal Range 被认为是新生代的 IOCG 矿床（Marschik et al.，1996；Espinoza et al.，1996；毛景文等，2008）。

IOCG 矿床地质特征：容矿岩系时代从太古宙到新生代，岩石类型多样，有碳酸盐岩（如加拿大 Mont－de－l'Aigle，Simard et al.，2006）、变沉积岩（澳大利亚欧内斯特亨里矿床）、花岗岩（如奥林匹克坝，Haynes et al.1995；Campbell et al.1998）、似斑状花岗岩（如巴西 Sossego，Monteiro et al.，2008）、闪长岩、辉长岩、超镁铁质侵入岩、长英质（变质）火山岩（如瑞典 Kiruna 地区铁－铜－金矿，Lidebrand，1986；Sandrin et al.，2006）、镁铁质火山岩（Pollard，2006）、角闪岩相变质沉积岩（如澳大利亚 Osborn，Fisher et al.，2008）、矽卡岩（如芬兰 Kolari region，Niiranen et al.，2007）。多数 IOCG 矿床与侵入岩有密切的时空和成因联系，如奥林匹克坝矿床成矿时代为 1590 Ma（Johnson et al.，1995），容矿花岗岩基时代为 1588 ± 4 Ma（Creaser et al.，1993）；巴西 Carajas 地区花岗岩时代为 2573 ± 2 Ma（Machado et al.，1991），相似于 Salobo Cu－Au 矿床（2576 ± 8 Ma；Requia et al.2003）；智利北部 Candelaria 和 Manto Verde 矿床分布在花岗岩类附近，岩体与成矿时代相近，两个矿床成矿时代分别为 115 Ma，117～121 Ma，与成矿有关的杂岩体时代为 97～119 Ma 和 120～127 Ma（Vila et al.1996；Sillitoe，2003）。与成矿有关的侵入岩类型主要是钙碱性、高钾钙碱性和钾玄质系列以及火成碳酸岩（如帕拉博鲁瓦铜多金属矿床和白云鄂博铁－铌－稀土元素矿），特别是辉长质、闪长质和二长质岩浆活动对 IOCG 矿床形成发挥过重要作用（Pollard，2006；Corriveau，2006）。脉状矿床往往产在侵入体内，尤其是辉长闪长岩和闪长岩中，而大型矿床则出现在距侵入岩体接触带 2km 内的火山沉积序列中。一些 IOCG 型矿床可以见到矽卡岩围绕闪长岩体接触带展布，矿体甚至赋存于矽卡岩体中，如芬兰 Kolari region。

IOCG 型矿床为后生矿床，与同时期活动的不同级次断裂有密切的关系（Perring et al.，2000；Mark et al.，2000；Haynes，2002；Smith et al.，2007）。矿床多分布在断层与高渗透性地层单元交汇处，断裂交汇部位，断裂转折部位，逆掩断层内部及旁侧，主断层与次级断层结合部，韧脆性剪切带。断裂为深源岩浆及岩浆流体、变质流体上升和地表流体（大气降水、盆地流体）下渗提供通道，为矿体定位提供空间。如巴西 Sossego 矿床、芬兰 Kolari region 矿床赋存于区域性剪切带中（Niiranen et al.，2007；Monteiro et al.，2008a，b）；瑞典 Kiruna 地区 Tjårrojåkka 铁铜金矿位于断裂带中（Sandrin et al.，2009）；智利北部的阿塔卡马地区一条长 1000 km 的断裂带也是一个铁氧化物铜金矿床和磁铁矿磷灰石型铁矿的集中区。Pollard（2006）认为与 IOCG 矿化有关的岩体侵位深度变化于 2～15

km，许多 IOCG 矿床形成深度比典型斑岩铜矿深得多，但多数矿床形成深度不超过 5 km（Hitzman et al.，1992；Hitzman，2000；Marschick et al.，2001；Thorkelson et al.，2001；Pollard，2002；Sillitoe，2003；Hunt et al.，2005；Williams et al.，2005）。

角砾岩筒及围岩蚀变：与其他矿床相比较，IOCG 矿床的最大特点是与角砾岩筒（或带）具有密切的时空分布关系，广泛发育角砾岩筒矿体（Marschick et al.，2001；Corriveau et al.，2006；Belperio et al.，2007；Marshall et al.，2008；Oliver et al.，2009）。角砾岩主要由角砾（各类岩块和氧化铁块体）和胶结物（岩屑、矿物碎屑和铜－铁硫化物）构成。角砾大都呈不规则棱角状，磨圆度较差。从角砾带的中心到边部，岩石类型依次为角砾岩、角砾岩化围岩和弱碎裂化岩体（或地层）。角砾岩与围岩呈过渡关系或突变关系。例如，奥林匹克坝的主体矿体位于一个巨大的角砾岩筒中（Hitzman，1992）；加拿大育空地区 Wernecke 山矿床主矿体也受控于角砾岩筒（Bell，1986）；瑞典基鲁纳地区出露 40 个铁磷矿床，矿化主要呈角砾岩状，也包括层状或层控型（Bergman et al.，2001）；在南美安第斯成矿带中，除了脉状矿体、矽卡岩矿体（如 San Antonio，Panulcillo，Farola 等）外，局部存在角砾岩筒矿体（如 Carrilillo de las Bombas，Tersa de Colmo，Sillitoe，2003）；加拿大 Yukon 地区的氧化铁铜－金－铀－钴矿化呈脉状、浸染状分布在角砾岩筒中或周围，局部为角砾状矿石（Hunt et al.，2005）；毛里塔尼亚 Guelb Moghrein 矿床赋存于角砾岩筒中，角砾为碳酸盐岩，胶结物为单斜闪石类、磁铁矿、磁黄铁矿、黄铜矿、石墨、Fe－Co－Ni 砷化物、Bi－Au－Ag－Te 矿物等（Kolb et al.，2006）。

全球 IOCG 矿床普遍的热液蚀变类型有钙－钠质蚀变和钾质蚀变（Baker，1998；Pollard，2000；Barton et al.，2004；Oliver et al.，2004）。钙－钠质蚀变主要为钠长石、阳起石、斜方（单斜）辉石、方柱石、铁闪石、绿钙闪石、角闪石、石榴子石、磷灰石、绿帘石、磁铁矿、赤铁矿和硫化物（Barton and Johnson，1996）。钠－钾化蚀变主要有钠长石、钾长石、阳起石、磁铁矿、磷灰石、绿帘石。钾质蚀变与铜、铁和金硫化物具有密切的时空分布关系，代表性矿物有钾长石、黑云母、磁铁矿或赤铁矿、绢云母、绿泥石、碳酸盐、铁－铜硫化物、铀和稀土矿物。如瑞典北部的基鲁纳地区，有两次钾化和两次钠化交替出现，钠长石－阳起石－磁铁矿和黑云母－钾长石－方柱石是最主要的蚀变类型（Smith et al.，2007）；瑞典 Tjårrojåkka 铁－铜－金矿蚀变主要为钠长石化、方柱石、钾长石、磷灰石（Edfelt et al.，2005）。澳大利亚 Lightning Creek 矿区伴随富铁矿的蚀变是钠长石－磁铁矿－石英（Perring et al.，2000）；巴西 Sossego 矿床发育早期区域性钠质蚀变，形成钠长石和赤铁矿，晚期钠－钙蚀变，形成阳起石－磷灰石－磁铁矿组合（Monteiro et al.，2008）。一些矿床具有明显的蚀变分带，在深部为钠质蚀变组合，在中浅部为钾质蚀变组合，在浅表为绢云母化和硅化（如奥林匹克坝矿床，Hitzmann et al.，1992）。

成矿流体及成矿物质：流体包裹体研究表明包裹体类型复杂，含大量 CO_2 包裹体，成矿流体为高盐度、富 CO_2 和 $CaCl_2$，贫硫的流体，温度变化很大，从高温到低温，通常矿床成矿压力大（Mark et al.，2005；Kendrick et al.，2008a，b；Bertelli et al.，2010），CO_2 可能来自中地壳，如澳大利亚 Ernest Henry 矿床（Kendrick et al.，2007）。同位素地球化学研究表明，IOCG 矿床成矿流体具有多来源，主要有 3 种：①成矿流体来自岩浆水：其特征是矿化温度较高，具高 K/Na 比值和 Si/Fe 比值的蚀变，如瑞典 Kiruna 地区的 Pahtohavare Cu－Au 矿床（Lindblom et al.，1996）、澳大利亚昆士兰州的 Starra Au－Cu 矿床（Rotherham et al.，1998）及 Mt Isa Block 地区矿床（Marshall et al.，2006）、中安第斯海岸科迪勒拉带 IOCG 矿床（Sillitoe，2003）。②成矿流体来自地表流体、盆地流体和变质流体：其特点是富氧化物、贫硫化物矿化，低 Si/Fe 比值和空间上广泛发育富碱金属（Na > K）蚀变。例如，$^{40}Ar/^{36}Ar$、Br/Cl 和 I/Cl 表明澳大利亚 Osborne 矿床成矿流体为变质流体，这种流体是地表沉积物中流体演化产物与容岩系变质过程中产生流体的混合（Fisher et al.，2008）；Br/Cl 比值和 Cl 同位素表明瑞典 Norrbotten 地区的 IOCG 矿床成矿流体来自变质的蒸发岩或地壳的熔融（Gleeson et al.，2009）。③成矿流体为岩浆热液与其他流体混合（Barton et al.，1996；Guilbert，2001；Papageorge，2001；Ullrich et al.，2001；Sillitoe，2003），如南美的 Candelaria，Raúl－Condestable，Sossego

矿床成矿流体为幔源岩浆流体与盆地流体或大气降水的混合（Chiaradia et al.，2006；Monteiro et al.，2008b）；加拿大 Mont – de – l'Aigle 矿床成矿流体来自岩浆热液混合大气降水或海水（Simard et al.，2006）；惰性气体同位素表明澳大利亚 Eastern Mount Isa Block 地区 IOCG 矿床早期成矿流体为建造水，晚期混合了岩浆热液（Kendrick et al.，2008）。不同成矿流体来源的矿床其成矿背景、构造环境，含矿岩系、围岩蚀变和矿化特征也存在一定差异（Hitzman，2000；Haynes，2000；Pollard，2000；Barton and Johnson，2004）。

成矿物质来源具有多样性，既有来自侵入岩、火山岩，也有来自地层。如 Starra（Rotherham et al.，1998）、Eloise（Baker and Laing，1998）、Aitik（Frietsch et al.，1997）、Tennant Creek 地区（Houston et al.，1997）、Candelaria（Ullrich and Clark，1999）、加拿大 Mont – de – l'Aigle 矿床（Simard et al.，2006）的 S 同位素特征表明，S 主要来源于岩浆岩。Barton 等（2004）对全球范围内 36 处氧化铁型铜 – 金矿床的统计表明，在 19 处矿床的容矿围岩中或者附近找到了富钠质和金属元素的沉积岩，因此，大规模的富钠质流体和成矿物质很可能来自沉积岩，一般来讲，镁铁质、长英质和碱性岩浆以及相关流体对沉积岩（红层和蒸发岩）的交代和烘烤作用可以产生富钠的热液流体，这种热流体可从围岩中淋滤和萃取出大量的钾、铁、铜、金和铀及其他成矿组分（聂凤军等，2008），如澳大利亚 Cloncurry 地区的矿床（Oliver et al.，2004）。

成矿构造背景：Hitzman（1992）最早认为出现在克拉通或大陆边缘，随着研究程度的深入和越来越多 IOCG 矿床被鉴别出来，成矿构造环境呈现出多样性。Moritz 等（2006）总结 IOCG 矿床出现于 3 种环境，即：①与非造山岩浆有关的大陆地块内部（如奥林匹克坝）；②与中性岩浆有关的较年轻大陆边缘弧（如南美安第斯）；③褶皱和推覆带（如 Tennant Creek – Mount Isa 线形褶皱带内的矿床）。Groves 等（2007）认为包括巴西 Carajas 地区、澳大利亚的奥林匹克坝、南非的 Palabora 在内的前寒武纪大型 – 超大型矿床都位于太古宙大陆边缘 100km 以内或靠近太古宙与元古宙岩石圈接触带附近。这些矿床在时空上都与克拉通内非造山型花岗岩（或 A 型花岗岩）有关。这一组合也清楚地指示出它们与板块俯冲有关，或与由地幔柱引起的次大陆岩石圈地幔部分重熔有关。奥林匹克坝矿床含矿花岗岩基形成机制有 4 种假设：幔源岩浆底侵、地幔柱、岩石圈伸展和放射形成热源，但地震反射资料否定了前 3 种假设（Drummond et al.，2006）。瑞典和芬兰北部的超大型基鲁纳铁矿及其周围的一系列矿床在古元古代时期为一个大陆边缘，Weihed et al.（2005）提出了矿床形成的地球动力学模型，强调地幔柱活动与 IOCG 及其铜镍硫化物矿床、层状铅锌矿、岩体有关的铜金矿和浅成低温热液矿床的关系。时代比较新的 IOCG 矿床（如智利北部 – 秘鲁南部的世界级大型矿集区），其构造环境为与板块俯冲有关的大陆边缘弧，矿床产于长期活动的平行断裂带内，受压扭构造和盆地反转所支配。伊朗中部 Bafq 铁矿集中区位于寒武纪 Kashmar – Kerman 构造带中，也明显属于大陆边缘活动带（Toraband et al.，2007），类似的矿床还有加拿大大熊河矿床（Hildebrand，1986；Montreuil et al.，2015）。新生代形成的该类矿床通常产于大陆边缘火山弧的剥蚀部分（如智利和秘鲁的 CoastalRange 带，Ryan et al.，1995；Espinoza et al.，1996；Marschik et al.，1996）。

IOCG 矿床的成矿模式：IOCG 矿床形成于新太古代到新生代，出现在多种构造环境中，容矿岩系多种多样，成矿作用各不相同，因此其成矿模式也较多。成矿模式主要有盆地蒸发岩物质源模式、岩浆 – 热液流体模式、外来流体加热模式、盆地流体模式、变质模式、两阶段成矿模式等。Barton and Johnson（1996）提出"盆地蒸发岩物质源模型"，认为 IOCG 矿床的流体具有高的 Cl/S 比值，可能主要来自于古蒸发岩有关的同生盆地流体。热液由流体和蒸发盐反应产生贫硫热卤水，下伏岩体提供的热源导致盆地流体发生循环，形成热对流系统，与此同时，盆地流体与岩浆流体发生混合，导致矿床的形成。这一模型有助于理解 IOCG 矿床成矿系统中富集特色元素（亲铁元素和亲石元素）和热液蚀变（钠质蚀变和局部的钾质蚀变）。该模式强调即使流体和金属可由同期的花岗岩、变质流体或天水带来，但矿化的主导因素是蒸发盐的存在。

"岩浆 – 热液流体模式"认为成矿流体在温度、盐度和物质组分上均与岩浆热液相似。强调高盐度流体和富 CO_2 流体存在是由同期岩浆分离出的 $H_2O – CO_2 – NaCl$ 流体的不混溶作用所产生的。CO_2

在成矿中起主导作用（Williams et al.，2005）。岩浆上侵过程中 CO_2 过饱和流体从岩浆中出溶是导致角砾岩形成的主要因素。由于温度和压力降低所引起的 H_2O-CO_2-NaCl 流体的不混溶作用将导致围岩发生钠长石化，并随后产生较低温度的钾质蚀变（钾长石或绢云母）。这与铁氧化物 Cu–Au 体系中的钾长石化和绢云母化在较浅部位较晚形成的情况相一致（Holloway，1976；Pollard，2000，2001）。从岩浆分异出来的流体在运移过程中或多或少与其他来源的流体（包括盆地流体、大气降水、古建造水、变质流体或地幔流体）发生混合作用（毛景文等，2008）。尽管蒸发岩和红层可对此类矿床的成矿作用产生重要影响，但是它们产出规模或者是否存在并不是成矿作用发生的必要条件。Oliver et al.（2004）建立了 Cloncurry 地区矿床成因模型：①卤水在 William 岩套侵入体结晶时被释放；②循环卤水参与钠化反应，在反应过程中钠是固定的，原来蚀变带和铁矿石中的其他元素（尤其是钾和钠）被流体带进；③循环的富金属卤水沿裂隙流动，在适宜的位置沉淀成矿，尤其当富金属卤水与富硫围岩发生反应时，或富金属卤水与富硫的表生流体发生混合时。

"外来流体加热模式"强调钠–钙质蚀变是由同源流体在其向侵入体中心下流时被加热过程中发生的，而钾质蚀变则是在流体向上/外流动和流体变冷时在热液体系中心形成的。该模型依赖于长石–流体交换平衡，即在长石质岩石–热液体系中，温度增加将伴有钠长石化，而温度降低则伴有钾长石化；钠–钙质蚀变可将蚀变岩石中的一些组分如 K、Fe 和 Cu 迁移走（Dilles et al.，1992）。

"盆地流体模式"提出侵入体的作用仅是驱动非岩浆卤水的热对流，不提供成矿流体和成矿物质或不是主导因素。成矿流体为盆地流体，流体内的盐分可能来自温暖、干旱环境下蒸发的地表水，或来自循环水与先存蒸发盐沉积物的相互作用。与 IOCG 型矿床有关的热液活动被认为发生在中地壳深度（Barton et al.，2004）。

"变质模式"指出不需要火成热源，尽管存在同期侵入体并且侵入体向流体提供了热量和组分（如 Fe、Cu）。成矿流体为地表来源水、深部盆地流体和来自或途径富氯岩石时形成的变质流体。流体流动的机制主要靠构造或变质作用驱动流体流动（Barton et al.，2004）。

另有一些矿床的形成过程复杂，如腾南特柯里克和克朗克里矿床的形成具有"两阶段模式"，即在氧化物形成阶段，少量岩浆热液与大量大气降水或变质流体混合，并且对围岩进行淋滤与萃取，同时在构造有利部位形成具工业价值的铁矿体或富铁火山岩。在硫化物形成阶段，大量含铜–金–铋的岩浆热液沿破碎带运移，并且与围岩发生大规模水–岩反应或与变质流体（大气降水？）发生混合作用，从而形成具有工业价值的铁–铜–金矿体（Ahmad et al.，1999；Mark et al.，2004）。

IOCG 矿床勘查模型：IOCG 矿床概念的提出给人们的最大启示是，在一定的地质环境中，铁铜金可以密切共生，当发现一种矿产时，可能在一定部位找到其他矿产，而且还可能找到钴、镍、钼、铀和稀土金属矿产，甚至铋和砷。矿床勘查模型可归纳为：

1）构造环境：一般出现大陆边缘伸展带（包括弧后裂谷和造山带中的局部伸展带）和具有张性构造特点的克拉通盆地大陆裂谷带或张裂带。

2）容矿岩系：为新太古代到新生代火山–沉积岩系，岩石类型多种多样。当破碎的火山岩或火山碎屑岩成为围岩时，由于其高渗透性，有利于形成大型复合性质的 IOCG 矿床。

3）侵入岩：无论是起到物质源和/或能量源作用，侵入岩是成矿的一个重要条件，与成矿有关的岩体主要岩性为辉长岩、（辉石）闪长岩、二长岩、花岗闪长岩、花岗岩、正长岩及火成碳酸岩。

4）角砾岩筒（或带）发育是该类矿床的主要特征之一，成矿与角砾岩具有密切的时空和成因关系。角砾岩主要由角砾（各类岩块和氧化铁块体）和胶结物（岩屑、矿物碎屑和铜–铁硫化物）构成。

5）构造：在区域范围内，主要断裂系统是侵入岩和矿化定位的主控因素；在局部范围内，具有容矿潜力的构造为脆性和脆–韧性构造，常见的如断裂的结合点和交汇处，断裂和岩性变化的交汇部。当有深穿透补给断裂存在时效果更佳。高角度或低缓角度断层或剪切带也能起到构造渗透作用。

6）矿化特征：矿体形态可分为脉状、角砾岩筒状、板状、层状和不规则状。矿石构造主要有角砾状、脉状、浸染状和块状构造。以大量的氧化铁（包括磁铁矿和/或赤铁矿）发育为特征，大多数矿床含有铜铁硫化物和金矿化，以及 Co、Ni、Mo、U、REE、Ag、Bi、P、PGE 等有用组分。

7）围岩蚀变：围岩蚀变发育，最基本特点是钠化（或钠 – 钙）和钾化。钠化以钠长石 – 磷灰石 – 阳起石 – 方柱石（或钠柱石） – 绿泥石 – 磁铁矿为特征，钾化则以钾长石 – 绢云母 – 黑云母 – 碳酸盐岩为特征。在大多数矿床中，抑或以钠化为主抑或以钾化为主，在个别矿床中两种蚀变同时发育。从深部经中部到浅部分别为钠化（钠长石 – 磁铁矿）蚀变带，钾化带（钾长石、黑云母）和硅化 – 绢云母 – 赤铁矿化带。

8）矿物组合对找矿预测具有指示作用：矿化热液角砾和交代磁铁矿形成大量镜铁矿指示比较浅的古深度，在深部可能存在 IOCG 矿床。广泛发育的磁铁矿 – 阳起石组合表明 IOCG 矿床形成相对较深，在深部发现具有经济价值的铜金矿的可能性较小。

9）地球物理是找矿评价的有效手段：由于 IOCG 矿床富含铁氧化物，常常缺少硫化物或硫化物含量低，因此，在隐伏矿区，使用磁法和重力手段效果最好，以重力高、中等到高幅度磁异常为标志，激电也是有效手段（Sandrin et al.，2006，2007；Sandrin et al.，2007，2009）。

存在的关键问题：从上述可以看出，国际上 IOCG 矿床研究的焦点和存在的关键科学问题主要集中在：①澳大利亚元古宙和南美中新生代 IOCG 矿床研究程度最高，目前的全球成矿规律总结、矿床模型建立和厘定成矿动力学背景均基于这些地区，相对而言，古生代 IOCG 矿床研究程度较低。中亚造山带是全球显生宙陆壳增生与改造最显著的大陆造山带，经历了多块体陆壳增生、块体汇聚、陆内造山与盆山耦合 3 个阶段，每一阶段均有铁多金属矿形成（Şengör et al.，1993；Heinhorst et al.，2000；Gao et al.，2002；Wang et al.，2004；Windley et al.，2007；Xiao et al.，2008）。这些铁多金属矿中是否存在 IOCG 矿床，其成矿规律、矿床模型和动力学背景是否相似于元古宙和中新生代？②与 IOCG 矿床有关的侵入岩是否存在专属性；③容矿火山 – 沉积岩系对成矿的贡献；④IOCG 矿床与同一区域分布的矽卡岩型、火山岩型铁矿是否为同一成矿系统？⑤IOCG 矿床与矽卡岩型铁铜矿的异同，与海相火山岩型铁多金属矿的差别？

（二）国内 IOCG 型矿床研究进展

目前被中国被认为是 IOCG 矿床或具有 IOCG 矿床特征的包括拉拉铁铜铀钼矿、石碌铁钴铜（金）矿床、白云鄂博铁 – 铌 – 稀土矿床、迤纳厂稀土铁铜矿床、宁芜地区的铁氧化物 – 磷灰石矿床（李泽琴等，2002；毛景文等，2008；许德如等，2008；Hou et al.，2015）。

从目前的研究和报道来看，在形成时间上，中国的拉拉铁 – 铜 – （钼，稀土）、石碌铁 – 钴 – 铜（金）矿床、白云鄂博铁 – 稀土 – 铌矿床、迤纳厂铁 – 铜 – 金 – 稀土矿床等 IOCG 型矿床多形成于元古宙（Xu et al.，2013；Zhu et al.，2013；Hou et al.，2015；Smith et al.，2015），而宁芜地区的铁氧化物 – 磷灰石矿床主要形成于中生代（Mao et al.，2006）。

李泽琴等（2002）将四川拉拉铁 – 铜 – （钼，稀土）矿床和国际上 IOCG 矿床进行对比，认为其为中国首例的 IOCG 矿床。拉拉铁 – 铜 – （钼，稀土）矿床的磷灰石和碳酸盐进行 Sr 同位素研究表明铁矿化的流体出溶自 ~1.0 Ga 的基性岩浆，并且在流体 – 围岩反映过程中继承了围岩中放射性的 Sr，而铜矿化的流体可能源自另一期富铜 – 钼 – 稀土 – 和 CO_2 流体。区域双峰式岩浆侵入体引发热液循环导致形成铁 – 铜 – （钼，稀土）矿化（Chen et al.，2014）。迤纳厂铁 – 铜 – 金 – 稀土的地质和地球化学特征研究表明，该矿床为一个典型的 IOCG 矿床，形成于扬子板块西缘板内伸展相关的 IOCG 系统（Hou et al.，2015）。宁芜地区的铁氧化物 – 磷灰石矿床与 Kiruna 型矿床类型（毛景文等，2008），属于 IOCG 中富铁的端元组成。石碌铁 – 钴 – 铜（金）矿床和白云鄂博铁 – 稀土 – 铌矿床在矿石矿物组合上与 IOCG 型矿床相似，但它们是否属于 IOCG 矿床尚有争议，部分学者倾向于认为它们属于沉积 – 变质型铁矿（Xu et al.，2013；Li et al.，2015）。

二、新疆北部铁多金属矿与 IOCG 型矿床对比

将新疆北部的乔夏哈拉铁铜金矿、老山口铁铜金矿、恰夏铁铜矿、阿克希克铁金矿、阿巴宫铁磷

稀土矿、沙泉子铁铜矿、松湖铁（铜钴）矿、查岗诺尔含铜铁矿、式可布台含铜铁矿、敦德铁锌金矿与世界典型 IOCG 型矿床进行对比（表5-6）。这些矿床与 IOCG 型矿床存在相似性，但也有差别。

构造背景：IOCG 矿床主要形成于①与非造山岩浆活动有关的大陆地块内部（Olympic Dam）；②与造山碰撞有关的大陆地块内部；③与俯冲有关的伸展大陆边缘（Hitzman，2000）。新疆北部铁多金属矿主要形成于早中泥盆世和石炭纪，此时区域处于俯冲消减环境（Zhang et al.，2009），属于与俯冲有关的大陆边缘环境。早泥盆世在阿尔泰南缘形成阿巴宫铁磷稀土矿、恰夏铁铜矿等；准噶尔北缘中泥盆世形成乔夏哈拉铁铜金矿、老山口铁铜金矿，早石炭世形成阿克希克铁金矿等；晚石炭世东天山形成沙泉子铁铜矿、突出山铁铜矿等，石炭纪西天山形成松湖铁（铜钴）矿、查岗诺尔含铜铁矿、式可布台含铜铁矿、敦德铁锌金矿。

成矿元素组合：IOCG 矿床含大量的铁氧化物（磁铁矿或赤铁矿，深部以磁铁矿为主），富钡、磷、稀土，低钛、铁的硫化物，如 Olympic Dam 矿床含 Fe - U - Cu - Au - Ag - ERR 组合、Prominent Hill 矿床含 Fe - Cu - Au - Ag - U - REE 组合、Kiruna 型矿床含低 Ti 磁铁矿 - 磷灰石 - REE 组合、国内白云鄂博矿床含 Fe - REE - Nb 组合、拉拉矿床含 Fe - Cu - Au - Co - Mo 等。从成矿元素组合上看，乔夏哈拉铁铜金矿和老山口铁铜金矿具有 Fe - Cu - Au 的矿物组合，以磁铁矿为主，含有黄铜矿、斑铜矿、黄铁矿、自然金、银金矿，铁、铜和金可以单独圈定矿体，可以综合利用，这两个矿从成矿元素组合上符合 IOCG 型矿床。阿克希克铁金矿具有 Fe - Au 的矿物组合，以磁铁硅质岩为主，但矿区没有铜矿化。阿巴宫铁矿具有 Fe - P - REE 的矿物组合，以磁铁矿为主，磷灰石中 ΣREE 变化于 $1352.96 \times 10^{-6} \sim 6986.33 \times 10^{-6}$，平均值为 3717.70×10^{-6}，以轻稀土元素富集、轻重稀土元素分馏较弱和 Eu 的显著负异常为特征，与瑞典北部 Kiruna 型铁矿床特征非常类似。沙泉子铁铜矿和突出山铁铜矿具有 Fe - Cu 组合，以磁铁矿为主，含有黄铜矿、黄铁矿，可以单独圈定铁矿体和铜矿体，但矿区没有金矿化，也没有其他成矿元素（如 Ag、Nb、REE、U、Bi 和 Co）。松湖铁（铜钴）矿、查岗诺尔含铜铁矿、式可布台含铜铁矿尽管有伴生铜和钴，但矿化规模小，分布不均匀，没有圈出铜矿体、铜钴矿体，目前不具有经济价值，当前开采铁矿，没有综合利用这些伴生元素，也与 IOCG 型矿床定义不符合。恰夏铁铜矿可以单独圈定出铁矿体和铜矿体，但矿区没有金矿化，也没有其他成矿元素。阔拉萨依铁铜锌矿成矿元素是 Fe - Cu - Zn，矿区没有金矿化。敦德铁锌金矿中的铁、锌和金均达到大型规模，单独圈出了铁矿体和锌矿体，铁、锌和金均具有很大的工业价值，但矿床中没有铜矿化，按照 IOCG 型的含义，是铁氧化物（低钛磁铁矿和赤铁矿）含量大于 20% 的铜 - 金（或银、铌、稀土元素、铀、铋和钴），因此，本书认为敦德铁锌金矿不属于 IOCG 型矿床。由此可见，从成矿元素组合上，乔夏哈拉铁铜金矿、老山口铁铜金矿、阿巴宫铁磷灰石稀土矿与 IOCG 型矿床相似，其他矿床存在较多差别。

赋矿围岩：IOCG 矿床的赋矿围岩可以是角砾岩、中 - 酸性火山岩和侵入岩，如 Great Bear magmatic zone 北部赋矿围岩为 Labine 组上部安山岩和中性侵入岩，南部赋矿围岩为酸性火山岩，Olympic Dam 赋矿围岩为长英质火山沉积岩、角砾岩等（Hitzman et al.，1992）；也可以是沉积岩，如 Wernecke Mountains 地区 IOCG 矿床赋矿围岩为砂岩、粉砂岩、页岩和少量的碳酸盐岩，白云鄂博赋矿围岩为硅质岩、白云岩等；还可以是基性火山岩和侵入岩、变质岩、条带状含铁建造等（聂凤军等，2008），涵盖了大部分岩性。新疆北部铁多金属矿赋矿围岩主要为晚古生代火山沉积岩系，单从赋矿围岩方面很难判断是否属于 IOCG 型矿床范畴。

矿体形态：IOCG 矿床矿体形态可以分为脉状、角砾状、交代层状（manto）、板状和以上一种或几种的组合。大多数 IOCG 矿床最明显的一个鉴别标志就是与角砾岩带（筒、管）具有密切的时空分布关系，少数为矽卡岩矿体。角砾岩带（筒、管）的出露面积变化范围较大，一般为 $1 \sim 10 km^2$，大多数为几十平方米到 $3000 m^2$，深度可达千余米，由角砾（各类岩块和氧化铁块体）和胶结物（岩屑、矿物碎屑和铜铁硫化物）构成，大都呈不规则棱角状、磨圆度较差。从角砾岩的中心到边部，岩石类型以角砾岩、角砾岩化围岩和弱碎裂化岩体（或地层）。在剖面上，角砾岩带底部为角砾岩化岩体（层），中部为原位角砾岩，上部为发生过一定位移的角砾岩。新疆北部铁多金属矿床除老山口、

表 5-6 阿尔泰铁多金属矿床与国内外 IOCG 矿床对比

序号	矿床或地区名称	构造背景	成矿元素组合	赋矿岩石	矿体形态	与成矿有关岩浆岩	围岩蚀变	规模	成矿时代	参考文献
1	Olympic Dam	大陆扩张区,陆内裂谷-奥林匹克坝地堑	Fe-U-Cu-Au-Ag-REE	奥林匹克坝组与格林菲尔德组碱性花岗岩,花岗质角砾岩-赤铁矿角砾岩-长英质火山-沉积建造	角砾岩筒,层状,似层状、透镜状、脉状	碱性花岗岩(角砾化),中酸性火山岩,火山角砾岩,次火山-隐爆角砾岩	硅化、绢云母化、赤铁矿化、绿泥石化、碳酸盐化	超大型	中元古代	Hitzman et al.,1992
2	Great Bear magmatic zone	大陆边缘岩浆带	Fe-Cu-U	北部为 Labine 组上部安山岩和中性性侵入岩,南部为酸性火山岩	(网)脉状、不规则状	石英二长岩、二长岩	赤铁矿化、绿帘石化、绿泥石化、钾化、钠化、磷灰石化	大型	早元古代	Hitzman et al.,1992
3	Kiruna district	大陆边缘	Fe-REE	碱性流纹岩、粗面岩、粗安岩	角砾岩状、层状		钠化、钾化、绿帘石化、磷灰石化、阳起石化、硅化、萤石化	超大型	古元古代	Vollmer et al.,1984; Cliff et al.,1990
4	Wernecke Mountains		Fe-Cu-U-REE	Wernecke Supergroup 砂岩、粉砂岩、页岩和少量碳酸盐岩	角砾岩状		碳酸盐化、绿泥石化、赤铁矿化、绢云母化、重晶石化、萤石化、钠化	大型	中元古代	Bell et al.,1982; Laznicka et al.,1988; Hitzman et al.,1992
5	白云鄂博	华北古大陆板块北缘裂谷	Fe-REE-Nb	中元古代硅质岩、白云岩	似层状、透镜状	非造山型岩浆岩(1.54~1.92 Ga)为主,后期辉长岩与碳酸岩参与成矿	黑云母岩化、萤石化、钠闪石化	大型	中元古代	白鸽等,1996; 杨耀民等,2005
6	拉拉	扬子地块西缘、康滇地轴中段	Fe-Cu-Au-Co-Mo	元古宇河口群偏碱性火山岩和变质海相沉积岩	似层状、透镜状、脉状	辉长岩	钠长石化、黑云母化、萤石化、碳酸盐化	中型	中元古代	李泽琴等,2002,2003; 李云峰,2004
8	乔夏哈拉	岛弧	Fe-Cu-Au	中泥盆统北塔山组凝灰岩、玄武安山岩、大理岩绿帘石砂卡岩	似层状、扁豆状、脉状和透镜状	中泥盆世闪长岩闪长玢岩	绿帘石化、石榴子石化、碳酸盐化、绿泥石化、硅化、钾长石化	小型	中泥盆世	应立娟,2007;本书

序号	矿床或地区名称	构造背景	成矿元素组合	赋矿岩石	矿体形态	与成矿有关岩浆岩	围岩蚀变	规模	成矿时代	参考文献
9	老山口	岛弧	Fe－Cu－Au	中泥盆统北塔山组安山质火山角砾岩,含角砾凝灰岩,绿帘石砂卡岩	脉状,透镜状,扁豆状	中泥盆世闪长岩,闪长玢岩	绿帘石化,碳酸盐化,石榴子石化	小型	中泥盆世	本书
10	阿巴宫	陆缘弧	Fe－P－REE	康布铁堡组上亚组变火山角砾岩,变凝灰岩,斜长角闪岩,片岩,浅粒岩	透镜状,脉状或似层状	无	透闪石化,阳起石化,绿泥石化,钠长石化,高岭土化	中型	早泥盆世	本书
12	恰夏	陆缘弧	Fe－Cu	康布铁堡组上亚组大理岩,变钙质粉砂岩,绿泥质粉砂岩,变凝灰质粉砂岩	层状,似层状,透镜状	闪长岩	砂卡岩化,重晶石化,硅化,黄铁矿化	小型	早泥盆世	黄承科等,2009
13	阿克希克	额尔齐斯构造带	Fe－Au	南明水组磁铁矿石英岩与玄武岩	似层状,脉状,透镜状	无	硅化,菱砂化,绿泥石化,黄铁矿化	小型	早石炭世	本书
14	沙泉子	陆缘弧	Fe－Cu	凝灰岩,蚀变凝灰岩为主;次为玄武岩,英安岩	似层状,扁豆状,透镜状	闪长玢岩	透辉石化,石榴子石化,绿帘石化,绿泥石化	小型	早石炭世	本书
15	笑山山	陆缘弧	Fe－Cu	安山质凝灰岩,大理岩	似层状,透镜状	闪长岩,花岗岩	砂卡岩化,硅化,碳酸盐化	小型	晚石炭世	本书
16	松湖	岛弧	Fe－Cu－Co	凝灰岩,凝灰质砂岩,砂屑灰岩和钙质凝灰质粉砂岩	似层状,透镜状	花岗闪长岩	钾长石化,绿帘石化,绿泥石化,方解石化,阳起石化	小型	早石炭世	本书
17	敦德	陆缘弧	Fe－Zn－Au	晶屑凝灰岩,玄武质凝灰岩,安山岩	板状,大透镜状,不规则状	钾长花岗岩	砂卡岩化,绿帘石化,绿泥石化,碳酸盐化,钾长石化	大型	晚石炭世	Duan et al.,2013 本书
18	奎汝诺尔	岛弧	Fe－Cu	安山质晶屑岩屑凝灰岩,安山岩,流纹岩	层状,似层状,透镜状	正长花岗岩,花岗闪长岩	砂卡岩化,碳酸盐化,硅化等	大型	早石炭世	本书
19	武可布台	陆缘弧	Fe－Cu	安山质,英安质凝灰岩,沉凝灰岩夹砂岩,灰岩	层状,似层状,透镜状	闪长岩和石英钠长斑岩	绿泥石化,绢云母化,硅化,黄铁矿化和碳酸盐化	大型	晚石炭世	本书

阿巴宫、阔拉萨依矿区外，其他矿床均不发育角砾岩。老山口矿区部分角砾岩为铁铜金矿体的直接赋矿围岩。阔拉萨依铁铜锌矿中磁铁矿体主要赋存于北部的火山通道内，赋矿围岩为凝灰岩、角砾岩化凝灰岩。阿巴宫矿床矿体中及附近发现了大量隐爆角砾岩、碎裂岩和磁铁矿化角砾岩（图5-22）。

图5-22 阿巴宫铁-磷灰石-稀土矿床角砾岩特征
a—磁铁矿沿裂隙分布；b—含矿角砾岩；c—磁铁矿胶结角砾；d—碎裂岩

与成矿有关岩浆岩：聂凤军等（2008）认为大多数IOCG矿床赋存于元古宙、中生代和新生代火山沉积岩或矽卡岩中，与A型、I型或磁铁矿系列侵入岩（辉长岩、闪长岩、二长岩、花岗闪长岩、正长岩、火成碳酸岩）有关。毛景文等（2008）认为IOCG矿床与闪长岩、辉石闪长岩和花岗闪长岩有关。大多数IOCG型矿床在时空上与岩浆岩的关系非常清楚，两者之间有成因联系。岩浆流体成矿（Hitzman et al.，1992；Pollard et al.，2000）和加热的盆地流体成矿（Barton et al.，1996）两种观点都认为岩体与成矿有着密切的关系，只是岩体所起的作用不同，前者强调岩体的能源和物质源，而后者则强调岩体的能源。新疆北部铁多金属矿区广泛发育侵入岩，如乔夏哈拉和老山口铁铜金矿床矿化与闪长（玢）岩具有密切时空关系。

围岩蚀变：IOCG矿床一般具有强烈的围岩蚀变，毛景文等（2008）总结出以磁铁矿为主的矿化以钠质蚀变为主，以赤铁矿为主的矿化以钾质蚀变为主。钙-钠质蚀变主要为钠长石、阳起石、斜方（单斜）辉石、方柱石、铁闪石、绿钙闪石、角闪石、石榴子石、磷灰石、绿帘石、磁铁矿、赤铁矿和硫化物（Barton et al.，1996）。钠-钾化蚀变主要有钠长石、钾长石、阳起石、磁铁矿、磷灰石、绿帘石。钾质蚀变与铜、铁和金硫化物具有密切的时空分布关系，代表性矿物有钾长石、黑云母、磁铁矿或赤铁矿、绢云母、绿泥石、碳酸盐、铁铜硫化物、铀和稀土矿物。乔夏哈拉-老山口铁铜金矿围岩蚀变发育，钙-钠质蚀变主要为钠长石、阳起石、透辉石、石榴子石、绿帘石、磷灰石、磁铁矿、黄铁矿、黄铜矿；钾质蚀变主要有钾长石、绿泥石、绢云母、碳酸盐、黄铁矿、黄铜矿，另外还发育硅化。蚀变具有一定的分带性，如老山口矿区从闪长玢岩与玄武质岩石接触带向外依次为透辉石矽卡岩带、透辉石-石榴子石矽卡岩带、石榴子石矽卡岩带、绿帘石-石榴子石矽卡岩带、绿帘石矽卡岩带等，且矽卡岩化越强，铁铜金矿化越富。乔夏哈拉和老山口铁铜金矿围岩蚀变与IOCG型矿床十分相似。

规模与成矿时代：目前国外识别出的 IOCG 矿床基本为大型、超大型规模，如 Olympic Dam 20×10^8 t 矿石（35% Fe，1.6% Cu，0.06% U_3O_8，0.6 g/t Au，3.5 g/t Ag），Ernest Henry 1.7×10^8 t 矿石（1.1% Cu，0.5 g/Au），Cristalino 5×10^8 t 矿石（1% Cu，0.3 g/tAu），Candelaria 4.7×10^8 t 矿石（0.95% Cu，0.22 g/t Au，3.1 g/t Ag）（Hitzman et al.，1992；Corriveau，2006）。新疆北部具有 IOCG 型矿床特征的老山口铁铜金矿、乔夏哈拉铁铜金矿、阿巴宫铁磷稀土矿均为小型，与 IOCG 矿床有很大区别。Hitzman et al.（1992）最早提出的一批 IOCG 矿床主要产于古至中元古代岩石内（1.1～1.8Ga），如南澳大利亚的 Olympic Dam、昆士兰西北部的 Cloncurry 地区、澳大利亚北部的 Redbank 地区、中国的白云鄂博、加拿大 Wernecke Mountain 及大熊岩浆岩带、美国密苏里东南的旧金山地区、瑞典的 Kiruna 地区。还有一些 IOCG 型矿床形成于古生代，伊朗中部 Bafq 矿集区内 IOCG 型矿床的成矿时代为 515～529 Ma（Toraband et al.，2007）。在南美大陆西缘的智利和秘鲁，发育一条与著名的新生代斑岩铜矿带相平行的 IOCG 矿带，其成矿时代为 165～112 Ma（Sillitoe，2003）。中新生代的 IOCG 矿床有阿根廷北西部 Salta 省境内的 Arizario 和 Lindero，墨西哥 Durago 地区的 Cerro de Mercado 矿床等（Lyons，1988；Dow et al.，2000；Williams et al.，2005）。具有 IOCG 型矿床特征的老山口铁铜金矿、乔夏哈拉铁铜金矿、阿巴宫铁磷稀土矿主要形成于早—中泥盆世，相对典型 IOCG 矿床成矿时代较晚。

Hitzman et al.（1992）把基鲁纳型铁矿划归 IOCG 型，并作为 IOCG 型的一个端元。对于基鲁纳型铁矿是否属于 IOCG 型矿床范畴存在很大争议，如聂凤军等（2008）不赞成将单一铁矿床划归为氧化铁型铜 - 金矿床。Chen（2013）提出 IOCG 型矿床不包括基鲁纳型铁矿、矽卡岩型铁矿、富磁铁矿的斑岩型铜/金矿和矽卡岩型铜/金矿。本书认为 IOCG 型主要是铜金矿，基鲁纳型主要是铁矿，有其独特的成矿作用，基鲁纳型铁矿不应包括在 IOCG 型范畴内，新疆的阿巴宫铁磷稀土矿属于基鲁纳型，因此，不属于 IOCG 型。

综上所述，从构造背景、成矿元素组合、赋矿围岩、矿体形态、与成矿有关岩浆岩、围岩蚀变等方面进行对比分析后，认为乔夏哈拉和老山口铁铜金矿与 IOCG 型矿床有很高的相似性，属于 IOCG 型矿床。Zhang et al.（2016）认为东天山多头山 Fe - Cu 矿具有 IOCG 型矿床特征。

第九节　新疆北部铁多金属矿区域矿床模型

一、区域矿床模型

矿床地质、矿物学及矿床地球化学研究表明，尽管新疆北部火山 - 侵入岩型铁多金属矿成矿类型不同，但成矿物质主要来源于岩浆体系（火山岩、次火山岩和侵入岩）。成矿流体是岩浆水、大气降水以及海水混合作用的结果，主要与成矿作用类型和成矿阶段有关。火山岩型铁多金属矿沉积期成矿流体是海水与岩浆水的混合，矽卡岩型铁多金属矿成矿流体来自岩浆水与大气降水的混合，且早期以岩浆水为主，晚期有少量大气降水和海水的混合。如雅满苏铁锌钴矿床矽卡岩期成矿流体主要为岩浆水，混合少量大气降水；突出山铁铜矿和沙泉子铁铜矿主要为岩浆水，混合少量大气降水；磁海含钴铁矿床石英硫化物阶段成矿流体主要是岩浆水，混合少量大气降水。

矿床明显受火山机构、岩相、断裂、裂隙控制，矿体形态变化大，成矿方式主要有：①铁矿浆在火山通道或附近形成矿浆型矿体；②由富铁流体在海底喷出，在低洼处沉积形成火山沉积型铁矿体、铁锰矿或矿源层（如沙泉子铁铜矿、托莫尔特铁锰矿）；③晚期岩浆热液在断裂或裂隙中形成脉状和网脉状铁多金属矿体；④由富铁流体和/或晚期岩浆热液对固结火山岩的交代淋滤（如百灵山含钴铁矿床）；⑤由富铁流体和岩浆演化晚期的高温火山气液强烈交代火山岩 + 灰岩形成矽卡岩型矿床（如雅满苏铁锌钴矿床、乔夏哈拉铁铜金矿）；⑥岩浆热液对辉绿岩的强烈交代（磁海含钴铁矿床）；⑦镁铁 - 超镁铁质岩浆分异、贯入形成岩浆型钒钛磁铁矿。

新疆北部火山岩型和矽卡岩型铁多金属矿均与晚古生代火山作用密切相关，受火山活动中心、火山岩浆－热液作用、岩相和火山沉积作用的共同控制，基于这种基本特征，建立了新疆北部铁多金属矿区域矿床模型（图5－23）。成矿环境、围岩特征以及岩浆侵入活动强度的不同形成不同类型的铁多金属矿床。在火山通道及附近矿浆贯入形成矿浆型铁磷稀土矿（如阿巴宫）、含铜铁矿（如查岗诺尔）等（图5－23C）；在火山通道中形成矿浆型铁矿体、在其周围沿裂隙或断裂形成火山热液型脉状铁金矿体，之后花岗岩侵入在接触带形成锌矿体（如敦德铁锌金矿）（图5－23F）；在火山机构中含矿热液沿火山口环状断裂、放射状断层充填交代，形成脉状、筒状矿体（如阔拉萨依铁铜锌矿）（图5－23D）；在火山洼地富铁流体在海底喷出，通过沉积作用形成火山沉积型铁矿体，之后闪长质次火山岩侵入交代火山岩，局部交代灰岩形成矽卡岩化，伴随矽卡岩演化形成铜矿体，少数铁矿化，叠加在早期铁矿体上，或单独形成矿体，成矿物质主要来自深部岩浆系统，一部分来自火山岩地层中铁质的活化（如恰夏铁铜矿、沙泉子－黑峰山铁铜矿）（图5－23E）；在离火山通道相对较远的地方，与火山岩同时代的闪长岩、闪长玢岩侵入，交代火山岩，局部交代灰岩，主要在外接触带形成矽卡岩矿物组合，在退化蚀变阶段形成铁矿体，在硫化物阶段形成铜矿化（如突出山铁铜矿）、铜金矿化（如乔夏哈拉铁铜金矿、老山口铁铜金矿）、锌钴矿化（如雅满苏铁锌钴矿）、钴矿化（如百灵山含钴铁矿）（图5－23B）；在远离火山机构，受火山岩相控制，含矿热液通过沉积作用形成铁锰矿（如托莫尔特、薄克土巴依、莫托萨拉）（图5－23A）。

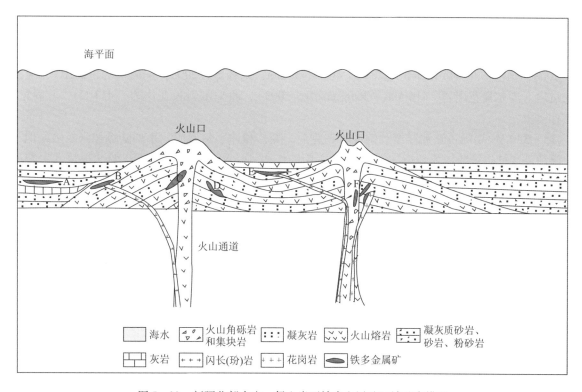

图5－23　新疆北部火山－侵入岩型铁多金属矿区域矿床模型

A—火山沉积型铁锰矿（如托莫尔特铁锰矿）；B—矽卡岩型铁铜金矿（如乔夏哈拉铁铜金矿）、铁铜矿（如突出山）、铁锌钴矿（如雅满苏）；C—矿浆型（如阿巴宫铁磷稀土矿、查岗诺尔含铜铁矿）；D—火山－次火山热液型（如阔拉萨依铁铜锌矿）；E—火山沉积＋叠加改造型铁铜矿（如沙泉子铁铜矿、恰夏铁铜矿）；F—矿浆＋热液叠加改造型（如敦德铁锌金矿）

二、成矿地球动力学模型

新疆北部铁多金属矿主要分布于阿尔泰、准噶尔北缘、西天山和东天山，由于大地构造演化不同，含矿地层、岩浆活动、矿床特征、矿化类型、围岩蚀变、成矿时代、成矿作用各异，但这些矿床的共同特征是与晚古生代火山－岩浆侵入活动有关。成矿具有多期性，主要集中在5个时期：早泥盆世（409～384 Ma）、中泥盆世（380～375 Ma）、早石炭世（334～324 Ma）、晚石炭世（323～302 Ma）和二叠纪（289～254 Ma）。成矿构造环境在不同地区有明显差异，如铁多金属矿在阿尔泰形成于早泥盆世活动大陆边缘陆缘弧环境中（如恰夏铁铜矿、阿巴宫铁磷稀土矿、托莫尔特铁锰矿）；在准噶尔北缘铁铜金矿形成于中泥盆世大洋岛弧环境（如乔夏哈拉铁铜金矿、老山口铁铜金矿、加马特铁铜金矿）；在西天山早石炭世为大洋岛弧环境（如松湖铁（铜钴）矿，如查岗诺尔含铜铁、莫托沙拉铁锰矿床），晚石炭世构造环境为陆缘弧（如敦德铁锌矿、查岗诺尔含铜铁矿、式可布台含铜铁矿、阔拉萨依铁铜锌矿）；东天山阿齐山－雅满苏成矿带早石炭世中期—晚石炭世早期为陆缘弧环境，晚石炭世—早二叠世大洋闭合，阿齐山－雅满苏岛弧的构造体制由碰撞挤压向碰撞和伸展演变；北山裂谷带、阿尔泰二叠纪处于后碰撞阶段（如哈旦孙钒钛磁铁矿、磁海含钴铁矿、尾亚钒钛磁铁矿）。火山－侵入岩的含矿母岩浆是铁多金属矿床形成的重要物质基础，母岩浆深部岩浆房的演化过程是形成铁多金属矿床的重要条件。微量元素和稳定同位素资料显示，矿床中的 Fe、Cu 和 S 等成矿物质主要来源于岩浆体系。多数矿床的含矿母岩浆均来源于软流圈地幔、受交代的岩石圈地幔以及俯冲物质部分熔融的含水岩浆，经过了深部岩浆房充分的结晶分异，这为岩浆中的挥发份达到饱和继而使金属元素出溶提供了必要条件。

新疆北部大地构造演化与铁多金属成矿过程简述如下：

在早中奥陶世（500～460 Ma）古亚洲洋板块开始向北俯冲到西伯利亚板块的阿尔泰微大陆之下，形成 500 Ma 左右的火山岩。460～415 Ma 期间由于板片脱水形成的流体交代上覆地幔楔，促使其熔融并形成岛弧火山岩（Windley et al.，2002）、奥陶纪花岗岩（切木切克花岗岩，462 Ma，Wang et al.，2006；阿巴宫北－铁米尔特花岗岩，462～458 Ma，刘锋等，2008；柴凤梅等，2010）、晚志留世花岗岩（库尔提花岗岩，416 Ma，Zhang et al.，2003）、冲乎尔斜长花岗岩（413 Ma，曾乔松等，2007）。

415～380 Ma 期间古亚洲洋继续俯冲，在克兰、麦兹和冲乎尔形成一系列陆缘拉张断陷盆地，构造上属活动大陆边缘陆缘弧环境（图 5－24）。俯冲作用到达榴辉岩相转变点，俯冲板片发生裂离下沉，导致软流圈上涌。加热俯冲板片及沉积物并使之熔融，软流圈地幔与俯冲板片熔体及地幔楔熔体混合底侵于下地壳，导致地壳物质熔融形成康布铁堡组酸性火山岩；底侵的基性岩浆形成康布铁堡组基性火山岩。在麦兹盆地蒙库一带伴随康布铁堡组下亚组火山沉积作用形成铁矿源层或铁矿体（？）、什根特铅锌铁矿、红岑铁锰铅锌矿；404～384 Ma 在蒙库到铁木里克一带，伴随岩浆侵入活动，岩浆热液交代灰岩和火山岩形成一套矽卡岩矿物组合，随着早期矽卡岩的退化变质作用，形成了大量磁铁矿，构成铁矿床（如巴特巴克布拉克铁矿）或叠加在矿源层中（如蒙库）。在克兰盆地康布铁堡组中形成火山岩型铁多金属矿，如塔拉特铅锌铁矿、托莫尔特铁锰矿（407～402 Ma）、恰夏铁铜矿（铁成矿时代 407～402 Ma，铜成矿时代为 399 Ma）、阿巴宫铁磷稀土矿（396 Ma）、乌拉斯沟铜锌铁金矿。冲乎尔盆地形成薄克吐巴依火山岩型铁锰矿（399 Ma）。中阿尔泰形成岩浆型钒钛磁铁矿，如查干郭勒乡 C－8 含钛铁矿（390 Ma），库卫钒钛磁铁矿（399～385 Ma）。

380～365 Ma 期间阿尔泰南缘的断陷盆地处于拉张环境，裂离形成的下插板片进一步扰动软流圈地幔，使之底辟上隆，形成了阿勒泰镇组枕状玄武岩、双峰式火山岩和沉积岩，但总体上以沉积作用为主，成矿作用很弱。在两棵树一带花岗岩（377 Ma）侵入到地层中，同时形成伟晶岩脉和矽卡岩，在伟晶岩中及附近形成铁矿化，在凯勒克赛依形成火山沉积型镜铁矿（376 Ma）。这一阶段没有形成铁多金属矿。

与南阿尔泰紧邻的准噶尔北缘乔夏哈拉－老山口一带在中泥盆世处于大洋岛弧环境。在泥盆纪古大洋俯冲消减过程中，俯冲板片脱水产生的流体交代上覆地幔楔，脱水洋壳密度增大导致大洋板块继续向下俯冲而发生变质，并在重力作用下引起板片断离，从而导致软流圈地幔物质上涌，促使俯冲片熔融产生熔体，这些俯冲板片熔体交代上覆地幔楔；同时，被板片流体和熔体交代的地幔楔在局部拉张环境中产生减压熔融产生岩浆。软流圈地幔熔体与交代的地幔楔产生的熔体混合成为北塔山组火山岩原始岩浆。由于部分熔融程度不同或者二者混合的比例不同以及混合岩浆演化过程和上升的通道

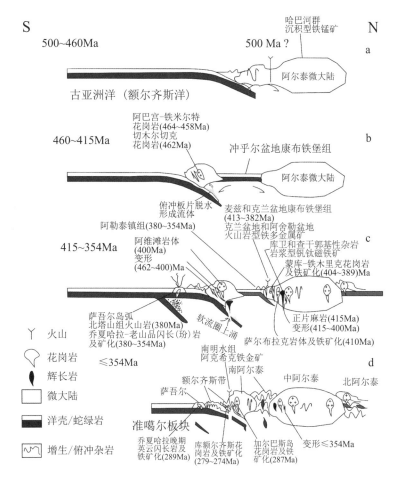

图 5-24 新疆阿尔泰－准噶尔北缘早－中古生代铁多金属矿地球动力学模式图

（据 Wang et al.，2006；杨富全等，2012，修改）

不同，形成了北塔山组不同的岩石类型。无斑玄武岩为较多地幔楔熔体参与的岩浆直接喷发的结果；辉石玄武岩和斜斑玄武岩可能是有较多软流圈物质参与，并且在深部发生分离结晶作用形成斜长石和单斜辉石巨晶，携带巨晶的残余岩浆上升速度较慢，经过了单斜辉石和斜长石的进一步的分离结晶作用后喷发的结果；苦橄岩可能是含有较多软流圈地幔物质直接喷出地表的结果。在北塔山组基性火山喷发之后，伴随闪长（玢）岩侵入（380~375 Ma），在灰岩、火山岩与闪长（玢）岩接触带形成矽卡岩，伴随矽卡岩的演化形成磁铁矿化和铜金矿化，如乔夏哈拉铁铜金矿（375 Ma），老山口铁铜金矿（380 Ma 左右）、加马特铁铜金矿（380 Ma，刘国仁未刊数据）。在准噶尔北缘距离乔夏哈拉－老山口铁铜金成矿带不远处发育一条卡拉先格尔斑岩铜矿带，赋矿地层同属于北塔山组，含矿斑岩为俯冲板片熔体上侵的产物，时代为 381~374 Ma（Zhang et al.，2006；Yang et al.，2014），哈腊苏和玉勒肯哈腊苏斑岩铜矿成矿时代为 378~374 Ma（杨富全等，2010；Yang et al.，2014），斑岩铜矿和矽卡岩型铁铜金矿成岩成矿时代一致，属于同一成矿系统。

东天山阿奇山－雅满苏成矿带早石炭世之前 >360 Ma，古亚洲洋向中天山和北山地块之下俯冲，岩浆活动强烈，发育一系列火山机构形成早期岛弧火山岩。早石炭世早－中期（360~330 Ma）为陆缘弧环境（图 5-25），古亚洲洋继续俯冲到达榴辉岩相转变点，俯冲板片发生裂离下沉，导致软流圈上涌，加热俯冲板片及沉积物并使之熔融形成早石炭世阿奇山组火山岩（魏巍，2008），软流圈地幔与俯冲板片熔体及地幔楔熔体混合底侵于下地壳，导致地壳物质熔融，分别形成百灵山、红云滩、赤龙峰和雅满苏一带的火山岩和中酸性侵入岩的母岩浆。在 340~330 Ma 期间，母岩浆经过深部岩浆房充分演化喷溢形成规模不等的火山机构和相应的雅满苏组火山岩及铁矿源层，同时岩浆上侵形成西凤山岩体（349 Ma，周涛发等，2012）、长条山岩体（337 Ma）和石英滩岩体（342 Ma）（张达玉，2012）、百灵山岩体（331～329 Ma，Chai et al.，2015）、红云滩岩体（328 Ma）（吴昌志等，2006）和铁岭岩体（346 Ma）（本书数据）。在赤龙峰一带富铁流体喷出海底形成火山沉积矿床。在铁岭地区富铁流体沿裂隙贯入铁岭岩体形成铁岭一号岩浆热液型矿床。在百灵山、红云滩一带，伴随岩浆侵入活动，岩浆热液强烈交代火山岩形成一套矽卡岩矿物组合，在雅满苏一带，晚期火山热液强烈交代灰岩和火山岩形成接触交代矽卡岩，并随着早期矽卡岩的退化变质作用，形成大量磁铁矿叠加在矿源层中，这是百灵山、红云滩和雅满苏铁锌钴矿的主要成矿期。早石炭世中－晚期（327～317 Ma），阿齐山－雅满苏岛弧的构造体制由俯冲向碰撞和伸展演变，受古天山洋俯冲作用的进一步影响，在沙泉子和突出山一带形成火山机构和相应的土古土布拉克火山岩。沙泉子地区在火山喷发间歇期富铁流体喷出海底，经过沉积作用形成火山沉积型铁矿体，随后闪长玢岩侵位，岩浆热液交代火山岩形成矽卡岩，伴随矽卡岩的演化形成磁铁矿和铜金矿化叠加在火山沉积铁矿体之上。在突出山一带，随着晚期岩浆的大量侵入，岩浆热液强烈交代灰岩和富铁火山岩形成矽卡岩型铁铜矿床。

西天山早古生代普遍处于大洋岛弧环境，天山洋（北天山洋、南天山洋）开始向伊犁地块、塔里木板块、中天山板块（有人称之为那拉提地块）俯冲。至早石炭世（360～320 Ma），天山洋的俯冲作用并没有结束，在伊连哈比尔尕、那拉提等地仍然有残余洋盆的存在。受天山洋俯冲影响，在西天山阿吾拉勒山、伊什基里克山地区形成火山弧，受俯冲带流体交代的地幔楔发生部分熔融和岩浆分异，形成铁矿浆和含铁火山热液，矿浆、热液、火山熔浆上升过程中可能遭受了地壳物质的轻度混染。铁矿浆和火山热液沿火山机构充填溢出，形成铁多金属矿体，如松湖铁（铜钴）矿（图5-26）。需要说明的是，西天山不同地区俯冲碰撞的时间各不相同，由西向东逐渐变新，东西相差较大，其碰撞方式不是面状碰撞，而可能是点状碰撞，其内因值得深入探讨。晚石炭世（320～300 Ma），南、北天山洋关闭，进入陆－陆碰撞阶段。其中北天山洋关闭时间约为324～315 Ma（韩宝福等，2010）。俯冲末期发生的俯冲板片拆离作用，造成挤压环境下构造应力的短期释放，形成了大陆边缘局部的伸展环境。地幔楔部分熔融所产生岩浆的持续供给和分异，使得深部岩浆房铁矿浆、含铁火山热液持续增加，经火山机构而形成铁多金属矿，少量钒钛磁铁矿，如查岗诺尔含铜铁矿（321～300 Ma）、式可布台含铜铁矿（313～301 Ma）、阔拉萨依铁铜锌矿（319 Ma）、敦德铁锌金矿（315 Ma）、备战含金铁矿（317 Ma）、哈拉达拉钒钛磁铁矿（309～306 Ma）。

早二叠世（300～275 Ma），整个新疆北部陆－陆碰撞结束，进入造山后伸展阶段。由于陆壳拉伸作用，在阿吾拉勒山西段、伊什基里克山形成了巨厚的火山岩系，火山岩以玄武岩、流纹岩为主，为双峰式喷发。火山岩虽由地幔部分熔融产生，但岩浆演化过程中并未发生分异。玄武岩来自地幔的部分熔融，流纹岩主要来自基底（前寒武系）的重熔作用。该阶段未形成铁多金属矿床。东天山阿奇山－雅满苏成矿带早二叠世（290～275 Ma）局部形成火山岩和黑峰山火山沉积型铁矿层，随后岩浆侵入交代火山岩形成矽卡岩型铁铜矿叠加于早期铁矿体之上。早二叠世（296～275 Ma）北山裂谷带磁海地区处于后碰撞阶段，由于岩石圈伸展拉张导致软流圈地幔上涌，加热早期俯冲物质使之熔融并与之混合上升到达陆壳深部岩浆房，经结晶分异、同化混染以及岩浆混合等过程。在296～294 Ma形成角闪辉长岩和花岗闪长岩，285 Ma形成辉绿岩、花岗岩和石英二长岩。282 Ma左右经过岩浆房演化形成的富大量挥发份的岩浆流体（温度约659～691℃）上升，交代辉绿岩使之发生K-Na蚀变形成石榴子石－透辉石和浸染状高Ti磁铁矿（约540℃）；随着流体温度降低（456～343℃）及氧逸度的升高，形成绿帘石、角闪石为主的组合，同时形成大量低Ti富Si、Ca磁铁矿（为磁海含钴铁矿床的主要形成阶段），并出现含Co和Ni矿物；流体温度降低至343～241℃，氧逸度逐渐降低，形成黄铁矿、磁黄铁矿、黄铜矿、含Co和Ni矿物、Bi-Te化合物、自然铋和含金铋熔体。在276～275 Ma，基性岩浆再次上侵形成辉绿岩和粗粒辉长岩，辉绿岩切穿早期形成的各类岩石和磁铁矿体。265 Ma，二长质岩浆上侵，形成二长岩。准噶尔北缘早二叠世（289 Ma）形成了哈旦孙岩浆型钒钛磁铁矿。中二叠世在阿尔泰塔拉特铅锌铁矿中形成岩浆热液期叠加的铅锌矿体（266 Ma）；蒙库铁（铜）矿中热液活动形成铜矿体（261 Ma）。晚二叠世东天山觉罗塔格构造带有镁铁－超镁铁岩侵入形成岩

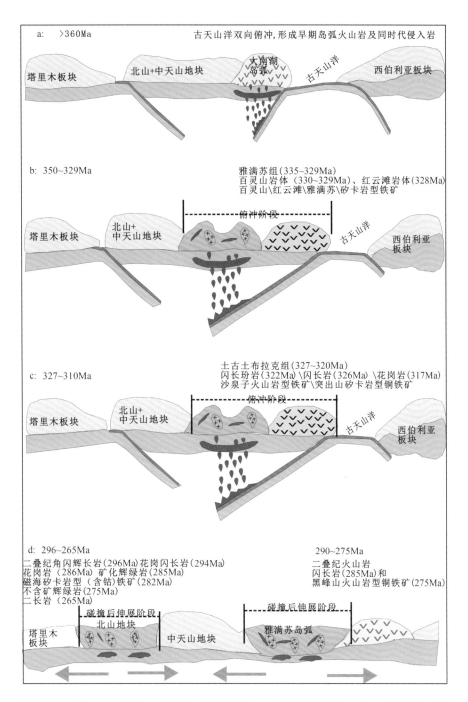

图 5-25 东天山阿奇山-雅满苏成矿带石炭—二叠纪铁多金属矿地球动力学模式图

浆型钒钛磁铁矿（如尾亚钒钛磁铁矿 260~254 Ma）。

三、找矿模型

新疆北部铁多金属矿分为火山岩型、矽卡岩型、辉绿岩型和岩浆型，其含矿岩系、侵入岩、围岩蚀变、矿体产状、矿石特征、地表找矿标志、物探特征等方面存在一系列的差别，因此不同类型的找矿模型也不相同。

（一）火山岩型

1）大地构造上处于活动大陆边缘的岛弧环境和陆缘弧环境。

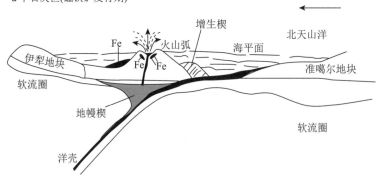

a 早石炭世(磁铁矿发育期)

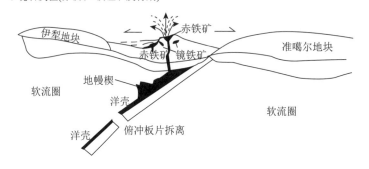

b 晚石炭世(赤铁矿-铁锰矿发育期)

图 5 - 26　西天山石炭纪铁多金属矿地球动力学模型

2）空间上主要分布于阿尔泰南缘冲乎尔盆地的 NW 向延伸带、克兰盆地、麦兹盆地，东天山阿奇山 – 雅满苏成矿带，西天山阿吾拉勒 – 伊什基里克一带。

3）赋矿地层主要为上志留统—下泥盆统康布铁堡组变质火山沉积岩系，下石炭统大哈拉军山组、雅满苏组、土古土布拉克组、阿克沙克组、南明水组火山沉积岩系，上石炭统伊什基里克组火山沉积岩系，下二叠统阿奇山布拉克组火山沉积岩系。

4）含矿岩系岩石组合为安山质凝灰岩、玄武质凝灰岩、流纹质凝灰岩、火山角砾岩、沉凝灰岩、流纹岩、粗面安山岩、安山岩、玄武岩、含铁碧玉岩、含砾粗砂岩、凝灰质粉砂岩、粉砂岩、花岗质砾岩、钙质砾岩、薄层灰岩等。阿尔泰的康布铁堡组火山沉积岩经历了绿片岩相和低角闪岩相变质作用。

5）矿床产出部位主要是破火口、火山机构、火山洼地、断陷盆地。

6）构造上受基底断裂、环形断裂、火山断裂、火山喷发层间界面控制。

7）侵入岩主要是与火山岩同时代侵入岩，多数为次火山岩，如闪长岩、闪长玢岩、黑云母花岗斑岩、花岗岩、花岗闪长岩。

8）围岩蚀变主要为绿帘石化、钠长石化、绿泥石化、石榴子石化、透辉石化，黄铁矿化、碳酸盐化、重晶石化、硅化、绢云母化。在阿尔泰克兰盆地和东天山阿奇山 – 雅满苏成矿带具有矽卡岩矿物组合（石榴子石、透辉石、透闪石、绿帘石、绿泥石、阳起石）的蚀变往往是火山沉积作用形成铁矿体后的次火山岩侵入交代灰岩和火山岩形成的蚀变，并伴有铜矿化。

9）铁矿体呈厚板状、似层状、透镜状、筒状、脉状；除产于火山通道内矿体外，其他矿体产状与顶、底板围岩产状基本一致。叠加作用形成的铜等矿化呈脉状、透镜状、似层状。

10）矿石中金属矿物以磁铁矿为主，其次是假象赤铁矿、赤铁矿、软锰矿、菱锰矿、黄铁矿、黄铜矿、方铅矿、闪锌矿等，不同成矿元素组合的矿床主要金属矿物组合不同。主要非金属矿物为石榴子石、阳起石、绿泥石、绿帘石、透闪石、钠长石、石英、重晶石、碳酸盐等。

11）地表找矿标志为碧玉岩 – 重晶石 – 赤铁矿条带、阳起石 – 绿帘石化脉、钠长石化带、铁帽

－孔雀石、硬锰矿－磁铁矿－石英带，磁铁矿是找矿的直接标志。

12）区域地球物理场特征：铁多金属矿位于重力梯度带的转折端。区域航磁为高磁异常带或过渡带上。1∶5万、1∶2.5万航磁异常反映明显，为正背景场中叠加的尖峰状异常，异常梯度陡，形态较规则，强度大（一般大于600nT）（图5－27）。

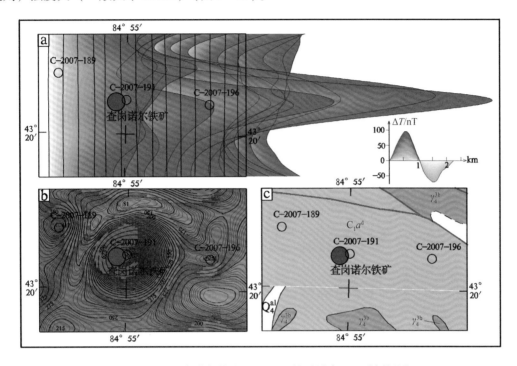

图5－27　查岗诺尔铁矿区1∶5万航磁异常、地质剖析图

（据董连慧等，2013）

a—航磁 ΔT 剖面平面图；b—航磁 ΔT 等值线平面图；c—地质矿产图

13）地面高精度磁测表明，查岗诺尔矿区地面磁异常以正值为主，正负差值悬殊。查岗诺尔矿区低缓异常分布在火山穹隆中心，正异常分布在穹隆中心的北东段，极值在3000nT左右。负异常分布在穹隆中心南西段及穹隆中心，极值在－1700nT左右（图5－27c）。高磁异常主要分布在穹隆两侧和北东端的高山区。根据其出露位置划为5个异常，其中，M4出现在低缓异常区，其余4个异常均出现在高磁异常区。对上述异常进行钻探验证，表明5个磁异常均由磁铁矿体引起。查岗诺尔含铜铁矿床地质－地球物理找矿模型见图5－28。

14）区内高强度、大面积、变化梯度大的磁异常区是发现和圈定隐伏磁铁矿体的重要找矿标志；地表有弱的磁测异常，其峰值在300nT以上是寻找铁锰矿的磁法标志。

15）1∶20万水系沉积物的 Fe、Ti、Mn、Cr、Au、Cu、Pb、Zn 元素异常，1∶5万水系沉积物圈定的 Fe、Pb、Zn、Cu、Au 等异常可圈定矿床。磁法、激电剖面、瞬变电磁测深（TEM）、重力、CSAMT 测量可确定矿体延深。具有高极化率异常特征，多在3%～5%。

16）Aster 和 ETM 蚀变遥感异常信息技术与航磁、化探异常和地质相结合，可以快速筛选靶区。

（二）矽卡岩型

1）大地构造上处于活动大陆边缘的岛弧环境和陆缘弧环境。

2）空间上主要分布于阿尔泰南缘麦兹盆地、准噶尔北缘，东天山阿奇山－雅满苏成矿带，西天山博罗科努一带。

3）赋矿地层主要为奥陶系和志留系碳酸盐岩，上志留统—下泥盆统康布铁堡组变质火山沉积岩系，中泥盆统北塔山组火山岩系，下石炭统雅满苏组、土古土布拉克组火山沉积岩系。

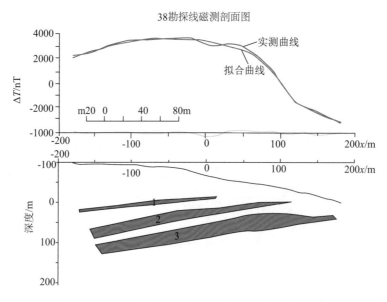

图 5 - 28　和静县查岗诺尔含铜铁矿床找矿模型图

（据董连慧等，2013，修改）

4）含矿岩系岩石组合为安山质凝灰岩、玄武质凝灰岩、流纹质凝灰岩、火山角砾岩、集块岩、流纹岩、安山岩、玄武岩、灰岩、大理岩等。阿尔泰的康布铁堡组火山沉积岩经历了绿片岩相和低角闪岩相变质作用。

5）矿床产出部位主要是中酸性侵入岩与碳酸盐岩接触部位的矽卡岩带，中、中酸性次火山岩与火山岩＋灰岩的接触部位的矽卡岩带，距离中酸性次火山岩不远处的火山岩中。

6）构造上受基底断裂、区域断裂的次级断裂、层间滑动破碎带控制。

7）侵入岩主要是与火山岩同时代侵入岩，多数为次火山岩，如闪长岩、闪长玢岩、正长岩、花岗岩；与成矿有关的侵入岩明显晚于地层的主要有花岗闪长岩、二长花岗岩、石英闪长岩。

8）围岩蚀变发育，蚀变矿物有石榴子石、透辉石、透闪石、阳起石、角闪石、绿帘石、绿泥石、石英、钾长石、黑云母、绢云母、方解石化，不同的矿床矽卡岩组合不同。

9）铁多金属矿体呈似层状、透镜状、脉状、不规测状、分枝脉状，沿走向及倾斜方向有膨缩、分支复合、尖灭再现变化。

10）矿石构造多为块状、斑杂状、条带状、浸染状、脉状、角砾状构造。矿石中金属矿物以磁铁矿、黄铁矿、黄铜矿、辉钼矿、方铅矿、闪锌矿、斑铜矿、自然金、银金矿为主。主要非金属矿物有石榴子石、阳起石、绿泥石、绿帘石、透闪石、钠长石、钾长石、石英、绢云母、碳酸盐等。不同成矿元素组合的矿床矿石矿物组合不同。

11）地表找矿标志是矽卡岩、褐铁矿、孔雀石和黄钾铁矾等。灰岩、含钙质砂岩、凝灰岩、中基性火山熔岩和火山碎屑岩是形成矽卡岩型铁多金属矿最有利岩性。

12）区域磁异常特征：区域航磁为高磁异常带或过渡带上。1∶5 万、1∶2.5 万航磁异常反映明显，为正背景场中叠加的尖峰状异常，异常梯度陡，形态较规则，强度大（图 5 - 29）。航磁和地面磁测是铁多金属矿最有效的找矿方法，1∶10 万航磁可有效的圈定铁成带或矿田，1∶2.5 万高精度航磁可圈定矿床，1∶5 万、1∶2.5 万、1∶1 万、1∶5 千、1∶2 千、1∶1 千地面磁法测量、井中磁测可圈定矿体。准噶尔北缘 AM-64 号异常位于卡依尔特 - 二台断裂南西库特拜 - 托库特拜一带，异常长约 7 km，宽 1～2 km，呈 NW 向长条状展布，为宽阔的多峰值异常，地面异常强度 1500nT，局部出现尖锐异常峰，强度达 4100nT。异常区出露地层为中泥盆统北塔山组第二段中基性火山岩及其碎屑岩，南东侧分布有托斯巴斯套铁铜金矿（老山口铁铜金矿的 IV 矿段）及部分金、铜矿点，异常与矽卡岩型铁矿及其中基性火山岩背景地质条件有关。

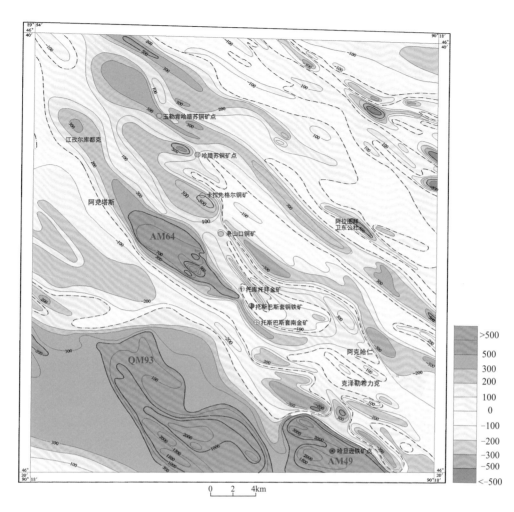

图 5 – 29　老山口矿床区域航磁异常等值线图

（据新疆地矿局第四地质大队，2008）

13）地面磁异常、重力、激电异常和蚀变遥感异常也有明显的指示作用。托斯巴斯套铁铜金矿对应于地表铜铁矿体及其倾斜延伸方向，具有明显的高极化率和低电阻率组合异常显示（图 5 – 30）。激电偶极 – 偶极测深（图 5 – 31）资料显示，在铜铁矿体上激电异常十分明显，视极化率异常值为16%，视电阻率异常值低于 $400\Omega m$，异常反映矿体沿倾向有一定的延深。1：20 万区域布格重力图上，雅满苏矿区位于布格剩余重力异常的重力高向重力低的过渡带上，最大剩余重力异常值为 $4.95 \times 10^{-5} m/s^2$。区域航磁平面图上，雅满苏矿位于航磁正磁异常带的局部异常带，网格化数据强度值约 144nT，1：50 万航磁剖面平面图为高背景场中叠加的尖峰磁异常，与区域高磁背景场易于识别，异常强度 500nT 以上（图 5 – 32，图 5 – 33）。

14）地球化学标志：各类比例尺的原生晕与次生晕异常能很好地指示矿体的分布区域。根据 1：5 万水系沉积物测量成果，在老山口矿区及外围圈定出与铜、金及多金属元素相关的综合异常 Hs 3。该异常位于托库特拜 – 阿克纳瓦一带，呈不规则纺锤状，长轴走向 NW。异常面积约 30 km²，元素组合为 Au、Cu、Ag、Cr、Ni、Co 等，各元素浓集中心明显，浓度分带清晰。其中以 Au 元素异常规模最大，面积超过 10 km²，与其余元素均套合较好，但异常峰值不高；次为 Cr、Ni，与 Co 套合较好（图 5 – 34）。该异常与托库特拜 – 阿克纳瓦航磁异常带相对应，中心靠近卡依尔特 – 二台断裂与卡拉先格尔 – 接勒的卡拉他乌断裂交汇部位，异常区出露中泥盆统北塔山组中基性火山岩、火山碎屑岩，顺异常走向，从异常区中部托斯巴斯套往南东到阿克纳瓦断续见有苦橄岩分布。异常区内两大断裂锐角交汇部位有早二叠世侵入岩发育，靠近侵入岩与围岩接触部位，分布有托库特拜金矿（42）、托斯巴斯套铁铜金矿（50）、托斯巴斯套南金矿（59）、加马特铁铜金矿点（62）、加马特南金（钴）矿点（64）等。

389

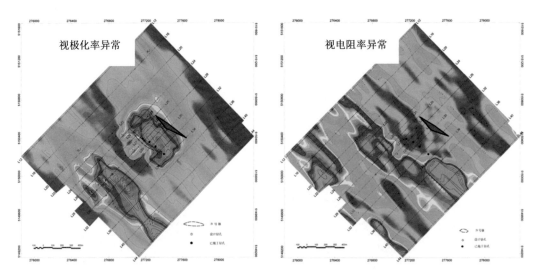

图 5 - 30　托斯巴斯套铁铜金矿激电异常图

（据新疆地矿局第四地质大队，2008）

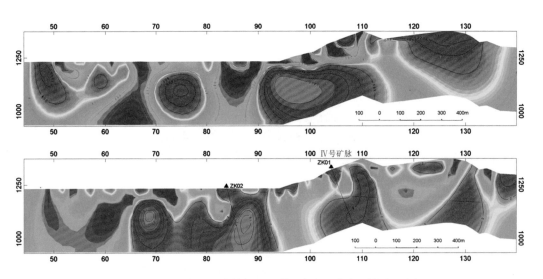

图 5 - 31　托斯巴斯套铁铜金矿激电偶极 - 偶极测深断面图

（据新疆地矿局第四地质大队，2008）

根据地球物理资料建立了老山口铁铜金矿找矿模型（图 3 - 35）和雅满苏铁锌钴矿找矿模型（图 5 - 36）。

（三）岩浆型

1）大地构造上处于活动大陆边缘的陆缘弧环境和后碰撞环境。

2）空间上主要分布于中阿尔泰库卫、查干郭勒，准噶尔北缘哈旦孙，东天山觉罗塔格构造带的尾亚，西天山阿吾拉勒 - 伊什基里克带的哈拉达拉。

3）含矿岩体为镁铁 - 超镁铁岩，主要为角闪辉长岩、（橄榄）辉石岩、橄榄辉长岩、辉长岩、辉绿岩、黑云母辉长斜长岩。

4）区域断裂控制镁铁 - 超镁铁岩体。矿体主要位于镁铁质岩带分界部位，赋存在镁铁质岩带中下部。

5）围岩蚀变发育，主要为绿帘石化、钠长石化、透辉石化、金云母化、绿泥石化、纤闪石化。

6）矿体呈脉状、透镜状、似层状。

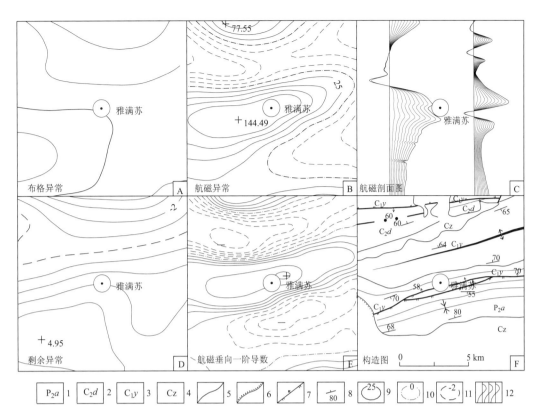

图 5 – 32　雅满苏铁锌钴矿所在区域重力、航磁异常图

（据董连慧等，2013）

1—阿其克布拉克组；2—底坎尔组；3—雅满苏组；4—新生界；5—地质界线；6—不整合界线；

7—逆断层；8—地层产状；9—正等值线；10—零值线；11—负等值线；12—航磁剖面曲线

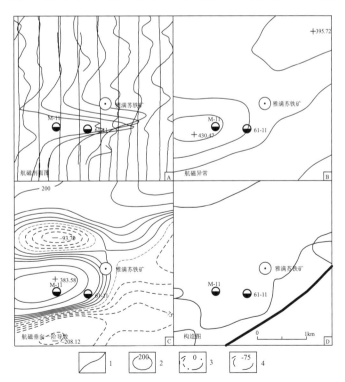

图 5 – 33　雅满苏铁锌钴矿 1：5 万航磁异常图

（据董连慧等，2013）

1—地质界线；2—正等值线；3—零值线；4—负等值线

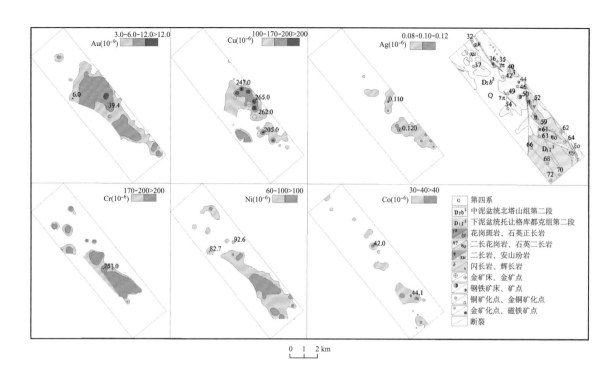

图 5 – 34　老山口矿区及外围 1∶5 万 Hs3 综合异常剖析图

（据新疆地矿局第四地质大队，2008）

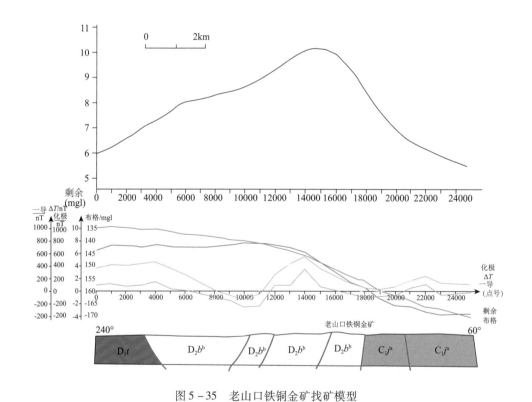

图 5 – 35　老山口铁铜金矿找矿模型

（据刘国仁，2010）

7）矿石中金属矿物有磁铁矿、钛铁矿、钛磁铁矿、含钒钛铁矿、赤铁矿、黄铁矿、磁黄铁矿、镍黄铁矿、黄铜矿。

8）地表找矿标志是镁铁 – 超镁铁岩，磁铁矿化是最直接的找矿标志，其中伴生有黄铁矿化、褐铁矿化，在地表褐铁矿化相对较强地段，磁铁矿含量显著增加，褐铁矿是最为明显的间接找矿标志。

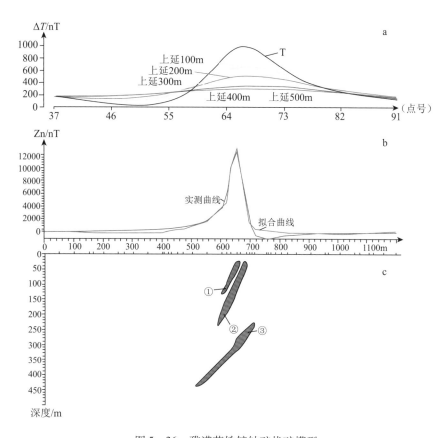

图 5 – 36　雅满苏铁锌钴矿找矿模型

（据董连慧等，2011）

a—航磁测量 ΔT 不同延拓高度剖面图；b—磁测异常剖面；c—勘探线剖面图

9）航磁异常：1:10 万和 1:2.5 万航磁圈定含矿镁铁 – 超镁铁岩，如库卫钒钛磁铁矿位于 1:10 万航磁的 AM33 号异常，1:2.5 万航磁的 C7 – 23 号异常。

10）磁异常特征：镁铁质侵入岩中弱的磁异常是寻找铁矿的主要标志。库卫矿区局部磁力高异常发育，ΔT 异常最强在 7000nT 以上，最低达 – 2000nT，化极后共划分出 16 处磁力高异常（图 5 – 37）。以 M – 7、M – 8、M – 9 号异常为主要代表，长度可达 2000 m，宽度超过 400 m。NW 走向的 M – 7、M – 8、M – 14 号磁力高对应于规模及延深均较大的主岩体。在尾亚钒钛磁铁矿区，通过 ΔZ 垂直磁场强度剖面测量，以等值线 1800nT 为界在本区共获得磁异常 7 个，所圈定的磁异常与区内已发现矿（化）体位置及形态特征较吻合。2000nT 以上高磁性区均反映为深部钒钛磁铁矿体所引起，根据区内磁异常分布特征显示，区内深部仍有一定的找矿潜力。

11）已知矿体与大比例尺重磁异常对应较好，其中强磁异常能够准确指示矿体产出位置。库卫矿区实测布格重力异常在测区中部为明显的重力高圈闭异常，用实测 Δg 异常减上延 1000 m 重力异常求出的剩余异常可以划分出 12 处局部重力高，NW 向、NWW 向异常规模较大，可能为库卫岩体的反映。近 SN 向异常规模较小，强度较低，可能为后期侵入中基性脉岩的反映。该区中部 G – 8 重力高是区内强度最大的重力高异常，与近 SN 向的 M – 3、M – 4 强磁力高对应，反映基性岩体内局部磁铁矿富集程度较高。

12）具有高极化率异常特征，η_s 多在 4.4% ~ 6%。

13）地球化学标志：1:20 万与 1:5 万水系沉积物测量可以圈出一定规模的 Fe、Cr、Ni、Co 异常。

（四）辉绿岩型

1）大地构造上处于裂谷环境。

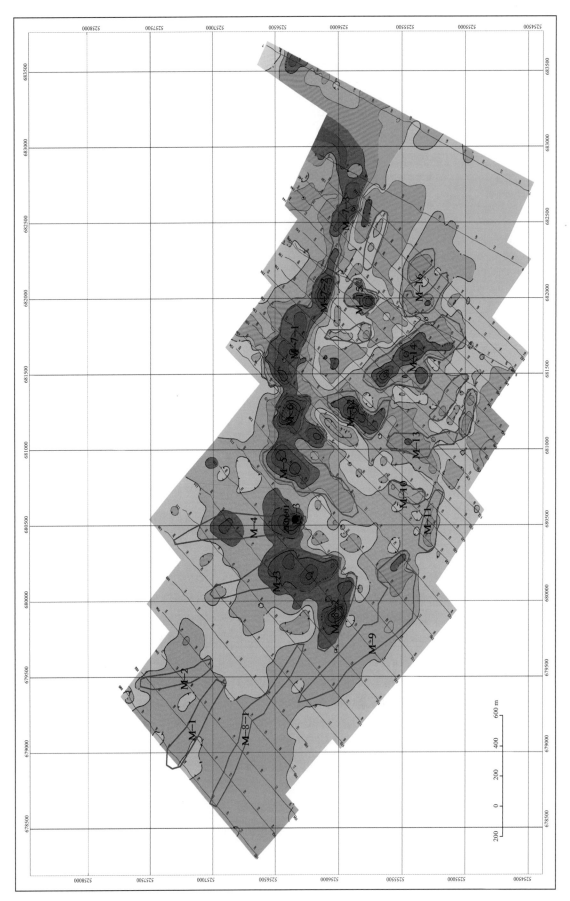

图 5-37　库卫岩体西段西段化极后 ΔT 异常平面等值线图
(据新疆地质矿产勘查开发局第四地质大队，2015)

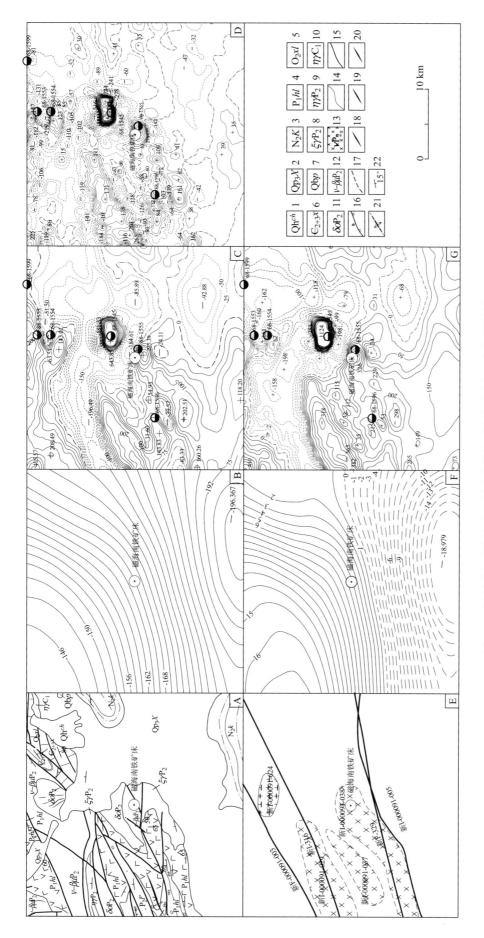

图 5-38　新疆哈密磁海铁矿"典型矿床所在区域地质矿产及物探剖析图
(据董连慧等, 2013)

A—地质矿产图; B—布格重力异常图; C—ΔT等值线平面图; D—ΔT化极平面图; E—重磁推断地质构造图; F—剩余重力异常图; G—ΔT化极等值线平面图
1—全新统; 2—晚更新统; 3—新近系; 4—红柳河组; 5—锡林柯博组; 6—西双鹰山组; 7—帕尔岗塔格群; 8—正长花岗岩; 9—二长花岗岩; 10—二长花岗岩; 11—石英闪长岩;
12—辉长辉绿岩; 13—辉长岩; 14—地质界线; 15—地层产状; 16—逆断裂; 17—推测断裂; 18—酸性岩脉; 19—基性岩脉; 20—超基性岩脉; 21—背斜构造及编号; 22—地层产状

395

2）空间上主要分布于东天山成矿带南缘的北山地块。

3）矿床产出部位主要是辉绿岩中，少量 Fe 矿体产于辉绿岩和蓟县系片岩的接触部位。

4）构造上受矿区断裂控制，矿体受辉绿岩体内构造裂隙控制。

5）侵入岩主要是与火山岩同时代侵入岩，主要为二叠纪辉绿岩、角闪辉长岩、粗粒辉长岩、花岗岩、花岗闪长岩、石英二长岩、二长岩。

6）围岩蚀变主要为钠长石化、黑云母化、石榴子石化、矽卡岩化。矽卡岩矿物组合（石榴子石、透辉石、钙铁辉石、角闪石、绿帘石、黑柱石、绿泥石）的蚀变往往是中酸性岩侵入交代辉绿岩形成的热液蚀变，并伴有 Fe－Co－Au 矿化。

7）铁矿体主要呈透镜状、脉状近 EW 向在辉绿岩中成群产出。

8）矿石中金属矿物以磁铁矿为主，其次是磁黄铁矿、黄铜矿、黄铁矿、赤铁矿、毒砂、辉砷钴矿、斜方砷钴矿、针镍矿、斜方砷镍矿、自然铋、辉铋矿、黑铋金矿和自然金。主要非金属矿物石榴子石、钙铁辉石、绿帘石、黑柱石、角闪石、绿泥石、石英、方解石。

9）地表找矿标志为钠长石化和矽卡岩化带，磁铁矿是找矿的直接标志。

10）区域地球物理场特征：区域 1∶5 万航磁测量为高磁异常带，区域磁场为 NE 走向的正磁异常带中的强正负伴生的局部磁异常，异常强度高、梯度变化大。磁海矿区位于区域重力高值区的东南部，区内中东部布格重力异常为西部重力高值区向东部的延伸过渡带部位，异常值西高东低，重力值主要在 $-210 \times 10^{-5} m/s^2 \sim -150 \times 10^{-5}$ m/s^2；南部异常值为北高南低，异常梯度每千米可达 4×10^{-5} m/s^2，南侧为全区最低值部位，最低可低于 $-240 \times 10^{-5} m/s^2$。南部巨型布格重力梯级带为若羌－阿其克谷地深大断裂的直接反应，中北部存在辛格尔深大断裂、罗布泊－黄羊岭深大断裂，数十条其他大断裂及次级断裂分布较为密集。东部椭圆状的重力高异常反映了规模巨大的中基性－超基性侵入杂岩体（磁海杂岩体）和火山岩系，磁海含钴铁矿就产于该重力高异常的南东边界处。

11）矿区圈定 3 处剩余重力异常，其中 GZ2 号异常对应于铁矿床，异常呈扁圆形，近 EW 向延伸，异常长 1700 m、宽度 250～650 m，异常最高幅值 $4600 \times 10^{-8} m/s^2$。矿区圈定局部磁异常 8 处，其中 M1545－1、2、3、5 异常对应于磁海含钴铁矿主矿体，异常形态为低背景高强度异常，北侧较陡并有微弱负值出现，异常范围与重力相同。ΔZ 最高达 20000nT（图 5－38）。高重力异常（Δg 剩 $> 1000 \times 10^{-8} m/s^2$）、强磁异常（$\Delta Z > 4000nT$），相对低阻（$\rho_a < 50\Omega \cdot m$）相组合的"二高一低"异常是本区发现或圈定磁海型隐伏铁矿体的重要找矿标志。

12）Cu、Pb、Zn、Ag、Sn、V、Ni、P 等元素综合异常是寻找磁海式铁矿的指示标志。

参 考 文 献

蔡劲宏，杜杨松，李顺庭. 2007. 阿尔泰山南缘中泥盆世苦橄岩中单斜辉石的成分特征及其地质意义[J]. 岩石矿物学杂志，26(2)：141~146.

柴凤梅，董连慧，杨富全，等. 2010. 阿尔泰南缘克朗盆地铁木尔特花岗岩体年龄、地球化学特征及成因[J]. 岩石学报，26(2)：377~386.

陈博，朱永峰. 2011. 新疆达拉布特蛇绿混杂岩中辉长岩岩石学、微量元素地球化学和锆石 U-Pb 年代学研究[J]. 岩石学报，27(6)：1746~1758.

陈世平. 2006. 中天山前寒武纪基底中新发现铁铜矿床[J]. 矿床地质，25(1)：111~112.

陈文，张彦，秦克章，等. 2007. 新疆东天山剪切带型金矿床时代研究[J]. 岩石学报，23(8)：2007~2016.

陈毓川，刘德权，唐延龄，等. 2008. 中国天山矿产及成矿体系(上册)[M]. 北京：地质出版社，1~580.

陈毓川，刘德权，唐延龄，等. 2007. 中国新疆战略性固体矿产大型矿集区研究[M]. 北京：地质出版，1~491.

陈毓川，刘德权，王登红，等. 2004. 新疆北准噶尔苦橄岩的发现及其地质意义[J]. 地质通报，23(11)：1059~1065.

陈毓川，盛继福，艾永德. 1981. 梅山铁矿——个岩浆热液矿床[J]. 中国地质科学院院报—矿床地质研究所分刊，2(1)：26~48.

陈哲夫，成守德，梁云海，等. 1997. 新疆开合构造与成矿[M]. 乌鲁木齐：新疆科技卫生出版社，1~394.

程剑. 2004. 新疆青河县老山口金铜铁矿区Ⅳ 矿段地质特征及成因探讨[J]. 新疆有色金属，(增刊)：22~25.

程松林，王新昆，吴华，等. 2008. 新疆北山晚古生代内生金属矿床成矿系列研究[J]. 新疆地质，26(1)：43~48.

程裕淇，赵一鸣，林文蔚. 1994. 中国铁矿床[G]. 见：宋叔和主编. 中国矿床(中册). 北京：地质出版社，386~479.

程忠富，芮行健. 1996. 哈巴河县赛都金矿成矿特征[J]. 新疆地质，14(3)：247~254.

单强，张兵，罗勇，等. 2009. 新疆尼勒克县松湖铁矿床黄铁的特征和微量元素地球化学[J]. 岩石学报，25(6)：1456~146.

邓松涛，郭召杰，张志诚. 2006. 东天山接触交代型铁矿成矿时代的确定及其意义[J]. 地质与勘探，42(6)：17~20.

董连慧，冯京，刘德权，等. 2013. 新疆铁矿床成矿规律及成矿预测评价[M]. 北京：地质出版社，1~569.

董连慧，冯京，庄道泽，等. 2011. 新疆维吾尔自治区铜、铅锌、金、钨、锑、稀土、钾盐、磷等矿产资源潜力评价成果报告[R].

董永观，芮行健，周刚，等. 2010. 新疆诺尔特地区化探特征及成矿潜力分析[J]. 地质论评，56(2)：215~223.

段士刚，董满华，张作衡，等. 2014. 西天山敦德铁矿床磁铁矿原位 LA-ICP-MS 元素分析及意义[J]. 矿床地质，33(6)：1325~1337.

范宏新，马锦龙，白云来. 2007. 塔里木北山地区橄榄岩-辉石岩的微量元素地球化学特征及其深部过程[J]. 兰州大学学报(自然科学版)，43(1)：1~5.

范裕，周涛发，袁峰，等. 2007. 新疆西准噶尔地区塔斯特岩体锆石 LA-ICP-MS 年龄及其意义[J]. 岩石学报，23(8)：1901~1908.

方维萱，高珍权，贾润幸，刘正桃，李丰收，徐国端. 2006. 东疆沙泉子铜和铜铁矿床岩矿石地球化学研究与地质找矿前景[J]. 岩石学报，22(5)：1413~1424.

冯金星，石福品，汪帮耀，等. 2010. 西天山阿吾拉勒成矿带火山岩型铁矿[M]. 北京：地质出版社，1~132.

冯京，李永军，王晓刚，等. 2007. 东东山库姆塔格沙垄地区石炭纪化石新资料及地层厘定[J]. 中国地质，34(5)：942~949.

高阳，何建国，李建中，等. 2010. 东天山阿其克库都克断裂新构造运动特征[J]. 新疆地质，28(3)：247~249.

郭玉峰，钱纪安，王隽人. 2005. 西天山伊宁-新源-巴仑台地区铁矿找矿远景综述[J]. 地质找矿论丛，20(增刊)：162~167.

韩宝福，季建清，宋彪，等. 2006. 新疆准噶尔晚古生代陆壳垂向生长(Ⅰ)—后碰撞深成岩浆活动的时限[J]. 岩石学报，22(5)：1077~1086.

何国琦，成守德，徐新，等. 2004. 中国新疆及邻区大地构造图(1∶2500000)说明书[M]. 北京：地质出版社，1~65.

何国琦，李茂松，刘德权，等. 1994. 中国新疆古生代地壳演化及成矿[M]. 新疆人民出版社、香港文化教育出版社.

何英. 2007. 哈密雅满苏铁矿床地质地球化学特征[J]. 西部探矿工程，11：142~143.

洪为，张作衡，蒋宗胜，等. 2012b. 新疆西天山查岗诺尔铁矿床磁铁矿和石榴子石微量元素特征对矿床成因的制约[J]. 岩石学报，28(7)：2089~2102.

洪为，张作衡，李华芹，等. 2012a. 新疆西天山查岗诺尔铁矿床成矿时代—来自石榴子石 Sm-Nd 等时线年龄的信息[J]. 矿床地质，31(5)：1067~1074.

侯广顺，唐红峰，刘丛强，等. 2005. 东天山土屋-延东斑岩铜矿围岩的同位素年代和地球化学研究[J]. 岩石学报，22(5)：1167~1177.

侯广顺，唐红峰，刘丛强. 2006. 东天山觉罗塔格构造带晚古生代火山岩地球化学特征及意义[J]. 岩石学报，22(5)：1167~1177.

侯广顺，唐红峰，刘丛强. 2007. 东天山觉罗塔格构造带雅满苏组火山岩的矿物学研究[J]. 矿物学报，27(2)：189~194.

侯可军，李延河，田有荣. 2009. LA-MC-ICP-MS 锆石微区原位 U-Pb 定年技术[J]. 矿床地质，28(4)：481~492.

胡霭琴，韦刚健，邓文峰，等. 2006. 阿尔泰地区青河县西南片麻岩中锆石 SHRIMP U-Pb 定年及其地质意义[J]. 岩石学报，22(1)：1~10.

黄小文，漆亮，高剑峰，等. 2012. 东天山觉罗塔格地区底坎儿组火山岩地球化学特征及构造环境探讨[J]. 岩石矿物学杂志，31(6)：799~817.

姬金生，陶国强，曾章仁，等. 1994. 东天山康古尔塔格金矿带地质与成矿[M]. 北京：地质出版社.

简平，刘敦一，张旗，等. 2003. 蛇绿岩及蛇绿岩中浅色岩的 SHRIMP U-Pb 测年[J]. 地学前缘，10：439~456.

姜常义，程松林，叶书锋，等. 2006. 新疆北山地区中坡山北镁铁质岩体岩石地球化学与岩石成因[J]. 岩石学报，22(1)：115~126.

姜福芝，秦克章，方同辉，等. 2002. 东天山铁矿床类型、地质特征成矿规律与找矿方向[J]. 新疆地质，20(4)：379~383.

蒋宗胜，张作衡，王志华，等. 2012. 新疆西天山智博铁矿蚀变矿物学、矿物化学特征及矿床成因探讨[J]. 矿床地质，31(5)：1051~1066.

颉伟，宋谢炎，聂晓勇，等. 2011. 新疆坡十铜镍硫化物含矿岩体岩浆源区特征及构造背景探讨[J]. 地学前缘(中国地质大学(北京)；北京大学)，18(3)：189~200.

李大鹏，杜杨松，庞振山，等. 2013. 西天山阿吾拉勒石炭纪火山岩年代学和地球化学研究[J]. 地球学报，34(2)：176~192.

李东. 2013. 新疆阿尔泰山北带诺尔特盆地成矿规律及找矿标志浅谈[J]. 新疆有色金属，增刊，48~50.

李厚民，丁建华，李立兴，等. 2014. 东天山雅满苏铁矿床矽卡岩成因及矿床成因类型[J]. 地质学报，88(12)：2477~2489.

李华芹，陈富文，梅玉萍，等. 2006. 新疆坡北基性-超基性岩带 I 号岩体 Sm-Nd 和 SHRIMP U-Pb 同位素年龄及其地质意义[J]. 矿床地质，25(4)：450~463.

李华芹，陈富文. 2004. 中国新疆区域成矿作用年代学[M]. 北京：地质出版社，1~391.

李华芹，梅玉萍，屈文俊，等. 2009. 新疆坡北基性-超基性岩带 10 号岩体 SHRIMP U-Pb 和矿石 Re-Os 同位素定年及其意义[J]. 矿床地质，28(5)：633~642.

李华芹，谢才富，常海亮，等. 1998. 新疆北部有色贵金属矿床成矿作用年代学[M]. 北京：地质出版社，1~264.

李锦轶，何国琦，徐新，等. 2006. 新疆北部及邻区地壳构造格架及其形成过程的初步探讨[J]. 地质学报，50(1)：148~165.

李锦轶，王克卓，李文铅，等. 2002. 东天山晚古生代以来大地构造与矿产勘查[J]. 新疆地质，20(4)：295~301.

李锦轶，肖序常，陈文，等. 2000. 新疆北部晚石炭世至晚三叠世地壳热演化[J]. 地质学报，74(4)：303~312.

李锦轶. 2004. 新疆东部新元古代晚期和古生代构造格局及其演化[J]. 地质论评，50(3)：304~322.

李泰德. 2002. 新疆富蕴县乔夏哈拉金铜铁矿地质特征及成因分析[J]. 地质与勘探，38(1)：18~21.

李文明，任秉琛，杨兴科，等. 2002. 东天山中酸性侵入岩浆作用及其地球动力学意义[J]. 西北地质，35(4)：41~64.

李向东，肖文交，周宗良. 2004. 南天山南缘晚泥盆世构造事件的 $^{40}Ar/^{39}Ar$ 定年证据及其意义[J]. 岩石学报，20(3)：691~696.

李向民，夏林圻，夏祖春. 2004. 东天山企鹅山群火山岩锆石 U-Pb 年代学[J]. 地质通报，23(12)：1215~1220.

李小军. 1994. 阿吾拉勒山主要矿产分布规律及成矿远景浅析[J]. 矿产与地质，8(5)：344~347.

李耀增，孙宝生. 1984. 中国天山东部铁矿分布规律[J]. 矿床地质，3(4)：1~8.

李源，杨经绥，张健，等. 2011. 新疆东天山石炭纪火山岩及其构造意义[J]. 岩石学报，27(1)：193~209.

李泽琴，胡瑞忠，王奖臻，等. 2002. 中国首例铁氧化物铜金铀-稀土型矿床的厘定及其成矿演化成因[J]. 矿物岩石地球化学通报，21(4)：258~260.

刘锋，杨富全，李延河，等. 2009. 新疆阿勒泰市阿巴宫铁矿磷灰石微量和稀土元素特征及矿床成因探讨[J]. 矿床地质，28(3)：251~246.

刘锋，杨富全，毛景文，等. 2009. 阿尔泰造山带阿巴宫花岗岩体年代学及地球化学研究[J]. 岩石学报，25(6)：1416~1425.

刘家远，袁奎荣. 1996. 新疆乌伦古富碱花岗岩带碱性花岗岩成因及其形成构造环境[J]. 高校地质学报，2(3)：257~272.

刘家远. 2001. 新疆青河老山口地区岩浆隐蔽爆破作用、爆破角砾岩及成矿意义[J]. 新疆地质，19(4)：241~245.

刘伟，张湘炳. 1993. 乌伦古-斋桑泊构造杂岩带特征及其地质意义. 见：涂光炽主编. 新疆北部固体地球科学新进展[G]. 北京：科学出版社，217~228.

刘伟. 1990. 中国新疆阿尔泰花岗岩的时代及成因类型特征[J]. 大地构造与成矿学，14(1)：43~56.

龙晓平，袁超，孙敏，等. 2008. 北疆阿尔泰南缘泥盆系浅变质碎屑沉积岩地球化学特征及其形成环境[J]. 岩石学报，24(4)：718~732.

卢登蓉，姬金生，吕仁生，等. 1996. 雅满苏铁矿稀土元素地球化学特征[J]. 西安工程学院学报，18(1)：12~16.

卢焕章，范宏瑞，倪培，等. 2004. 流体包裹体[M]. 北京：科学出版社，1~485.

卢宗柳，莫江平. 2006. 新疆阿吾拉勒富铁矿地质特征和矿床成因[J]. 地质与勘探，42(5)：8~11.

陆松年，袁桂邦. 2003. 阿尔金山克塔什塔格早前寒武纪岩浆活动的年代学证据[J]. 地质学报，77(1)：61~68.

罗婷，廖群安，陈继平，等. 2012. 东天山雅满苏组火山岩 LA-ICP-MS 锆石 U-Pb 定年及其地质意义[J]. 地球科学—中国地质大学学报，37(6)：1338~1352.

毛景文，李红艳，宋学信. 1998. 湖南柿竹园钨锡钼铋多金属矿床地质与地球化学[M]. 北京：地质出版社，1~215.

莫宣学，邓晋福，董方浏，等. 2001. 西南三江造山带火山岩-构造组合及其意义[J]. 高校地质学报，7(2)：121~138.

聂凤军，江思宏，路彦明. 2008. 氧化铁型铜-金(IOCG)矿床的地质特征、成因机理与找矿模型[J]. 中国地质，35(6)：1074~1087.

聂凤军，路彦明. 2008. 老山口成矿带宜找氧化铁型铜金矿床[J]. 地质勘查导报，598(3).

398

牛贺才，单强，罗勇，等. 2010. 西天山阿吾拉勒成矿带大型火山岩型铁铜矿床预测及评价技术与应用研究[R]. 科技支撑项目专题报告.

牛贺才，于学元，许继峰，等. 2006. 中国新疆阿尔泰晚古生代火山作用及成矿[M]. 北京：地质出版社，1～184.

齐天骄，薛春纪，张招崇，等. 2012. 新疆磁海超大型铁矿区基性岩及其成矿背景指示[J]. 地球科学～中国地质大学学报，37(6)：1315～1326.

钱青，高俊，熊贤明，等. 2006. 西天山昭苏北部石炭纪火山岩的岩石地球化学特征、成因及形成环境[J]. 岩石学报，22(5)：1307～1323.

秦克章，彭晓明，三金柱，等. 2003. 东天山主要矿床类型、成矿区带划分与成矿远景区优选[J]. 新疆地质，21(2)：143～150.

秦淑英. 1983. 新疆磁海铁矿床中辉石的研究与单斜辉石分类定名的多元三角图解法[J]. 岩石矿物及测试，2(4)：272～281.

任纪舜，王作勋，陈炳蔚，等. 1999. 从全球看中国大地构造—中国及邻区大地构造图简要说明[M]. 北京：地质出版社.

茹艳娇，徐学义，李智佩，等. 2012. 西天山乌孙山地区大哈拉军山组火山岩LA－ICP－MS锆石U－Pb年龄及其构造环境[J]. 地质通报，31(1)：50～62.

芮行健，等. 1993. 新疆阿尔泰岩金矿床[M]. 北京：地质出版社，1～12.

沈承衍，王守伦，陈森煌，等. 1995. 世界黑色金属矿产资源[M]. 北京：地质出版社，1～186.

盛继福. 1985. 新疆磁海铁矿蚀变特征[J]. 中国地质科学院矿产地质研究所所刊，(3)：89～10.

施培春. 2008. 简论新疆铁矿[J]. 新疆有色金属，(增刊)：46～49.

舒良树，卢华复，印栋浩，等. 2001. 新疆北部古生代大陆增生构造[J]. 新疆地质，19(1)：59～63.

舒良树，王玉净. 2003. 新疆卡拉麦里蛇绿岩带中硅质岩的放射虫化石[J]. 地质评论，49(4)：108～412.

宋安江，朱志新，石莹，等. 2006. 东天山阿其库都克断裂西段土古土布拉克组锆石SHRIMP U－Pb测年[J]. 地质通报，25(8)：953～956.

宋彪，张玉海，万俞生，等. 2002. 锆石SHRIMP样品靶制作、年龄测定及有关现象讨论[J]. 地质论评，5(增刊)：26～30.

宋治杰，魏士娥. 1982. 新疆库姆塔格－沙泉子一带早—中石炭世的火山岩系[J]. 中国地质科学院西安地质矿产研究所所刊，(4)：76～93.

宋治杰. 1985. 新疆哈密火山－侵入杂岩地区一组磁铁矿床的形成条件与成矿作用[J]. 中国地质科学院西安地质矿产研究所所刊，(9)：58～73.

苏本勋，秦克章，孙赫，等. 2009. 新疆北山地区红石山镁铁－超镁铁岩体的岩石矿物学特征：对同化混染和结晶分异过程的启示[J]. 岩石学报，25(4)：873～887.

苏本勋，秦克章，孙赫，等. 2010. 新疆北山地区旋窝岭镁铁－超镁铁岩体的年代学、岩石矿物学和地球化学研究[J]. 岩石学报，26(11)：3283～3294.

苏春乾，姜常义，夏明哲，等. 2009. 北天山东段阿奇山组火山岩的地球化学特征及锆石U－Pb年龄[J]. 岩石学报，25(4)：901～915.

苏慧敏，张东阳，艾羽，等. 2008. 阿尔泰南缘中泥盆世北塔山组火山岩中单斜辉石的矿物学研究及其地质意义[J]. 地质学报，82(11)：1602～1612.

谭佳奕，吴润江，张元元，等. 2009. 东准噶尔卡拉麦里地区巴塔玛依内山组火山岩特征和年代确定[J]. 岩石学报，25(3)：539～546.

唐萍芝，王京彬，王玉往，等. 2011. 新疆磁海铁矿床中黑柱石的发现及其地质意义[J]. 矿物学报，31(1)：9～16.

唐萍芝，王玉往，王京彬，等. 2012. 新疆哈密磁海铁矿床中钴的地球化学及地质意义[J]. 矿物学报，32(3)：379～385.

唐萍芝，王玉往，王京彬，等. 2010. 新疆磁海铁矿区镁铁－超镁铁岩地球化学特征及其地质意义[J]. 地球化学，39(6)：542～552.

田红彪，弓小平，韩琼，等. 2013. 奇台双泉金矿成矿模式研究[J]. 新疆地质，31(3)：196～200.

田敬全，胡敬涛，易习正，等. 2009. 西天山查岗诺尔－备战一带铁矿成矿条件及找矿远景[J]. 西部探矿工程，88～91.

童英. 2006. 阿尔泰造山带晚古生代花岗岩年代学、成因及其地质意义(博士论文)[D]. 北京：中国地质科学院地质研究所.

王登红，陈世平，王虹，等. 2007. 成矿谱系研究及其对东天山铁找矿问题的探讨[J]. 大地构造与成矿学，31(2)：186～192.

王登红，陈毓川，徐志刚，等. 2002. 阿尔泰成矿省的成矿系列及成矿规律[M]. 北京：原子能出版社，1～493.

王登红，李纯杰，陈郑辉，等. 2006. 东天山成矿规律与找矿方向的初步研究[J]. 地质通报，25(8)：910～915.

王奖臻，李泽琴，刘家军，等. 2004. 拉拉铁氧化物－铜－金－钼－钴－稀土矿床辉钼矿的多型及标型特征[J]. 地质找矿论丛，19(2)：78～99.

王京彬，王玉往，何志军. 2006. 东天山大地构造演化的成矿示踪[J]. 中国地质，33(3)：461～469.

王龙生，李华芹，陈毓川，等. 2005. 新疆哈密百灵山含钴铁矿地质特征及成矿时代[J]. 矿床地质，24(3)：264～269.

王美娟，李杰美，朝银银. 2008. 我的铁氧化物型铜—金矿床特征及研究现状[J]. 黄金科技，16(4)：14～19.

王强，赵振华，许继峰，等. 2006. 天山北部石炭纪埃达克岩－高镁安山岩－富Nb岛弧玄武岩：对中亚造山带显生宙地壳增生与铜金成矿的意义[J]. 岩石学报，22(1)：11～30.

王庆明，林卓斌，黄诚. 2001. 西天山查岗诺尔地区矿床成矿系列和找矿方向[J]. 新疆地质，19(4)：263～267.

王润民，赵昌龙，等. 1991. 新疆喀拉通克一号铜镍硫化物矿床[M]. 北京：地质出版社，113～126.

王式洸，韩宝福，洪大卫，等. 1994. 新疆多伦古河碱性花岗岩的地球化学及其构造意义[J]. 地质科学，(4)：373～382.

王涛，洪大卫，童英，等. 2005. 中国阿尔泰造山带后造山喇嘛昭花岗岩体锆石 SHRIMP 年龄、成因及陆壳垂向生长意义[J]. 岩石学报，21(3)：640～650.

王永新，田培仁. 2003. 浅论新疆海相火山热水沉积矿床的分带及其找矿意义[J]. 地质与勘探，39(4)：6～11.

王瑜，李朗田，苏绍明. 2007. 鄂东铁矿成矿地质特征与找矿预测[J]. 地质与勘探，43(1)：17～25.

王玉往，沙建明，程春. 2006. 新疆磁海铁(钴)矿床磁铁矿成分及其成因意义[J]. 矿床地质，25 增刊：321～324.

魏清峰. 1997. 新疆青河县老山口金铜矿区隐爆角砾岩特征及地质意义[J]. 有色金属矿产与勘查，6(6)：331～334.

吴昌志，张遵忠，Khin z，等. 2006. 东天山觉罗塔格红云滩花岗岩年代学、地球化学及其构造意义[J]. 岩石学报，22(5)：1121～1134.

吴福元，李献华，郑永飞，等. 2007. Lu－Hf 同位素体系及其岩石学应用[J]. 岩石学报，23(2)：185～220.

夏林圻，夏祖春，徐学义，等. 2004. 天山石炭纪大火成岩省与地幔柱[J]. 地质通报，23(9～10)：903～910.

夏林圻，张国伟. 2002. 天山古生代洋盆开启、闭合时限的岩石学约束—来自震旦纪、石炭纪火山岩的证据[J]. 地质通报，21(2)：55～62.

肖文交，Windley B F，阎全人，等. 2006. 北疆地区阿尔曼太蛇绿岩锆石 SHRIMP 年龄及其大地构造意义[J]. 地质学报，80(1)：32～37.

肖序常，汤耀庆，冯益民，等. 1992. 新疆北部及其邻区大地构造[M]. 北京：地质出版社，1～169.

肖序常，汤耀庆. 1991. 古中亚复合巨型缝合带南缘构造演化[M]. 北京：科学出版社.

肖昱. 2003. 新疆哈密市沙泉子铜矿地质特征及其找矿方向[J]. 矿产与地质，97(17)：345～347.

忻建刚，袁奎荣，刘家远. 1995. 新疆东准噶尔北部碱性花岗岩的特征、成因及构造意义[J]. 大地构造与成矿学，19(3)：214～226.

新疆维吾尔自治区地质调查院. 2004. 新疆天山—北山成矿带成矿规律和找矿方向综合研究报告[R].

徐国凤，邵洁涟. 1979. 磁铁矿的标型特征及其实际意义[J]. 地质与勘探，3：30～37.

许德如，肖勇，马驰，等. 2007. 石碌铁－钴－铜(金)多金属矿床：一个 IOCG 型层控矽卡岩矿床[J]. 矿物学报，27(增刊)：307～308.

许继峰，陈繁荣，于学元，等. 2001. 新疆北部阿尔泰地区库尔提蛇绿岩：古弧后盆地系统的产物[J]. 岩石矿物学杂志，20(3)：344～352.

薛春纪，姬金生，杨前进. 2000. 新疆磁海铁(钴)矿床次火山热液成矿学[J]. 矿床地质，19(2)：156～164.

薛春纪，赵战锋，吴淦国，等. 2010. 中亚构造域多期叠加斑岩铜矿化—以阿尔泰东南缘哈腊苏铜矿床地质、地球化学和成岩成矿时代研究为例[J]. 地学前缘，17(2)：53～82.

薛春纪，姬金生. 1999. 新疆磁海铁矿床成矿无机化学过程研究[J]. 新疆地质，17(3)：170～176.

闫升好，陈文，王义天，等. 2004. 新疆额尔齐斯金成矿带的 $^{40}Ar/^{39}Ar$ 年龄及其地质意义[J]. 地质学报，78(4)：500～506.

闫升好，张招崇，王义天，等. 2005. 新疆阿尔泰山南缘乔夏哈拉式铁铜矿床稀土元素地球化学特征及其地质意义[J]. 矿床地质，24(1)：25～34.

杨炳滨. 1981. 新疆阿勒泰蒙库铁矿钙铁榴石－次透辉石与磁铁矿成矿作用的讨论[J]. 地质地球化学，(8)：45～47.

杨富全，李凤鸣，秦纪华，等. 2013. 新疆阿舍勒铜锌矿区(潜)火山岩 LA－MC－ICP－MS 锆石 U－Pb 年龄及其地质意义[J]. 矿床地质，32(5)：869～883.

杨富全，刘锋，柴凤梅，等. 2012. 中国新疆阿尔泰铁矿床[M]. 北京：地质出版社，1～322.

杨富全，刘锋，柴凤梅，等. 2011. 新疆阿尔泰铁矿：地质特征、时空分布及成矿作用[J]. 矿床地质，30(4)：575～598.

杨富全，毛景文，柴凤梅，等. 2008. 新疆阿尔泰蒙库铁矿床的成矿流体及成矿作用[J]. 矿床地质，27(6)：659～680.

杨富全，张志欣，刘国仁，等. 2012. 新疆准噶尔北缘玉勒肯哈腊苏斑岩铜矿床年代学研究[J]. 岩石学报，28(7)：2029～2042.

杨高学，李永军，佟丽莉，等. 2015. 西准噶尔蛇绿混杂岩中洋岛玄武岩研究新进展[J]. 地质学报，89(2)：392～405.

杨进辉，吴福元，邵济安，等. 2006. 冀北张宣地区后城组、张家口组火山岩锆石 U－Pb 年龄和 Hf 同位素[J]. 地球科学，31(1)：71～80.

杨良哲，赵永鑫，赖富光，等. 2007. 蒙库铁矿床与镜铁山铁矿床的对比研究[J]. 地质找矿论丛，22(01)：31～34，61.

杨蕊，徐九华，林龙华，等. 2013. 阿勒泰恰夏铜矿床的富 CO_2 流体与矿床成因[J]. 矿床地质，32(2)：323～336.

杨文平，张招崇，周刚，等. 2005. 阿尔泰铜矿带南缘希勒克特哈腊苏斑岩铜矿的发现及其意义[J]. 中国地质，32(1)：107～114.

应立娟，王登红，李建康，等. 2009. 新疆乔夏哈拉铁铜金矿床与国内外 IOCG 矿床的对比研究[J]. 大地构造与成矿学，32(3)：338～345.

应立娟，王登红，梁婷，等. 2006. 新疆阿尔泰乔夏哈拉铁铜金矿床磁铁矿的化学成分标型特征和地质意义[J]. 矿物学报，26(1)：59～68.

喻亨祥，夏斌，郑永飞，等. 2001. 新疆老山口金矿岩浆隐爆角砾岩地质地球化学[J]. 地质地球化学，29(4)：21～26.

袁超，肖文交，陈汉林，等. 2006. 新疆东准噶尔扎河坝钾质玄武岩的地球化学特征及其构造意义[J]. 地质学报，80(2)：254～263.

袁峰，周涛发，谭绿贵. 2006. 西准噶尔萨吾斯地区 I 型花岗岩同位素精确定年及其意义[J]. 岩石学报，22(5)：1238～1248.

袁峰，周涛发，岳书仓. 2001. 阿尔泰诺尔特地区花岗岩形成时代及成因类型[J]. 新疆地质，19(4)：292～296.

翟裕生，万天丰，姚书振. 1992. 长江中下游地区铁铜(金)成矿规律[M]. 北京：地质出版社.

张海祥，牛贺才，单强，等. 2004. 新疆北部晚古生代埃达克岩、富铌玄武岩组合：古亚洲洋板块南向俯冲的证据[J]. 高校地质学报，

10(1)：106～113.

张红武，谢丽霞. 2001. 对雅满苏铁矿矿床成因的新认识[J]. 长春工程学院学报(自然科学科学版)，2(4)：26～29.

张红英. 2000. 新疆鄯善县南部铁矿带地质特征及矿床成因分类[J]. 西北地质，33(4)：15～18.

张洪瑞，魏刚锋，李永军，等. 2010. 东天山大南湖岛弧带石炭纪岩石地层与构造演化[J]. 岩石矿物学杂志，29(1)：1～14

张鸿昌，王家枢. 1986. 中国新疆周边国家矿产地质特征及成矿规律情报调研报告[R]. 新疆地质局地质矿产研究所和地质矿产部情报研究所报告，1～376.

张建中，冯秉寰. 1987. 新疆阿尔泰阿巴宫－蒙库海相火山岩与铁矿的成生关系及成矿地质特征[J]. 中国地质科学院西安地质研究所所刊，20：89～180.

张江，张相周. 1996. 哈密雅满苏铁矿床地质地球化学特征[J]. 新疆地质，14(2)：170～180.

张良臣，刘德权. 2006. 中国新疆优势金属矿产成矿规律[M]. 北京：地质出版社，259～314.

张明书，张见中，邹介人，等. 1980. 磁海式铁矿地质特征初步研究[J]. 地质与勘探，8：25～32.

张招崇，蔡劲宏，闫升好，等. 2008. 阿尔泰山南缘中泥盆统苦橄岩低钙橄榄石的成因探讨[J]. 岩石矿物学杂志，27(3)：171～17.

张招崇，闫升好，陈柏林，等. 2005. 阿尔泰造山带南缘中泥盆世苦橄岩及其大地构造和岩石学意义[J]. 地球科学－中国地质大学学报，30(3)：289～297.

张招崇，闫升好，陈柏林，等. 2006. 新疆东准噶尔北部俯冲花岗岩的SHRIMP U－Pb锆石定年[J]. 科学通报，51(13)：1565～1574.

长江中下游火山岩组铁矿研究组. 1977. 玢岩铁矿—安山质火山岩地区铁矿床的一组成因模式[J]. 地质学报，51(1)：1～18.

赵一鸣，林文蔚，毕承思，等. 2012. 中国矽卡岩矿床[M]. 北京：地质出版社，1～411.

赵一鸣. 2002. 矽卡岩矿床研究的某些重要新进展[J]. 矿床地质，21(2)：113～121

赵玉社. 2000. 新疆磁海铁矿床地质特征及其矿床成因[J]. 西北地质，33(1)：31～38.

赵泽辉，郭召杰，张志诚，等. 2004. 新甘交界红柳河地区下二叠统玄武岩地球化学特征及其形成的构造背景[J]. 高校地质学报，10(4)：545～553.

赵战锋，薛春纪，张立武，等. 2009. 新疆青河玉勒肯哈腊苏铜矿区酸性岩锆石U－Pb法定年及其地质意义[J]. 矿床地质，28(4)：425～433.

郑碧海，朱文斌，舒良树，等. 2008. 阿克苏前寒武纪蓝片岩原岩产出的大地构造背景[J]. 岩石学报，24(12)：2839～2848.

郑义，张莉，郭正林. 2013. 新疆铁木尔特铅锌铜矿床锆石U－Pb和黑云母$^{40}Ar/^{39}Ar$年代学及其矿床成因意义[J]. 岩石学报，29(1)：191～204.

周鼎武，柳益群，邢秀娟，等. 2006. 新疆吐－哈、三塘湖盆地二叠纪玄武岩形成古构造环境恢复及区域构造背景示踪[J]. 中国科学 D辑，36(2)：143～153.

周刚，吴淦国，董连慧，等. 2009. 新疆准噶尔北东缘乌图布拉克岩体形成时代、地球化学特征及地质意义[J]. 岩石学报，25(6)：1390～1402.

周刚，张绍崇，罗世宾，等. 2007a. 新疆阿尔泰南缘玛因鄂博高温型强过铝花岗岩年龄、地球化学特征及其地质意义[J]. 岩石学报，23(8)：1909～1920.

周刚，张绍崇，王新昆，等. 2007b. 新疆玛因鄂博断裂带中花岗质糜棱岩锆石U－Pb SHRIMP和黑云母$^{40}Ar－^{39}Ar$年龄及意义[J]. 地质学报，81(3)：359～369.

周刚，张招崇，谷高中，等. 2006. 新疆东准噶尔北部青格里河下游花岗岩类的时代及地质意义[J]. 现代地质，20(1)：141～150.

周济元，茅燕石，黄志勋，等. 1994. 东天山古大陆边缘火山地质[M]. 成都：成都科技大学出版社，1～280.

周凌，陈斌. 2005. 南太行山正长岩体的成因和意义：锆石SHRIMP年代学、化学成分和Sr－Nd同位素特征[J]. 自然科学进展，15(11)：1357～1365.

周汝洪，应立娟，梁婷，等. 2005. 新疆北准噶尔乔夏哈拉－老山口苦橄岩建造及其构造意义[J]. 新疆地质，23(4)：319～325.

周涛发，袁峰，张达玉，等. 2010. 新疆东天山觉罗塔格地区花岗岩类年代学、构造背景及其成矿作用研究[J]. 岩石学报，26(2)：478～502.

朱永峰，张立飞，古丽冰，等. 2005. 西天山石炭纪火山岩SHRIMP年代学及其微量元素地球化学研究[J]. 科学通报，50(18)：2004～2014.

朱永峰，周晶，宋彪，等. 2006. 新疆大哈拉军山组火山岩的形成时代问题及其解体方案[J]. 中国地质，33(3)：487～497.

左国朝，李邵雄，于守南，等. 2004. 新疆磁海铁矿床产出特征及构造演化[J]. 西北地质，37(2)：53～61.

左国朝，梁广林，陈俊，等. 2006. 东天山觉罗塔格地区夹白山一带晚古生代构造格局及演化[J]. 地质通报，25(1～2)：48～57.

Aftabi A. 1989. Ore mineralogy and poly-metamorphosed nature of the Archean Zn－Cu－Fe massive sulfide deposits at the Garon Lake Mine, Matagami, Quebec, Canada[J]. Journal of Sciences, Islamic Republic of Iran, 1：52～59.

Aftabia A, Ghodratib Z, MacLeanc W H. 2006. Metamorphic textures and geochemistry of the Cyprus-type massive sulfide lenses at Zurabad, Khoy, Iran[J]. Journal of Asian Earth Sciences, 27：523～533.

Arthur W, Rose D C, Herrick, Peter D. 1985. An Oxygen and Sulfur Isotope study of Skarn-type magnetite deposits of the Cornwall type, Southeastern Pennsylvania[J]. Economic Geology, 80：418～443.

Auwera J V, Ander L. 1988. O, C and Sr isotopes as tracers of metasomatic fluids: Application to the skarn deposit(Fe, Cu, W)of Traversella (Ivrea, Italy)[J]. Chemical Geology, 70: 137.

Baker T, Achterberg E V, Ryan C G, Lang J R. 2004. Composition and evolution of ore fluids in a magmatic-hydrothermal skarn deposit[J]. Geology, 32: 117 ~ 120.

Baker T, Laing W P. 1998. Eloise Cu – Au deposit, east Mt Isa Block: Structural environment and structural controls on ore[J]. Australian Journal of Earth Sciences, 45: 429 ~ 444.

Baker T, Pollard P J, Mustard R, Mark G, Graham J L. 2005. A comparison of granite – related tin, tungsten, and gold-bismuth deposits: Implications for exploration[J]. Society of Economic Geologists Newsletter, 61: 5 ~ 17.

Barton M D, Johnson D A. 1996. Evaporitic-source model for igneous – related Fe – oxide – (REE – Cu – Au – U) mineralization[J]. Geology, 24: 259 ~ 262.

Barton M D, Johnson D A. 2004. Footprints of Fe oxide(– Cu – Au)systems[J]. University of Western Australia Special Publication, 33: 112 ~ 116.

Bell R T. 1986. Megbreccias in northeastern Wernecke Mountains, Yukon Territory[J]. Can. Geol. Surv. Pap., 86 ~ 1A: 375 ~ 384.

Belperio A, Flint R, Freeman H. 2007. Prominent Hill: A hematite-dominated iron oxide copper-gold system[J]. Economic Geology, 102: 1499 ~ 1510.

Bertelli M, Baker T. 2010. A fluid inclusion study of the Suicide Ridge Breccia Pipe, Cloncurry district, Australia: Implication for Breccia Genesis and IOCG mineralization[J]. Precambrian Research, 179: 69 ~ 87.

Blichert T, Arndt NT, Gruau G. 2004. Hf isotopic measurements on Barberton komatiites: Effects of incomplete sample dissolution and importance for primary and secondary magmatic signatures[J]. Chemical Geology, 207: 261 ~ 275.

Bölücek C, Akgül M, Türkmen I. 2004. Volcanism, sedimentation and massive sulfide mineralization in a Late Cretaceous arc-related basin, Eastern Taurides, Turkey[J]. Journal of Asian Earth Sciences, 24: 349 ~ 360.

Bookstrom A A. 1977. The magnetite deposits of El Romeral, Chile[J]. Economic Geology, 72: 1101 ~ 1130.

Brown P E, Becker S M. 1986. Fractionation, hybridization and magma-mixing in the Kialineq centre East Greenland[J]. Contrib. Miner. Petrol., 92: 57 ~ 70.

Burruss R C. 1981. Analysis of phase equilibria in C – O – H – S fluid inclusions[J]. Mineralogical Association of Canada. 6: 39 ~ 74.

Campbell I H, Compston D M, Richards J P, Johnson J P, Kent A J R. 1998. Review of the application of isotopic studies to the genesis of Cu – Au mineralization at Olympic Dam and Au mineralization at Porgera, the Tennant Creek district and Yilgarn Craton[J]. Aust J Earth Sci, 45: 201 ~ 218.

Campston W, Williams IS, Meyer C. 1984. U – Pb geochronology of zircons from lunar braccia using a sensitive high mass-resolution in microprobe [J]. J Geophys Res, 89: B525 ~ 534.

Chai Fengmei, Mao Jingwen, Dong Lianhui, Yang Fuquan, Liu Feng, Geng Xinxia, Zhang Zhixin. 2009. SHRIMP zircon geochronology of the metarhyolites from the Kangbutiebao Formation in the Kelang basin at the southern margin of the Altay, Xinjiang and its implications[J]. Gondwana Research, 16: 198 ~ 200.

Chen B, Arakawa Y. 2005. Elemental and Nd – Sr isotopic geochemistry of granitoids from the West Junggar foldbelt(NW China), with implications for Phanerozoic continental growth[J]. Geochimica et Cosmochimica Acta, 69: 1307 ~ 1320.

Chen B, Jahn B M. 2002. Geochemical and isotopic studies of the sedimentary and granitic rocks of the Altai orogen of northwest China and their tectonic implications[J]. Geological Magazine, 139(1): 1 ~ 13.

Chen H Y. 2013. External sulphur in IOCG mineralization: Implications on definition and classification of the IOCG clan[J]. Ore Geology Reviews, 51: 74 ~ 78.

Ciobanu C L, Birch W D, Cook N J, Pring A, Grundler P V. 2010. Petrogenetic significance of Au – Bi – Te – S associations: the example of Maldon, Central Victorian gold province, Australia[J]. Lithos, 116(1): 1 ~ 17.

Ciobanu C L, Cook N J, Pring A, Brugger J, Danyushevsky LV, Shimizu M. 2009. 'Invisible gold' in bismuth chalcogenides[J]. Geochimica et Cosmochimica Acta, 73(7): 1970 ~ 1999.

Ciobanu C L, Cook N J, Pring A. 2005. Bismuth tellurides as gold scanvengers. In: Mao JW and Bierlein, eds. Mineral deposit research: Meeting the Global Challenge[M]. Berlin – Heidelberg – New York: Springer. 1383 ~ 1386.

Ciobanu C L, Cook N J. 2004. Skarn textures and a case study: the Ocna de Fier – Dognecea orefield, Banat, Romania[J]. Ore Geology Reviews, 24: 315 ~ 370.

Ciobanu, C L, Cook N J, Stein H. 2002. Regional setting and geochronology of the Late Cretaceous Banatitic Magmatic and Metallogenetic Belt [J]. Mineralium Deposita, 37: 541 ~ 567.

Clayton R N, Mayeda T K. The use of bromine pentafluoride in the extraction of oxygen from oxides and silicates for isotopic analysis[J]. Geochim. Cosmochim. Acta, 1963, 27: 43 ~ 52.

Clayton R N, O'neil J R, Mayeda T K. 1972. Oxygen isotope exchange between quartz and water[J]. Journal of Geophysical Research, 77:

3057 ~ 3067.

Coleman M L, Sheppard T J, Durham J J, Rouse J E, Moore G R. 1982. Reduction of water with zinc for hydrogen isotope analysis[J]. Analytical Chemistry, 54: 993 ~ 995.

Collins P L F. 1979. Gas hydrates in CO_2 – bearing fluid inclusions and the use of freezing data for estimation of salinity[J]. Econ. Geol. , 74: 1435 ~ 1444.

Condie K C. 1986. Geochemistry and tectonic setting of early proterozoic supercrustal rocks in the southwestern United States[J]. Journal of Geology, 94: 845 ~ 864.

Cook, N J, Ciobanu C L. 2001. Paragenesis of Cu – Fe ores from Ocna de Fier Dognocea typifying fluid plume mineralisation in a proximal skarn setting[J]. Mineralogical Magazine, 65: 351 ~ 372.

Corriveau L. 2006. Iron oxide copper – gold(+ / – Ag + / – REE + / – U) deposits: A Canadian perspective[EB]. Open – File Report of Geological Survey of Canada, 1 ~ 56(http//gsc. nrcan. gc. ca/mindep/synth – dep/iocg).

Cox P, Singer D A. 2007. Descriptive and grade ~ tonnage models and database for iron oxide Cu – Au deposits[R]. U. S. Geological Survey Open File Report, 2007 ~ 1155: 3 ~ 14.

Cullers R L, Graf J. 1983. Rare earth elements in igneous rocks of the continental crust: intermediate and silicic rocks, ore petrogenesis[M]. In: Henderson P, ed. Rare – Earth Geochemistry. Amsterdam: Elaever, 275 ~ 312.

Daukeev S Zh, Uzhkenov B S, Bespaev Kh A, Miroshnichenko L A, Mazurov A K, Sayduakasov M A. 2004. Atlas of mineral deposit models of the republic of Kazakhstan[M]. Almaty: Printing House "Center for geoinformation of the Military Forces of the Republic of Kazakhstan", 1 ~ 141.

Defant M J and Drummond M S. 1990. Derivation of some modern arc magmas by melting of young subducted lithosphere[J]. Nature, 347: 662 ~ 665.

Dow R J, Hitzman M W. 2000. Geology of the Arizario and Lindero prospects, Salta province, northwestern Argentina[G]. In: Porter T. M. , ed. Hydrothermal iron oxide copper-gold & related deposits: a global perspective. Adelaide: Australian Mineral Foundation, 153 ~ 162.

Dreher A M, Xavier R P, Taylor B E, Margtini S L. 2008. New geologic, fluid inclusion and stable isotope studies on the controversial Igarap éBahia Cu – Au deposit, Carajás province, Brazil[J]. Mineralium Deposita, 43(2): 161 ~ 184.

Drobe J, Cann R M. 2000. Cu – Au skarn mineralization, minas de oro district, Honduras, Central America[J]. Explor. Mining Geol. , 9: 51 ~ 63.

Du A D, Wu S Q, Sun D Z, Wang S X, Qu W J, Stein R M H, Morgan J, Malinovskiy D. 2004. Preparation and certification of Re – Os dating reference materials: Molybdenite HLP and JDC[J]. Geostandard and Geoanalytical Research, 28(1): 41 ~ 52.

Dupuis C, Beaudoin G. 2011. Discriminant diagrams for iron oxide trace element fingerprinting of mineral deposit types[J]. Mineralium Deposita, 46: 319 ~ 335.

Einaudi M T, Meinert L D, Newberry R J. 1981. Skarn deposits[J]. Econ. Geol. 75th Anniv. 317 ~ 391.

Elhou S, Belousova E, Griffin W L, Pearson N J, O'Reilly S Y. 2006. Trace element and isotopic composition of GJ – red zircon standard by laser ablation[J]. Geochim Cosmochin Acta, suppl. A 158.

Espinoza S R, Veliz H G, Esquivel J L, et al. 1996. The cupriferous province of the Costal Range, northern Chile. In: Camus E, Sillitoe R H, Peterson R, eds. Andean Copper Deposits: New Discoveries, Mineralisation, Styles and Metallogeny[J]. Society of Economic Geologists Special Publication, 5: 19 ~ 32.

Fisher L A, Kendrick M. A. 2008. Metamorphic fluid origins in the Osborne Fe oxide – Cu – Au deposit, Australia: evidence from noble gases and halogens[J]. Mineralium Deposita, 43: 483 ~ 497.

Forster D B, Seccombe P K, Phillips D. 2004. Controls on skarn mineralization and alteration at the Cadia deposits, New South Wales, Australia [J]. Economic Geology, 99: 761 ~ 788.

Franklin J M, Gibson H L, Jonasson I R, Galley A G. 2005. Volcanogenic massive sulfide deposits[J]. Economic Geology(100th Anniversary), 523 ~ 560.

Friedman I, O'Neil J R. 1977. Complication of stable isotope fractionation factors of geochemical interest in data of geochemistry[J]. In: Fleischer M, ed. Geological professional paper. U. S. Geological Survey. 6: 440p.

Frietsch R. 1978. On the magmatic origin of the iron ores of the Kiruna-type[J]. Economic Geology, 73: 478 ~ 485.

Frost B R, Barnes C G, Collins W J, Arculus R J, Ellis D J, Frost C D. 2001. A geochemical classification for granitic rocks[J]. Journal of Petrology, 42, 2033 ~ 2048.

Gao J, Xiao W, Li J, Han B, Guo Z, Wang J. 2002. "Central – Asia type" orogenesis and metallogenesis in western China[R]. IGCP 420 Project workshop, abstract, 39.

Gelcich S, Davis D W, Spooner E T C. 2005. Testing the apatite-magnetite geochronometer: U – Pb and ^{40}Ar/^{39}Ar geochronology of plutonic rocks, massive magnetite-apatite tabular bodies, and IOCG mineralization in Northern Chile[J]. Geochimica et Cosmochimica Acta, 69(13): 3367 ~ 3384.

Ghiorso M S, Sack O. 1991. Fe – Ti oxide geothermometry: Thermodynamic formulation and the estimation of intensive variables in silicic magmas [J]. Contributions to Mineralogy and Petrology, 108: 485~510.

Gleason J D, Marikos M A, Barton M D, et al. 2000. Neodymium isotopic study of rare earth element sources and mobility in hydrothermal Fe oxide(Fe – P – REE)systems[J]. Geochimica et Cosmochimica Acta, 64: 1059~1068.

Gonzalez – Partida E. 2003. (Au – Fe)skarn deposits of the Mezcala district, south – central Mexico: Adakite association of the mineralizing fluids [J]. International Geology Review, 45: 79~93.

Groves D I, Bierlein F. 2007. Geodynamic settings of mineral deposit system[J]. Jour. Geol. Soc. London, 164: 19~30.

Han B F, Guo Z J, Zhang Z C, Zhang L, Chen J, Song B. 2010. Age, geochemistry, and tectonic implications of a Late Paleozoic stitching pluton in the North Tian Shan suture zone, western China[J]. Geological Society of America Bulletin, 122(3~4): 627~640.

Hans P, Eugster, Chou I M. 1979. A Model for the deposition of Cornwall – type Magnetite deposits[J]. Economic Geology, 74: 763~774.

Harris N B, Einaudi M T. 1982. Skarn deposits in the Yerrington district, nevada: Metasomatic skarn evolution near Ludwig[J]. Economic Geology, 77: 877~898.

Haskin L A. 1984. Petrogenetic Modelling – Use of rare earth elements[J]. Developments in Geochemistry, 2: 115~152.

Hauck S A. 1990. Petrogenesis and tectonic setting of middle Proterozoic iron oxide-rich ore deposits: An ore deposit model for Olympic Dam-type mineralization[R]. U. S. Geological Survey Bulletin, 4~39.

Haynes D W, Cross K C, Bills R T, Reed M H. 1995. Olympic Dam ore genesis: a fluid-mixing model[J]. Economic Geology, 90: 281~307.

Haynes D W. 2000. Iron oxide copper gold deposits: their position in the ore deposit spectrum and modes of origin[G]. In: Porter T M(ed.). Hydrothermal Iron Oxide Copper – Gold and Related Deposits: A Global Perspective. Australian Mineral Foundation, Adelaide, 71~90.

Heinhorst J, lehmann B, Ermolov P, Serykh V, Zhurutin S. 2000. Paleozoic crustal growth and metallogeny of Central Asia: evidence from magmatic – hydrothermal ore systems of Central Kazakhstan[J]. Tectonophysics, 328: 69~87.

Hitzman M W, Oreskes N, Einaudi M T. 1992. Geological characteristics and tectonic setting of proterozoic iron oxide(Cu – U – Au – REE)deposits[J]. Precambrian Research, 58: 242~287.

Hitzman M W. 2000. Iron oxide – Cu – Au deposits: what, where, when, and why[G]. in: Hydrothermal Iron Oxide Copper-gold & Related Deposits: A Global Perspective(T. M. Porter, editor), 2, PGC Publishing, Adelaide, Australi. 9~25.

Hoefs J. 2004. Stable isotope geochemistry, 5th edition[G]. Springer – Verlag, Berlin, 1~201.

Hofmann A W, Jochum K P, Seufert M, et al. 1986. Nb and Pb in oceanic basalts: new constraints on mantle evolution[J]. Earth Planetary Science Letters, 79: 33~45.

Hole M J, Saunders A D, Marriner G F, Tamey J. 1984. Subduction of pelagio sediments: implications for the origin of Ce – anomalous basalts from the Manana islands[J]. Journal of the Geological Spciety, London, 141(3): 453~472.

Hou T, Zhang Z C, Santosh M, Encarnacion J, Wang M. 2013. The Cihai diabase in the Beishan region, NW China: Isotope geochronology, geochemistry and implications for Cornwall – style iron mineralization[J]. Journal of Asian Earth Sciences, 70~71: 231~249.

Hu H, Li JW, Lentz D, Ren Z, Zhao XF, Deng XD, Hall D. 2014. Dissolution – reprecipitation process of magnetite from the Chengchao iron deposit: Insights into ore genesis and implication for in-situ chemical analysis of magnetite[J]. Ore Geology Reviews, 57: 393~405.

Huang X W, Zhou M F, Qi L, Gao J F, Wang Y W. 2013. Re – Os isotopic ages of pyrite and chemical composition of magnetite from the Cihai magmatic-hydrothermal Fe deposit, NW China[J]. Miner Deposita, 48: 925~946.

Huberty J M, Konishi H M, Heck P R, Fournelle J H, Valley J W, Xu H F. 2012. Silician magnetite from the Dales Gorge Member of the Brockman Iron Formation, Hamersley Group, Western Australia[J]. American Mineralogist, 97: 26~37.

Hunt J, Baker T, Thorkelson D. 2005. Regional – scale Proterozoic IOCG – mineralized breccia systems: examples from the Wernecke Mountains, Yukon, Canada[J]. Mineralium Deposita, 40: 492~514.

Irving A J, Frey F A. 1984. Trace element abundances in megacrysts and their host basalts: constraints on partition coefficients and megacryst genesis[J]. Geochimica et Cosmochimica Acta, 48: 1201~1221.

Jahn B M, Wu F Y, Chen B. 2000. Granitoids of the Central Asian Orogenic Belt and continental growth in the Phanerozoic[J]. Transactions of the Royal Society of Edinburgh: Earth Sciences, 91(1~2): 181~193.

Jahn B M, Windley BF, Natal'in B and Dobretsov N. 2004. Phanerozoic continental growth in Central Asia[J]. Journal of Asian Earth Science, 23: 599~603.

Jahn B M. 2001. The third workshop of IGCP – 420, continental growth in Phanerozoic: evidence from Central Asia [J]. Episode, 24: 272~273.

Jian P, Liu D Y, Shi Y R, Zhang F Q. 2005. SHRIMP dating of SSZ ophiolites from northern Xinjiang Province, China: Implications for generation of oceanic crust in the central Asian orogenic belt[G]. In: Sklyarov E V(ed.). Structural and Tectonic Correlation across the Central Asian Orogenic Collage: Northeastern Segment. Guidebook and Abstract Volume of the Siberian Workshop IGCP – 480, 1~246.

Kamvong T, Zaw K. 2009. The origin and evolution of skarn – forming fluids from the Phu Lon deposit, northern Loei Fold Belt, Thailand: Evidence from fluid inclusion and sulfur isotope studies[J]. Journal of Asian Earth Sciences, 34: 624~633.

Kolb J, Sakellaris G A, Meyer F M. 2006. Controls on hydrothermal Fe oxide – Cu – Au – Co mineralization at the Guelb Moghrein deposit, Akjoujt area, Mauritania[J]. Mineralium Deposita, 41: 68 ~ 81.

Kretschmar, Scott S D. 1976. Phase relations involving arsenopyrite in the system Fe – As – S and their application[J]. Canadian Mineralogist, 14: 364 ~ 386.

Kwon S T, Tilton G R, Coleman R G, Feng Y M. 1989. Isotopic studies bearing on the tectonics of the West Junggar region, Xinjiang, China [J]. Tectonics, 8: 719 ~ 727.

Laurent – Charvet S, Charvet J, Monie P, Shu L S. 2003. Late Paleozoic strike – slip shear zones in eastern central Asia(NW China): New structural and geochronological data[J]. Tectonics, 22(2): 1 ~ 24.

Li J Y. 2006. Permian geodynamic setting of Northeast China and adjacent regions: closure of the Paleo – Asian Ocean and subduction of the Paleo – Pacific Plate[J]. Journal of Asian Earth Sciences, 26(3 ~ 4): 207 ~ 224.

Litvinovsky B A, Jahn B M, Zanvilevich A N, Shadaev M G. 2002. Crystal fractionation in the petrogenesis of an alkali monzodiorite syenite series: The oshurkovo plutonic sheeted complex, Transbaik Malia, Russia[J]. Lithos, 64: 97 ~ 130.

Liu Y S, Hu Z C, Gao S, Gunther D, Xu J, Gao C and Chen H. 2008. In situ analysis of major and trace elements of anhydrous minerals by LA – ICP – MS without applying an internal standard[J]. Chemical Geology, 257: 34 ~ 43.

Lu H Z, Liu Y, Wang C, Xu Y, Li H. 2003. Mineralization and fluid inclusion study of the Shizhuyuan W – Sn – Bi – Mo – F skarn deposit, Hunan Province, China[J]. Economic Geology, 98: 955 ~ 974.

Ludwig K R. 2001. Users manual for Isoplot/Ex rev. 2.49[R]. Berkeley Geochronology Centre Special Publication, 1 ~ 56.

Ludwig K. 1999. Isoplot/Ex, version 2.0: a geochronological toolkit for Microsoft Excel[R]. Geochronology Center, Berkeley, Special Publication 1a.

Mao J M, Goldfarb R J, Wang Y T, Hart C J, Wang Z L, Yang J M. 2005. Late Paleozoic base and precious metal deposits, East Tianshan, Xinjiang, China: Characteristics and geodynamic setting[J]. Episodes, 28(1): 23 ~ 36.

Mao J W, Pirajno F, Lehmann B, Luo M C, Berzina A. 2014. Distribution of porphyry deposits in the Eurasian continent and their corresponding tectonic settings[J]. Journal of Asian Earth Sciences, (79): 576 ~ 584.

Mao J W, Pirajno F, Zhang Z H, Chai F M, Wu H, Chen S P, Cheng S L, Yang J M, Zhang C Q. 2008. A review of the Cu – Ni sulphide deposits in the Chinese Tianshan and Altay orogens(Xinjiang Autonomous Region, NW China): principal characteristics and ore – forming processes[J]. Journal of Asian Earth Science, 32: 184 ~ 203.

Mao J W, Wang Y T, Ding T P, et al. 2002. Dashuiguo tellurium deposit in Sichuan province, China: S, C, O and H isotope data and their implications on hydrothermal mineralization[J]. Resource Geology, 52: 15 ~ 23.

Mao J W, Xie G Q, Bierlein F, Qu W J, Duc A D, Ye H S, Pirajno F, Li H M, Guo B J, Li Y F, Yang Z Q. 2008. Tectonic implications from Re – Os dating of Mesozoic molybdenum deposits in the East Qinling – Dabie orogenic belt[J]. Geochimica et Cosmochimica Acta, 72: 4607 ~ 4626.

Marc J D, Xu J F, Pavel K. 2002. Adakites: Some variation on a theme[J]. Acta Petrologica Sinica, 18(2): 129 ~ 140.

Marschik R, Söllner F. 2006. Early Cretaceous U – Pb zircon ages for the Copiapó plutonic complex and implications for the IOCG mineralization at Candelaria, Atacama Region, Chile[J]. Mineralium Deposita, 41: 785 ~ 801.

Marshall L J, Oliver N H S. 2006. Monitoring fluid chemistry in iron oxide ~ copper ~ gold ~ related metasomatic processes, eastern Mt Isa Block, Australia[J]. Geofluids, 6: 45 ~ 66.

Marshall L J, Oliver N H S. 2008. Constraints on hydrothermal fluid pathways within Mary Kathleen Group stratigraphy of the Cloncurry iron – oxide – copper – gold District, Australia[J]. Precambrian Research, 163: 151 ~ 158.

Meinert L D, Dipple G M, Nicolescu S. 2005. World skarn deposits. In: Hedenquist J W, Thompson J F H, Goldfarb R J, Richards J P. (Eds.)Economic Geology 100th Anniversary Volume[G]. Society of Economic Geologists, 299 ~ 336.

Melnikov A, Travin A, Plotnikov A, Smirnova L, Theunissen K. 1998. Kinematics and Ar/Ar geochronology of the Irtysh shear zone in NE Kazakhstan[G]. In: Continental growth in the Phanerozoic: evidence from East – Central Asia. First workshop, IGCP – 420, Urumqi, China, 27 Junly – 3rd August, 30.

Misra K C. 2000. Understanding mineral deposits[M]. London: Kluwer Academic Publishers, 414 ~ 449.

Miyashir A. 1974. Volcanic rock series in island arcs and active continental margins Am[J]. J Sci, 274: 321 ~ 355.

Monteiro L V S, Xavier R P, Carvalho E R, Hitzman M W, Johnson C A, Souza Filho C R, Torresi I. 2008. Spatial and temporal zoning of hydrothermal alteration and mineralization in the Sossego iron oxide-copper-gold deposit, Carajás Mineral Province, Brazil: paragenesis and stable isotope constraints[J]. Mineralium Deposita, 43: 129 ~ 159.

Montreuil J F, Corriveau L, Potter E G. 2015. Formation of albitite – hosted uranium within IOCG systems: the Southern Breccia, Great Bear magmatic zone, Northwest Territories, Canada[J]. Miner Deposita, 50: 293 ~ 325.

Naslund H R, Aguirre R, Dobbs F M, et al. 2000. The origin, emplacement, and eruption of ore magmas[G]. in: IX Congreso Geologico Chileno, 2, Sociedad geoloʹgica de Chile, 135 ~ 139.

Nelson D R. 1992. Isotopic characteristics of potassic rocks: Evidence for the involvement of subducted sediments in magma genesis[J]. Lithos, 28: 403 ~420.

Newberry N G, Peacor D R, Essene E J, Geissman J W. 1982. Silicon in magnetite: High resolution microanalysis of magnetite-ilmenite intergrowths[J]. Contributions to Mineralogy and Petrology, 80(4): 334 ~340.

Nickel K G. 1986. Phase equilibria in the system $SiO_2 - MgO - Al_2O_3 - CaO - Cr_2O_3$ (SMACCR) and their bearing on spinel/garnet therxolite relationships[J]. Neues Jahrb. Miner. Abb. , 155: 259 ~287.

Niiranen T, Mänttäri I, Poutiainen M. 2005. Genesis of Palaeoproterozoic iron skarns in the Misi region, northern Finland[J]. Mineralium Deposita, 40: 192 ~217.

Niiranen T, Poutiainen M, MänttäriI. 2007. Geology, geochemistry, fluid inclusion characteristics, and U – Pb age studies on iron oxide – Cu – Au deposits in the Kolari region, northern Finland[J]. Ore Geology Reviews, 30: 75 ~105.

O' Neil J R, Clayton P N, Mayada T K. 1969. Oxygen isotope fractionation in divalent metal carbonates[J]. Chemistry Geophysics, 51: 5547 ~ 5558.

Ohmoto H, Rye R O. 1979. Isotopes of sulfur and carbon[G]. In: Barnes, H L(ed.). Geochemistry of hydrothermal ore deposits. New York: John Wiley & Sons, 509 ~567.

Oliver N H S, Cleverley J S, Mark G, Pollard P J, Marshall L J, Rubennach M J, Williams P J, Baker T. 2004. Modeling the role of sodic alteration in the genesis of iron oxide – copper – gold deposits, Eastern Isa Mount Block, Australia[J]. Economic Geology, 99: 1145 ~1176.

Oliver N H S, Rubenach M J, Jacob J A, Rusk B G, Bertelli M, Cleverley J S, Blenkinsop T G, Cooke D R, Baker T, Jungman D, Yardley B W D, Laneyrie T. 2009. Very rapid subsurface hydrothermal ore deposition mechanisms and the origin of breccia – hosted iron – oxide copper – gold deposits[J]. Journal of Geochemical Exploration, 101: 76.

Oyman T. 2010. Geochemistry, mineralogy and genesis of the Ayazmant Fe – Cu skarn deposit in Ayvalik, (Balikesir), Turkey[J]. Ore Geology Reviews, 37: 175 ~201.

Pearce J A, Harris B W, Tindle A G. 1984. Trace element discrimination diagrams for the tectonic interpretation of granitic rocks[J]. Journal of Petrology, 25(4): 956 ~983.

Pearce J A, Peate D W. 1995. Tectonic implications of the composition of volcanic arc lavas[J]. Annual Review of Earth and Planetary Sciences, 23: 251 ~285.

Pirajno F, Mao J W, Zhang Z C, Zhang Z H, Chai F M. 2008. The association of mafic – ultramafic intrusions and A – type magmatism in the Tian Shan and Altay orogens, NW China: Implications for geodynamic evolution and potential for the discovery of new ore deposits[J]. Journal of Asian Earth Sciences, 32(2 ~4): 165 ~183.

Plank T, Langmuir C H. 1998. The chemical composition of subducting sediment and its consequences for the crust and mantle[J]. Chemical Geology, 145: 325 ~394.

Pollard P J. 2000. Evidence of a magmatic fluid and metal source for Fe – oxide Cu – Au mineralization[R]. In: Porter T. M, ed, Hydrothermal iron oxide copper – gold and related deposits: A global perspective: Adelaide, Australian Mineral Foundation. 27 ~41.

Pollard P J. 2006. An intrusion – related origin for Cu – Au mineralization in iron oxide – copper – gold(IOCG) provinces[J]. Mineralium Deposita, 41: 179 ~187.

Pons M J, Franchini M, Meinert L, Recio C, Etcheverry R. 2009. Iron skarns of the Vegas Peladas District, Mendoza, Argentina[J]. Economic Geology, 104(2): 157 ~184.

Qin K Z, Su B X, Sakyi P A, Tang D M, Li X H, Sun H, Xiao Q H, Liu P P. 2011. SIMS zircon U – Pb geochronology and Sr – Nd isotopes of Ni – Cu – bearing mafic – ultramafic intrusions in eastern Tianshan and Beishan in correlation with flood basalts in Tarim Basin(NW China): Constraints on a ca. 280 Ma mantle plume[J]. American Journal of Science, 311(3): 237 ~260.

Rapp R P, Watson E B. 1995. Dehydration melting of meta basalt basalt at at – 32kbar: Implications for continental growth and crust – mantle recycling[J]. J. Petrol. , 36: 891 ~931.

Roberts D E, Hudson G R T. 1983. The Olympic Dam copper – uranium – gold deposit. Roxby Downs, South Australia[J]. Economic Geology, 78: 799 ~822.

Rogers N W. 1992. Potassic magmatism as a key to trace element enrichment processes in the upper mantle[J]. J. Volcan. Geother. Researchon Chemical. , 50: 85 ~99.

Rubatto D. 2002. Zircon trace element geochemistry: Partitioning with garnet and the link between U Pb ages and metamorphism[J]. Chemical Geology, 184: 123 ~138

Sandrin A, Edfelt A, Waight T E, Berggren R, Elming S. 2009. Physical properties and petrologic description of rock samples from an IOCG mineralized area in the northern Fennoscandian Shield, Sweden[J]. Journal of Geochemical Exploration, 103: 80 ~96.

Sandrin A, Elming S. 2006. Geophysical and petrophysical study of an iron oxide copper gold deposit in northern Sweden[J]. Ore Geology Reviews, 29: 1 ~18.

Scott I R. 1987. The development of an ore reserve methodology for the Olympic Dam copper – uranium – gold deposit[G]. Resource and Reserves

Symposium, Australian Institute of Mining and Metallurgy, 99 ~ 103.

Seghedi I, Downes H, Vaselli O, et al. 2004. Post – collisional Tertiary – Quaternary mafic alkalic magmatism in the Carpathian – Pannonian region: a review[J]. Tectonophysics, 393: 43 ~ 62.

Şengör A M C. , Natal' in B A, Burtman V S. 1993. Evolution of the Altaid tectonic collage and Palaeozoic crustal growth in Eurasia[J]. Nature, 364: 299 ~ 307.

Sheppard S M F. 1986. Characterization and isotopic variations in natural waters[J]. Reviews in Mineralogy, 16: 165 ~ 183.

Shirey S B, Walker R J. 1995. Carius tube digestion for low – blank rhenium – osmium analysis[J]. Analytical Chemistry, 67: 2136 ~ 2141.

Sillitoe R H. 2003. Iron oxide – copper – gold deposits: An Andean view[J]. Mineralium Deposita, 38: 787 ~ 812.

Simard M, Beaudoin, G, Bernard J, Hupé A. 2006. Metallogeny of the Mont-de-l' Aigle IOCG deposit, Gaspé Peninsula, Québec, Canada[J]. Mineralium Deposita, 41: 607 ~ 636.

Smith M, Coppard J, Herrington J, Stein H. 2007. The Geology of the Rakkorijävi Cu – (Au)deposit, Norrbotten: A new iron oxide-copper-gold deposit in North Sweden[J]. Economic Geology, 102: 393 ~ 414.

Sun S S, McDonough W F. 1989. Chemical and isotopic systematics of oceanic basalts: implications for mantle composition and processes[G]. Geological Society Special Publication, 42: 313 ~ 345.

Taylor H P. 1974. The application of oxygen and hydrogen isotope studies to problems of hydrothermal alteration and ore deposit[J]. Econ. Geol. , 69: 843 ~ 883.

Taylor S R, Mclenann S M. 1985. The continental crust: its composition and evolution[M]. Blackwell: Oxford Press, 1 ~ 312.

Tchameni R, Mezger K, Nsifa N E, Pouclet A. 2001. Crustal origin of Early Proterozoic syenites in the Congo Craton(NtemComplex), South-Cameroon[J]. Lithos, 57: 2 ~ 42.

Tooth B, Brugger J, Ciobanu C, Liu WH. 2008. Modeling of gold scavenging by bismuth melts coexisting with hydrothermal fluids[J]. Geology, 36(10): 815 ~ 818.

Torab F M, Lehmann B. 2007. Magnetite – apatite deposits of the Bafq district, Central Iran: Apatite geochemistry and monazite geochronology [J]. Mineraloical Magazine, 71: 347 ~ 363.

Travin A V, Boven A, Plotnikov A V, Vladimirov V G, Theunissen K, Vladimirov A G. , Melnikov A I, Titov A V. 2001. ^{40}Ar/^{39}Ar dating of ductile deformations in the Irtysh Shear Zone, Eastern Kazakhstan[J]. Geochemistry International, 39(12): 1237 ~ 1241.

Vervoort J D, Pachelt P J, Gehrels G E, et al. 1996. Constraints on earth Earth differentiation from hafnium and neodymium isotopes[J]. Nature, 397(6566): 624 ~ 627.

Wang J B, Wang Y W, Wang L J. 2004. The Junnggar immature continental crust province and its mineralization[J]. Acta Geologica Sinica, 78 (2): 337 ~ 344.

Wang Q, Shu L, Charvet J. 2010. Understanding and study perspectives on tectonic evolution and crustal structure of the Paleozoic Chinese Tianshan[J]. Episodes, 33(4): 242 ~ 266.

Wang Y W, Wang J B, Wang S L, Ding R F, Wang L J. 2003. Geology of the Mengku iron deposit, Xinjiang, China—a metamorphosed VMS? [R] In: Mao J W, Goldfarb R J, Seltmann R, Wang D H, Xiao W J, Hart C(Eds). Tectonic evolution and metallogeny of the Chinese Altay and Tianshan. Proceedings volume of the International Symposium of the IGCP – 473 project in Urumqi and guidebook of the field excursion in Xinjiang, China: August 9 ~ 21, 2003. London: Centre for Russian and Central Asian Mineral Studies, Natural History Museum, 181 ~ 200.

Westendorp R W, Watkinson D H, Jonasson I R. 1991. Silicon – bearing zoned magnetite crystals And the evolution of hydrothermal fluids at the Ansil Cu – Zn mine, Rouyn – Noranda, Quebec[J]. Economic Geology, 86(5): 1110 ~ 1114.

Williams P J, Barton M D, Johnson D A, Fontbote L, Haller A D, Mark G, Oliver N H S. 2005. Iron Oxide Copper – Gold Deposits: Geology, Space – Time Distribution, and Possible Modes of Origin[J]. Economic Geology, 100th Anniversary Volume: 371 ~ 405.

Williams P J. 2009. Smart Science for Exploration and Mining[G]. Proceedings of the 10th Biennial SGA Meeting of The Society for Geology Applied to Mineral Deposits Townsville Australia 17th – 20th August 2009. Economic Geology Research Unit James Cook University, Townsville Australia, 1 ~ 974.

Winchester J A, Floyd P A. 1977. Geochemical discrimination of different magma series and their differentiation products using immobile elements [J]. Chemical Geology, 80: 325 ~ 343.

Winchester J A, Floyd, P A. 1976. Geochemical magma type discrimination: application to altered and metamorphosed igneous rocks[J]. Earth Planet Science Letters, 45: 326 ~ 336.

Windley B F, Alexeiev D, Xiao W J, Kröner A, Badarch G. 2007. Tectonic models for accretion of the Central Asian Orogenic belt[J]. Journal of the Geological Society, London, 17: 31 ~ 47.

Windley B F, Kroner A, Guo J H, Qu G S, Li Y Y, Zhang, C. 2002. Neoproterozoic to Paleozoic geology of the Altai orogen, NW China: New zircon age data and tectonic evolution[J]. Journal of Geology, 110: 719 ~ 739.

WMC Resources Ltd. 2005. Quarterly Review, quarter ended 31 March 2005.

Xiao W J, Han C M, Yuan C, Sun M, Lin S F, Chen H, Li ZL, Li J L, Sun S. 2008. Middle Cambrian to Permian subduction – related accretionary orogenesis of Northern Xinjiang, NW China: implications for the tectonic evolution of Central Asia[J]. Journal of Asian Earth Sciences, 32(2~4): 102~117.

Xiao W J, Windley B F, Badarch G, Sun S, Li J, Qin K Z, Wang Z. 2004. Palaeozoic accretionary and convergent tectonics of the southern Altaids: implications for the growth of Central Asia[J]. Journal of the Geological Society of London, 161: 339~342.

Yang F Q, Mao J W, Bierlein F P, Pirajno F, Xia H D, Zhao C S, Ye H S, Liu F. 2009. A review of the geological characteristics and geodynamic mechanisms of Late Paleozoic epithermal gold deposits in North Xinjiang, China[J]. Ore Geology Reviews, 35: 217~234.

Yang F Q, Mao J W, Liu F, Chai F M, Geng X X, Zhang Z X, Guo X J, Liu G R. 2013. A review of the geological characteristics and mineralization history of iron deposits in the Altay orogenic belt of the Xinjiang, Northwest China[J]. Ore Geology Reviews, 54: 1~16.

Zhang Z H, Hong W, Jiang Z S, Duan S G, Li F M, Shi F P. 2014. Geological characteristics and metallogenesis of iron deposits in western Tianshan, China[J]. Ore Geology Reviews, 57: 425~440.

Zhang Z Z, Gu L X, Wu C Z, Li W Q, Xi A H, Wang S. 2005. Zircon SHRIMP dating for the Weiya pluton, eastern Tianshan: Its geological implications[J]. Acta Geologica Sinica(English edition), 79(4): 481~490.

Zhu Y F. 2011. Zircon U – Pb and muscovite ^{40}Ar/^{39}Ar geochronology of the gold-bearing Tianger mylonitized granite, granite, Xinjiang, northwest China: Implications for radiometric dating of mylonitized magmatic rocks[J]. Ore Geology Reviews, 40: 108~121.